Lösungswege

Mathematik Oberstufe

7

Philipp Freiler
Julia Marsik
Markus Olf
Markus Wittberger

www.oebv.at

6. Semester

Erweiterung der Differentialrechnung

Stochastik

Komplexe Zahlen

Anhang

So arbeitest du mit Lösungswege

Liebe Schülerin, lieber Schüler,

auf dieser Doppelseite wird gezeigt, wie das Mathematik-Lehrwerk Lösungswege strukturiert und aufgebaut ist.

Die Inhalte der 7. Klasse gliedern sich in sechs Großbereiche, die im Inhaltsverzeichnis farbig ausgewiesen sind. Jeder Großbereich wiederum gliedert sich in ein oder mehrere Kapitel, die alle den gleichen strukturellen Aufbau haben.

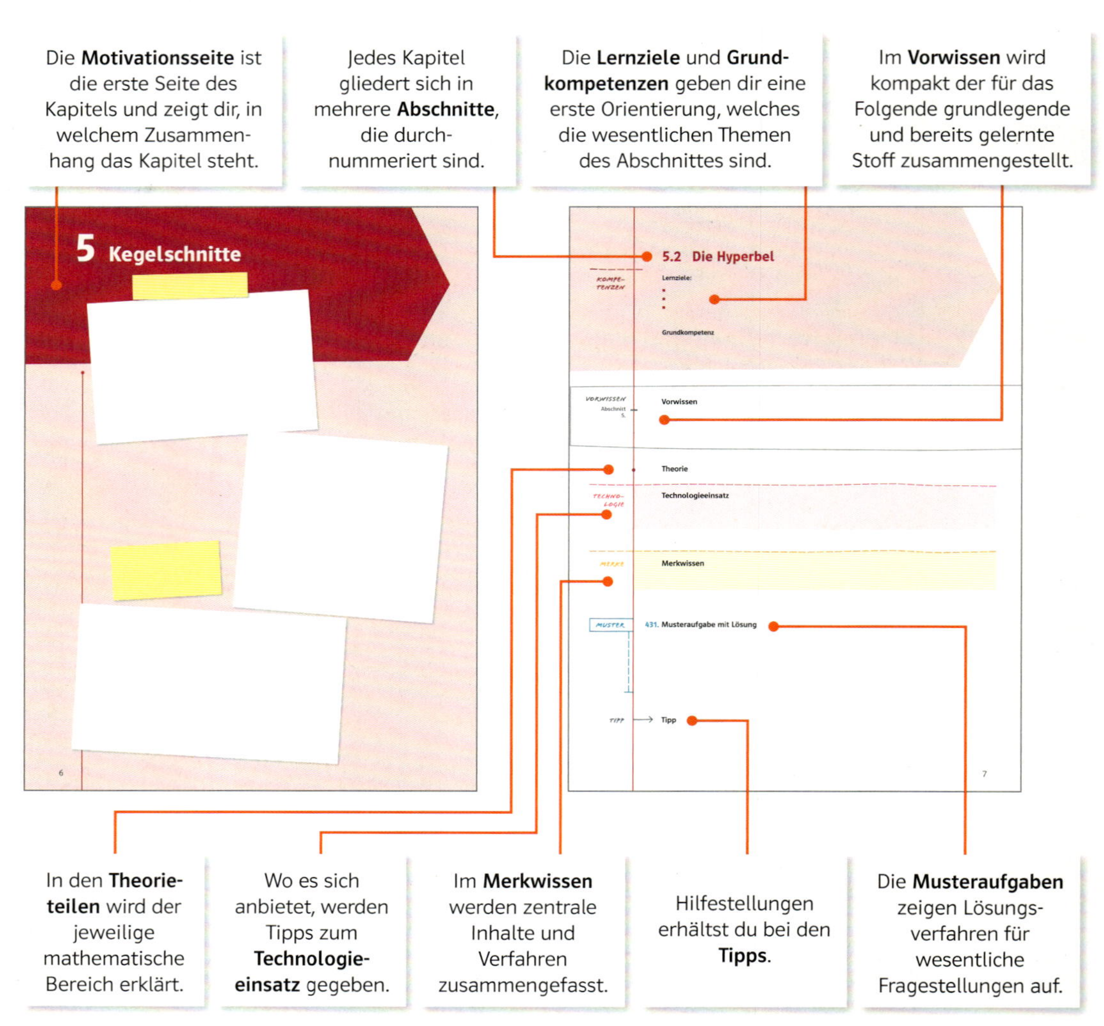
Die **Motivationsseite** ist die erste Seite des Kapitels und zeigt dir, in welchem Zusammenhang das Kapitel steht.
Jedes Kapitel gliedert sich in mehrere **Abschnitte**, die durchnummeriert sind.
Die **Lernziele** und **Grundkompetenzen** geben dir eine erste Orientierung, welches die wesentlichen Themen des Abschnittes sind.
Im **Vorwissen** wird kompakt der für das Folgende grundlegende und bereits gelernte Stoff zusammengestellt.
5 Kegelschnitte
5.2 Die Hyperbel
Lernziele:
Grundkompetenz
Vorwissen
Theorie
Technologieeinsatz
Merkwissen
431. Musteraufgabe mit Lösung
Tipp
In den **Theorieteilen** wird der jeweilige mathematische Bereich erklärt.
Wo es sich anbietet, werden Tipps zum **Technologieeinsatz** gegeben.
Im **Merkwissen** werden zentrale Inhalte und Verfahren zusammengefasst.
Hilfestellungen erhältst du bei den **Tipps**.
Die **Musteraufgaben** zeigen Lösungsverfahren für wesentliche Fragestellungen auf.

Hier gibt es eine Online-Ergänzung. Der Code führt direkt zu den Inhalten. Zusätzlich befinden sich im Lehrwerk-Online durchgerechnete Lösungen vieler Aufgaben.

www.oebv.at → Suchbegriff / ISBN / SBNr / Online-Code | Suchen

Auszeichnung der Aufgaben

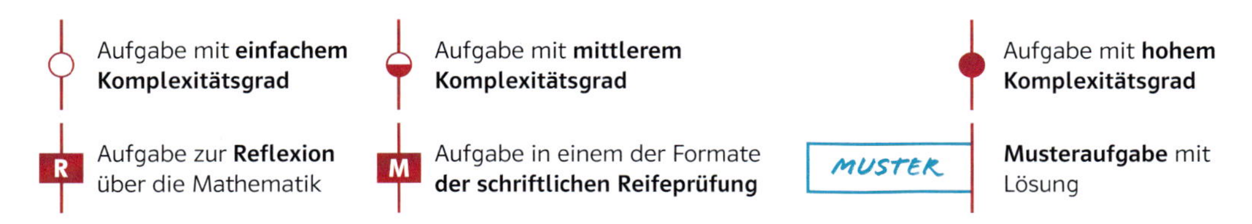
Aufgabe mit **einfachem Komplexitätsgrad**
Aufgabe mit **mittlerem Komplexitätsgrad**
Aufgabe mit **hohem Komplexitätsgrad**
R
Aufgabe zur **Reflexion** über die Mathematik
M
Aufgabe in einem der Formate **der schriftlichen Reifeprüfung**
MUSTER
Musteraufgabe mit Lösung

Am Ende eines jeden Kapitels befinden sich Seitentypen zur **Sicherung** und **Vernetzung** des Gelernten.

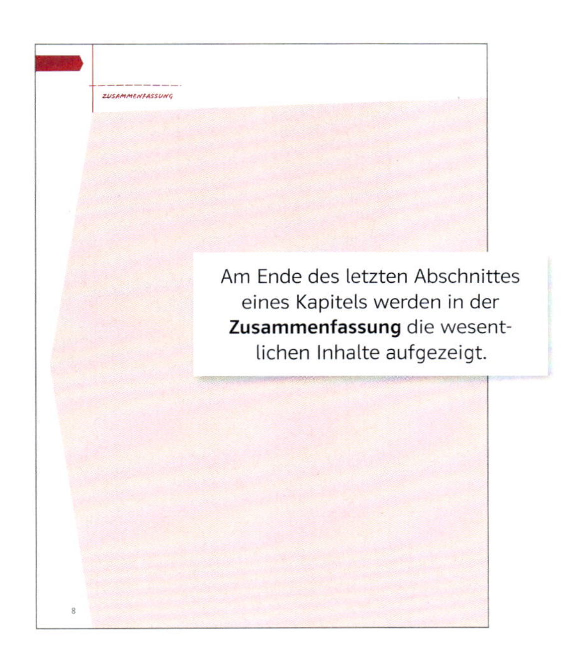
ZUSAMMENFASSUNG
Am Ende des letzten Abschnittes eines Kapitels werden in der **Zusammenfassung** die wesentlichen Inhalte aufgezeigt.
8

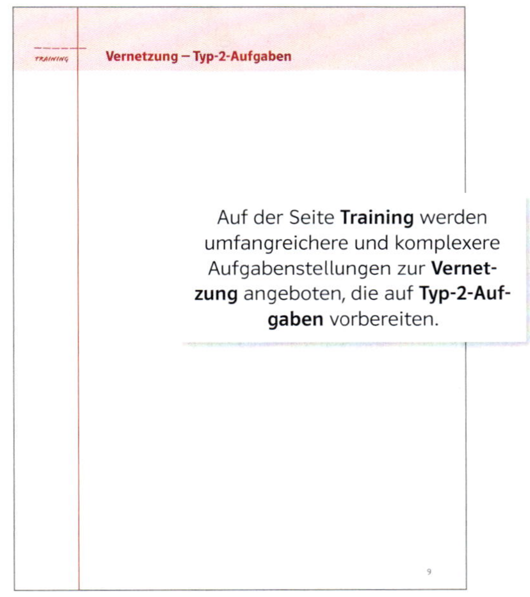
TRAINING
Vernetzung – Typ-2-Aufgaben
Auf der Seite **Training** werden umfangreichere und komplexere Aufgabenstellungen zur **Vernetzung** angeboten, die auf **Typ-2-Aufgaben** vorbereiten.
9

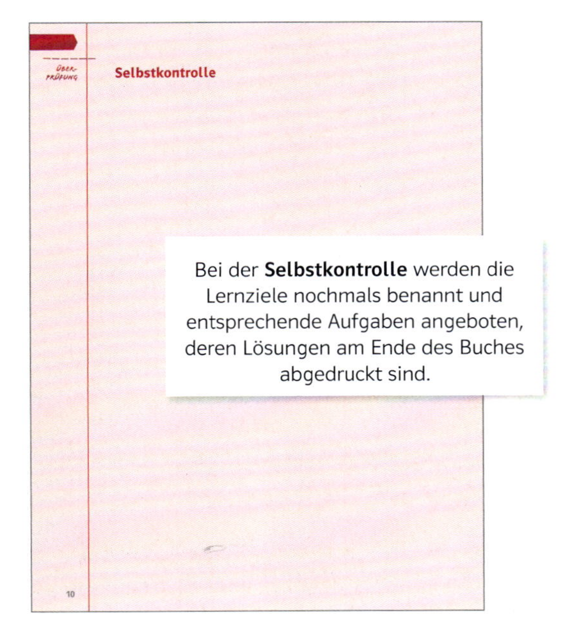
ÜBER-PRÜFUNG
Selbstkontrolle
Bei der **Selbstkontrolle** werden die Lernziele nochmals benannt und entsprechende Aufgaben angeboten, deren Lösungen am Ende des Buches abgedruckt sind.
10

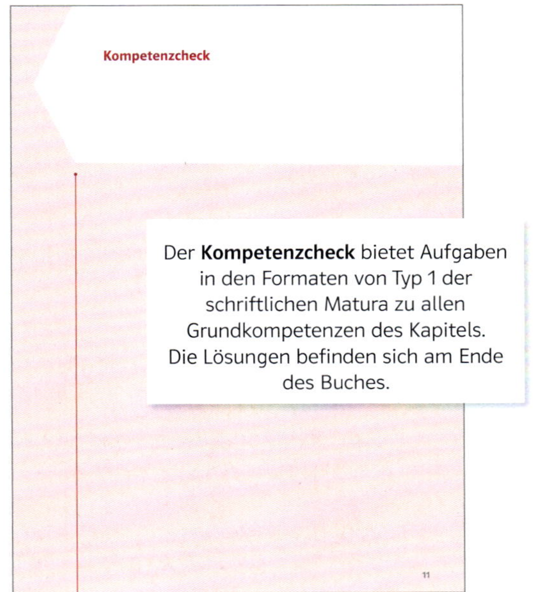
Kompetenzcheck
Der **Kompetenzcheck** bietet Aufgaben in den Formaten von Typ 1 der schriftlichen Matura zu allen Grundkompetenzen des Kapitels. Die Lösungen befinden sich am Ende des Buches.
11

1 Gleichungen höheren Grades

Viele mathematische Probleme führen auf Gleichungen. Hat man ein Problem einmal in der Sprache der Mathematik modelliert, so reduziert sich die Lösung dieses Problems oft auf das Problem, die Lösungen einer Gleichung zu finden.

Du hast im Laufe deiner Schulzeit schon viele Methoden kennen gelernt, wie man bestimmte Arten von Gleichungen lösen kann.

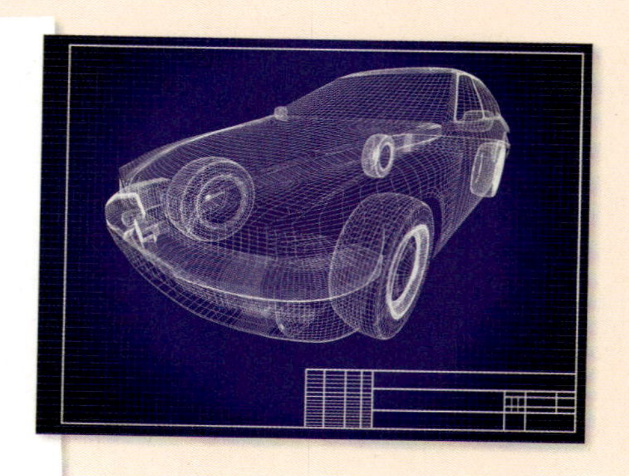

Mit den heute in der Schule zu Verfügung stehenden technischen Mitteln und Programmen kann man Gleichungen „auf Knopfdruck" lösen. Das ist sehr bequem und Rechenfehler werden dadurch vermieden. Allerdings verhindert die Anwendung solcher technischer Hilfsmittel oft auch Einblicke in mathematische Zusammenhänge und Erkenntnisse.

Das ist so ähnlich, wie bei der Suche eines Weges in einer fremden Stadt. Es ist sicherlich bequem, ein GPS geleitetes Navigationssystem zu verwenden, und es verhindert sicherlich auch Um- und Irrwege. Allerdings bleiben uns dadurch auch viele Erkenntnisse und Einblicke in die Zusammenhänge einer Stadt verwehrt.

Mit technischer Hilfe kannst du Gleichungen ganz schnell und sicher lösen.

Aber warum haben Gleichungen dritten Grades höchstens drei Lösungen und Gleichungen vierten Grade höchstens vier Lösungen usw.?

Warum haben Gleichungen fünften Grades immer eine reelle Lösung, Gleichungen vierten Grades aber nicht? Gibt es eine Gleichung, die genau die Ziffern deines Geburtstages als Lösungen hat?

All diese Fragen wirst du im Laufe dieses Kapitels beantworten können.

KOMPE-
TENZEN

1.1 Lösen durch Herausheben und Substitution

Lernziele:

- Die Definition einer algebraischen Gleichung kennen
- Algebraische Gleichungen durch Herausheben lösen können
- Algebraische Gleichungen durch Anwenden der Horner'schen Regel lösen können
- Biquadratische Gleichungen erkennen können
- Biquadratische Gleichungen durch eine passende Substitution lösen können

Die Lösung einer einfachen linearen Gleichung $a x + b = 0$ $(a \neq 0)$ kann durch Anwenden von Äquivalenzumformungen schnell gefunden werden und ist $x = -\frac{b}{a}$.

Auch die Lösungen allgemeiner quadratischer Gleichungen der Art $a \cdot x^2 + b \cdot x + c = 0$ können durch Anwenden der Lösungsformel ermittelt werden: $x_{1,2} = \frac{-b \pm \sqrt{b^2 - 4ac}}{2a}$. Dabei ist jedoch zu beachten, dass quadratische Gleichungen aufgrund des Vorzeichens der Zahl unter der Wurzel in $\mathbb{R}$ nicht immer lösbar sein müssen.

VORWISSEN

1. Löse die Gleichung in der Menge der reellen Zahlen.

a) $2(x-3) + 5x^2 = -(2x+3) + 5(x-1)^2$
b) $(3x-1)^2 + 4 + x = (3x-2)(3x+2)$
c) $x^2 + 10x + 34 = 0$
d) $16x^2 - 24x + 9 = 0$

Ein Produkt ist genau dann null, wenn mindestens einer der Faktoren null ist (**Produkt-Null-Satz**). Dieser Satz erweist sich beim Finden der Lösungen bestimmter Gleichungen als nützlich.

2. Löse die Gleichung unter Verwendung des Produkt-Null-Satzes.

a) $(x-3)(x+2) = 0$
b) $x(x-1)(x+2) = 0$
c) $x(x^2 - 6x + 9) = 0$
d) $5x^2(x^2 - 3x - 4) = 0$
e) $(x+1)(x^2 + 4x + 4) = 0$
f) $x(x-4)(x^2 - 2x + 1) = 0$

Im Folgenden werden Gleichungen, deren Grad größer als zwei ist, in der Menge der reellen Zahlen auf ihre Lösbarkeit hin untersucht. Dabei betrachtet man ausschließlich so genannte **algebraische Gleichungen**.

MERKE

Algebraische Gleichung

Eine Gleichung der Art $a_n x^n + a_{n-1} x^{n-1} + a_{n-2} x^{n-2} + \ldots + a_2 x^2 + a_1 x + a_0 = 0$ mit $a_n \neq 0$ und $n \geq 1$, $a_0, a_1, \ldots, a_n \in \mathbb{R}$ wird als **algebraische Gleichung** vom Grad n mit reellen Koeffizienten bezeichnet. a_0 heißt **konstantes** oder **absolutes Glied**.

Gilt für den führenden Koeffizienten $a_n = 1$, dann spricht man von einer **normierten algebraischen Gleichung** oder von der **Normalform**.

Algebraische Gleichungen können, abhängig von ihrer Gestalt, mit unterschiedlichen Methoden gelöst werden.

Herausheben (Faktorisieren)

Das Lösen durch Herausheben der Variable ist nur dann möglich, wenn a_0 null ist.

MUSTER

3. Löse die Gleichung $x^3 + 4x^2 - 45x = 0$ in der Menge der reellen Zahlen.

Hebe die Variable heraus: $x \cdot (x^2 + 4x - 45) = 0$.
Das Produkt ist genau dann 0, wenn mindestens einer der beiden Faktoren 0 ist (Produkt-Null-Satz). D.h.: $x_1 = 0$ oder $x^2 + 4x - 45 = 0$.
Die zweite Gleichung wird mit der Lösungsformel für quadratische Gleichungen gelöst.

$$x_{2,3} = -\frac{4}{2} \pm \sqrt{\left(\frac{4}{2}\right)^2 + 45} = -2 \pm \sqrt{4 + 45} = -2 \pm \sqrt{49} = -2 \pm 7$$

Die Lösungen lauten: $x_1 = 0 \quad x_2 = 5 \quad x_3 = -9 \quad L = \{-9; 0; 5\}$

4. Löse die Gleichung in $\mathbb{R}$ durch Herausheben.

a) $x^3 + 9x^2 + 14x = 0$ **d)** $2x^3 + 3x^2 - 5x = 0$ **g)** $3x^4 - 30x^3 = 0$ **j)** $4x^5 = 5x^4$
b) $x^3 + 3x^2 - 88x = 0$ **e)** $6x^4 + x^3 - x^2 = 0$ **h)** $2x^4 - 18x^3 = 0$ **k)** $3x^5 = 12x^3$
c) $x^3 - 8x^2 + 16x = 0$ **f)** $x^4 + 14x^3 + 49x^2 = 0$ **i)** $2x^5 + 6x^4 = 0$ **l)** $x^6 - 49x^4 = 0$

TECHNOLOGIE

Lösen von Gleichungen

Geogebra:	Löse[Gleichung, Variable]	Beispiel: Löse[x^3 + 3x^2 – 4x = 0, x]
TI-Nspire:	solve(Gleichung, Variable)	Beispiel: solve($4x^2 + x - 5 = 0$, x)

Neben dem Herausheben der Variablen wird oft auch die binomische Formel $a^2 - b^2 = (a + b) \cdot (a - b)$ zum Faktorisieren verwendet.

MUSTER

5. Löse die Gleichung **a)** $x^2 - 144 = 0$ **b)** $x^4 - 16 = 0$ in $\mathbb{R}$.

Durch Anwenden der binomischen Formel lässt sich der Term der Gleichung in ein Produkt zerlegen und der Produkt-Null-Satz anwenden.

a) $x^2 - 144 = 0 \rightarrow (x - 12)(x + 12) = 0 \rightarrow x - 12 = 0$ oder $x + 12 = 0 \rightarrow x_1 = 12, x_2 = -12$
$L = \{-12, 12\}$

b) Anwenden der binomischen Formel: $x^4 - 16 = (x^2 - 4) \cdot (x^2 + 4) = 0$
Wegen des Produkt-Null-Satzes gilt:
$x^2 - 4 = 0$ oder $x^2 + 4 = 0 \rightarrow x^2 = 4$ oder $x^2 = -4 \rightarrow x_{1,2} = \pm 2$ oder $x_{3,4} = \pm\sqrt{-4} \notin \mathbb{R}$.
Die Lösungsmenge ist $L = \{-2; 2\}$.

6. Löse die Gleichung durch Faktorisieren mit der binomischen Formel in $\mathbb{R}$.

a) $x^2 - 4 = 0$ **c)** $x^2 - 49 = 0$ **e)** $x^4 - \frac{1}{16} = 0$
b) $x^2 - 9 = 0$ **d)** $x^4 - 144 = 0$ **f)** $x^4 - \frac{1}{100} = 0$

7. Löse die Gleichung mit Technologie.

a) $x^4 - 81 = 0$ **b)** $x^4 - 256 = 0$ **c)** $x^6 - 1 = 0$ **d)** $x^6 - 64 = 0$

Auch die Horner'sche Regel (benannt nach William George Horner, 1786–1837, einem englischen Mathematiker und Pädagogen) für Terme der Form $a^n - b^n$ $(n \in \mathbb{N} \setminus \{0\})$ kann zum Faktorisieren verwendet werden.

MERKE

Horner'sche Regel

$a^n - b^n = (a - b) \cdot (a^{n-1} + a^{n-2} \cdot b + a^{n-3} \cdot b^2 + \dots + a^2 \cdot b^{n-3} + a \cdot b^{n-2} + b^{n-1})$

$a, b \in \mathbb{R}, n \in \mathbb{N} \setminus \{0\}$

MUSTER

8. Löse die Gleichung $x^3 - 8 = 0$ in $\mathbb{R}$.

Nach der Regel von Horner gilt: $x^3 - 8 = x^3 - 2^3 = (x - 2) \cdot (x^2 + x \cdot 2 + 2^2) = (x - 2) \cdot (x^2 + 2x + 4)$.
Wegen des Produkt-Null-Satzes gilt für die Gleichung $(x - 2) \cdot (x^2 + 2x + 4) = 0$:
$x - 2 = 0$ oder $x^2 + 2x + 4 = 0 \rightarrow x_1 = 2$ oder $x_{2,3} = -1 \pm \sqrt{1 - 4} = -1 \pm \sqrt{-3} \notin \mathbb{R}$.
Die Lösungsmenge lautet: $L = \{2\}$.

9. Zeige, dass die Gleichung nur eine reelle Lösung besitzt.

a) $x^3 - 27 = 0$
b) $x^3 - 64 = 0$
c) $x^3 - 125 = 0$
d) $x^3 + 1 = 0$
e) $x^3 + \frac{1}{8} = 0$
f) $x^3 + \frac{1}{27} = 0$

TIPP → Beachte, dass $x^3 + 1 = x^3 - (-1)^3$ gilt.

10. Zeige durch Ausmultiplizieren die Gültigkeit der Horner'schen Regel in $\mathbb{R}$.

11. Löse die Gleichung in $\mathbb{R}$ mithilfe der binomischen Formel und der Horner'schen Regel.

a) $x^6 - 1 = 0$ b) $x^6 - 64 = 0$ c) $x^6 - 729 = 0$ d) $x^6 - 4\,096 = 0$

TIPP → $x^6 - 1 = (x^3 - 1)(x^3 + 1)$

TECHNOLOGIE

Faktorisieren

Geogebra:	Faktorisiere[Term]	Beispiel: Faktorisiere[x^2 – 9] = (x + 3)(x – 3)
TI-nspire:	factor(Term)	Beispiel: factor(x^4 – 16) = (x + 2)(x – 2)(x² + 4)

Wenn möglich, können auch mehrgliedrige Terme herausgehoben und danach die binomischen Formeln, die Horner'sche Regel bzw. die Lösungsformel für quadratische Gleichungen angewendet werden.

MUSTER

12. Löse die Gleichung $(x^2 - 1)(x^2 - 1) - 15(x^2 - 1) = 0$ in der Menge der reellen Zahlen.

Hebe den Faktor $x^2 - 1$ heraus: $(x^2 - 1)(x^2 - 1 - 15) = (x^2 - 1)(x^2 - 16) = 0$.
Nach dem Produkt-Null-Satz gilt: $x^2 - 1 = 0$ oder $x^2 - 16 = 0$.
Die Lösungen der beiden Gleichungen lauten $x_1 = 1$, $x_2 = -1$, $x_3 = 4$, $x_4 = -4$.
$L = \{-4; -1; 1; 4\}$

Lösen von Gleichungen wm7rv2

13. Löse die Gleichung durch Faktorisieren in der Menge $\mathbb{R}$.

a) $4x^2(x - 2) - (x - 2) = 0$
b) $25x^2(x + 1) - (x + 1) = 0$
c) $x^2(x - 5) = 3x(x - 5)$
d) $(x^2 + 2x)(x^2 - 4) = 15(x^2 - 4)$
e) $(x^2 - 1)(x^2 + x) - 20(x^2 - 1) = 0$
f) $(x^2 - 3x - 40)(x^2 + 50) = 2x(x^2 - 3x - 40)$

Substitution

Das Lösen einer höhergradigen Gleichung durch Substitution stellt vor allem bei den so genannten biquadratischen Gleichungen eine geeignete Möglichkeit dar.

MERKE

Biquadratische Gleichung

Algebraische Gleichungen der Art $a \cdot x^{2n} + b \cdot x^n + c = 0$ mit $a, b \neq 0$ und $n \in \mathbb{N}$ $(n \geq 2)$ werden als biquadratische Gleichungen bezeichnet.

14. Kreuze die biquadratischen Gleichungen an.

A ☐	B ☐	C ☐	D ☐	E ☐
$3x^4 + 2x - 1 = 0$	$x^4 + x^2 = -2$	$6x^8 - 4x^4 + x = 0$	$7x^6 - 3x^3 + 2 = 0$	$x^4 + 5 = -x^8$

MUSTER

15. Löse die Gleichung $x^4 + 5x^2 - 36 = 0$ in $\mathbb{R}$.

Man ersetzt (substituiert) in der Gleichung x^2 durch u und erhält die quadratische Gleichung $u^2 + 5u - 36 = 0$. Diese Gleichung wird mit der kleinen Lösungsformel gelöst:

$u_{1,2} = -\frac{5}{2} \pm \sqrt{\frac{25}{4} + 36} = -\frac{5}{2} \pm \sqrt{\frac{169}{4}} = -\frac{5}{2} \pm \frac{13}{2} \rightarrow u_1 = -9$ bzw. $u_2 = 4$

In $x^2 = u$ setzt man für u die Werte −9 bzw. 4 ein und erhält die Lösungen der Gleichung:

$x^2 = -9 \rightarrow x_{1,2} = \pm\sqrt{-9} \notin \mathbb{R}$ $\quad x^2 = 4 \rightarrow x_3 = 2$ bzw. $x_4 = -2 \quad L = \{-2; 2\}$

16. Löse die Gleichung durch Substitution in $\mathbb{R}$.

a) $x^4 - 10x^2 + 9 = 0$
b) $x^4 - 3x^2 - 4 = 0$
c) $x^4 + 13x^2 + 36 = 0$
d) $x^4 - 7x^2 - 144 = 0$
e) $x^4 + 2x^2 - 15 = 0$
f) $x^4 + 18x^2 + 72 = 0$

MUSTER

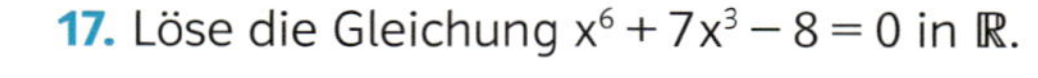

17. Löse die Gleichung $x^6 + 7x^3 - 8 = 0$ in $\mathbb{R}$.

Man ersetzt x^3 durch u und erhält $u^2 + 7u - 8 = 0$. Diese Gleichung hat die Lösungen $u_1 = -8$ und $u_2 = 1$. Nun werden in $x^3 = u$ die Lösungen −8 und 1 für u eingesetzt und die Gleichungen in $\mathbb{R}$ gelöst:

$x^3 = -8 \rightarrow x^3 + 8 = 0 \rightarrow$ nach dem Satz von Horner gilt: $(x + 2)(x^2 - 2x + 4) = 0$.

Nun wird der Produkt-Null-Satz angewendet:

$x + 2 = 0 \rightarrow x_1 = -2 \quad x^2 - 2x + 4 = 0 \rightarrow x_{2,3} = 1 \pm \sqrt{1 - 4} = 1 \pm \sqrt{-3} \notin \mathbb{R}$

$x^3 = 1 \rightarrow x^3 - 1 = 0 \rightarrow$ nach dem Satz von Horner gilt: $(x - 1)(x^2 + x + 1) = 0$

Durch Anwendung des Produkt-Null-Satzes erhält man:

$x - 1 = 0 \rightarrow x_4 = 1 \quad x^2 + x + 1 = 0 \rightarrow x_{5,6} = -\frac{1}{2} \pm \sqrt{\frac{1}{4} - 1} = -\frac{1}{2} \pm \sqrt{-\frac{3}{4}} \notin \mathbb{R}$

Die Lösungsmenge ist $L = \{-2; 1\}$.

Technologie
Anleitung
Lösen von Gleichungen mittels Substitution
k95t7a

18. Löse die Gleichung in der Menge $\mathbb{R}$.

a) $x^6 - 26x^3 - 27 = 0$
b) $x^6 - 9x^3 + 8 = 0$
c) $x^6 + 9x^3 + 8 = 0$
d) $x^6 - 37x^3 - 1728 = 0$
e) $x^6 + 217x^3 + 216 = 0$
f) $x^6 + 124x^3 - 125 = 0$

1.2 Polynomdivision

KOMPETENZEN

Lernziele:

- Algebraische Gleichungen durch Abspalten eines Linearfaktors lösen können
- Die Polynomdivision zum Abspalten eines linearen Faktors einsetzen können

VORWISSEN

MERKE

Satz von Vieta

Für quadratische Gleichungen $x^2 + px + q = 0$ bzw. $ax^2 + bx + c = 0$ mit den Lösungen x_1 und x_2 gilt:

$$x^2 + px + q = (x - x_1) \cdot (x - x_2) \text{ bzw. } ax^2 + bx + c = a \cdot (x - x_1) \cdot (x - x_2)$$

19. Zerlege den quadratischen Term der Gleichung in ein Produkt von Linearfaktoren.

a) $x^2 - x - 6 = 0$ **c)** $x^2 + 2x - 35 = 0$ **e)** $2x^2 + x - 10 = 0$
b) $x^2 - 5x + 4 = 0$ **d)** $x^2 + 9x + 20 = 0$ **f)** $4x^2 + 31x - 8 = 0$

20. Finde eine quadratische Gleichung, die die gegebenen Lösungen besitzt.

a) 3; 2 **b)** 4; 4 **c)** −1; −7 **d)** −5; 9 **e)** 8; −10

21. Die Zerlegung in Linearfaktoren kann auch auf Terme und Gleichungen vom Grad > 2 erweitert werden. Zeige durch Ausmultiplizieren, dass die Terme links und rechts des Gleichheitszeichens äquivalent sind.

a) $x^3 - 3x^2 - 13x + 15 = (x - 1)(x + 3)(x - 5)$ **c)** $x^3 - 3x^2 - 24x + 80 = (x + 5)(x - 4)^2$
b) $x^3 - 3x^2 - 54x = x(x + 6)(x - 9)$ **d)** $x^3 + 21x^2 + 147x + 343 = (x + 7)^3$

22. Finde eine Gleichung dritten Grades, die die gegebenen Lösungen besitzt.

a) 1; −2; 3 **b)** −1; 0; 1 **c)** −2; −2; 3 **d)** 0; 4; 4 **e)** 5; 5; 5

23. Welche der Gleichungen haben die Lösungen 3; 4; −1 und 1? Kreuze die beiden zutreffenden Gleichungen an.

A	$(x + 3) \cdot (x + 4) \cdot (x - 1) \cdot (x + 1) = 0$	☐
B	$(x - 3) \cdot (x - 4) \cdot (x - 1) \cdot (x + 1) = 0$	☐
C	$(x - 3) \cdot (x + 4) \cdot (x^2 + 1) = 0$	☐
D	$(x^2 - 7x + 12) \cdot (x^2 - 1) = 0$	☐
E	$(x^2 - 7x + 12) \cdot (x^2 + 1) = 0$	☐

Arbeitsblatt
Zerlegung in Linearfaktoren
rd59er

24. Gegeben ist die Gleichung $x \cdot (2x - 8) \cdot (x + 1) \cdot (x - 10)^2 = 0$. Wie lauten die Lösungen der Gleichung? Kreuze die zutreffende Aussage an.

A ☐	B ☐	C ☐	D ☐	E ☐	F ☐
−4; 1; 10	−10; 4; 1; 10	−10; −4; −1; 10	−1; 0; 4; 10	−4; −1; 0; 10	−10; 0; 1; 4; 10

Polynomdivision

Bei der Polynomdivision dividiert man nicht nur Zahlen, sondern ganze Terme. Die Vorgangsweise ist dieselbe wie bei der Division natürlicher Zahlen.

Division von Zahlen	Polynomdivision
$2772 : 12 = 2$, da $27 : 12 = 2$	$(x^3 + 4x^2 + 2x - 3) : (x + 3) = x^2$, da $x^3 : x = x^2$
$2772 : 12 = 2$ $\underline{-24}$ Das Produkt $2 \cdot 12$ von 27 subtrahieren.	$(x^3 + 4x^2 + 2x - 3) : (x + 3) = x^2$ $\underline{-(x^3 + 3x^2)}$ Das Produkt $(x + 3) \cdot x^2$ von $x^3 + 4x^2 + 2x - 3$ subtrahieren.
$2772 : 12 = 2$ $\underline{-24}$ 37 Nach der Subtraktion die nächste Ziffer anschreiben.	$(x^3 + 4x^2 + 2x - 3) : (x + 3) = x^2$ $\underline{-(x^3 + 3x^2)}$ $x^2 + 2x$ Subtrahieren und den nächsten Term anschreiben.
$2772 : 12 = 23$, da $37 : 12 = 3$ $\underline{-24}$ 37	$(x^3 + 4x^2 + 2x - 3) : (x + 3) = x^2 + x$, da $x^2 : x = x$ $\underline{-(x^3 + 3x^2)}$ $x^2 + 2x$
$2772 : 12 = 23$ $\underline{-24}$ 37 $\underline{-36}$ Zurückmultiplizieren und subtrahieren.	$(x^3 + 4x^2 + 2x - 3) : (x + 3) = x^2 + x$ $\underline{-(x^3 + 3x^2)}$ $x^2 + 2x$ $\underline{-(x^2 + 3x)}$ Das Produkt $x \cdot (x + 3)$ von $x^2 + 2x$ subtrahieren.
$2772 : 12 = 231$ $\underline{-24}$ 37 $\underline{-36}$ 12 $\underline{-12}$ 0 Rest Die beschriebenen Verfahren noch einmal anwenden und die Division abschließen.	$(x^3 + 4x^2 + 2x - 3) : (x + 3) = x^2 + x - 1$ $\underline{-(x^3 + 3x^2)}$ $x^2 + 2x$ $\underline{-(x^2 + 3x)}$ $-x - 3$ $\underline{-(-x - 3)}$ 0 Rest

Die Polynomdivision kann verwendet werden, um durch Abspalten eines linearen Faktors den Grad einer algebraischen Gleichung um 1 zu verringern.

Betrachtet man zum Beispiel die Gleichung $x^3 - 9x^2 + 23x - 15 = 0$ mit den Lösungen $x_1 = 1$, $x_2 = 3$ und $x_3 = 5$, so lässt sich diese in der Form $(x - 1) \cdot (x - 3) \cdot (x - 5) = 0$ anschreiben. Es ist dann:

$$x^3 - 9x^2 + 23x - 15 = (x - 1) \cdot (x - 3) \cdot (x - 5)$$

Dividiert man die Gleichung nun beispielsweise durch $(x - 5)$ erhält man:

$$x^3 - 9x^2 + 23x - 15 = (x - 1) \cdot (x - 3) \cdot (x - 5) \qquad | : (x - 5)$$

$$(x^3 - 9x^2 + 23x - 15) : (x - 5) = (x - 1) \cdot (x - 3)$$

Man sagt: Der lineare Faktor $(x - 5)$ wird abgespalten. Der Quotient hat den Grad zwei.

Das konstante Glied −15 ergibt sich (vom Vorzeichen abgesehen) als Produkt aller auftretenden Lösungen: $15 = 1 \cdot 3 \cdot 5$. Dies kann dazu genutzt werden, um eine ganzzahlige Lösung der Gleichung durch Probieren zu finden. Falls eine ganzzahlige Lösung existiert, muss sie ein Teiler des konstanten Gliedes sein. Findet man einen solchen Teiler, kann der entsprechende Linearfaktor abgespalten werden.

MUSTER

Arbeitsblatt Polynomdivision gt484z

25. Bestimme die Lösungen der Gleichung $x^3 + 6x^2 - x - 30 = 0$ in $\mathbb{R}$. Zerlege dazu den Term in ein Produkt von Linearfaktoren.

Das konstante Glied −30 hat die Teilermenge $T = \{\pm 1, \pm 2, \pm 3, \pm 5, \pm 6, \pm 10, \pm 15, \pm 30\}$. Diese Zahlen kommen als ganzzahlige Lösungen der Gleichung in Frage. Durch Probieren ergibt sich z. B. $x_1 = 2$ als eine Lösung, denn $2^3 + 6 \cdot 2^2 - 2 - 30 = 0$.
Mittels einer Polynomdivision kann der Linearfaktor $(x - 2)$ abgespalten werden:

$$(x^3 + 6x^2 - x - 30) : (x - 2) = x^2 + 8x + 15$$
$$\underline{-x^3 + 2x^2}$$
$$8x^2 - x - 30$$
$$\underline{-8x^2 + 16x}$$
$$15x - 30$$
$$\underline{-15x + 30}$$
$$0$$

Es gilt also:
$x^3 + 6x^2 - x - 30 = (x^2 + 8x + 15) \cdot (x - 2) = 0$
Man wendet den Produkt-Null-Satz an:
$x^2 + 8x + 15 = 0 \quad \rightarrow \quad x_2 = -5 \quad x_3 = -3$
Die Lösungsmenge der Gleichung lautet
$L = \{-5; -3; 2\}$.

MERKE

Abspalten eines Linearfaktors

Kennt man von einer Gleichung der Form $p(x) = 0$ (p ist ein Polynom n-ten Grades, $n > 1$) die Lösung x_1, kann $p(x)$ durch den Faktor $(x - x_1)$ dividiert werden. Dadurch entsteht ein Polynom vom Grad $(n - 1)$. Man sagt: Der Linearfaktor $(x - x_1)$ wird abgespaltet.

26. Löse die Gleichung in $\mathbb{R}$ durch Abspalten eines Linearfaktors.

a) $x^3 - 5x^2 + 17x - 13 = 0$
b) $x^3 + x^2 + 4x + 30 = 0$
c) $x^3 - 6x^2 + 18x - 40 = 0$
d) $x^3 - 5x^2 - 7x + 51 = 0$
e) $x^3 - 7x^2 + 12x + 20 = 0$
f) $x^3 + x^2 - 7x + 65 = 0$

27. Löse die Gleichung in $\mathbb{R}$ und zerlege den Term in ein Produkt von Linearfaktoren.

a) $5x^3 - 4x^2 - 11x - 2 = 0$
b) $2x^3 - 3x^2 - 2x = 0$
c) $8x^3 + 22x^2 - 7x - 3 = 0$
d) $x^3 + x^2 - x - 1 = 0$
e) $x^4 + 9x^3 + 23x^2 + 3x - 36 = 0$
f) $x^4 - 8x^3 + 24x^2 - 32x + 16 = 0$

28. Löse die Gleichung in der Menge der reellen Zahlen.

a) $x^3 + x^2 - x - 1 = 0$
b) $x^3 - x^2 - 100 = 0$
c) $5x^3 - 10x^2 + x - 2 = 0$
d) $x^3 - 13x + 12 = 0$
e) $x^3 - 6x^2 - 14x + 104 = 0$
f) $2x^3 - 14x - 12 = 0$
g) $x^4 - 9x^2 - 4x + 12 = 0$
h) $x^4 - x^3 - 21x^2 + 45x = 0$
i) $x^4 - x^3 - 33x^2 - 63x = 0$

Beim Lösen algebraischer Gleichungen können gleiche Lösungen auftreten. In diesem Fall spricht man von **Mehrfachlösungen**. Die Gleichung $x^3 - x^2 - 21x + 45 = 0$ hat die Lösungen $x_1 = x_2 = -5$ (Doppellösung der Gleichung) und $x_2 = 3$. Die Gleichung dritten Grades hat zwei (unterschiedliche) Lösungen. Für die Linearfaktorzerlegung des Terms gilt:

$$x^3 - x^2 - 21x + 45 = (x + 5)(x + 5)(x - 3) = (x + 5)^2 (x - 3)$$

29. Wie viele (unterschiedliche) Lösungen hat die Gleichung? Gib auch deren Vielfachheit an.

a) $4x^2 - 12x + 9 = 0$
b) $2x^3 + 7x^2 + 4x - 4 = 0$
c) $x^3 + 9x^2 + 27x + 27 = 0$
d) $x^4 - 4x^3 - 2x^2 + 12x + 9 = 0$

30. Gib den Grad der Gleichung, die Lösungen und deren Vielfachheit an.

a) $(x - 3)^2 (x + 5) = 0$
b) $(5x + 1)^3 = 0$
c) $(x + 4)^2 (x - 4)^2 = 0$
d) $(2x - 1)^5 = 0$
e) $x^2 (x - 1)(x + 8) = 0$
f) $x (x + 2)^2 (x - 3)^3 = 0$

31. Gib eine Gleichung vom Grad 3 an, die **a)** genau eine Lösung **b)** genau zwei Lösungen **c)** genau drei verschiedene Lösungen besitzt.

KOMPE-TENZEN

1.3 Nullstellen von Polynomfunktionen

Lernziele:

- Die Definition von Polynomfunktionen kennen
- Die Definition der Nullstellen von Polynomfunktionen kennen
- Die Nullstellen von Polynomfunktionen bestimmen können
- Die Bedeutung von mehrfachen Nullstellen kennen

Grundkompetenz für die schriftliche Reifeprüfung:

FA 4.4 Den Zusammenhang zwischen dem Grad der Polynomfunktion und der Anzahl der Nullstellen [...] wissen

VORWISSEN

MERKE

Polynomfunktion vom Grad n

Eine reelle Funktion f mit der Funktionsgleichung $f(x) = a_n x^n + a_{n-1} x^{n-1} + \ldots + a_1 x + a_0$ mit $a_n, a_{n-1}, \ldots, a_0 \in \mathbb{R}$, $a_n \neq 0$, $n \geq 1$, heißt Polynomfunktion vom Grad n.

Jene Stellen, an denen der Graph von f die x-Achse (waagrechte Achse) schneidet, werden als Nullstellen bezeichnet.

MERKE

Nullstelle

Ist f eine reelle Funktion, dann heißt eine Stelle $a \in \mathbb{R}$ Nullstelle von f, wenn $f(a) = 0$ ist.

Man erkennt den direkten Zusammenhang zu den algebraischen Gleichungen, wenn man beachtet, dass a genau dann eine Nullstelle von f ist, wenn a eine reelle Lösung der Gleichung $f(x) = 0$ ist.

MERKE

Anzahl von Nullstellen

Eine Polynomfunktion vom Grad n kann höchstens n Nullstellen besitzen.

Anhand der Graphen der Polynomfunktionen 3. Grades f, g und h soll die Aussage veranschaulicht werden.

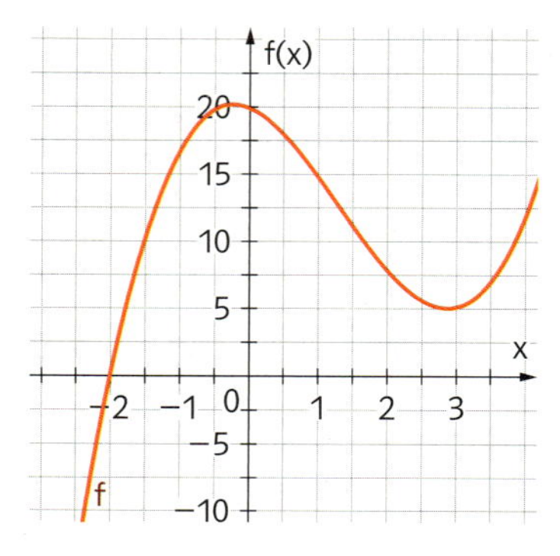

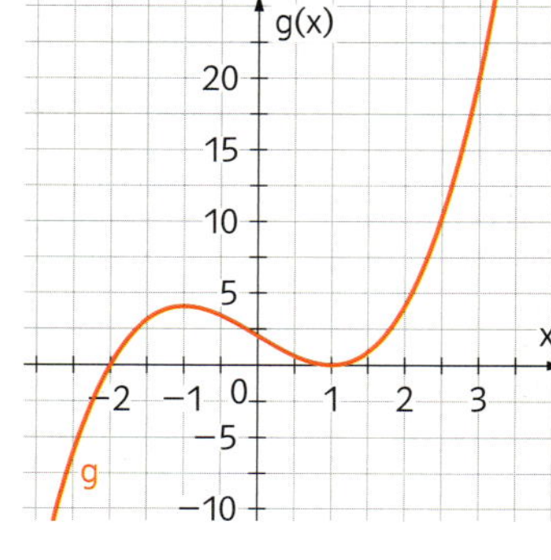

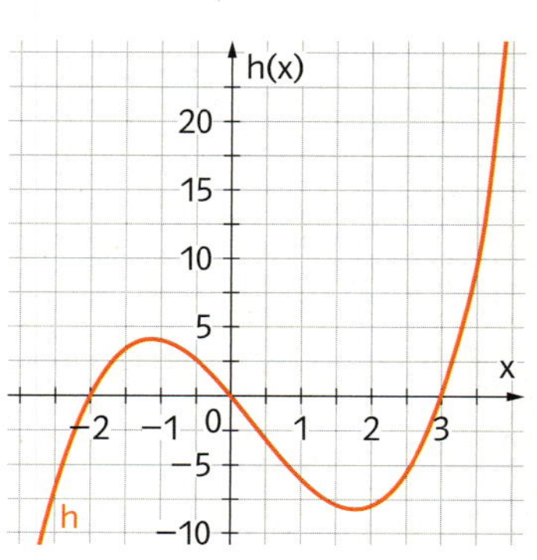

Um die Nullstellen zu bestimmen, sind die Gleichungen $f(x) = 0$, $g(x) = 0$ und $h(x) = 0$ zu lösen. $f(x) = 0$ hat eine reelle Lösung, d.h. f hat eine (einfache) Nullstelle. g hat zwei Nullstellen, wobei es sich bei der zweiten Nullstelle (dem Berührpunkt des Graphen von g mit der x-Achse) um eine **zweifache Nullstelle** handelt. Diese Stelle tritt zweimal als Lösung der Gleichung $g(x) = 0$ auf. h hat drei (einfache) Nullstellen. Mehr als drei Nullstellen sind bei Polynomfunktionen vom Grad 3 nicht möglich.

32. Bestimme die Nullstellen der Funktion f.

a) $f(x) = x^3 - 3x + 52$
b) $f(x) = x^3 - 12x + 16$
c) $f(x) = x^3 - x^2 - 20x$
d) $f(x) = x^3 - 4x^2 - 2x + 20$
e) $f(x) = x^3 - 3x + 2$
f) $f(x) = x^3 - x^2 - 6x$

MUSTER

33. Bestimme die Nullstellen der Funktion f mit $f(x) = x^4 - x^3 - 3x^2 + 5x - 2$.

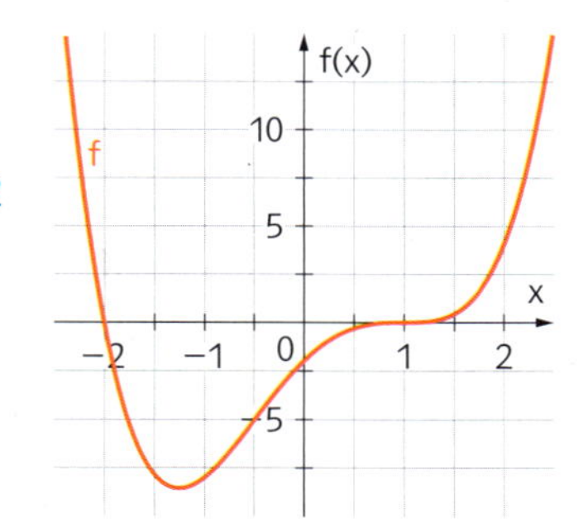

Anhand des Graphen erkennt man, dass f die Nullstellen $x_1 = -2$ und $x_2 = 1$ besitzt. Es soll rechnerisch gezeigt werden, dass es sich bei x_2 um eine **dreifache Nullstelle** handelt.
Dazu wird zunächst der Linearfaktor $(x + 2)$ durch eine Polynomdivision abgespalten:

$$(x^4 - x^3 - 3x^2 + 5x - 2) : (x + 2) = x^3 - 3x^2 + 3x - 1$$

Da $x^3 - 3x^2 + 3x - 1 = (x - 1)^3$ gilt, handelt es sich bei $x_2 = 1$ um eine dreifache Nullstelle.
Der Graph der Funktion f schmiegt sich an dieser Stelle an die x-Achse an.

MERKE

Mehrfache Nullstelle

Ist x_0 eine mehrfache Nullstelle einer Polynomfunktion f, so schmiegt sich der Graph von f an dieser Stelle an die x-Achse (die waagrechte Achse) an.

34. Zeige, dass es sich bei der Stelle x_0 um eine mehrfache Nullstelle handelt.

a) $f(x) = x^3 + 3x^2 - 24x - 80$, $x_0 = -4$
b) $f(x) = x^3 - 9x^2 + 15x - 7$, $x_0 = 1$
c) $f(x) = x^4 + 14x^3 + 60x^2 + 50x - 125$, $x_0 = -5$
d) $f(x) = x^4 + 2x^3 - 2x - 1$, $x_0 = -1$

35. Gegeben ist der Graph einer normierten Funktion f. Gib die Funktionsgleichung an. Die Nullstellen sind ganzzahlig.

a)
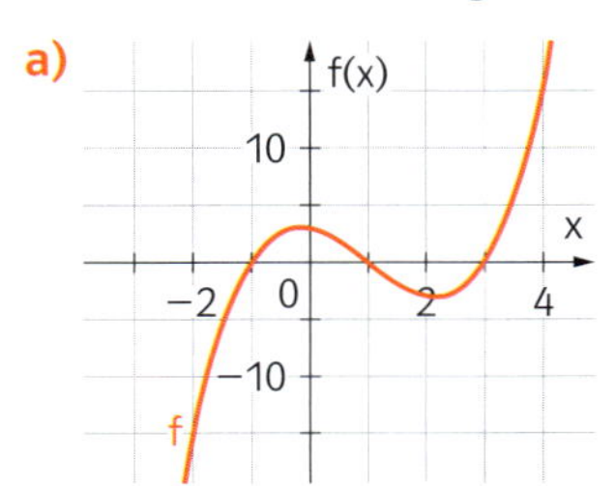

b)
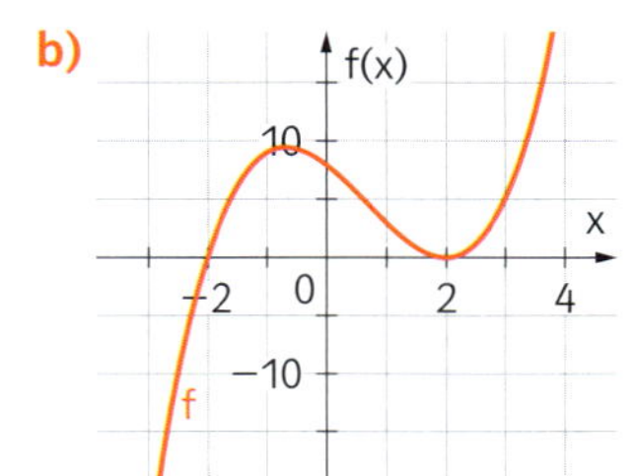

c)
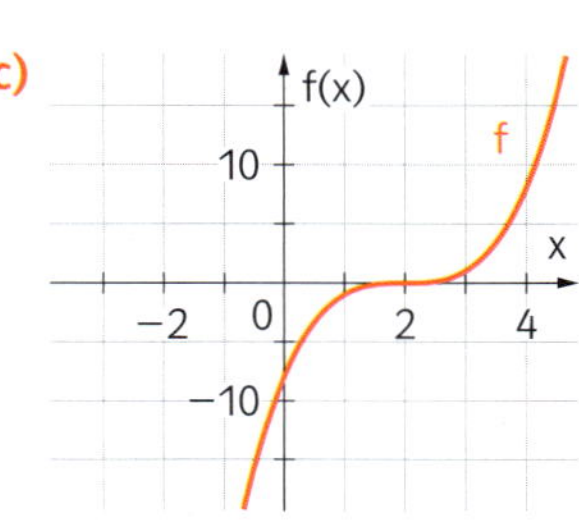

36. Bestimme die Nullstellen der Polynomfunktion und gib deren Vielfachheit an.

a) $f(x) = x^2 + x - 20$
b) $f(x) = 5x^2 + 9x - 2$
c) $f(x) = x^3 - 5x^2 - 12x - 14$
d) $f(x) = x^3 - 8x^2 + 5x + 50$
e) $f(x) = 2x^4 + 11x^3 + 18x^2 + 4x - 8$
f) $f(x) = x^4 - 10x^3 + 36x^2 - 54x + 27$

37. Welche der Nullstellen ist/sind einfach, welche mehrfach? Gib eine Begründung an.

a) 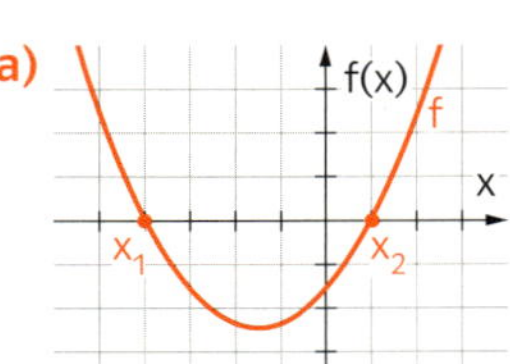

b) 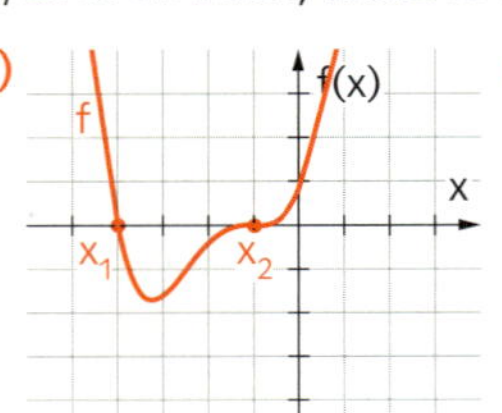

c) 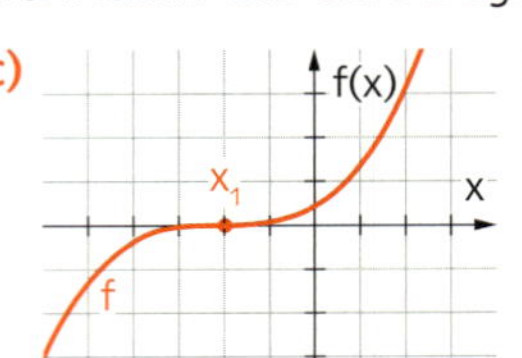

d) 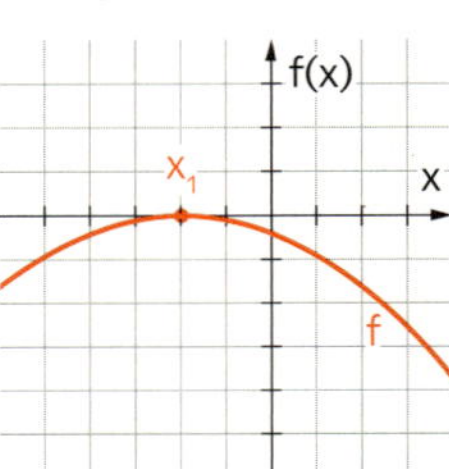

FA 4.4 **M** **38.** Wie viele verschiedene reelle Nullstellen kann eine Polynomfunktion vierten Grades haben. Veranschauliche ihre Lösungsfälle durch jeweils einen möglichen Graphen.

FA 4.4 **M** **39.** Gegeben ist eine Polynomfunktion dritten Grades mit $f(x) = ax^3 + bx^2 + cx + d$ ($a, b, c, d \in \mathbb{R}$, $a \neq 0$). Wie viele reelle Nullstellen kann eine Polynomfunktion dieser Art besitzen? Kreuze die beiden zutreffenden Aussagen an.

A	keine	☐
B	mindestens eine	☐
C	höchstens drei	☐
D	genau vier	☐
E	unendlich viele	☐

FA 4.4 **M** **40.** Vervollständige den Satz, sodass er mathematisch korrekt ist.

Die Polynomfunktion mit der Gleichung _____ (1) _____ hat _____ (2) _____.

(1)	
$f(x) = x^3 - 1$	☐
$f(x) = x^3 + 8$	☐
$f(x) = (x + 2)^3$	☐

(2)	
keine Nullstelle	☐
eine dreifache Nullstelle	☐
eine Doppelnullstelle	☐

FA 4.4  **41.** Gegeben ist der Graph der Polynomfunktion f. Kreuze die beiden zutreffenden Aussagen an.

A	$x = 2$ ist eine Doppelnullstelle.	☐
B	f ist eine Polynomfunktion 4. Grades.	☐
C	f ist eine quadratische Funktion.	☐
D	f besitzt bei $x = 0$ eine Nullstelle.	☐
E	$x = -3$ ist eine dreifache Nullstelle.	☐

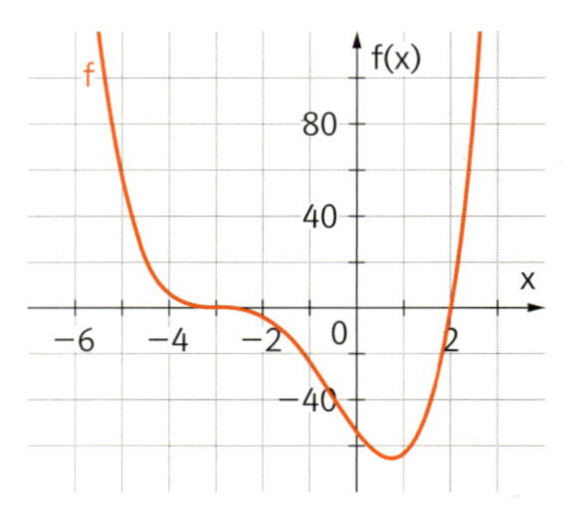

42. Gib eine Polynomfunktion vierten Grades mit den gegebenen Nullstellen an.

a) −1; 0; 1; 5
b) −4 (Doppelnullstelle); 3; 4
c) −2 (vierfache Nullstelle)
d) 1 (Doppelnullstelle); 4 (Doppelnullstelle)
e) 5 (dreifache Nullstelle); 8
f) 0 (vierfache Nullstelle)

ZUSAMMENFASSUNG

Algebraische Gleichung

Eine Gleichung der Art $a_n x^n + a_{n-1} x^{n-1} + a_{n-2} x^{n-2} + \ldots + a_2 x^2 + a_1 x + a_0 = 0$ mit $a_n \neq 0$, $a_0, a_1, \ldots, a_n \in \mathbb{R}$ wird als **algebraische Gleichung** vom Grad n mit reellen Koeffizienten bezeichnet.
Ist der führende Koeffizient $a_n = 1$, spricht man von einer **normierten** algebraischen Gleichung oder von der **Normalform**.

Polynomfunktion vom Grad n

Eine reelle Funktion f mit der Funktionsgleichung $f(x) = a_n x^n + a_{n-1} x^{n-1} + \ldots + a_1 x + a_0$ mit $a_n, a_{n-1}, \ldots, a_0 \in \mathbb{R}$, $a_n \neq 0$, heißt Polynomfunktion vom Grad n.

Nullstelle

Ist f eine reelle Funktion, dann heißt eine Stelle $a \in \mathbb{R}$ Nullstelle von f, wenn $f(a) = 0$ ist.

Mehrfache Nullstelle

Ist x_0 eine mehrfache Nullstelle einer Polynomfunktion f, dann schmiegt sich der Graph von f an dieser Stelle an die x-Achse (die waagrechte Achse) an.

Beispiel: f ist eine Polynomfunktion 3. Grades

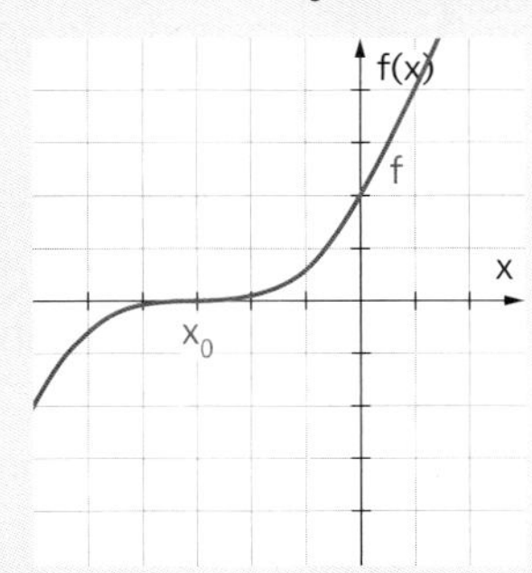

x_0 ist eine dreifache Nullstelle

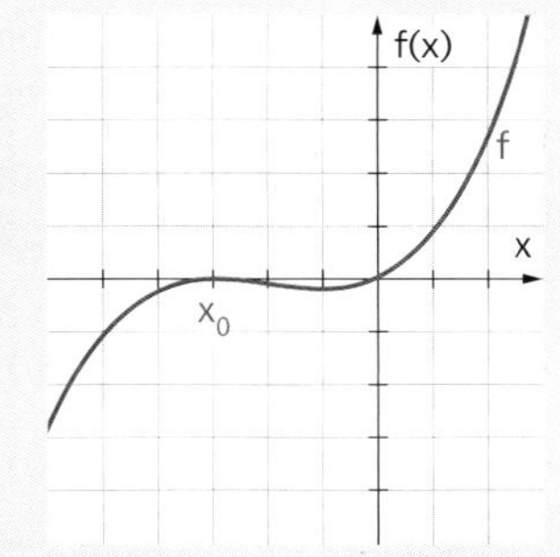

x_0 ist eine Doppelnullstelle

Zerlegung in Linearfaktoren

Für eine reelle Funktion f mit $f(x) = a_n x^n + a_{n-1} x^{n-1} + \ldots + a_0$ mit reellen $x_1, x_2, \ldots, x_n$ gilt:

$$f(x) = (x - x_1) \cdot (x - x_2) \cdot \ldots \cdot (x - x_n)$$

2 Grundlagen der Differentialrechnung

In der Mathematik gibt es immer wieder Fragen, deren Beantwortung viele Jahre oder sogar Jahrhunderte auf sich warten lassen.

Eine dieser Jahrhundertfragen ist:

Welche Geschwindigkeit hat ein bewegter Körper in einem bestimmten Moment?

Die Geschwindigkeit v ist ja definiert als

$v = \frac{\text{zurückgelegter Weg}}{\text{dafür benötigte Zeit}}$.

In einem Moment legt ein Körper aber weder eine Wegstrecke zurück, noch vergeht in einem Moment Zeit.

Dies führt unweigerlich zu $v = \frac{0}{0}$.

Und das sieht für Mathematikerinnen und Mathematiker eindeutig nach einem Problem aus.

Eine der radikalsten Lösungen bot der griechische Philosoph Zenon von Elea (5 Jhdt. v.u.Z) an.
Er argumentierte:

In jedem bestimmten Moment ist der Pfeil an einem bestimmten Ort. An einem bestimmten Ort ist er in Ruhe, denn an einem Ort kann man sich ja nicht bewegen. Da der Pfeil in jedem Moment in Ruhe ist, ist er auch insgesamt in Ruhe. Bewegung ist also Illusion.

Dies ist eines der berühmten Paradoxa von Zenon.

Dieses Problem der Momentangeschwindigkeit, oder allgemeiner das Problem der momentanen Veränderung, wurde nach über 2000 Jahren durch Isaac Newton und Gottfried Wilhelm Leibniz gelöst.

In diesem Kapitel kannst du die Lösungsansätze dieser zwei berühmten Mathematiker nachvollziehen.

Während die Gemeinschaft der Wissenschaftler weltweit die Lösung des Problems anerkannte und feierte, gerieten die beiden Wissenschaftler Newton und Leibniz in einen ganz unwissenschaftlichen Streit (Prioritätenstreit) darüber, wer denn als erster die langgesuchte Lösung gefunden habe.

2.1 Der Differenzenquotient

KOMPETENZEN

Lernziele:

- Absolute, relative und prozentuelle Änderungsmaße definieren, anwenden und interpretieren können
- Den Differenzenquotienten definieren und anwenden können
- Den Differenzenquotienten als mittlere Änderungsrate in verschiedenen Kontexten interpretieren können
- Den Differenzenquotienten geometrisch deuten können

Grundkompetenzen für die schriftliche Reifeprüfung:

AN 1.1 Absolute und relative (prozentuelle) Änderungsmaße unterscheiden und angemessen verwenden können

AN 1.3 Den Differenzen[...]quotienten in verschiedenen Kontexten deuten und entsprechende Sachverhalte durch den Differenzen[...]quotienten beschreiben können

VORWISSEN

In Lösungswege 6 (Kapitel 4) wurden bereits die Begriffe absolute, relative und prozentuelle Änderung erarbeitet.

MERKE

Änderungsmaße

Sei f eine reelle Funktion, die auf dem Intervall [a; b] definiert ist. Dann heißt

- $f(b) - f(a)$ **absolute Änderung** von f in [a; b],
- $\frac{f(b) - f(a)}{f(a)}$ **relative Änderung** von f in [a; b],
- $\frac{f(b) - f(a)}{f(a)} \cdot 100$ **prozentuelle Änderung** von f in [a; b].

61. Berechne die **1)** absolute Änderung **2)** relative Änderung der Funktion f im Intervall [−2; 3].

a) $f(x) = -7x + 2$ **b)** $f(x) = -3x^2 + 3$ **c)** $f(x) = -12$ **d)** $f(x) = -x^3 + 12$

AN 1.1 M **62.** Für die Fernsehserie „Crime“, die einmal pro Woche ausgestrahlt wird, werden die Einschaltquoten in einem Monat verglichen.

1. Woche	2. Woche	3. Woche	4. Woche
23712	35814	30693	31418

Interpretiere den Ausdruck $\frac{31418 - 35814}{35814} \approx -0{,}1227$ im vorliegenden Kontext.

AN 1.1 M **63.** Im Jahr 2010 haben sich österreichweit 17442 verheiratete Paare scheiden lassen, im Jahr 2014 waren es 16647 Paare. Berechne die absolute und prozentuelle Änderung der Anzahl der Scheidungen im gegebenen Zeitraum und interpretiere die Ergebnisse im vorliegenden Kontext.

Der Differenzenquotient – die mittlere Änderungsrate

Neben der absoluten, der relativen und der prozentuellen Änderung wurde in Lösungswege 6 auch die mittlere Änderungsrate, auch Differenzenquotient genannt, erarbeitet. Dabei wird untersucht, wie sich ein Vorgang (bzw. eine Funktion) im Mittel verändert.

In der folgenden Tabelle sieht man die Zuschauerzahlen aller Heimspiele des Wiener Fußballklubs SK Rapid Wien von der Saison 2009/2010 bis 2014/2015.

Saison	2009/2010	2010/2011	2011/2012	2012/2013	2013/2014	2014/2015
Zuschauerzahl	284 349	284 858	283 800	255 970	248 259	301 865

Vergleicht man die Zuschauerzahlen der Saison 2009/2010 und der Saison 2014/2015, so hat man den Eindruck, dass die Anzahl der Zuschauer gestiegen ist. Es ist zu beachten, dass die Zuschauerzahlen dazwischen zurückgegangen sind.

Z(t) steht für die Anzahl der Zuschauer in der Saison t. Um die mittlere Änderungsrate von der Saison 2009/2010 bis zur Saison 2014/2015 zu berechnen, dividiert man die Differenz der Zuschauerzahlen durch die vergangenen Jahre.

$$\frac{Z(2014/2015) - Z(2009/2010)}{5} = \frac{301\,865 - 284\,349}{5} \approx 3\,503$$

Dieser Wert bedeutet, dass die Zuschauerzahl im Mittel um 3 503 Personen pro Saison zugenommen hat. Diese durchschnittliche Veränderung muss nicht mit der tatsächlichen Veränderung pro Saison übereinstimmen, was bei obiger Tabelle deutlich zu sehen ist.
Die Berechnung der mittleren Änderungsrate kann auch auf beliebige Funktionen verallgemeinert werden:

MERKE

Der Differenzenquotient – die mittlere Änderungsrate

Sei f eine reelle Funktion, die auf dem Intervall [a; b] definiert ist. Dann heißt

$\frac{f(b) - f(a)}{b - a}$ **der Differenzenquotient oder die mittlere Änderungsrate** von f in [a; b].

Technologie Übung Differenzenquotient n6a265

64. Berechne den Differenzenquotienten der Funktion f in [−4; −1].

a) $f(x) = -3x + 2$
b) $f(x) = 5x - 5$
c) $f(x) = -3x^2 + 1$
d) $f(x) = 12x^2 - 4$
e) $f(x) = \frac{x-3}{x-4}$
f) $f(x) = \frac{x^2-3}{x-9}$
g) $f(x) = -2e^{3x}$
h) $f(x) = -2e^{-3x}$

65. An einem Sommertag werden auf der Insel Rab in Kroatien folgende Temperaturen T gemessen.

Uhrzeit	5 Uhr	9 Uhr	12 Uhr	16 Uhr	20 Uhr	23 Uhr
Temperatur	22°	27°	28°	26°	24°	22°

a) Berechne die absolute Änderung von T in den Intervallen [5; 9], [5; 16], [16; 23] und interpretiere die Werte im gegebenen Kontext.
b) Berechne den Differenzenquotienten von T in den Intervallen [5; 9], [5; 16], [16; 23] und interpretiere die Werte im gegebenen Kontext.
c) Gib ein Intervall an, in dem die absolute Änderung und die mittlere Änderungsrate von T den Wert 0 annehmen. Erkläre allgemein, wann die absolute Änderung und die mittlere Änderungsrate den Wert 0 annehmen.

66. Eine Firma notiert stichprobenartig die Anzahl der Zugriffe Z auf ihre Webseite. Da viel Geld in die Werbung investiert wurde, erwartet man, dass auch die Zugriffe steigen.

Datum	5. März	13. April	24. Juni	12. August	15. Oktober
Zugriffe	54 782	73 812	104 352	108 912	235 314

a) Berechne die absolute Änderung von Z in den Intervallen [5. März, 13. April], [13. April, 24. Juni], [24. Juni, 12. August], [12. August, 15. Oktober] und interpretiere die Ergebnisse.
b) Berechne die mittlere Änderungsrate von Z pro Tag in den Intervallen [5. März, 13. April], [13. April, 24. Juni], [24. Juni, 12. August], [12. August, 15. Oktober] und interpretiere die Ergebnisse.

AN 1.1 **M** **67.** In der Abbildung ist die Temperatur T in einem Reagenzglas während eines Experiments in den ersten acht Minuten dargestellt. Berechne den Differenzenquotienten von T im Intervall [0; 8] und interpretiere das Ergebnis.

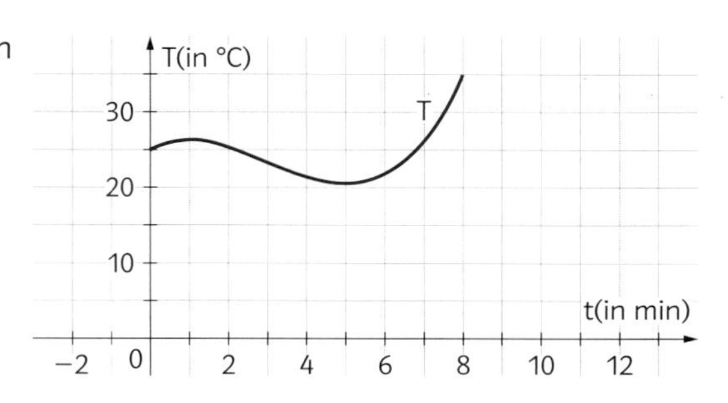

68. Die Funktion P beschreibt die Gesamtkosten P(x) eines Produkts (in €) in Abhängigkeit von der Anzahl der produzierten Stücke x.
a) Bestimme die mittlere Änderungsrate von P in [0; 20] und interpretiere das Ergebnis.
b) Bestimme die mittlere Änderungsrate von P in [20; 40] und interpretiere das Ergebnis.
c) Bestimme die mittlere Änderungsrate von P in [0; 40] und interpretiere das Ergebnis.

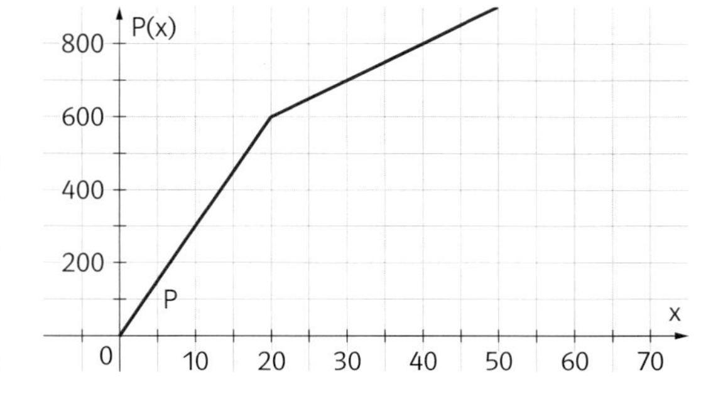

AN 1.1 **M** **69.** Der Luftdruck nimmt mit zunehmender Höhe exponentiell ab. Für den Luftdruck p bei der Besteigung des Mount Everest (in Hektopascal hPa) in Abhängigkeit von der Meereshöhe h (in m) gilt $p(h) = 1013 \cdot 0{,}999874^h$.
Berechne die mittlere Änderungsrate von p im Intervall [2 000; 2 500] und interpretiere das Ergebnis im gegebenen Kontext.

70. Der Umfang U (in m) eines Kreises ist abhängig von seinem Radius r (in m). Vergleiche die mittleren Änderungsraten von U in den Intervallen [0; 5], [10; 20], [3 000; 3 010], [5 000; 10 000]. Interpretiere die Ergebnisse.

AN 1.1 **M** **71.** Das Volumen V eines Zylinders mit konstanter Höhe h wird durch $V(r) = r^2 \cdot \pi \cdot h$ berechnet. Was versteht man unter dem Ausdruck $\frac{V(6) - V(2)}{6 - 2}$? Interpretiere diesen Ausdruck im gegebenen Kontext.

Technologie
Darstellung
Berechnung des Differenzenquotienten
w5329p

72. Der Flächeninhalt A (in m^2) eines Kreises ist abhängig von seinem Radius r (in m).

a) Berechne den Differenzenquotienten von A in den Intervallen [0; 2], [2; 4], [4; 6] und interpretiere die Ergebnisse.
b) Stelle eine Formel für die Berechnung des Differenzenquotienten von A in [u; v] auf.
c) Kann der Differenzenquotient im Intervall [u; v] mit $v > u$ im gegebenen Kontext negativ sein? Begründe deine Entscheidung.
d) Berechne den Differenzenquotienten von A in den Intervallen [3; 4], [3; 3,5], [3; 3,1] und [3; 3,000001]. Was fällt dir auf?

73. Das Volumen V (in m^3) einer Kugel ist abhängig von ihrem Radius r (in m).

a) Berechne den Differenzenquotienten von V in den Intervallen [0; 2], [2; 4], [4; 6] und interpretiere die Ergebnisse.
b) Stelle eine Formel für die Berechnung des Differenzenquotienten von V in [u; v] auf.
c) Berechne den Differenzenquotient von V in den Intervallen [3; 4], [3; 3,5], [3; 3,0001] und [3; 3,000001]. Was fällt dir auf?

74. Der Umfang U eines Quadrats ist abhängig von seiner Seitenlänge a. Zeige, dass der Differenzenquotient von U in jedem Intervall [c; d] mit $c < d$ konstant ist.

Arbeitsblatt
Relative Änderung bei Exponentialfunktionen
yk25y6

75. Die Anzahl der Bakterien A in einer Probe zum Zeitpunkt t (in Stunden) kann durch A(t) modelliert werden. Berechne die **1)** absolute Änderung **2)** mittlere Änderungsrate **3)** relative Änderung von A im Intervall [a; b] und interpretiere die Ergebnisse im gegebenen Kontext.

a) $A(t) = 40 \cdot e^{0{,}346574 \cdot t}$ $a = 4$ $b = 8$
b) $A(t) = 10 \cdot e^{0{,}279574 \cdot t}$ $a = 2$ $b = 4$
c) $A(t) = 2000 \cdot e^{-0{,}135 \cdot t}$ $a = 2$ $b = 4$
d) $A(t) = 7350 \cdot e^{-0{,}574 \cdot t}$ $a = 1$ $b = 6$

AN 1.1 M
Arbeitsblatt
Änderungsmaße
zq52dx

76. In einer Schule werden die Anzahlen der ausgezeichneten Erfolge in den letzten Jahren miteinander verglichen. E(t) steht für die Anzahl der ausgezeichneten Erfolge im Jahr t, wobei $t = 0$ für das Jahr 2010 steht.
Es gilt: $\frac{E(4) - E(0)}{4} = 10$ und $\frac{E(4) - E(0)}{E(0)} \approx 0{,}182$
Kreuze die zutreffende(n) Aussage(n) an.

A	In den letzten vier Jahren ist die Anzahl der ausgezeichneten Erfolge jährlich um 10 gestiegen.	☐
B	Im Jahr 2014 gab es um 40 ausgezeichnete Erfolge mehr als im Jahr 2010.	☐
C	Die Anzahl der ausgezeichneten Erfolge ist von 2010 bis 2014 um ca. 18,2 Prozent gestiegen.	☐
D	Die mittlere Änderungsrate der ausgezeichneten Erfolge von 2010 bis 2014 ist 10.	☐
E	Es ist möglich, dass es im Jahr 2012 weniger ausgezeichnete Erfolge gegeben hat als im Jahr 2010.	☐

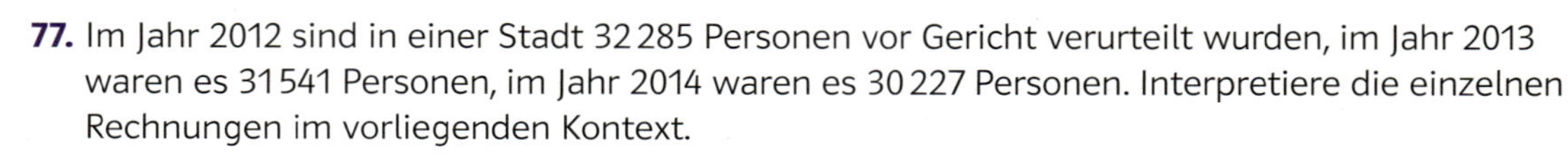
77. Im Jahr 2012 sind in einer Stadt 32 285 Personen vor Gericht verurteilt wurden, im Jahr 2013 waren es 31 541 Personen, im Jahr 2014 waren es 30 227 Personen. Interpretiere die einzelnen Rechnungen im vorliegenden Kontext.

1) $30\,227 - 32\,285 = -2\,058$ **2)** $\frac{30\,227 - 32\,285}{32\,285} \approx -0{,}064$ **3)** $\frac{30\,227 - 32\,285}{2} = -1029$

Der Differenzenquotient – die mittlere Geschwindigkeit

MUSTER

Technologie
Darstellung Berechnung des Differenzenquotienten
c7i9ei

78. Beim Bungee-Jumping gilt für den zurückgelegten Weg des Springers (wenn man den Luftwiderstand nicht berücksichtigt) $s(t) = 5t^2$ (t in Sekunden, s in Meter).

a) Berechne die mittlere Geschwindigkeit im Zeitintervall [0; 3] und [3; 7].

b) Berechne die mittlere Geschwindigkeit im Zeitintervall $[t_1; t_2]$.

a) Die mittlere Geschwindigkeit im Intervall [0; 3] wird mit $\overline{v}(0; 3)$ abgekürzt und durch $\frac{\text{zurückgelegter Weg (in Meter)}}{\text{vergangene Zeit (in Sekunden)}} = \frac{s(3) - s(0)}{3 - 0}$, also dem Differenzenquotienten, berechnet: $\overline{v}(0; 3) = \frac{45 - 0}{3 - 0} = 15\,\text{m/s}$.

b) $\overline{v}(t_1; t_2) = \frac{s(t_2) - s(t_1)}{t_2 - t_1} = \frac{5t_2^2 - 5t_1^2}{t_2 - t_1} = \frac{5 \cdot (t_2 - t_1) \cdot (t_2 + t_1)}{t_2 - t_1} = 5 \cdot (t_2 + t_1)\,\text{m/s}$

MERKE

Der Differenzenquotient – die mittlere Geschwindigkeit

Bewegt sich ein Körper gemäß der Zeit-Ort-Funktion s in Abhängigkeit von t, dann wird der Differenzenquotient im Intervall $[t_1; t_2]$ zur Berechnung der mittleren Geschwindigkeit verwendet: **mittlere Geschwindigkeit im Zeitintervall $[t_1; t_2]$: $\overline{v}(t_1; t_2) = \frac{s(t_2) - s(t_1)}{t_2 - t_1}$**

79. Wird ein Ball mit einer Abschussgeschwindigkeit von 45 m/s vom Boden lotrecht nach oben geschossen, so ist seine Höhe h (in m) nach t Sekunden ungefähr gegeben durch $h(t) = 45t - 5t^2$.

a) Berechne die mittlere Geschwindigkeit des Balls in den Intervallen [0; 2] bzw. [2; 4].

b) Berechne den Differenzenquotienten von h in den Intervallen [4; 5] bzw. [4; 8] und interpretiere die Ergebnisse im vorliegenden Kontext.

Arbeitsblatt
mittlere Geschwindigkeit
w4g4kt

80. Ein Stein wird vom Rand einer Klippe lotrecht nach oben geschossen. Nach t Sekunden hat er die Höhe (gemessen zur Meeresoberfläche) $h(t) = 85 + 35t - 5t^2$ erreicht (h in m, t in Sekunden).

a) Berechne die mittlere Geschwindigkeit des Steins in den Intervallen [0; 2] bzw. [1; 3].

b) Berechne den Differenzenquotienten von h im Intervall [4; 5] bzw. [4; 8] und interpretiere die Ergebnisse im vorliegenden Kontext.

81. In der vorliegenden Tabelle sieht man die Abfahrts- und Ankunftszeiten eines Zuges. Die Entfernung zwischen den Stationen A und B beträgt u km, zwischen B und C v km. Berechne die mittleren Geschwindigkeiten für die einzelnen Streckenabschnitte.

a)

Bahnhof	Ankunft	Abfahrt	
A		14:32	u = 65
B	15:05	15:15	v = 88
C	16:02		

b)

Bahnhof	Ankunft	Abfahrt	
A		11:35	u = 114
B	13:08	13:15	v = 152
C	16:14		

AN 1.3 **M**

82. Die Funktion s mit $s(t) = 0{,}6t^2 + 2t$ (s in m, t in Sekunden) beschreibt den zurückgelegten Weg eines Radfahrers in den ersten 15 Sekunden. Berechne den Differenzenquotienten der Funktion s im Intervall [0; 7] und interpretiere dieses Ergebnis im gegebenen Kontext.

Der Differenzenquotient – die Steigung der Sekante

In Lösungswege 6 wurde bereits der Differenzenquotient einer linearen Funktion berechnet.
Die Steigung einer linearen Funktion entspricht der Veränderung des Funktionswerts, wenn man das Argument um eins vergrößert. Daher ist diese Steigung k auch der Differenzenquotient der linearen Funktion in jedem beliebigen Intervall [a; b]. Dies kann auf folgende Art überprüft werden:

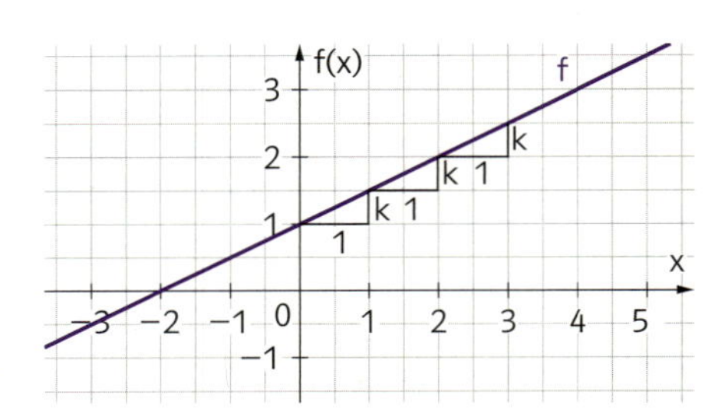

Sei f mit $f(x) = kx + d$ eine lineare Funktion. Für den Differenzenquotienten von f in [a; b] gilt:

$$\frac{f(b) - f(a)}{b - a} = \frac{kb + d - (ka + d)}{b - a} = \frac{k \cdot \cancel{(b - a)}}{\cancel{b - a}} = k$$

MERKE

Der Differenzenquotient einer linearen Funktion

Der Differenzenquotient (mittlere Änderungsrate) einer linearen Funktion f in [a; b] entspricht der Steigung k der linearen Funktion.

83. Bestimme den Differenzenquotienten der Funktion f im Intervall [a; b] ($a < b$).

a) $f(x) = 12x - 4$
b) $f(x) = 12 - 4x$
c) $f(x) = -4x + 1$
d) $f(x) = 1 - 45x$
e) $f(x) = rx + t$
f) $f(x) = v - zx$
g) $f(r) = rx + t$
h) $f(t) = rx + t$

Betrachtet man eine beliebige nicht lineare Funktion, so kann man den Differenzenquotienten im Intervall [a; b] auch als Steigung k einer linearen Funktion interpretieren, die durch die Punkte (a | f(a)) und (b | f(b)) geht. Diese lineare Funktion s wird Sekante von f in [a; b] genannt. Die Steigung der Sekante k wird auch als mittlere Änderungsrate der Funktion f im Intervall [a; b] bezeichnet.

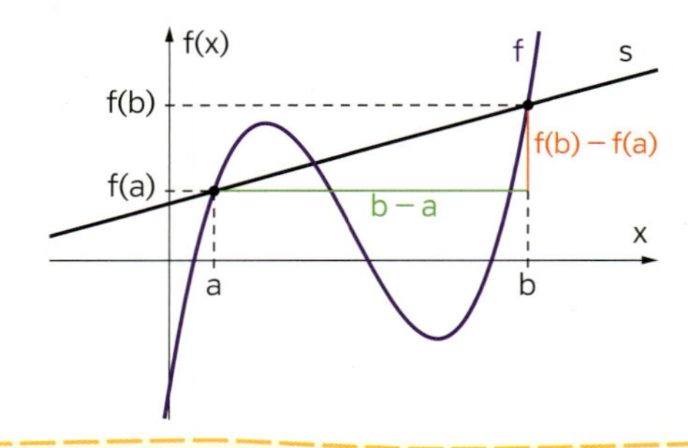

MERKE

Technologie
Darstellung
Sekantensteigung
8mb66c

Geometrische Interpretation des Differenzenquotienten einer Funktion f in [a; b]

Den **Differenzenquotienten** oder die **mittlere Änderungsrate** einer Funktion f kann man als **Steigung k der Sekante** von f in [a; b] interpretieren.
Diese Steigung entspricht dann der mittleren Änderung der Funktionswerte von f, wenn das Argument um 1 erhöht wird.

MUSTER

84. a) Berechne den Differenzenquotienten von f in [1; 10] und interpretiere diesen.
b) Stelle die Funktionsgleichung der Sekante von f in [1; 10] auf.

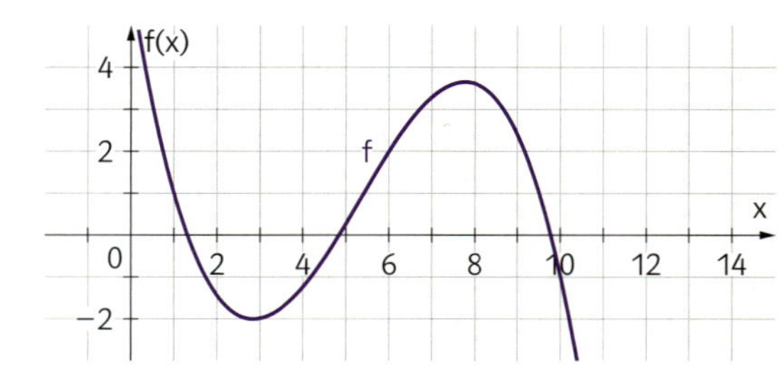

a) Es gilt $f(1) = 1$ und $f(10) = -1$.

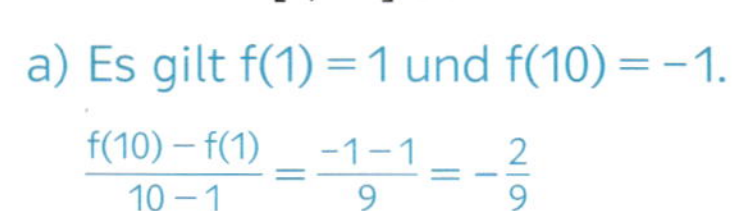

$$\frac{f(10) - f(1)}{10 - 1} = \frac{-1 - 1}{9} = -\frac{2}{9}$$

Vergrößert man das Argument von f im Intervall [1; 10] um 1, dann wird der Funktionswert im Mittel um $\frac{2}{9}$ kleiner (oder die Funktion f fällt in [1; 10] im Mittel um $\frac{2}{9}$).

b) Der Differenzenquotient von f in [1; 10] entspricht der Steigung der Sekante s. Daher kann man k und einen Punkt von s (z. B. (1 | 1)) in die Geradengleichung einsetzen:
$s(x) = k x + d \quad \rightarrow \quad 1 = -\frac{2}{9} \cdot 1 + d \quad \rightarrow \quad d = \frac{11}{9} \quad \rightarrow \quad s(x) = -\frac{2}{9} \cdot x + \frac{11}{9}$

85. Gegeben ist der Graph einer Funktion f.

1) Zeichne die Sekanten von f in [a; b] und [a; c] ein.
2) Berechne die Differenzenquotienten von f in [a; b] und [a; c] und interpretiere diese.
3) Stelle die Funktionsgleichung der Sekante von f in [a; b] und [a; c] auf.

a) a = 1; b = 4; c = 8

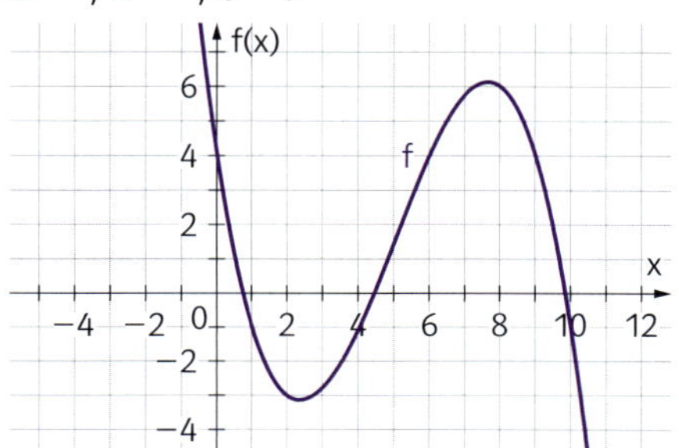

c) a = 0; b = 3; c = 8

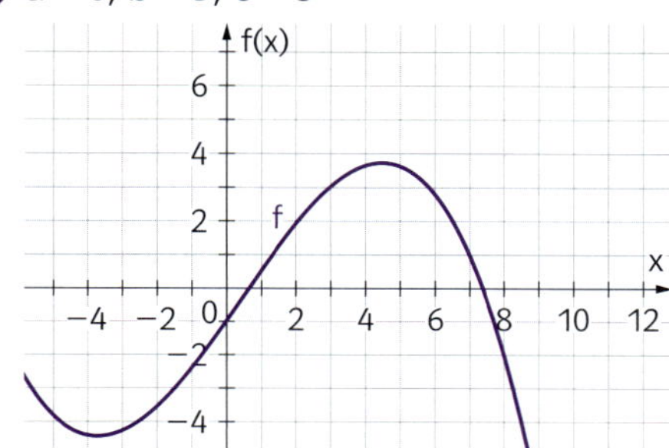

b) a = 0; b = 3; c = 7

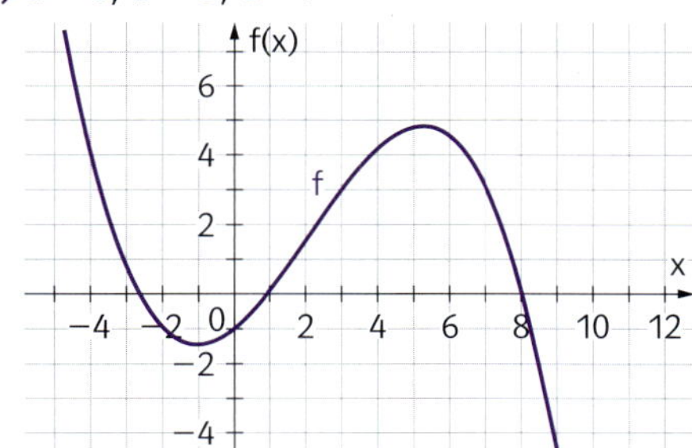

d) a = 0; b = 5; c = 8

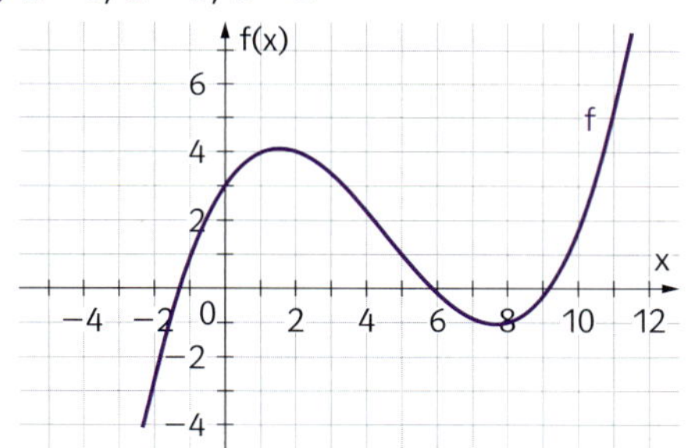

86. Berechne den Differenzenquotienten von f in [−3; 5] und interpretiere diesen.

a) $f(x) = x^2 - 3$
b) $f(x) = (x + 3) \cdot (x - 5)$
c) $f(x) = 7$
d) $f(x) = 3x^3 - 2$
e) $f(x) = x^3 - 3x^2 + 5$
f) $f(x) = -2x^3 + 3x^2 - 3$

87. Gegeben ist der Graph der Funktion f. Gib jeweils drei verschiedene Intervalle von f an, in denen die mittlere Änderungsrate von f **1)** positiv **2)** negativ ist.

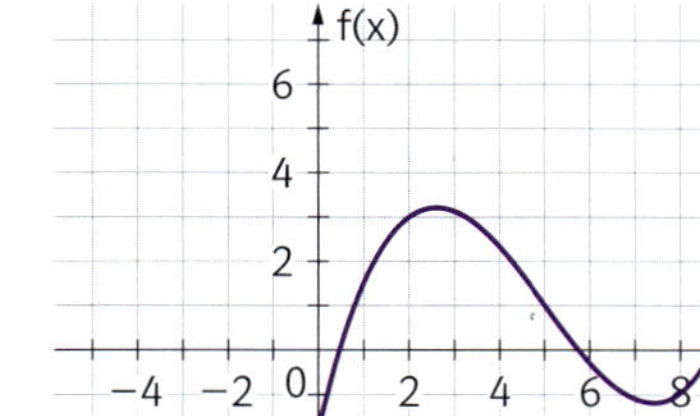

Darstellung
ekantensteigung
36bf4p

88. Gegeben sind die Funktion f und die beiden Punkte P = (u | f(u)) und Q = (r | f(r)) mit r > u. Gib an, ob die Aussage richtig ist und begründe deine Entscheidung.

a) Ist der Differenzenquotient von f in [u; r] positiv, dann ist die Funktion f streng monoton steigend.
b) Ist der Differenzenquotient von f in [u; r] konstant, dann ist die Funktion eine konstante Funktion.
c) Ist der Differenzenquotient von f in [u; r] negativ, dann gilt f(r) < f(u).
d) Ist der Differenzenquotient von f in [u; r] konstant, dann gilt P = Q.
e) Ist der Differenzenquotient von f in [u; r] konstant, dann gilt f(r) = f(u).

89. a) Gib eine Funktion an, deren mittlere Änderungsrate im Intervall [3; 5] 4 ist.
b) Gib eine Funktion an, deren mittlere Änderungsrate in jedem Intervall [a; b] 4 ist.

90. Gib eine Funktion und ein Intervall [a; b] mit den gegebenen Eigenschaften an.

a) f besitzt in [a; b] einen positiven Differenzenquotienten und ist nicht streng monoton steigend in [a; b].
b) f besitzt in [a; b] einen negativen Differenzenquotienten und ist nicht streng monoton fallend in [a; b].

91. Beweise die Gültigkeit des folgenden Satzes.

a) Ist eine Funktion f in einem Intervall [a; b] streng monoton steigend, dann ist der Differenzenquotient von f in [a; b] positiv.
b) Ist eine Funktion f in einem Intervall [a,b] streng monoton fallend, dann ist die mittlere Änderungsrate von f in [a; b] negativ.

AN 1.3 **M**

92. Vervollständige den Satz so, dass er mathematisch korrekt ist.

Ist der Differenzenquotient einer Funktion f in [a; b] ___(1)___, dann muss gelten: ___(2)___.

(1)	
positiv	☐
negativ	☐
null	☐

(2)	
f ist in [a; b] streng monoton steigend	☐
f ist eine lineare Funktion	☐
f(a) = f(b)	☐

AN 1.3 **M**

Arbeitsblatt Differenzenquotient – geometrische Interpretation k775fx

93. In der Abbildung sieht man den Graphen einer Funktion f. Kreuze die zutreffende(n) Aussage(n) an.

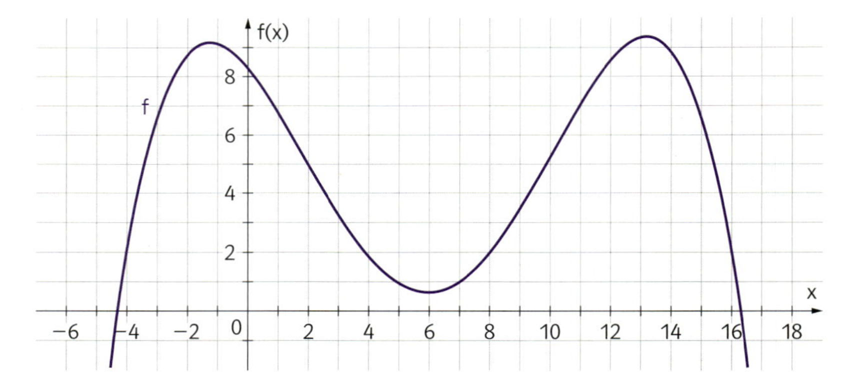

A	Der Differenzenquotient von f in [−4; 0] ist positiv.	☐
B	Die mittlere Änderungsrate von f in [−4; 2] ist 0,5.	☐
C	Die Änderung der Funktionswerte im Intervall [−4; 7] ist $-\frac{1}{11}$.	☐
D	Die Steigung der Sekante von f in [−2; 16] ist null.	☐
E	Der Differenzenquotient von f ist in jedem Intervall von f positiv.	☐

94. Gib den Differenzenquotienten der Funktion im angegebenen Intervall an.

a) $x \to h(x)$ $[r; r+s]$ **c)** $t \to h(t)$ $[s; s+v]$ **e)** $x \to S(x)$ $[u; v]$
b) $x \to V(x)$ $[-u; u]$ **d)** $x \to N(x)$ $[r-2; r+2]$ **f)** $t \to V(t)$ $[u-9; u-8]$

2.2 Der Differentialquotient

KOMPETENZEN

Lernziele:

- Den Differentialquotienten definieren und anwenden können
- Den Differentialquotienten als momentane Änderungsrate in verschiedenen Kontexten interpretieren können
- Den Differentialquotienten geometrisch deuten können

Grundkompetenzen für die schriftliche Reifeprüfung:

AN 1.1 Absolute und relative (prozentuelle) Änderungsmaße unterscheiden und angemessen verwenden können

AN 1.2 Den Zusammenhang Differenzenquotient (mittlere Änderungsrate) – Differentialquotient („momentane" Änderungsrate) auf der Grundlage eines intuitiven Grenzwertbegriffes kennen und damit (verbal sowie in formaler Schreibweise) auch kontextbezogen anwenden können

AN 1.3 Den Differenzen- und Differentialquotienten in verschiedenen Kontexten deuten und entsprechende Sachverhalte durch den Differenzen- bzw. Differentialquotienten beschreiben können

VORWISSEN

95. Führe eine Polynomdivision durch oder verwende – wenn möglich – die Regel von Horner.

a) $\frac{x^3 - 8}{x - 2}$ **b)** $\frac{x^4 - 16}{x - 2}$ **c)** $\frac{x^3 - 2x^2 - 19x + 20}{x - 5}$ **d)** $\frac{x^3 + 14x^2 + 5x - 308}{x + 7}$

Die momentane Änderungsrate

Fährt man mit dem Auto zu schnell, dann kann es vorkommen, dass man einen Strafzettel bekommt. Entweder wird man von einem Polizisten mit der Radarpistole oder von einem fix aufgestellten Radar erwischt. Es könnte z. B. passieren, dass man um 20 km/h zu schnell gefahren ist. Man spricht von der „momentanen" Geschwindigkeit.

Bei Musteraufgabe 78 wurde die durchschnittliche Geschwindigkeit eines Springers beim Bungee-Jumping berechnet. Für den zurückgelegten Weg des Springers (wenn man den Luftwiderstand nicht berücksichtigt) gilt $s(t) = 5t^2$ (t in Sekunden, s in Meter). Um die momentane Änderungsrate des Springers zum Zeitpunkt $t = 4$ s zu berechnen, kann der Differenzenquotient als Annäherung verwendet werden. Dabei kann man z. B. mit dem Intervall [4; 5] beginnen und dieses immer kleiner machen:

$\bar{v}(4; 5) = \frac{s(5) - s(4)}{5 - 4} = 45\,m/s,$ $\bar{v}(4; 4{,}1) = \frac{s(4{,}1) - s(4)}{4{,}1 - 4} = 40{,}5\,m/s$

$\bar{v}(4; 4{,}5) = \frac{s(4{,}5) - s(4)}{4{,}5 - 4} = 42{,}5\,m/s$ $\bar{v}(4; 4{,}01) = \frac{s(4{,}01) - s(4)}{4{,}01 - 4} = 40{,}05\,m/s$

$\bar{v}(4; 4{,}2) = \frac{s(4{,}2) - s(4)}{4{,}2 - 4} = 41\,m/s$ $\bar{v}(4; 4{,}0001) = \frac{s(4{,}0001) - s(4)}{4{,}0001 - 4} = 40{,}0005\,m/s$

Man könnte vermuten, dass 40 m/s die momentane Geschwindigkeit zum Zeitpunkt $t = 4$ s ist. Je kleiner man das Intervall um 4 wählt, desto mehr nähert sich die mittlere Geschwindigkeit dem Wert 40 m/s an.

Um diese Erkenntnis auch formal ausdrücken zu können, werden der Grenzwertbegriff und eine weitere Schreibweise benötigt. Die momentane Geschwindigkeit zum Zeitpunkt 4 wird mit s'(4) abgekürzt und als Differentialquotient von s zum Zeitpunkt 4 bezeichnet.

Man schreibt: $s'(4) = v(4) = \lim\limits_{t \to 4} \overline{v}(4; t) = \lim\limits_{t \to 4} \frac{s(t) - s(4)}{t - 4}$

Setzt man allerdings $t = 4$ in obiger Rechnung ein, würde man durch 0 dividieren. In den folgenden Aufgaben wird der Grenzwert vermutet. Auf Seite 35 wird ein Trick eingeführt, mit welchem man die momentane Änderungsrate für Polynomfunktionen berechnen kann.
Die momentane Änderungsrate kann auf folgende Weise interpretiert werden: Würde man mit dieser Geschwindigkeit weiterfahren, dann würde man 40 Meter in der Sekunde zurücklegen.

Die momentane Änderungsrate kann auf Funktionen erweitert werden.

MERKE

Der Differentialquotient

Sei f eine reelle Funktion, dann heißt

$f'(x) = \lim\limits_{z \to x} \frac{f(z) - f(x)}{z - x}$ **momentane (oder lokale) Änderungsrate (Differentialquotient) oder 1. Ableitung** von f an der Stelle x.

Sei s eine Zeit-Ort-Funktion, dann heißt

$v(t) = s'(t) = \lim\limits_{z \to t} \frac{s(z) - s(t)}{z - t}$ **momentane Geschwindigkeit** von s zum Zeitpunkt t.

AN 1.2 M **96.** Gegeben ist eine Zeit-Ort-Funktion s (in Meter) in Abhängigkeit von t (in Sekunden). Berechne näherungsweise die momentane Geschwindigkeit zum Zeitpunkt $t = 3$ Sekunden.

a) $s(t) = 0{,}6t^2 + 2t$ **b)** $s(t) = 5t^2 + 20t$ **c)** $s(t) = 0{,}5t^2 + 1{,}5t$ **d)** $s(t) = 5t^2 + 10t$

AN 1.2 M **97.** Gegeben ist eine Zeit-Ort-Funktion s (in Meter) mit $s(t) = 5t^2 + 0{,}5t$ (t in Sekunden). Berechne die gegebenen Ausdrücke näherungsweise.

a) $v(3)$ **b)** $s'(2)$ **c)** $\lim\limits_{z \to 5} \frac{s(z) - s(5)}{z - 5}$ **d)** $\lim\limits_{z \to 1} \frac{s(z) - s(1)}{z - 1}$ **e)** $\lim\limits_{r \to 0} \frac{s(4 + r) - s(4)}{r}$ **f)** $\lim\limits_{u \to 0} \frac{s(6 + u) - s(6)}{u}$

98. Ein Ball wird lotrecht nach oben geschossen. Seine Höhe (in m) nach t Sekunden ist ungefähr gegeben durch $h(t) = 30t - 5t^2$.

a) Gib eine Vermutung an für die momentane Geschwindigkeit des Balls zum Zeitpunkt $t = 2$ Sekunden mit Hilfe der Berechnung von Differenzenquotienten in den Intervallen [2; 3], [2; 2,5], [2; 2,1], [2; 2,000001].

b) Gib eine Vermutung an für die momentane Geschwindigkeit des Balls zum Zeitpunkt $t = 3$ Sekunden mit Hilfe der Berechnung von Differenzenquotienten.

99. Eine Kugel wird von der Dachkante eines Gebäudes lotrecht nach oben geschossen. Nach t Sekunden hat sie die Höhe h erreicht (h in m).

1) Berechne näherungsweise mit Hilfe von sehr kleinen Intervallen die Anfangsgeschwindigkeit, mit der die Kugel abgeschossen wurde.

2) Nach wie viel Sekunden schlägt die Kugel auf dem Boden auf? Berechne näherungsweise die Aufprallgeschwindigkeit der Kugel.

a) $h(t) = 105 + 20t - 5t^2$ **c)** $h(t) = 180 + 45t - 5t^2$

b) $h(t) = 40 + 35t - 5t^2$ **d)** $h(t) = 70 + 25t - 5t^2$

100. Aus einem Gefäß rinnt Wasser heraus. Der Inhalt V (in Liter) des Gefäßes nach t Sekunden ist durch V(t) gegeben.

1) Nach wie vielen Sekunden ist das Gefäß leer?

2) Berechne die momentane Änderungsrate von V zum Zeitpunkt $t = 3\,s$ näherungsweise (mit Hilfe von kleinen Intervallen) und interpretiere das Ergebnis.

a) $V(t) = (50 - t)^2$ **b)** $V(t) = -t^2 + 900$ **c)** $V(t) = -2t^2 + 98$

AN 1.3 **M**

Arbeitsblatt Differentialquotient – Schreibweise pq7e7z

101. Ein Körper bewegt sich gemäß der Zeit-Ort-Funktion s. Kreuze die zutreffende(n) Aussage(n) an.

A	Der Differenzenquotient von s in [a; b] gibt den zurückgelegten Weg des Körpers im Intervall [a; b] an.	☐
B	Der Differentialquotient von s zum Zeitpunkt u gibt die momentane Änderungsrate von s zum Zeitpunkt u an.	☐
C	Mittels $\frac{s(b) - s(a)}{b - a}$ kann die mittlere Geschwindigkeit des Körpers im Intervall [a; b] berechnet werden.	☐
D	Die momentane Geschwindigkeit von s zum Zeitpunkt h erhält man durch $\lim\limits_{t \to h} \bar{v}(h; t) = \lim\limits_{t \to h} \frac{s(t) - s(h)}{t - h}$	☐
E	Die absolute Änderung und der Differentialquotient sind immer gleich.	☐

Technologie Darstellung Differentialquotient – Darstellungen s5x9xa

102. Neben der bekannten Definition für den Differentialquotienten einer Funktion f an der Stelle x wird oft auch eine andere Schreibweise verwendet: $f'(x) = \lim\limits_{u \to 0} \frac{f(x + u) - f(x)}{u}$.

a) Schreibe den Differentialquotienten der Zeit-Ort-Funktion s mit $s(t) = 5t^2$ zum Zeitpunkt $t = 5$ in obiger Schreibweise an.

b) Wie erhält man aus obiger Formel die Formel $f'(x) = \lim\limits_{z \to x} \frac{f(z) - f(x)}{z - x}$?

Berechnen der momentanen Änderungsrate

Um die momentane Änderungsrate von s mit $s(t) = 5t^2$ zum Zeitpunkt $t = 4\,s$ zu berechnen, wird ein Trick verwendet, um die Division durch 0 zu vermeiden.

$$s'(4) = v(4) = \lim_{t \to 4} \bar{v}(4; t) = \lim_{t \to 4} \frac{s(t) - s(4)}{t - 4} = \lim_{t \to 4} \frac{5t^2 - 80}{t - 4}$$

Durch Herausheben und Anwendung der binomischen Formel erhält man:

$$s'(4) = \lim_{t \to 4} \frac{5\cancel{(t - 4)}(t + 4)}{\cancel{t - 4}} = \lim_{t \to 4} (5t + 20) = 40\,m/s$$

Mit Hilfe dieses Tricks konnte der Grenzwert berechnet werden.

Arbeitsblatt Berechnen des Differentialquotienten 9nt5nx

103. Gegeben ist eine Zeit-Ort-Funktion s (in Meter) in Abhängigkeit von t (in Sekunden). Berechne die momentane Geschwindigkeit zum Zeitpunkt t = 4 Sekunden.

a) $s(t) = 0{,}5t^2 + t$ **b)** $s(t) = 5t^2 + 15t$ **c)** $s(t) = 0{,}5t^2 + 1{,}5t$ **d)** $s(t) = 5t^2 + 10t$

104. Bestimme die momentane Änderungsrate einer linearen Funktion f mit $f(x) = kx + d$.

105. Das Volumen einer Kugel ist abhängig von ihrem Radius. Berechne die momentane Änderungsrate des Kugelvolumens für den gegebenen Radius.

a) r = 3 cm **b)** r = 7 cm **c)** r = 8 cm **d)** r = 9 cm **e)** r = u cm

TIPP → Verwende zur Berechnung des Differentialquotienten z.B. eine Polynomdivision.

TECHNOLOGIE

Technologie Anleitung Berechnen des Differentialquotienten yx39a9

Berechnen eines Differentialquotienten einer Funktion f an der Stelle u

Geogebra	f′(u)	Beispiel:	$f(x) = 3x^2 + 3$	$f'(2) = 12$
TI-Nspire	$\frac{d}{d(x)}(f(x)) \mid x = u$	Beispiel:	$f(x) := 3x^2 + 3$	$\frac{d}{d(x)}(f(x)) \mid x = 2 \;\rightarrow\; 12$

Geometrische Interpretation des Differentialquotienten – Steigung der Tangente

Wie kann der Differentialquotient geometrisch interpretiert werden?
In der ersten Abbildung sieht man eine Funktion f, zwei Punkte X und Z sowie die Sekante von f in [x; z]. Um den Differentialquotienten geometrisch interpretieren zu können, lässt man den Punkt Z entlang der Funktion f immer näher in Richtung X „wandern" (vergleiche mittlere Abbildung). Theoretisch nähert sich der Punkt unendlich nahe dem Punkt X an. Eine Grenzgerade entsteht. Man nennt diese die **Tangente von f an der Stelle x** (vergleiche rechte Abbildung). Die Steigung dieser Grenzgeraden entspricht dann dem Differentialquotienten von f an der Stelle x.

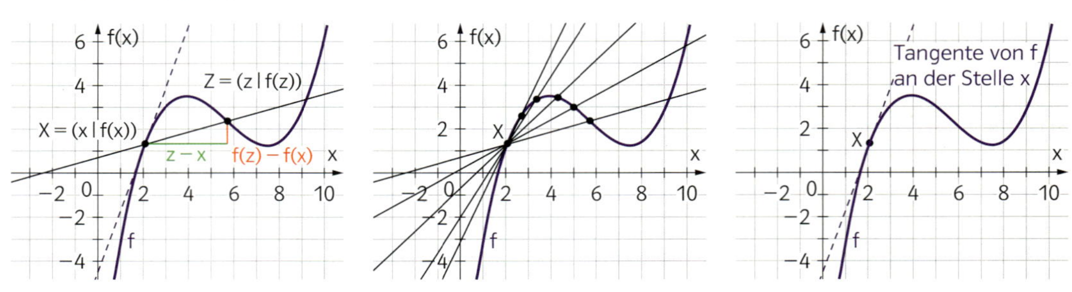

MERKE

Geometrische Interpretation des Differentialquotienten

Der Differentialquotient von f an der Stelle x ist die **Steigung der Tangente** im Punkt $P = (x \mid f(x))$.
Man schreibt: $k = f'(x) = \lim\limits_{z \to x} \frac{f(z) - f(x)}{z - x}$.
Umgekehrt versteht man unter der **Tangente einer Funktion f** an der Stelle x jene Gerade, die durch den Punkt $P = (x \mid f(x))$ geht und die Steigung $f'(x)$ besitzt.
Die Steigung dieser Tangente wird oft auch als die Steigung von f an der Stelle x bezeichnet.

AN 1.3 M **106.** In der Abbildung sieht man den Graphen von f, sowie die Tangente an der Stelle p. Gib den Differentialquotienten von f an der Stelle p an.

a) **b)** **c)**

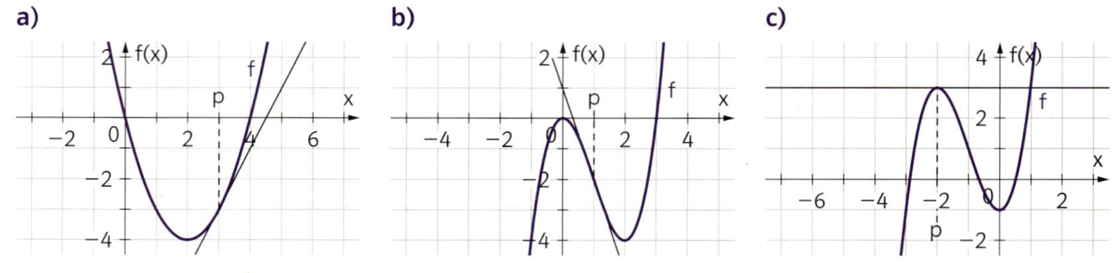

MUSTER **107.** Berechne den Differentialquotienten von f mit $f(x) = x^2 - 3x + 1$ an der Stelle 2 und stelle die Funktionsgleichung der Tangente von f an der Stelle 2 auf.

Zuerst wird die Steigung der Tangente an der Stelle 2 mit Hilfe des Differentialquotienten berechnet: $k = f'(2) = \lim\limits_{z \to 2} \frac{f(z) - f(2)}{z - 2} = \lim\limits_{z \to 2} \frac{z^2 - 3z + 1 + 1}{z - 2} = \lim\limits_{z \to 2} \frac{z^2 - 3z + 2}{z - 2} = \lim\limits_{z \to 2} (z - 1) = 1$.
(Der Zusammenhang $\frac{z^2 - 3z + 2}{z - 2} = z - 1$ kann z. B. mittels Polynomdivision erkannt werden.)
Um die Tangentengleichung zu bestimmen, muss noch der Funktionswert an der Stelle 2 ermittelt werden. Setzt man dann alle Informationen in $t(x) = kx + d$ ein, erhält man d:
$f(2) = -1 \quad \rightarrow \quad -1 = 1 \cdot 2 + d \quad \rightarrow \quad d = -3 \quad \rightarrow \quad t(x) = x - 3$

108. Gegeben ist eine Funktion f.

1) Zeichne den Graphen von f.
2) Berechne den Differentialquotienten von f an der Stelle p.
3) Gib die Funktionsgleichung der Tangente von f an der Stelle p an und zeichne den Graphen der Tangente.

a) $f(x) = x^2 - 4,\ p = 1$ **c)** $f(x) = 0{,}5x^2 - 2x,\ p = 3$
b) $f(x) = 2x^2 - 2,\ p = 1$ **d)** $f(x) = x^2 - 2x + 1,\ p = 3$

Technologie
Darstellung
ngentensteigung
Interpretation
66i573

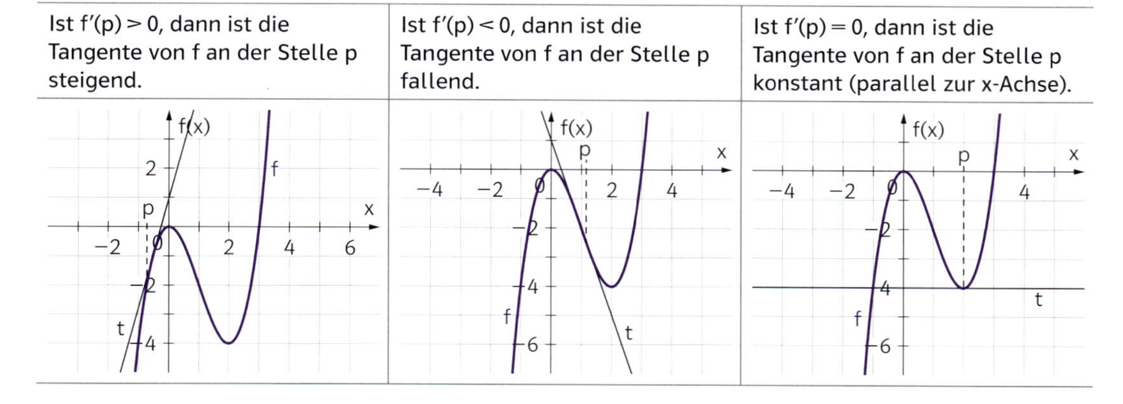

Ist $f'(p) > 0$, dann ist die Tangente von f an der Stelle p steigend.	Ist $f'(p) < 0$, dann ist die Tangente von f an der Stelle p fallend.	Ist $f'(p) = 0$, dann ist die Tangente von f an der Stelle p konstant (parallel zur x-Achse).

109. Gegeben ist der Graph einer Funktion f.

1) Ermittle eine Stelle mit positivem Funktionswert und positiver Tangentensteigung.
2) Ermittle eine Stelle mit negativem Funktionswert und positiver Tangentensteigung.
3) Ermittle eine Stelle mit negativem Funktionswert und negativer Tangentensteigung.
4) Ermittle eine Stelle mit positivem Funktionswert und Tangentensteigung 0.
5) Ermittle eine Stelle mit negativem Funktionswert und Tangentensteigung 0.

a)

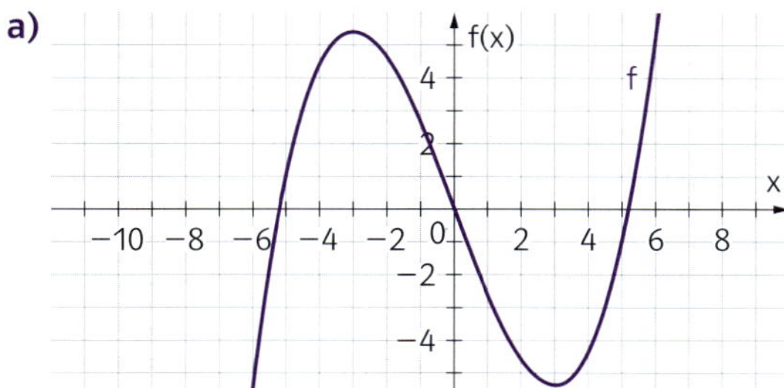

b)

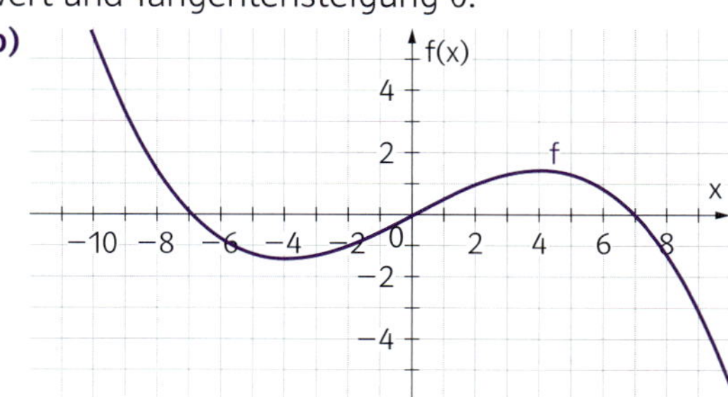

110. Gegeben ist der Graph einer Funktion f.

1) Gib ein Intervall an, in dem die Steigung von f an jeder Stelle positiv ist.
2) Gib ein Intervall an, in dem die Steigung von f an jeder Stelle negativ ist.
3) Gib zwei Stellen an, bei denen die Tangentensteigung von f gleich 0 ist.
4) Gib ein Intervall an, in dem die Funktionswerte von f an jeder Stelle negativ sind.

a)

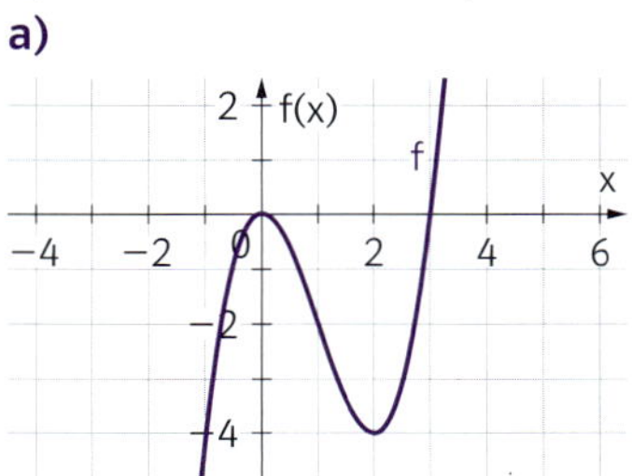

b)

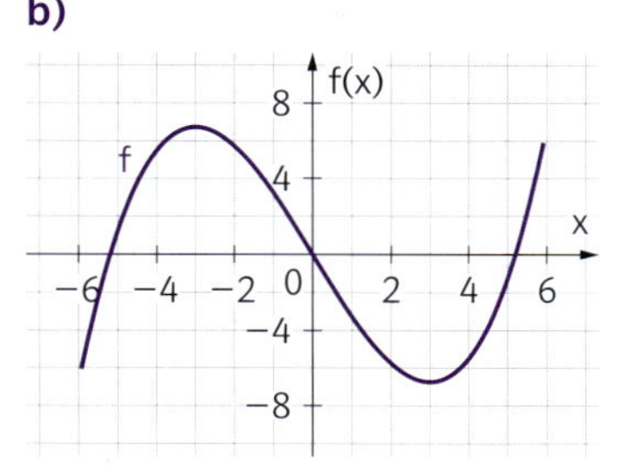

c)

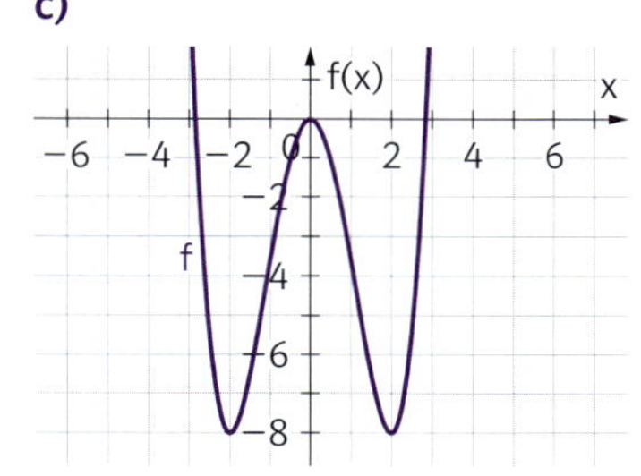

AN 1.3 **M**

111. Zeichne den Graphen einer Funktion f im Intervall [0; 7] mit folgenden Eigenschaften:

$f'(3) > 0$ $f(x) < 0$ für alle $x \in [0; 5]$ $f'(5) < 0$ $f(x) > 0$ für alle $x \in [6; 7]$

AN 1.3 **M**

Arbeitsblatt Maturaformat – Differentialrechung sv264p

112. Die Abbildung zeigt den Graphen der Funktion f. Kreuze die zutreffende(n) Aussage(n) an.

A	$f'(x)$ ist negativ für alle $x \in [7; 10]$.	☐
B	Der Differenzenquotient von f in [2; 9] ist negativ.	☐
C	Die momentane Änderungsrate von f an der Stelle 8 ist 2.	☐
D	Der Differentialquotient von f an der Stelle 2 ist positiv.	☐
E	$f'(5) = 3$	☐

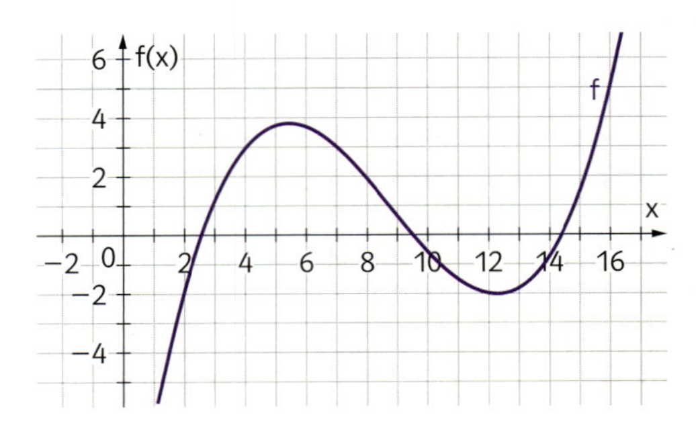

Arbeitsblatt Funktionen und ihre Eigenschaften z9fc8k

113. Gib an, welche Eigenschaften auf die Funktion f zutreffen.

1) $f(x) > 0$ für alle $x \in [2; 5]$
2) $f(x) \leq 0$ für alle $x \in [2; 5]$
3) $f(3) = f(5)$
4) $f'(x) > 0$ für alle $x \in [3; 6]$
5) $f'(x) < 0$ für alle $x \in (1; 3)$
6) Der Differenzenquotient von f im Intervall [0; 7] ist $\frac{1}{7}$.
7) Die Steigung der Sekante von f im Intervall [2; 5] ist $-\frac{2}{3}$.
8) Der Differentialquotient von f an der Stelle 4 ist positiv.
9) Die momentane Änderungsrate von f an der Stelle 1 ist negativ.
10) Der Steigung der Funktion f an der Stelle 6 ist positiv.

a)

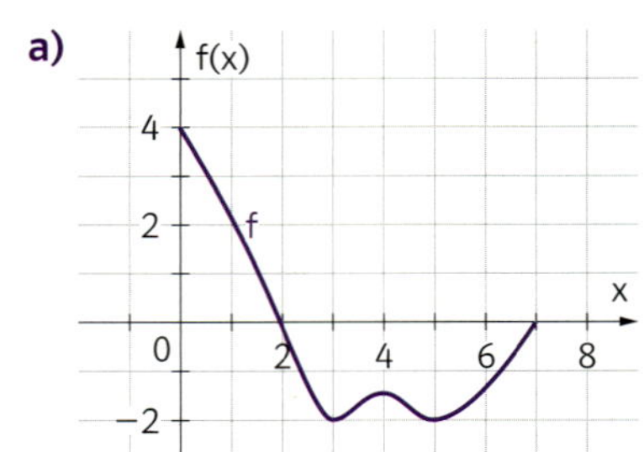

c)

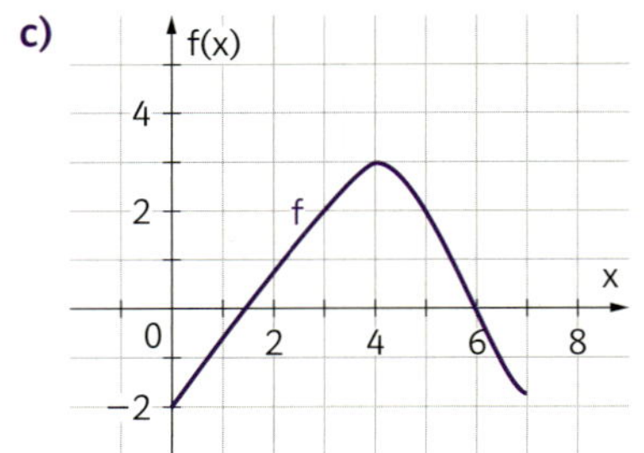

b)

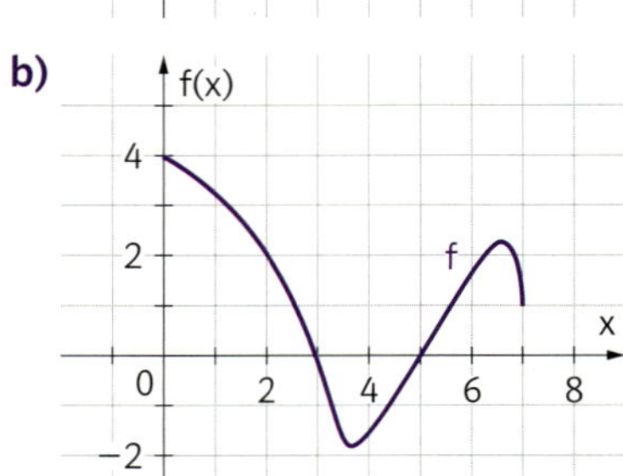

d)

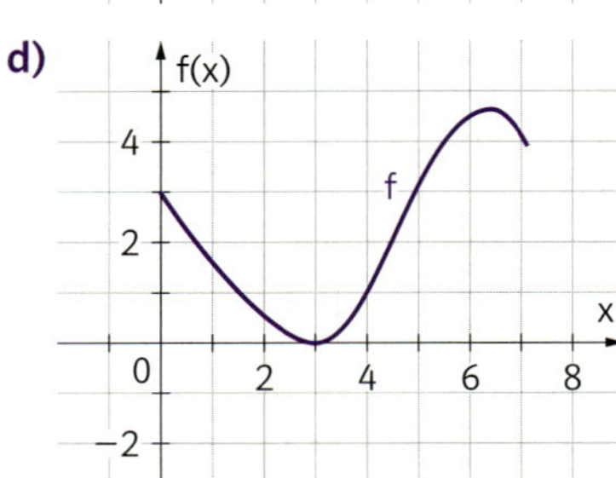

R

114. In den letzten Seiten wurden die Begriffe Differenzenquotient, Differentialquotient, Tangente, Sekante, momentane Änderungsrate, mittlere Änderungsrate, Momentangeschwindigkeit und Durchschnittsgeschwindigkeit erarbeitet. Fasse die einzelnen Begriffe zusammen und zeige Zusammenhänge auf.

2.3 Einfache Ableitungsregeln

KOMPETENZEN

Lernziele:

- Die Ableitungsfunktion einer Funktion definieren, interpretieren und bilden können
- Die Potenzregel, Summenregel, Differenzenregel anwenden können
- Die Gleichung der Tangente an eine Funktion an einer Stelle aufstellen können
- Höhere Ableitungen bilden können
- Die Schreibweise von Leibniz anwenden können

Grundkompetenzen für die schriftliche Reifeprüfung:

AN 1.3 Den Differenzen- und Differentialquotienten in verschiedenen Kontexten deuten und entsprechende Sachverhalte durch den Differenzen- bzw. Differentialquotienten beschreiben können

AN 2.1 Einfache Regeln des Differenzierens kennen und anwenden können: Potenzregel, Summenregel, Regeln für $[k \cdot f(x)]'$ […]

AN 3.1 Den Begriff Ableitungsfunktion […] kennen und zur Beschreibung von Funktionen einsetzen können

Das Berechnen des Differentialquotienten kann recht aufwändig sein. Um diese Berechnung zu vereinfachen, kann man mit Hilfe von Regeln die Ableitungsfunktion von f bilden.

MERKE

Ableitungsfunktion einer Funktion f

Die **Funktion f': $D \to \mathbb{R}$** nennt man **Ableitungsfunktion** von f (oder kurz Ableitung von f). Der Funktionswert von f' an der Stelle x entspricht der Steigung der Tangente von f an der Stelle x. Das Berechnen der Ableitungsfunktion nennt man **ableiten** oder **differenzieren**.

MUSTER

115. Berechne die Ableitungsfunktion von f mit $f(x) = x^5$.

Durch Anwendung der Regel von Horner und anschließendem Kürzen erhält man:

$$f'(x) = \lim_{z \to x} \frac{z^5 - x^5}{z - x} = \lim_{z \to x} \frac{\cancel{(z-x)} \cdot (z^4 + z^3x + z^2x^2 + zx^3 + x^4)}{\cancel{z-x}} = x^4 + x^3 \cdot x + x^2 \cdot x^2 + x \cdot x^3 + x^4 = 5x^4$$

116. Bilde die Ableitungsfunktion von f mit Hilfe des Differentialquotienten.

a) $f(x) = x^2$ **b)** $f(x) = x^3$ **c)** $f(x) = x^4$ **d)** $f(x) = x^5$ **e)** $f(x) = x^7$

Wendet man die Definition des Differentialquotienten auf eine Potenzfunktion f mit $f(x) = x^n$ ($n \in \mathbb{N} \setminus \{0\}$) an, so erhält man die Potenzregel.

MERKE

Potenzregel (Ableitung von Potenzfunktionen)

Die Ableitungsfunktion einer Funktion f: $\mathbb{R} \to \mathbb{R}$ mit $f(x) = x^n$ ($n \in \mathbb{N} \setminus \{0\}$) ist gegeben durch:

$$f'(x) = n \cdot x^{n-1}$$

Beweis: Es gilt: $f'(x) = \lim_{z \to x} \frac{f(z) - f(x)}{z - x} = \lim_{z \to x} \frac{z^n - x^n}{z - x}$

Durch Anwendung der Regel von Horner erhält man:

$$f'(x) = \lim_{z \to x} \frac{z^n - x^n}{z - x} = \lim_{z \to x} \frac{\cancel{(z-x)} \cdot (z^{n-1} + z^{n-2}x + z^{n-3}x^2 + \ldots + z^1x^{n-2} + x^{n-1})}{\cancel{z-x}}$$

$$= \lim_{z \to x} (z^{n-1} + z^{n-2}x + z^{n-3}x^2 + \ldots + z^1x^{n-2} + x^{n-1}) = x^{n-1} + x^{n-2}x + \ldots + x\,x^{n-2} + x^{n-1}.$$

Fasst man obigen Ausdruck zusammen erhält man: $f'(x) = n \cdot x^{n-1}$.

MUSTER

117. Bilde die Ableitungsfunktion der Funktion f mit $f(x) = x^7$ und gib die Steigung der Tangente von f an der Stelle −2 an.

Um die Ableitungsfunktion zu bilden, wird die Potenzregel verwendet: $f'(x) = 7x^{7-1} = 7x^6$.
Da man mit Hilfe der Ableitung die Steigung der Tangente von f an der Stelle −2 berechnen kann, gilt: $k = f'(-2) = 7 \cdot (-2)^5 = 7 \cdot (-32) = -224$.

118. Bilde die Ableitungsfunktion der Funktion f und gib die Steigung der Tangente von f an der Stelle −1 an.

a) $f(x) = x^5$ **c)** $f(x) = x^3$ **e)** $f(x) = x^9$ **g)** $f(x) = x^{34}$ **i)** $f(x) = x^{12}$
b) $f(x) = x^4$ **d)** $f(x) = x^6$ **f)** $f(x) = x^{11}$ **h)** $f(x) = x^{25}$ **j)** $f(x) = x^2$

119. Die Ableitungsfunktion der Funktion $f: \mathbb{R} \to \mathbb{R}$ mit $f(x) = x$ ist gegeben durch $f'(x) = 1$.

a) Erkläre die Richtigkeit der Aussage mit Hilfe des Differentialquotienten.
b) Erkläre die Richtigkeit der Aussage mit Hilfe der Potenzregel.
c) Erkläre die Richtigkeit der Aussage mit Hilfe der geometrischen Interpretation des Differentialquotienten.

Um auch Ausdrücke der Form $f(x) = 2x^3 + 12x + 8$ ableiten zu können, werden weitere Regeln benötigt. (Beweis der Regeln 1 und 3 sind auf Seite 268 zu finden. Regel 2 wird in Aufgabe 123 bewiesen.)

MERKE

Ableitungsregeln

- **Regel der multiplikativen Konstante**
  $f(x) = k \cdot g(x), (k \in \mathbb{R}) \to f'(x) = k \cdot g'(x)$ Beispiel: $f(x) = 3 \cdot x^4$ $f'(x) = 3 \cdot 4 \cdot x^3 = 12 \cdot x^3$
- **Ableitung einer konstanten Funktion**
  $f(x) = c, (c \in \mathbb{R}) \to f'(x) = 0$ Beispiel: $f(x) = 10$ $f'(x) = 0$
- **Summen- bzw. Differenzenregel**
  $f(x) = g(x) \pm h(x) \to f'(x) = g'(x) \pm h'(x)$ Beispiel: $f(x) = x^2 + x^3$ $f'(x) = 2x + 3x^2$

MUSTER

120. Bilde die Ableitungsfunktion der Funktion f mit $f(x) = 3x^4 + 7x^2 + 3x - 9$.

Zur Ableitung dieser Funktion werden alle obigen Regeln benötigt:
$f'(x) = 3 \cdot 4x^3 + 7 \cdot 2x + 3 = 12x^3 + 14x + 3$

TECHNOLOGIE

Technologie Anleitung Berechnung der Ableitungsfunktion bk6c5m

Berechnen der Ableitungsfunktion einer Funktion f

Geogebra	$f'(x)$	Beispiel:	$f(x) := 3x^2 + 3$	$f'(x)$	$6x$
TI-Nspire	$\frac{d}{dx}(f(x))$	Beispiel:	$f(x) := 3x^2 + 3$	$\frac{d}{dx}(f(x))$	$6x$

121. Bilde die Ableitungsfunktion der Funktion f und erkläre, welche Regeln du verwendet hast.

a) $f(x) = 4x^3$ **c)** $f(x) = -8x^6$ **e)** $f(x) = 5x^9$ **g)** $f(x) = \frac{3}{4}x^{21}$ **i)** $f(x) = \frac{7x^{12}}{4}$

b) $f(x) = -5x^4$ **d)** $f(x) = -2x^7$ **f)** $f(x) = -0{,}5x^{11}$ **h)** $f(x) = -\frac{7}{5}x^{25}$ **j)** $f(x) = -\frac{2x^9}{18}$

122. Bilde die Ableitungsfunktion der Funktion f und erkläre, welche Regeln du verwendet hast.

a) $f(x) = x$ **b)** $f(x) = -24$ **c)** $f(x) = -x$ **d)** $f(x) = 15$ **e)** $f(x) = 102x$ **f)** $f(x) = -99$ **g)** $f(x) = 12x$ **h)** $f(x) = -4205$ **i)** $f(x) = -8x$ **j)** $f(x) = -33$

123. Die Ableitungsfunktion der Funktion $f: \mathbb{R} \to \mathbb{R}$ mit $f(x) = c$ $(c \in \mathbb{R})$ ist gegeben durch $f'(x) = 0$.

a) Erkläre die Richtigkeit der Aussage mit Hilfe des Differentialquotienten.
b) Erkläre die Richtigkeit der Aussage mit Hilfe der geometrischen Interpretation des Differentialquotienten.

124. Bilde die Ableitungsfunktion der Funktion f und erkläre, welche Regeln du verwendet hast.

a) $f(x) = x^2 - x$ **b)** $f(x) = x^7 + x$ **c)** $f(x) = x^{14} - x^5$ **d)** $f(x) = x^{22} + 4$

125. Bilde die Ableitungsfunktion der Funktion f.

a) $f(x) = -3x^2 - 5x + 999999$
b) $f(x) = -12x^4 - 5x^3 - 5x^2 - 3$
c) $f(x) = -3x^5 + 12x^2 - 6x$
d) $f(x) = 22x^2 - 5x^4 + 7x - 3$
e) $f(x) = -12x^3 - x^2 - 3x$
f) $f(x) = -3x^2 - 5x^3 - x$
g) $f(x) = -3x^9 - x^3 + x$
h) $f(x) = -4x^3 + x + 0{,}5$

126. Bilde die Ableitungsfunktion der Funktion f.

a) $f(x) = -\frac{3}{5}x^4 + \frac{3}{6}x^3 - \frac{3}{8}x + \frac{2}{3}$
b) $f(x) = \frac{7}{25}x^5 + \frac{2}{7}x^7 - \frac{3}{2}x^2 + \frac{2}{4}x$
c) $f(x) = -\frac{2}{22}x^{11} + \frac{1}{8}x^4 - \frac{6}{5}x - 2$
d) $f(x) = -\frac{3x^4}{8} + \frac{2x^3}{9} - x + 8$

127. Bilde die Ableitungsfunktion der Funktion f.

a) $f(x) = (x - 3) \cdot (x + 2)$ **b)** $f(x) = (x - 5) \cdot (x + 4)$ **c)** $f(x) = (x - 1) \cdot (x - 3)$

Beachte, dass du (bis jetzt) nur Polynome differenzieren kannst. Das Produkt muss zuerst ausmultipliziert werden.

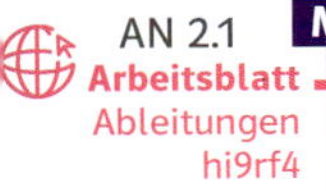

M **128.** Ordne den Funktionen die jeweils richtige Ableitung zu.

1	$f(x) = 3x^3 - 3x^2 - 2$	
2	$f(x) = 3x^3 - 3x - 2$	
3	$f(x) = 3x^3 - 2x$	
4	$f(x) = 6x^3 - 2x$	

A	$f'(x) = 18x^2 - 2$
B	$f'(x) = 9x^2 - 6x - 2$
C	$f'(x) = 9x^2 - 3$
D	$f'(x) = 9x^2 - 2$
E	$f'(x) = 9x^2 - 2x$
F	$f'(x) = 9x^2 - 6x$

MUSTER

129. Bestimme die Funktionsgleichung der Tangente an der Stelle 6 der Funktion f mit $f(x) = -\frac{2}{3}x^2 + 3$.

Um die Steigung der Funktion an der Stelle 6 zu berechnen, muss zuerst die Ableitungsfunktion berechnet werden: $f'(x) = -\frac{4}{3}x \quad \to \quad k = f'(6) = -\frac{4}{3} \cdot 6 = -8$

Um die Funktionsgleichung der Tangente zu erhalten, wird noch ein Punkt benötigt. Diesen erhält man durch Einsetzen von $x = 6$ in die Funktionsgleichung:

$$f(6) = -\frac{2}{3} \cdot 6^2 + 3 = -21 \quad \to \quad P = (6 \mid -21)$$

Durch Einsetzen in die Funktionsgleichung $t(x) = kx + d$ erhält man die Tangentengleichung:

$$-21 = (-8) \cdot 6 + d \quad \to \quad d = 27 \quad \to \quad t(x) = -8x + 27$$

130. Bestimme die Funktionsgleichung der Tangente der Funktion f im Punkt (p/f(p)).

a) $f(x) = 3x^2 - 3x$ $\quad p = -4$
b) $f(x) = -4x^2 + 12x$ $\quad p = 1$
c) $f(x) = 3x^3 - 3x^2$ $\quad p = 1$
d) $f(x) = -2x^3 + x^2$ $\quad p = 0{,}5$
e) $f(x) = x^2 - 6x + 9$ $\quad p = -2$
f) $f(x) = -12x^3$ $\quad p = 0$

TECHNO-LOGIE

Technologie Anleitung Tangenten xh98rg

Funktionsgleichung der Tangente einer Funktion f an einer Stelle p

Geogebra	Tangente(p,Funktion)	Beispiel: $f(x) = 3x^2$	Tangente(2,f) $y = 12x - 12$

MUSTER

131. Ermittle jene Punkte des Graphen der Funktion f mit $f(x) = x^3 - 3x^2 + 5$, in denen die Steigung der Tangente gleich 9 ist.

Die Steigungen der Tangenten an die Funktion erhält man mit Hilfe der ersten Ableitung.
$f'(x) = 3x^2 - 6x$

Da jene Punkte gesucht sind, deren Tangente die Steigung 9 besitzen, muss gelten:
$f'(x) = 9 \quad \rightarrow \quad 3x^2 - 6x = 9 \quad \rightarrow \quad x^2 - 2x - 3 = 0$

Durch Lösen der Gleichung erhält man $x_1 = -1$ und $x_2 = 3$.

Durch Einsetzen in die Funktion f erhält man die y-Werte und somit die gesuchten Punkte.
$f(-1) = 1 \quad f(3) = 5 \quad \rightarrow \quad P_1 = (-1|1) \quad P_2 = (3|5)$

132. Ermittle jene Punkte des Graphen der Funktion f, in denen die Steigung der Tangente gleich r ist.

a) $f(x) = 6x^2 - 12x$ $\quad r = 4$
b) $f(x) = -2x^2 + 15x - 4$ $\quad r = -9$
c) $f(x) = -3x^3 + 9x^2 + 4$ $\quad r = -216$
d) $f(x) = x^3 - 6x^2$ $\quad r = -9$

MUSTER

133. Bestimme alle Punkte auf dem Graphen der Funktion f mit $f(x) = x^4 - 38x^2 + 5$, in denen die Tangente parallel zur Geraden g mit $120x + y = -3$ ist.

Zwei Geraden sind parallel, wenn sie dieselbe Steigung besitzen. Aus diesem Grund muss zuerst die Steigung von g abgelesen werden:
$g: y = -120x - 3 \quad \rightarrow \quad k = -120$

Um nun alle Punkte auf dem Graphen von f zu finden, in denen die Steigung der Tangente −120 ist, muss die erste Ableitung von f gebildet werden. Anschließend setzt man f′(x) gleich der Steigung k:
$f'(x) = 4x^3 - 76x \quad \rightarrow \quad -120 = 4x^3 - 76x$

Durch Lösen der Gleichung mit z. B. Polynomdivision oder Technologie erhält man:
$x_1 = -5 \quad x_2 = 2 \quad x_3 = 3$

Durch Einsetzen der x-Werte in die Funktion erhält man die Funktionswerte und damit die gesuchten Punkte: $f(-5) = -320$ $\quad f(2) = -131$ $\quad f(3) = -256$
$P_1 = (-5|-320) \quad P_2 = (2|-131) \quad P_3 = (3|-256)$

134. Bestimme alle Punkte auf dem Graphen der Funktion f, in denen die Tangente parallel zur Geraden g ist.

a) $f(x) = x^2 - 5x + 4$ $\quad g: x - 2y = 3$
b) $f(x) = 3x^2 - 2x + 6$ $\quad g: 3x = 5 + 3y$
c) $f(x) = \frac{x^3}{3} - \frac{7x^2}{2} + 3x + 4$ $\quad g: 81x + 9y = 5$
d) $f(x) = \frac{x^4}{4} - 2x^3 - \frac{9x^2}{2} + 1$ $\quad g: -14x = 5 + y$

Technologie
Anleitung
Lösen der
Aufgabe
xd4j46

135. Bestimme alle Tangentengleichungen der Funktion f, die parallel zur Geraden g sind.

a) $f(x) = x^2 - 9x + 13$ g: $3x - 5y = 7$

b) $f(x) = -2x^2 + \frac{3}{4}x - 1$ g: $2x + 4y = -2$

c) $f(x) = \frac{x^3}{3} + \frac{3x^2}{2} - 7x + 1$ g: $6x - 2y = 1$

d) $f(x) = \frac{x^3}{3} + \frac{x^2}{30} + 4$ g: $2x - 15y = 5$

Technologie
Darstellung
f und f′
tc7u6g

136. Berechne die Ableitungsfunktion f′ der Funktion f und erstelle eine Wertetabelle für beide Funktionen. Zeichne beide Graphen in ein Koordinatensystem ein. Welche Zusammenhänge bestehen zwischen f und f′?

a) $f(x) = x^2 - 4x + 3$

b) $f(x) = x^2 - 3x + 2$

c) $f(x) = x^3 - 4x^2 + 2x + 1$

d) $f(x) = -x^3 - 2x^2 + 2x + 1$

137. Gegeben ist der Graph der Ableitungsfunktion einer Funktion f. Der Punkt P liegt auf dem Graphen der Funktion f. Bestimme die Gleichung der Tangente der Funktion f durch den Punkt P.

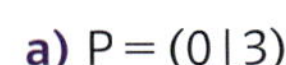

a) P = (0 | 3)

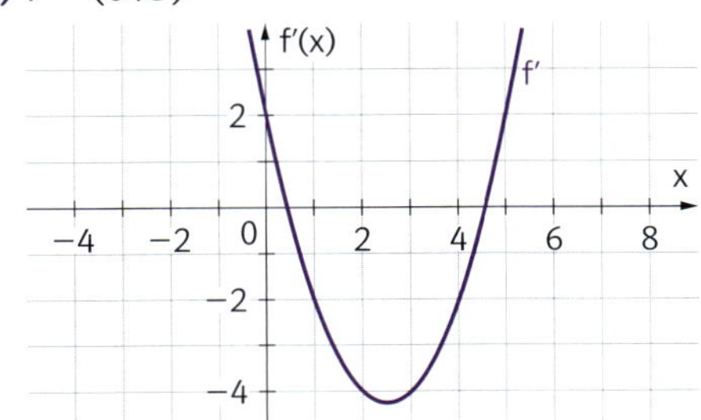

b) P = (3 | –2)

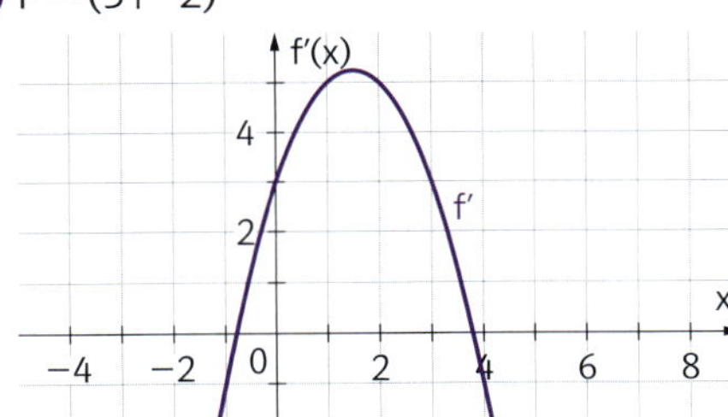

c) P = (1 | 0)

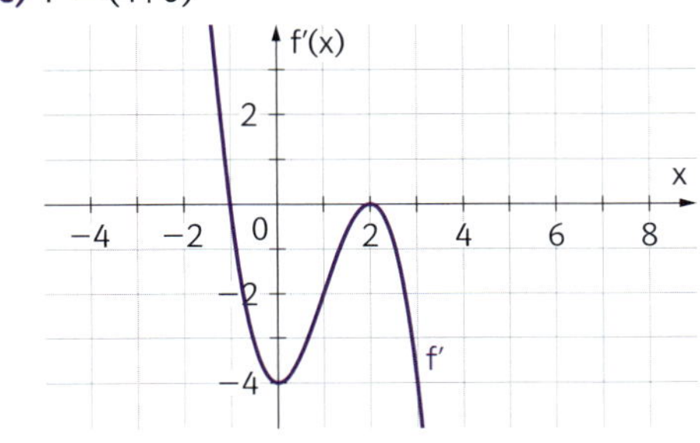

d) P = (–1 | 6)

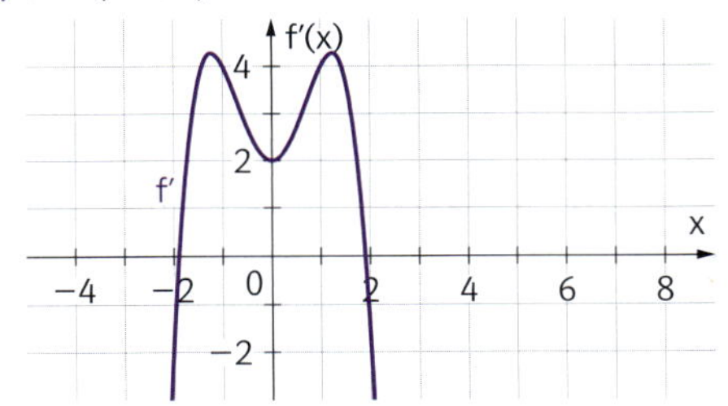

Anwendungsaufgaben

138. Beim Klippenspringen springen Sportlerinnen und Sportler von einer Klippe. Dabei müssen sie möglichst schwierige Figuren während des Sprungs zeigen. Auch die Landung im Wasser ist dabei wichtig. In Barcelona fand im Jahr 2013 ein Klippenspringen statt. Dabei sprangen die Frauen aus ca. 20 Meter Höhe, die Männer aus ca. 27 Meter ins Wasser. Der zurückgelegte Weg der Athletinnen und Athleten nach dem Sprung ist näherungsweise gegeben durch $s(t) = \frac{g}{2} \cdot t^2$ (s in Meter, t in Sekunden), wobei g für die Erdbeschleunigung mit ca. $10\,m/s^2$ steht.

a) Berechne die erste Ableitung von s und erkläre ihre Bedeutung im gegebenen Kontext.

b) Mit welcher Geschwindigkeit landen die Athletinnen bzw. die Athleten im Wasser?

c) Was beschreibt die Funktion h mit $h(t) = 20 - 5t^2$?

d) Zeige allgemein, dass Athletinnen beim Klippensprung von einer u Meter hohen Klippe mit einer Geschwindigkeit $v = \sqrt{2gu}$ m/s im Wasser landen.

139. In einer Stadt kann die Temperatur T (in Grad Celsius) eines bestimmten Tages zwischen 6 und 18 Uhr durch die Funktion T in Abhängigkeit von der Zeit (t in Stunden) beschrieben werden.

$$T(t) = -0{,}01t^3 + 0{,}15t^2 + 1{,}17t + 5{,}89$$

T(12) beschreibt z. B. die Temperatur zu Mittag.

a) Skizziere den Graphen von T im Intervall [6; 18].

b) Berechne den Differenzenquotienten von T im Intervall [6; 18] und interpretiere das Ergebnis.

c) Berechne die momentane Änderungsrate von T zu den Zeitpunkten $t = 8$, $t = 12$ und $t = 17$. Interpretiere die Ergebnisse im gegebenen Kontext. Was bedeutet eine negative momentane Änderungsrate von T?

140. Wird eine Kugel aus h_0 Meter Höhe mit einer Anfangsgeschwindigkeit von v_0 m/s lotrecht nach oben geschossen, so ist ihre Höhe h nach t Sekunden ungefähr gegeben durch $h(t) = -5t^2 + v_0 t + h_0$. Die Kugel wird aus 80 Meter Höhe mit einer Anfangsgeschwindigkeit von 30 m/s geschossen.

a) Berechne die Ableitung von h und erkläre ihre Bedeutung im gegebenen Kontext.

b) Berechne die mittlere Änderungsrate von h in [1; 3] und [2; 7] und interpretiere die Ergebnisse.

c) Nach welcher Zeit und mit welcher Geschwindigkeit landet die Kugel auf dem Boden?

d) Nach wie viel Sekunden hat die Kugel eine momentane Geschwindigkeit von 15 m/s erreicht?

e) Überprüfe allgemein, dass v_0 die Anfangsgeschwindigkeit und h_0 die Anfangshöhe ist.

141. Wird eine Kugel vom Boden mit einer Anfangsgeschwindigkeit von v_0 m/s lotrecht nach oben geschossen, so ist ihre Höhe h nach t Sekunden ungefähr gegeben durch $h(t) = -5t^2 + v_0 t$.

a) Berechne die Ableitung von h und erkläre ihre Bedeutung im gegebenen Kontext.

b) Überprüfe allgemein, dass v_0 die Anfangsgeschwindigkeit der Kugel ist.

c) Nach welcher Zeit und mit welcher Geschwindigkeit landet die Kugel wieder auf dem Boden?

142. Ein Körper bewegt sich gemäß der Zeit-Ort Funktion s mit $s(t) = 0{,}4t^2 + t$ (t in Meter, s in Sekunden).

a) Berechne den Differenzenquotienten von s im Zeitintervall [1; 3] und interpretiere das Ergebnis im gegebenen Kontext.

b) Berechne die Geschwindigkeit des Körpers zu den Zeitpunkten $t = 3$ s; 5 s; 8 s.

c) Zu welchem Zeitpunkt hat der Körper eine Geschwindigkeit von 9 m/s erreicht?

d) Die Ableitungsfunktion von s lautet: $s'(t) = 0{,}8t + 1$. Interpretiere den Wert 0,8 in der Ableitungsfunktion von s.

143. a) Sei V(r) das Volumen einer Kugel abhängig von ihrem Radius. Leite V einmal nach ihrem Radius ab. Was fällt dir auf?

b) Sei A(r) der Flächeninhalt eines Kreises abhängig von seinem Radius. Leite A einmal nach seinem Radius ab. Was fällt dir auf?

c) Sei V(r) das Volumen eines Zylinders mit konstanter Höhe abhängig von seinem Radius. Leite V einmal nach seinem Radius ab. Was fällt dir auf?

d) Sei V(h) das Volumen eines Zylinders mit konstantem Radius abhängig von seiner Höhe h. Leite V einmal nach seiner Höhe ab. Was fällt dir auf?

Leibniz'sche Schreibweise

Sehr oft wird der Differenzen- und Differentialquotient auch anders angeschrieben. Diese Schreibweise geht auf Gottfried Wilhelm Leibniz zurück und wird in den Naturwissenschaften oft verwendet. Dabei hat er folgende Schreibweise verwendet:

$z - x = \Delta x$ (Delta x) $f(z) - f(x) = \Delta y$ oder $f(z) - f(x) = \Delta f$

Mit Hilfe dieser Abkürzungen kann der Differenzen- und Differentialquotient umgeschrieben werden.

Differenzenquotient

$$\frac{f(z) - f(x)}{z - x} = \frac{\Delta y}{\Delta x}$$

Differentialquotient

$$f'(x) = \lim_{z \to x} \frac{f(z) - f(x)}{z - x} = \lim_{\Delta x \to 0} \frac{\Delta y}{\Delta x} = \lim_{\Delta x \to 0} \frac{\Delta f}{\Delta x}$$

Nähert sich beim Differentialquotient z unbegrenzt der Zahl x, so werden Δy und Δx immer kleiner. Den Grenzwert, der bis jetzt mit $f'(x)$ bezeichnet wurde, nannte Leibniz $\frac{dy}{dx}$. Die Teile dy und dx nannte er Differentiale und den Ausdruck $\frac{dy}{dx}$ Differentialquotient. Da die beiden Differentiale in diesem Zusammenhang als Bruch keinen Sinn machen, wird der Ausdruck als „dy nach dx" gelesen.

MUSTER

144. Gegeben ist die Funktion f mit $f(x) = x^3 - 3x^2 + 5x - 7$. Berechne $f'(x)$ und schreibe mit Hilfe der Leibniz'schen Schreibweise an.

$\frac{df}{dx} = 3x^2 - 6x + 5$

145. Berechne die erste Ableitung der Funktion f und schreibe diese mit Hilfe der Leibniz'schen Schreibweise an.

a) $f(x) = x^3 - 3x^2 + 5x - 7$
b) $f(a) = a^4 - 7a^2 + 5a$
c) $f(c) = c^8 - 4c^3 + c - 2$
d) $f(v) = -3v^3 + 2v^2 - 5v + 1$

146. Schreibe die Aussage in der Schreibweise von Leibniz an.

a) $U'(s) = \lim_{z \to s} \frac{U(z) - U(s)}{z - s}$ **b)** $R'(t) = \lim_{z \to t} \frac{R(z) - R(t)}{z - t}$ **c)** $V'(r) = \lim_{z \to r} \frac{V(z) - V(r)}{z - r}$

MUSTER

147. Berechne die Ableitung $\frac{dS}{da}$ und $\frac{dS}{db}$ der Funktion S mit $S(a, b) = a^3 + 3a^2b + 3b^3$.

$\frac{dS}{da}$ bedeutet, dass die Funktion S nach a abgeleitet und b wie eine Konstante behandelt wird:

$S'(a) = \frac{dS}{da} = 3a^2 + 6ab$

$\frac{dS}{db}$ bedeutet, dass die Funktion S nach b abgeleitet und a wie eine Konstante behandelt wird:

$S'(b) = \frac{dS}{db} = 3a^2 + 9b^2$

148. Berechne die gesuchten Ableitungen.

a) $V(r, h) = r^2\pi h$ $\frac{dV}{dr}, \frac{dV}{dh}$
b) $V(r, h) = r^2\pi + 2r\pi h$ $\frac{dV}{dr}, \frac{dV}{dh}$
c) $R(r, h) = r^2\pi h + h$ $\frac{dR}{dr}, \frac{dR}{dh}$
d) $U(a, b) = a^2 + 2ab + b^2$ $\frac{dU}{da}, \frac{dU}{db}$
e) $A(x, y, z) = x^3 + x^2y + xz^3 + xy$ $\frac{dA}{dx}, \frac{dA}{dy}, \frac{dA}{dz}$
f) $A(x, y, z) = x^3y^2 + x + y^3 + z^3 + xyz$ $\frac{dA}{dx}, \frac{dA}{dy}, \frac{dA}{dz}$

Höhere Ableitungen

Es ist auch möglich, eine Funktion öfter als einmal zu differenzieren. Dabei bezeichnet man mit f″ die Ableitung von f′, mit f‴ die Ableitung von f″ usw.

MERKE

Höhere Ableitungen

Ist $f: \mathbb{R} \to \mathbb{R}$ eine Funktion, dann nennt man $f'(x)$ (f Strich) die erste Ableitung von f, $f''(x)$ (f zwei Strich) die zweite Ableitung von f, $f'''(x)$ (f drei Strich) die dritte Ableitung von f, f^{IV} die vierte Ableitung von f.

MUSTER

149. Bilde die ersten vier Ableitungen der Funktion f mit $f(x) = \frac{3x^3}{5} - \frac{3}{4}x^2 + 5x - 7$.

$f'(x) = \frac{9x^2}{5} - \frac{3}{2}x + 5 \quad f''(x) = \frac{18x}{5} - \frac{3}{2} \quad f'''(x) = \frac{18}{5} \quad f^{IV}(x) = 0$

150. Bilde die ersten vier Ableitungen der Funktion f.

a) $f(x) = -2x^5 + 3x^3 + 2x^2 - 4$
b) $f(x) = -3x^6 + 12x^3 - 5x^2 - 3x$
c) $f(x) = x^5 + 12x^4 - 6x^3 + 2x - 1$
d) $f(x) = -\frac{2x^4}{7} + \frac{3}{4}x^3 - 2x - 1$
e) $f(x) = -\frac{2x^5}{7} + \frac{3}{4}x^3 - 2x^2 + x - 7$
f) $f(x) = \frac{3x^3}{5} - \frac{3}{2}x^4 + x - 1$

151. Leite die Funktion so oft ab, bis du eine konstante Funktion erhältst.

a) $f(x) = -4x^4 - 5x^3 - x^2 - 4x$
b) $f(x) = x^6 + 3x^3 - 2x^2 - x$
c) $f(x) = -\frac{3x^3}{8} + \frac{3}{4}x^2 - 5x + 7$
d) $f(x) = -\frac{2x^5}{3} + \frac{1}{4}x^2 - x - 7$

152. Erkläre, wie oft man eine Polynomfunktion vom Grad $n > 1$ jedenfalls ableiten muss, bis eine Funktion der Form $h(x) = 0$ erhälts. Begründe deine Entscheidung.

TIPP → Die höchste Hochzahl der Potenz der unabhängigen Variablen in einer Polynomfunktion gibt den Grad der Polynomfunktion an.

Die erste Ableitung einer Funktion gibt die momentane Änderungsrate an. Die zweite Ableitung gibt die momentane Änderungsrate der ersten Ableitung an.
Bei einer **Zeit-Ort-Funktion s** in Abhängigkeit von der Zeit, erhält man, mit Hilfe der ersten Ableitung, die **momentane Geschwindigkeit v(t)** zum Zeitpunkt t.
Leitet man diese Geschwindigkeit noch einmal ab **s″(t) = v′(t)**, erhält man die momentane Änderungsrate der Geschwindigkeit zum Zeitpunkt t. Diese wird **Beschleunigung a(t)** genannt.

MUSTER

153. Gegeben ist die Zeit-Ort-Funktion s mit $s(t) = 2t^2$ (s in Meter, t in Sekunden). Berechne die Geschwindigkeit und die Beschleunigung zum Zeitpunkt $t = 3$ s.

$v(t) = s'(t) = 4t \quad a(t) = v'(t) = s''(t) = 4 \quad v(3) = 12\,m/s \quad a(3) = 4\,m/s^2$

154. Gegeben ist die Zeit-Ort-Funktion s (s in Meter, t in Sekunden). Berechne die Geschwindigkeit und die Beschleunigung zum Zeitpunkt u.

a) $s(t) = 3t^2 \quad u = 3$
b) $s(t) = 2t^2 \quad u = 5$
c) $s(t) = 0{,}3t^2 + t \quad u = 7$
d) $s(t) = 3t^2 - 2t \quad u = 3$
e) $s(t) = 3t^3 + 1 \quad u = 2$
f) $s(t) = 3t + 1 \quad u = 3$

AN 1.3 **M** **155.** Ein Körper bewegt sich gemäß der Zeit-Ort-Funktion s. Es gilt $s''(t) = -4$. Gib die Bedeutung dieses Ausdrucks im gegebenen Kontext an.

AN 1.3 **M** **156.** Ein Körper bewegt sich gemäß der Zeit-Ort-Funktion s. Es gilt $s''(t) = 0$. Gib die Bedeutung dieses Ausdrucks im gegebenen Kontext an.

AN 1.3 **M** **157.** Ein Körper bewegt sich gemäß der Zeit-Ort-Funktion s. Interpretiere den Ausdruck $\lim\limits_{b \to a} \frac{s'(b) - s'(a)}{b - a}$ im gegebenen Kontext.

ZUSAMMENFASSUNG

Änderungsmaße

Sei f eine reelle Funktion, die auf dem Intervall [a; b] definiert ist. Dann heißt

- $f(b) - f(a)$ die **absolute Änderung** von f in [a; b],
- $\frac{f(b) - f(a)}{f(a)}$ **relative Änderung** von f in [a; b],
- $\frac{f(b) - f(a)}{f(a)} \cdot 100$ **prozentuelle Änderung** von f in [a; b],
- $\frac{f(b) - f(a)}{b - a}$ **mittlere Änderungsrate (Differenzenquotient)** von f in [a; b],
- $\frac{df}{dx} = f'(x) = \lim\limits_{z \to x} \frac{f(z) - f(x)}{z - x}$ **momentane** oder **lokale** Änderungsrate (Differentialquotient, **1. Ableitung)** von f an der Stelle x.

Differenzenquotient/Differentialquotient einer Funktion f

Den **Differenzenquotienten (mittlere Änderungsrate)** einer Funktion f in [a; b] kann man als **Steigung k der Sekante** von f in [a; b] interpretieren.

Der **Differentialquotient** von f an der Stelle x, ist die **Steigung der Tangente** im Punkt P(x | f(x)).

Die Steigung dieser Tangente wird auch als die Steigung von f an der Stelle x bezeichnet.

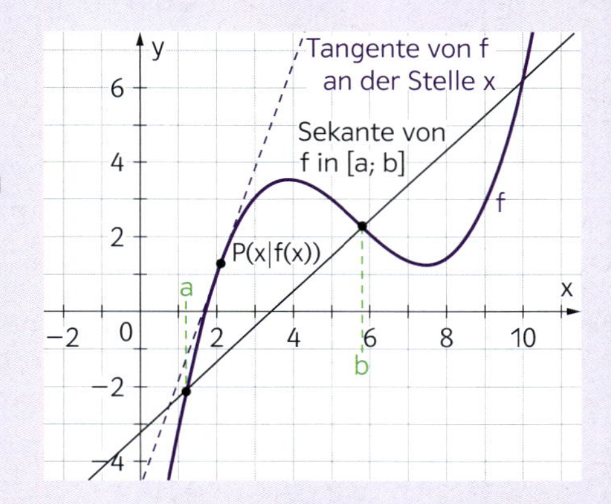

Ableitungsfunktion einer Funktion f

Eine Funktion $f': D \to \mathbb{R}$ nennt man **Ableitungsfunktion** von f (oder kurz „Ableitung von f“). Der Funktionswert von f' an der Stelle x entspricht der **Steigung der Tangente** von f an der Stelle x. Das Berechnen der Ableitungsfunktion nennt man ableiten oder differenzieren. Leitet man eine Funktion mehrmals ab, dann nennt man f'' die zweite Ableitung von f, f''' die dritte Ableitung von f usw.

Ableitungsregeln

Potenzregel (Ableitung von Potenzfunktionen)	$f(x) = x^n \ (n \in \mathbb{N} \setminus \{0\}) \quad \to \quad f'(x) = n \cdot x^{n-1}$
Regel der multiplikativen Konstante	$(k \cdot f(x))' = k \cdot f'(x)$
Ableitung einer konstanten Funktion	$f(x) = c, (c \in \mathbb{R}) \quad \to \quad f'(x) = 0$
Summen- bzw. Differenzenregel	$(h(x) \pm g(x))' = h'(x) \pm g'(x)$

TRAINING

Vernetzung – Typ-2-Aufgaben

Typ 2 **M** **158.** Ein Läufer bewegt sich näherungsweise gemäß der Zeit-Ort-Funktion s mit

$$s(t) = -0{,}025\,t^3 + 0{,}7\,t^2 + 1{,}85\,t$$

(s in Meter, t in Sekunden).

In der Abbildung sieht man den Graphen der Funktion s, sowie eine Sekante durch die beiden Punkte $A = (1\,|\,2{,}525)$ und $B = (6\,|\,30{,}9)$ des Graphen von s.

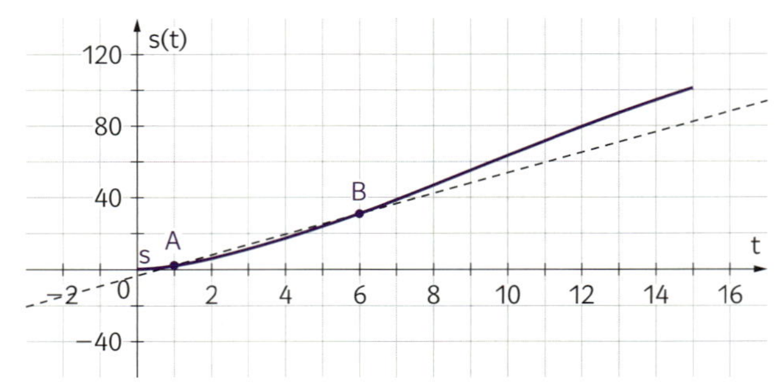

a) Bestimme die Funktionsgleichung der Sekante durch die Punkte A und B. Welche Bedeutung besitzt die Steigung der Sekante im gegebenen Kontext?

b) Berechne die Steigung der Tangenten an s zu den Zeitpunkten 5 und 11 Sekunden. Vergleiche die beiden erhaltenen Werte und interpretiere sie im gegebenen Kontext.

c) Bestimme jenen Zeitpunkt t in [2; 6], an dem der Differenzenquotient von s in [2; 6] gleich dem Differentialquotienten von s ist.
Interpretiere diesen Zusammenhang im gegebenen Kontext.

d) Für die zweite Ableitung von s gilt $s''(t) = -0{,}15\,t + 1{,}4$.
Erkläre die Bedeutung der zweiten Ableitung im gegeben Kontext.
Interpretiere die Zahl −0,15 im gegebenen Kontext.

Typ 2 **M** **159.** Der Steigungswinkel einer Geraden ist definiert als jener Winkel zwischen 0° und 180°, den die Gerade mit der x-Achse einschließt.
Dieser Winkel kann mittels $k = \tan(\alpha)$ berechnet werden.
In der Abbildung sieht man den Graphen der Funktion f mit $f(x) = x^2 - 3x + 5$, sowie den Graphen der Tangente t mit $t(x) = 3x - 4$ von f an der Stelle 3.

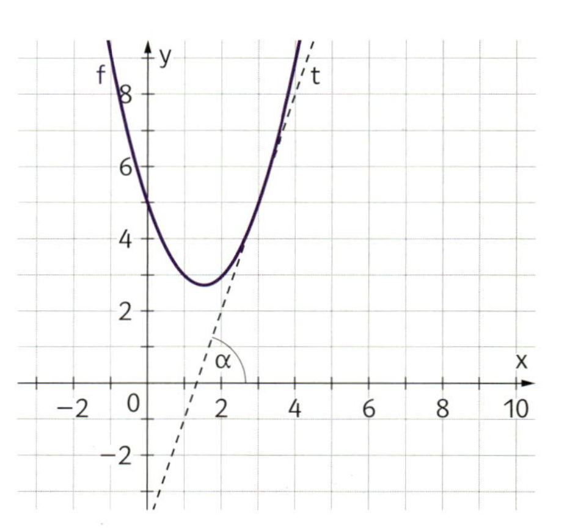

a) Berechne die momentane Änderungsrate der Funktion f an den Stellen 3 und 5. Interpretiere die beiden Ergebnisse.

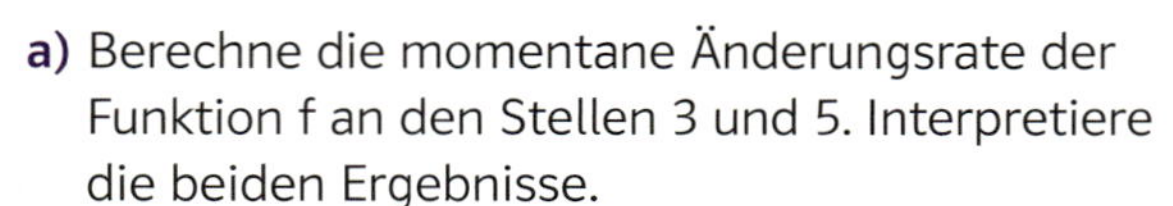

b) Bestimme jenen Punkt der Funktion f, in dem die Tangente einen Steigungswinkel von 135° besitzt.

c) Berechne den Steigungswinkel der Geraden t.

d) Gegeben sind die beiden Geraden u mit $u(x) = kx + d$ und v mit $v(x) = -kx + s$. Erkläre mit Hilfe der Trigonometrie, welcher Zusammenhang zwischen dem Steigungswinkel von u und dem Steigungswinkel von v besteht.

TRAINING

Typ 2 **M** **160.** Der Druck in einem Behälter ändert sich während eines zehn Minuten dauernden Experiments.
Die Funktion p mit der Gleichung
$p(t) = \frac{5}{108}t^3 - \frac{5}{12}t^2 + 7$ beschreibt die Höhe des Drucks in Abhängigkeit von der Zeit t (p in bar, t in min).
In der Abbildung sieht man den Graphen der Funktion p.

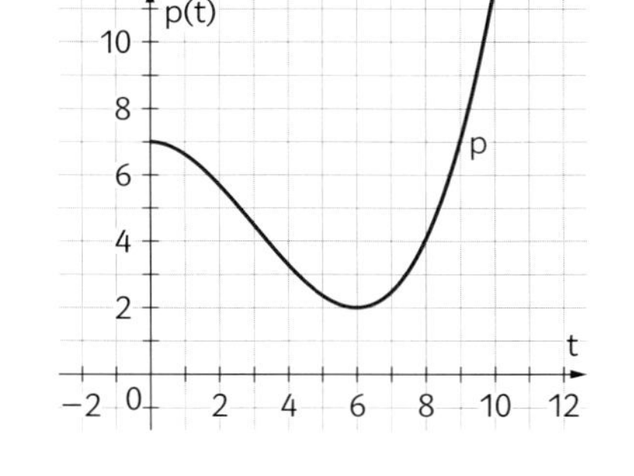

a) Berechne die momentane Änderungsrate von p zum Zeitpunkt $t = 8$.
Angenommen die momentane Änderungsrate bleibt ab dem Zeitpunkt $t = 8$ bis zum Ende des Experiments gleich. Gib die Größe des Drucks am Ende des Experiments an.

b) Bestimme die mittlere Änderungsrate von p im Intervall [0; 3] und interpretiere dein Ergebnis im vorliegenden Kontext.

c) Bestimme rechnerisch ein Intervall [0; u] so, dass die mittlere Änderungsrate in diesem Intervall 0 ist.

d) Kreuze die zutreffende(n) Aussage(n) an.

A	Die mittlere Änderungsrate von p in [0; 8] ist negativ.	☐
B	Der Differentialquotient von p an der Stelle 3 ist positiv.	☐
C	Es gibt eine Stelle k im Intervall [0; 10], für die gilt $p'(k) = 0$.	☐
D	Die absolute Änderung von p im Intervall [4; 7] ist positiv.	☐
E	Die momentane Änderungsrate von p ist für alle $x \in [7; 10]$ positiv.	☐

Typ 2 **M** **161.** Gegeben ist eine quadratische Funktion f mit $f(x) = ax^2 + bx + c$. Den Scheitel (= der höchste oder tiefste Punkt der Parabel) kann man mittels $S = \left(-\frac{b}{2a} \middle| c - \frac{b^2}{4a}\right)$ berechnen.

a) Da der Scheitelpunkt der höchste oder tiefste Punkt der Parabel ist, besitzt die Tangente in diesem Punkt die Steigung 0. Leite die Formel für den Scheitelpunkt des Graphen der Funktion f her.

b) Erkläre, warum es bei einer quadratischen Funktion nicht möglich ist, dass die Steigung der Tangente bei zwei verschiedenen Stellen gleich ist.

c) Bestimme jenen Punkt der Parabel $f(x) = x^2 - 4x + 7$, in dem die Steigung der Tangente gleich der Steigung der Sekante von f im Intervall [−3; 2] ist.

d) Vervollständige den Satz so, dass er mathematisch korrekt ist.

Ist der Differenzenquotient einer Funktion f mit $f(x) = ax^2 + c$ in [−2; 5] ______(1)______, dann muss gelten: ______(2)______.

(1)	
positiv	☐
negativ	☐
null	☐

(2)	
f ist in [a; b] streng monoton fallend	☐
$a > 0$	☐
$c < 0$	☐

ÜBERPRÜFUNG

Selbstkontrolle

- ☐ Ich kann absolute, relative und prozentuelle Änderungsmaße anwenden und interpretieren.
- ☐ Ich kann den Differenzenquotienten definieren und anwenden.

162. Ein Fernseher kostet zu Beginn seines Verkaufsstarts 352 Euro. Vier Monate später kann man ihn für 299 Euro kaufen.

1) Berechne die absolute und relative Änderung der Kosten des Fernsehers und interpretiere die Ergebnisse.

2) Berechne die mittlere Änderungsrate der Kosten des Fernsehers pro Monat und interpretiere das Ergebnis.

- ☐ Ich kann den Differenzenquotienten als mittlere Änderungsrate in verschiedenen Kontexten interpretieren.
- ☐ Ich kann den Differentialquotienten als momentane Änderungsrate in verschiedenen Kontexten interpretieren.

163. Gegeben ist eine Zeit-Ort-Funktion s mit $s(t) = 0{,}7t^2 + 1$ (s in Meter, t in Sekunden).

a) Ermittle den Differenzenquotienten von s im Zeitintervall [1; 4] und interpretiere das Ergebnis im gegebenen Kontext.

b) Ermittle den Differentialquotienten von s zum Zeitpunkt $t = 5\,s$ und interpretiere das Ergebnis im gegebenen Kontext.

164. Ein Körper bewegt sich gemäß einer Zeit-Geschwindigkeits-Funktion v mit $v(t) = 3t^2 + 1$ (v in m/s, t in Sekunden).

a) Berechne den Differenzenquotienten im Zeitintervall [2; 4] und interpretiere das Ergebnis im gegebenen Kontext.

b) Berechne die momentane Änderungsrate von v zum Zeitpunkt $t = 4\,s$ und interpretiere das Ergebnis im gegebenen Kontext.

- ☐ Ich kann den Differenzenquotienten geometrisch deuten.
- ☐ Ich kann den Differentialquotienten geometrisch deuten.

AN 1.3 **M** **165.** Gegeben ist der Graph einer Funktion f. Kreuze die zutreffende(n) Aussage(n) an.

A	Die mittlere Änderungsrate von f in [−3; 3] ist negativ.	☐
B	Der Differenzenquotient von f im Intervall [−5; 5] ist 0.	☐
C	Der Differentialquotient von f an der Stelle −2 ist positiv.	☐
D	Der Differenzenquotient von f im Intervall [−1; 2] ist negativ.	☐
E	Die momentane Änderungsrate von f an der Stelle 0 ist kleiner als die momentane Änderungsrate von f an der Stelle −3.	☐

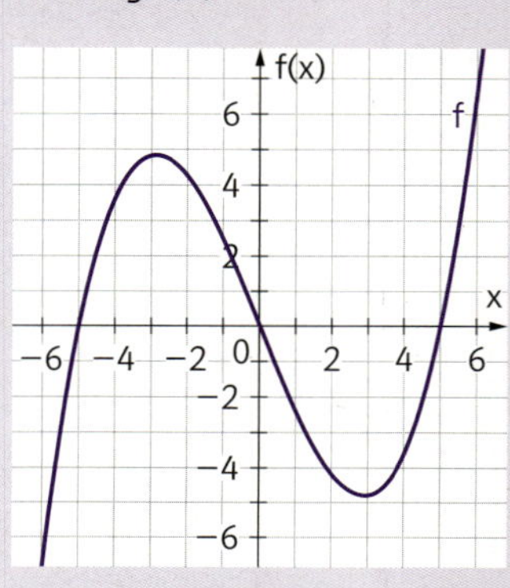

AN 1.3 **M** **166.** Sei r der Differenzenquotient einer Funktion f im Intervall [u; v] ($u < v$). Kreuze die zutreffende(n) Aussage(n) an.

A	Ist r positiv, dann ist f streng monoton steigend.	☐
B	Ist $r = 0$, dann ist f eine konstante Funktion.	☐
C	Ist r negativ, dann ist der Funktionswert an der Stelle u kleiner als der Funktionswert an der Stelle v.	☐
D	Ist r negativ, dann ist die Funktion in [u; v] streng monoton fallend.	☐
E	Ist $r = 1$, dann ändert sich der Funktionswert von f in [u; v] im Mittel um 1 bei Erhöhung des x-Werts um 1.	☐

☐ Ich kann den Differentialquotienten definieren und anwenden.

167. Gegeben ist die Funktion f mit $f(x) = -3x^2 + 5$.

a) Berechne den Differentialquotienten von f an der Stelle 2 näherungsweise mit Hilfe von Differenzenquotienten.

b) Berechne mit Hilfe der Definition des Differentialquotienten die erste Ableitung von f an der Stelle 2 (ohne Verwendung der Potenzregel).

☐ Ich kann die Ableitungsfunktion einer Funktion definieren und bilden.
☐ Ich kann die Potenzregel, Summenregel, Differenzenregel und Konstantenregel anwenden.
☐ Ich kann höhere Ableitungen bilden.

168. Erkläre, was man unter der Ableitungsfunktion einer Funktion f versteht.

169. Bilde die ersten drei Ableitungen der Funktion f mit $f(x) = -\frac{3}{5}x^4 - 7x^3 + \frac{2x^2}{5} - x + 1$.

☐ Ich kann die Gleichung der Tangente an eine Funktion an einer Stelle aufstellen.

170. Bestimme die Gleichung der Tangente der Funktion f im Punkt $(p \mid f(p))$.
$f(x) = -2x^2 + x \qquad p = -2$

171. Bestimme jene Tangentengleichung an die Funktion f, die zur Tangente durch den Punkt B parallel ist.

$f(x) = \frac{x^3}{3} + 2x^2 - 7x \qquad B(-3 \mid f(-3))$

☐ Ich kann die Schreibweise von Leibniz anwenden.

172. Schreibe die Aussage in der Schreibweise von Leibniz an.
$L'(r) = \lim\limits_{z \to r} \frac{L(z) - L(r)}{z - r}$

173. Berechne die gesuchten Ableitungen.
$C(u, h) = u^2h^3 + u^2 + h^3 + h^2u \qquad \frac{dC}{du}, \frac{dC}{dh}$

Kompetenzcheck Differentialrechnung 1

Grundkompetenzen für die schriftliche Reifeprüfung:

- ☐ AN 1.1 Absolute und relative (prozentuelle) Änderungsmaße unterscheiden und angemessen verwenden können
- ☐ AN 1.2 Den Zusammenhang Differenzenquotient (mittlere Änderungsrate) – Differentialquotient („momentane" Änderungsrate) auf der Grundlage eines intuitiven Grenzwertbegriffes kennen und damit (verbal sowie in formaler Schreibweise) auch kontextbezogen anwenden können
- ☐ AN 1.3 Den Differenzen- und Differentialquotienten in verschiedenen Kontexten deuten und entsprechende Sachverhalte durch den Differenzen- bzw. Differentialquotienten beschreiben können
- ☐ AN 2.1 Einfache Regeln des Differenzierens kennen und anwenden können: Potenzregel, Summenregel, Regeln für $[k \cdot f(x)]'$ [...]
- ☐ AN 3.1 Den Begriff Ableitungsfunktion [...] kennen und zur Beschreibung von Funktionen einsetzen können

AN 1.1 M **174.** In einer Firma wurde im Jahr 2013 G Euro Gewinn gemacht. Im Jahr 2014 hat man einen Gewinn von H Euro erzielt. Gib einen Term für die relative Änderung des Gewinns im Zeitraum 2013 bis 2014 an und interpretiere diesen im gegebenen Kontext.

AN 1.1 M **175.** Ein Auto hat im Jahr 2009 einen Wert von 35 000 Euro. Im Jahr 2014 ist es nur mehr 15 000 Euro wert. Berechne die mittlere Änderungsrate des Werts des Autos von 2009 bis 2014 und interpretiere das Ergebnis im gegebenen Kontext.

AN 1.2 M **176.** Gegeben ist eine Funktion f. Zwei der gegebenen Ausdrücke stehen für Differentialquotienten von f an der Stelle 3. Kreuze die beiden Differentialquotienten an.

A	$\lim\limits_{z \to x} \frac{f(z) - f(x)}{z - x}$	☐
B	$\frac{f(z) - f(3)}{z - 3}$	☐
C	$\lim\limits_{z \to 3} \frac{f(z) - f(3)}{z - 3}$	☐
D	$\lim\limits_{u \to 0} \frac{f(3 + u) - f(3)}{u}$	☐
E	$\lim\limits_{u \to 3} \frac{f(3 + u) - f(3)}{u}$	☐

AN 1.2 M **177.** Der Luftwiderstand L (in Newton N) eines bestimmten PKWs ist abhängig von seiner Geschwindigkeit v (in m/s) und durch folgenden Zusammenhang gegeben $L(v) = 0{,}43\,v^2$. Berechne die mittlere Änderungsrate des Luftwiderstands bei einer Erhöhung der Fahrgeschwindigkeit von 15 m/s auf 20 m/s.

AN 1.3 **M** **178.** Gegeben ist der Graph einer Funktion f.
Kreuze die zutreffende(n) Aussage(n) an.

A	Die mittlere Änderungsrate von f in [0; 1] ist 0.	☐
B	Im Intervall [4; 5] ist der Differenzenquotient von f größer als 1.	☐
C	Der Differentialquotient von f an der Stelle 1 ist positiv.	☐
D	Der Differenzenquotient von f im Intervall [x; −0,5] ist für alle x mit $-2 < x < -0{,}5$ positiv.	☐
E	Die momentane Änderungsrate von f an der Stelle 5 ist größer als die mittlere Änderungsrate von f in [1; 4].	☐

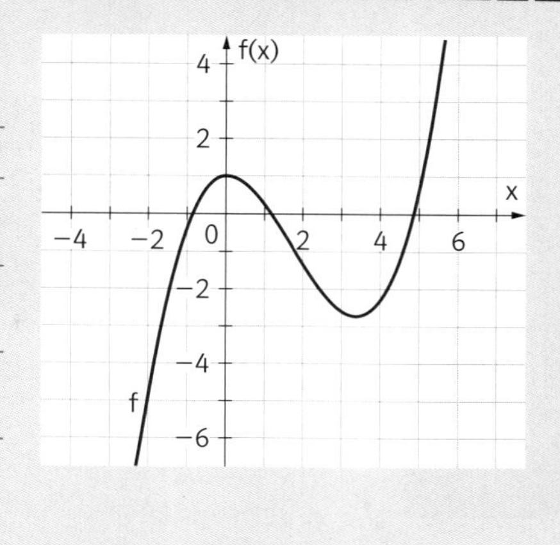

AN 1.3 **M** **179.** Eine Kugel wird lotrecht nach oben geworden. h(t) steht für die Höhe der Kugel (in Meter) zum Zeitpunkt t (in Sekunden). Wofür steht der Ausdruck h′(4)? Kreuze die zutreffende Aussage an.

A	h′(4) steht für die mittlere Geschwindigkeit der Kugel im Zeitintervall [0; 4].	☐
B	h′(4) steht für die momentane Geschwindigkeit der Kugel zum Zeitpunkt 4.	☐
C	h′(4) gibt die Höhe der Kugel nach vier Sekunden an.	☐
D	h′(4) gibt jene Zeit an, nach der die Kugel eine Höhe von vier Meter erreicht hat.	☐
E	h′(4) gibt den Abstand vom Boden nach vier Sekunden an.	☐
F	h′(4) gibt die relative Änderung von h im Intervall [0; 4] an.	☐

AN 2.1 **M** **180.** Ordne den Funktionen die jeweils passende Ableitung zu.

1	$f(x) = 3x^4 - 5x^2 + 2x$	
2	$f(x) = 3x^4 - 5x + 2$	
3	$f(x) = 3x^4 - 5x^2 + 4$	
4	$f(x) = 3x^4 - 5x^3$	

A	$f'(x) = 12x^3 - 10x + 4$
B	$f'(x) = 12x^3 - 5$
C	$f'(x) = 12x^3 - 15x^2$
D	$f'(x) = 12x^3 - 10x$
E	$f'(x) = 12x^3 - 15x$
F	$f'(x) = 12x^3 - 10x + 2$

AN 3.1 **M** **181.** Gegeben ist der Graph der Funktion f, sowie der Graph der Ableitungsfunktion f′.

Bestimme die Steigung k der Tangente von f an der Stelle 1. k = ________

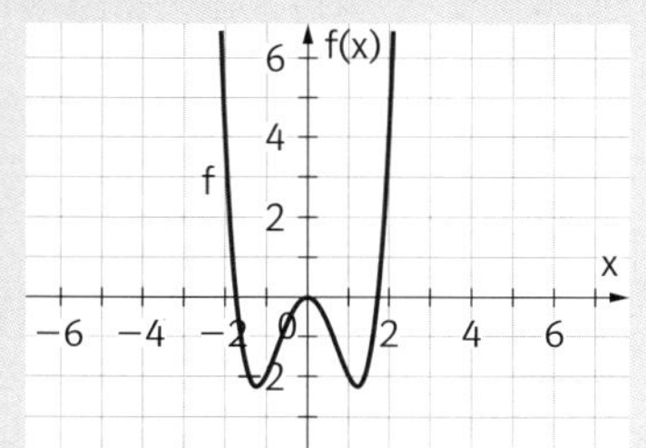

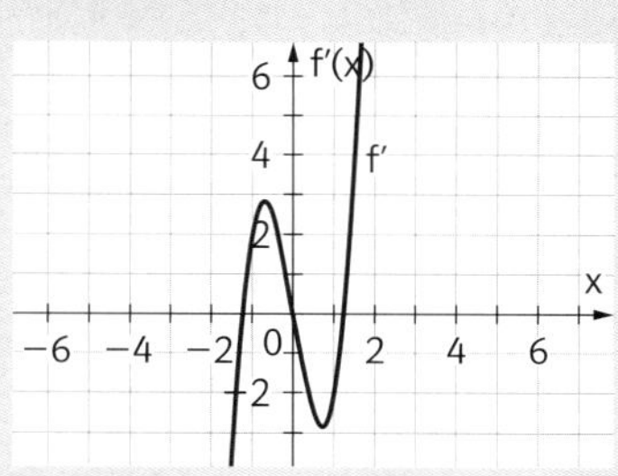

3 Untersuchung von Polynomfunktionen

Versuche einmal, die folgende „einfache“ Frage zu beantworten:

Wie lauten die Koordinaten des höchsten Punktes H und des steilsten Punktes S des Graphen der abgebildeten Funktion f?

Welche Methode hast du angewandt? Hast du abgemessen oder durch Einsetzen verschiedener x-Werte den größten Funktionswert gesucht?

In diesem Kapitel wirst du sehen, wie man mit Hilfe der Differentialrechnung diese (und andere) Probleme exakt lösen kann.

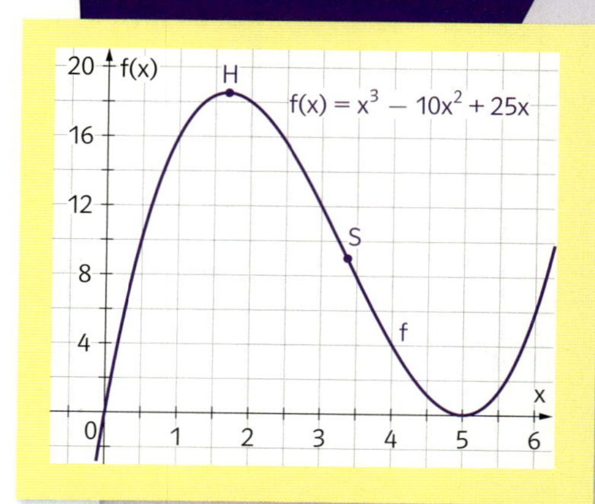

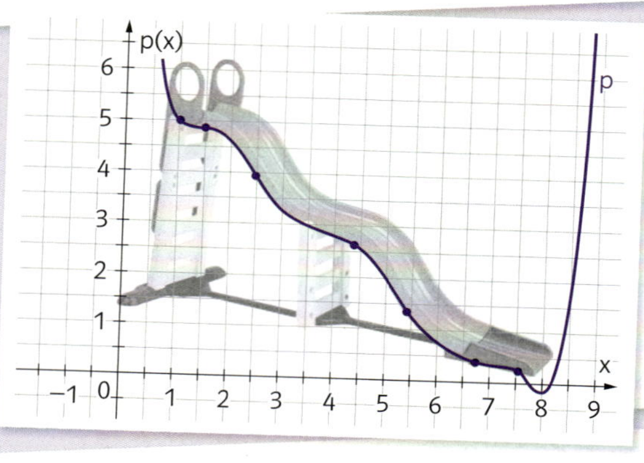

Manchmal ist es jedoch umgekehrt: Man kennt bestimmte Eigenschaften einer unbekannten Funktion und möchte daraus die passende Funktionsgleichung bestimmen.

Du wirst in diesem Kapitel auch lernen, wie man solche Probleme mit Hilfe der Differentialrechnung lösen kann.

Die Differentialrechnung wird nützlich sein, um weitere praktische Probleme zu lösen. Beispielsweise gibt es viele Formen von zylindrischen Dosen, deren Volumen ein Liter beträgt. Eine solche Dose kann zum Beispiel ganz schmal, aber dafür sehr hoch sein. Sie könnte aber auch sehr breit und dafür ganz niedrig sein. Für die Herstellung einer solchen Dose würde man sehr viel Material benötigen.

Wie müsste eine Dose dimensioniert sein, damit deren Herstellung möglichst wenig Material verbraucht? Eine solche ideale Dose würde die Umwelt schonen und Kosten sparen. Die Maße einer solchen „idealen“ Dose wirst du mit den mathematischen Erkenntnissen dieses Kapitels berechnen können.

Die Frage, warum nicht alle Dosen dieser „Idealform“ entsprechen, lässt sich mathematisch jedoch nicht beantworten.

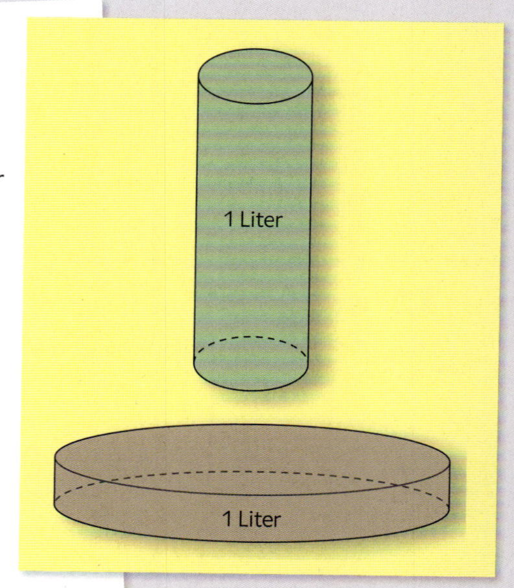

KOMPETENZEN

3.1 Monotonie und Graph der ersten Ableitung – Extremwerte

Lernziele:

- Die Begriffe Monotonie, lokale Extremstelle, globale Extremstelle, Sattelstelle kennen und anwenden können
- Zusammenhänge zwischen einer Funktion und ihrer Ableitungsfunktion erkennen und begründen können
- Extremstellen, Sattelstellen, Monotoniebereiche mit Hilfe der Differentialrechnung berechnen können
- Den Graphen einer Ableitungsfunktion erkennen und zuordnen können

Grundkompetenzen für die schriftliche Reifeprüfung:

AN 3.1 Den Begriff Ableitungsfunktion [...] kennen und zur Beschreibung von Funktionen einsetzen können

AN 3.2 Den Zusammenhang zwischen Funktion und Ableitungsfunktion [...] in deren graphischer Darstellung (er)kennen und beschreiben können

AN 3.3 Eigenschaften von Funktionen mit Hilfe der Ableitung(sfunktion) beschreiben können: Monotonie, lokale Extrema [...]

VORWISSEN

In Kapitel 4 von Lösungswege 6 wurde bereits der Begriff Monotonie erarbeitet.

MERKE

Monotonie von Funktionen

Sei f: D → ℝ eine reelle Funktion und A eine Teilmenge von D, dann gilt:

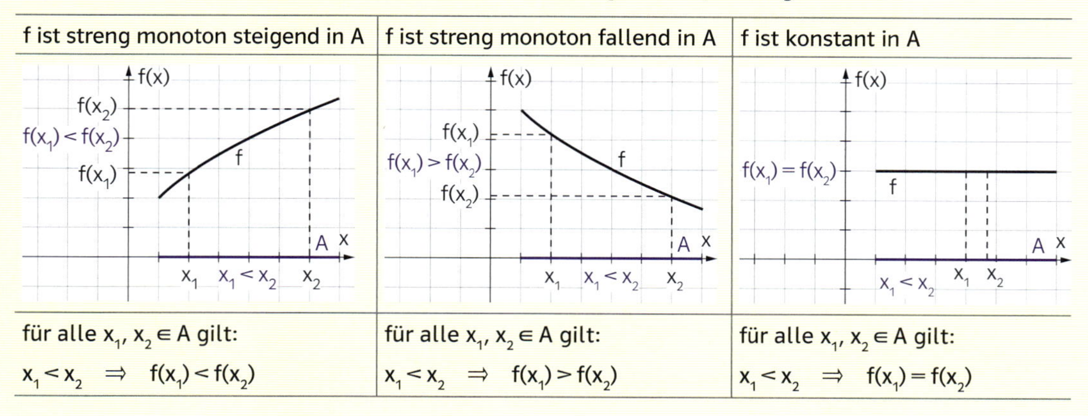

f ist streng monoton steigend in A	f ist streng monoton fallend in A	f ist konstant in A
für alle $x_1, x_2 \in A$ gilt: $x_1 < x_2 \Rightarrow f(x_1) < f(x_2)$	für alle $x_1, x_2 \in A$ gilt: $x_1 < x_2 \Rightarrow f(x_1) > f(x_2)$	für alle $x_1, x_2 \in A$ gilt: $x_1 < x_2 \Rightarrow f(x_1) = f(x_2)$

182. Erkläre die Begriffe monoton steigend und monoton fallend. Skizziere dazu passende Graphen.

183. Gegeben sind lineare Funktionen. Markiere alle streng monoton steigenden linearen Funktionen rot, alle streng monoton fallenden linearen Funktionen blau und alle konstanten Funktionen grün.

a) $f(x) = -7 + 3x$ $\quad g(x) = -7x + 3$ $\quad h(x) = -4x + 1$ $\quad i(x) = -7$
$\quad j(x) = 2x + 3$ $\quad k(x) = -7x + 222$ $\quad l(x) = 6 + 3x$ $\quad m(x) = 7 - x$

b) $f(x) = x$ $\quad g(x) = -2x$ $\quad h(x) = 3 + 1$ $\quad i(x) = -2 - x$
$\quad j(x) = 3 + 3x$ $\quad k(x) = -x + 1$ $\quad l(x) = -2x + 1$ $\quad m(x) = -1$

184. Gegeben ist der Graph der Funktion f. Bestimme das Monotonieverhalten der Funktion f im Intervall **1)** [a; b] **2)** [b; c] **3)** [c; d] **4)** [d; e] **5)** [a; e].

a)

b)

Nullstellen und Extremstellen bestimmen stark das Aussehen und damit das Verhalten einer Funktion. Diese Begriffe wurden in Lösungswege 5 und Lösungswege 6 erarbeitet.

In nebenstehender Abbildung sind die Begriffe globale und lokale Extremstellen sowie die Nullstellen einer Funktion f in einem Intervall veranschaulicht.

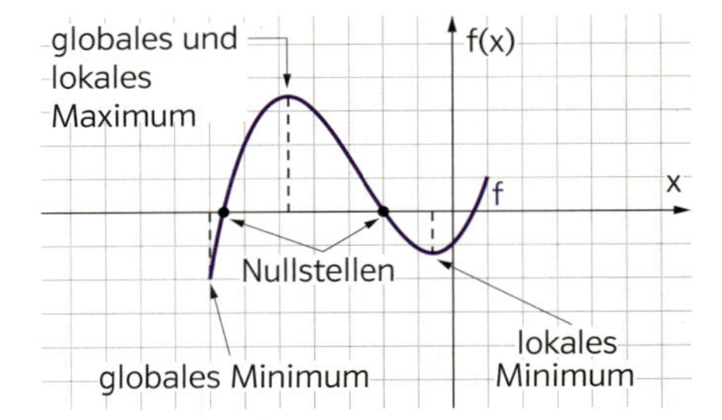

MERKE

Nullstellen und Extremstellen einer Funktion f

Als **globale Maximumstelle** einer Funktion f: D → ℝ bezeichnet man eine Stelle p, für die gilt:

$f(p) \geq f(x)$ für alle $x \in D$.

Als **globale Minimumstelle** einer Funktion f: D → ℝ bezeichnet man eine Stelle p, für die gilt:

$f(p) \leq f(x)$ für alle $x \in D$.

Als **lokale Maximumstelle/Minimumstelle** einer Funktion f: D → ℝ bezeichnet man eine Stelle p, die innerhalb einer Umgebung U ($U \subseteq D$) von p Maximumstelle/Minimumstelle ist und bei der ein Monotoniewechsel stattfindet.

Ist p eine lokale Minimumstelle von f, dann nennt man den Punkt $T = (p \mid f(p))$ **Tiefpunkt** des Graphen von f. Ist p eine lokale Maximumstelle von f, dann nennt man den Punkt $H = (p \mid f(p))$ **Hochpunkt** des Graphen von f.

Unter der **Nullstelle** einer Funktion f versteht man jene Stelle, an der der Graph der Funktion die x-Achse schneidet, d.h. es gilt: p ist Nullstelle von f $\Rightarrow$ $f(p) = 0$

FA 1.5 **M** **185.** In der Abbildung sieht man den Graphen einer Funktion f: [−4; 7] → ℝ. Kreuze die zutreffende(n) Aussage(n) an.

A	0 ist eine Nullstelle von f.	☐
B	−2 ist eine lokale Maximumstelle von f.	☐
C	−4 ist eine globale Minimumstelle von f.	☐
D	4 ist eine globale und lokale Minimumstelle von f.	☐
E	f ist in [−2; 4] streng monoton fallend.	☐

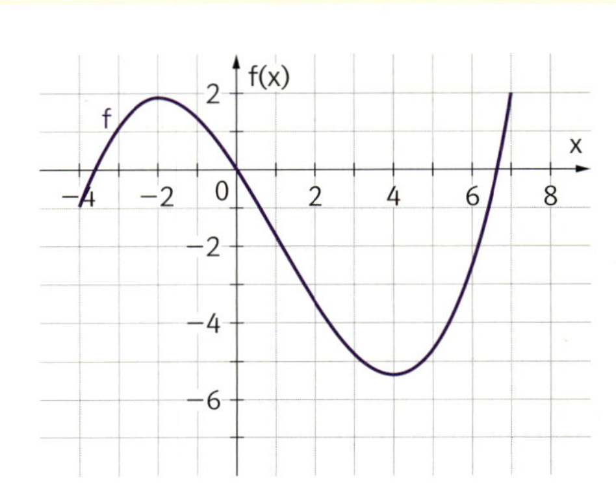

FA 1.5 **M** **186.** In der Abbildung sieht man den Graphen einer Funktion f: [–3; 4] → ℝ. Kreuze die zutreffende(n) Aussage(n) an.

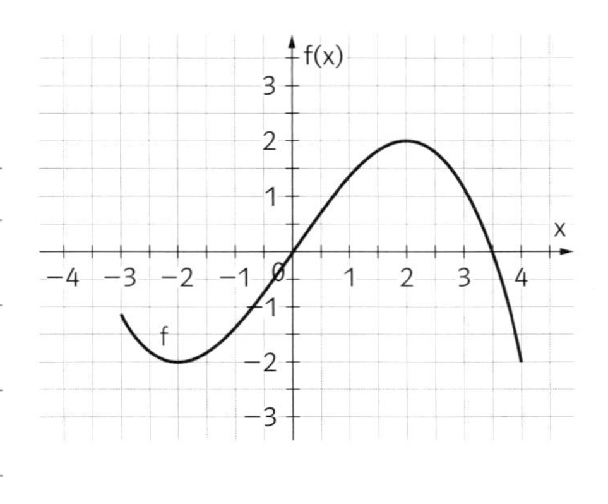

A	f hat in [–3; 4] zwei Nullstellen.	☐
B	–2 ist eine lokale, aber keine globale Minimumstelle von f.	☐
C	P = (2 I 2) ist ein Hochpunkt des Graphen von f.	☐
D	4 ist eine globale und lokale Minimumstelle von f.	☐
E	f ist in [–3; 3] streng monoton fallend.	☐

187. Gegeben ist der Graph einer Funktion f: [a; b] → ℝ.

1) Gib alle lokalen Maximum- und Minimumstellen von f an.
2) Gib alle globalen Maximum- und Minimumstellen von f an.
3) Bestimme die Koordinaten aller Hoch- und Tiefpunkte von f.
4) Bestimme das Monotonieverhalten der Funktion.
5) Wie viele Nullstellen besitzt die Funktion?

a) f: [–2; 3] → ℝ

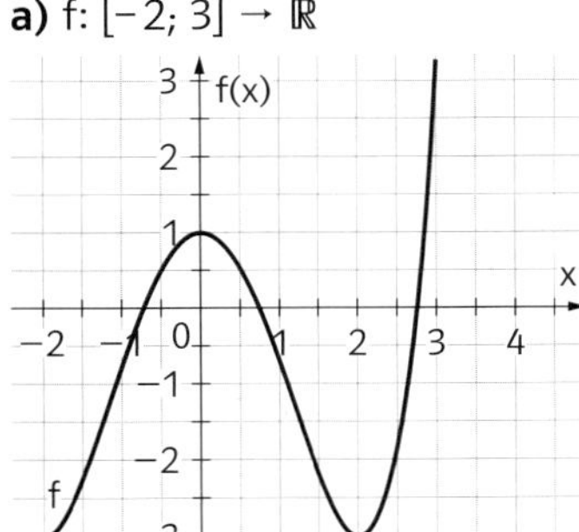

b) f: [–4; 6] → ℝ

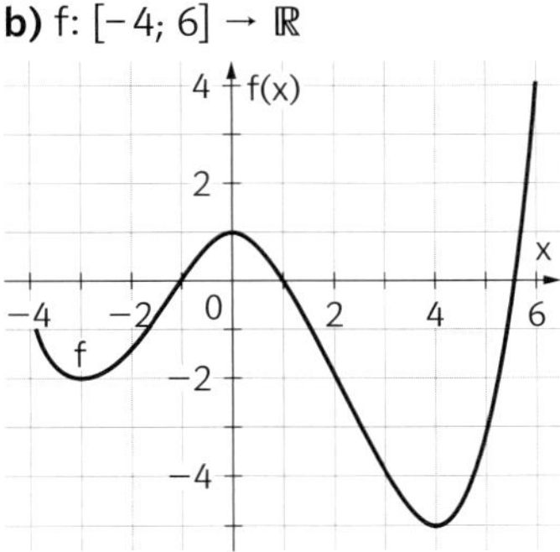

c) f: [–4,5; 4] → ℝ

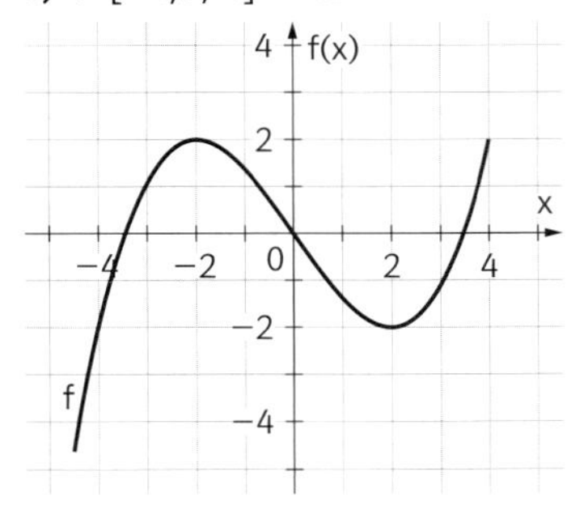

188. Skizziere einen Graphen einer reellen Funktion f: [–2; 5] → ℝ mit den gegebenen Eigenschaften.

a) f besitzt bei –2 und bei 5 globale Minimumstellen, bei –1 und 4 lokale Maximumstellen, bei 0 eine Nullstelle.
b) f besitzt bei –1 eine globale Maximumstelle und bei 3 eine globale Minimumstelle. f ist in [3; 5] streng monoton steigend.
c) f besitzt bei –1 und 3 lokale Maximumstellen und bei 0 eine lokale und globale Minimumstelle.
d) f ist in [–2; 3] streng monoton steigend. An der Stelle 5 liegt eine globale Maximumstelle vor, an der Stelle 4 eine Nullstelle und eine lokale Minimumstelle.

189. Gegeben ist eine Polynomfunktion f: [a; b] → ℝ. Begründe, ob die Aussage richtig oder falsch ist.

a) Jede globale Extremstelle von f ist auch eine lokale Extremstelle.
b) Jede lokale Extremstelle von f ist auch eine globale Extremstelle.
c) Ist u eine globale Extremstelle von f in (a; b), dann ist u auch eine lokale Extremstelle von f.
d) Es ist möglich, dass f mehrere globale Minimumstellen in [a; b] besitzt.

Notwendig und Hinreichend

Mit den bisherigen Mitteln konnten Extremstellen und Monotonieintervalle nur mit Hilfe von Wertetabellen und Graphen bestimmt werden. Besonders bei nicht ganzzahligen Extremstellen ist diese Methode nicht exakt und aufwendig.
Mit Hilfe der Differentialrechnung können Extremstellen berechnet werden.

In diesem Abschnitt werden eine **notwendige** und eine **hinreichende** Bedingung für Extremstellen erarbeitet. Gilt für zwei Aussagen A und B, dass B aus A folgt (in Zeichen $A \rightarrow B$), dann ist B eine notwendige Bedingung für A und A eine hinreichende Bedingung für B. Die Zusammenhänge werden an folgendem Beispiel gezeigt:

A: Das Viereck ist ein Quadrat. B: Das Viereck hat vier gleich lange Seiten.

Vertiefung
Aussagenlogik
d5c532

Es gilt $\mathbf{A \rightarrow B}$, d.h. Aussage **B ist notwendig für Aussage A** und Aussage **A ist hinreichend für Aussage B**. (Für ein Quadrat ist es notwendig, dass das Viereck vier gleich lange Seiten hat.) Da aus B nicht automatisch A folgt ($B \nrightarrow A$), ist die Aussage „Das Viereck hat vier gleich lange Seiten" nicht hinreichend dafür, dass das Viereck ein Quadrat ist (es könnte auch eine Raute ohne rechte Winkel sein).

190. Gib an, ob die Aussage A hinreichend bzw. notwendig für die Aussage B ist. Gib weiters an, ob die Aussage B hinreichend bzw. notwendig für die Aussage A ist.

Arbeitsblatt
Aussagen
ha4rh9

a) A: „Die Zahl ist größer als 2 und ungerade."
B: „Die Zahl ist eine ungerade Primzahl."
b) A: „Die Straße ist nass." B: „Es regnet."
c) A: „Das Tier ist eine Biene." B: „Das Tier hat einen Stachel."
d) A: „Die Diagonalen des Vierecks stehen normal aufeinander."
B: „Das Viereck ist eine Raute."
e) A: „x und y sind zwei gerade natürliche Zahlen."
B: „Die Summe der beiden Zahlen x und y ist gerade."

Notwendige Bedingung für Extremstellen

In der linken Abbildung sieht man den Graphen einer Polynomfunktion dritten Grades (f), sowie die Tangenten an bestimmten Punkten eingezeichnet. In der rechten Abbildung sieht man den Graphen der ersten Ableitung von f. Die Funktionswerte der ersten Ableitung geben – wie in Kapitel 2 erarbeitet – die Steigungen der Tangenten von f an.

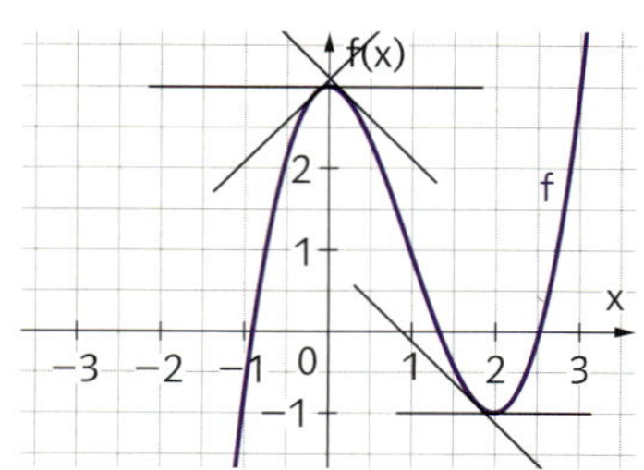

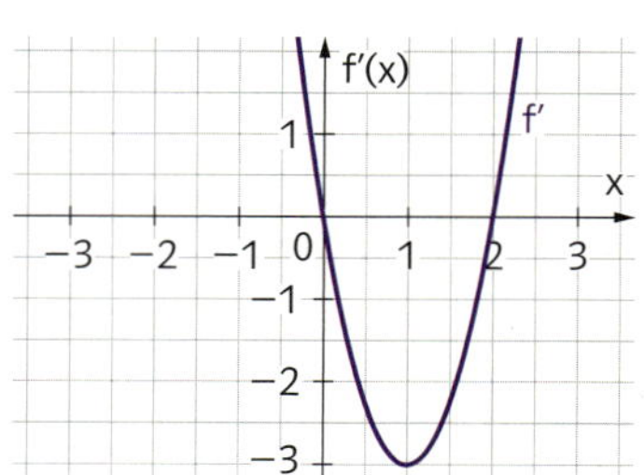

Betrachtet man nun die Steigungen der Tangenten von f, so erkennt man, dass bei den lokalen Extremstellen von f die Tangenten parallel zur x-Achse verlaufen. Die Nullstellen von f′ stimmen mit den zwei lokalen Extremstellen von f überein.
Somit erhält man eine notwendige Bedingung für die Berechnung von Extremstellen. Ist p eine lokale Extremstelle von f, dann folgt $f'(p) = 0$.

MERKE

Technologie
Darstellung
Extremstellen
y53ik9

Notwendige Bedingung für Extremstellen

Ist p eine **lokale Extremstelle** einer Funktion f, dann ist die **Steigung der Tangente an dieser Stelle 0.** Es gilt daher:
p ist **lokale Extremstelle** $\Rightarrow$ $\mathbf{f'(p) = 0}$

191. Gegeben ist der Graph einer Funktion f. Bestimme jene ganzzahligen Stellen p von f, für die gilt $f'(p) = 0$ und gib an, ob sie lokale Extremstellen sind. Begründe deine Entscheidung.

a)

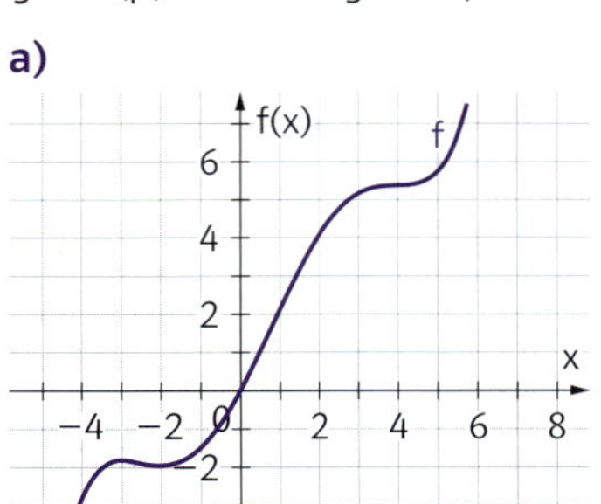

b)

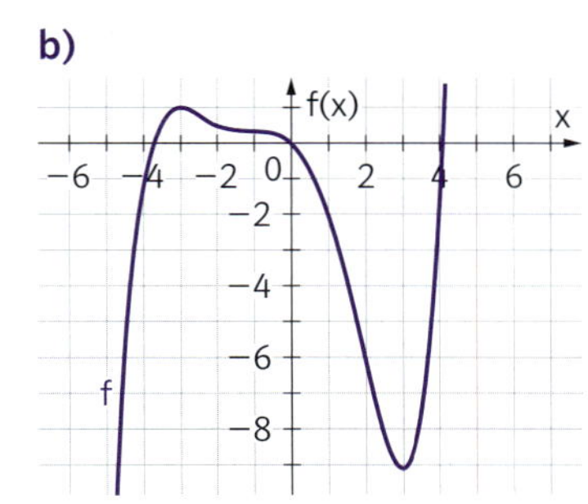

c)

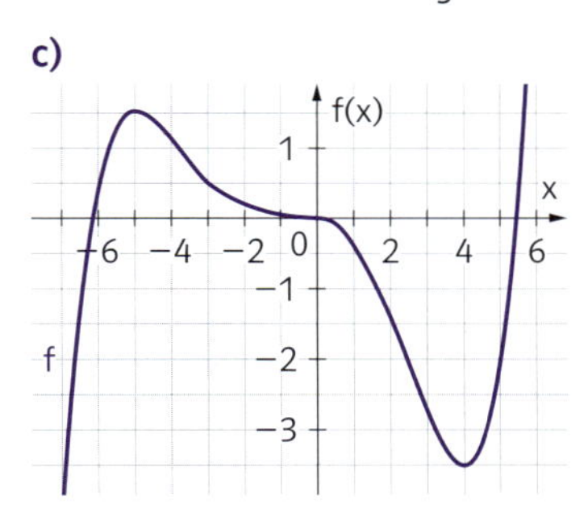

Hinreichende Bedingung für Extremstellen

Leider kann man aus der Eigenschaft $f'(p) = 0$ nicht schließen, dass an dieser Stelle auch eine Extremstelle liegt, da diese Bedingung nicht hinreichend ist. In der Abbildung sieht man den Graphen der Funktion f mit $f(x) = (x - 4)^3 + 3$. Obwohl die Tangente an der Stelle 4 parallel zur x-Achse ist, liegt hier keine Extremstelle vor. Eine solche Stelle wird auch Sattel- oder Terrassenstelle genannt.

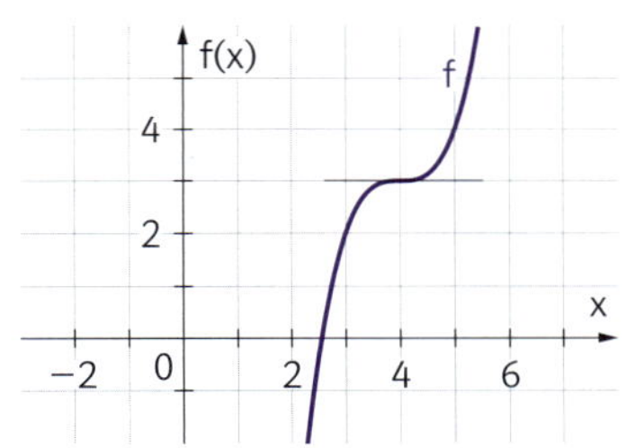

Eine hinreichende Bedingung für eine Extremstelle erhält man, wenn man zu der Eigenschaft $f'(p) = 0$ auch einen Monotoniewechsel fordert.

MERKE

Hinreichende Bedingung für Extremstellen

$f'(p) = 0$ und f ändert an der Stelle p ihr Monotonieverhalten $\Rightarrow$ **p ist lokale Extremstelle**

Sattelstelle/Terrassenstelle einer Funktion f

Gilt an einer Stelle p einer Funktion $f'(p) = 0$ und findet an dieser Stelle kein Monotoniewechsel statt, dann nennt man p eine **Sattel-** oder **Terrassenstelle** von f.
Der Punkt $P = (p \mid f(p))$ wird **Sattelpunkt** genannt.

192. Berechne alle Punkte $P = (p \mid f(p))$ des Graphen von f, für die gilt $f'(p) = 0$. Welche besonderen Punkte erhältst du mit dieser Berechnung? Begründe deine Entscheidung.

a) $f(x) = x^2 - 6x + 8$
b) $f(x) = 6x^2 - x - 12$
c) $f(x) = -3x^2 + 2x - 4$
d) $f(x) = 3x^2 - 12x + 48$
e) $f(x) = -2x^2 + 5x - 1$
f) $f(x) = -x^2 + 3x - 1$

193. Skizziere einen möglichen Graphen der Funktion f.

a) f besitzt an der Stelle –3 ein lokales Maximum, an der Stelle 0 eine Sattelstelle und an der Stelle 2 ein lokales Minimum.
b) f besitzt an der Stelle –4 ein lokales Minimum, an der Stelle –1 eine Sattelstelle und an der Stelle 3 ein lokales Maximum.

Monotonie von Funktionen

Da die erste Ableitung an der Stelle p einer Funktion die Steigung der Tangente von f an der Stelle p angibt, kann auch eine Aussage über die Monotonie getroffen werden.

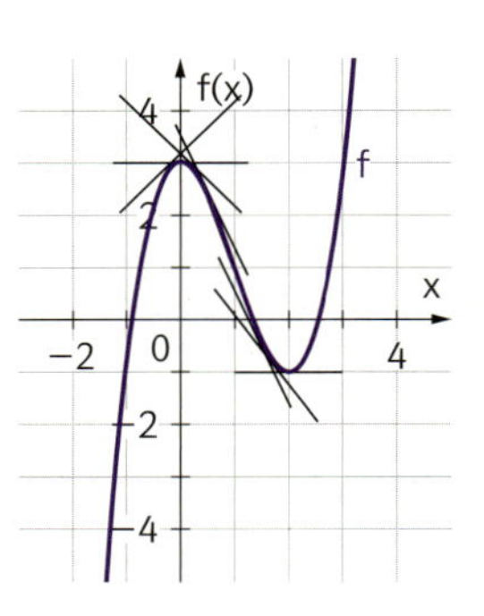

Da f im Intervall [0; 2] streng monoton fallend ist, sind die Tangentensteigungen in diesem Intervall an jeder Stelle außer bei 0 und 2 (da hier eine Extremstelle vorliegt) negativ, d.h. der Graph der ersten Ableitung besitzt im Intervall (0; 2) nur negative Funktionswerte bzw. eine Nullstelle bei 0 und 2. Weitere Überlegungen kann man natürlich auch für die Intervalle $(-\infty; 0]$ und $[2; \infty)$ vornehmen.

MERKE

Technologie Darstellung Monotonie ef7u2k

Monotonie einer Funktion f mit Hilfe von f′

Ist f im Intervall [a; b] streng monoton steigend, dann besitzt f′ in (a; b) nur positive Funktionswerte. Es gilt daher: f ist in [a; b] streng monoton steigend $\Rightarrow$ $f'(x) > 0$ für alle $x \in (a; b)$

Ist f im Intervall [a; b] streng monoton fallend, dann besitzt f′ in (a; b) nur negative Funktionswerte. Es gilt daher: f ist in [a; b] streng monoton fallend $\Rightarrow$ $f'(x) < 0$ für alle $x \in (a; b)$

MUSTER

194. Ermittle die Monotoniebereiche sowie alle lokalen Extrempunkte der Funktion f mit $f(x) = \frac{1}{40} \cdot x^4 - \frac{4}{15} \cdot x^3 + \frac{4}{5} \cdot x^2 + \frac{1}{5}$.

1. Schritt: Zuerst werden alle möglichen Extremstellen berechnet.
Dafür werden jene Stellen gesucht, für die gilt $f'(x) = 0$:

$$f'(x) = \frac{1}{10} \cdot x^3 - \frac{4}{5} \cdot x^2 + \frac{8}{5} \cdot x \quad \Rightarrow \quad 0 = \frac{1}{10} \cdot x^3 - \frac{4}{5} \cdot x^2 + \frac{8}{5} \cdot x$$

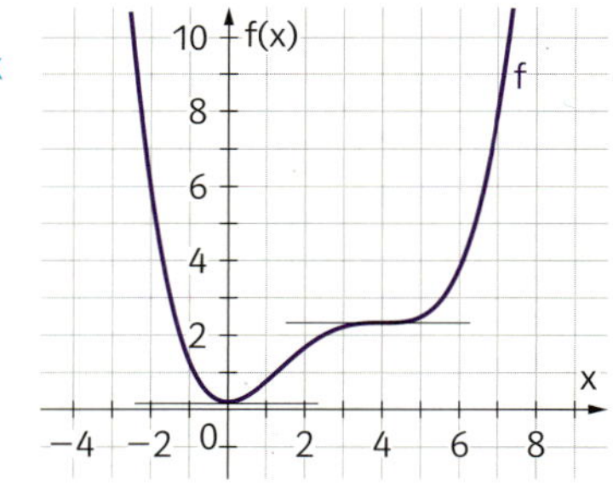

Durch Lösen der Gleichung erhält man: $x_1 = 0$, $x_2 = 4$.
Durch Berechnung der Funktionswerte erhält man die möglichen Extrempunkte: $f(0) = 0{,}2$; $f(4) = 2{,}33$.
Durch Zeichnen des Graphen der Funktion erkennt man, dass an der Stelle 0 eine Minimumstelle liegt. Da an der Stelle 4 kein Monotoniewechsel stattfindet, liegt hier eine Sattelstelle: $T = (0 \mid 0{,}2)$; $S = (4 \mid 2{,}33)$.

2. Schritt: Es wird das Monotonieverhalten von f untersucht.
Dabei teilt man den Definitionsbereich in drei Teilintervalle, um die Monotonie zu überprüfen (die drei Teile erhält man mithilfe der möglichen Extremstellen). Es wird die erste Ableitung an einer Stelle innerhalb des Intervalls berechnet:

$(-\infty; 0)$ z.B. $x = -1$ $\Rightarrow$ $f'(-1) = -2{,}5$ f ist in $(-\infty; 0]$ streng monoton fallend.
$(0; 4)$ z.B. $x = 1$ $\Rightarrow$ $f'(1) = 0{,}9$ f ist in $[0; 4]$ streng monoton steigend.
$(4; \infty)$ z.B. $x = 5$ $\Rightarrow$ $f'(5) = 0{,}5$ f ist in $[4; \infty)$ streng monoton steigend.

Man erkennt, dass an der Stelle 4 kein Monotoniewechsel stattfindet. Daher ist die Funktion im Intervall $[0; \infty)$ streng monoton steigend und an der Stelle 4 liegt eine Sattelstelle. An der Stelle 0 befindet sich ein lokales Minimum.

TECHNOLOGIE

Technologie Anleitung Extremstellen berechnen q3vu5m

Berechnen aller Extrempunkte des Graphen einer Polynomfunktion f

Geogebra	Extremum(f)	Beispiel: $f(x) = x^2 + 3$	Extremum(f)	$A = (0{,}3)$
TI-Nspire	kann im Graphs Modus berechnet werden			

195. **1)** Berechne die Nullstellen der Funktion f.
2) Berechne alle Extrempunkte des Graphen von f und gib an, ob es Hoch- oder Tiefpunkte sind.
3) Bestimme das Monotonieverhalten von f und skizziere den Graphen von f.

a) $f(x) = \frac{1}{9}x^3 - 3x$ **c)** $f(x) = -\frac{1}{6}x^3 + 2x$ **e)** $f(x) = \frac{1}{3}x^3 - \frac{1}{2}x^2 - 6x$
b) $f(x) = \frac{1}{25}x^3 - 3x$ **d)** $f(x) = x^3 - 4x^2 - 11x + 30$ **f)** $f(x) = \frac{1}{5} \cdot (x^3 - 2x^2 - 21x - 18)$

196. Ermittle die Monotoniebereiche sowie alle lokalen Extremstellen bzw. Sattelstellen von f.

a) $f(x) = x^3 + 9x^2 + 27x + 2$ **c)** $f(x) = \frac{1}{4}x^4 - 2x^3 + \frac{9}{2}x^2$
b) $f(x) = x^3 - 6x^2 + 12x - 10$ **d)** $f(x) = x^4 + \frac{16}{3}x^3 + 8x^2$

AN 3.3 **M** **197.** Gegeben ist eine Funktion $f: D \to \mathbb{R}$ und $[a; b]$ ist eine Teilmenge von D. Vervollständige den folgenden Satz, sodass er mathematisch korrekt ist.

Ist ______ (1) ______, dann ______ (2) ______.

(1)	
$f'(x) > 0, \forall x \in [a; b]$	☐
$f'(x) = 0$	☐
$f'(x) < 0, \forall x \in [a; b]$	☐

(2)	
ist x eine Extremstelle	☐
ist f streng monoton steigend in D	☐
ist f in [a; b] streng monoton fallend	☐

MERKE

Technologie Darstellung doppelte Nullstelle cg3t9i

Nullstellen und Extremstellen

Eine Polynomfunktion n-ten Grades besitzt höchstens n Nullstellen und höchstens n – 1 Extremstellen.
Besitzt eine Polynomfunktion f an der Stelle p eine doppelte Nullstelle, so liegt an der Stelle p auch eine Extremstelle vor.

198. Berechne die Nullstellen der Funktion f und gib ihre Vielfachheit an. Berechne anschließend die Extremstellen von f. Welcher Zusammenhang fällt dir auf?

a) $f(x) = x^3 - 3x^2$ **b)** $f(x) = x^3 - 12x - 16$ **c)** $f(x) = \frac{x^4}{12} - \frac{x^2}{2}$ **d)** $f(x) = x^4 - 18x^2 + 81$

AN 3.3 **M** **199.** Begründe, warum eine Polynomfunktion n-ten Grades höchstens n – 1 Extremstellen besitzen kann.

Interpretation des Graphen der ersten Ableitung

MUSTER

200. Gegeben ist der Graph der ersten Ableitung einer Polynomfunktion f. Gib das Monotonieverhalten von f sowie alle lokalen Extremstellen an.

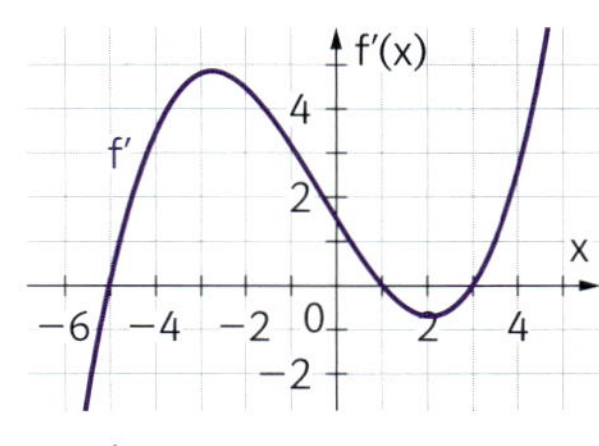

Da die Funktionswerte der ersten Ableitung von f den Steigungen der Tangenten von f entsprechen, gilt folgender Zusammenhang:
$f'(x) < 0$ für alle $x < -5$ und für alle $x \in (1; 3)$. ⇒ f ist streng monoton fallend in $(-\infty; -5]$ und in $[1; 3]$.
$f'(x) > 0$ für alle $x \in (-5; 1)$ und für alle $x > 3$. ⇒ f ist streng monoton steigend in $[-5; 1]$ und $[3; \infty)$.
$f'(x) = 0$ für $x = -5; 1; 3$ ⇒ An den Stellen –5 und 3 liegen daher Minimumstellen, an der Stelle 1 liegt eine Maximumstelle vor.

201. Gegeben ist der Graph der ersten Ableitung einer Polynomfunktion f. Gib das Monotonieverhalten von f, alle lokalen Extremstellen und die Art der Extremstellen an.

a)

c)

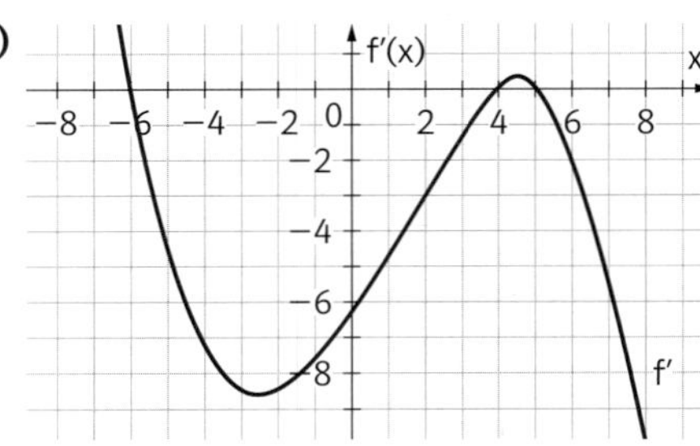

b)

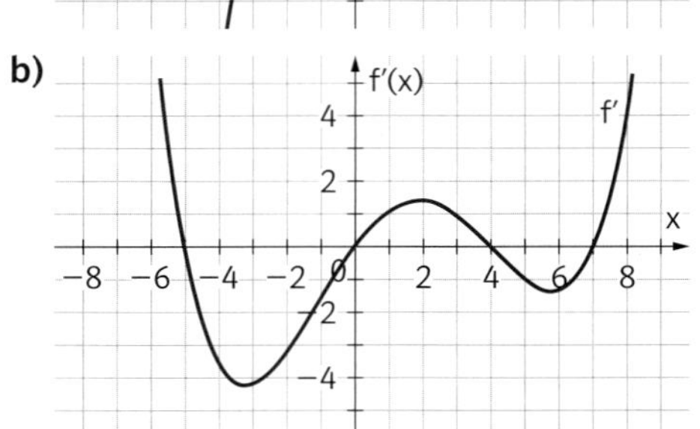

d)

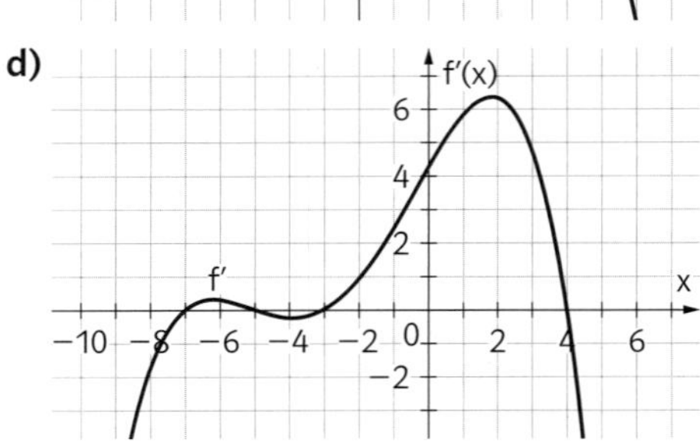

202. Gib alle lokalen Maximum- und Minimumstellen der Polynomfunktion f an.

a) $f'(x) > 0$ für alle $x \in (3; \infty)$ $f'(x) < 0$ für alle $x \in (-\infty; 3)$
b) $f'(x) > 0$ für alle $x \in (-\infty; -4)$ $f'(x) < 0$ für alle $x \in (-4; \infty)$
c) $f'(x) > 0$ für alle $x \in (-\infty; -7)$ und $x \in (1; \infty)$ $f'(x) < 0$ für alle $x \in (-7; 1)$
d) $f'(x) > 0$ für alle $x \in (-3; 0)$ und $(4; \infty)$ $f'(x) < 0$ für alle $x \in (-\infty; -3)$ und $x \in (0; 4)$

AN 3.3 **M** **203.** Gegeben ist der Graph der ersten Ableitung einer Polynomfunktion f. Begründe, warum die Funktion f an der Stelle $x = 2$ keine Extremstelle besitzt.

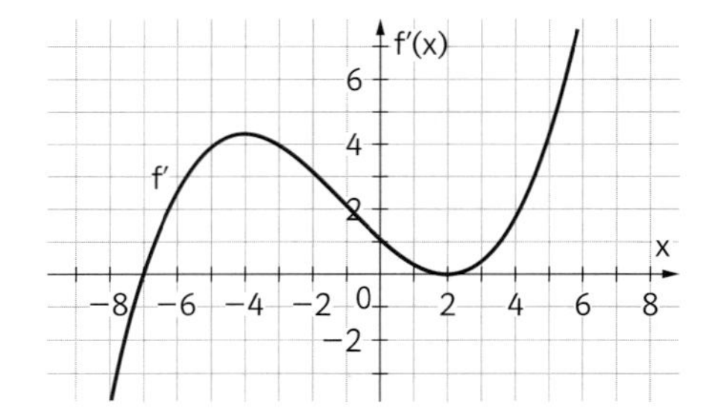

AN 3.3 **M** **204.** Gegeben ist der Graph der ersten Ableitung einer Polynomfunktion f vierten Grades. Kreuze die beiden zutreffenden Aussagen an.

A	f besitzt an der Stelle 0 eine lokale Extremstelle.	☐
B	f besitzt an der Stelle 0 eine waagrechte Tangente.	☐
C	$f'(2) = 0$	☐
D	f ist in [2; 4] streng monoton steigend.	☐
E	f besitzt an der Stelle 3 eine lokale Minimumstelle.	☐

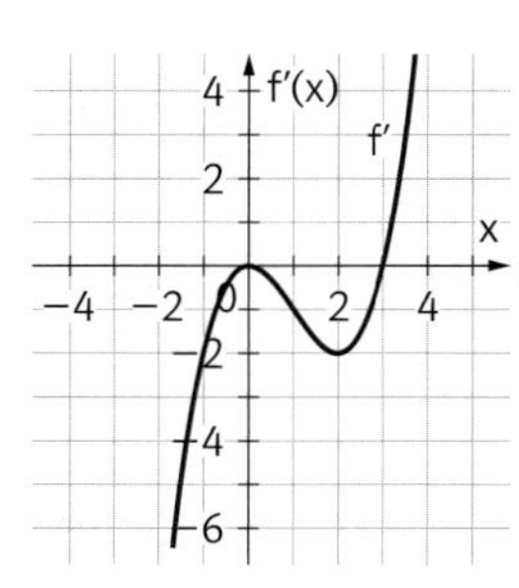

AN 3.3 **M**
Arbeitsblatt Interpretation von f′ 5ah4n7

205. Gegeben ist der Graph der ersten Ableitung einer Polynomfunktion f vierten Grades.
Kreuze die zutreffende(n) Aussage(n) an.

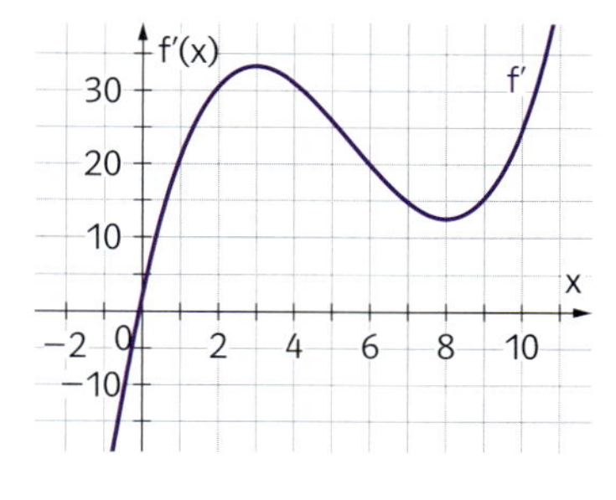

A	f besitzt zwei Extremstellen.	☐
B	f ist in [5; 7] streng monoton fallend.	☐
C	f ist in [9; 10] streng monoton steigend.	☐
D	f besitzt an der Stelle 3 ein lokales Maximum.	☐
E	f besitzt genau eine Nullstelle.	☐

MUSTER

206. Gegeben ist der Graph einer Funktion f. Welcher der drei anderen Graphen ist der Graph der Ableitungsfunktion von f? Begründe deine Entscheidung.

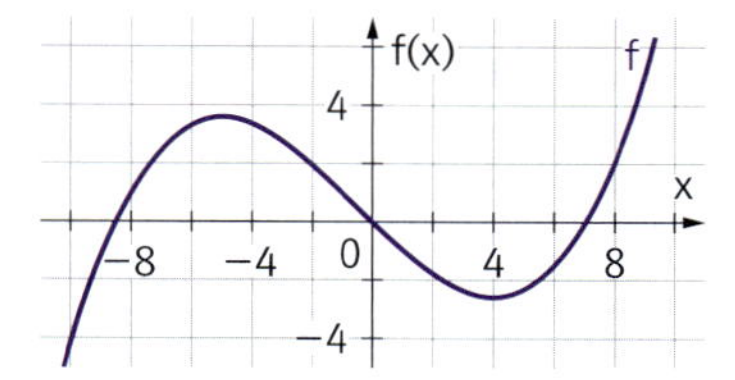

A

B

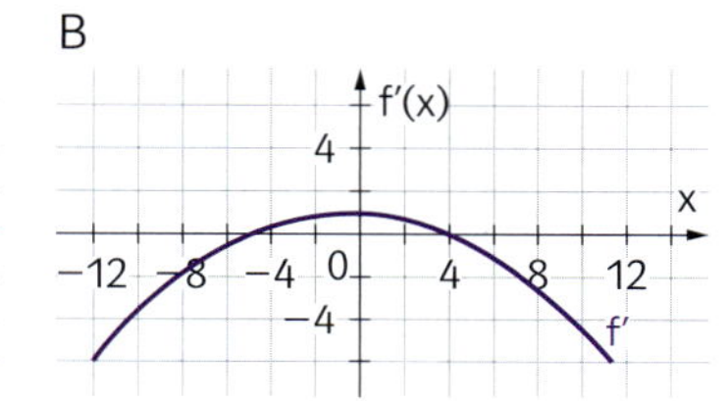

C

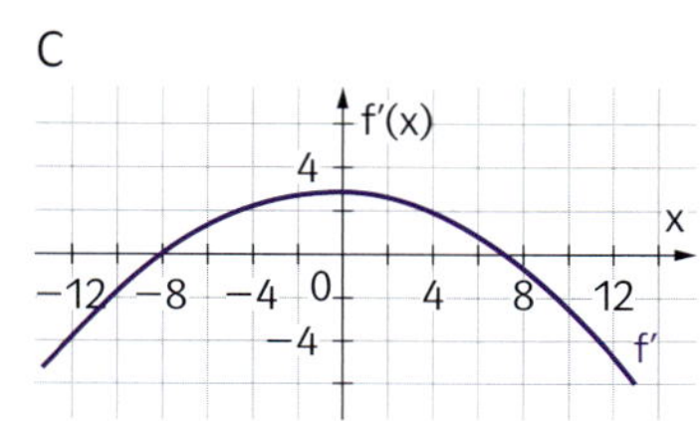

Da die Extremstellen der Funktion f zu Nullstellen der ersten Ableitung werden, muss f′ an den Stellen −5 und 4 Nullstellen besitzen. Daher bleibt nur mehr A und B als möglicher Graph der Ableitung. Da f in [−10; −5) streng monoton steigend ist, muss f′ in diesem Intervall positive Funktionswerte besitzen. Somit fällt C weg und A muss der gesuchte Graph sein.

207. Gegeben ist der Graph einer Funktion f. Welcher der drei anderen Graphen ist der Graph der Ableitungsfunktion von f? Begründe deine Entscheidung.

a) A B C

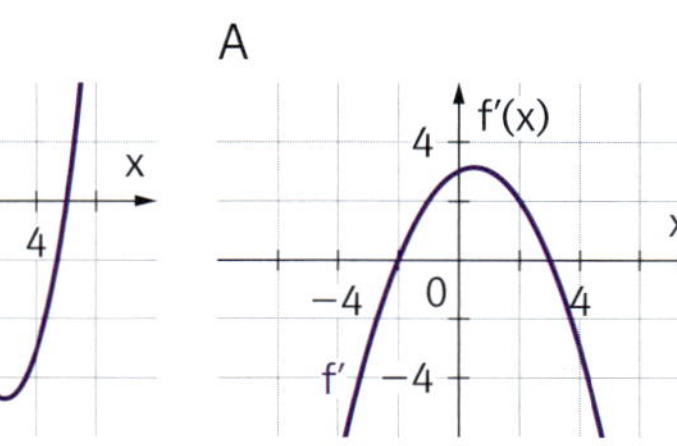

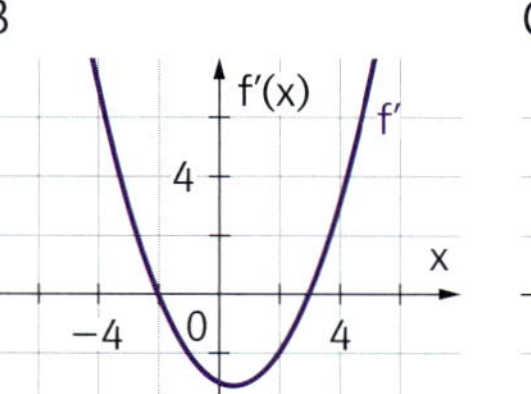

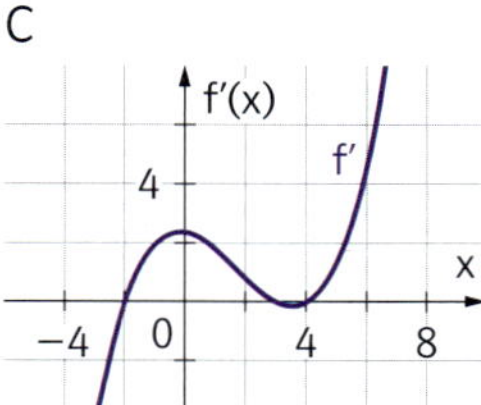

b) A B C

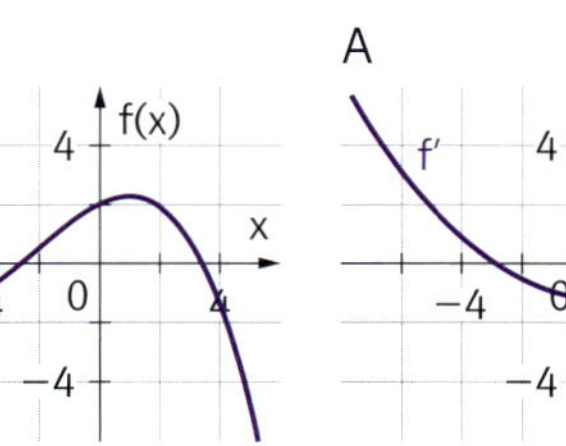

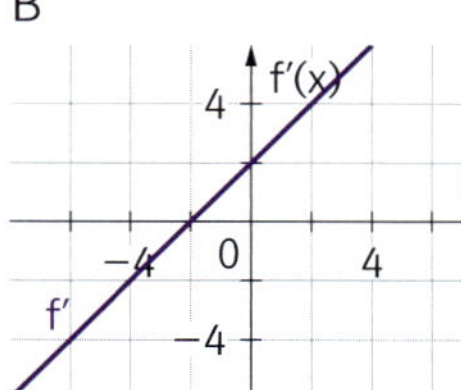

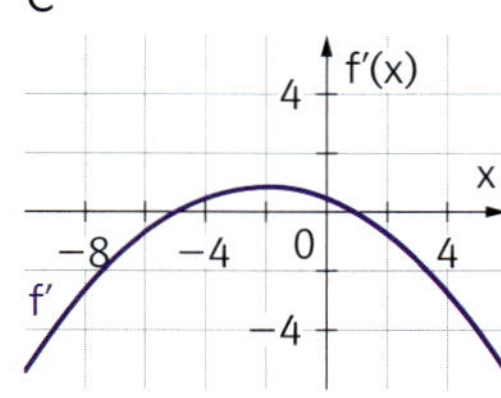

c) A B C

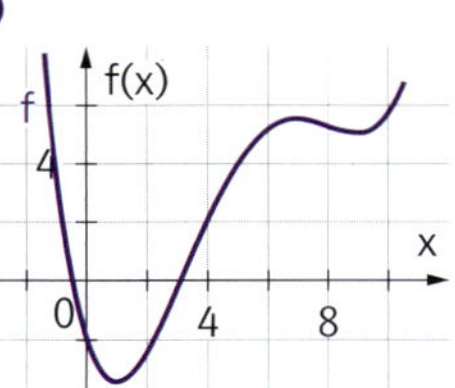

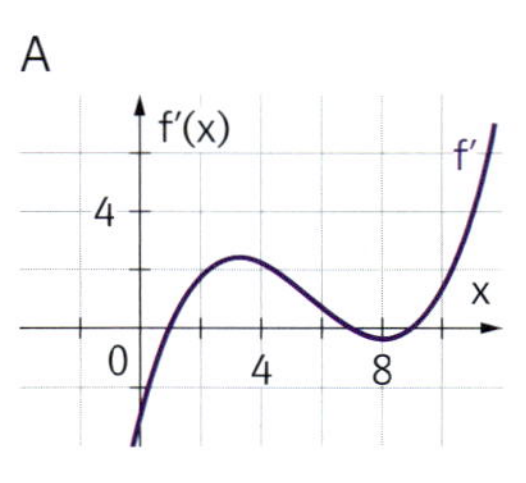

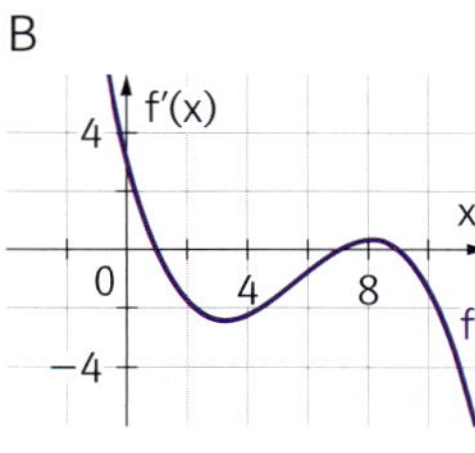

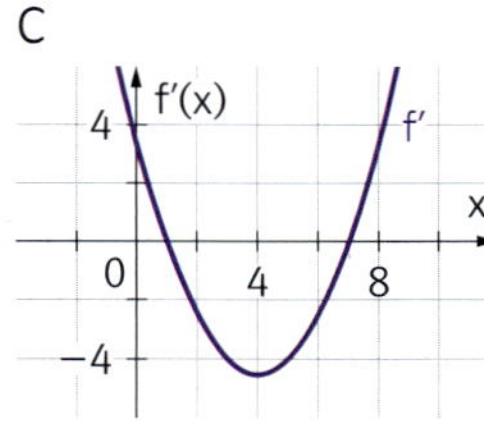

Berechnen von Randextrema

Mit den erarbeiteten Methoden können alle lokalen Extremstellen von Polynomfunktionen ermittelt werden oder auch globale Extremstellen, wenn die Tangenten in den entsprechenden Punkten waagrecht sind. Mögliche globale Extremstellen am Rand müssen daher extra untersucht werden und mit den bereits berechneten lokalen Extremstellen verglichen werden.

MUSTER

208. Berechne alle lokalen und globalen Extrempunkte der Funktion f mit $f(x) = \frac{x^3}{3} - 5x^2 + 21x - 1$ im Intervall [0; 8].

Für die lokalen Extremstellen werden die Nullstellen der ersten Ableitung berechnet:

$f'(x) = x^2 - 10x + 21 \quad \Rightarrow \quad 0 = x^2 - 10x + 21 \quad \Rightarrow \quad x_1 = 3, x_2 = 7$

Um zu überprüfen, ob es sich tatsächlich um lokale Extremstellen handelt, muss noch das Monotonieverhalten überprüft werden.

$f'(2) = 5 \quad \Rightarrow$ f ist in $(-\infty; 3]$ streng monoton steigend.
$f'(4) = -3 \quad \Rightarrow$ f ist in $[3; 7]$ streng monoton fallend.
$f'(8) = 5 \quad \Rightarrow$ f ist in $[7; \infty)$ streng monoton steigend.

Daher liegt an der Stelle 3 ein lokales Maximum und an der Stelle 7 ein lokales Minimum. Um herauszufinden, an welchen Stellen die globalen Extremstellen liegen, muss man die Funktionswerte der lokalen Extremstellen mit den Funktionswerten an den Randstellen (bei 0 und 8) vergleichen:

$f(3) = 26$	$H = (3 \mid 26)$	$f(7) = 15,3$	$T(7 \mid 15,3)$
$f(0) = -1$	$R_1 = (0 \mid -1)$	$f(8) = 17,7$	$R_2 = (8 \mid 17,7)$

Man erkennt, dass der kleinste Funktionswert an der Stelle 0, der größte Funktionswert an der Stelle 3 angenommen wird. $\Rightarrow$ globales Minimum bei 0, globales Maximum bei 3.

TIPP → Bei einer globalen Extremstelle, muss die erste Ableitung an dieser Stelle nicht 0 sein, da man auch die Randstellen betrachten muss.

209. Berechne alle lokalen und globalen Extrempunkte der Funktion f im gegebenen Intervall.

a) $f(x) = 0,5x^2 + 3x + 3$ [−5; 0]
b) $f(x) = 0,25x^2 + 2x - 2$ [−6; 0]
c) $f(x) = -0,5x^2 + 2x$ [−1; 3]
d) $f(x) = \frac{1}{9} \cdot (x^3 - 15x^2 + 63x)$ [2; 10]
e) $f(x) = \frac{1}{3}x^3 + \frac{1}{2}x^2 - 2x + 1$ [−3; 3]
f) $f(x) = \frac{1}{36} \cdot (x^3 - 1,5x^2 - 90x + 12)$ [−8; 11]
g) $f(x) = \frac{1}{4}x^4 - \frac{1}{4}x^3 + 2x^2$ [−1; 3]
h) $f(x) = \frac{1}{8}x^4 + \frac{1}{6}x^3 - \frac{3}{2}x^2 + 1$ [−4; 3]

210. Bestimme jene Punkte des Graphen der Funktion f im angegebenen Intervall, die den größten bzw. kleinsten Funktionswert besitzen.

a) $f(x) = -2x + 3$ [−3; 5]
b) $f(x) = (x - 4) \cdot (x + 2)$ [−4; 1]
c) $f(x) = \frac{1}{6}x^3 - \frac{3}{4}x^2$ [−1; 5]
d) $f(x) = \frac{1}{27}x^3 + \frac{1}{18}x^2 - \frac{4}{3}x + 1$ [−8; 4]

211. Ein Körper bewegt sich gemäß der Zeit-Ort-Funktion s mit $s(t) = -0,02t^3 + 0,45t^2 + 5$ (s in Meter, t in Sekunden) im Zeitintervall [2; 15].

a) Zu welchen Zeitpunkten beträgt die Geschwindigkeit 3 m/s?
b) Wann hat der Körper seine höchste Geschwindigkeit erreicht? Wann ist die Geschwindigkeit am niedrigsten?
c) In welchen Zeitintervallen nimmt die Geschwindigkeit zu? In welchen Zeitintervallen nimmt sie ab?

KOMPE-
TENZEN

3.2 Krümmung und Graph der zweiten Ableitung – Wendepunkte

Lernziele:

- Die Begriffe Krümmung, Wendestelle, Wendetangente kennen und anwenden können
- Zusammenhänge zwischen einer Funktion und ihrer zweiten Ableitung erkennen und begründen können
- Wendestellen und Krümmungsbereiche berechnen können
- Den Graphen einer zweiten Ableitungsfunktion erkennen und zuordnen können

Grundkompetenzen für die schriftliche Reifeprüfung:

AN 3.1 Den Begriff Ableitungsfunktion […] kennen und zur Beschreibung von Funktionen einsetzen können

AN 3.2 Den Zusammenhang zwischen Funktion und Ableitungsfunktion […] in deren graphischer Darstellung (er)kennen und beschreiben können

AN 3.3 Eigenschaften von Funktionen mit Hilfe der Ableitung(sfunktion) beschreiben können: Monotonie, lokale Extrema, Links- und Rechtskrümmung, Wendestellen

Die Krümmung

Technologie Darstellung Krümmung und f″ 3v4zk6

Im vorigen Abschnitt wurde mit Hilfe der ersten Ableitung die Monotonie einer Funktion f untersucht. Dabei betrachtet man die momentane Änderungsrate von f. Auch mit Hilfe der zweiten Ableitung erhält man wichtige Erkenntnisse über die Funktion. Die zweite Ableitung beschreibt die momentane Änderungsrate von f′ und gibt Auskunft über die Krümmung von f.

f ist in [a; b] **linksgekrümmt** (oder auch **positiv gekrümmt**)		f ist in [a; b] **rechtsgekrümmt** (oder auch **negativ gekrümmt**)	
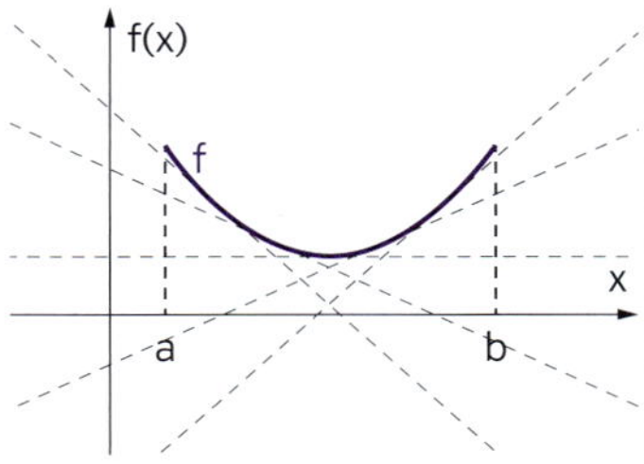	Die Tangentensteigungen von f im Intervall [a; b] werden größer.	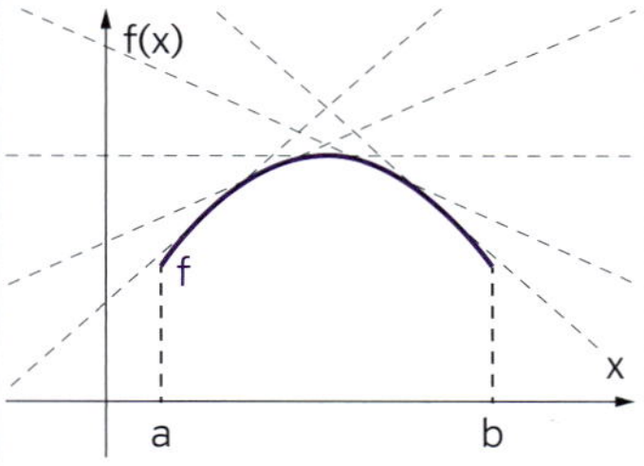	Die Tangentensteigungen von f im Intervall [a; b] werden kleiner.
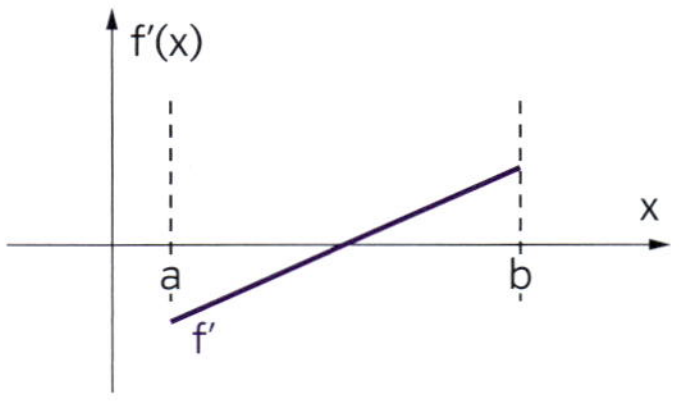	Die erste Ableitung von f in [a; b] ist daher streng monoton steigend.	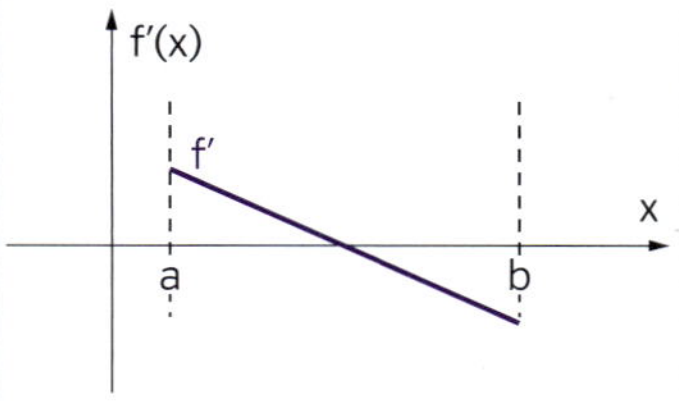	Die erste Ableitung von f in [a; b] ist daher streng monoton fallend.
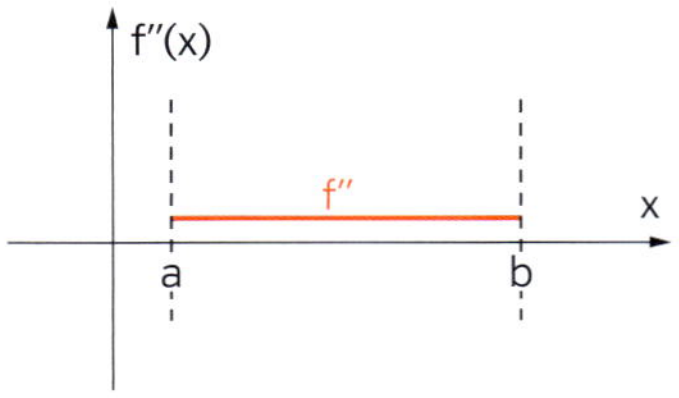	Die zweite Ableitung von f in [a; b] ist daher positiv.	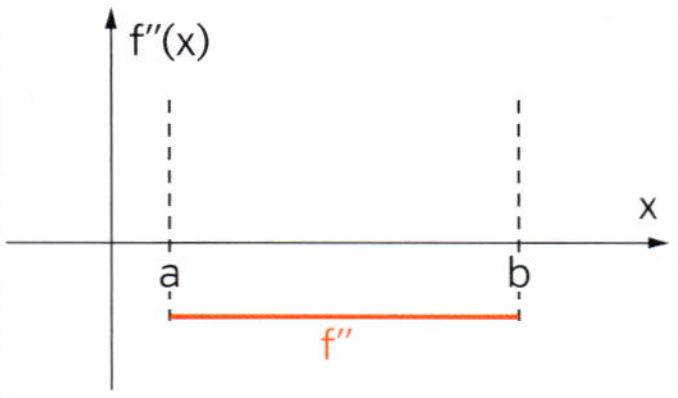	Die zweite Ableitung von f in [a; b] ist daher negativ.

MERKE

Krümmung einer Funktion f

Eine Funktion f: D → ℝ ([a; b] ist eine Teilmenge von D) heißt
- **linksgekrümmt** in [a; b], wenn f′ in [a; b] streng monoton steigend ist.
- **rechtsgekrümmt** in [a; b], wenn f′ in [a; b] streng monoton fallend ist.
- **einheitlich gekrümmt** in [a; b], wenn f in [a; b] nur linksgekrümmt oder nur rechtsgekrümmt ist.

Da die Krümmung die Veränderung der ersten Ableitung ist, kann man rechnerisch die Krümmungsart über das Vorzeichen der zweiten Ableitung bestimmen.

MERKE

Krümmung einer Funktion f mit Hilfe von f″

Für eine Polynomfunktion f: D → ℝ ([a; b] ist eine Teilmenge von D) gilt:
- $\mathbf{f''(x) > 0}$ für alle $x \in (a; b)$ ⇒ f ist **linksgekrümmt** in [a; b].
- $\mathbf{f''(x) < 0}$ für alle $x \in (a; b)$ ⇒ f ist **rechtsgekrümmt** in [a; b].

Nebenstehende Abbildung ist eine kleine Hilfe, um sich den Unterschied zwischen positiver und negativer Krümmung zu merken.

rechtsgekrümmt/ negativ gekrümmt (trauriges Gesicht)

linksgekrümmt/ positiv gekrümmt (lachendes Gesicht)

MUSTER

212. Zeige, dass die Funktion f mit $f(x) = x^2 - 3x + 4$ einheitlich gekrümmt ist und gib die Art der Krümmung an.

Es wird zuerst die zweite Ableitung von f gebildet:
$f'(x) = 2x - 3$ $\quad$ $f''(x) = 2$
Da die zweite Ableitung von f für alle x konstant positiv ist, ist f einheitlich links gekrümmt.

213. Zeige, dass die Funktion f einheitlich gekrümmt ist und gib die Art der Krümmung an.

a) $f(x) = 3x^2 + 5x + 4$
b) $f(x) = -2x^2 + 4x - 5$
c) $f(x) = -5x^2 + x - 3$
d) $f(x) = 8x^2 + 4$
e) $f(x) = (x - 4) \cdot (2 - x)$
f) $f(x) = (2x - 7) \cdot (5 - 4x)$

MUSTER

214. In der Abbildung ist der Graph einer Funktion f dargestellt, sowie jene Stellen, an denen die Funktion ihr Krümmungsverhalten ändert, eingezeichnet. Bestimme das Krümmungsverhalten von f. Was kannst du in den einzelnen Bereichen über f′ und f″ aussagen?

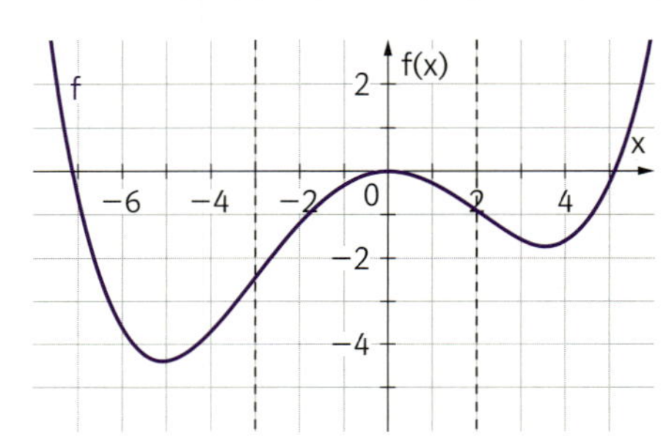

Die Funktion wird in drei Intervalle geteilt:

$(-\infty; -3]$ f ist linksgekrümmt, da die Tangentensteigungen zunehmen. ⇒ f′ ist streng monoton steigend in $(-\infty; -3]$. ⇒ $f''(x) > 0$ für alle $x \in (-\infty; -3)$

$[-3; 2]$ f ist rechtsgekrümmt, da die Tangentensteigungen abnehmen. ⇒ f′ ist streng monoton fallend in $[-3; 2]$. ⇒ $f''(x) < 0$ für alle $x \in (-3; 2)$

$[2; \infty)$ f ist linksgekrümmt, da die Tangentensteigungen zunehmen. ⇒ f′ ist streng monoton steigend in $[2; \infty)$. ⇒ $f''(x) > 0$ für alle $x \in (2; \infty)$

215. In der Abbildung ist der Graph einer Funktion f dargestellt, sowie jene Stellen, an denen die Funktion ihr Krümmungsverhalten ändert, eingezeichnet. Bestimme das Krümmungsverhalten von f. Was kannst du in den einzelnen Bereichen über f′ und f″ aussagen?

a)

c)

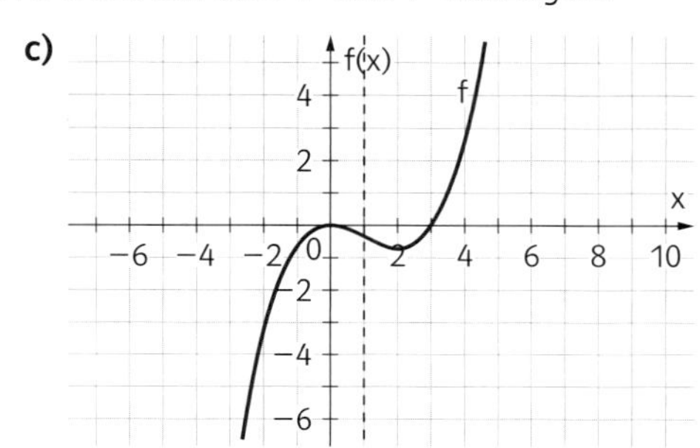

b)

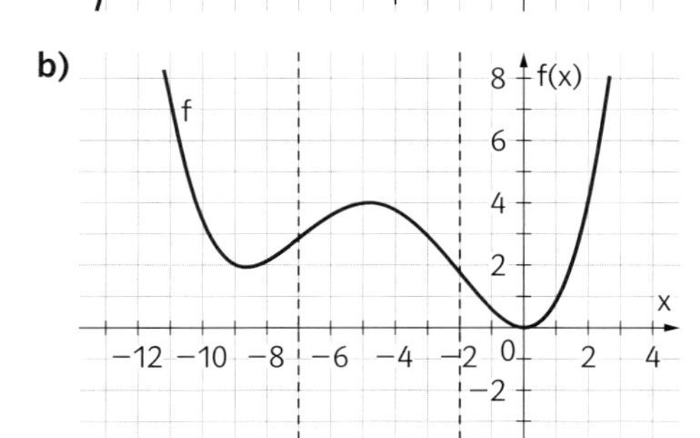

d)

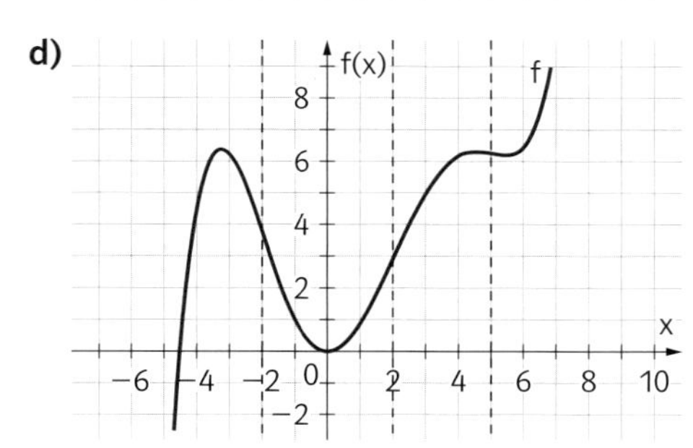

216. Zeichne den Graphen einer Funktion f mit den gegebenen Eigenschaften.

a) f ist in $(-\infty; \infty)$ negativ gekrümmt.
b) f ist in $(-\infty; \infty)$ links gekrümmt.
c) f ist in $(-\infty; 3]$ links gekrümmt und in $[3; \infty)$ rechts gekrümmt.
d) f ist in $(-\infty; -4]$ rechts gekrümmt und in $[-4; \infty)$ positiv gekrümmt.
e) f ist in $(-\infty; -3]$ und $[5; \infty)$ rechts gekrümmt und in $[-3; 5]$ positiv gekrümmt.
f) f ist in $[-1; 3]$ rechts gekrümmt und in $(-\infty; -1]$ und in $[3; \infty)$ links gekrümmt.

AN 3.3 **M** **217.** Gegeben ist der Graph einer Polynomfunktion f vierten Grades. Weiters sind jene Stellen markiert, an denen f ihr Krümmungsverhalten ändert. Kennzeichne alle x-Werte mit der Eigenschaft $f''(x) < 0$.

a)

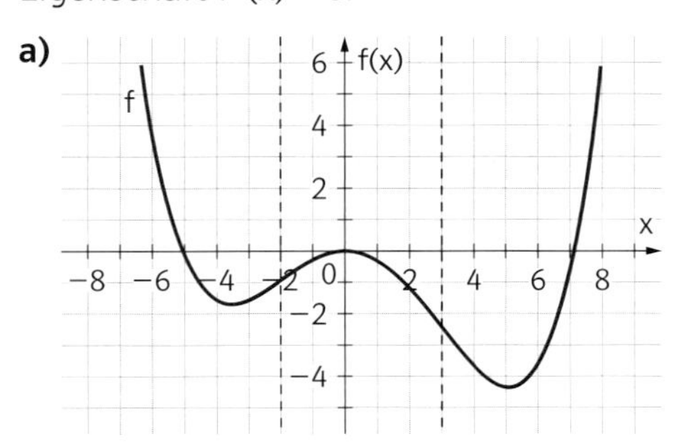

b)

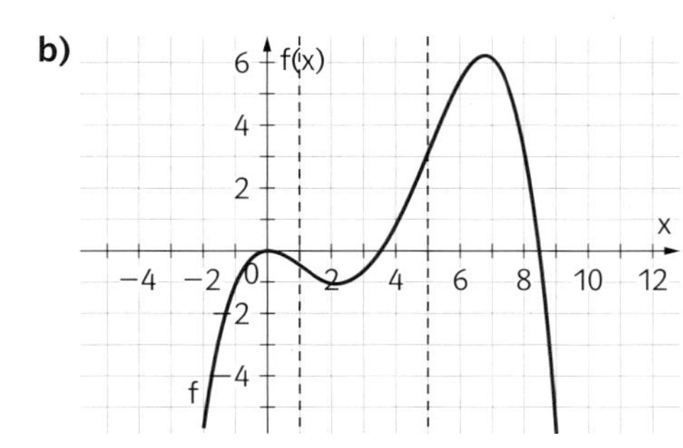

218. Gegeben ist eine Funktion f mit $f(x) = a\,x^2 + b\,x + c$. Zeige, dass die Funktion einheitlich gekrümmt ist. Gib weiters an, wann eine quadratische Funktion positiv bzw. negativ gekrümmt ist und begründe deine Entscheidung.

219. Gegeben ist eine Funktion f mit $f(x) = a\,x^3 + b\,x^2 + c\,x + d$. Zeige, dass die Funktion für $x > -\frac{b}{3a}$ links gekrümmt ist.

AN 3.3 **M** **220.** Gegeben ist der Graph einer Polynomfunktion f zweiten Grades. Kreuze die beiden zutreffenden Aussagen an.

A	f ist einheitlich positiv gekrümmt.	☐
B	f″(x) ist negativ für alle x.	☐
C	f′(x) ist streng monoton steigend.	☐
D	Es gilt f′(x) > 0 für alle x.	☐
E	f ist einheitlich negativ gekrümmt.	☐

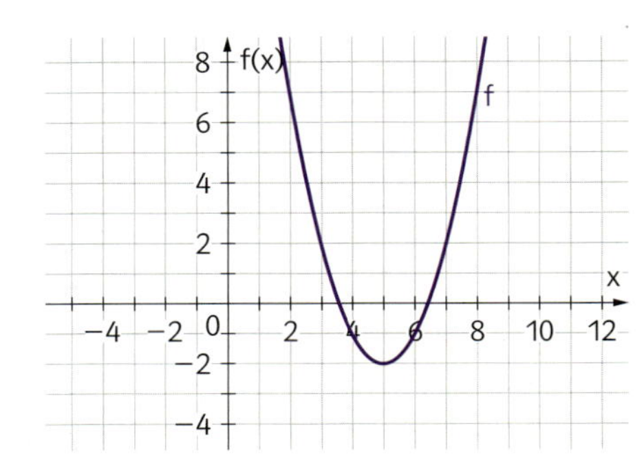

AN 3.3 **M** **221.** Gegeben ist der Graph einer Polynomfunktion f dritten Grades. Kreuze die zutreffende(n) Aussage(n) an.

Arbeitsblatt Zusammenhänge f, f′, f″ 2kr2qp

A	f ist in [−7; −1] negativ gekrümmt.	☐
B	Die erste Ableitung von f besitzt zwei Nullstellen.	☐
C	Die zweite Ableitung von f ist für x > 0 positiv.	☐
D	f besitzt an der Stelle 0 eine Sattelstelle.	☐
E	f′(x) > 0 für alle x < −1.	☐

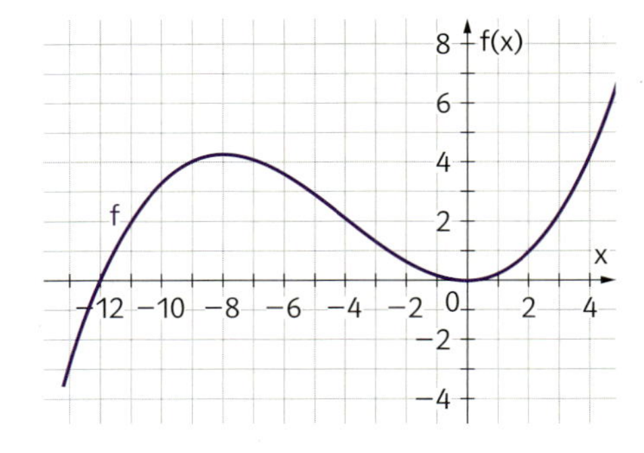

AN 3.2 **M** **222.** Gegeben ist der Graph der ersten Ableitung einer Funktion f. Kreuze die zutreffende(n) Aussage(n) an.

A	f ist in [−6; −3] positiv gekrümmt.	☐
B	f ist in [−1; 3] positiv gekrümmt.	☐
C	f ist in [4; 6] positiv gekrümmt.	☐
D	f″(−5) ist positiv.	☐
E	f(−5) ist positiv.	☐

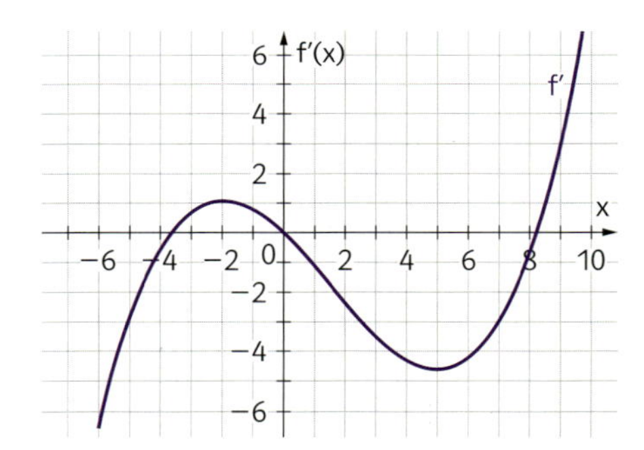

AN 3.2 **M** **223.** Gegeben ist der Graph der ersten Ableitung einer Funktion f. Kreuze die zutreffende(n) Aussage(n) an.

A	f ist in [−4; −3] positiv gekrümmt.	☐
B	f ist in [−1; 1] positiv gekrümmt.	☐
C	f ist in [4; 6] positiv gekrümmt.	☐
D	f wechselt in [−4; 6] dreimal das Krümmungsverhalten.	☐
E	f(2) ist positiv.	☐

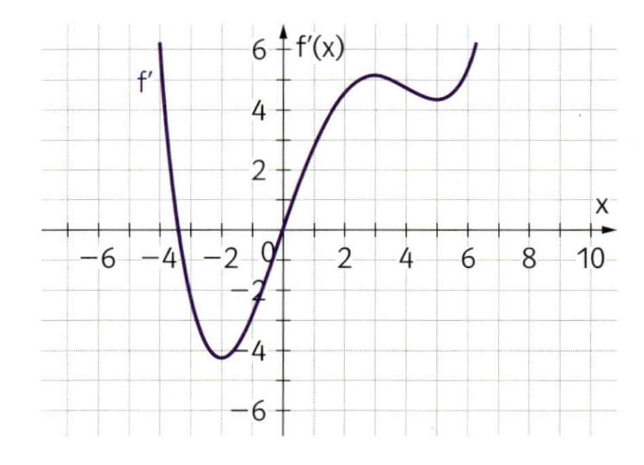

Wendestelle und Wendetangente

So wie Extremstellen Polynomfunktionen in Monotoniebereiche einteilen, gibt es auch Stellen, die Funktionen in Krümmungsbereiche unterteilen.

MERKE

Wendestellen

Eine Stelle p heißt **Wendestelle** einer Funktion f, wenn sich an der Stelle p das Krümmungsverhalten von f ändert. Der Punkt $W = (p \mid f(p))$ wird **Wendepunkt** genannt.

Technologie
Darstellung
Wendestellen
eq7977

Um diese Wendestellen zu finden, sind Überlegungen anhand eines Beispiels hilfreich:

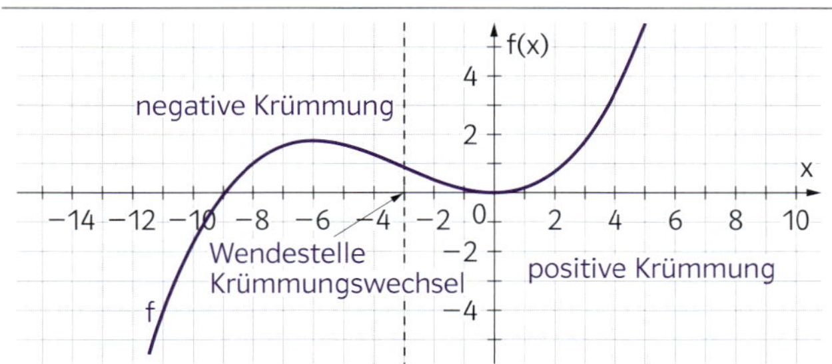

Die Wendestelle unterteilt die Funktion f in zwei Krümmungsbereiche. Für $x < -3$ ist die Funktion negativ gekrümmt, für $x > -3$ ist f positiv gekrümmt. An der Stelle -3, der Wendestelle, ist die Steigung der Tangente am kleinsten.

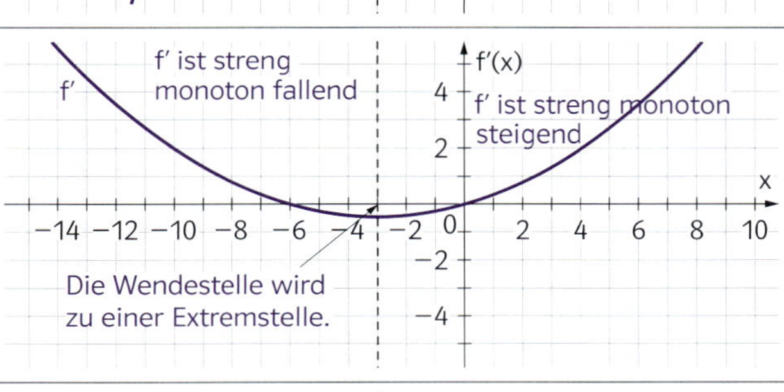

Da die Tangentensteigungen von f für $x < -3$ abnehmen und für $x > -3$ zunehmen, ist f' zuerst streng monoton fallend, anschließend streng monoton steigend. Da die Steigung der Tangente von f an der Stelle -3 am kleinsten ist, liegt bei f' an dieser Stelle eine Extremstelle vor.

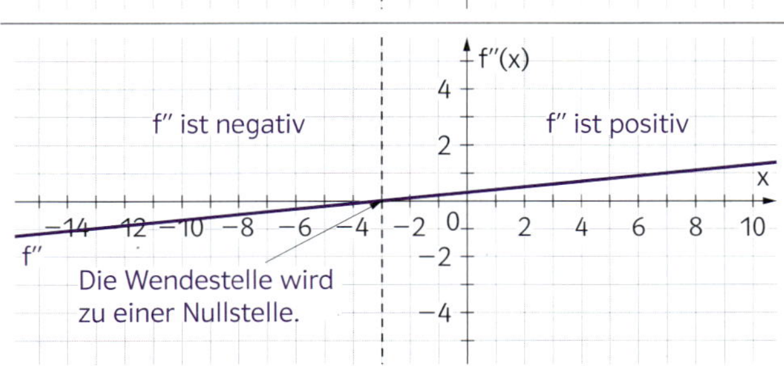

Da an der Stelle -3 bei f' eine Extremstelle ist, wird aus dieser in f'' eine Nullstelle. Die Wendestelle ist also in der zweiten Ableitung eine Nullstelle.

Die Wendestelle kann man sich auch anhand eines Motorrads vorstellen. Fährt ein Motorrad entlang einer kurvenreichen Strecke, dann wird es oft die Richtung wechseln müssen. Jene Stelle, an der der Lenker vom Rechtseinschlag zum Linkseinschlag wechseln sollte, ist die Wendestelle.

MERKE

Notwendige Bedingung für Wendestellen

Ist p eine Wendestelle einer Funktion f, dann ist die Krümmung an dieser Stelle 0. Es gilt daher:

p ist Wendestelle $\Rightarrow$ $\mathbf{f''(p) = 0}$

Leider kann man aus der Eigenschaft $f''(p) = 0$ nicht schließen, dass an dieser Stelle auch eine Wendestelle liegt. In der Abbildung sieht man den Graphen der Funktion f mit $f(x) = x^4$.

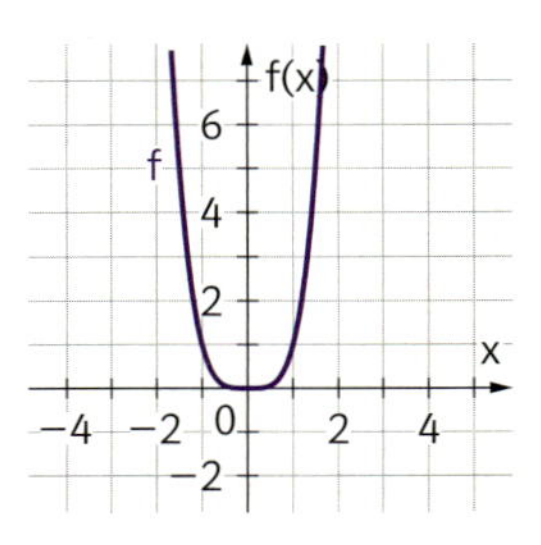

Es gilt $f''(x) = 12x^2$ und weiters $f''(0) = 0$. Allerdings ändert f an der Stelle 0 nicht ihr Krümmungsverhalten, somit liegt an dieser Stelle keine Wendestelle vor. Um sicher zu sein, dass eine Stelle p eine Wendestelle ist, kann z.B. das Krümmungsverhalten untersucht werden.

MERKE

Hinreichende Bedingung für Extremstellen

$f''(p) = 0$ und f ändert an der Stelle p ihr Krümmungsverhalten $\Rightarrow$ p ist Wendestelle

224. Gib die Wendestelle(n) der Funktion aus Aufgabe 215 an.

225. Gib alle Wendestellen der Polynomfunktion f an.

a) $f''(x) > 0$ für alle $x \in (8; \infty)$ $\quad f''(x) < 0$ für alle $x \in (-\infty; 8)$

b) $f''(x) > 0$ für alle $x \in (-\infty; -4)$ und $x \in (1; \infty)$ $\quad f''(x) < 0$ für alle $x \in (-4; 1)$

c) $f''(x) > 0$ für alle $x \in (-9; -6)$ und $x \in (1; \infty)$ $\quad f''(x) < 0$ für alle $x \in (-\infty; -9)$ und $x \in (-6; 1)$

Technologie Darstellung Wendetangente z6c25a

Vereinfacht gesagt verlaufen bei positiver Krümmung die Tangenten „unterhalb" des Graphen von f, bei negativer Krümmung oberhalb des Graphen von f. Im Wendepunkt verläuft die Tangente einmal „unterhalb" und einmal „oberhalb" des Graphen von f.

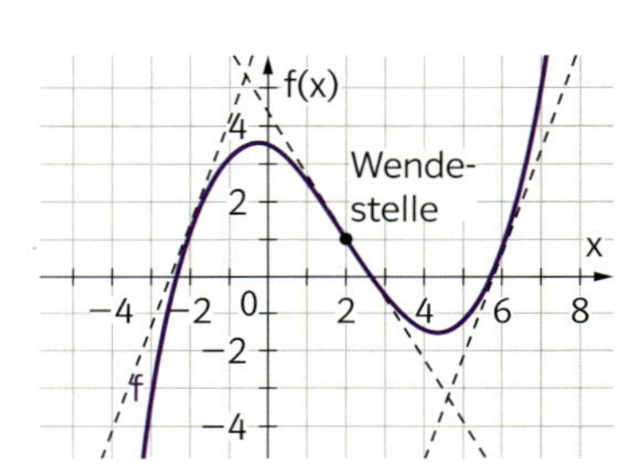

MERKE

Wendetangente

Ist p eine Wendestelle einer Funktion f, dann nennt man die Tangente von f an der Stelle p **Wendetangente**.

MUSTER

226. Bestimme die Wendepunkte, die Krümmungsbereiche und die Wendetangenten der Funktion f mit $f(x) = \frac{x^4}{12} - x^3 - \frac{7x^2}{2}$.

Um die Wendestellen zu bestimmen, setzt man die zweite Ableitung 0.

$f'(x) = \frac{x^3}{3} - 3x^2 - 7x \qquad f''(x) = x^2 - 6x - 7 \quad \Rightarrow \quad 0 = x^2 - 6x - 7$

Durch Lösen der Gleichung erhält man die beiden möglichen Wendestellen: $x_1 = -1$, $x_2 = 7$.

Man erhält drei mögliche Krümmungsbereiche und überprüft mit Hilfe der zweiten Ableitung die Krümmung:

$(-\infty; -1)$ z.B. $x = -2 \Rightarrow f''(-2) = 9 \Rightarrow$ f ist in $(-\infty; -1]$ links gekrümmt.

$(-1; 7)$ z.B. $x = 0 \Rightarrow f''(0) = -7 \Rightarrow$ f ist in $[-1; 7]$ rechts gekrümmt.

$(7; \infty)$ z.B. $x = 8 \Rightarrow f''(8) = 9 \Rightarrow$ f ist in $[7; \infty)$ links gekrümmt.

Da sich die Krümmung an den beiden Stellen ändert, hat man zwei Wendestellen erhalten.
Nun werden noch die Funktionswerte berechnet: $f(-1) = -\frac{29}{12}$, $f(7) = -\frac{3773}{12}$

$\Rightarrow \quad W_1 = \left(-1 \middle| -\frac{29}{12}\right) \qquad W_2 = \left(7 \middle| -\frac{3773}{12}\right)$

Um die Wendetangenten in den beiden Punkten aufzustellen, müssen zuerst die Steigungen berechnet werden. Durch Einsetzen in die Funktionsgleichung t(x) = kx + d erhält man dann auch den Wert d.

$k_t = f'(-1) = \frac{11}{3} \quad \Rightarrow \quad -\frac{29}{12} = \frac{11}{3} \cdot (-1) + d \quad \Rightarrow \quad d = \frac{5}{4} \quad \Rightarrow \quad t_1(x) = \frac{11}{3}x + \frac{5}{4}$

$k_t = f'(7) = -\frac{245}{3} \quad \Rightarrow \quad -\frac{3773}{12} = -\frac{245}{3} \cdot 7 + d \quad \Rightarrow \quad d = \frac{1029}{4} \quad \Rightarrow \quad t_2(x) = -\frac{245}{3}x + \frac{1029}{4}$

Technologie Anleitung Berechnung Wendetangente e76q6t

227. **1)** Bestimme die Wendepunkte und Krümmungsbereiche der Funktion f.
2) Bestimme die Wendetangente(n) der Funktion.

a) $f(x) = \frac{1}{16}(x^3 - 12x^2 + 2)$
b) $f(x) = \frac{1}{128}(x^3 - 36x^2 - 4)$
c) $f(x) = x^3 + 3x^2 - 3$
d) $f(x) = x^3 - 15x^2 + 45x + 3$
e) $f(x) = -x^3 - 21x^2 - 102x + 12$
f) $f(x) = \frac{1}{13}(x^4 + 4x^3 - 18x^2)$
g) $f(x) = \frac{1}{100}(x^4 + 10x^3)$
h) $f(x) = x^4 - x^3$
i) $f(x) = -x^4 + 24x^2 - 56x - 3$
j) $f(x) = x^4 - 4x^3 - 210x^2 - 12$

TECHNOLOGIE

Technologie Wendepunkt mit Technologie u693kx

Bestimmen der Wendepunkte einer Polynomfunktion f

Geogebra	Wendepunkt[f]	Beispiel: $f(x) = x^3 - 3x^2$	Wendepunkt[f] (1 | −2)
TI-Nspire	kann im Graphs Modus berechnet werden		

AN 3.3 **M**

228. Gegeben ist eine Funktion f: D → ℝ und [a; b] ist eine Teilmenge von D. Vervollständige den folgenden Satz, sodass er mathematisch korrekt ist.

Ist ______(1)______, dann ______(2)______.

(1)	
$f''(x) > 0$, für alle $x \in [a; b]$	☐
$f''(x) = 0$	☐
$f''(x) < 0$, für alle $x \in [a; b]$	☐

(2)	
ist x eine Wendestelle von f	☐
ist f links gekrümmt in D	☐
ist f in [a; b] rechts gekrümmt	☐

229. Gegeben ist der Graph einer Polynomfunktion f. Kreuze an, auf welche Punkte die gegebenen Eigenschaften zutreffen.

	A	B	C	D	E	F	G	H	I
$f(x) < 0, f'(x) = 0, f''(x) < 0$	☐	☐	☐	☐	☐	☐	☐	☐	☐
$f(x) < 0, f'(x) = 0, f''(x) > 0$	☐	☐	☐	☐	☐	☐	☐	☐	☐
$f(x) = 0, f'(x) < 0, f''(x) = 0$	☐	☐	☐	☐	☐	☐	☐	☐	☐
$f(x) < 0, f'(x) > 0, f''(x) > 0$	☐	☐	☐	☐	☐	☐	☐	☐	☐
$f(x) > 0, f'(x) = 0, f''(x) < 0$	☐	☐	☐	☐	☐	☐	☐	☐	☐
$f(x) > 0, f'(x) = 0, f''(x) > 0$	☐	☐	☐	☐	☐	☐	☐	☐	☐
$f(x) > 0, f'(x) > 0, f''(x) = 0$	☐	☐	☐	☐	☐	☐	☐	☐	☐
$f(x) > 0, f'(x) < 0, f''(x) < 0$	☐	☐	☐	☐	☐	☐	☐	☐	☐

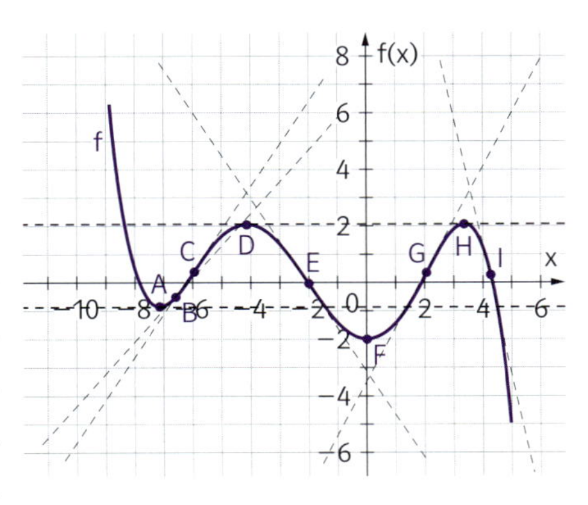

230. Gegeben ist der Graph einer Polynomfunktion f. Kreuze an, auf welche Punkte die gegebenen Eigenschaften zutreffen.

	A	B	C	D	E	F	G	H	I
$f(x) \leq 0,\ f'(x) = 0,\ f''(x) < 0$	☐	☐	☐	☐	☐	☐	☐	☐	☐
$f(x) < 0,\ f'(x) = 0,\ f''(x) > 0$	☐	☐	☐	☐	☐	☐	☐	☐	☐
$f(x) < 0,\ f'(x) < 0,\ f''(x) = 0$	☐	☐	☐	☐	☐	☐	☐	☐	☐
$f(x) < 0,\ f'(x) > 0,\ f''(x) > 0$	☐	☐	☐	☐	☐	☐	☐	☐	☐
$f(x) > 0,\ f'(x) = 0,\ f''(x) < 0$	☐	☐	☐	☐	☐	☐	☐	☐	☐
$f(x) > 0,\ f'(x) = 0,\ f''(x) > 0$	☐	☐	☐	☐	☐	☐	☐	☐	☐
$f(x) > 0,\ f'(x) < 0,\ f''(x) = 0$	☐	☐	☐	☐	☐	☐	☐	☐	☐
$f(x) < 0,\ f'(x) > 0,\ f''(x) < 0$	☐	☐	☐	☐	☐	☐	☐	☐	☐

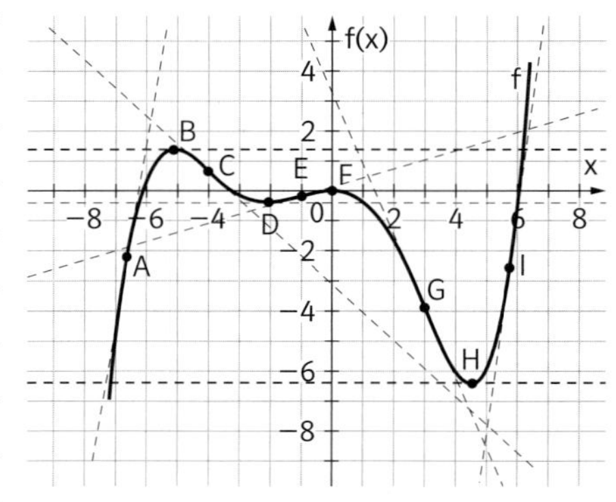

231. Gegeben ist der Graph der zweiten Ableitung einer Polynomfunktion f.
Gib das Krümmungsverhalten sowie alle Wendestellen von f an.

a)
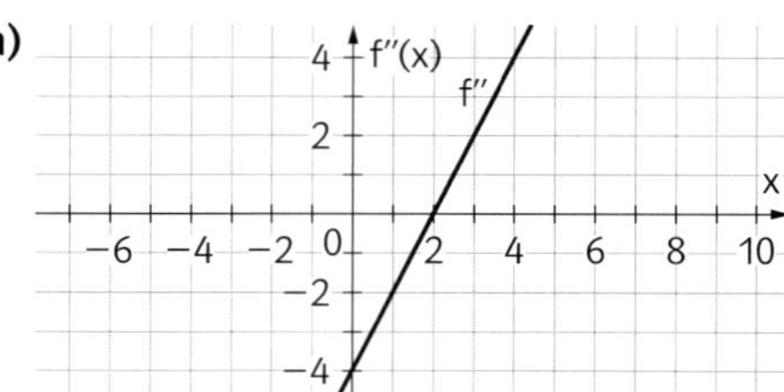

c)
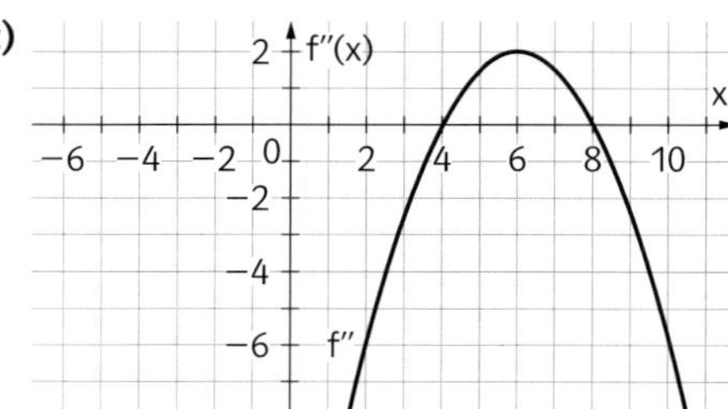

b)
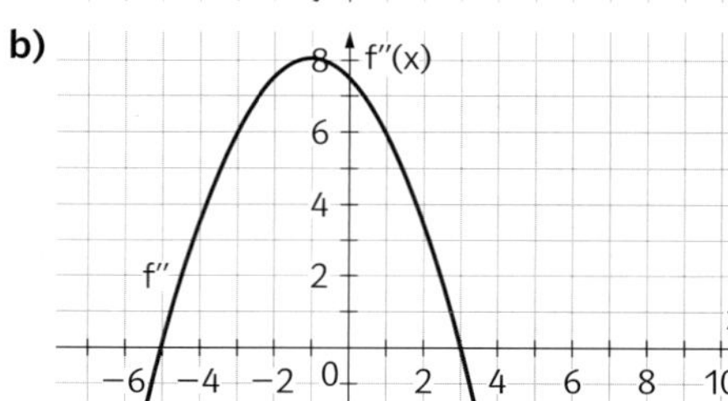

d)
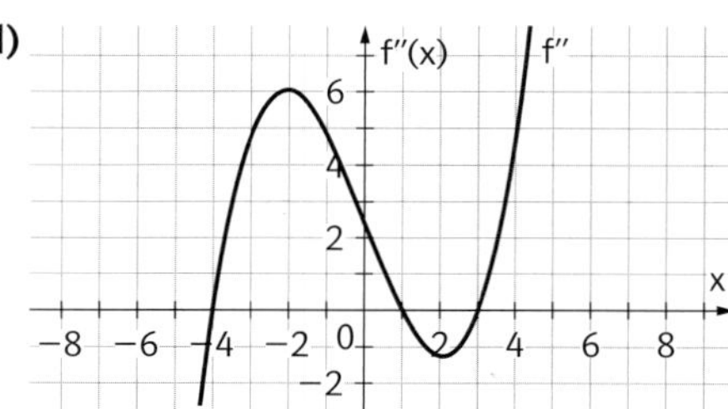

232. Gegeben ist der Graph der ersten Ableitung einer Polynomfunktion f.
Gib das Krümmungsverhalten sowie alle Wendestellen von f an.

a)
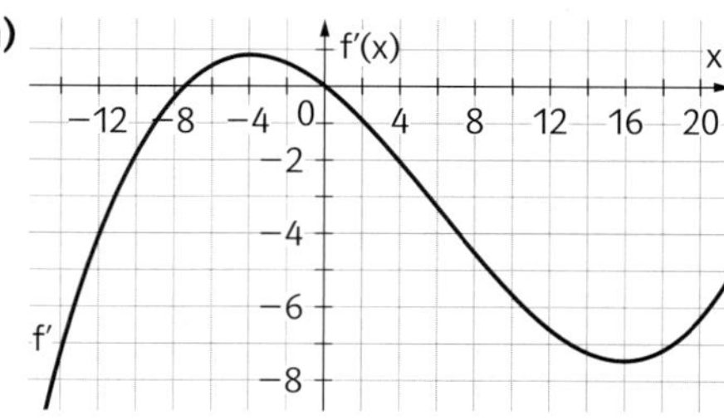

c)
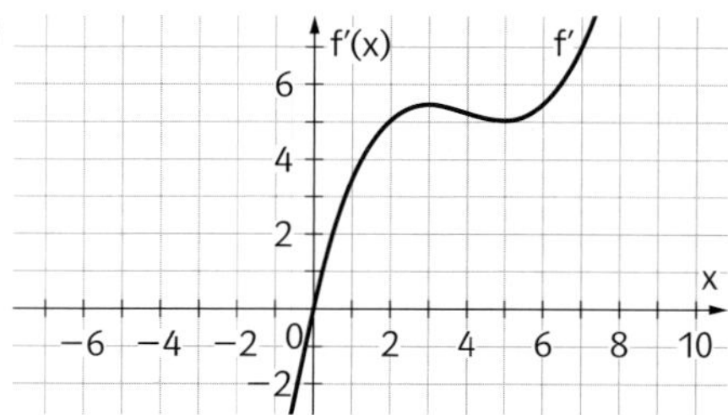

b)
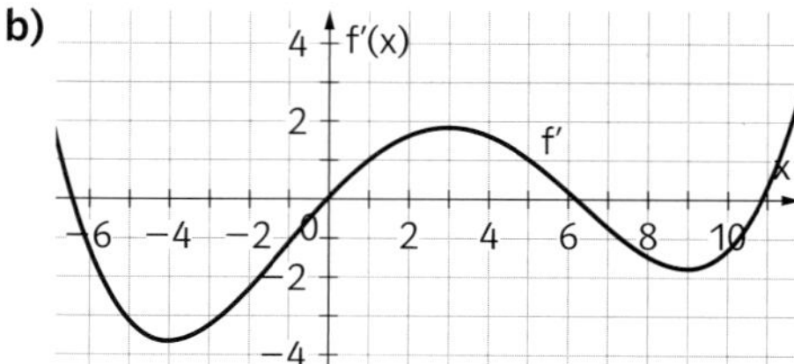

d)
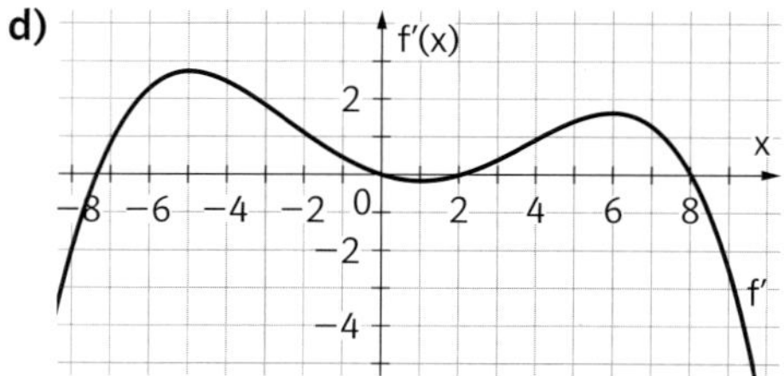

AN 3.2 **M** **233.** Begründe, warum eine Polynomfunktion n-ten Grades höchstens n – 2 Wendestellen besitzen kann.

AN 3.2 **M** **234.** Ordne den Funktionsgraphen die entsprechenden Graphen der zweiten Ableitung zu.

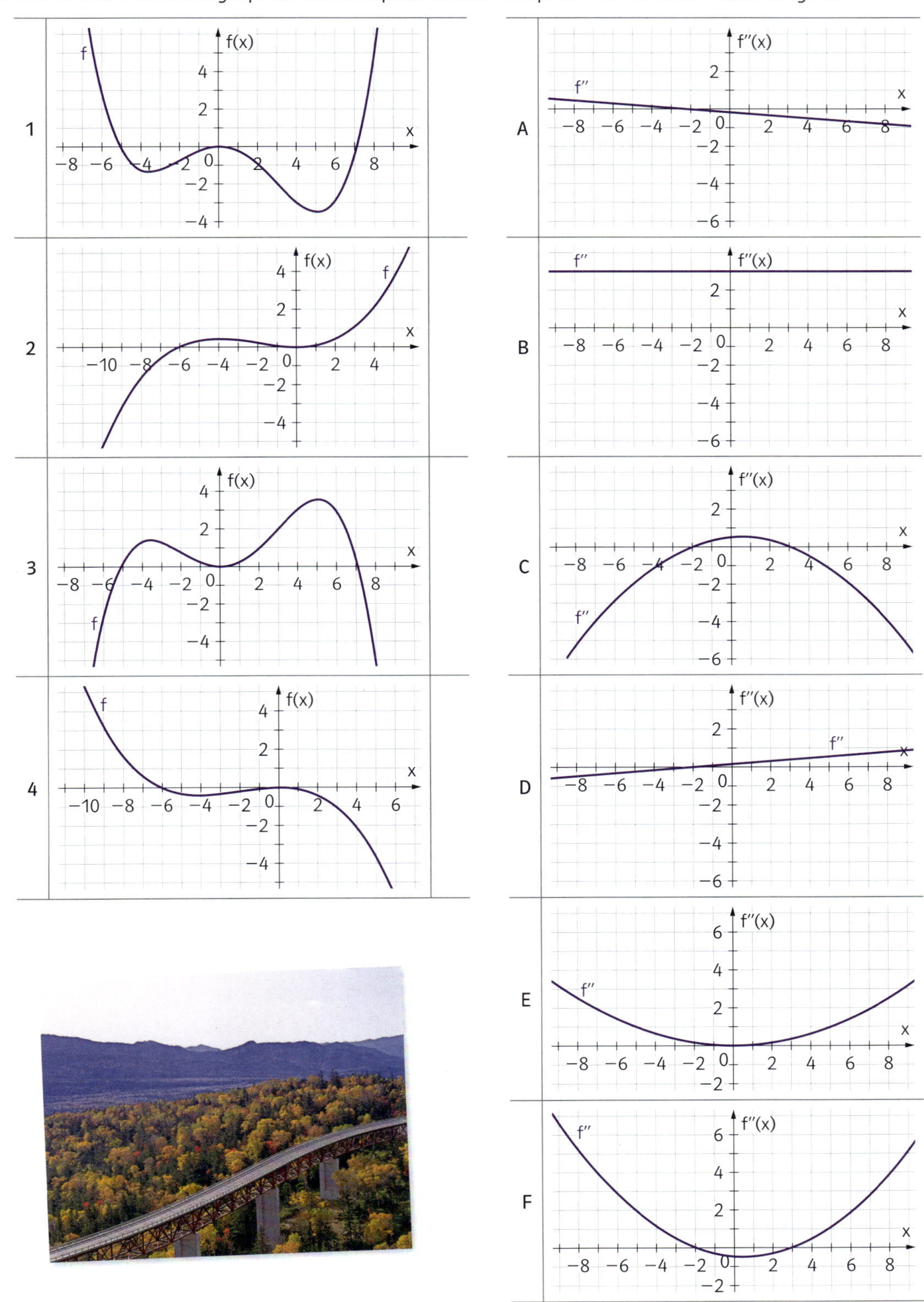

Arbeitsblatt
Zuordnungen
f, f''
n8t7r8

235. Gegeben ist der Graph einer Polynomfunktion f. Ordne dem Graphen von f den Graphen von f″ zu. Begründe deine Entscheidung.

a) **i)** **ii)** **iii)**

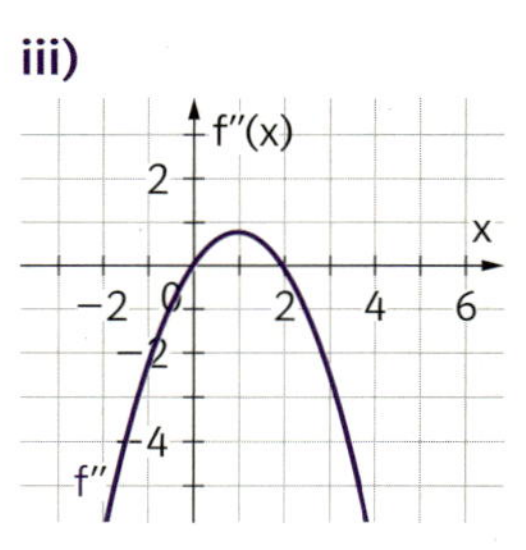

b) **i)** **ii)** **iii)**

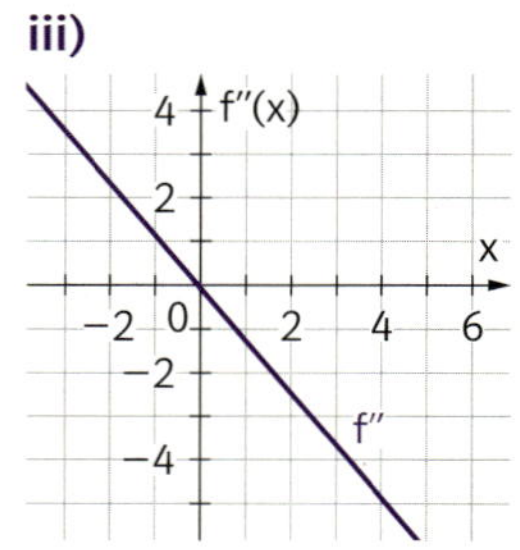

c)

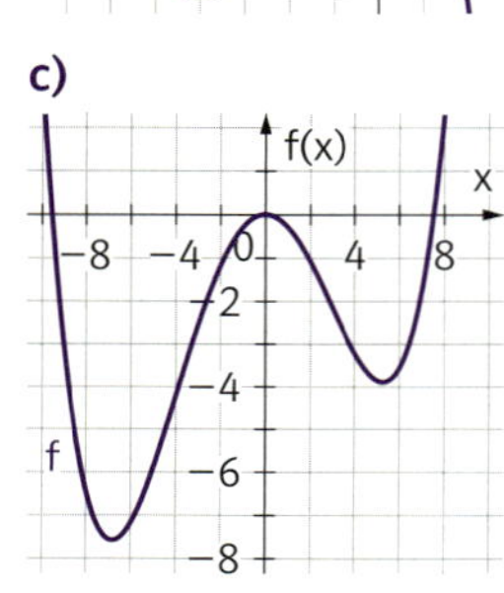

i)

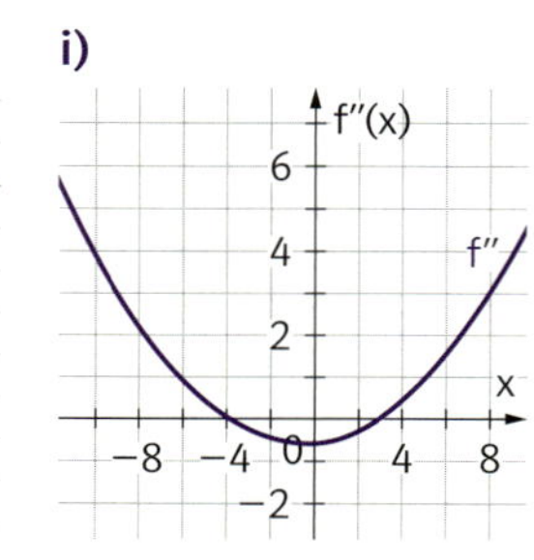

ii)

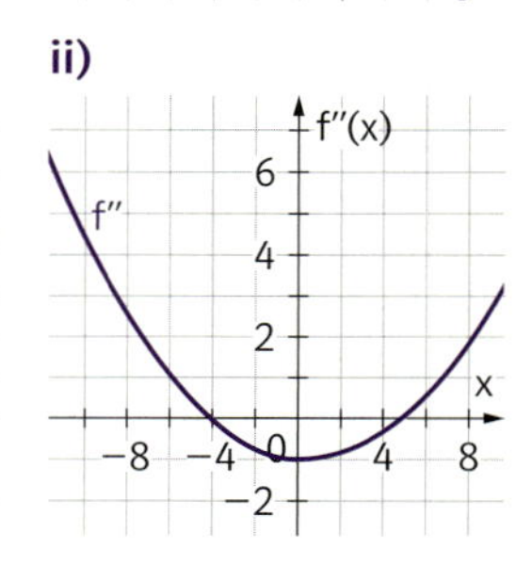

iii)

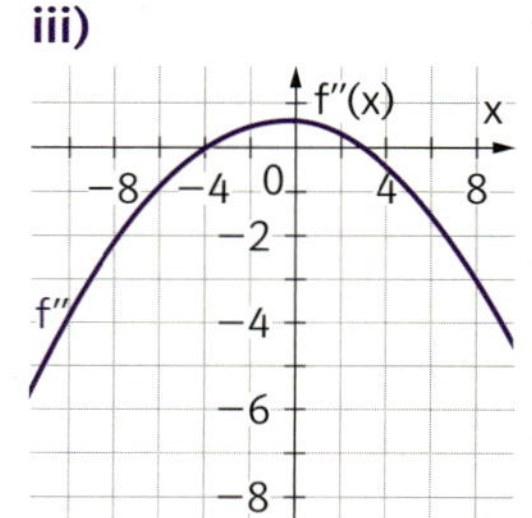

Eine weitere hinreichende Bedingung für Extrempunkte und Wendepunkte

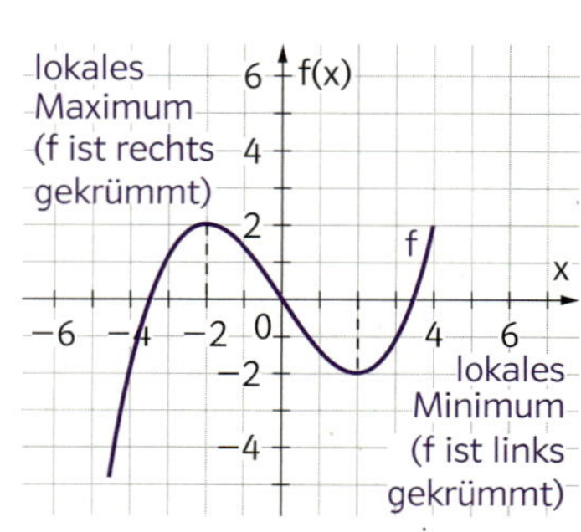

In 3.1 wurde bereits eine hinreichende Bedingung für Extremstellen erarbeitet: Ist an einer Stelle p die erste Ableitung null und findet an dieser Stelle ein Monotoniewechsel statt, dann handelt es sich um eine Extremstelle. Mit Hilfe der Krümmung erhält man eine weitere hinreichende Bedingung: Ist an einer Stelle p die erste Ableitung null und die Krümmung negativ, dann handelt es sich um eine Maximumstelle. Ist an einer Stelle p die erste Ableitung null und die Krümmung positiv, dann handelt es sich um eine Minimumstelle.

MERKE

Weitere hinreichende Bedingung für Extremstellen

Sei $f: D \to \mathbb{R}$ mit $p \in D$ eine Polynomfunktion, dann gilt:
- $\mathbf{f'(p) = 0}$ und $\mathbf{f''(p) < 0}$ $\Rightarrow$ p ist eine **lokale Maximumstelle** von f
- $\mathbf{f'(p) = 0}$ und $\mathbf{f''(p) > 0}$ $\Rightarrow$ p ist eine **lokale Minimumstelle** von f

Da die Wendestellen die Extremstellen der ersten Ableitung sind, kann man obige Bedingung auch auf die erste Ableitung anwenden und erhält:

MERKE

Weitere hinreichende Bedingung für Wendestellen

Sei $f: D \to \mathbb{R}$ mit $p \in D$ eine Polynomfunktion, dann gilt:
$\mathbf{f''(p) = 0}$ und $\mathbf{f'''(p) \neq 0} \Rightarrow$ p ist eine **Wendestelle** von f

MUSTER

236. Berechne die Extrem- und Wendestellen der Funktion f mit $f(x) = \frac{x^3}{6} - x^2$ und verwende die obigen beiden hinreichenden Bedingungen zur Überprüfung.

Zuerst werden die ersten drei Ableitungen gebildet:

$f'(x) = \frac{x^2}{2} - 2x \quad f''(x) = x - 2 \quad f'''(x) = 1$

Berechnung der Extremstellen: $f'(x) = 0 \Rightarrow 0 = \frac{x^2}{2} - 2x \Rightarrow x_1 = 0, x_2 = 4$

Überprüfung und Art der Extremstellen: $f''(0) = -2 < 0 \Rightarrow$ f ist an der Stelle 0 negativ gekrümmt. $\Rightarrow$ 0 ist eine Maximumstelle.
$f''(4) = 2 > 0 \Rightarrow$ f ist an der Stelle 4 positiv gekrümmt. $\Rightarrow$ 4 ist eine Minimumstelle.
Berechnung der Wendestellen: $f''(x) = 0 \Rightarrow 0 = x - 2 \Rightarrow x = 2$
Überprüfung der Wendestelle: $f'''(2) = 1 \neq 0 \Rightarrow$ An der Stelle 2 liegt eine Wendestelle.

237. Berechne die Extrem- und Wendepunkte der Funktion f und verwende die beiden hinreichenden Bedingungen zur Überprüfung.

a) $f(x) = \frac{1}{8}x^3 - \frac{1}{4}x^2$
b) $f(x) = 2x^3 - 6x + 3$
c) $f(x) = x^3 + 1{,}5x^2 - 2{,}25x + 1$
d) $f(x) = \frac{1}{24} \cdot (x^3 - 1{,}5x^2 - 90x)$
e) $f(x) = 2x^4 - 3x^2 + 2$
f) $f(x) = \frac{1}{9} \cdot (3x^4 - 16x^3 - 18x^2 + 216x - 7)$

238. a) Erkläre anhand der Funktion f mit $f(x) = x^6$, warum für eine Extremstelle x_0 die Bedingung $f''(x_0) \neq 0$ keine notwendige Bedingung ist.

b) Erkläre anhand der Funktion f mit $f(x) = x^7$, warum für eine Wendestelle x_0 die Bedingung $f'''(x_0) \neq 0$ keine notwendige Bedingung ist.

AN 3.3 **M** **239.** Gegeben ist eine Polynomfunktion f, sowie $f(3) = 0$, $f'(3) = 0$, $f''(3) = -4$.
Vervollständige den folgenden Satz, sodass er mathematisch korrekt ist.

f besitzt bei ______(1)______ eine ______(2)______.

(1)	
$x = -4$	☐
$x = 0$	☐
$x = 3$	☐

(2)	
lokale Maximumstelle	☐
lokale Minimumstelle	☐
Wendestelle	☐

240. Gegeben ist eine Polynomfunktion f dritten Grades. Kreuze alle sicher zutreffenden Aussagen an.

	Aussage	$f(0) = 0$	$f'(0) = 0$	$f''(0) = 0$	$f''(0) \neq 0$
A	0 ist eine Nullstelle von f.	☐	☐	☐	☐
B	0 ist eine lokale Extremstelle von f.	☐	☐	☐	☐
C	0 ist eine Wendestelle von f.	☐	☐	☐	☐
D	0 ist eine Sattelstelle von f.	☐	☐	☐	☐
E	0 ist eine Wendestelle von f mit Wendetangente $t(x) = 3x$.	☐	☐	☐	☐
F	(0 ∣ 2) ist ein Wendepunkt von f.	☐	☐	☐	☐

3.3 Kurvendiskussionen

KOMPETENZEN

Lernziel:

- Eine Kurvendiskussion bei Polynomfunktionen durchführen können

Grundkompetenz für die schriftliche Reifeprüfung:

AN 3.3 Eigenschaften von Funktionen mit Hilfe der Ableitung(sfunktion) beschreiben können: Monotonie, lokale Extrema, Links- und Rechtskrümmung, Wendestellen

Mit Hilfe von Technologie ist das Zeichnen des Graphen einer Funktion recht schnell gemacht. Mit den Methoden der vorigen Abschnitte kann man wichtige Eigenschaften berechnen und kennt dadurch den Kurvenverlauf des Graphen recht gut.

Die Berechnung der folgenden Punkte wird Kurvendiskussion genannt:

1. **Definitionsmenge** aufstellen
2. **Nullstellen** berechnen $\Rightarrow$ $f(x) = 0$
3. **Extremstellen** berechnen und die **Art der Extremstellen** (Minimum, Maximum) angeben.
   Dabei gilt: $f'(p) = 0$ und $f''(p) < 0$ $\Rightarrow$ p ist ein lokales Maximum.
   $f'(p) = 0$ und $f''(p) > 0$ $\Rightarrow$ p ist ein lokales Minimum.
4. **Monotonieintervalle** angeben
5. **Wendestellen** berechnen $\Rightarrow$ $f''(p) = 0$ und $f'''(p) \neq 0$
6. **Krümmungsintervalle** angeben
7. **Wendetangenten** aufstellen
8. **Symmetrie** überprüfen $\Rightarrow$ Bei einer geraden Funktion gilt $f(x) = f(-x)$.
   Bei einer ungeraden Funktion gilt $f(x) = -f(-x)$.
9. **asymptotisches Verhalten** überprüfen: Wie verhält sich die Funktion für $x \to \infty$ bzw. $x \to -\infty$?
10. **Graphen** der Funktion zeichnen

MUSTER

241. Gegeben ist die Funktion f mit $f(x) = \frac{x^4}{8} - x^2$. Führe eine Kurvendiskussion durch.

Zuerst werden die ersten drei Ableitungen berechnet, da diese bei weiteren Berechnungen notwendig sind: $f'(x) = \frac{x^3}{2} - 2x$ $f''(x) = \frac{3x^2}{2} - 2$ $f'''(x) = 3x$

1. Definitionsmenge: $D = \mathbb{R}$, da Polynomfunktionen auf ganz $\mathbb{R}$ definiert sind.
2. Nullstellen: $0 = \frac{x^4}{8} - x^2 \Rightarrow x_1 = 0, x_2 = \sqrt{8}, x_3 = -\sqrt{8}$
   Schnittpunkte mit der x-Achse: $N_1 = (0\,|\,0), N_2 = (\sqrt{8}\,|\,0), N_3 = (-\sqrt{8}\,|\,0)$
3. Extremstellen: $0 = \frac{x^3}{2} - 2x \Rightarrow x_1 = 0, x_2 = 2, x_3 = -2$
   Art der Extremstellen: $f''(0) = -2 < 0$ $\Rightarrow$ lokales Maximum
   $f''(2) = 4 > 0$ $\Rightarrow$ lokales Minimum
   $f''(-2) = 4 > 0$ $\Rightarrow$ lokales Minimum
   Berechnen der Funktionswerte: $f(0) = 0, f(2) = -2, f(-2) = -2$
   Die Extrempunkte sind: $T_1 = (-2\,|\,-2), T_2 = (2\,|\,-2), H = (0\,|\,0)$
4. Angabe der Monotonieintervalle: $(-\infty; -2]$ und $[0; 2]$ streng monoton fallend
   $[-2; 0]$ und $[2; \infty)$ streng monoton steigend
5. Wendestellen: $0 = \frac{3x^2}{2} - 2 \Rightarrow x_1 = \sqrt{\frac{4}{3}}, x_2 = -\sqrt{\frac{4}{3}}$

Kontrolle der Wendestellen $f'''\left(\sqrt{\frac{4}{3}}\right) \neq 0,\ f'''\left(-\sqrt{\frac{4}{3}}\right) \neq 0$

Berechnen der Funktionswerte: $f\left(\sqrt{\frac{4}{3}}\right) = -1{,}11,\ f\left(-\sqrt{\frac{4}{3}}\right) = -1{,}11$

Die Koordinaten der Wendepunkte sind: $W_1 = \left(-\sqrt{\frac{4}{3}} \middle| -1{,}11\right),\ W_2 = \left(\sqrt{\frac{4}{3}} \middle| -1{,}11\right)$

6. Angabe der Krümmungsintervalle: $\left(-\infty; -\sqrt{\frac{4}{3}}\right]$ und $\left[\sqrt{\frac{4}{3}}; \infty\right)$ links gekrümmt

   $\left[-\sqrt{\frac{4}{3}}; \sqrt{\frac{4}{3}}\right]$ rechts gekrümmt

7. Berechnen der Wendetangenten: $f'\left(\sqrt{\frac{4}{3}}\right) \approx 1{,}54 \qquad f'\left(-\sqrt{\frac{4}{3}}\right) \approx -1{,}54$

   Durch Einsetzen in die Gleichung $y = kx + d$ kann d berechnet werden. Man erhält die beiden Wendetangenten: $t_1(x) = 1{,}54x + 0{,}67$ und $t_2(x) = -1{,}54x + 0{,}67$

8. Um zu überprüfen, ob eine gerade oder ungerade Funktion vorliegt, berechnet man $f(-x)$:

   $$f(-x) = \frac{(-x)^4}{8} - (-x)^2 = \frac{x^4}{8} - x^2 = f(x).$$

   Da $f(x) = f(-x)$ gilt, ist f eine gerade Funktion und daher symmetrisch bezüglich der y-Achse.

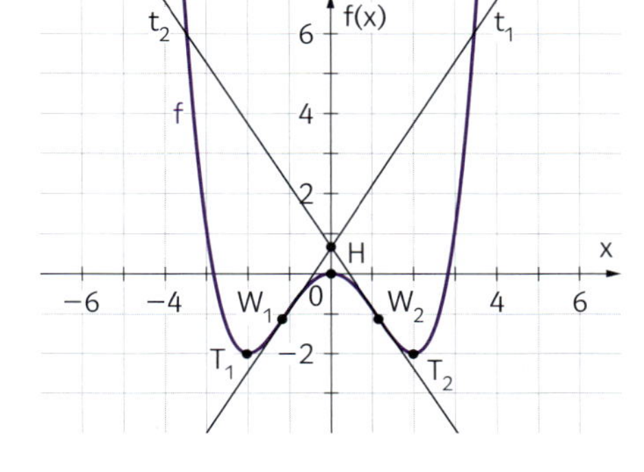

9. Asymptotisches Verhalten: $\lim\limits_{x \to \infty}\left(\frac{x^4}{8} - x^2\right)$

   Durch Herausheben der Potenz mit der höchsten Hochzahl erhält man:

   $\lim\limits_{x \to \infty} x^4 \cdot \left(\frac{1}{8} - \frac{1}{x^2}\right) = \infty \qquad \lim\limits_{x \to -\infty} x^4 \cdot \left(\frac{1}{8} - \frac{1}{x^2}\right) = \infty$

10. Graph der Funktion:

242. Führe eine Kurvendiskussion durch.

a) $f(x) = \frac{x^4}{20} - \frac{5}{4}x^2$

b) $f(x) = x^3 + 3x^2 - x - 3$

c) $f(x) = x^3 + x^2 + 2x + 2$

d) $f(x) = \frac{1}{3}x^3 + x^2 - 3x$

e) $f(x) = \frac{1}{30} \cdot (x^3 + 3x^2 - 45x)$

f) $f(x) = \frac{x^4}{2} - x^3$

g) $f(x) = \frac{x^4}{5} - 2x^2$

h) $f(x) = x^3 + 7x^2 + 7x - 15$

243. Eine kleine Firma produziert Holzspielzeug. $G(x) = -0{,}9x^3 + 10{,}2x^2 + 19{,}9x$ ist der erzielte Gewinn in Euro, wenn x Stück ($x \geq 0$) verkauft werden. Berechne die Nullstellen, Extremstellen und Wendestellen und interpretiere deine Ergebnisse im gegebenen Kontext.

244. Die Gewinnfunktion einer Firma ist gegeben durch $G(x) = -500x^3 + 30\,000x^2 + 30\,500x$.

a) Wann ist der Gewinn der Firma maximal?

b) Gib die Monotonieintervalle der Funktion für $x \geq 0$ an und interpretiere diese im gegebenen Kontext.

c) Berechne die Nullstellen und interpretiere diese im gegebenen Kontext.

d) Bestimme die Wendepunkte und das Krümmungsverhalten von G und interpretiere die Ergebnisse im gegebenen Kontext.

3.4 Graphisches Differenzieren

KOMPETENZEN

Lernziel:

- Polynomfunktionen graphisch differenzieren können

Grundkompetenz für die schriftliche Reifeprüfung:

AN 3.2 Den Zusammenhang zwischen Funktion und Ableitungsfunktion [...] in deren graphischer Darstellung (er)kennen und beschreiben können

Ist der Graph einer Funktion f gegeben und man konstruiert den Graphen der Ableitungsfunktion, dann nennt man diesen Vorgang **graphisches Differenzieren**. Dabei müsste man an jeder Stelle von f die Steigung der Tangente messen und diese Steigung dann als Funktionswert der ersten Ableitung an der gegebenen Stelle einzeichnen.

MUSTER

245. Skizziere den Verlauf des Graphen der ersten Ableitung von f.

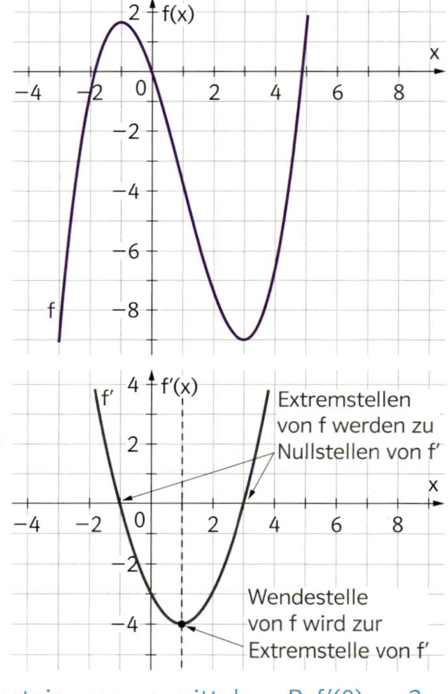

Um den gegebenen Graphen graphisch zu differenzieren, ist folgende Vorgangsweise hilfreich:

1. Schritt: Die Extremstellen von f werden zu Nullstellen in der Ableitungsfunktion. Der Graph von f' schneidet daher die x-Achse an den Stellen −1 und 3.

2. Schritt: Die Wendestellen von f werden zu Extremstellen in f'. Daher besitzt f' an der Stelle 1 eine Extremstelle.

3. Schritt: Der Graph von f ist in $(-\infty; -1]$ streng monoton steigend. Daher besitzt f' im Intervall $(-\infty; -1)$ positive Funktionswerte.

4. Schritt: Der Graph von f ist in $[-1; 3]$ streng monoton fallend. Daher besitzt f' im Intervall $(-1; 3)$ negative Funktionswerte.

5. Schritt: Der Graph von f ist in $[3; \infty)$ streng monoton steigend. Daher besitzt f' im Intervall $(3; \infty)$ positive Funktionswerte.

6. Schritt: Weitere Funktionswerte von f' könnte man aus dem Graphen von f durch Schätzung der Tangentensteigungen ermitteln. z. B. $f'(0) \approx -3$.

AN 3.2 **M** **246.** Gegeben ist der Graph der Funktion f. Skizziere den Graphen der Ableitungsfunktion.

a) 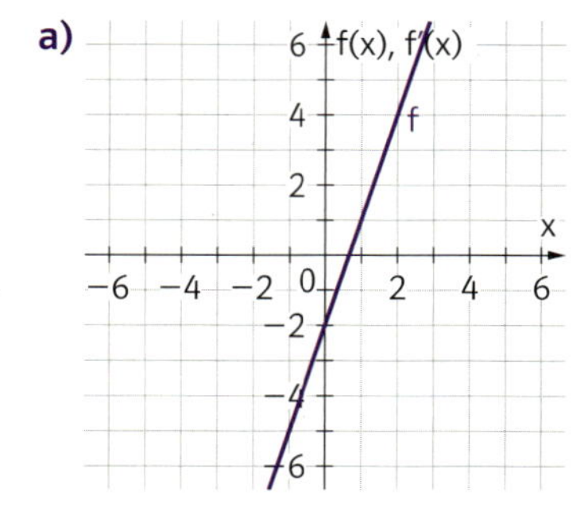

b) 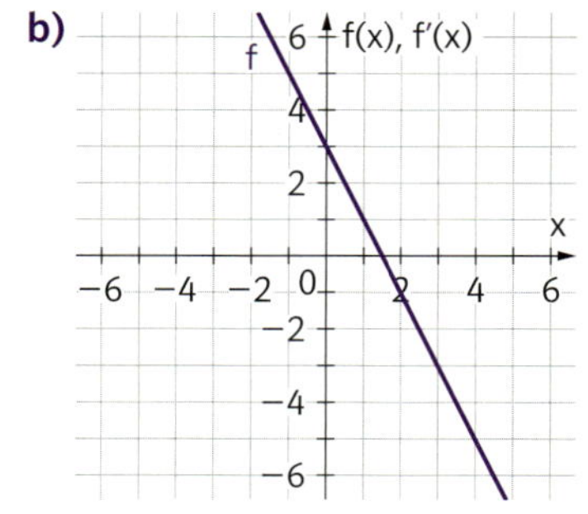

c) 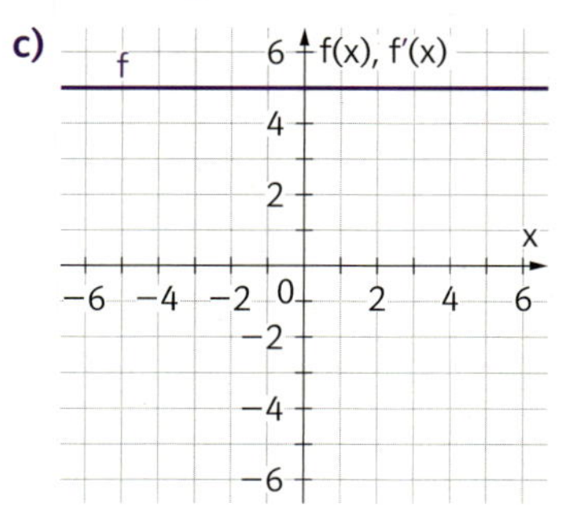

AN 3.2 **M** **247.** Gegeben ist der Graph einer Funktion f. Skizziere den Verlauf des Graphen von f′.

a)

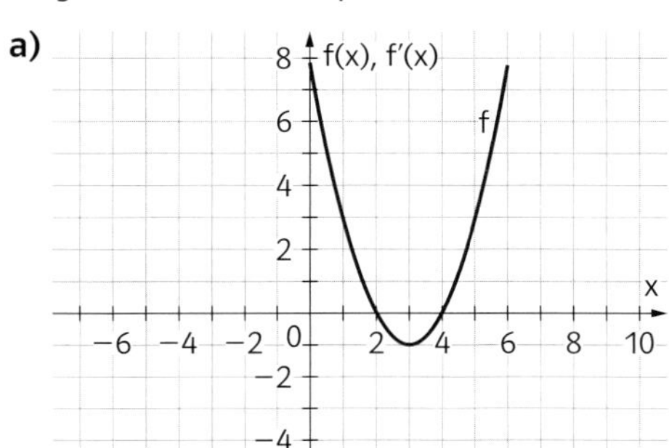

b)

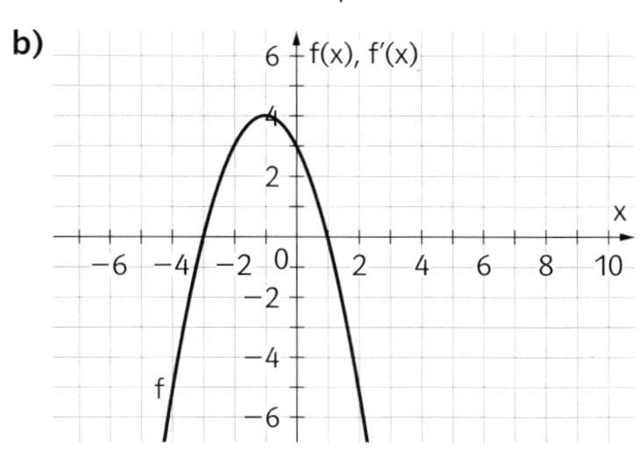

AN 3.2 **M** **248.** Gegeben ist der Graph einer Polynomfunktion f dritten Grades. Skizziere den Graphen der Ableitung von f.

a)

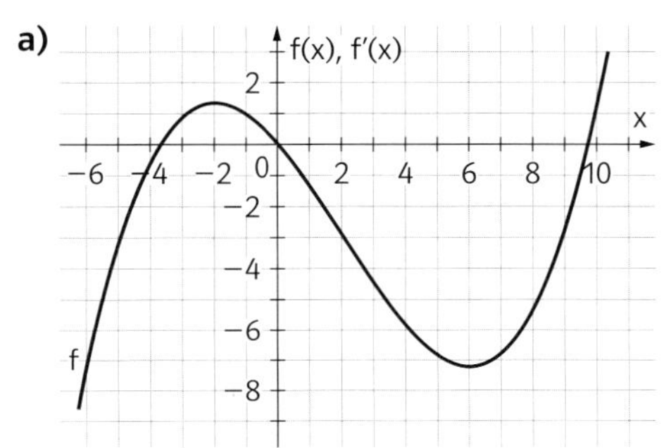

c)

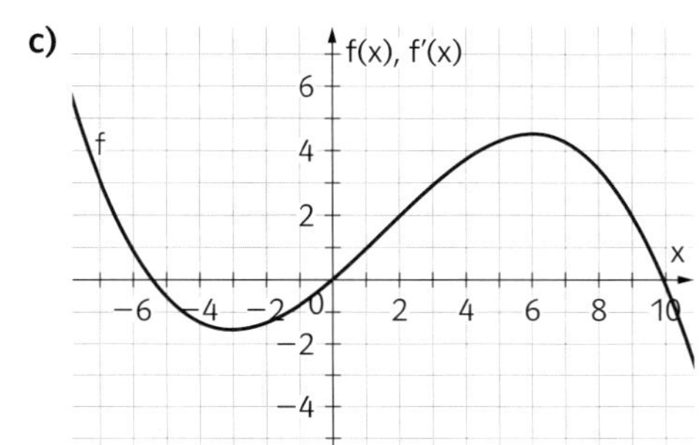

b)

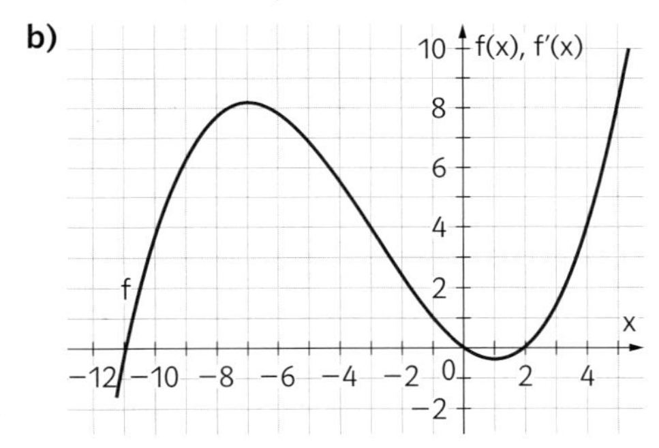

d)

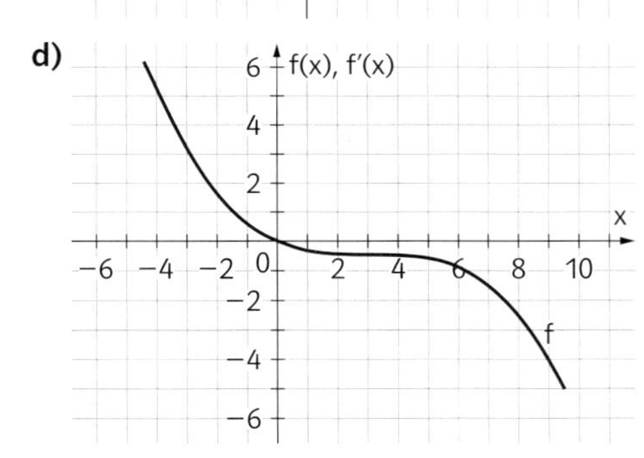

249. Gegeben ist der Graph einer Funktion f. Skizziere den Verlauf des Graphen von f′.

a)

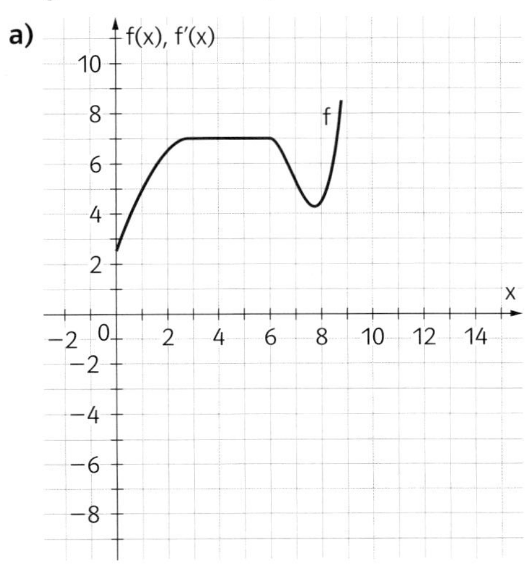

b)

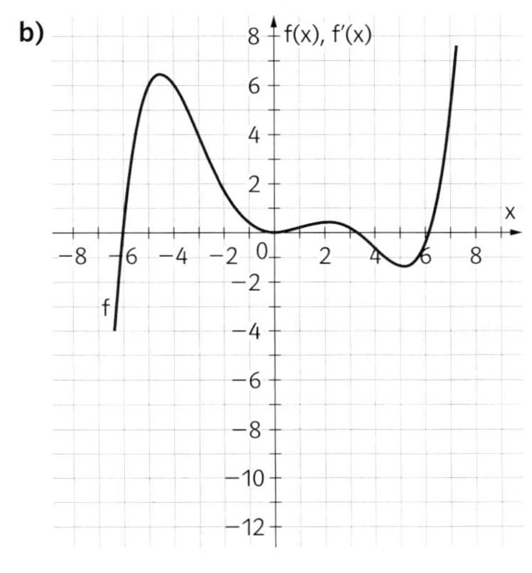

250. Hier ist einiges durcheinander geraten. Dabei wurden fünf Graphen von Funktionen sowie die Graphen ihrer ersten und zweiten Ableitung vermischt. Finde die ursprünglichen Funktionsgraphen und ordne ihnen die Graphen der ersten und zweiten Ableitung zu.

Funktionsgraph (Nummer)	1. Ableitung (Nummer)	2. Ableitung (Nummer)

1)
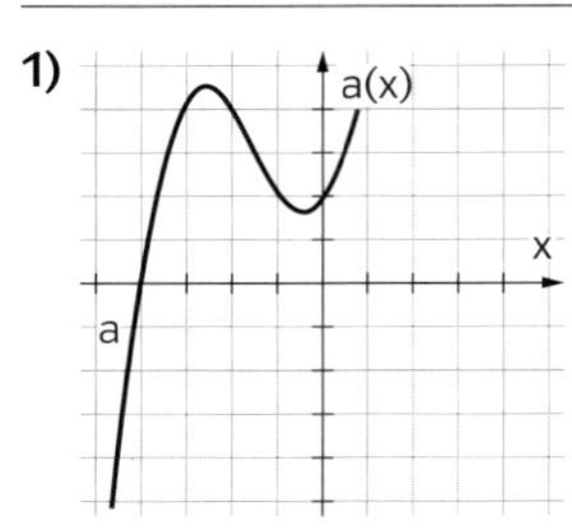

2)
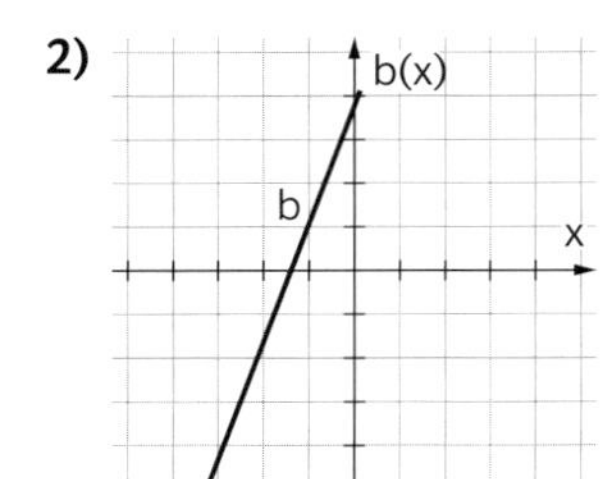

3)
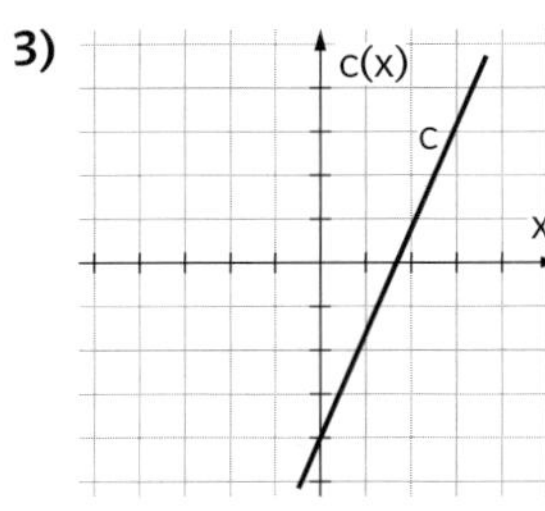

4)
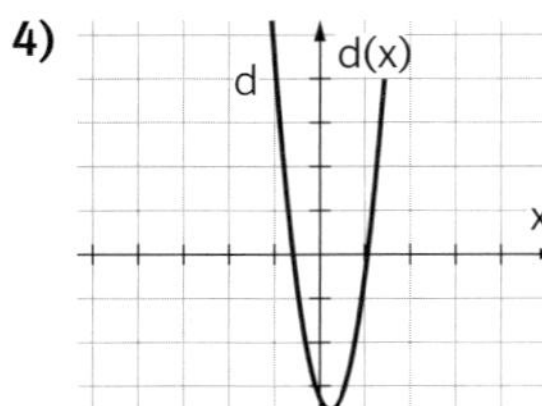

5)
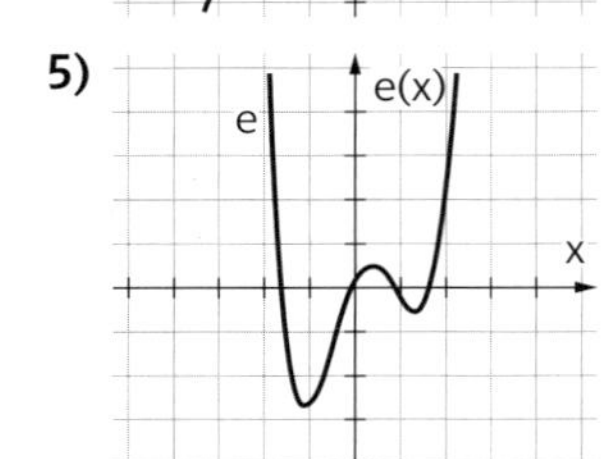

6)
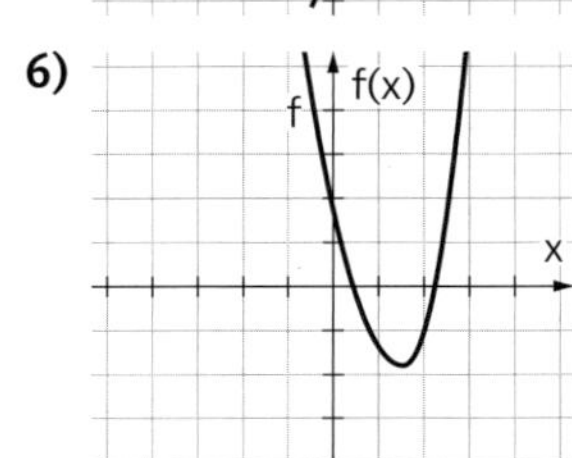

7)
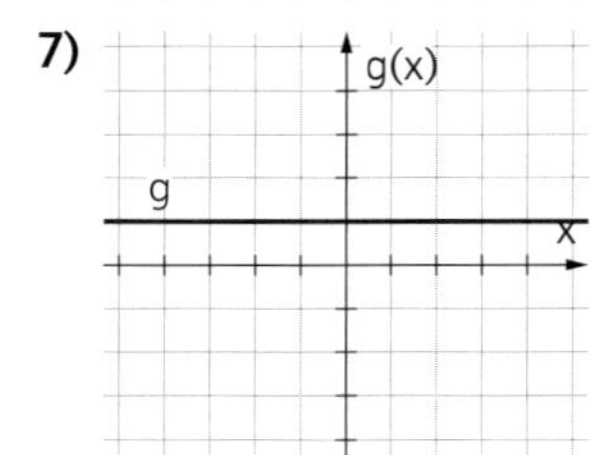

8)
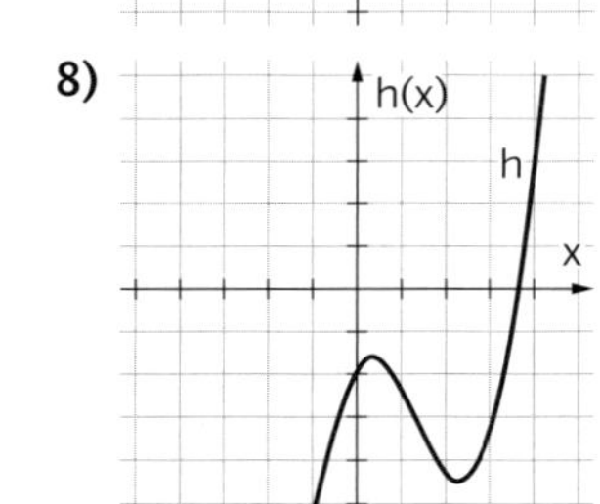

9)
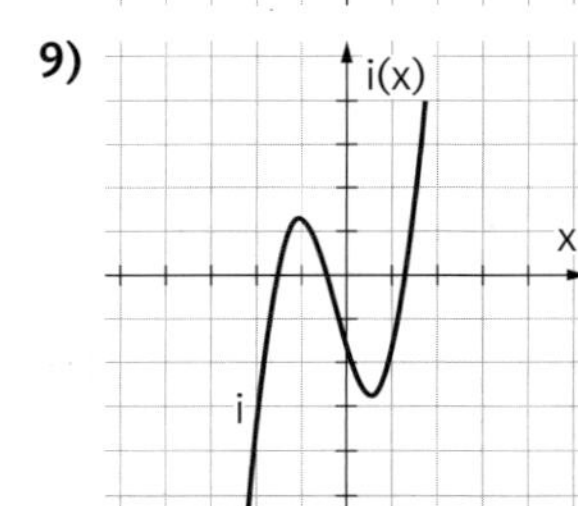

10)
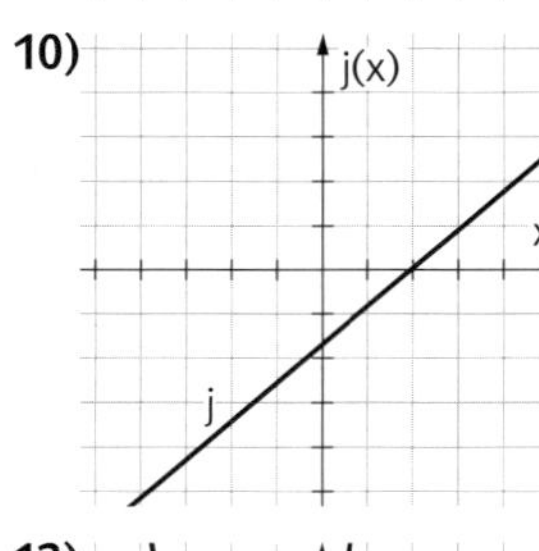

11)
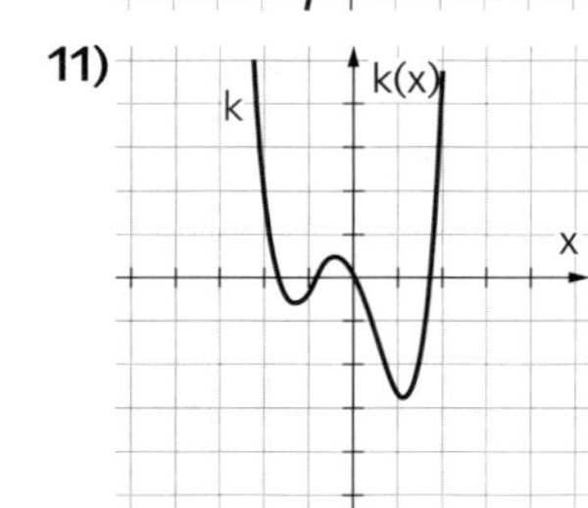

12)
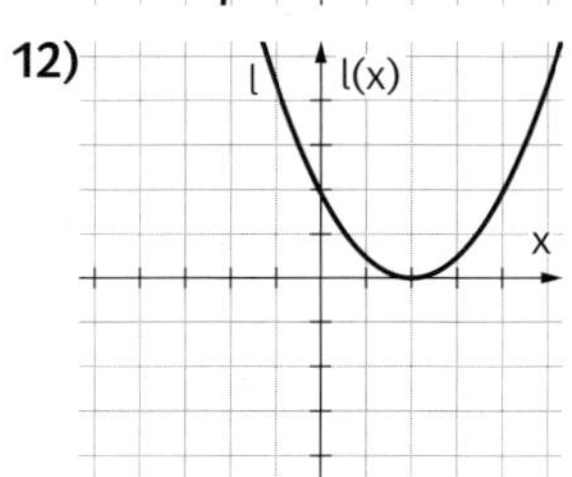

13)
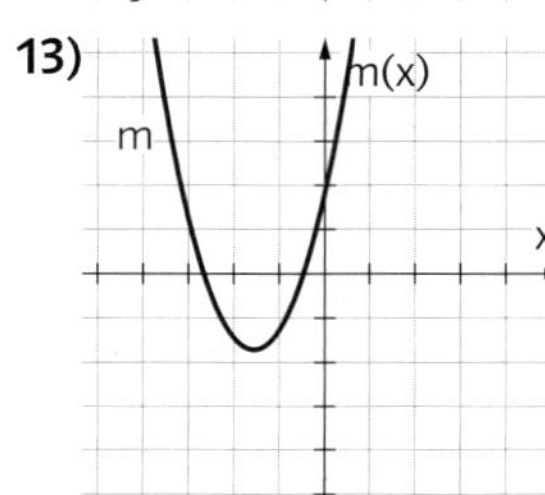

14)
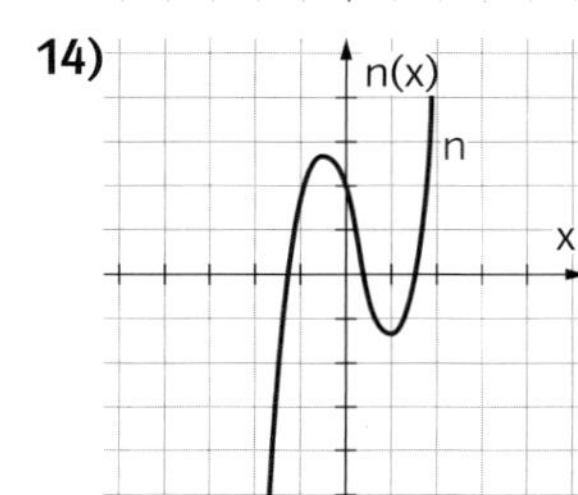

15)
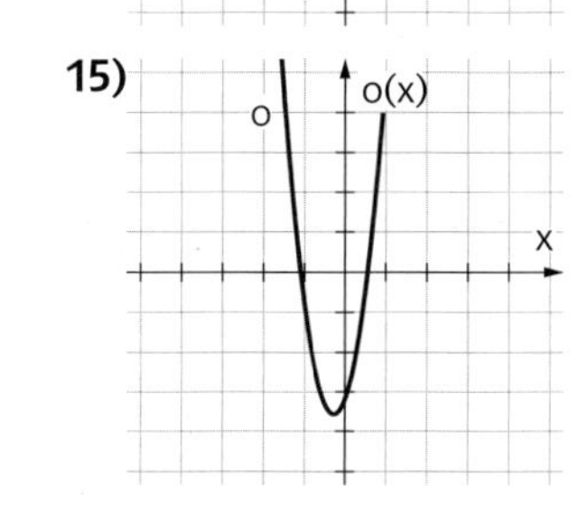

Finden eines Funktionsgraphen bei gegebener Ableitung

tammfunktionen
y5w5qw

251. Gegeben ist der Graph der Ableitungsfunktion f′ einer Funktion f. Welche der gegebenen Funktionsgraphen könnte ein möglicher Graph der Funktion f sein? Begründe deine Entscheidung.

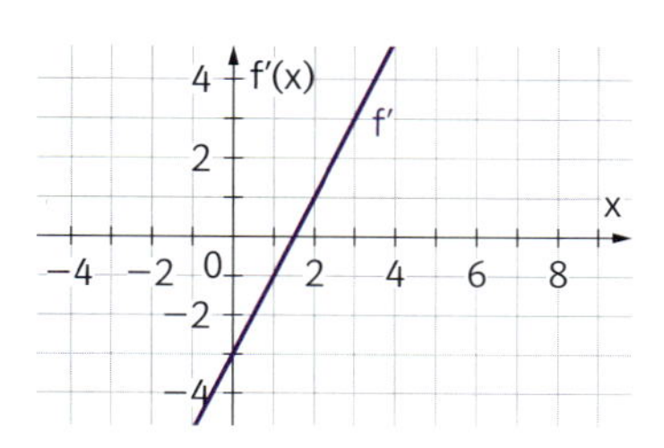

i)

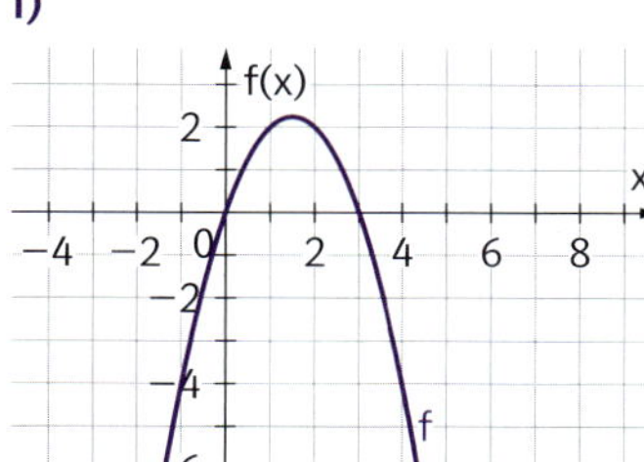

ii)

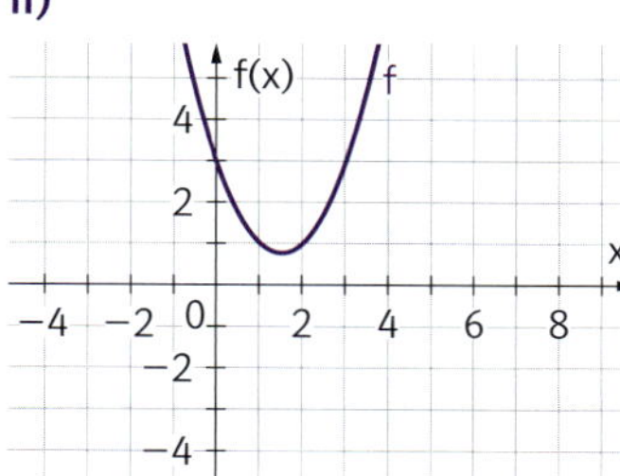

iii)

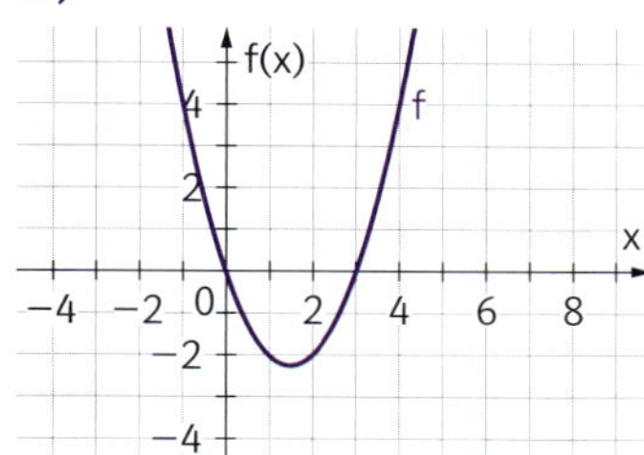

252. Gegeben ist der Graph der Ableitungsfunktion einer Funktion f′. Welche der gegebenen Funktionsgraphen könnte ein Funktionsgraph von f sein? Begründe deine Entscheidung.

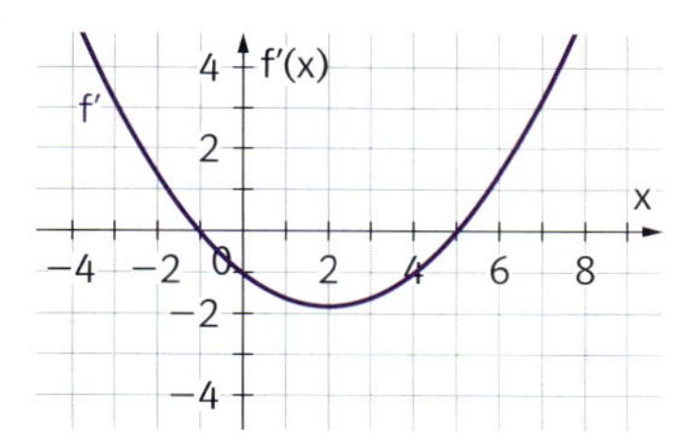

i)

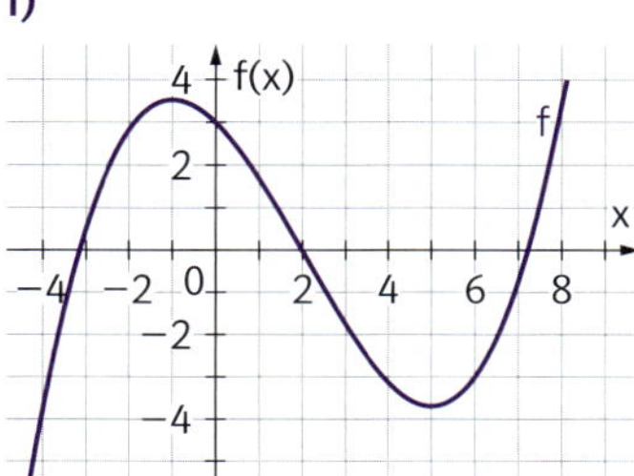

ii)

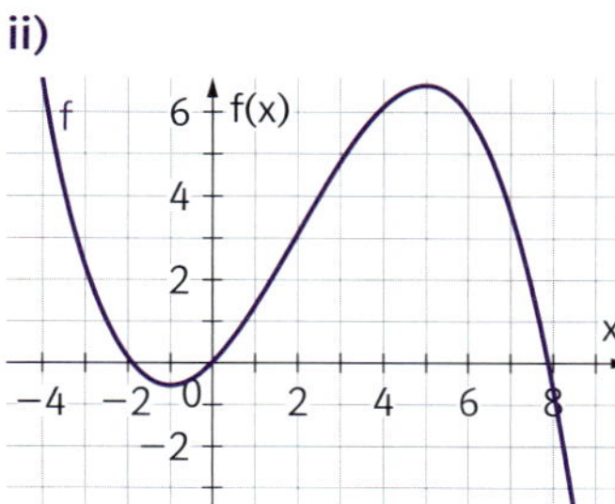

iii)

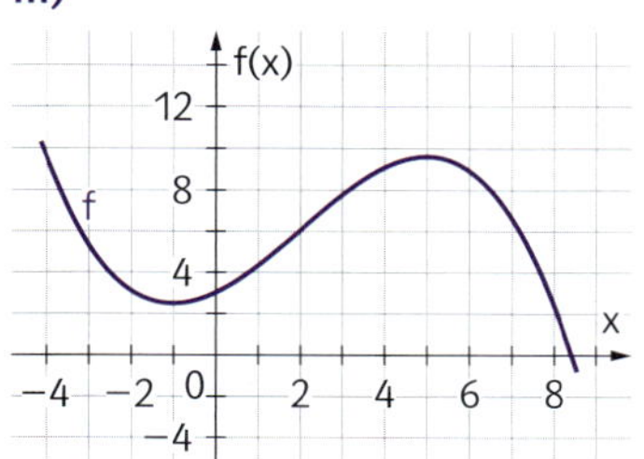

253. Gegeben ist der Graph der Ableitungsfunktion einer Funktion f′. Skizziere den ungefähren Verlauf der Funktion f, wenn gilt $f(0) = 0$.

a)

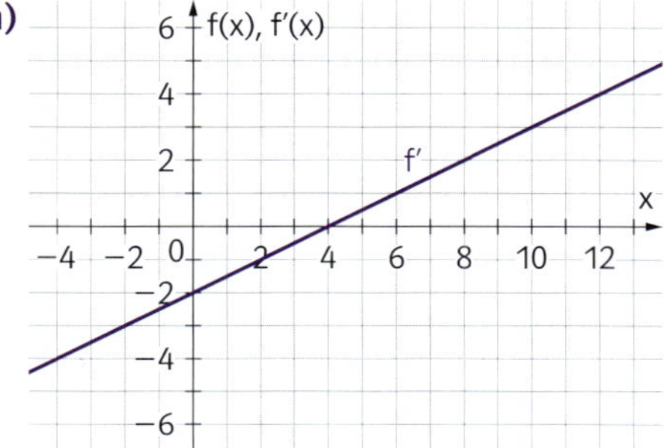

b)

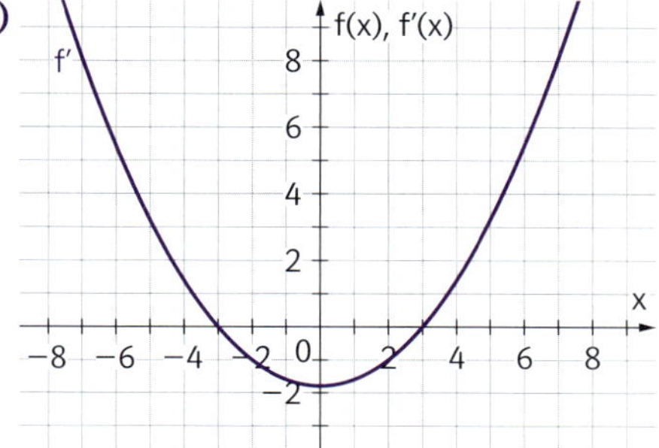

254. Erkläre, warum das Finden einer Polynomfunktion f nicht eindeutig möglich ist, wenn der Graph der Ableitungsfunktion von f gegeben ist.

KOMPE-
TENZEN

3.5 Auffinden von Polynomfunktionen

Lernziel:

- Polynomfunktionen mit bestimmten Eigenschaften aufstellen können

Grundkompetenz für die schriftliche Reifeprüfung:

AN 3.3 Eigenschaften von Funktionen mit Hilfe der Ableitung(sfunktion) beschreiben können: Monotonie, lokale Extrema, Links- und Rechtskrümmung, Wendestellen

Bis zu diesem Kapitel waren Polynomfunktionen angegeben. Diese wurden anschließend z.B. auf Nullstellen, Extremstellen, Wendestellen untersucht. Manchmal sind aber bestimmte Eigenschaften gegeben und es ist eine Polynomfunktion mit diesen Eigenschaften gesucht.

MUSTER

255. Stelle eine Polynomfunktion vierten Grades auf, die an der Stelle 1 eine Extremstelle besitzt. An der Stelle 2 liegt eine Wendestelle mit der Wendetangente t: $3x + y = 8$ vor.

Eine Polynomfunktion dritten Grades hat allgemein die Form $f(x) = ax^3 + bx^2 + cx + d$. Nun müssen die vier Koeffizienten a, b, c, d berechnet werden. Da es sich hierbei um vier Unbekannte handelt, benötigt man vier Gleichungen, um die gesuchten Größen zu berechnen. Daher müssen auch vier Bedingungen gegeben sein.

Da eine Extremstelle und eine Wendestelle gegeben sind, werden zwei Ableitungen benötigt:

$f'(x) = 3ax^2 + 2bx + c \qquad f''(x) = 6ax + 2b$

1. Bedingung: 1 ist eine Extremstelle. $\Rightarrow$ $f'(1) = 0$ $\Rightarrow$ $3a + 2b + c = 0$

2. Bedingung: 2 ist eine Wendestelle. $\Rightarrow$ $f''(2) = 0$ $\Rightarrow$ $12a + 2b = 0$

3. Bedingung: Setzt man 2 in die Wendetangente ein, erhält man die Koordinaten des Wendepunkts: t: $3 \cdot 2 + y = 8$ $\Rightarrow$ $y = 2$

(2 | 2) ist ein Punkt von f $\Rightarrow$ $f(2) = 2$ $\Rightarrow$ $8a + 4b + 2c + d = 2$

4. Bedingung: Liest man die Steigung der Wendetangente ab, dann erhält man eine weitere Gleichung. t: $y = -3x + 8$ $\Rightarrow$ $k = -3$

Die Steigung an der Stelle 2 ist -3. $\Rightarrow$ $f'(2) = -3$ $\Rightarrow$ $12a + 4b + c = -3$

Mit Hilfe dieser Bedingungen erhält man nun ein Gleichungssystem und erhält die gesuchten Werte:

$$\left.\begin{aligned} 3a + 2b + c &= 0 \\ 12a + 2b &= 0 \\ 8a + 4b + 2c + d &= 2 \\ 12a + 4b + c &= -3 \end{aligned}\right\} \qquad \begin{aligned} a &= 1 \\ b &= -6 \\ c &= 9 \\ d &= 0 \end{aligned}$$

Die Polynomfunktion lautet daher: $f(x) = x^3 - 6x^2 + 9x$.

TECHNO-
LOGIE

Technologie
Anleitung
Auffinden von
Polynomfunktionen
mit TI-Nspire
w8v8j2

Lösen von Aufgabe 255 mit Hilfe von Technologie

Geogebra:	$f(x) = a \cdot x^3 + b \cdot x^2 + c \cdot x + d$ Löse[{f'(1) = 0, f''(2) = 0, f(2) = 2, f'(2) = −3}, {a, b, c, d}]
TI-Nspire:	Für diese Eingabe vergleiche den Online-Link

256. Der Graph einer Polynomfunktion f zweiten Grades geht durch die Punkte A, B, C. Gib die Funktionsgleichung der Funktion an.

a) A = (3 | 7), B = (1 | 5), C = (−1 | −2)

b) A = (−3 | −5), B = (−2 | −6), C = (4 | 2)

c) A = (1 | 6), B = (2 | 3), C = (3 | 1)

d) A = (0 | 4), B = (1 | 6), C = (3 | −3)

257. Der Graph einer Polynomfunktion f zweiten Grades geht durch den Punkt $A = (-7 \mid -4)$ und besitzt in $S = (-3 \mid -1)$ einen Scheitelpunkt. Gib die Funktionsgleichung der Funktion an.

258. Der Graph einer Polynomfunktion f zweiten Grades geht durch den Punkt $R = (2 \mid -1)$ und besitzt in $S = (5 \mid 2)$ einen Scheitelpunkt. Gib die Funktionsgleichung der Funktion an.

259. Der Graph einer Polynomfunktion f zweiten Grades geht durch die beiden Punkte $A = (-7 \mid -4)$ und $B = (3 \mid -1)$. Er besitzt an der Stelle 2 eine lokale Extremstelle. Gib die Funktionsgleichung der Funktion an.

260. Gegeben ist der Graph einer quadratischen Polynomfunktion f. Gib die Funktionsgleichung von f an.

a)

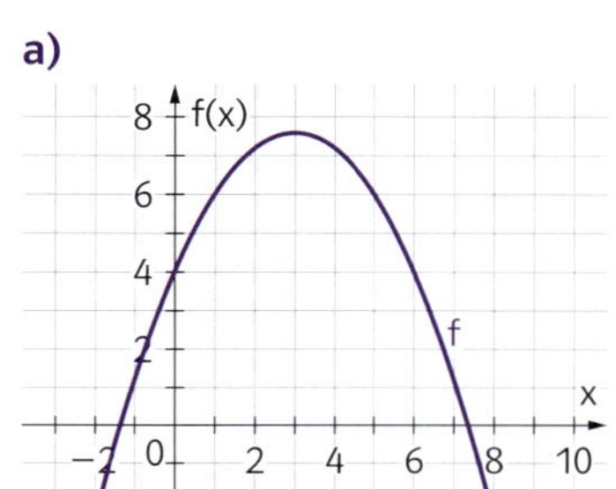

b)

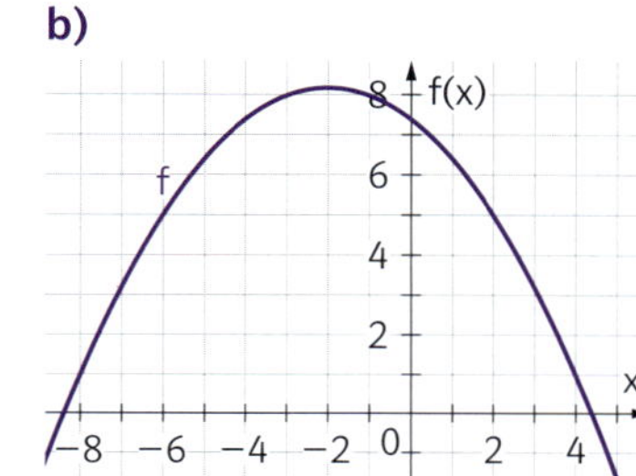

c)

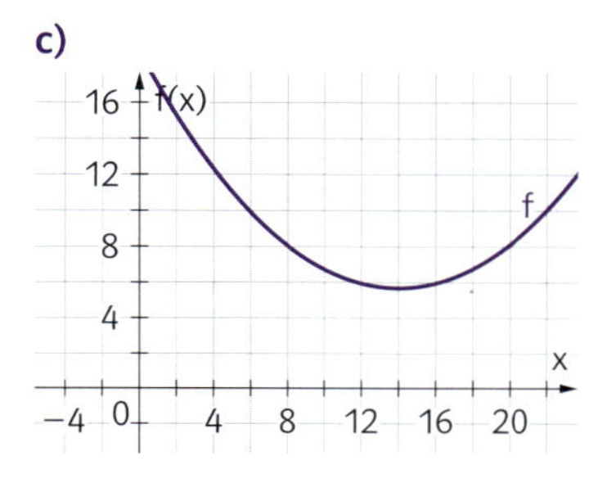

AN 3.3 **M** Arbeitsblatt Auffinden von Polynomfunktionen zy3vc2

261. Von einer Polynomfunktion f dritten Grades sind ein Wendepunkt $W = (0 \mid -2)$ und ein Hochpunkt $H = (-2 \mid 0)$ bekannt. Welche Bedingungen müssen in diesem Zusammenhang erfüllt sein? Kreuze die zutreffende(n) Aussage(n) an.

A	B	C	D	E
$f'(0) = -2$	$f'(-2) = 0$	$f''(0) = 0$	$f(0) = -2$	$f(0) = 0$
☐	☐	☐	☐	☐

AN 3.3 **M**

262. Von einer Polynomfunktion f dritten Grades sind ein Punkt $R = (-3 \mid 0)$ und ein Punkt $S = (0 \mid -3)$ gegeben. Die Steigung der Tangente an der Stelle −3 ist 4. In S ist die Tangente parallel zur x-Achse. Welche Bedingungen müssen in diesem Zusammenhang erfüllt sein? Kreuze die zutreffende(n) Aussage(n) an.

A	B	C	D	E
$f'(-3) = 0$	$f(-3) = 0$	$f(-3) = 4$	$f(0) = -3$	$f'(0) = 0$
☐	☐	☐	☐	☐

263. Der Graph einer Polynomfunktion f dritten Grades geht durch den Punkt $A = (3 \mid 90)$. Der Punkt $T = (6 \mid 108)$ ist ein Tiefpunkt der Funktion. An der Stelle 7 liegt eine Wendestelle von f. Bestimme die Funktionsgleichung von f.

264. Der Graph einer Polynomfunktion f dritten Grades hat in $T = (0 \mid 3)$ einen Tiefpunkt und in $H = (2 \mid 5)$ einen Hochpunkt. Bestimme die Funktionsgleichung von f.

265. Der Graph einer Polynomfunktion f dritten Grades hat in $H = (-4 \mid 19)$ einen Hochpunkt und in $W = (-2 \mid 11)$ einen Wendepunkt. Bestimme die Funktionsgleichung von f.

266. Der Graph einer Polynomfunktion f dritten Grades geht durch den Punkt $P = (3 \mid 3)$ und durch den Ursprung. Weiters besitzt er an der Stelle 2 eine Sattelstelle. Bestimme die Funktionsgleichung von f.

267. Der Graph einer Polynomfunktion f dritten Grades besitzt an der Stelle −1 eine Wendestelle. Die Steigung der Tangente im Wendepunkt beträgt 1,5. Der Punkt $P = (-2 \mid -2)$ ist ein Tiefpunkt. Bestimme die Funktionsgleichung von f.

268. Der Graph einer Polynomfunktion f dritten Grades besitzt an der Stelle −1 eine Wendestelle mit der Wendetangente $t\colon 6x + 3y = -5$. Die Steigung der Tangente an der Stelle −3 ist 6. Bestimme die Funktionsgleichung von f.

269. Gegeben ist der Graph einer Polynomfunktion f dritten Grades. Gib die Funktionsgleichung von f an.

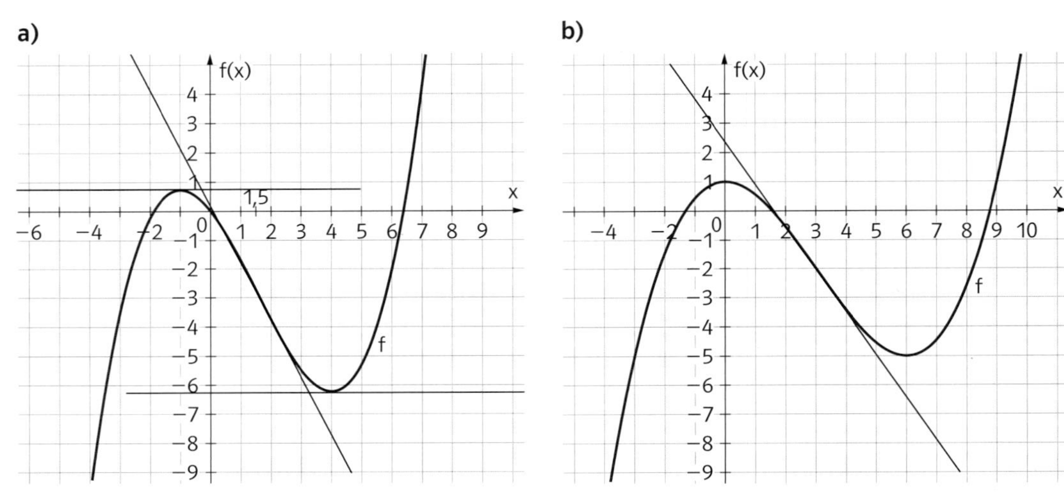

270. Ein Körper bewegt sich gemäß einer Zeit-Ort-Funktion s in Abhängigkeit von der Zeit t (s in Meter, t in Sekunden). Zu Beginn der Beobachtung befindet sich der Körper am Startpunkt. Nach drei Sekunden hat er eine Geschwindigkeit von 1,2 m/s, nach elf Sekunden eine Geschwindigkeit von 1,7 m/s erreicht. Seine Höchstgeschwindigkeit mit 2 m/s wurde nach acht Sekunden festgestellt. Welche Bedingungen für s, s′ bzw. s″ müssen in diesem Zusammenhang erfüllt sein?

271. Die Geschwindigkeitsfunktion v (in m/s) eines Körpers in Abhängigkeit von der Zeit t (in s) wird durch eine Polynomfunktion dritten Grades beschrieben. Zum Zeitpunkt $t = 0$ beträgt seine Geschwindigkeit 15 m/s. Nach drei Sekunden hat er eine Geschwindigkeit von 17 m/s mit einer momentanen Beschleunigung von $0{,}8\,m/s^2$. Seine Höchstgeschwindigkeit wird nach sieben Sekunden erreicht. Welche Bedingungen für v bzw. v′ müssen in diesem Zusammenhang erfüllt sein?

272. Der Graph einer Polynomfunktion f vierten Grades hat im Ursprung einen Wendepunkt. Ein weiterer Wendepunkt ist $W = (2 \mid -14)$. Die Steigung der Tangente in W ist −15. Bestimme die Funktionsgleichung von f.

273. Der Graph einer Polynomfunktion f vierten Grades ist symmetrisch bezüglich der y-Achse. Er geht durch den Punkt $P = (6 | -538)$ und besitzt an der Stelle 3 eine Wendestelle. Die Steigung der Wendetangente an der Stelle 3 ist -180. Bestimme die Funktionsgleichung von f.

TIPP → Ist eine Funktion symmetrisch bezüglich der y-Achse, dann gilt $f(x) = f(-x)$. Bei einer Polynomfunktion vierten Grades können daher nur Potenzen mit gerader Hochzahl vorkommen (z. B. x^4, x^2, x^0 …).

274. Der Graph einer Polynomfunktion f vierten Grades ist symmetrisch bezüglich der y-Achse. Er besitzt an der Stelle 1 eine Wendestelle mit der Wendetangente $t: -4x + y = 2{,}5$. Bestimme die Funktionsgleichung von f.

275. Der Graph einer Polynomfunktion f vierten Grades besitzt an der Stelle 0 eine Wendestelle. Die Gleichung der Wendetangente lautet $t: y = 1$. Der Punkt $T = (2 | -7)$ ist ein Tiefpunkt. Bestimme die Funktionsgleichung von f.

276. Der Graph einer Polynomfunktion f vierten Grades besitzt bei $T = (-1 | -6)$ einen Tiefpunkt. Die Steigung der Tangente im Punkt $P = (3 | -38)$ ist 48. An der Stelle 0 liegt ein lokales Minimum. Bestimme die Funktionsgleichung von f.

277. Der Graph einer Polynomfunktion f vierten Grades besitzt bei $T = (0 | 1)$ einen Tiefpunkt. An der Stelle 1 liegt ein Wendepunkt. Die Steigung der Tangente in diesem Punkt ist $\frac{7}{3}$. An der Stelle 5 liegt ein weiterer Wendepunkt. Bestimme die Funktionsgleichung von f.

278. Gegeben ist der Graph einer Polynomfunktion f vierten Grades. Gib die Funktionsgleichung von f an.

a)

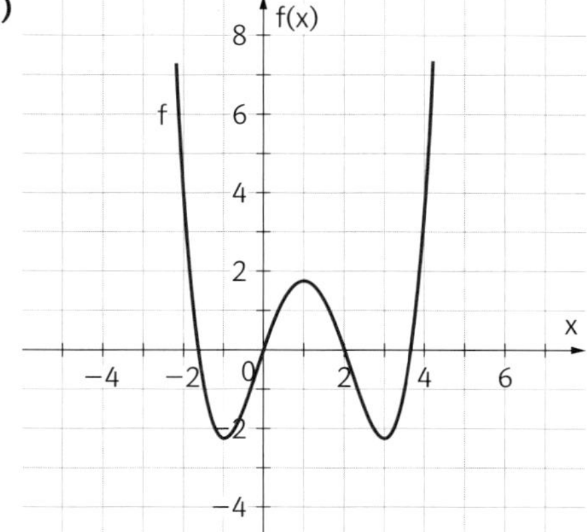

b)

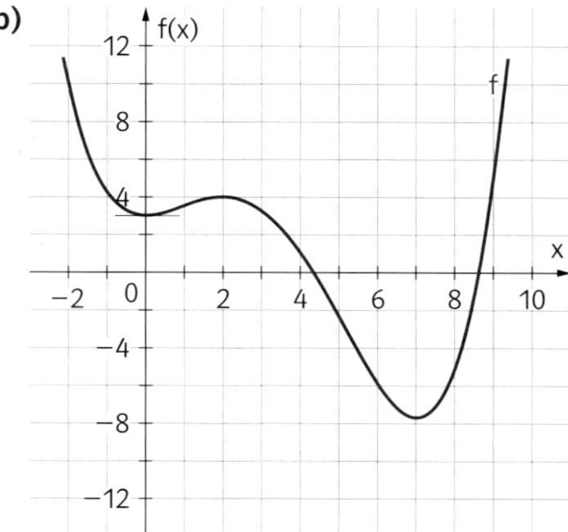

AN 3.3 **M** **279.** Eine Polynomfunktion f vierten Grades besitzt an der Stelle 3 eine Wendestelle. Die Gleichung der Wendetangente ist durch $t: 2x + y = 5$ gegeben. An der Stelle -2 berührt der Graph von f die x-Achse. Kreuze die zutreffende(n) Aussage(n) an.

A	B	C	D	E
$f(3) = 0$	$f'(3) = -2$	$f'(-2) = 0$	$f(-2) = 0$	$f''(3) = 0$
☐	☐	☐	☐	☐

3.6 Extremwertaufgaben

KOMPETENZEN

Lernziel:

- Extremwertaufgaben mit Hilfe der Differentialrechnung lösen können

Eine Anwendung der Differentialrechnung ist die Bestimmung von Extrema in verschiedenen alltäglichen Bereichen.

Ein Bauer möchte mit einem 30 m langen Maschendraht einen möglichst großen rechteckigen Auslauf für seine Hühner abstecken. Wie lang und wie breit wird der Auslauf?

Dazu geht man in mehreren Schritten vor:

1. **Aufstellen der Hauptbedingung (HB)**

Die zu optimierende Größe (hier der Flächeninhalt) wird als **Hauptbedingung** bezeichnet. Für den Flächeninhalt A eines Rechtecks mit den Seitenlängen a und b gilt: $A(a, b) = a \cdot b$.
Die Hauptbedingung kann als Funktion mit zwei Variablen aufgefasst werden.

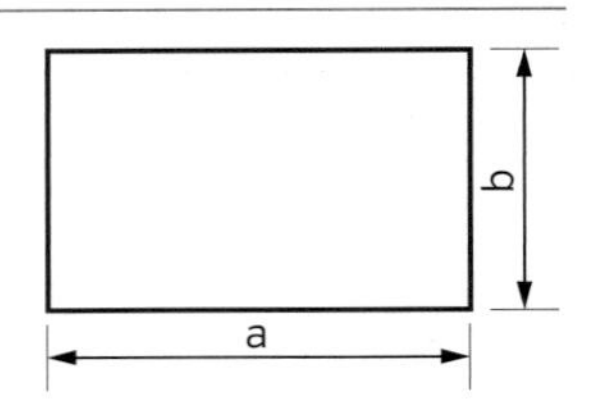

2. **Finden der Nebenbedingung (NB)**

Die Nebenbedingung wird benötigt, um aus der Hauptbedingung mit zwei Variablen eine mit nur einer Variable zu machen. Dazu kann in diesem Fall die Länge des Maschendrahtes verwendet werden, die dem Umfang des Rechtecks entspricht: $2 \cdot (a + b) = 30$.

3. **Aufstellen der Zielfunktion**

Drückt man nun aus der Nebenbedingung eine Variable durch die andere aus und setzt in die Hauptbedingung ein, entsteht eine Funktion, die nur mehr von einer freien Variablen abhängt:

$2 \cdot (a + b) = 30 \quad \Rightarrow \quad a + b = 15 \quad \Rightarrow \quad a = 15 - b$

Zielfunktion: $A(b) = (15 - b) \cdot b = 15b - b^2$

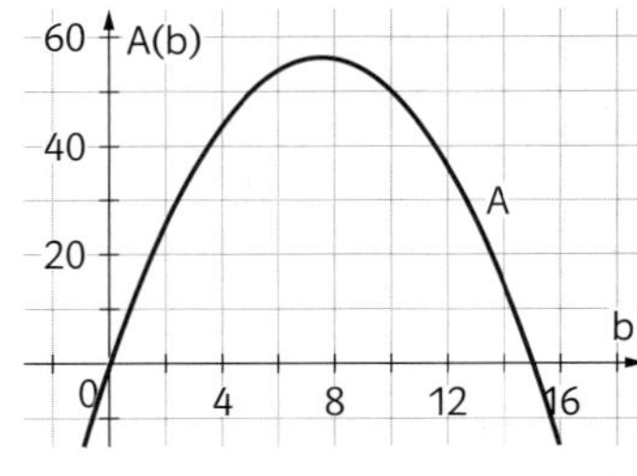

Stellt man die Zielfunktion A(b) graphisch dar, erkennt man bereits, dass es an einer Stelle b ein Maximum gibt. Den größtmöglichen sinnvollen Definitionsbereich für b kann man durch Berechnung der Nullstellen von A ermitteln. Hier gilt $D = [0; 15]$.

4. **Berechnung der lokalen Extremstelle**

An der Maximumstelle ist die erste Ableitung von A null: $A'(b) = 15 - 2b = 0 \quad \Rightarrow \quad b = 7{,}5$.

5. **Kontrolle**

Der Wert $b = 7{,}5$ wird als kritischer Wert bezeichnet, da die Zielfunktion entweder an dieser Stelle oder am Rand des Definitionsbereichs bei $b = 0$ oder $b = 15$ (man spricht dann von einem **Randextremum**) maximal werden kann. Wie man anhand des Graphen erkennt, liegt bei 7,5 die gesuchte Maximumstelle.

Rechnerische Überprüfung: Da $A''(7{,}5) < 0$ gilt, liegt bei $b = 7{,}5$ m das lokale Maximum.

Der maximale Flächeninhalt ist $A(7{,}5) = 56{,}25\,m^2$.

6. **Berechnung der zweiten Größe**

Die zweite Größe wird aus der Nebenbedingung berechnet: $a = 15 - b = 15 - 7{,}5 = 7{,}5$ m.

Das Rechteck mit den Abmessungen $a = b = 7{,}5$ m hat bei einem gegebenem Umfang $u = 30$ m den maximalen Flächeninhalt. Es handelt sich um ein Quadrat.

280. In einer Ecke eines rechteckigen Hofs soll mit 20 m Maschendraht ein rechteckiger Bereich als Auslauf für Tiere mit größtmöglichem Flächeninhalt abgetrennt werden. Wie sind die Maße zu wählen? Stelle die Zielfunktion graphisch dar und gib einen sinnvollen Definitionsbereich an.

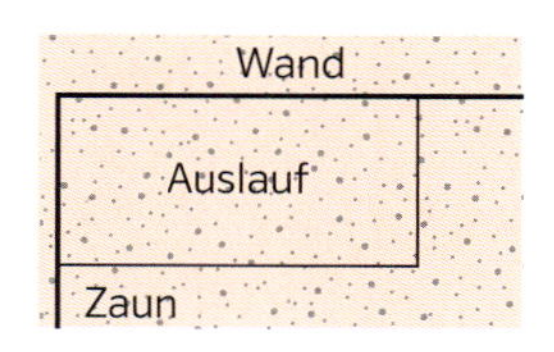

281. An einer Bretterwand soll ein rechteckiger Lagerplatz durch einen Drahtzaun abgegrenzt werden. Es stehen nur 19 m Drahtzaun zur Verfügung. Der Lagerplatz soll dabei möglichst groß sein. Bestimme die Maße des Lagerplatzes. Stelle die Zielfunktion graphisch dar und gib einen sinnvollen Definitionsbereich an.

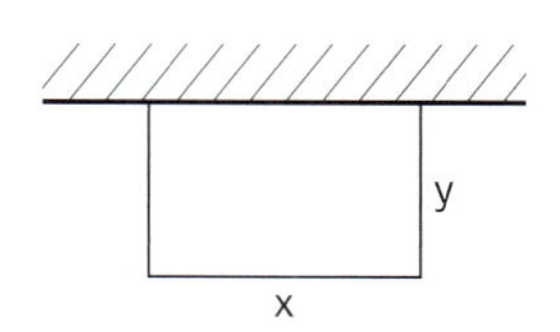

282. Auf einem Bauernhof möchte der Bauer eine rechteckige Koppel für seine Pferde anlegen. Die Koppel liegt an einem Fluss und soll deshalb nur an drei Seiten eingezäunt werden. Der zur Verfügung stehende Zaun ist **a)** 100 m **b)** z Meter lang. Wie muss der Bauer die Koppel anlegen, damit sie eine möglichst große Weidefläche hat? Wie groß ist die Weidefläche dieser Koppel?

283. Aus einem Blech der Breite **a)** 50 cm **b)** z cm soll eine Rinne so gebogen werden, dass die rechteckige Querschnittsfläche möglichst groß wird. Welche Wandhöhe h muss diese Rinne haben?

284. Bestimme die Seitenlängen a und b jenes Rechtecks, das bei gegebenem Flächeninhalt **a)** $A = 81\,cm^2$ **b)** $A = z\,cm^2$ minimalen Umfang u hat.

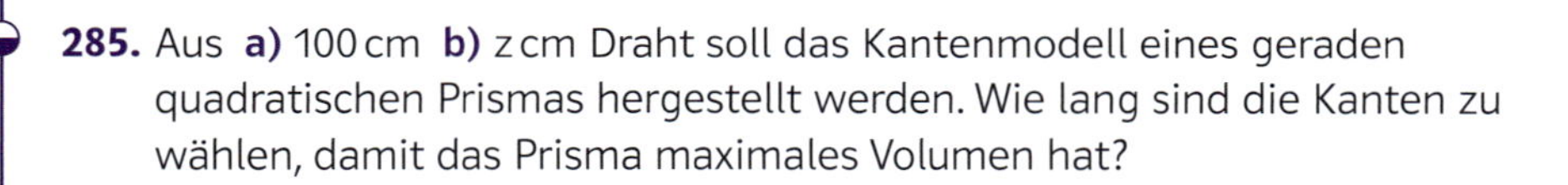

285. Aus **a)** 100 cm **b)** z cm Draht soll das Kantenmodell eines geraden quadratischen Prismas hergestellt werden. Wie lang sind die Kanten zu wählen, damit das Prisma maximales Volumen hat?

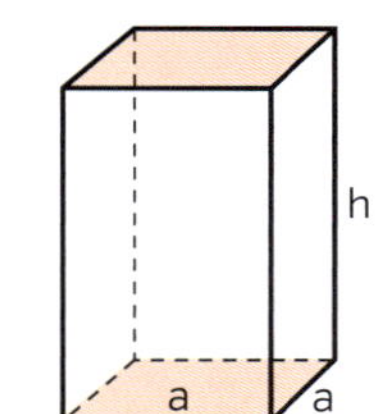

286. Eine oben offene Schachtel mit **a)** $45\,cm^3$ **b)** $V\,cm^3$ Rauminhalt soll eine Breite von 5 cm haben. Wie sind die anderen Kantenlängen zu wählen, damit zur Herstellung der Schachtel möglichst wenig Material benötigt wird?

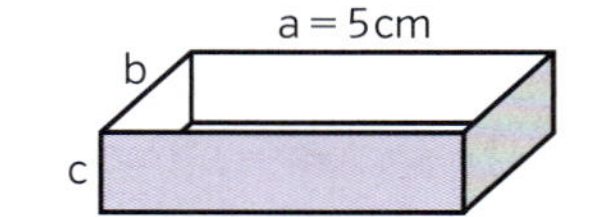

287. Von einem rechteckigen Stück Blech mit 16 cm Länge und 10 cm Breite werden an den Ecken kongruente Quadrate ausgeschnitten und aus dem Rest eine oben offene Schachtel gefaltet. Wie muss man die Seitenlänge der auszuschneidenden Quadrate wählen, um eine Schachtel von größtem Rauminhalt zu erhalten?

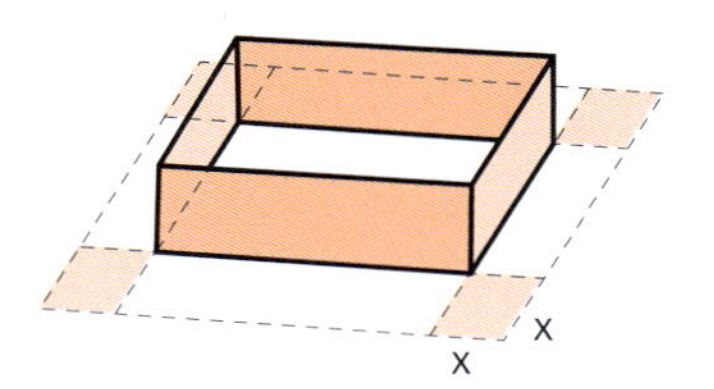

288. Eine Getränkedose mit einem Fassungsvermögen von 0,2 Litern hat die Form eines geraden Zylinders.

a) Berechne die Maße der Dose, damit der Materialverbrauch möglichst gering wird.

b) Warum entsprechen die berechneten Maße nicht den tatsächlichen Maßen?

Nebenbedingung mit dem Satz von Pythagoras

Eine weitere Möglichkeit für eine Nebenbedingung stellt der Satz von Pythagoras dar, wenn in der Angabe einer Extremwertaufgabe keine weiteren Größen gegeben sind.

MUSTER

289. Bestimme die Seitenlängen a und b desjenigen Rechtecks, das bei gegebener Diagonalenlänge $d = 5\sqrt{2}$ cm maximalen Flächeninhalt A hat.

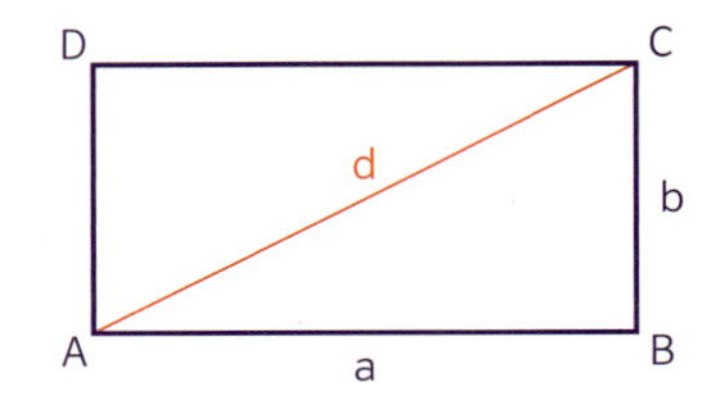

1. Die Hauptbedingung ist der Flächeninhalt des Rechtecks:
   $A(a, b) = a \cdot b$
2. Die Nebenbedingung ergibt sich durch Anwenden des Satzes von Pythagoras auf das rechtwinklige Dreieck ABC:
   $a^2 + b^2 = d^2 \quad \Rightarrow \quad a^2 + b^2 = (5\sqrt{2})^2 = 50$
3. Drückt man mithilfe der NB zum Beispiel $b = \sqrt{50 - a^2}$ aus, erhält man die Zielfunktion
   $A(a) = a \cdot \sqrt{50 - a^2}$.
4. Durch Quadrieren ergibt sich eine **Vereinfachung der Zielfunktion**:
   $f(a) = A^2(a) = a^2 \cdot (50 - a^2) = 50a^2 - a^4$
   Es ändert sich dadurch die lokale Maximumstelle nicht, weil der größte Funktionswert auch stets das größte Quadrat besitzt. $A(a)$ und $A^2(a) = f(a)$ besitzen im selben Definitionsbereich dieselben Extremstellen.
   Danach wird mit der ersten Ableitung die Maximumstelle bestimmt:
   $f'(a) = 100a - 4a^3 = 0 \quad \Rightarrow \quad a = 0, a = -5$ (nicht sinnvoll) oder $a = 5$.
5. Überprüfen des kritischen Werts $a = 5$ mit der 2. Ableitung: $A''(5) < 0 \Rightarrow$ lokales Maximum
6. Aus der Nebenbedingung ergibt sich $b = \sqrt{50 - a^2} = 5$ cm.
   Das Rechteck mit den Maßen $a = b = 5$ cm (Quadrat) hat bei gegebener Diagonalenlänge $d = 5\sqrt{2}$ cm den maximalen Flächeninhalt.

290. Einer Kugel mit **a)** $R = 20$ cm **b)** $R = z$ cm werden Drehzylinder eingeschrieben. Berechne die Abmessungen und das Volumen jenes Zylinders, der das größte Volumen hat.

291. Einer Kugel mit dem Radius **a)** $R = 8$ cm **b)** $R = z$ cm soll ein Drehkegel mit dem größtmöglichen Volumen eingeschrieben werden. Berechne die Abmessungen und das Volumen dieses Drehkegels.

292. Aus einem Baumstamm mit einem Durchmesser von 80 cm soll ein Balken mit dem größtmöglichen rechteckigen Querschnitt herausgeschnitten werden. Berechne die Abmessungen des Balkens.

293. Einer Halbkugel mit dem Radius **a)** $R = 10$ cm **b)** $R = z$ cm ist ein Zylinder mit möglichst großem Volumen einzuschreiben. Berechne den Radius r und die Höhe h des Zylinders.

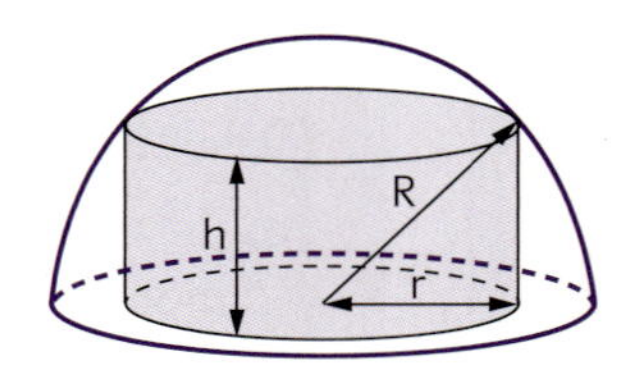

294. Welches gerade quadratische Prisma mit der Raumdiagonale $d = 2\sqrt{3}$ cm hat das größte Volumen? Bestimme die Maße des Prismas und den maximalen Rauminhalt.

295. Welcher Kegel mit der Erzeugenden $s = \sqrt{10}$ cm hat das maximale Volumen? Bestimme die Maße des Kegels und den maximalen Rauminhalt.

Nebenbedingung mit dem Strahlensatz

Neben dem Satz von Pythagoras kann beim Auftreten von ähnlichen Dreiecken auch der Strahlensatz zum Aufstellen einer Nebenbedingung verwendet werden.

MUSTER

296. In ein rechtwinkliges Dreieck mit den Kathetenlängen 12 cm und 8 cm soll ein Rechteck mit größtmöglichem Flächeninhalt so eingeschrieben werden, dass eine Ecke im rechten Winkel liegt. Welche Seitenlängen hat das Rechteck?

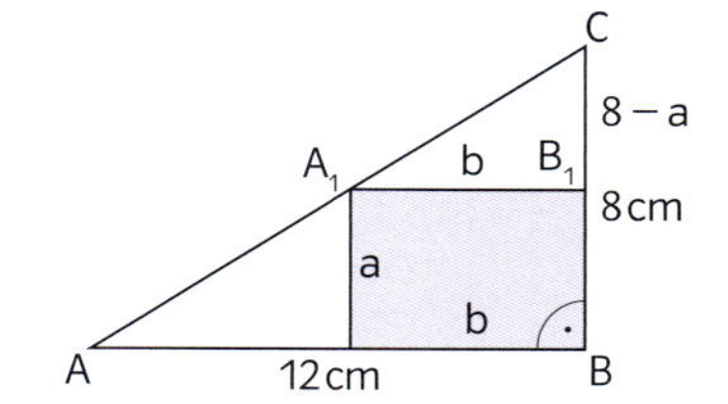

1. Für die Hauptbedingung gilt: $A(a, b) = a \cdot b$.
2. Das Dreieck ABC ist ähnlich zum Dreieck A_1B_1C.
   Daher gilt nach dem Strahlensatz
   $12 : 8 = b : (8 - a)$ (Nebenbedingung)
3. Das Auflösen der Proportion ergibt: $8b = 12 \cdot (8 - a) \Rightarrow b = \frac{12(8-a)}{8} = \frac{3(8-a)}{2} = 12 - 1{,}5a$
   Daraus ergibt sich für die Zielfunktion $A(a) = a \cdot (12 - 1{,}5a) = 12a - 1{,}5a^2$.
4. Die Nullstelle der ersten Ableitung liefert die Extremstelle: $A'(a) = 12 - 3a = 0 \Rightarrow a = 4$
5. Es gilt $A''(4) < 0$. An der Stelle $a = 4$ liegt daher ein lokales Maximum für A.
6. Aus der Nebenbedingung folgt $b = 12 - 1{,}5 \cdot 4 = 6$ cm.
   Das Rechteck mit dem maximalen Flächeninhalt hat die Abmessungen $a = 4$ cm und $b = 6$ cm.

297. Einem gleichschenkligen Dreieck mit der Höhe $h = 8$ cm und der Basislänge $c = 10$ cm wird ein Rechteck mit maximalem Flächeninhalt eingeschrieben. Berechne den Flächeninhalt.

298. Ein gleichschenkliges Dreieck hat die Basislänge $c = 4$ cm und die Höhe $h = 3$ cm. Dem Dreieck wird ein Rechteck mit maximalem Flächeninhalt eingeschrieben. In welchem Verhältnis steht der Flächeninhalt des Dreiecks zu dem des Rechtecks?

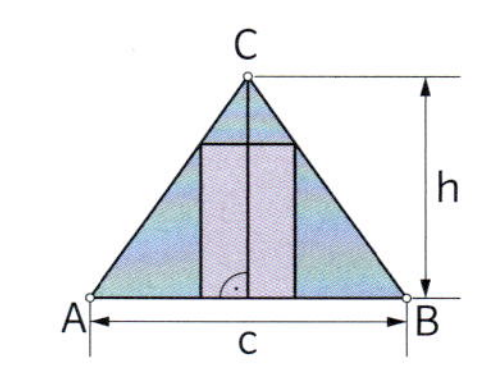

299. Dem Dreieck ABC mit der Länge $c = 12$ cm und der Höhe $h = 6$ cm ist das flächengrößte Rechteck PQRS einzuschreiben. Eine Rechteckseite liegt auf c. Berechne die Maße des Rechtecks.

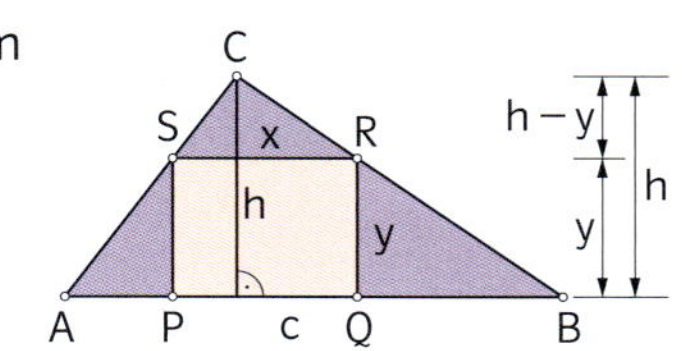

300. Einem Drehkegel mit dem Radius $R = 60$ cm und der Höhe $H = 80$ cm soll ein achsengleicher Drehzylinder so eingeschrieben werden, dass seine Mantelfläche möglichst groß wird. Bestimme die Abmessungen des Drehzylinders und die maximale Mantelfläche.

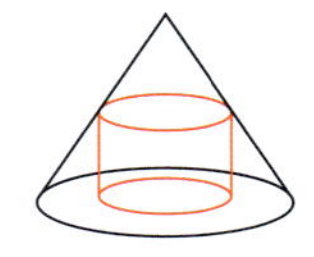

301. Einem Drehkegel mit den Radius R und der Höhe H soll ein achsengleicher Drehkegel mit maximalem Volumen so eingeschrieben werden, dass seine Spitze im Mittelpunkt des Basiskreises des gegebenen Drehkegels liegt. Bestimme die Maße des eingeschriebenen Drehkegels.

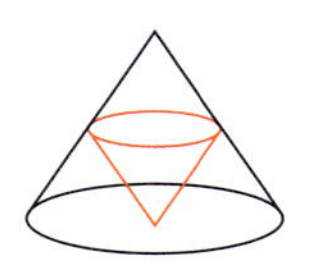

ZUSAMMENFASSUNG

Monotonie einer Funktion f mit Hilfe von f′

Für eine Polynomfunktion f gilt:
- f ist in [a; b] **streng monoton steigend** $\Rightarrow$ **$f'(x) > 0$** für alle $x \in (a; b)$
- f ist in [a; b] **streng monoton fallend** $\Rightarrow$ **$f'(x) < 0$** für alle $x \in (a; b)$

Krümmung einer Funktion f

Eine Funktion f: D → R mit [a; b] ist eine Teilmenge von D heißt
- **linksgekrümmt** in [a; b], wenn f′ in [a; b] **streng monoton steigend** ist.
- **rechtsgekrümmt** in [a; b], wenn f′ in [a; b] **streng monoton fallend** ist.
- einheitlich gekrümmt in [a; b], wenn f in [a; b] nur linksgekrümmt oder nur rechtsgekrümmt ist.
- **$f''(x) > 0$** für alle $x \in (a; b)$ $\Rightarrow$ f **linksgekrümmt** in [a; b]
- **$f''(x) < 0$** für alle $x \in (a; b)$ $\Rightarrow$ f **rechtsgekrümmt** in [a; b]

Nullstellen und Extremstellen einer Funktion f

- p ist **Nullstelle** von f. $\Rightarrow$ $f(p) = 0$
- p ist eine **lokale Extremstelle**. $\Rightarrow$ $f'(p) = 0$ und f ändert an der Stelle p ihr Monotonieverhalten.
- Ist $f'(p) = 0$ und $f''(p) < 0$, dann ist p eine lokale **Maximumstelle** von f.
  Der Punkt $P = (p \mid f(p))$ wird Hochpunkt genannt.

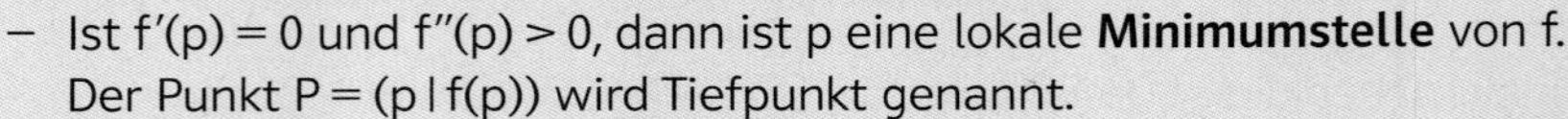

- Ist $f'(p) = 0$ und $f''(p) > 0$, dann ist p eine lokale **Minimumstelle** von f.
  Der Punkt $P = (p \mid f(p))$ wird Tiefpunkt genannt.

Wendestellen

- Eine Stelle p heißt **Wendestelle** einer Funktion f, wenn sich an der Stelle p das Krümmungsverhalten von f ändert. Der Punkt $P = (p \mid f(p))$ wird Wendepunkt genannt.
- $f''(p) = 0$ und f ändert an der Stelle p ihr Krümmungsverhalten $\Rightarrow$ p ist Wendestelle
- Sei f: D → ℝ mit $p \in D$ eine Polynomfunktion, dann gilt:
  Ist $f''(p) = 0$ und $f'''(p) \neq 0$, dann ist p eine Wendestelle von f.

Sattelstelle/Terrassenstelle einer Funktion f

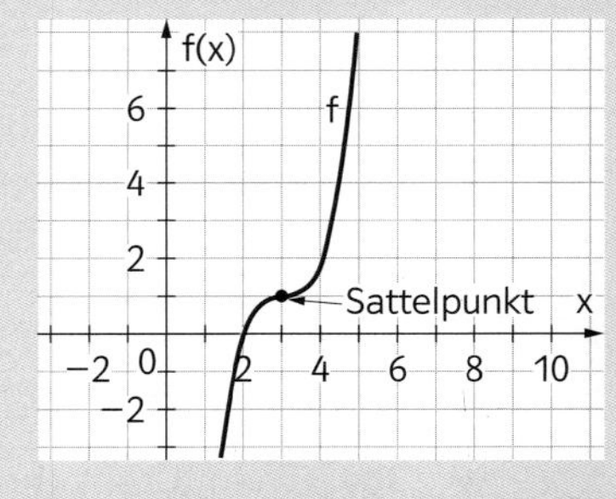

Ist $f'(p) = 0$ und findet an dieser Stelle kein Monotoniewechsel statt, dann nennt man p eine **Sattel- oder Terrassenstelle**.

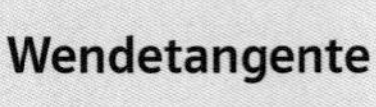

Wendetangente

Ist p eine Wendestelle einer Funktion f, dann nennt man die Tangente von f an der Stelle p Wendetangente von f.

Extremwertaufgaben

Hauptbedingung $\Rightarrow$ Funktion, die an einer Stelle einen Minimal- bzw. Maximalwert annimmt.
Nebenbedingung $\Rightarrow$ Gleichung, die einen Zusammenhang zwischen den Variablen der Hauptbedingung beschreibt.
Zielfunktion $\Rightarrow$ Funktion, die man erhält, wenn man aus der Nebenbedingung eine Variable durch die andere ausdrückt und in die Hauptbedingung einsetzt. Von der Zielfunktion werden die lokalen Extremstellen berechnet.

TRAINING

Vernetzung – Typ-2-Aufgaben

Typ 2 **M** **302.** Es wurde 14 Stunden lang ein Temperaturverlauf beobachtet. Zu Beginn der Beobachtung wurden 2 Grad gemessen. Nach acht Stunden wurde die höchste Temperatur gemessen, nach 14 Stunden (am Ende der Beobachtung) wurde die niedrigste Temperatur gemessen. Die stärkste Temperaturzunahme ist nach 3 Stunden erreicht.
Der Graph zeigt den ungefähren Temperaturverlauf. Dieser wurde dabei durch eine Polynomfunktion dritten Grades mit $T(t) = a \cdot t^3 + b \cdot t^2 + c \cdot t + d$ (T in °C, t in Stunden) angenähert.

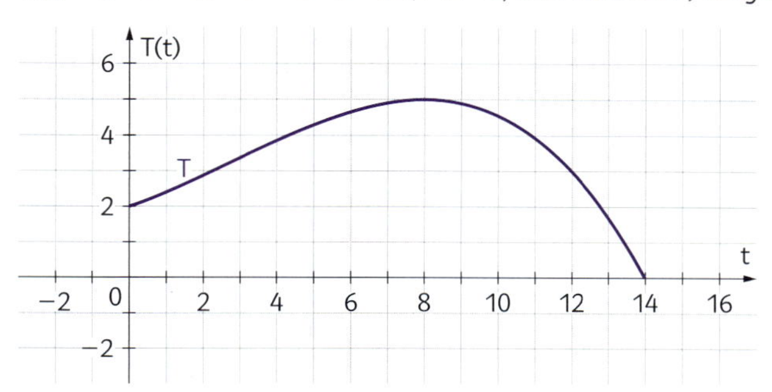

a) Gegeben sind einige mathematische Terme. Ordne ihnen die richtige mathematische Bedeutung zu.

1	$\frac{T(7) - T(3)}{4}$	
2	$T(7) - T(3)$	
3	$\frac{T(7) - T(3)}{T(3)} \cdot 100$	
4	$T'(7)$	

A	momentane Temperaturzunahme zum Zeitpunkt $t = 7$
B	durchschnittliche Temperaturänderung in [3; 7]
C	durchschnittliche Geschwindigkeitszunahme in [3; 7]
D	absolute Temperaturänderung in [3; 7]
E	prozentuelle Temperaturzunahme von $t = 3$ zu $t = 7$
F	Temperaturzunahme pro Stunde in [3; 7]

b) Gib jenen Zeitpunkt an, an dem die progressive Temperaturzunahme (d.h. momentane Temperaturveränderung nimmt zu) in eine degressive Temperaturzunahme (d.h. momentane Temperaturveränderung nimmt ab) übergeht.

c) Mit Hilfe der obigen Informationen wurde die Gleichung $0 = 192a + 16b + c$ aufgestellt. Erkläre, wie man auf diese Gleichung kommt.

d) Ein Schüler stellt folgende Überlegung an: Da nach 14 Stunden die niedrigste Temperatur gemessen wurde, gilt: $f'(14) = 0 \quad \Rightarrow \quad 0 = 588a + 28b + c$
Ist seine Überlegung richtig? Begründe deine Entscheidung.

ÜBERPRÜFUNG

Selbstkontrolle

- ☐ Ich kann die Begriffe Monotonie, lokale Extremstelle, globale Extremstelle, Sattelstelle anwenden.
- ☐ Ich kann die Begriffe Krümmung, Wendestellen, Wendetangente anwenden.

303. Gegeben ist der Graph einer Polynomfunktion f: $\mathbb{R} \to \mathbb{R}$ vierten Grades. Vervollständige die Lücken.

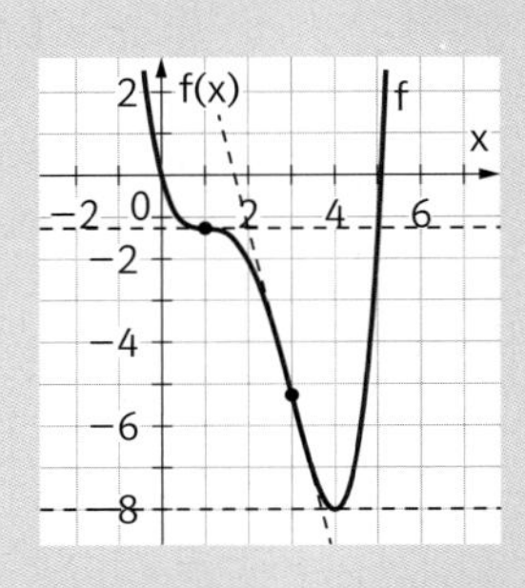

streng monoton fallend in ________________

lokale Extremstelle bei __________, Sattelstelle bei ________________

globale Minimumstelle bei ________________

Wendestelle bei ________________

- ☐ Ich kenne Zusammenhänge zwischen einer Funktion und ihrer Ableitungsfunktion und kann diese begründen.
- ☐ Ich kann den Graphen einer Ableitungsfunktion einer Funktion erkennen und zuordnen.

304. Ergänze die fehlenden Wörter.

Eine lokale Extremstelle von f wird zu einer ______________________________ von f′.

Ist f in [a; b] streng monoton steigend, dann sind die Funktionswerte von f′ in (a; b) ______________________________. Ist f in [a; b] streng monoton fallend, dann sind die Funktionswerte von f′ in (a; b) ______________________________.

305. Gegeben ist der Graph der Funktion f aus Aufgabe 303. Welcher der drei abgebildeten Graphen ist der Graph der Ableitungsfunktion von f? Begründe deine Entscheidung.

i) 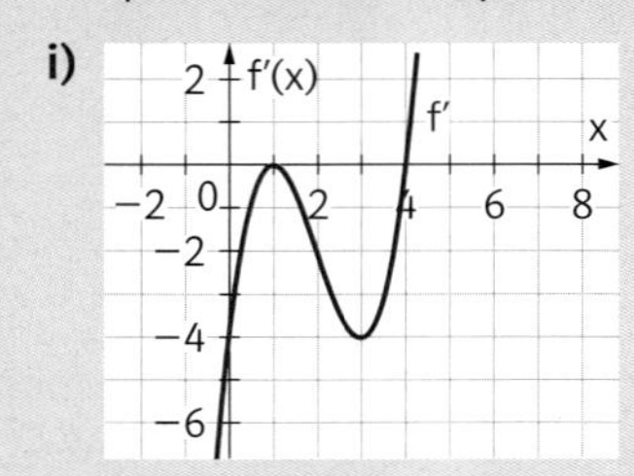

ii) 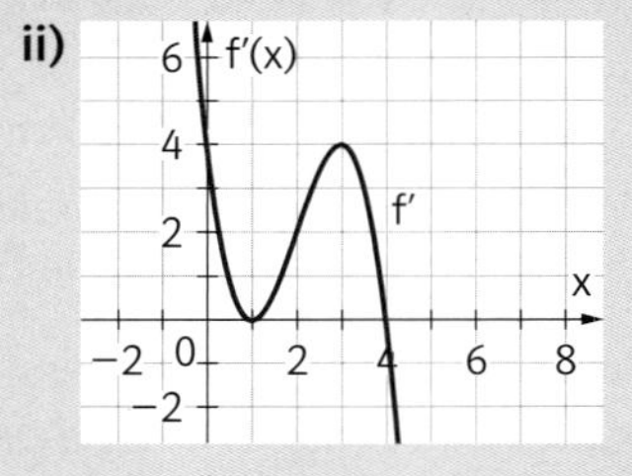

iii) 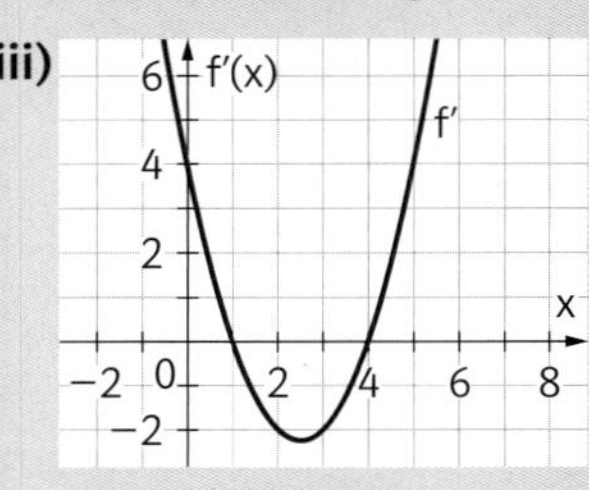

- ☐ Ich kann Extremstellen, Sattelstellen, Monotoniebereiche mit Hilfe der Differentialrechnung berechnen.
- ☐ Ich kann Wendestellen und Krümmungsbereiche berechnen.

306. Gegeben ist eine Polynomfunktion f mit $f(x) = \frac{1}{4}x^4 - 3x^3 + 12x^2 - 16x$.

a) Bestimme alle lokalen Extrempunkte und Sattelpunkte von f.
b) Bestimme das Monotonieverhalten von f.
c) Bestimme alle Wendepunkte sowie das Krümmungsverhalten von f.

☐ Ich kann Zusammenhänge zwischen einer Funktion und ihrer zweiten Ableitung erkennen und begründen.

AN 3.3 **M** **307.** Gegeben ist der Graph der zweiten Ableitung einer Polynomfunktion f vierten Grades. Kreuze die zutreffende(n) Aussage(n) an.

A	f ist in [−3; 5] positiv gekrümmt.	☐
B	f ist in [−3; 5] streng monoton steigend.	☐
C	f ist in [1; 5] negativ gekrümmt.	☐
D	f besitzt an der Stelle 1 eine Wendestelle.	☐
E	f besitzt zwei Wendestellen.	☐

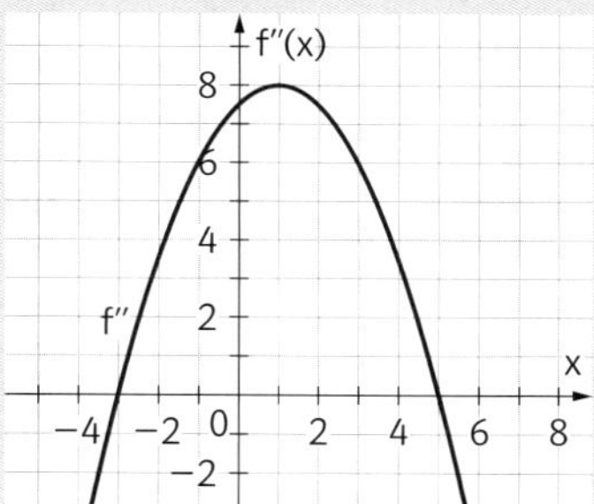

☐ Ich kann Polynomfunktionen graphisch differenzieren.

308. Gegeben ist der Graph einer Polynomfunktion f dritten Grades. Skizziere den Graphen der Ableitungsfunktion von f.

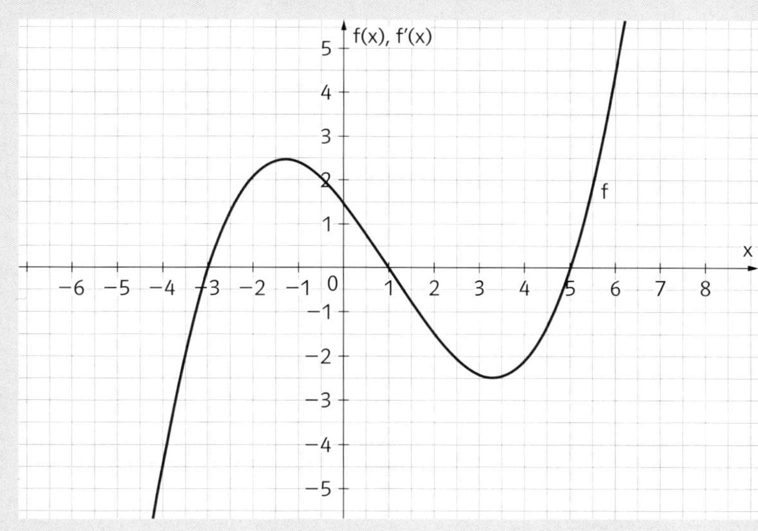

☐ Ich kann Polynomfunktionen mit bestimmten Eigenschaften aufstellen.

309. Der Graph einer Polynomfunktion f dritten Grades hat an der Stelle −4 eine Wendestelle. An der Stelle −6 berührt der Graph von f die x-Achse. Die Steigung der Tangente an der Stelle −1 ist 5. Bestimme die Funktionsgleichung von f.

☐ Ich kann Extremwertaufgaben lösen.

310. Es soll ein oben offener Zylinder hergestellt werden. Bestimme die Maße r und h des Zylinders so, dass bei gegebenem Volumen V seine Oberfläche möglichst klein wird.

Kompetenzcheck Differentialrechnung 2

Grundkompetenzen für die schriftliche Reifeprüfung:

- ☐ AN 3.1 Den Begriff Ableitungsfunktion […] kennen und zur Beschreibung von Funktionen einsetzen können
- ☐ AN 3.2 Den Zusammenhang zwischen Funktion und Ableitungsfunktion […] in deren graphischer Darstellung (er)kennen und beschreiben können
- ☐ AN 3.3 Eigenschaften von Funktionen mit Hilfe der Ableitung(sfunktion) beschreiben können: Monotonie, lokale Extrema, Links- und Rechtskrümmung, Wendestellen

---

AN 3.1 M **311.** Gegeben ist der Graph einer Funktion f. Zeichne den Graphen der Ableitungsfunktion von f in das Koordinatensystem ein.

AN 3.1 M **312.** Gegeben ist der Graph der Ableitungsfunktion einer Funktion f. Bestimme die Steigung der Tangente von f an der Stelle 4.

k = ______________

AN 3.1 M **313.** Es sind Aussagen über eine Polynomfunktion f dritten Grades und ihre Ableitungsfunktion f′ gegeben. Kreuze die zutreffende(n) Aussage(n) an.

A	Sind die Funktionswerte von f′ in (a; b) negativ, dann ist f streng monoton fallend in (a; b).	☐
B	Jede Nullstelle von f′ ist eine Extremstelle von f.	☐
C	f′ ist eine quadratische Funktion.	☐
D	Die lokalen Extremstellen von f sind auch lokale Extremstellen von f′.	☐
E	Jede Wendestelle von f wird zu einer Extremstelle von f′.	☐

AN 3.2 M **314.** In der Abbildung ist der Graph der Ableitungsfunktion einer Polynomfunktion f dargestellt. Kreuze die beiden zutreffenden Aussagen an.

A	f hat an der Stelle x_2 eine waagrechte Tangente.	☐
B	f ist im Intervall $(x_2; x_4)$ streng monoton fallend.	☐
C	f besitzt an der Stelle 0 eine lokale Maximumstelle.	☐
D	f ist in $(x_1; x_3)$ streng monoton steigend.	☐
E	An der Stelle x_5 besitzt f sicher einen positiven Funktionswert.	☐

AN 3.2 **M** **315.** Gegeben ist der Graph einer Funktion f. Welcher der abgebildeten Graphen ist der Graph der Ableitungsfunktion von f?
Kreuze die zutreffende Abbildung an.

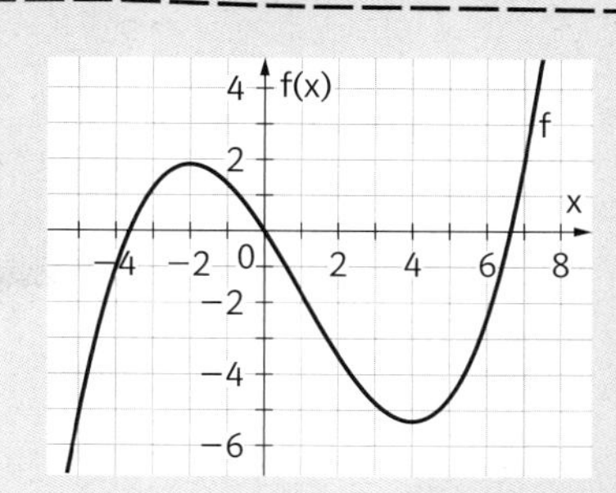

A ☐

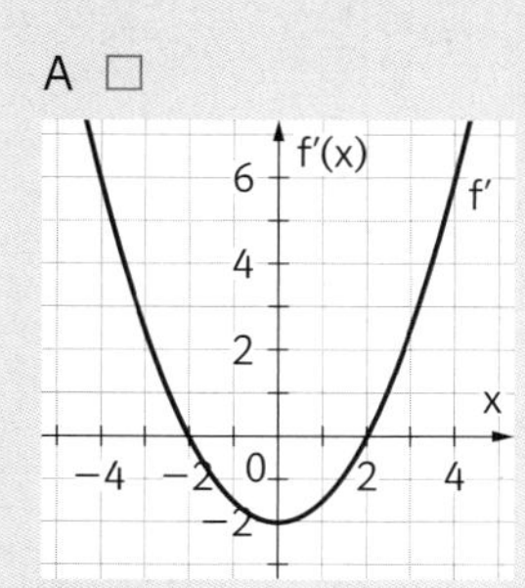

B ☐

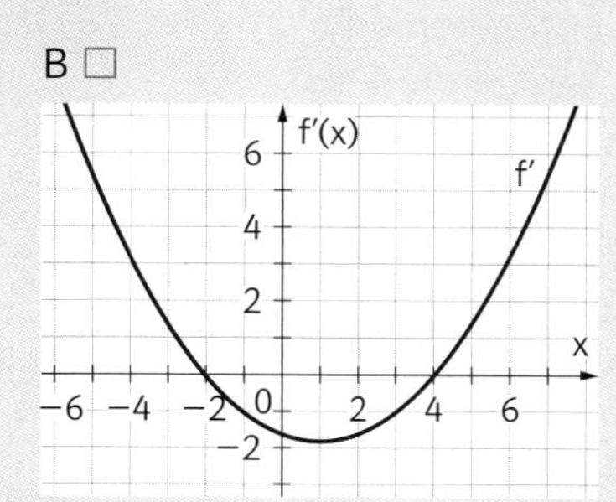

C ☐

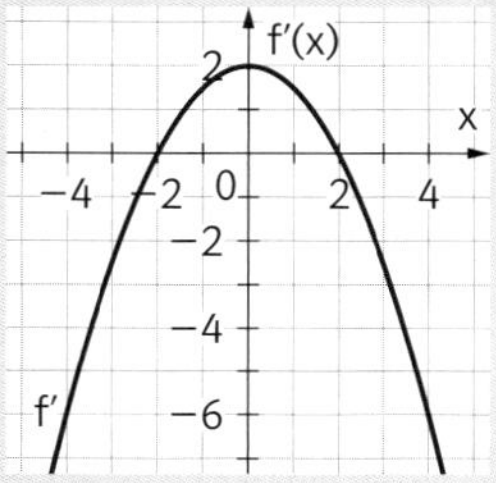

D ☐

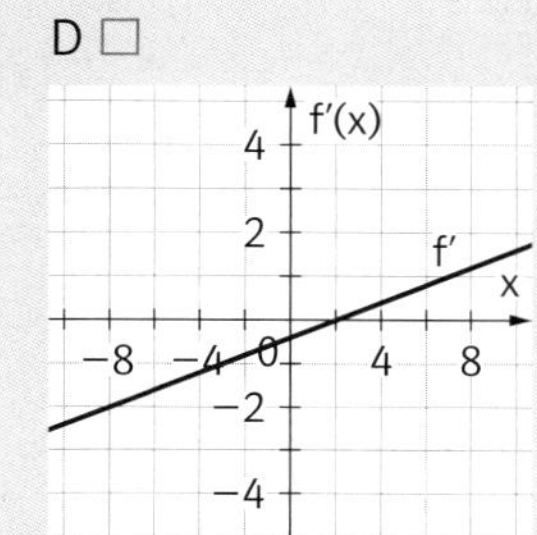

E ☐

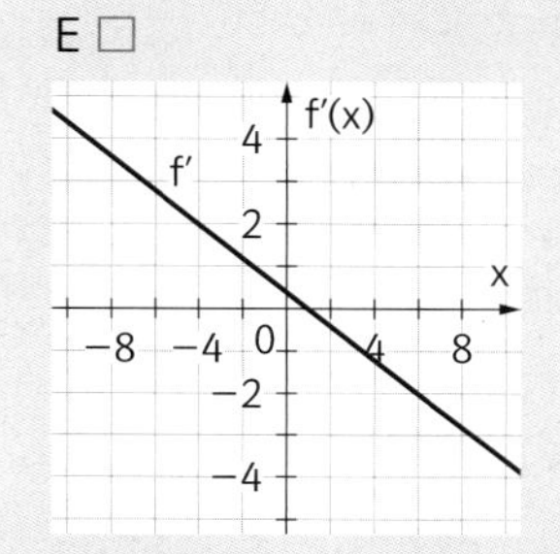

F ☐

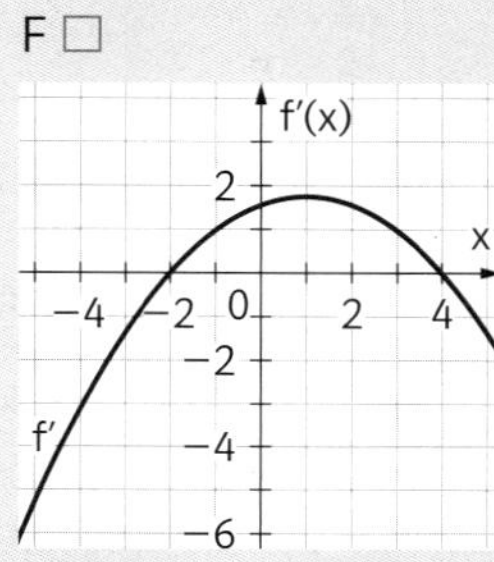

AN 3.3 **M** **316.** Gegeben ist die Funktion f mit $f(x) = \frac{x^3}{6} + 2x^2 + 5$. Bestimme die Koordinaten des Wendepunkts von f.

AN 3.3 **M** **317.** Eine Polynomfunktion f vierten Grades besitzt an der Stelle −4 eine Extremstelle. An der Stelle 2 berührt der Graph von f die x-Achse. Der Wendepunkt hat die Koordinaten (0 | 2).
Kreuze die zutreffende(n) Aussage(n) an.

A	B	C	D	E
$f'(-4) = 0$	$f'(2) = 0$	$f(2) = 0$	$f(0) = 0$	$f''(0) = 2$
☐	☐	☐	☐	☐

AN 3.3 **M** **318.** In der Abbildung sieht man den Graphen einer Funktion f: [0; 11] → ℝ. f besitzt an der Stelle 8 eine Wendestelle. Kreuze die zutreffende(n) Aussage(n) an.

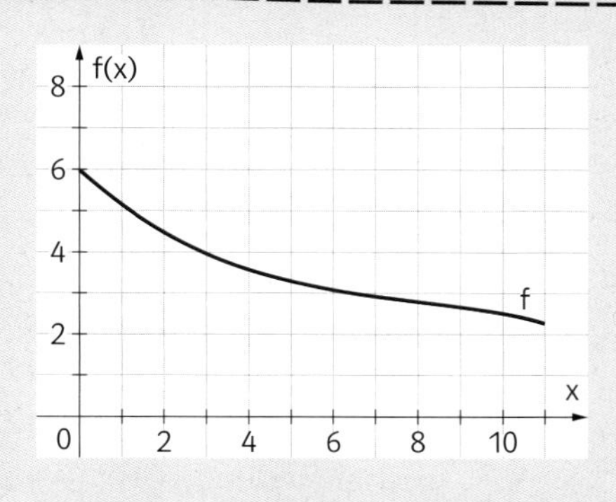

A	An der Stelle 8 geht die Linkskrümmung in eine Rechtskrümmung über.	☐
B	An der Stelle 8 geht die Rechtskrümmung in eine Linkskrümmung über.	☐
C	Es gilt: $f''(8) = 0$.	☐
D	Für $x > 8$ gilt $f''(x) > 0$.	☐
E	Für $x < 8$ gilt $f''(x) < 0$.	☐

4 Kreis und Kugel

Seit die Menschen sich mit Mathematik beschäftigen besitzt die Geometrie einen besonderen Stellenwert. In der Antike wurden mathematische Probleme oft geometrisch gelöst. Das hat einerseits den Vorteil der Anschaulichkeit, andererseits aber auch den Nachteil der Anschaulichkeit, weil komplizierte Probleme oft die Grenzen unserer geometrischen Vorstellungskraft übersteigen.

Im nebenstehenden Kasten wird die heute übliche algebraische Formulierung der binomischen Formel der antiken geometrischen Formulierung gegenübergestellt.

„$(a + b)^2 = a^2 + 2ab + b^2$"

$\triangleq$

„Teilt man eine Strecke, wie es gerade trifft, so ist das Quadrat über die ganze Strecke den Quadraten über den Abschnitten und zweimal dem Rechteck aus den Abschnitten zusammen gleich."

(Euklid, Buch II Prop 3)

Netz des Tesserakts (links) und zweidimensionale Parallelprojektion des Tesserakts (rechts)

Wie die Mathematik die Grenzen unserer Vorstellung überwindet kann man leicht an einem Beispiel erkennen.

Eigenschaften eines 2-dimensionalen Quadrates
Anzahl der 1-dimensionalen Begrenzungs-Kanten =
$4 = 2 \cdot 2$

Eigenschaften eines 3-dimensionalen Quadrates (Würfel)
Anzahl der 2-dimensionalen Begrenzungsquadrate =
$6 = 2 \cdot 3$

Eigenschaften eines 4-dimensionalen Quadrates (Hyperwürfel, Tesserakt)
Anzahl der 3-dimensionalen Begrenzungswürfel =
$8 = 2 \cdot 4$

Auch wenn wir uns einen 5-dimensionalen Hyperwürfel nicht vorstellen können, wissen wir, dass er von $10 = 2 \cdot 5$ Hyperwürfeln begrenzt wird.

Bisher ist es uns im Rahmen der Schulmathematik gelungen, elementare geometrische Objekte wie Punkte, Geraden und Ebenen algebraisch zu beschreiben.

In diesem Kapitel werden wir einen Schritt weiter gehen (aber noch im Rahmen unserer Vorstellungskraft bleiben) und sehen, wie man Kreislinien und sogar Kugeloberflächen mit Hilfe von Gleichungen beschreiben kann.

Nach der Bearbeitung dieses Kapitels wird sich für dich nebenstehende Gleichung in eine geozentrische Beschreibung unseres Heimatplaneten verwandeln.

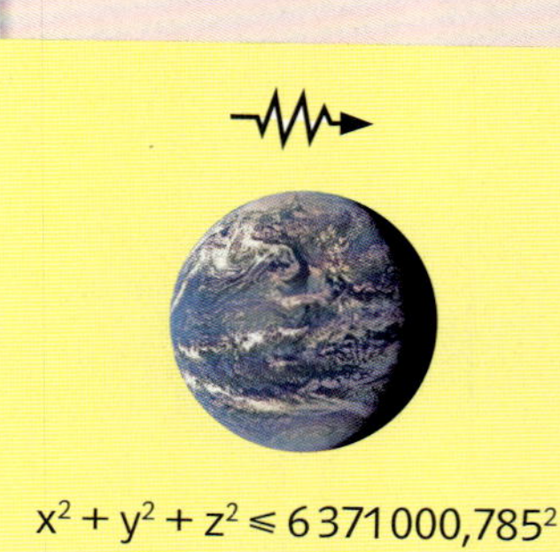

$x^2 + y^2 + z^2 \leq 6\,371\,000{,}785^2$

4.1 Kreisgleichungen

KOMPETENZEN

Lernziele:

- Aus dem Mittelpunkt und dem Radius eines Kreises, dessen Gleichung bestimmen können
- Kreisgleichungen in Koordinatenform und allgemeiner Form angeben können
- Die Lagebeziehung eines Punktes zum Kreis ermitteln können

VORWISSEN

319. Berechne **1)** den Vektor $\overrightarrow{PQ}$ **2)** den Abstand zwischen den beiden Punkten und **3)** die Gleichung der Geraden durch diese Punkte.

a) $P = (-3 \mid 4)$, $Q = (5 \mid 9)$ **b)** $P = (0 \mid -3)$, $Q = (1 \mid -7)$ **c)** $P = (-6 \mid -2)$, $Q = (3 \mid -9)$

Ein Kreis ist durch seinen Mittelpunkt M und durch seinen Radius r festgelegt. Es wird nun eine Gleichung (Kreisgleichung) ermittelt, deren Lösungen genau den Koordinaten aller Punkte $X = (x \mid y)$ auf der Kreislinie k entsprechen.

Technologie Darstellung Kreisgleichung p6w978

Koordinatenform der Kreisgleichung

Herleitung der Kreisgleichung für die Kreislinie k mit Radius $r = 5$ und Mittelpunkt $M = (-3 \mid 2)$.	Herleitung der Kreisgleichung für die Kreislinie k mit Radius r und Mittelpunkt $M = (x_M \mid y_M)$.
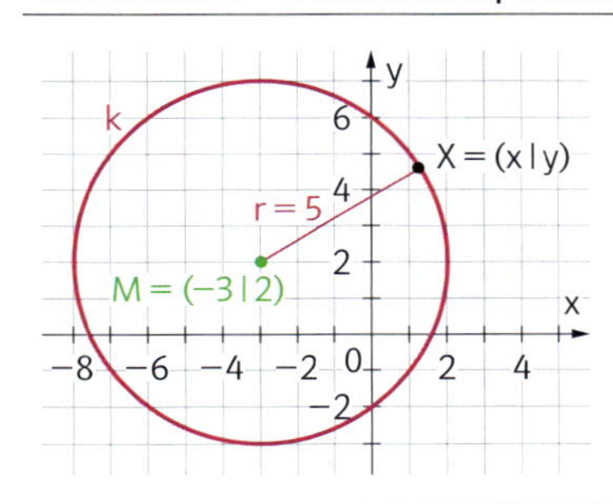	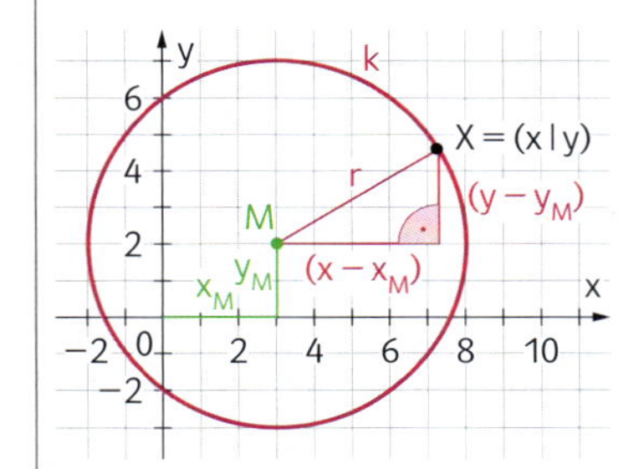
Alle Punkte X auf der Kreislinie k zeichnen sich dadurch aus, dass sie den Abstand $r = 5$ vom Mittelpunkt $M = (-3 \mid 2)$ haben: $\lvert\overrightarrow{MX}\rvert = 5 \Rightarrow \lvert X - M\rvert = \left\lvert\begin{pmatrix} x \\ y \end{pmatrix} - \begin{pmatrix} -3 \\ 2 \end{pmatrix}\right\rvert = 5 \Rightarrow$ $\Rightarrow \left\lvert\begin{pmatrix} x+3 \\ y-2 \end{pmatrix}\right\rvert = \sqrt{(x+3)^2 + (y-2)^2} = 5 \Rightarrow$ $\Rightarrow$ k: $(x+3)^2 + (y-2)^2 = 25$	Alle Punkte X auf der Kreislinie k zeichnen sich dadurch aus, dass sie den Abstand r vom Mittelpunkt $M = (x_M \mid y_M)$ haben: $\lvert\overrightarrow{MX}\rvert = r \Rightarrow \lvert X - M\rvert = \left\lvert\begin{pmatrix} x \\ y \end{pmatrix} - \begin{pmatrix} x_M \\ y_M \end{pmatrix}\right\rvert = r \Rightarrow$ $\Rightarrow \left\lvert\begin{pmatrix} x-x_M \\ y-y_M \end{pmatrix}\right\rvert = \sqrt{(x-x_M)^2 + (y-y_M)^2} = r \Rightarrow$ $\Rightarrow$ k: $(x-x_M)^2 + (y-y_M)^2 = r^2$

Aus dieser Koordinatenform erhält man durch Berechnung der Binome und durch Zusammenfassen der Terme die **allgemeine Form der Kreisgleichung**.

$$k\colon (x+3)^2 + (y-2)^2 = 25 \Rightarrow (x^2 + 6x + 9) + (y^2 - 4y + 4) = 25 \Rightarrow x^2 + y^2 + 6x - 4y = 12$$

MERKE

Die Kreisgleichung

Alle Punkte $P = (x \mid y)$ auf der Kreislinie k des Kreises mit dem Mittelpunkt $M = (x_M \mid y_M)$ und dem Radius r erfüllen die Kreisgleichung

k: $(x - x_M)^2 + (y - y_M)^2 = r^2$ (**Koordinatenform der Kreisgleichung**).

Die **allgemeine Form der Kreisgleichung** erhält man durch Berechnung der Binome und Zusammenfassen der Terme.

TECHNO-LOGIE

Aufstellen der Kreisgleichung k

Geogebra: Kreis[Mittelpunkt,Radius] Beispiel: Kreis[(– 3,3),5] k: $(x + 3)^2 + (y - 3)^2 = 25$

Technologie Anleitung Kreisgleichung aufstellen 4jf7wk

320. Bestimme die Gleichung der Kreislinie k mit dem Mittelpunkt M und dem Radius r **1)** in Koordinatenform **2)** in der allgemeinen Form.

a) M = (–1 | 3); r = 4 **c)** M = (0 | 2); r = 2 **e)** M = (0 | 0); r = 7
b) M = (7 | –3); r = 10 **d)** M = (–3 | 0); r = 1 **f)** M = (0 | 0); r = 3

Technologie Übung Kreisgleichung aufstellen r8uv54

321. Bestimme die Kreisgleichung für die Kreislinie k.

a)
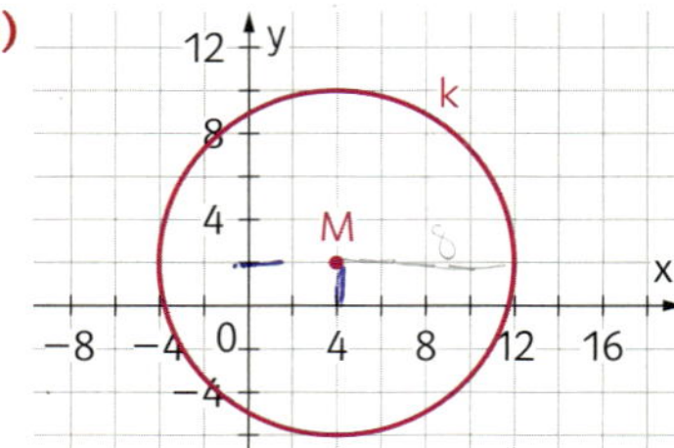

c)
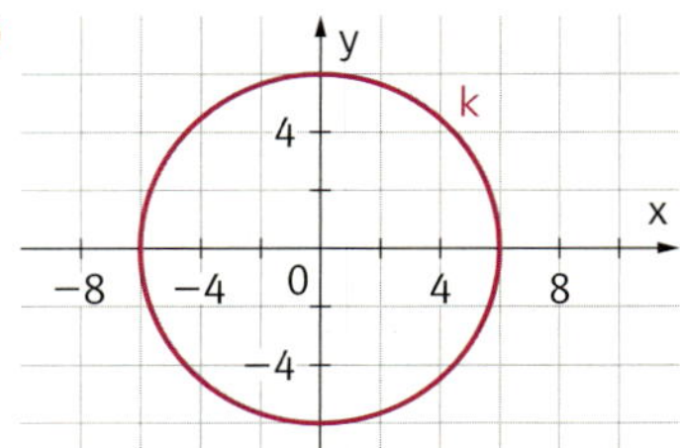

b)
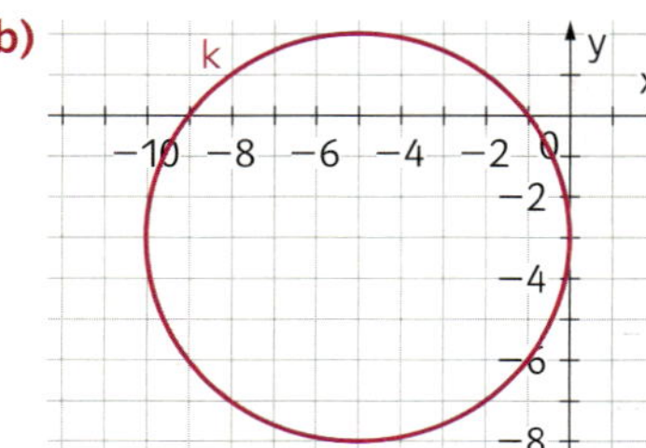

d)
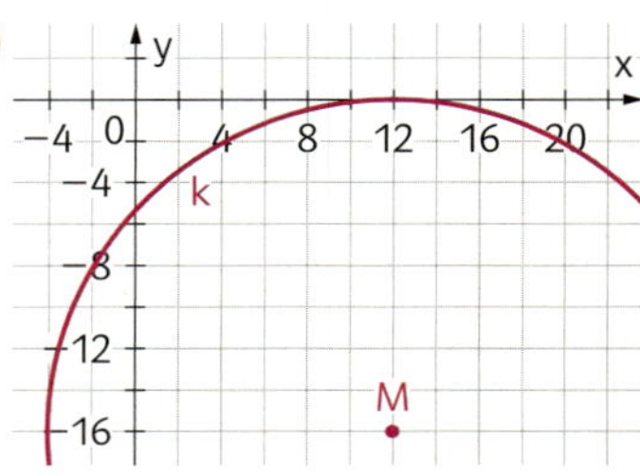

322. Die abgebildeten Figuren setzen sich aus Kreislinien zusammen. Die Rasterlinien haben den Abstand 1. Finde passende Kreisgleichungen und zeichne die Figuren mit Technologieeinsatz.

a)
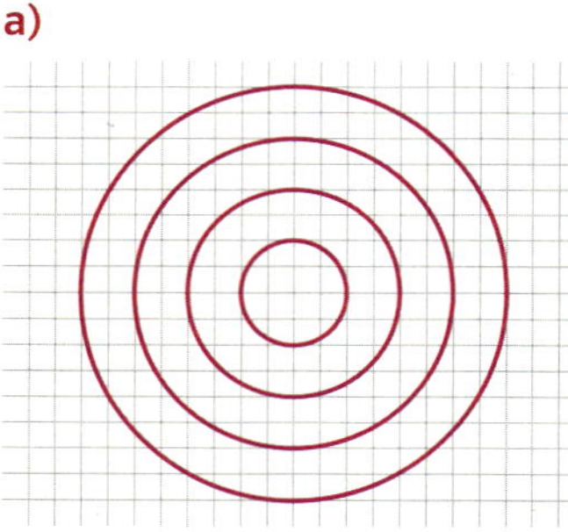

b)
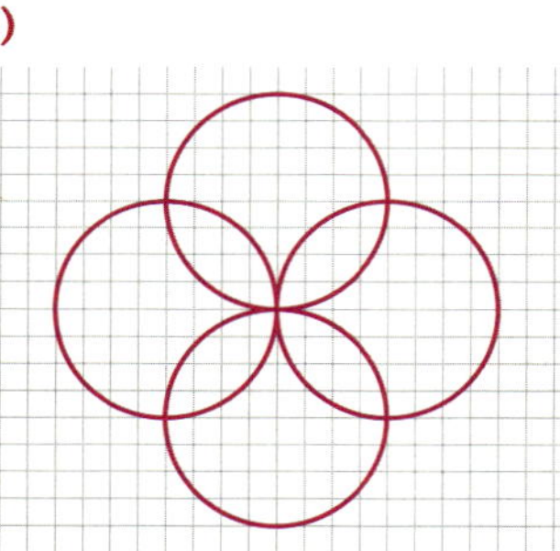

c)
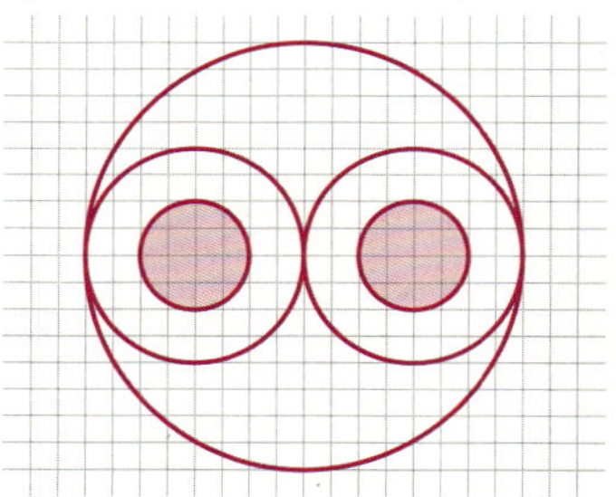

323. Von einem Kreis sind der Mittelpunkt M und ein Punkt P auf der Kreislinie k gegeben. Bestimme die Kreisgleichung von k.

a) P = (1 | –1); M = (–1 | 2) **c)** P = (0 | –1); M = (0 | 0) **e)** P = (7 | –1); M = (3 | –4)
b) P = (4 | –2); M = (1 | 5) **d)** P = (3 | 2); M = (0 | 2) **f)** P = (0 | 0); M = (0 | 10)

324. Bestimme die Koordinaten des Mittelpunktes M und den Radius r der Kreislinie mit der Gleichung k.

a) k: $(x - 1)^2 + (y - 3)^2 = 4$ **d)** k: $(x + 7)^2 + y^2 = 100$
b) k: $x^2 + (y + 3)^2 = 25$ **e)** k: $x^2 + y^2 = 1$
c) k: $(x - 5)^2 + (y + 2)^2 = 5$ **f)** k: $(x + 9)^2 + (y - 1)^2 = 1000$

325. Zeichne die folgende Kreislinie k in ein Koordinatensystem.

a) k: $(x-3)^2+y^2=16$ **c)** k: $(x+3)^2+(y-8)^2=1$ **e)** $x^2+y^2=25$
b) k: $x^2+(y-4)^2=36$ **d)** k: $(x-1)^2+(y+3)^2=4$ **f)** k: $x^2+(y+4)^2=0{,}01$

326. Bestimme die allgemeine Form der Kreisgleichung einer Kreislinie mit dem Mittelpunkt M im Ursprung und dem Radius r.

327. Bestimme (wenn möglich) die Gleichung einer Kreislinie mit dem Mittelpunkt M, die die **1)** x-Achse **2)** y-Achse **3)** x- und y-Achse berührt.

a) $M=(4|5)$ **b)** $M=(2|2)$ **c)** $M=(-3|0)$ **d)** $M=(-3|3)$ **e)** $M=(a|b)$

328. Ordne den beschriebenen Kreislinien die passende(n) Eigenschaft(en) zu.

1	$(x-3)^2+(x+3)^2=9$	
2	$x^2+(y-5)^2=16$	
3	$2x^2+2y^2=8$	
4	$(x-5)^2+y^2=1$	

A	hat den Radius 2
B	hat den Mittelpunkt in $(0|-5)$
C	schließt den Flächeninhalt der Größe π ein
D	hat vom Ursprung den kleinsten Abstand 1
E	berührt die x- und y-Achse
F	hat den Radius $\sqrt{8}$

329. Kreuze die zutreffende(n) Aussage(n) an.

A	k: $x^2+y^2=a$ mit $a>0$ beschreibt eine Kreislinie mit dem Mittelpunkt im Ursprung.	☐
B	Für jede Kreislinie in der Ebene gibt es eine Kreisgleichung.	☐
C	$(x-4)^2+(y-5)^2=15$ beschreibt eine Kreislinie im ersten Quadranten.	☐
D	$x^2-x+2y^2-y-12=0$ beschreibt eine Kreislinie.	☐
E	$(x+2)^2+(y-1)^2=1$ beschreibt eine Kreislinie, die die x-Achse berührt.	☐

VORWISSEN

330. Ergänze den Term auf ein vollständiges Quadrat.

a) x^2+4x+ ____ **b)** y^2+8y+ ____ **c)** x^2- ____ $+6{,}25$ **d)** ____ $-y+0{,}25$

MUSTER

331. Bestimme die Koordinaten des Mittelpunktes M und den Radius r der Kreislinie k mit der Kreisgleichung k: $x^2-4x+y^2+6y=-4$.

Um die Koordinaten von M und den Radius r ablesen zu können, muss man die allgemeine Form der Kreislinie durch Ergänzung auf ein vollständiges Quadrat in die Koordinatenform umwandeln.

k: $x^2-4x+y^2+6y=-4 \quad |+4;+9$

k: $x^2-4x+4+y^2+6y+9=-4+4+9 \Rightarrow (x-2)^2+(y+3)^2=9 \Rightarrow M=(2|-3);\ r=3$

332. Bestimme die Koordinaten des Mittelpunktes M und den Radius r der Kreislinie k.

a) k: $x^2-2x+y^2+4y=2$ **c)** k: $x^2+y^2-10y=1$ **e)** k: $x^2+2x+y^2+2y=0$
b) k: $x^2+8x+y^2-4y=-10$ **d)** k: $x^2-12x+y^2=2$ **f)** k: $x^2-6x+y^2+8y=-9$

333. Beurteile, ob die angegebene Gleichung eine Kreislinie beschreibt.

a) k: $4x^2-4x+y^2+4y=2$ **c)** k: $2x^2+2y^2=1$ **e)** k: $(x-1)^2+(y+2)^2=0$
b) k: $x^2-x+y^2+y=2$ **d)** k: $x^2=y^2+4$ **f)** k: $x^2-2x+y^2+4y=-6$

334. Nicht jede Gleichung der Form $x^2 + y^2 + ax + by + c = 0$ mit $a, b, c \in \mathbb{R}$ beschreibt eine Kreislinie. Die Gleichung $x^2 + y^2 + 2x - 4y + 6 = 0$ beschreibt zum Beispiel keine Kreislinie. Begründe, dass die obige Gleichung nur dann eine Kreisgleichung ist, wenn $a^2 + b^2 > 4c$ gilt.

Um mit Hilfe der Kreisgleichung Punkte auf der Kreislinie zu berechnen, kann man eine Koordinate frei wählen und die zweite Koordinate mit Hilfe der Kreisgleichung berechnen.
Z.B. $P = (x \mid 4) \Rightarrow (x + 3)^2 + (4 - 2)^2 = 25 \Rightarrow x^2 + 6x + 9 + 4 = 25 \Rightarrow x^2 + 6x - 12 = 0.$
Die Lösungen dieser Gleichung ergeben die x-Werte der beiden Punkte P_1 und P_2, die auf dem Kreis liegen und deren y-Wert 4 ist.

$$x_1 \approx -7{,}58;\ x_2 \approx 1{,}58 \Rightarrow P_1 = (-7{,}58 \mid 4);\ P_2 = (1{,}58 \mid 4)$$

335. Bestimme die fehlende Koordinate von P so, dass P auf der Kreislinie $k: (x - 2)^2 + (y + 1)^2 = 36$ liegt.

a) $P = (x \mid 2)$ **b)** $P = (0 \mid y)$ **c)** $P = (-1 \mid y)$ **d)** $P = (7 \mid y)$ **e)** $P = (x \mid -4)$

336. Ermittle die Koordinaten dreier Punkte, die auf der Kreislinie k liegen.

a) $k: (x - 4)^2 + (y + 3)^2 = 25$
b) $k: (x - 1)^2 + y^2 = 4$
c) $k: x^2 + y^2 = 36$
d) $k: (x - 2)^2 + (y - 3)^2 = 9$
e) $k: 3x^2 + 3y^2 = 48$
f) $k: x^2 + y^2 = 9$

337. Bestimme die Schnittpunkte des Kreises k mit den Koordinatenachsen.

a) $k: x^2 + y^2 - 12x - 4y = 12$ **b)** $k: (x + 9)^2 + (y - 10)^2 = 100$ **c)** $k: (x - 2)^2 + (y + 2)^2 = 68$

338. Ordne den angegebenen Kreislinien die passende Eigenschaft zu.

A	$x^2 + (y - 3)^2 = 10$	
B	$(x - 2)^2 + (y - 2)^2 = 4$	
C	$(x + 4)^2 + (y - 5)^2 = 25$	
D	$x^2 + y^2 = 8$	

1	Die Kreislinie hat den Mittelpunkt $M = (-2 \mid -2)$.
2	Die Kreislinie berührt die x-Achse, aber nicht die y-Achse.
3	Die Kreislinie berührt beide Koordinatenachsen.
4	Die Kreislinie geht durch den Punkt $P = (-4 \mid 5)$.
5	M liegt auf der y-Achse, aber nicht auf der x-Achse.
6	Die Kreislinie geht durch den Punkt $P = (0 \mid 0)$.

Setzt man die Koordinaten des Punktes $P = (6 \mid 7)$ in den linken Term der Kreisgleichung $k: (x - 3)^2 + (y - 4)^2 = 25$ ein, so erhält man den quadratischen Abstand des Punktes P vom Mittelpunkt M:

$$(x - 3)^2 + (y - 4)^2 = (6 - 3)^2 + (7 - 4)^2 = 18 = (\overrightarrow{MP})^2.$$

Der quadratische Abstand vom Mittelpunkt ist also 18.
Er ist somit kleiner als das Quadrat des Kreisradius $r^2 = 25$.
P liegt also innerhalb der Kreislinie k.

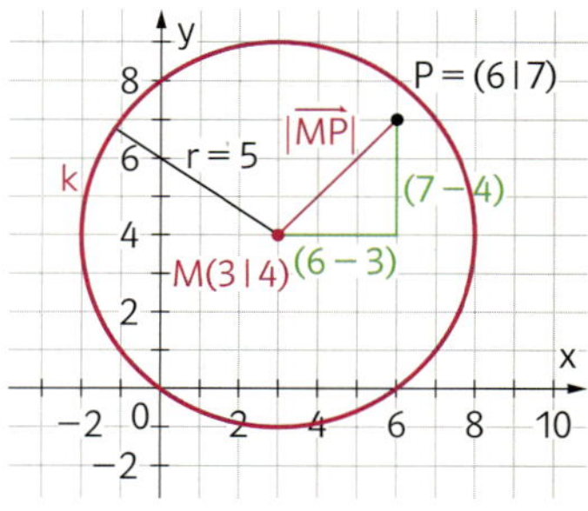

339. Bestimme die Lagebeziehung der Punkte P und Q zur Kreislinie k.

a) $P = (6 \mid -1)$, $Q = (0 \mid 2)$ $k: (x - 3)^2 + (y + 1)^2 = 9$
b) $P = (-1 \mid -1)$, $Q = (2 \mid 3)$ $k: (x + 2)^2 + (y + 4)^2 = 16$

340. Der Punkt $P = (4 \mid 3)$ liegt ______ (1) ______ der Kreislinie $k: x^2 + y^2 = 36$ mit Mittelpunkt M, weil ______ (2) ______.

(1)	
auf	☐
innerhalb	☐
außerhalb	☐

(2)	
$\overline{MP} < 6$	☐
$\overline{MP} < 36$	☐
$\overline{MP} < 0$	☐

4.2 Aufstellen von Kreisgleichungen

KOMPETENZEN

Lernziel:

- Kreisgleichungen aus verschiedene Angaben ermitteln können

MUSTER

Technologie Anleitung Quadratisches Gleichungssystem lösen ip7f29

Arbeitsblatt Quadratisches Gleichungssystem ohne Technologieeinsatz lösen 3ms8pp

341. Bestimme die Kreisgleichung der Kreislinie k, auf der die Punkte A, B und C liegen.
$A = (11|12)$, $B = (-4|9)$, $C = (14|-3)$

Setzt man die drei Punkte in die Kreisgleichung k: $(x - x_M)^2 + (y - y_M)^2 = r^2$ ein, erhält man drei Gleichungen in drei Variablen.

$$k: (11 - x_M)^2 + (12 - y_M)^2 = r^2 \quad \Rightarrow \quad I: \; 121 - 22x_M + x_M^2 + 144 - 24y_M + y_M^2 = r^2$$
$$k: (-4 - x_M)^2 + (9 - y_M)^2 = r^2 \quad \Rightarrow \quad II: \; 16 + 8x_M + x_M^2 + 81 - 18y_M + y_M^2 = r^2$$
$$k: (14 - x_M)^2 + (-3 - y_M)^2 = r^2 \quad \Rightarrow \quad III: \; 196 - 28x_M + x_M^2 + 9 + 6y_M + y_M^2 = r^2$$

Dieses Gleichungssystem löst man mit Hilfe von Technologieeinsatz und erhält die Lösungen
$x_M = 5; \; y_M = 3 \quad \Rightarrow \quad M = (5|3)$.

Der Radius r ist der Abstand zwischen einem Punkt der Kreislinie und dem Mittelpunkt:
$$|\overrightarrow{AM}| = |\vec{M} - \vec{A}| = \left|\begin{pmatrix} -6 \\ -9 \end{pmatrix}\right| = \sqrt{117} = r \quad \Rightarrow \quad k: (x - 5)^2 + (y - 3)^2 = 117$$

TIPP → Da der gesuchte Kreis dem Umkreismittelpunkt des Dreiecks ABC entspricht, kann man den Mittelpunkt auch durch Schneiden der Seitensymmetralen ermitteln.

342. Bestimme die Gleichung der Kreislinie k, auf der die drei Punkte A, B und C liegen.

a) $A = (-4|9)$, $B = (2|3)$, $C = (-10|3)$
b) $A = (-1|1)$, $B = (2|-3)$, $C = (-5|3)$
c) $A = (-4|9)$, $B = (14|9)$, $C = (-10|-3)$
d) $A = (0|9)$, $B = (1|-1)$, $C = (-3|4)$

343. **1)** Ermittle die Gleichung der Kreislinie k, auf der die drei Punkte A, B und C liegen.
2) Begründe, wie man auch ohne Rechnung die Kreisgleichung ermitteln kann.

a) $A = (-8|0)$, $B = (8|0)$, $C = (0|8)$
b) $A = (0|0)$, $B = (6|6)$, $C = (12|0)$

344. Überlege, warum es keine Kreislinie durch die drei Punkte A, B und C geben kann. Welches Ergebnis erhältst du beim Einsatz von Technologie?

a) $A = (-3|0)$, $B = (1|0)$, $C = (2|0)$
b) $A = (0|0)$, $B = (1|1)$, $C = (2|2)$

MUSTER

345. Bestimme die Gleichung der Kreislinie k mit dem Radius $r = \sqrt{29}$, die die Punkte $A = (-1|3)$ und $B = (2|-4)$ enthält.

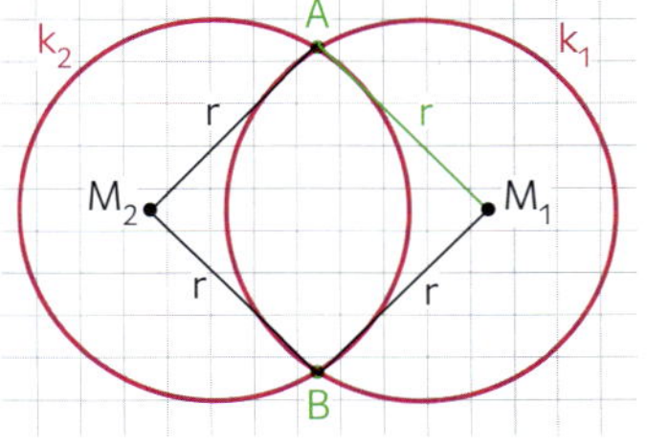

Mit geometrische Überlegungen erkennt man, dass es zwei passende Kreislinien geben muss.
Setzt man die zwei Punkte und den Radius r in die Kreisgleichung k: $(x - x_M)^2 + (y - y_M)^2 = r^2$ ein, erhält man zwei Gleichungen in zwei Variablen.

$$k: (-1 - x_M)^2 + (3 - y_M)^2 = 29 \quad \Rightarrow \quad I: \; 2x_M + x_M^2 - 6y_M + y_M^2 = 19$$
$$k: (2 - x_M)^2 + (-4 - y_M)^2 = 29 \quad \Rightarrow \quad II: \; -4x_M + x_M^2 + 8y_M + y_M^2 = 9$$

Dieses Gleichungssystem löst man mit Technologieeinsatz und erhält:
$y_{M_1} = -2$ und $y_{M_2} = 1$; $x_{M_1} = -3$ und $x_{M_2} = 4 \quad \Rightarrow \quad M_1 = (-3|-2)$, $M_2 = (4|1)$

Es gibt also zwei passende Kreislinien k_1 und k_2:
$k_1: (x + 3)^2 + (y + 2)^2 = 29$ und $k_2: (x - 4)^2 + (y - 1)^2 = 29$

346. Bestimme die Gleichung der Kreislinie k mit dem Radius r, die die Punkte A und B enthält.

a) $r = \sqrt{82}$; A = (−4 | 5); B = (4 | −5)
b) $r = \sqrt{74}$; A = (−3 | 7); B = (−13 | 7)
c) $r = \sqrt{8}$; A = (0 | 8); B = (8 | 0)
d) $r = \sqrt{50}$; A = (−6 | 3); B = (−4 | −3)

R **347.** Welche Eigenschaft haben alle Kreise, die durch zwei gegebene Punkte verlaufen?

348. Überlege, wie man mit Hilfe der folgenden Angabe die gesuchte Kreisgleichung ermittelt.

a) Gegeben sind zwei Punkte A und B und die Gerade g. Die Kreislinie k soll ihren Mittelpunkt M auf g haben und durch die beiden Punkte A und B verlaufen.
b) Gegeben ist ein Punkt M und die Gerade g. Die Kreislinie k soll ihren Mittelpunkt in M haben und sie soll g berühren.

Technologie
Anleitung
Aufstellen einer Kreisgleichung
4hi434

349. Ermittle die Kreisgleichung der Kreislinie k, deren Mittelpunkt auf g liegt und die durch die Punkte A und B verläuft.

a) A = (−3 | 2); B = (0 | 6); g: $x + y = 3$
b) A = (7 | −3); B = (2 | 1); g: $2x - y = 5$

350. Ermittle die Kreisgleichung der Kreislinie k mit dem Mittelpunkt M, die die Gerade g berührt.

a) M = (3 | 3); g: $-2x + y = 1$
b) M = (−2 | 0); g: $x = 3$
c) M = (0 | 0); g: $y = 4$

351. Vervollständige den folgenden Satz so, dass er mathematisch korrekt ist.

Der Punkt M = ____(1)____ ist Mittelpunkt einer Kreislinie durch A = (−a | 0) und B = (a | 0) mit $a \in \mathbb{R} \setminus \{0\}$, weil ____(2)____.

(1)	
(a | a)	☐
(0 | a)	☐
$\left(\frac{a}{2} \middle| \frac{a}{2}\right)$	☐

(2)	
er der Mittelpunkt der Strecke AB ist	☐
er auf der Streckensymmetrale von AB liegt	☐
zwei Punkte immer auf einer gemeinsamen Kreislinie liegen	☐

352. Ordne den beiden Punkten A und B die passende Streckensymmetrale zu.

A	A = (6 | 0); B = (0 | 6)	
B	A = (6 | 0); B = (−6 | 0)	
C	A = (0 | 6); B = (0 | −6)	
D	A = (6 | 6); B = (−6 | −6)	

1	$x = 0$
2	$y = 0$
3	$y = -x$
4	$y = 6$
5	$x = 6$
6	$y = x$

353. Kreuze die zutreffende(n) Aussage(n) an.

A	Drei verschiedene Punkte liegen immer auf einer gemeinsamen Kreislinie.	☐
B	Die Eckpunkte eines Dreiecks liegen immer auf einer gemeinsamen Kreislinie.	☐
C	Die Eckpunkte eines Vierecks liegen immer auf einer gemeinsamen Kreislinie.	☐
D	Die Eckpunkte einer Raute liegen immer auf einer gemeinsamen Kreislinie.	☐
E	Die Seiten einer Raute berühren immer eine gemeinsame Kreislinie.	☐

4.3 Lagebeziehungen von Kreis und Gerade

KOMPETENZEN

Lernziel:

- Lagebeziehung zwischen Kreis und Gerade bestimmen können

MERKE

Lagebeziehung Kreis-Gerade

Es gibt drei Lagebeziehungen einer Geraden g zu einer Kreislinie k:

- **Sekante**: Die Gerade schneidet die Kreislinie in zwei Punkten.
  $g \cap k = \{S_1; S_2\}$
- **Tangente**: Die Gerade berührt die Kreislinie in einem Punkt.
  $g \cap k = \{T\}$
- **Passante**: Die Gerade hat mit der Kreislinie keinen Punkt gemeinsam.
  $g \cap k = \{\}$

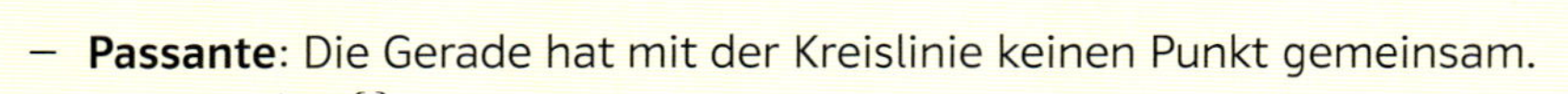

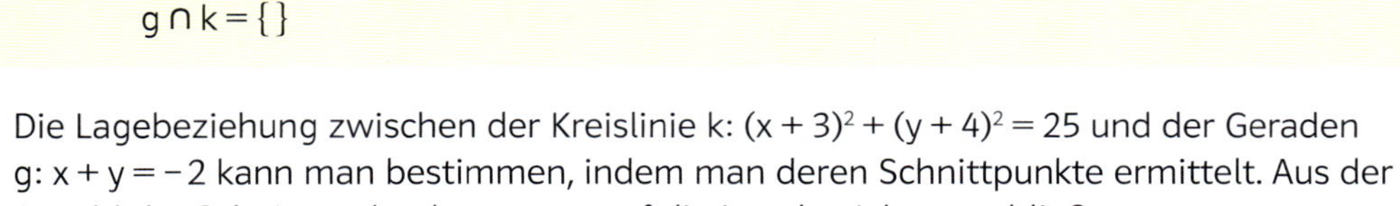

Die Lagebeziehung zwischen der Kreislinie k: $(x + 3)^2 + (y + 4)^2 = 25$ und der Geraden g: $x + y = -2$ kann man bestimmen, indem man deren Schnittpunkte ermittelt. Aus der Anzahl der Schnittpunkte kann man auf die Lagebeziehung schließen.
Um die Schnittpunkte zu ermitteln, drückt man aus der Geradengleichung eine Variable aus:

$$y = -2 - x$$

Diese Variable setzt man nun in die Kreisgleichung ein. Man erhält eine quadratische Gleichung:

$$k: (x + 3)^2 + (-2 - x + 4)^2 = 25 \quad \Rightarrow \quad x^2 + 6x + 9 + x^2 - 4x + 4 = 25 \quad \Rightarrow \quad 2x^2 + 2x - 12 = 0$$

Die Lösungen dieser quadratischen Gleichungen entsprechen den x-Werten der Schnittpunkte.

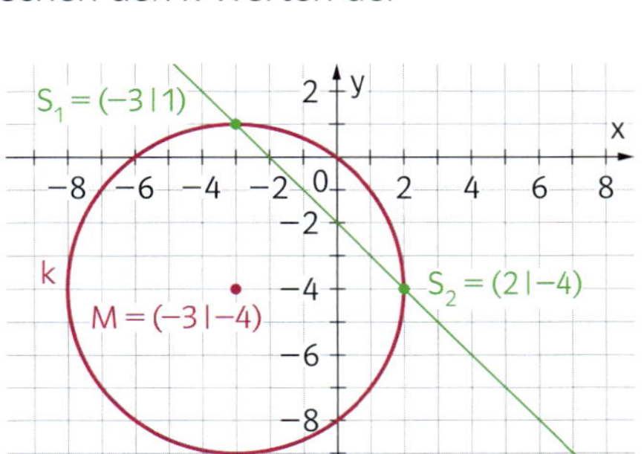

Die quadratische Gleichung $2x^2 + 2x - 12 = 0$ besitzt die beiden Lösungen

$$x_1 = -3, \; x_2 = 2.$$

g ist daher eine Sekante bezüglich k.
Die y-Werte der Schnittpunkte ermittelt man durch Einsetzen der x-Koordinaten in die Geradengleichung:

$$y_1 = -2 - (-3) = 1 \quad \text{und} \quad y_2 = -2 - 2 = -4$$

$$\Rightarrow \quad S_1 = (-3|1) \quad \text{und} \quad S_2 = (2|-4)$$

TIPP → Hat die quadratische Gleichung zwei Lösungen, so handelt es sich bei g um eine Sekante.
Hat die quadratische Gleichung eine Lösung, so handelt es sich bei g um eine Tangente.
Hat die quadratische Gleichung keine Lösung, so handelt es sich bei g um eine Passante.

Technologie
Anleitung
Lagebeziehung
Kreis Gerade
p243y8

354. Bestimme die Lagebeziehung und gegebenenfalls die Koordinaten der gemeinsamen Punkte von der Kreislinie k und der Geraden g.

a) g: $y = -2x - 14$; k: $(x - 2)^2 + (y - 2)^2 = 85$
b) g: $7x + 4y = 41$; k: $x^2 + y^2 + 8x - 2y = 48$
c) g: $x + 2y = 14$; k: $(x - 7)^2 + (y + 5)^2 = 50$
d) g: $y = -x - 6$; k: $x^2 + y^2 - 4y = 60$

355. Bestimme die Lagebeziehung und gegebenenfalls die Koordinaten der gemeinsamen Punkte von der Kreislinie k und der Geraden g.

a) g: $y = \frac{1}{3}x - \frac{4}{3}$; k: $(x-5)^2 + (y+3)^2 = 10$
b) g: $4y = 41$; k: $x^2 + y^2 + x - 2y = 41$
c) g: $x + 0{,}3y = 1$; k: $(x-3)^2 + (y+1)^2 = 13$
d) g: $y = -x - 3$; k: $x^2 + y^2 - 4x = 31$

356. Bestimme die Lagebeziehung der Kreislinie k und der Geraden g mit Hilfe geometrischer Überlegungen.

a) k: $x^2 + y^2 = 4$; g: $y = 2$
b) k: $(x-2)^2 + y^2 = 9$; g: $y = x$
c) k: $(x-4)^2 + (y-3)^2 = 9$; g: x-Achse
d) k: $(x-1)^2 + (y+1)^2 = 1$; g: $x = 2$
e) k: $x^2 + y^2 = 25$; g: $y = 6$
f) k: $x^2 + (y-3)^2 = 4$; g: $y = 3$

MUSTER

357. Ermittle die Schnittpunkte der Geraden g: $X = \begin{pmatrix} -8 \\ 0 \end{pmatrix} + s\begin{pmatrix} 2 \\ -1 \end{pmatrix}$ mit der Kreislinie k: $x^2 + (y-6)^2 = 100$.

1) Man schreibt die Parameterform der Geraden koordinatenweise an:
$x = -8 + 2s$
$y = 0 - 1s$

2) Setzt man x und y der Geraden g in k ein, erhält man eine Gleichung, mit der man den Parameter s berechnen kann:
$(-8 + 2s)^2 + (-s - 6)^2 = 100 \quad \Rightarrow \quad 5s^2 - 20s = 0 \quad \Rightarrow \quad s_1 = 0;\ s_2 = 4$

3) Die beiden Schnittpunkte berechnet man, indem man s_1 und s_2 in g einsetzt:
$S_1 = \begin{pmatrix} -8 \\ 0 \end{pmatrix} + 0 \cdot \begin{pmatrix} 2 \\ -1 \end{pmatrix} = \begin{pmatrix} -8 \\ 0 \end{pmatrix} = (-8 \mid 0)$; $S_2 = \begin{pmatrix} -8 \\ 0 \end{pmatrix} + 4 \cdot \begin{pmatrix} 2 \\ -1 \end{pmatrix} = \begin{pmatrix} 0 \\ -4 \end{pmatrix} = (0 \mid -4)$

358. Berechne die Schnittpunkte der Geraden g mit der Kreislinie k.

a) g: $X = \begin{pmatrix} 3 \\ 4 \end{pmatrix} + s\begin{pmatrix} 3 \\ -5 \end{pmatrix}$; k: $(x+2)^2 + (y-1)^2 = 34$
b) g: $X = \begin{pmatrix} 3 \\ 7 \end{pmatrix} + s\begin{pmatrix} 3 \\ -2 \end{pmatrix}$; k: $(x-8)^2 + (y-8)^2 = 26$
c) g: $X = \begin{pmatrix} -5 \\ -5 \end{pmatrix} + s\begin{pmatrix} 8 \\ 7 \end{pmatrix}$; k: $(x+2)^2 + (y-4)^2 = 34$
d) g: $X = \begin{pmatrix} -7 \\ 7 \end{pmatrix} + s\begin{pmatrix} 1 \\ 0 \end{pmatrix}$; k: $(x+2)^2 + (y-5)^2 = 29$

359. Ermittle die Lagebeziehung zwischen der Kreislinie k und der Geraden g mit Hilfe einer Skizze.

a) g: $X = \begin{pmatrix} 5 \\ 0 \end{pmatrix} + s\begin{pmatrix} 0 \\ 1 \end{pmatrix}$; k: $x^2 + y^2 = 25$
b) g: $X = \begin{pmatrix} 3 \\ 3 \end{pmatrix} + s\begin{pmatrix} -1 \\ -1 \end{pmatrix}$; k: $(x-8)^2 + (y-8)^2 = 64$
c) g: $X = \begin{pmatrix} 0 \\ 0 \end{pmatrix} + s\begin{pmatrix} 1 \\ 0 \end{pmatrix}$; k: $(x-1)^2 + (y-1)^2 = 1$
d) g: $X = \begin{pmatrix} 0 \\ -1 \end{pmatrix} + s\begin{pmatrix} 1 \\ 0 \end{pmatrix}$; k: $x^2 + (y-5)^2 = 36$

360. Berechne die Schnittpunkte S_1 und S_2 mit Hilfe der Abbildung.

a)
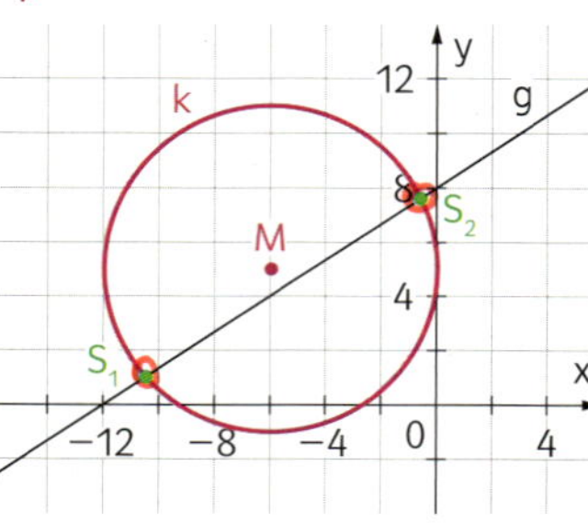

b)
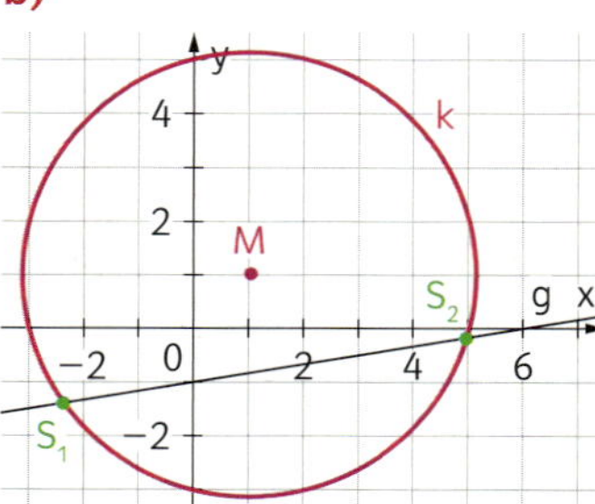

c)
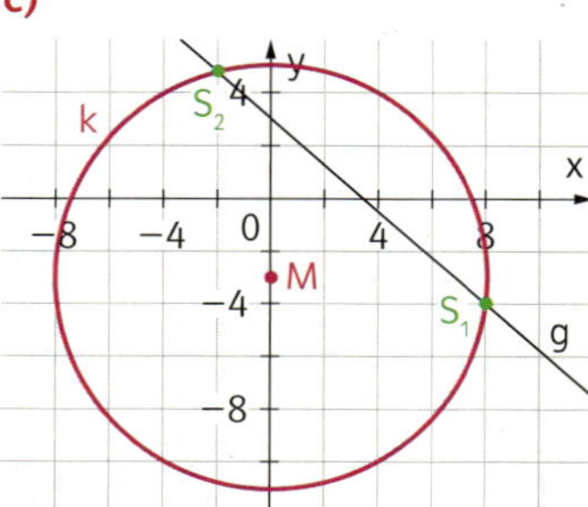

361. Überprüfe, ob die Gerade g die Kreislinie k in zwei gleich lange Teile teilt.

a) g: $X = \begin{pmatrix} -2 \\ 1 \end{pmatrix} + s\begin{pmatrix} 3 \\ -5 \end{pmatrix}$; k: $(x+2)^2 + (y-1)^2 = 34$
b) g: $X = \begin{pmatrix} 1 \\ 0 \end{pmatrix} + s\begin{pmatrix} 1 \\ 1 \end{pmatrix}$; k: $x^2 + (y-1)^2 = 16$
c) g: $X = \begin{pmatrix} -3 \\ 3 \end{pmatrix} + s\begin{pmatrix} 3 \\ -5 \end{pmatrix}$; k: $(x+3)^2 + (y-3)^2 = 34$
d) g: $X = \begin{pmatrix} 2 \\ 1 \end{pmatrix} + s\begin{pmatrix} 3 \\ -5 \end{pmatrix}$; k: $(x-2)^2 + (y-1)^2 = 4$

362. Bestimme alle Tangenten an die Kreislinie k, die **1)** parallel zur x-Achse **2)** parallel zur y-Achse sind.

a) $(x-1)^2+(y-5)^2=36$ **b)** $(x+3)^2+y^2=16$ **c)** $(x-2)^2+(y-6)^2=100$

363. Ordne den Kreisgleichungen die entsprechende Eigenschaft der Kreislinie zu.

A	$x^2+y^2=10$	4
B	$(x-5)^2+(y-4)^2=16$	1
C	$(x-1)^2+(y-3)^2=0{,}25$	2
D	$(x+4)^2+(y-10)^2=16$	3

1	Die x-Achse ist Tangente.
2	Die x- und y-Achse sind Passanten.
3	Die y-Achse ist Tangente.
4	Die x-Achse ist Sekante.

364. Gib jeweils die Gleichung eines Kreises an, zu dem die Gerade g eine **1)** Passante **2)** Tangente **3)** Sekante ist. Überprüfe deine Lösungen mit Technologieeinsatz.

a) $y=3$ **b)** $x=-3$ **c)** $g: y=x$ **d)** $y=2x-1$

365. Bestimme alle Tangenten an die Kreislinie k, die parallel zur ersten Mediane ($y=x$) sind.

a) $x^2+y^2=16$ **b)** $x^2+y^2=64$ **c)** $x^2+y^2=1$

MUSTER

Technologie
Anleitung
Tangenten an den Kreis 1
4zv2zj

366. Bestimme den Parameter m so, dass die Gerade $t: -x+y=m$ eine Tangente an die Kreislinie k mit dem Mittelpunkt $M=(-11|7)$ und dem Radius $r=\sqrt{8}$ ist.

Zunächst stellt man die Kreisgleichung auf: $k: (x+11)^2+(y-7)^2=8$.
Dann schneidet man t und k, indem man mit der Geradengleichung t die Variable y ausdrückt und in k einsetzt:

$$y=x+m \Rightarrow (x+11)^2+(x+m-7)^2=8 \Rightarrow 2x^2+(2m+8)x+m^2-14m+162=0$$

Wenn die Gerade t eine Tangente an k ist, dann darf die quadratische Gleichung nur eine Lösung haben. Die Diskriminante $D=b^2-4ac$ in der Lösungsformel muss also 0 sein.

$$(2m+8)^2-4\cdot 2\cdot (m^2-14m+162)=0 \Rightarrow m^2-36m+308=0 \Rightarrow m_1=14;\ m_2=22$$

Es gibt also zwei passende Parameter m, mit denen t zur Tangente an k wird.

367. Bestimme den Parameter m so, dass die Gerade t eine Tangente an die Kreislinie k mit dem Mittelpunkt M und dem Radius r ist.

a) $t: -x-my=-49;\ M=(5|-6);\ r=\sqrt{272}$
b) $t: mx+y=25;\ M=(0|0);\ r=5$
c) $t: mx+y=-35;\ M=(-11|14);\ r=\sqrt{416}$
d) $t: y=x+m;\ M=(2|0);\ r=1$

368. Wie müssen die Parameter r, k und d zusammenhängen, sodass die Gerade $y=kx+d$ Tangente an den Kreis $x^2+y^2=r^2$ ist?

369. Gegeben ist eine Kreislinie $k: x^2+y^2=49$ und eine Gerade $g: y=kx+d$. Kreuze die zutreffende(n) Aussage(n) an.

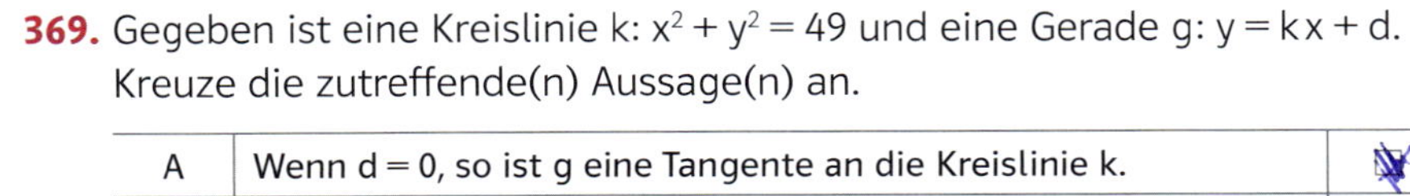

A	Wenn $d=0$, so ist g eine Tangente an die Kreislinie k.	☒
B	Wenn $d=6$, so ist g eine Sekante der Kreislinie k.	☒
C	Wenn $k=0$ und $d=49$, so ist g eine Tangente an die Kreislinie k.	☐
D	Wenn $k=0$ und $d=-7$, so ist g eine Tangente an die Kreislinie k.	☒
E	Wenn $k=1$ und $d=7$, so ist g eine Sekante der Kreislinie k.	☒

4.4 Tangente an einen Kreis

KOMPETENZEN

Lernziele:

- Die Gleichung einer Tangente an einen Kreis bestimmen können
- Die Spaltform der Tangentengleichung anwenden können
- Einen Schnittwinkel zwischen Gerade und Kreis bestimmen können

VORWISSEN

370. P ist ein Punkt auf der Geraden g und $\vec{n}$ ist ein Normalvektor von g. Gib die Gerade g in Parameterdarstellung und in allgemeiner Form an.

a) $P = (5 \mid 9)$; $\vec{n} = \begin{pmatrix} -3 \\ 1 \end{pmatrix}$ **b)** $P = (0 \mid 0)$; $\vec{n} = \begin{pmatrix} 0 \\ 1 \end{pmatrix}$ **c)** $P = (3 \mid 9)$; $\vec{n} = \begin{pmatrix} 2 \\ 1 \end{pmatrix}$

371. Bestimme eine normale Gerade n zu der Geraden g. Gib n in Parameterform und allgemeiner Form an.

a) g: $2x - 4y = 7$ **c)** g: $y = -\frac{3}{5}x + 1$ **e)** g: $X = \begin{pmatrix} 2 \\ -3 \end{pmatrix} + t\begin{pmatrix} -6 \\ 7 \end{pmatrix}$

b) g: $y = -3$ **d)** g: $x = 1$ **f)** g: $x - y = 0$

372. Überprüfe, ob die Vektoren $\vec{a}$ und $\vec{b}$ normal aufeinander stehen.

a) $\vec{a} = \begin{pmatrix} -4 \\ 1 \end{pmatrix}$, $\vec{b} = \begin{pmatrix} 1 \\ 4 \end{pmatrix}$ **b)** $\vec{a} = \begin{pmatrix} 12 \\ 4 \end{pmatrix}$, $\vec{b} = \begin{pmatrix} 1 \\ 3 \end{pmatrix}$ **c)** $\vec{a} = \begin{pmatrix} 0 \\ 1 \end{pmatrix}$, $\vec{b} = \begin{pmatrix} 3 \\ 0 \end{pmatrix}$

MUSTER

373. $T = (7 \mid 7)$ ist ein Punkt auf der Kreislinie k mit k: $(x - 4)^2 + (y - 3)^2 = 25$. Bestimme die Gleichung der Tangente t, die die Kreislinie k in T berührt.

Da die Tangente t immer normal auf den Berührradius $r = \overline{MT}$ steht, ist der Vektor $\overrightarrow{MT}$ ein Normalvektor der Tangente t.

$$\overrightarrow{MT} = \begin{pmatrix} 7 \\ 7 \end{pmatrix} - \begin{pmatrix} 4 \\ 3 \end{pmatrix} = \begin{pmatrix} 3 \\ 4 \end{pmatrix}$$

Von der Tangente t ist nun der Punkt $T = (7 \mid 7)$ und der Normalvektor $\vec{n} = \begin{pmatrix} 3 \\ 4 \end{pmatrix}$ bekannt. Man kann also die Normalvektorform der Tangente t bestimmen:

$$t: \begin{pmatrix} 3 \\ 4 \end{pmatrix} \cdot \begin{pmatrix} x \\ y \end{pmatrix} = \begin{pmatrix} 3 \\ 4 \end{pmatrix} \cdot \begin{pmatrix} 7 \\ 7 \end{pmatrix} \quad \Rightarrow \quad t: 3x + 4y = 49$$

Die **Spaltform der Tangentengleichung** ist eine weitere Möglichkeit, die Gleichung der Tangente t an eine Kreislinie k im Punkt T zu bestimmen. Die Spaltform erhält man, indem man die Binome der Kreisgleichung k „aufspaltet“:

$$k: (x - x_M)^2 + (y - y_M)^2 = r^2 \quad \xRightarrow{\text{aufspalten der Binome}} \quad k: (x - x_M)(x - x_M) + (y - y_M)(y - y_M) = r^2$$

Daraus erhält man die Tangentengleichung, indem man in jeweils einen Faktor die Koordinaten des Berührpunktes $T = (x_T \mid y_T)$ einsetzt: $t: (x_T - x_M)(x - x_M) + (y_T - y_M)(y - y_M) = r^2$

MERKE

Spaltform der Tangentengleichung

Ein Kreis mit dem Mittelpunkt $M = (x_M \mid y_M)$ und Radius r besitzt im Punkt $T = (x_T \mid y_T)$ die Tangente t mit der Gleichung:

$$t: (x_T - x_M)(x - x_M) + (y_T - y_M)(y - y_M) = r^2 \quad \text{(Beweis S. 268)}$$

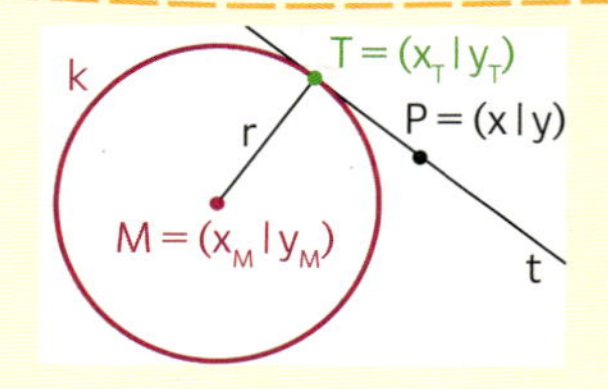

MUSTER

374. Bestimme die Gleichung der Tangente an den Kreis k im Punkt T.
$k: (x+8)^2 + (y-6)^2 = 68;\ T = (-10 \mid -2)$

Zunächst „spaltet“ man die Kreisgleichung auf: $(x+8) \cdot (x+8) + (y-6) \cdot (y-6) = 68$
Danach setzt man die Koordinaten des Tangentenpunktes $T = (-10 \mid -2)$ in jeweils einen Faktor der Spaltform ein und erhält die Gleichung der Tangente t:
$$t: (-10+8) \cdot (x+8) + (-2-6) \cdot (y-6) = 68 \quad \Rightarrow \quad t: -x - 4y = 18$$

TECHNOLOGIE

Gleichung der Tangente an eine Kreislinie

Tangente[<Punkt>, <Kegelschnitt>]	Beispiel:	Tangente [(−3,0),x² + y² = 9]	x = −3

Technologie
Anleitung
Tangente an den Kreis 2
ew3h2q

375. Bestimme die Gleichung der Tangente an die Kreislinie k im Punkt T.

a) $T = (-2 \mid 3);\ k[M = (2 \mid 0);\ r]$
b) $T = (4 \mid -5);\ k[M = (-3 \mid 1);\ r]$
c) $T = (1 \mid y > 0);\ k: (x-4)^2 + (y-1)^2 = 9$
d) $T = (x < 0 \mid 2);\ k: (x-2)^2 + y^2 = 13$
e) $T = (x > 0 \mid -1);\ k: x^2 + y^2 - 10x + 6y = 16$
f) $T = (7 \mid y < 0);\ k: x^2 + y^2 - 14x - 2y = -41$

376. Bestimme die Gleichung der Tangente t im Punkt T an die Kreislinie k.

a) $k: (x+1)^2 + (y-2)^2 = 25;\ T = (-1 \mid y < 0)$
b) $k: (x-2)^2 + y^2 = 36;\ T = (x < 0 \mid 0)$
c) $k: x^2 + (y+1)^2 = 40;\ T = (2 \mid y > 0)$
d) $k: (x-3)^2 + (y+4)^2 = 2;\ T = (x > 3 \mid -3)$

377. Bestimme die Gleichung der Tangente t im Punkt P an die Kreislinie k.

a) $x^2 + y^2 = 12;\ P = (2{,}3 \mid y > 0)$
b) $x^2 + 3x + y^2 - 4y - 24 = 0;\ P = (x < 0 \mid 6)$
c) $(x-3{,}4)^2 + (y+1{,}1)^2 = 5\ P = (x > 4 \mid 1)$
d) $x^2 + y^2 - 5y = 10;\ P = (2 \mid y < 0)$

MUSTER

378. Vom Punkt $P = (-19 \mid 2)$ werden zwei Tangenten an die Kreislinie $k: (x+6)^2 + (y-2)^2 = 117$ gelegt. Berechne die Koordinaten der Berührpunkte.

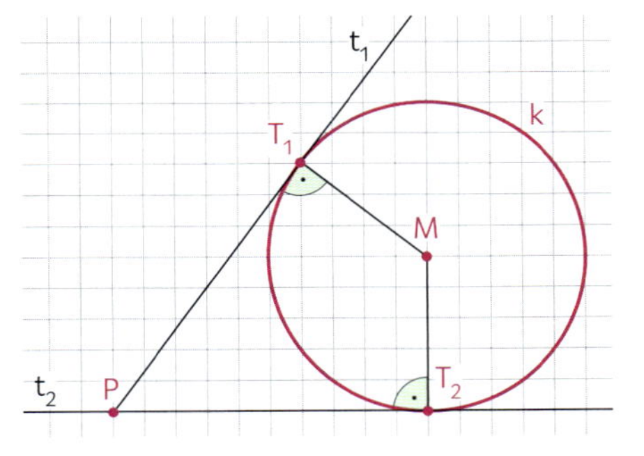

Um die Koordinaten der Berührpunkte $T_{1,2} = (x \mid y)$ zu berechnen, verwendet man zwei Eigenschaften von T, die jeweils auf quadratische Gleichungen mit den Variablen x und y führen:

1. Eigenschaft: Die Vektoren $\overrightarrow{PT}$ und $\overrightarrow{MT}$ stehen normal aufeinander:
$$\overrightarrow{PT} \perp \overrightarrow{MT} \quad \Rightarrow \quad \overrightarrow{PT} \cdot \overrightarrow{MT} = 0 \quad \Rightarrow \quad \begin{pmatrix} x+19 \\ y-2 \end{pmatrix} \cdot \begin{pmatrix} x+6 \\ y-2 \end{pmatrix} = 0 \quad \Rightarrow \quad x^2 + y^2 + 25x - 4y + 118 = 0$$

Technologie
Anleitung
Tangente an den Kreis 3
aw64ra

2. Eigenschaft: T liegt auf der Kreislinie k:
$$T \in k \quad \Rightarrow \quad (x+6)^2 + (y-2)^2 = 117 \quad \Rightarrow \quad x^2 + 12x + y^2 - 4y - 77 = 0$$

Nun löst man das Gleichungssystem:
$$\text{I: } x^2 + y^2 + 25x - 4y + 118 = 0$$
$$\text{II: } x^2 + y^2 + 12x - 4y - 77 = 0$$

Man erhält als Lösungsmenge $L = \{(-15 \mid -4), (-15 \mid 8)\}$.

Es gibt also die zwei Berührpunkte $T_1 = (-15 \mid -4)$ und $T_2 = (-15 \mid 8)$.

379. Vom Punkt P werden zwei Tangenten an die Kreislinie k gelegt. Berechne die Koordinaten der Berührpunkte.

a) $P = (-9 \mid 12);\ k: (x+16)^2 + (y-11)^2 = 25$
b) $P = (-5 \mid 11);\ k: (x-4)^2 + (y-20)^2 = 80$
c) $P = (13 \mid 18);\ k: (x-3)^2 + (y-8)^2 = 40$
d) $P = (-8 \mid -15);\ k: (x+8)^2 + (y-11)^2 = 26$

380. Bestimme die Gleichungen der Tangenten, die man vom Punkt P aus an die Kreislinie k legen kann.

a) $P = (-3 \mid -6)$; k: $x^2 + y^2 - 24x + 12y = 0$
b) $P = (-9 \mid 12)$; k: $(x + 16)^2 + (y - 11)^2 = 25$
c) $P = (-2 \mid 2)$; k: $x^2 + y^2 = 8$
d) $P = (3 \mid 1)$; k: $(x - 7)^2 + (y + 2)^2 = 25$

MUSTER

381. Ermittle die Gleichungen der Tangenten an die Kreislinie k: $(x - 7)^2 + (y - 4)^2 = 72$, die parallel zur Geraden g: $x + y = 6$ sind.

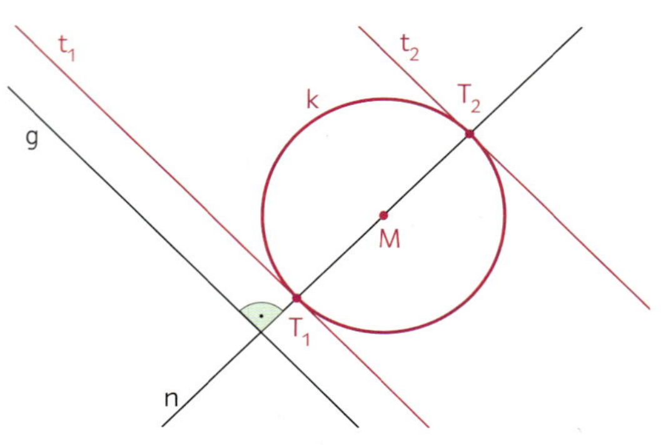

Zunächst bestimmt man die Gleichung der Normalen n auf g, die durch den Kreismittelpunkt $M = (7 \mid 4)$ verläuft.

n: $-x + y = -3$

Die Berührpunkte T_1 und T_2 sind die Schnittpunkte von n und k:

$T_1 = (1 \mid -2)$ und $T_2 = (13 \mid 10)$

Da die beiden gesuchten Tangenten parallel zu g sind und durch die Berührpunkte T_1 und T_2 verlaufen, ergibt sich für die beiden Tangenten:

t_1: $x + y = -1$ und t_2: $x + y = 23$

Technologie
Anleitung
Tangente an den Kreis 4
g53b99

382. Ermittle die Gleichungen der Tangenten an die Kreislinie k, die parallel zur Geraden g sind.

a) k: $(x + 4)^2 + (y - 1)^2 = 72$; g: $y = -x + 17$
b) k: $x^2 + y^2 + 2x - 2y = 7$; g: $x = 6$
c) k: $(x - 8)^2 + (y - 3)^2 = 40$; g: $-3x - y = -29$
d) k: $x^2 + y^2 = 52$; g: $-2x + 3y = -4$

383. Ermittle die Gleichungen der Tangenten an die Kreislinie k, die normal auf die Gerade g stehen.

a) k: $(x + 4)^2 + (y - 1)^2 = 72$; g: $y = -x + 17$
b) k: $x^2 + y^2 + 2x - 2y = 7$; g: $x = 6$
c) k: $(x - 8)^2 + (y - 3)^2 = 40$; g: $-3x - y = -29$
d) k: $x^2 + y^2 = 52$; g: $-2x + 3y = -4$

384. Ordne den Gleichungen der Kreislinien die jeweilige Tangente zu.

A	$x^2 + y^2 = 100$	
B	$x^2 + (y - 4)^2 = 25$	
C	$(x - 3)^2 + y^2 = 9$	
D	$(x - 1)^2 + y^2 = 4$	

1	$y = 10$
2	$y = 1$
3	$y = 2$
4	$x + y = 10$
5	$x = 0$
6	$y = -1$

385. Kreuze die zutreffende(n) Aussage(n) an.

A	Zwei Kreise haben immer genau zwei gemeinsame Tangenten.	☐
B	Zwei Kreise, die sich in zwei Punkten schneiden, haben immer genau zwei gemeinsame Tangenten.	☐
C	Drei zueinander nicht parallele Geraden, sind immer Tangenten an einen gemeinsamen Kreis.	☐
D	Es gibt genau einen Kreis, an den zwei einander schneidende Geraden Tangenten sind.	☐

Schnittwinkel

MERKE

Schnittwinkel zwischen Kreislinie und Gerade

Als Schnittwinkel zwischen Gerade g und Kreislinie k versteht man den Winkel, den die Gerade g mit der Tangente t im Schnittpunkt S einschließt.

Es wird üblicherweise jener Winkel als Schnittwinkel gewählt, für den gilt: $0° \leq \alpha \leq 90°$.

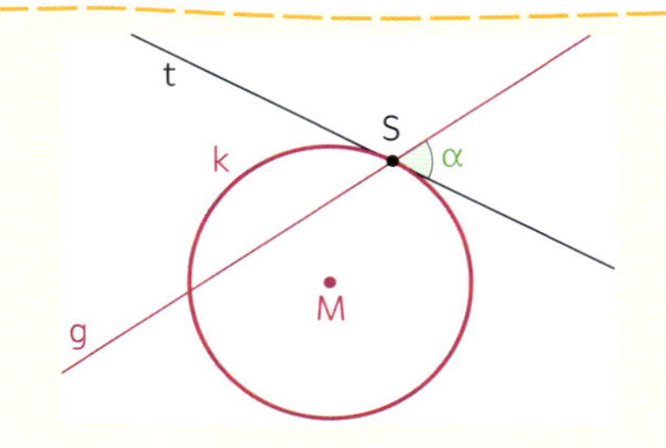

MUSTER

386. Unter welchem Winkel schneidet die Gerade g: $x - y = -10$ die Kreislinie k: $(x + 9)^2 + (y + 3)^2 = 80$?

Da die Schnittwinkel an beiden Schnittpunkten gleich sind, reicht es, einen Schnittpunkt S zu bestimmen. Für S erhält man z. B. $S = (-5 \mid 5)$.
Nun kann man die Gleichung der Tangente t in S bestimmen. Man erhält: t: $x + 2y = 5$.
Abschließend ermittelt man mit der Vektorwinkelformel den Winkel α zwischen dem Richtungsvektor $\vec{g}$ der Geraden und dem Richtungsvektor $\vec{t}$ der Tangente.

Aus dem Normalvektor $\vec{n_g} = \begin{pmatrix} 1 \\ -1 \end{pmatrix}$ von g erhält man den Richtungsvektor $\vec{g} = \begin{pmatrix} 1 \\ 1 \end{pmatrix}$ von g.
Ebenso erhält man den Richtungsvektor $\vec{t} = \begin{pmatrix} 2 \\ -1 \end{pmatrix}$ der Tangente t.

$$\vec{g} = \begin{pmatrix} 1 \\ 1 \end{pmatrix}; \vec{t} = \begin{pmatrix} 2 \\ -1 \end{pmatrix}; \quad \cos\alpha = \frac{\begin{pmatrix} 1 \\ 1 \end{pmatrix} \cdot \begin{pmatrix} 2 \\ -1 \end{pmatrix}}{\sqrt{2} \cdot \sqrt{5}} = 0{,}32 \quad \Rightarrow \quad \alpha = 71{,}57°$$

TIPP → Da die Normalvektoren von zwei Geraden den gleichen Winkel einschließen wie deren Richtungsvektoren, kann man den Winkel zwischen zwei Geraden auch aus deren Normalvektoren ermitteln.

387. Bestimme den Schnittwinkel, den die Gerade g mit der Kreislinie k einschließt.

a) g: $x - 5y = -33$; k: $(x - 1)^2 + (y - 2)^2 = 26$
b) g: $y = 6$; k: $x^2 + y^2 + 4x + 4y = 65$
c) g: $x = -3$; k: $x^2 + y^2 + 6x + 8y = 100$
d) g: $-x - 7y = -67$; k: $(x + 4)^2 + (y - 3)^2 = 50$
e) g: $-3x - 8y = 0$; k: $x^2 + y^2 = 292$
f) g: $y = 8$; k: $x^2 + (y - 8)^2 = 144$

388. Welche besondere Lage haben Kreislinie und Gerade zueinander, wenn ihr Schnittwinkel **1)** 90° **2)** 0° beträgt?

389. Gegeben ist die Kreisgleichung k_1.
Bestimme die Kreisgleichung einer Kreislinie k_2, die ihren Mittelpunkt in M hat und den Kreis k_1 rechtwinkelig schneidet.

a) k_1: $x^2 + y^2 + 18x - 10y = -56$; $M = (4 \mid 4)$
b) k_1: $x^2 + y^2 + 20x + 10y = -64$; $M = (2 \mid -3)$
c) k_1: $x^2 + y^2 - 4x - 20y = -32$; $M = (2 \mid -3)$

390. Gegeben ist die Kreisgleichung k_1.
Bestimme die Kreisgleichung einer Kreislinie k_2, die ihren Mittelpunkt in M hat und den Kreis k_1 unter dem Winkel $\alpha = 0°$ schneidet.

a) k_1: $x^2 + y^2 + 18x - 10y = -56$; $M = (4 \mid 4)$
b) k_1: $x^2 + y^2 + 20x + 10y = -64$; $M = (2 \mid -3)$
c) k_1: $x^2 + y^2 - 4x - 20y = -32$; $M = (2 \mid -3)$

KOMPE-
TENZEN

4.5 Lagebeziehungen zweier Kreise

Lernziele:

- Lagebeziehung und Schnittpunkte zweier Kreise ermitteln können
- Schnittwinkel zweier Kreise bestimmen können

Zwei verschiedene Kreislinien können keinen, einen oder zwei Punkte gemeinsam haben.

k_1 und k_2 haben keinen Punkt gemeinsam: $k_1 \cap k_2 = \{\ \}$	k_1 und k_2 haben einen Punkt gemeinsam: $k_1 \cap k_2 = \{S\}$	k_1 und k_2 haben zwei Punkte gemeinsam: $k_1 \cap k_2 = \{S_1;\ S_2\}$
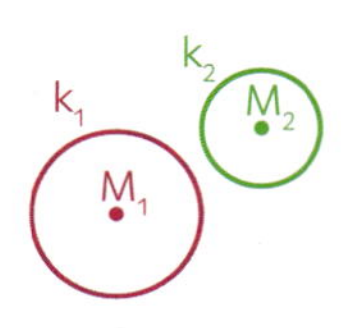 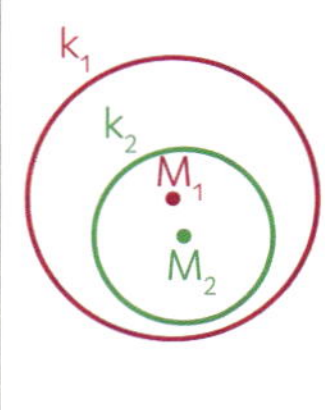	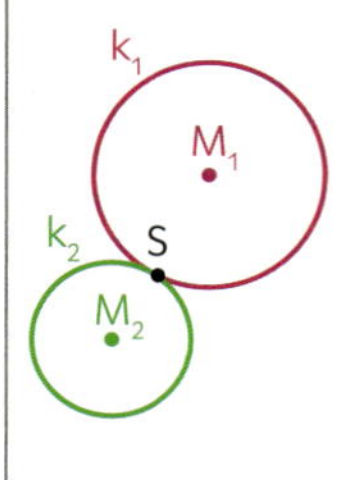 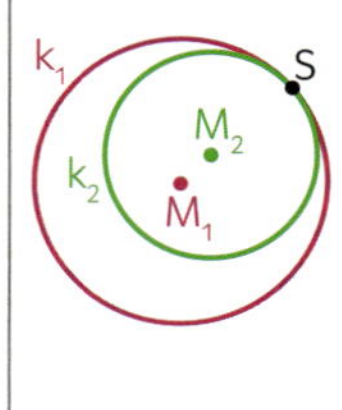	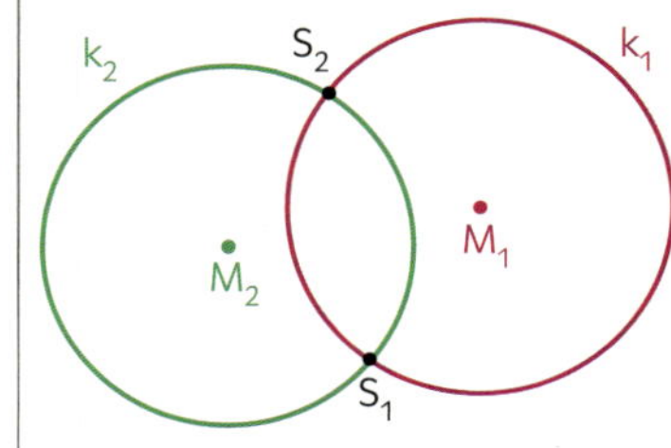

MUSTER

391. Bestimme die gemeinsamen Punkte der beiden Kreislinien $k_1[M = (0\,|\,2);\ r = \sqrt{5}]$ und $k_2[M = (3\,|\,-1);\ r = \sqrt{17}]$.

Zuerst bestimmt man die allgemeinen Kreisgleichungen von k_1 und k_2:

k_1: $x^2 + (y - 2)^2 = 5$ $\Rightarrow$ I: $x^2 + y^2 - 4y = 1$

k_2: $(x - 3)^2 + (y + 1)^2 = 17$ $\Rightarrow$ II: $x^2 + y^2 - 6x + 2y = 7$

Als Lösungen für das Gleichungssystem erhält man die Koordinaten der beiden Schnittpunkte.

$S_1 = (-1\,|\,0);\ S_2 = (2\,|\,3)$

392. Bestimme die gemeinsamen Punkte der beiden Kreislinien.

a) k_1: $(x - 1)^2 + (y - 15)^2 = 125$; k_2: $(x + 1)^2 + (y - 1)^2 = 25$
b) k_1: $(x - 11)^2 + (y - 1)^2 = 85$; k_2: $(x - 1)^2 + (y - 7)^2 = 17$
c) k_1: $(x + 9)^2 + (y - 7)^2 = 17$; k_2: $(x - 1)^2 + (y - 13)^2 = 85$
d) k_1: $(x + 4)^2 + (y + 3)^2 = 25$; k_2: $(x + 4)^2 + (y - 1)^2 = 17$

393. Bestimme die gemeinsamen Punkte der beiden Kreislinien k_1 und k_2 und veranschauliche deren Lage durch eine Zeichnung.

a) $k_1[M = (0\,|\,10);\ r = 6]$; $k_2[M = (0\,|\,0);\ r = 4]$
b) $k_1[M = (5\,|\,8);\ r = \sqrt{8}]$; $k_2[M = (12\,|\,14);\ r = \sqrt{145}]$
c) $k_1[M = (-6\,|\,4);\ r = \sqrt{17}]$; $k_2[M = (6\,|\,6);\ r = \sqrt{2}]$
d) $k_1[M = (-8\,|\,0);\ r = 8]$; $k_2[M = (0\,|\,0);\ r = 6]$

394. Überlege, wie viele Punkte drei verschiedene Kreislinien gemeinsam haben können, und veranschauliche deine Überlegungen durch Skizzen.

395. Bestimme die gemeinsamen Punkte der Kreislinien k_1, k_2 und k_3 und veranschauliche deren Lage durch eine Skizze.

a) k_1: $x^2 + y^2 + 18x - 8y = -45$; k_2: $x^2 + y^2 - 10x + 14y = 39$; k_3: $x^2 + y^2 - 4x - 18y = 21$
b) k_1: $x^2 + y^2 + 20x - 6y = -84$; k_2: $x^2 + y^2 - 24x - 10y = 180$; k_3: $x^2 + y^2 - 2x - 8y = 48$
c) k_1: $x^2 + y^2 + 16x - 10y = 27$; k_2: $x^2 + y^2 - 10x - 6y = 31$; k_3: $x^2 + y^2 + 4x + 14y = 32$

Schnittwinkel zweier Kreislinien bestimmen

MERKE

Schnittwinkel zweier Kreislinien

Als Schnittwinkel zwischen zwei Kreislinien bezeichnet man den Winkel α, den die beiden Tangenten im Schnittpunkt einschließen. Üblicherweise gibt man jenen Winkel α an, für den $0° \leq \alpha \leq 90°$ gilt.

MUSTER

396. Bestimme den Schnittwinkel zwischen den Kreislinien k_1 und k_2.
$k_1[M = (-6|4);\ r = \sqrt{20}]$; $k_2[M = (6|6);\ r = \sqrt{80}]$

Da die Schnittwinkel in den beiden Schnittpunkten aus Symmetriegründen gleich sind, braucht man nur den Schnittwinkel in einem Schnittpunkt bestimmen.

k_1: $(x + 6)^2 + (y - 4)^2 = 20$
$\Rightarrow$ I: $x^2 + y^2 + 12x - 8y = -32$

k_2: $(x - 6)^2 + (y - 6)^2 = 80$
$\Rightarrow$ II: $x^2 + y^2 - 12x - 12y = 8$

Aus dem Gleichungssystem erhält man z.B. den Schnittpunkt $S_1 = (-2|2)$.

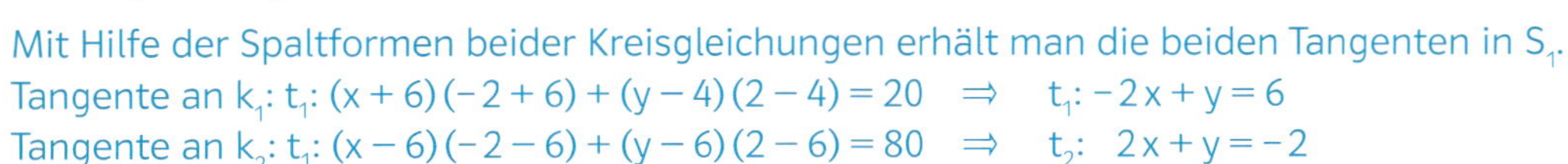

Mit Hilfe der Spaltformen beider Kreisgleichungen erhält man die beiden Tangenten in S_1.
Tangente an k_1: t_1: $(x + 6)(-2 + 6) + (y - 4)(2 - 4) = 20 \Rightarrow t_1: -2x + y = 6$
Tangente an k_2: t_1: $(x - 6)(-2 - 6) + (y - 6)(2 - 6) = 80 \Rightarrow t_2: 2x + y = -2$

Da die Normalvektoren von t_1 und t_2 den gleichen Winkel wie die beiden Geraden t_1 und t_2 einschließen, kann man den Schnittwinkel α folgendermaßen berechnen:

$$\vec{n_1} = \begin{pmatrix} -2 \\ 1 \end{pmatrix};\ \vec{n_2} = \begin{pmatrix} 2 \\ 1 \end{pmatrix} \Rightarrow \cos(\alpha) = \frac{\begin{pmatrix} -2 \\ 1 \end{pmatrix}\begin{pmatrix} 2 \\ 1 \end{pmatrix}}{\sqrt{5}\sqrt{5}} = -\frac{3}{5} = -0{,}6 \Rightarrow \alpha = 126{,}87°$$

Da man üblicherweise den spitzen Schnittwinkel angibt, beträgt dieser
$180° - 126{,}87° = 53{,}13°$.

Anleitung Schnittwinkel Kreis – Kreis 7ue72b

397. Bestimme den Schnittwinkel zwischen den Kreislinien k_1 und k_2.

a) $k_1[M = (-5|-4);\ r = 4]$; $k_2[M = (0|4);\ r = \sqrt{41}]$
b) $k_1[M = (7|4);\ r = \sqrt{37}]$; $k_2[M = (-2|-3);\ r = \sqrt{65}]$
c) $k_1[M = (2|1);\ r = \sqrt{5}]$; $k_2[M = (-1|-3);\ r = \sqrt{20}]$
d) $k_1[M = (1|-3);\ r = \sqrt{8}]$; $k_2[M = (-3|-7);\ r = \sqrt{72}]$

398. Die kürzeste Verbindung eines Punktes der Kreislinie zum Kreismittelpunkt heißt **Radialstrecke**.
Argumentiere, ob die folgende Behauptung richtig ist.
„Der Schnittwinkel zweier Kreise entspricht dem Schnittwinkel, den die beiden Radialstrecken zu einem Schnittpunkt der beiden Kreislinien einschließen."

4.6 Die Kugelgleichung

KOMPETENZEN

Lernziele:

- Aus dem Mittelpunkt und dem Radius einer Kugelfläche deren Gleichung bestimmen können
- Kugelgleichungen in Koordinatenform und in allgemeiner Form angeben können
- Die Lagebeziehung eines Punktes und einer Geraden zur Kugelfläche ermitteln können
- Tangentialebene an eine Kugelfläche bestimmen können

VORWISSEN

399. Bestimme die Parameterform der Geraden g, die durch die Punkte A und B verläuft.

a) $A = (-1|2|0)$; $B = (3|-3|7)$ **b)** $A = (5|-6|0)$; $B = (5|-9|7)$ **c)** $A = (0|0|0)$; $B = (10|-30|70)$

400. Stelle die Gleichung einer Ebene e auf, die durch den Punkt P geht und den Normalvektor $\vec{n}$ besitzt.

a) $P = (-2|5|3)$; $\vec{n} = \begin{pmatrix} -4 \\ 1 \\ 3 \end{pmatrix}$ **b)** $P = (0|0|0)$; $\vec{n} = \begin{pmatrix} 0 \\ -1 \\ 0 \end{pmatrix}$ **c)** $P = (4|2|-1)$; $\vec{n} = \begin{pmatrix} 1 \\ 2 \\ -3 \end{pmatrix}$

MERKE

Die Gleichung einer Kugelfläche

Analog zur Kreisgleichung in der Ebene lässt sich im Raum für die Kugelfläche k mit dem Mittelpunkt $M = (x_M | y_M | z_M)$ und dem Radius r die **Koordinatenform der Kugelgleichung** angeben:

$$k: (x - x_M)^2 + (y - y_M)^2 + (z - z_M)^2 = r^2$$

Die **allgemeine Form der Kugelgleichung** erhält man durch Berechnung der Binome und Zusammenfassen der Terme.

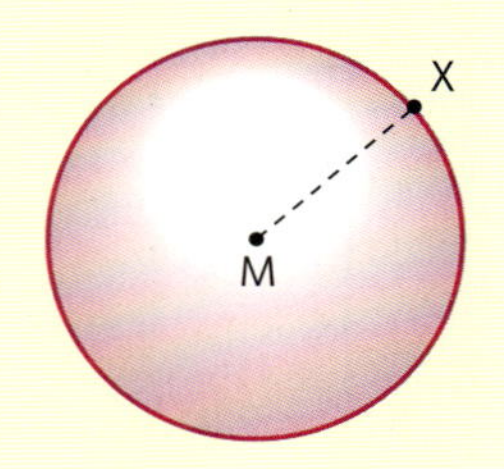

TECHNOLOGIE

Gleichung einer Kugelfläche

Geogebra: Kugel[<Mittelpunkt>, <Radius>] Bsp: Kugel[M = (2, 3, 0), 4] $(x-2)^2 + (y-3)^2 + z^2 = 16$

401. Bestimme die Gleichung der Kugelfläche mit dem Mittelpunkt M und dem Radius r in Koordinatenform und in allgemeiner Form.

a) $M = (1|2|3)$; $r = 4$ **c)** $M = (1|4|5)$; $r = 6$ **e)** $M = (0|1|-4)$; $r = 0{,}5$
b) $M = (-2|0|2)$; $r = 2$ **d)** $M = (0|0|0)$; $r = 10$ **f)** $M = (0|0|1)$; $r = 1$

402. Gegeben ist die Gleichung einer Kugelfläche k. Bestimme Radius r und Mittelpunkt M der Kugel.

a) $k: x^2 + y^2 + z^2 - 2x + 4y - 4z = 12$
b) $k: x^2 + y^2 + z^2 - 12x + 8y - 4z = 5$
c) $k: x^2 + y^2 + z^2 - 6x + 8y - 2z = 4$
d) $k: x^2 + y^2 + z^2 - 4x + 10y = 3$

403. Bestimme die Lage des Mittelpunktes M der Kugel k ($a, b, c, r \in \mathbb{R}$).

a) $k: x^2 + y^2 + z^2 = r^2$ **d)** $k: x^2 + y^2 + z^2 + by = r^2$
b) $k: x^2 + y^2 + z^2 + ax + by = r^2$ **e)** $k: x^2 + y^2 + z^2 + ax = r^2$
c) $k: x^2 + y^2 + z^2 + cz = r^2$ **f)** $k: x^2 + y^2 + z^2 + by + cz = r^2$

404. Bestimme die Gleichung einer Kugelfläche mit Mittelpunkt im Erdmittelpunkt und mit einem Radius von 6371 km. Vergleiche das Ergebnis mit der Motivationsseite dieses Kapitels.

405. Untersuche, ob die Punkte A, B und C auf der Kugelfläche k liegen.

a) k: $(x-1)^2+(y+3)^2+z^2=25$; $A=(1|2|0)$; $B=(1|-3|5)$; $C=(0|0|0)$
b) k: $(x+3)^2+(y-1)^2+(z+1)^2=29$; $A=(-1|1|2)$; $B=(-1|4|3)$; $C=(0|5|1)$
c) k: $(x-5)^2+(y+1)^2+(z+2)^2=3$; $A=(6|0|-1)$; $B=(2|0|0)$; $C=(-1|0|6)$
d) k: $x^2+(y-1)^2+z^2=14$; $A=(1|3|3)$; $B=(3|2|2)$; $C=(-3|-1|-1)$

406. Untersuche, ob der Punkt P innerhalb, auf oder außerhalb der Kugelfläche k liegt.

a) k: $(x-2)^2+(y-1)^2+(z+1)^2=25$; $P=(3|1|0)$
b) k: $(x+3)^2+(y+1)^2+z^2=49$; $P=(-3|-1|0)$
c) k: $(x-5)^2+(y+6)^2+z^2=1$; $P=(-2|-1|1)$
d) k: $(x-2)^2+y^2+z^2=4$; $P=(2|-1|3)$

407. A, B und C liegen auf der Kugelfläche k. Bestimme die fehlenden Koordinaten.

a) k: $(x-2)^2+y^2+(z-2)^2=25$; $A=(2|y|2)$; $B=(7|0|z)$; $C=(x|0|7)$
b) k: $x^2+(y-1)^2+(z+1)^2=16$; $A=(4|1|z)$; $B=(0|5|z)$; $C=(0|y|3)$
c) k: $(x-5)^2+(y+1)^2+(z+2)^2=6$; $A=(6|0|z)$; $B=(7|y|-1)$; $C=(6|1|z)$
d) k: $x^2+(y-1)^2+z^2=14$; $A=(1|3|z)$; $B=(3|y|1)$; $C=(x|4|2)$

Schnittpunkte von Kugelfläche und Gerade

MUSTER

Technologie
Anleitung
Schnittpunkt
Kugel – Gerade
9pr5kh

408. Bestimme die Schnittpunkte der Kugelfläche mit dem Mittelpunkt $M=(3|2|-1)$ und dem Radius $r=\sqrt{50}$ mit der Geraden g: $X=\begin{pmatrix}-2\\-1\\-5\end{pmatrix}+t\begin{pmatrix}5\\3\\4\end{pmatrix}$.

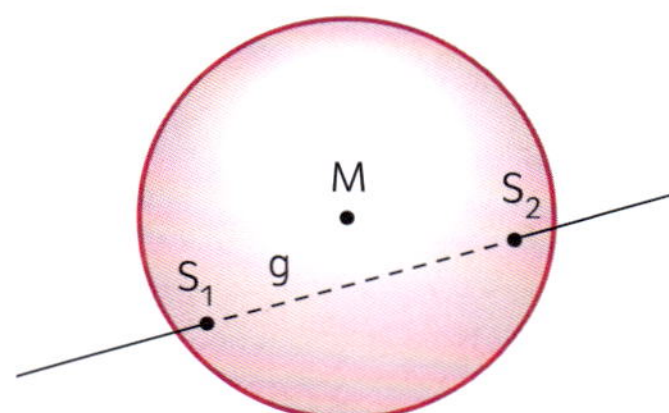

1) Zuerst stellt man die allgemeine Form der Kugelgleichung auf:

$$k: (x-3)^2+(y-2)^2+(z+1)^2=50 \quad\Rightarrow\quad x^2-6x+y^2-4y+z^2+2z=36$$

2) Um die Gerade mit der Kugelfläche zu schneiden, werden die x-, y- und z-Komponenten der Geradengleichung in die Kugelgleichung eingesetzt und dann der Parameter t berechnet:

$$(-2+5t)^2-6(-2+5t)+(-1+3t)^2-4(-1+3t)+(-5+4t)^2+2(-5+4t)=36$$

$$\Rightarrow\quad 50t^2-100t=0 \quad\Rightarrow\quad t_1=0;\ t_2=2$$

3) Die Parameter t_1 und t_2 werden in die Gleichung für g eingesetzt um die beiden Schnittpunkte S_1 und S_2 zu berechnen:

$$S_1=\begin{pmatrix}-2\\-1\\-5\end{pmatrix}+0\cdot\begin{pmatrix}5\\3\\4\end{pmatrix}=\begin{pmatrix}-2\\-1\\-5\end{pmatrix}=(-2|-1|-5) \quad\text{und}\quad S_2=\begin{pmatrix}-2\\-1\\-5\end{pmatrix}+2\cdot\begin{pmatrix}5\\3\\4\end{pmatrix}=\begin{pmatrix}8\\5\\3\end{pmatrix}=(8|5|3).$$

409. Bestimme die Schnittpunkte der Kugelfläche mit dem Mittelpunkt M und dem Radius r mit der Geraden g.

a) k: $M=(-1|-3|0)$; $r=\sqrt{14}$; g: $X=\begin{pmatrix}2\\-1\\1\end{pmatrix}+t\cdot\begin{pmatrix}1\\4\\1\end{pmatrix}$ **b)** k: $M=(-3|0|2)$; $r=\sqrt{5}$; g: $X=\begin{pmatrix}-3\\-1\\4\end{pmatrix}+t\cdot\begin{pmatrix}1\\3\\-2\end{pmatrix}$

410. Bestimme die Schnittpunkte der Kugelfläche k mit den Koordinatenachsen.

a) k: $M = (-1|2|1)$; $r = 3$
b) k: $M = (3|0|0)$; $r = 2$
c) k: $M = (0|0|0)$; $r = 7$
d) k: $M = (-3|-4|0)$; $r = 5$

Tangentialebene an eine Kugel

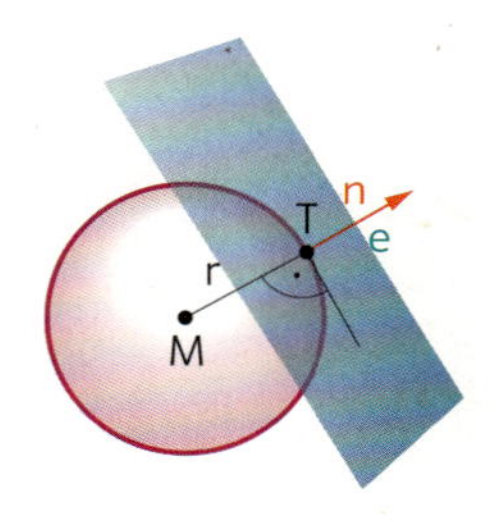

Alle Tangenten an die Kugelfläche k im Punkt T bilden die **Tangentialebene** e. Die Tangentialebene steht normal auf den Kugelradius.

MUSTER

411. Bestimme die Gleichung der Tangentialebene an die Kugelfläche k: $(x+2)^2 + (y-1)^2 + (z-4)^2 = 66$ im Punkt $T = (3|-3|-1)$.

Da der Radiusvektor $\overrightarrow{MT} = \vec{n}$ ein Normalvektor der Ebene e ist, kann man mit $\vec{n}$ und T die Normalvektorform der Ebene e bestimmen:

$$M = (-2|1|4) \Rightarrow \overrightarrow{MT} = \begin{pmatrix} 5 \\ -4 \\ -5 \end{pmatrix} = \vec{n} \Rightarrow \begin{pmatrix} 5 \\ -4 \\ -5 \end{pmatrix} \cdot \begin{pmatrix} x \\ y \\ z \end{pmatrix} = \begin{pmatrix} 5 \\ -4 \\ -5 \end{pmatrix} \cdot \begin{pmatrix} 3 \\ -3 \\ -1 \end{pmatrix} \Rightarrow e: 5x - 4y - 5z = 32$$

Technologie
Anleitung Tangentialebene an Kugel
h5rf7v

412. Bestimme die Gleichung der Tangentialebene an die Kugel k im Punkt T.

a) k: $(x-1)^2 + (y+3)^2 + z^2 = 9$; $T = (-2|-3|0)$
b) k: $(x-2)^2 + (y+3)^2 + (z-2)^2 = 24$; $T = (4|1|0)$
c) k: $x^2 + (y+5)^2 + (z-3)^2 = 13$; $T = (2|-5|0)$
d) k: $x^2 + y^2 + z^2 = 16$; $T = (4|0|0)$

413. Untersuche an zwei selbstgewählten Beispielen, ob man die Tangentialeben an eine Kugel auch mit Hilfe einer Spaltform bestimmen kann.

ZUSAMMENFASSUNG

Koordinatenform der Kreisgleichung

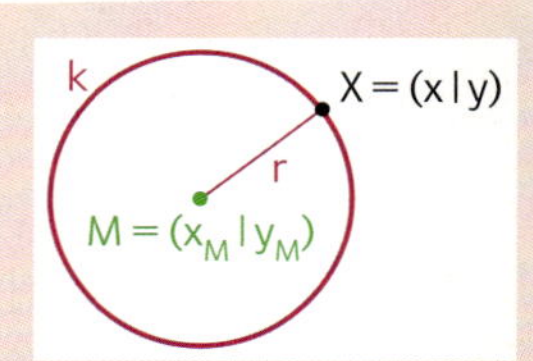

k: $(x - x_M)^2 + (y - y_M)^2 = r^2$

Spaltform der Tangentengleichung

t: $(x_T - x_M) \cdot (x - x_M) + (y_T - y_M) \cdot (y - y_M) = r^2$

Koordinatenform der Kugelgleichung

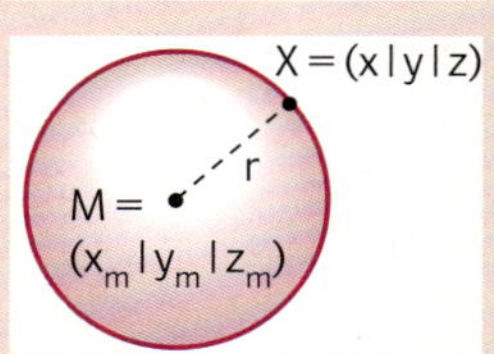

k: $(x - x_M)^2 + (y - y_M)^2 + (z - z_M)^2 = r^2$

Allgemeine Form der Kreis- und Kugelgleichung

Die allgemeine Form der Kreisgleichung und der Kugelgleichung erhält man durch Berechnung der Binome und Zusammenfassen der Terme aus der Koordinatenform.

Schnittwinkel

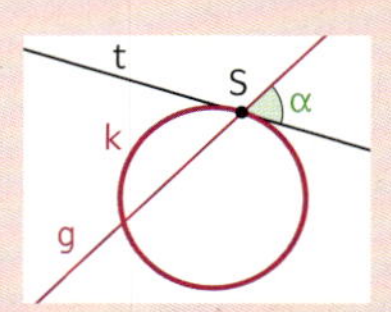

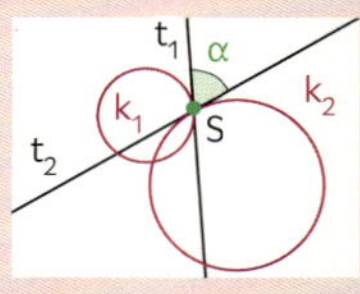

Der Schnittwinkel zwischen einer Geraden g und einer Kreislinie k ist der Winkel zwischen der Geraden und der Tangente im Schnittpunkt.
Der Schnittwinkel zwischen zwei Kreislinien ist der Winkel zwischen den beiden Tangenten im Schnittpunkt. Als Schnittwinkel werden immer Winkel α mit $0° \leq \alpha \leq 90°$ angegeben.

TRAINING

Vernetzung – Typ-2-Aufgaben

Typ 2 **M** **414.** Eine Kugel K wird von oben von einer punktförmigen Lichtquelle L beleuchtet. Das abgebildete Koordinatensystem (Einheit: 1 cm) wurde so gelegt, dass der Berührpunkt der Kugel am ebenen Boden genau dem Koordinatenursprung entspricht und die Lichtquelle genau auf der z-Achse liegt.

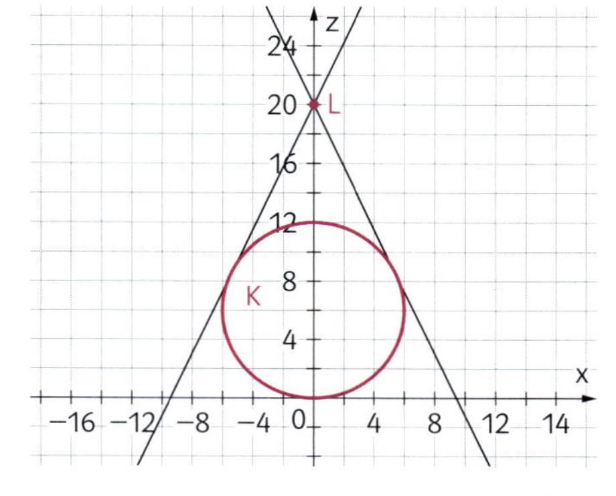

a) Bestimme aus den Maßen in der Abbildung die Gleichung der Kugelfläche.

b) Berechne den Radius des kreisförmigen Schattens, der entsteht.

c) Argumentiere, ob der Schatten einer Kugel immer kreisförmig ist.

d) Kreuze die zutreffende(n) Aussage(n) an.

A	Eine Tangente schneidet eine Kreislinie immer unter dem Schnittwinkel $\alpha = 90°$.	☐
B	Eine Gerade durch den Mittelpunkt einer Kreislinie schneidet diese immer unter dem Schnittwinkel $\alpha = 90°$.	☐
C	Jeder Kreis hat zwei Tangenten, die die gleiche Steigung wie die Gerade g: $2x - y = 9$ haben.	☐
D	Man kann von jedem Punkt der Koordinatenebene aus zwei Tangenten an einen Kreis legen.	☐
E	Jede Tangente kann als lineare Funktion beschrieben werden.	☐

Typ 2 **M** **415.** Zum Zeitpunkt $t = 0$ beginnt sich ein Körper K vom Punkt A und ein Körper M vom Punkt B mit jeweils gleichbleibender Geschwindigkeit wegzubewegen. Der Körper K hat eine Geschwindigkeit von 2 m/s.

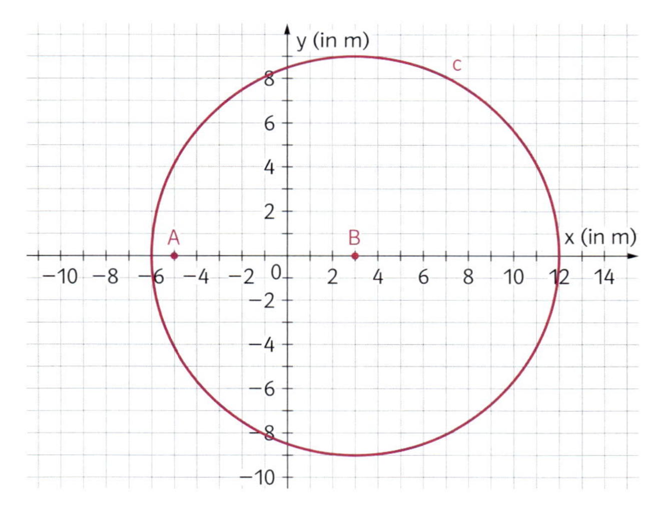

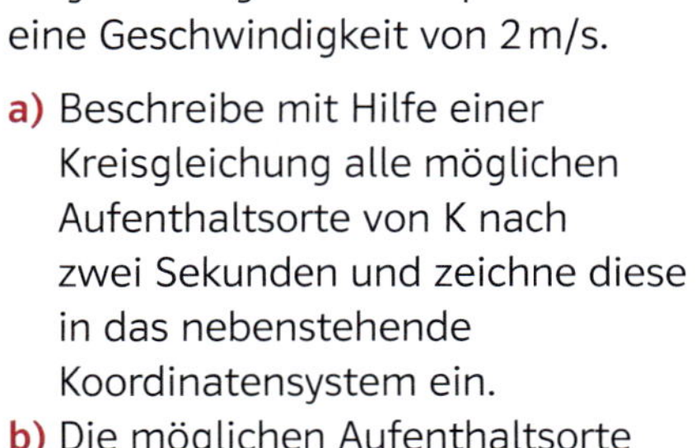

a) Beschreibe mit Hilfe einer Kreisgleichung alle möglichen Aufenthaltsorte von K nach zwei Sekunden und zeichne diese in das nebenstehende Koordinatensystem ein.

b) Die möglichen Aufenthaltsorte von M nach 2 Sekunden sind durch die Kreislinie c beschrieben.
Bestimme die Gleichung der Kreislinie c und die Geschwindigkeit von M.

c) Nach 3 Sekunden können die möglichen Aufenthaltsorte von K durch die Kreislinie k_K und die möglichen Aufenthaltsorte von M durch die Kreislinie k_M beschrieben werden.
Gib eine Richtung an, in die sich der Körper K vom Punkt A aus bewegen müsste, damit er eine Chance hat, nach 3 Sekunden mit M zusammenzutreffen. Gib die Richtung durch einen Richtungsvektor an.

k_K: $x^2 + y^2 + 10x = 11$
k_M: $x^2 + y^2 - 6x = 173{,}25$

ÜBERPRÜFUNG

Selbstkontrolle

☐ Ich kann aus dem Mittelpunkt und dem Radius einer Kreislinie deren Gleichung bestimmen.

416. Ordne jeder Kreisgleichung die passende Eigenschaft zu.

A	$x^2 + y^2 = 5$	
B	$(x + 3)^2 + (y + 3)^2 = 25$	
C	$x^2 + (y - 4)^2 = 50$	
D	$(x + 2)^2 + (y + 1)^2 = 1$	

1	Der Mittelpunkt liegt auf der positiven y-Achse.
2	Der Mittelpunkt liegt im Ursprung.
3	Der Radius ist 5.
4	Der Mittelpunkt hat die Koordinaten (3 ∣ 3).
6	Der Kreis berührt die x-Achse.

☐ Ich kann eine Kreisgleichung in Koordinatenform und allgemeiner Form angeben.

417. Bestimme die Form der angegeben Kreisgleichungen k und m und wandle sie in die Koordinatenform oder in die allgemeine Form um. k: $(x + 3)^2 + (y - 1)^2 = 12$ m: $x^2 + y^2 + 6x - 2y = 2$

☐ Ich kann die Lagebeziehung eines Punktes zu einer Kreislinie ermitteln.

418. Bestimme die Lagebeziehung der Punkte P, Q und R zur Kreislinie k.
k: $(x - 5)^2 + (y - 5)^2 = 25$ P = (5 ∣ 0); Q = (4 ∣ 3); R = (−1 ∣ −1)

☐ Ich kann Kreisgleichungen aus verschiedenen Angaben ermitteln.

419. Bestimme die Gleichung des Umkreises des Dreiecks ABC. A = (−1 ∣ −1); B = (−5 ∣ −1); C = (−5 ∣ 3)

☐ Ich kann die Lagebeziehung zwischen einer Kreislinie und einer Geraden bestimmen.

420. Bestimme die Lagebeziehung der Geraden g_1 und g_2 zur Kreislinie k.
g_1: $y = 3$ g_2: $-x + 7y = 8$ k: $x^2 + y^2 - 6x + 4y = 12$

☐ Ich kann die Gleichung einer Tangente an eine Kreislinie bestimmen.

421. Bestimme die Gleichung der Tangente an den Kreis k: $(x + 4)^2 + (y - 2)^2 = 20$ in P = (−6 ∣ 6).

☐ Ich kann Schnittwinkel zwischen einer Geraden und einer Kreislinie bestimmen.

422. Bestimme den Schnittwinkel zwischen der Geraden g und der Kreislinie k.
g: $X = \begin{pmatrix} 2 \\ 2 \end{pmatrix} + s\begin{pmatrix} -1 \\ -3 \end{pmatrix}$; k: $(x - 2)^2 + (y - 2)^2 = 24$

☐ Ich kann die Lagebeziehung zweier Kreislinien ermitteln.

423. a) Beschreibe alle möglichen Lagen zweier Kreise, in denen sie genau einen Punkt gemeinsam haben.

b) $M_1 = (-3|5)$ und $M_2 = (-5|7)$ sind die Mittelpunkte zweier Kreise mit gleichem Radius, die einander berühren. Gib die Kreisgleichungen der beiden Kreise an.

☐ Ich kann Schnittpunkte und den Schnittwinkel zweier Kreislinien bestimmen.

424. Bestimme die Schnittpunkte und den Schnittwinkel der beiden Kreislinien k und m.

$k: x^2 + y^2 - 2x - 2y = 49 \qquad m: x^2 + y^2 - 10x + 22y = -106$

425. Zeige an einem selbstgewählten Beispiel die Richtigkeit der folgenden Aussage.

„Zwei Kreise mit demselben Radius r und dem Abstand r zwischen ihren Mittelpunkten schneiden einander unter dem Schnittwinkel $\alpha = 60°$."

☐ Ich kann aus Mittelpunkt und Radius einer Kugelfläche, deren Gleichung bestimmen.

426. Bestimme die Kugelgleichung einer Kugelfläche mit dem Mittelpunkt $M = (2|-4|0)$ und dem Radius $r = 8$.

☐ Ich kann Kugelgleichungen in Koordinatenform und allgemeiner Form angeben.

427. Ordne die Kugelgleichungen, die dieselbe Kugelfläche beschreiben, einander zu.

A	$(x-3)^2 + (y+2)^2 + (z-1)^2 = 16$	
B	$(x-1)^2 + y^2 + (z-3)^2 = 10$	
C	$x^2 + y^2 - 2y + z^2 - 2z = 10$	

1	$x^2 + (y-1)^2 + (z-1)^2 = 12$
2	$x^2 - 6x + y^2 + 4y + z^2 - 2z + 14 = 16$
3	$x^2 - 2x + y^2 + z^2 - 6z = 0$

☐ Ich kann die Lagebeziehung eines Punktes und einer Geraden zur Kugelfläche ermitteln.

428. Untersuche, ob der Punkt P innerhalb der Kugelfläche von k liegt.

$k: (x-1)^2 + (y-2)^2 + (z+1)^2 = 36 \qquad P = (-1|-1|3)$

429. Bestimme die Schnittpunkte der Kugelfläche k mit den Koordinatenachsen.

$k: x^2 + y^2 + z^2 + 2x - 3y = 25$

☐ Ich kann die Gleichung der Tangentialebene an eine Kugelfläche bestimmen.

430. Bestimme die zur xy-Ebene parallele Tangentialebenen an die Kugelfläche k.

$k: (x-8)^2 + (y-3)^2 + z^2 = 49$

5 Kegelschnitte

Einer Legende nach wütete auf der griechischen Insel Delos um das Jahr 400 v.u.Z. eine Pestepedemie. Die Bewohner fragten ein Orakel um Rat. Das Orakel meinte, die Bewohner sollten das Volumen des würfelförmigen Altars im Tempel verdoppeln, ohne seine würfelförmige Form zu verändern. Die Lösung dieses berühmten Problems – das Delische Problem – ließ sich auf so genannte „Kegelschnitte" zurückführen. Als Kegelschnitte bezeichnet man die Linien, die entstehen, wenn eine Ebene einen Doppelkegel schneidet. Je nach Schnittwinkel entstehen Kreise, Ellipsen, Hyperbeln oder Parabeln.

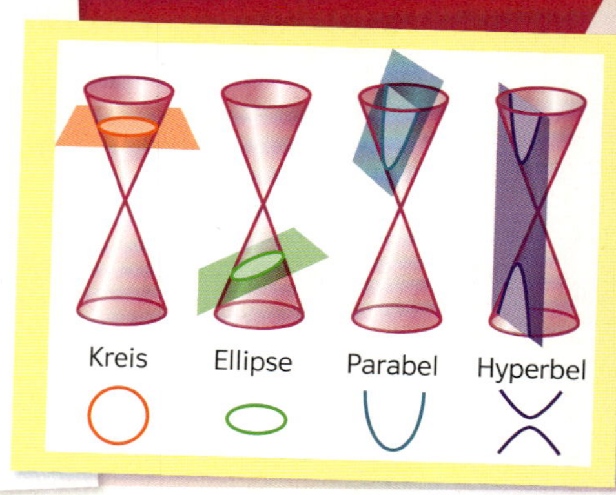

Technologie Darstellung Variation der Parameter von quadratischen impliziten Funktionen 23vh5t

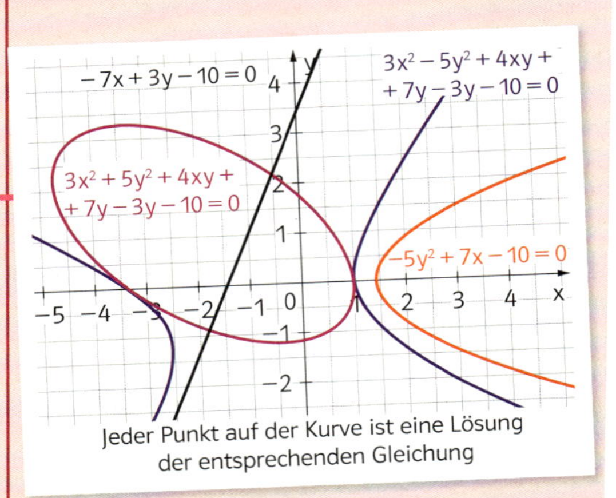

Jeder Punkt auf der Kurve ist eine Lösung der entsprechenden Gleichung

Durch die Algebraisierung der Geometrie können geometrische Objekte auch als Lösungen von Gleichungen interpretiert werden. Alle Geraden in einer Ebene sind zum Beispiel die Lösungen von linearen Gleichungen mit zwei Variablen (x und y), die folgende Form haben: $ax + by + c = 0$.
Betrachtet man als nächsten Schritt die Lösungen von quadratischen Gleichungen mit zwei Variablen, die die Form $ax^2 + by^2 + cxy + dx + ey + f = 0$ haben, so erhält man die Kegelschnitte. Du kannst in der Onlineergänzung selber Kegelschnitte in verschiedenen Lagen erzeugen, indem du die Parameter a bis f in der Gleichung variierst.

Die speziellen Eigenschaften der Kegelschnitte werden in vielen technischen Anwendungen ausgenützt. Einige davon wirst du in diesem Kapitel kennen lernen.

Besondere Bedeutung haben die Kegelschnitte für die Astronomie und für die Entwicklung unseres Weltbildes. Das tausende Jahre vorherrschende geozentrische Weltbild beinhaltete auch die „Gewissheit", dass die göttliche Sphäre (der Himmel) nur perfekte geometrische Objekte enthalten kann: Kreise und Kugeln.
Als Johannes Kepler 1609 herausfand, dass Planeten sich nicht auf „göttlich perfekten" Kreisbahnen, sondern auf Ellipsenbahnen bewegen, war das ein entscheidender Schritt, um das geozentrische Weltbild zu überwinden und dem heliozentrischen Weltbild zum Durchbruch zu verhelfen.

Kegelschnitte können Großes bewirken!

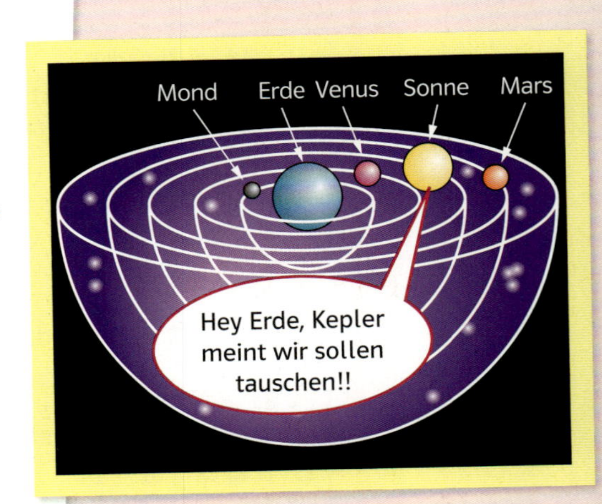

5.1 Die Ellipse

KOMPETENZEN

Lernziele:

- Die Eigenschaften von Ellipsen kennen
- Eine Ellipse durch eine Gleichung beschreiben können

Technologie
Darstellung
Gärtnerellipse
ap3q5s

Die so genannte **Gärtnerellipse** verdeutlicht sehr anschaulich, wie eine Ellipse konstruiert wird und welche wesentlichen Eigenschaften sie hat. Eine Schnur von bestimmter Länge wird an beiden Enden an zwei Pflöcken befestigt. Geht man nun mit gespannter Schnur, wie in der Abbildung dargestellt, um die Pflöcke herum, so beschreibt man eine Ellipse.

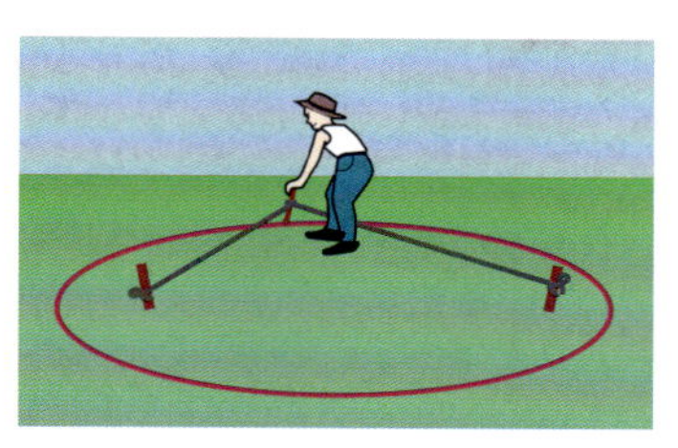

Die Punkte der Ellipse sind also all jene Punkte X, für die die Summe der Abstände von den zwei Pflöcken (die Brennpunkte F_1 und F_2 der Ellipse) einen konstanten Wert (die Länge der Schnur) ergibt.

$$\overline{F_1X} + \overline{F_2X} = \text{const.}$$

MERKE

Technologie
Darstellung
Parameter
der Ellipse
v7v46c

Bezeichnungen in einer Ellipse

- A und B sind die **Hauptscheitel** der Ellipse. Ihr Abstand vom Mittelpunkt M beträgt a.
- a wird **große Halbachse** genannt.
- C und D sind die **Nebenscheitel** der Ellipse. Ihr Abstand vom Mittelpunkt M beträgt b.
- b wird **kleine Halbachse** genannt.
- F_1 und F_2 sind die **Brennpunkte** der Ellipse. Ihr Abstand zum Mittelpunkt beträgt e.
- e wird **lineare Exzentrizität (Brennweite)** genannt.

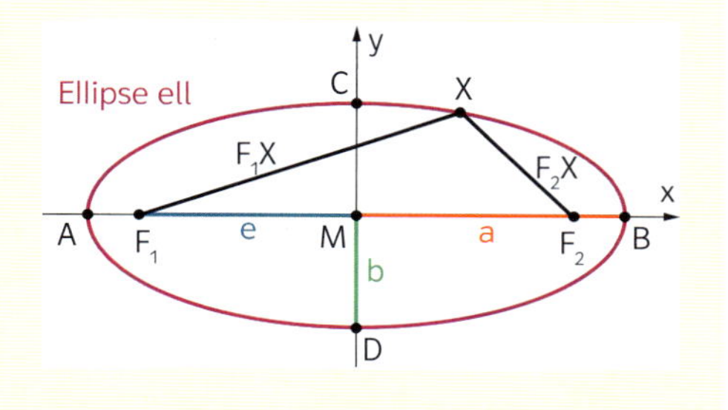

Arbeitsblatt
Parameter
der Ellipse
ablesen
86gu79

431. 1) Lies aus der dargestellten Ellipse die Länge der großen Halbachse a, die Länge der kleinen Halbachse b, die Brennweite e und die Koordinaten der Haupt- und Nebenscheitel ab.

2) Überprüfe an den Haupt- und Nebenscheiteln, dass gilt: $\overline{F_1X} + \overline{F_2X} = \text{const.}$

a)

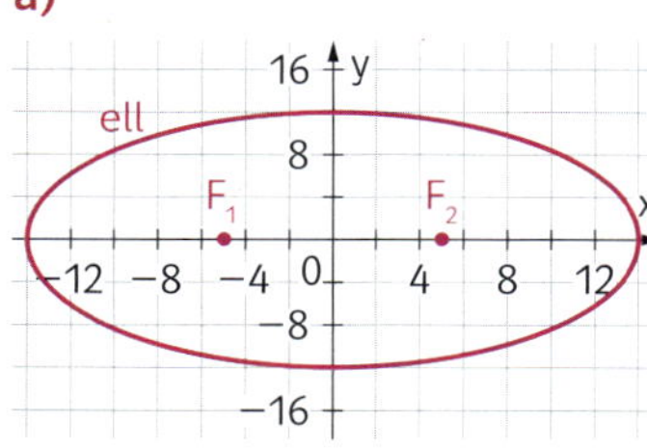

b)

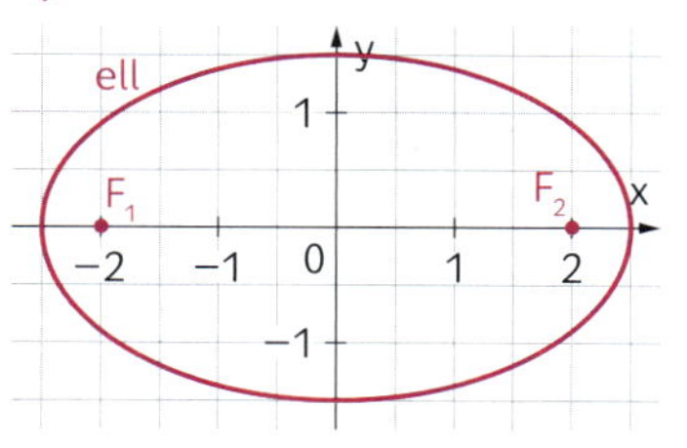

c)

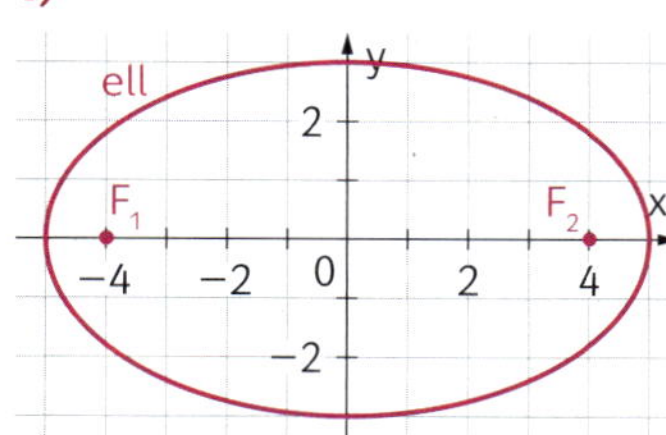

Da der Hauptscheitel B auf der Ellipse liegt, muss auch für ihn gelten, dass die Summe der Abstände zu den Brennpunkten konstant ist: $\overline{F_1B} + \overline{F_2B} = \text{const.}$
In der Abbildung kann man erkennen, dass für diese beiden Strecken Folgendes gilt:

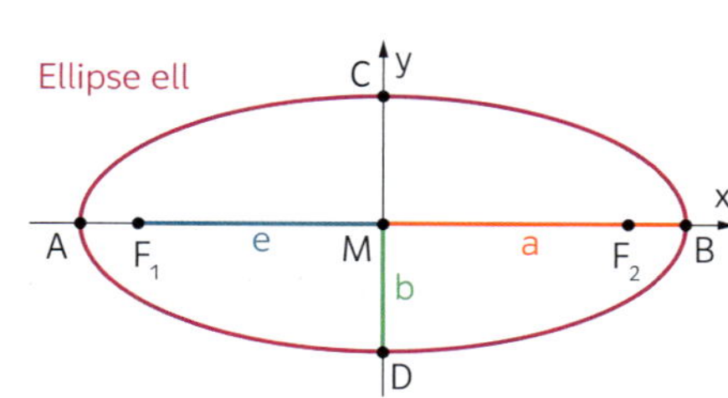

$$\overline{F_2B} = a - e \text{ und } \overline{F_1B} = e + a.$$

Daher ist die Summe der Abstände: $\overline{F_2B} + \overline{F_1B} = (a - e) + (e + a) = 2a.$

MERKE

Definition der Ellipse

Die Ellipse ist die Menge aller Punkte X in einer Ebene, für die die Summe der Abstände zu zwei festen Punkten F_1 und F_2 konstant ist: $\overline{F_1X} + \overline{F_2X} = 2a$.

432. Lies aus der nebenstehenden Abbildung der Ellipse ell die Länge der großen Halbachse a und die Koordinaten von fünf Punkten der Ellipse ab.
Überprüfe damit den Zusammenhang $\overline{F_1X} + \overline{F_2X} = 2a$.

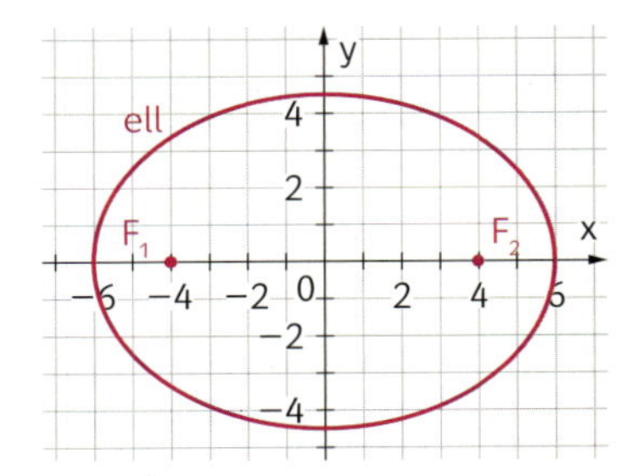

Da der Nebenscheitel C auch auf der Ellipse liegt, muss für ihn auch die Summe der Abstände zu den beiden Brennpunkten 2a betragen. Die beiden Abstände sind aus Symmetriegründen gleich und es gilt für einen Abstand $\overline{F_1C} = a$.

Mit Hilfe des Satzes des Pythagoras lässt sich eine Beziehung zwischen den Größen a, b und e ableiten.

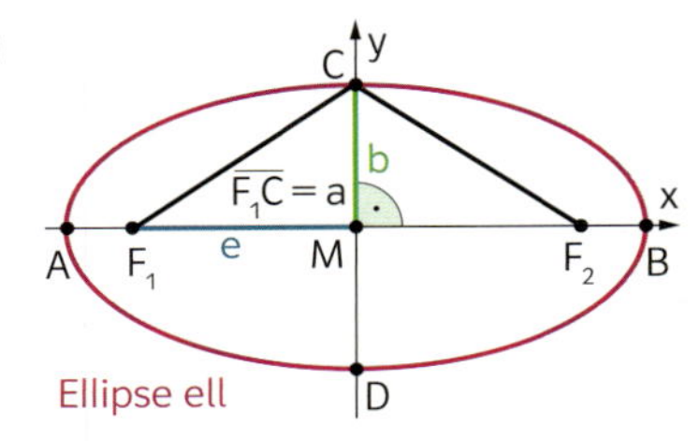

MERKE

Zusammenhang zwischen den Größen a, b und e der Ellipse

$e^2 = a^2 - b^2$ (gilt nur für Ellipsen mit $a > b$)

433. Berechne jeweils den fehlenden Ellipsenparameter a, b oder e.

a) $a = 5$; $b = 4$ **b)** $e = 3$; $a = 7$ **c)** $b = 2$; $e = 3$ **d)** $e = 12{,}1$; $b = 12$

Arbeitsblatt Parameter einer Ellipse bestimmen d2y26w

434. Bestimme mit Hilfe der Maße aus der Abbildung die Brennweite e der Ellipse und zeichne die beiden Brennpunkte in die Abbildung ein.

a)
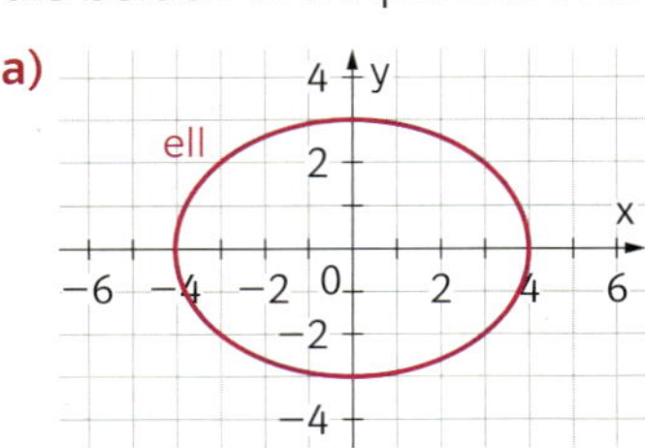

b)
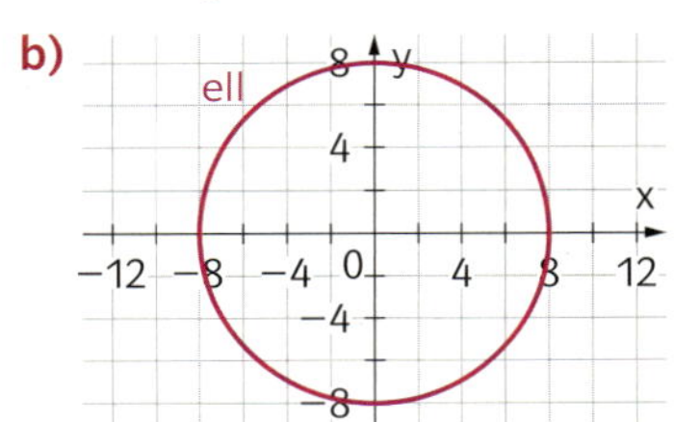

c)
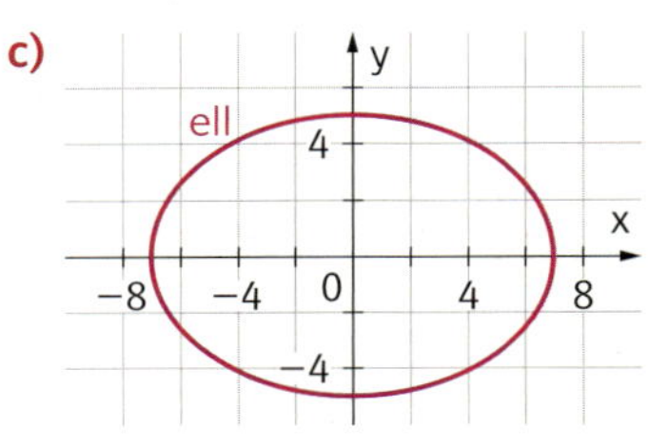

Konstruktion einer Ellipse

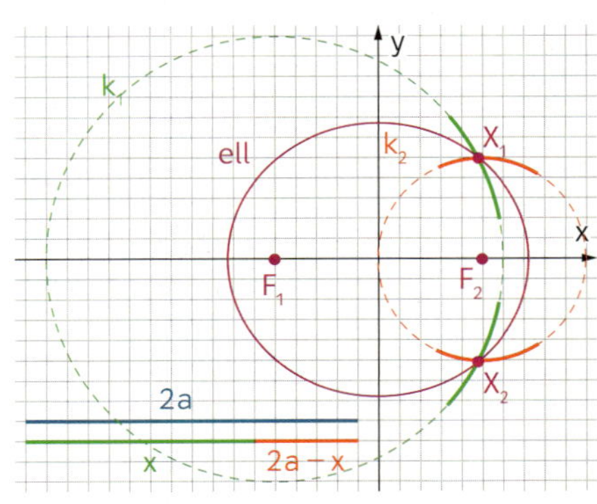

Um eine Ellipse mit der großen Halbachse a zu konstruieren, zeichnet man zuerst eine Strecke mit der Länge 2a. 2a muss größer sein als der Abstand zwischen F_1 und F_2. Einen beliebigen Teil der Strecke (bezeichnet mit x) verwendet man als Radius für einen Kreis (k_1) mit Mittelpunkt in F_1. Den restlichen Teil der Strecke ($2a - x$) nimmt man als Radius für einen Kreis (k_2) mit Mittelpunkt in F_2. Die Schnittpunkte dieser Kreise (X_1 und X_2) sind Punkte der Ellipse ell. Durch wiederholte Anwendung dieses Verfahrens mit verändertem Streckenteil x erhält man weitere Punkte der Ellipse.

435. Konstruiere die Ellipse mit den Brennpunkten F_1 und F_2 und der Hilfsstrecke 2a. Alle Angaben sind in cm.

a) $F_1 = (-3|0)$; $F_2 = (3|0)$; $a = 7$
b) $F_1 = (-1|0)$; $F_2 = (1|0)$; $a = 7$
c) $F_1 = (-1|0)$; $F_2 = (1|0)$; $a = 4$
d) $F_1 = (-3|0)$; $F_2 = (3|0)$; $a = 4$

Die Ellipsengleichung

Im Folgenden werden ausschließlich Ellipsen betrachtet, deren Mittelpunkt im Koordinatenursprung $M = (0|0)$ und deren große Halbachse a auf der x-Achse des Koordinatensystems liegt. Die Lage einer solchen Ellipse nennt man **1. Hauptlage**. Es gilt immer $a > b$.
Aus der Definition der Ellipse erhält man durch Berechnung die Ellipsengleichung (siehe Anhang Beweise S. 269).

MERKE

Gleichung der Ellipse in 1. Hauptlage

Ein Punkt $P = (x|y)$ liegt auf der Ellipse ell, wenn seine Koordinaten die folgende Gleichung erfüllen:

$$\text{ell: } b^2x^2 + a^2y^2 = a^2b^2 \quad \text{oder} \quad \frac{x^2}{a^2} + \frac{y^2}{b^2} = 1$$

a: Länge der großen Halbachse

b: Länge der kleinen Halbachse

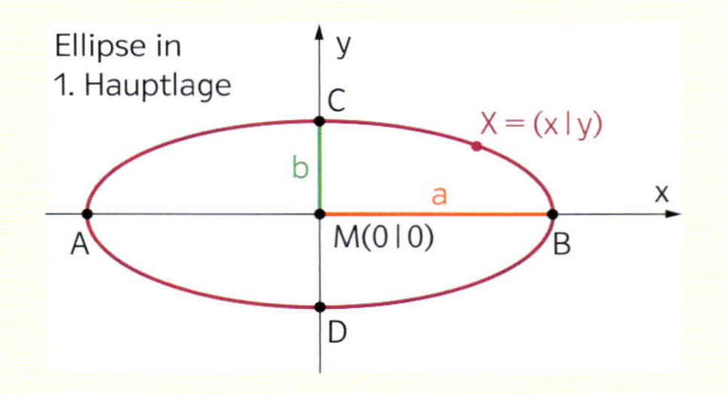

MUSTER

436. Von einer Ellipse ell sind die Koordinaten des Hauptscheitels $A = (-4|0)$ und des Brennpunkts $F = (3|0)$ gegeben. Bestimme die Gleichung der Ellipse.

Um die Ellipsengleichung angeben zu können, benötigt man die Parameter a und b.
a kann man direkt aus der x-Koordinate des Hauptscheitels A ablesen: $a = 4$.
Aus der x-Koordinate des Brennpunktes F kann man e bestimmen: $e = 3$.
Für b^2 erhält man aus $a^2 - b^2 = e^2$ die Beziehung $b^2 = a^2 - e^2 = 16 - 9 = 7$.
Setzt man nun a^2 und b^2 in die allgemeine Ellipsengleichung $b^2x^2 + a^2y^2 = a^2b^2$ ein, so erhält man die gesuchte Gleichung der Ellipse ell: $7x^2 + 16y^2 = 112$.

437. Bestimme die Gleichung der Ellipse ell aus den angegebenen Parametern.

a) $a = 10$; $b = 5$
b) $b = 4$; $e = 4$
c) $e = 5$; $b = 6$
d) $a = 9$; $e = 7$
e) $a = 12$; $e = 4$
f) $a = 9$; $b = 4$
g) $e = 7$; $b = 6$
h) $a = 2$; $b = 1$

438. A und B sind die Hauptscheitel, B und C die Nebenscheitel und F ist ein Brennpunkt einer Ellipse. Bestimme die Gleichung der Ellipse ell.

a) ell: $A = (-10|0)$; $C = (0|5)$
b) ell: $B = (6|0)$; $D = (0|-4)$
c) ell: $F = (-5|0)$; $C = (0|3)$
d) ell: $A = (-8|0)$; $F = (-4|0)$
e) ell: $D = (0|-4)$; $A = (-12|0)$
f) ell: $F = (7|0)$; $B = (8|0)$

439. Bestimme die Parameter a,b und e aus der Ellipsengleichung.

a) $9x^2 + 16y^2 = 144$
b) $x^2 + 13y^2 = 13$
c) $25x^2 + 49y^2 = 1225$
d) $4x^2 + 4y^2 = 16$

TECHNOLOGIE

Gleichung der Ellipse ermitteln

Geogebra:	Ellipse[Brennpunkt, Brennpunkt, Punkt]	z. B. Ellipse[(−3,0),(3,0),(2,1)]

Technologie
Anleitung
Gleichung der
Ellipse ermitteln
g7pf8x

440. Kreuze die Zusammenhänge an, die bei einer Ellipse in 1. Hauptlage erfüllt sein müssen.

A	B	C	D	E
$a > b$	$e > a$	$e > b$	$a > e$	$b > e$
☐	☐	☐	☐	☐

MUSTER

Technologie
Anleitung
Ellipsen-
parameter
bestimmen 1
w56gd2

441. Bestimme die Koordinaten der Haupt- und Nebenscheitel und der Brennpunkte der Ellipse ell: $3x^2 + 5y^2 = 36$.

Da $3 \cdot 5 \neq 36$ ist, kann man aus den Koeffizienten von x^2 und y^2 nicht direkt a^2 und b^2 ablesen.
Man bringt die Ellipsengleichung auf die Form $\frac{x^2}{a^2} + \frac{y^2}{b^2} = 1$, um a und b zu bestimmen:

$$\text{ell: } \frac{x^2}{12} + \frac{5y^2}{36} = 1 \;\Rightarrow\; \frac{x^2}{12} + \frac{y^2}{\frac{36}{5}} = 1 \;\Rightarrow\; a = \sqrt{12};\ b = \sqrt{\frac{36}{5}} = \frac{6}{\sqrt{5}};\ e = \sqrt{12 - \frac{36}{5}} = \sqrt{\frac{24}{5}}$$

Hauptscheitel von ell: $A = (-\sqrt{12} \mid 0)$; $B = (\sqrt{12} \mid 0)$; Nebenscheitel: $C = \left(0 \,\middle|\, \frac{6}{\sqrt{5}}\right)$; $D = \left(0 \,\middle|\, -\frac{6}{\sqrt{5}}\right)$;

Brennpunkte: $F_1 = \left(-\sqrt{\frac{24}{5}} \,\middle|\, 0\right)$; $F_2 = \left(\sqrt{\frac{24}{5}} \,\middle|\, 0\right)$

442. Bestimme die Koordinaten der Haupt- und Nebenscheitel und der Brennpunkte der Ellipse ell.

a) ell: $3x^2 + 4y^2 = 24$
b) ell: $4x^2 + 9y^2 = 144$
c) ell: $x^2 + 3y^2 = 12$
d) ell: $x^2 + 4y^2 = 100$
e) ell: $4x^2 + 9y^2 = 324$
f) ell: $x^2 + 2y^2 = 4$

443. Bestimme die Koordinaten der Haupt- und Nebenscheitel und der Brennpunkte der Ellipse ell.

a) ell: $x^2 + 2y^2 = 13$
b) ell: $3x^2 + 7y^2 = 145$
c) ell: $5x^2 + y^2 = 13$
d) ell: $7x^2 + 3y^2 = 100$
e) ell: $9x^2 + 8y^2 = 320$
f) ell: $2x^2 + y^2 = 5$

444. Kreuze die zutreffende Eigenschaft an.

		A	B	C	D	E
		ell: $x^2 + y^2 = 9$	ell: $x^2 + 2y^2 = 13$	ell: $3x^2 + 3y^2 = 45$	ell: $x^2 - 2x + y^2 - 4y = 12$	ell: $3x^2 - 6y^2 = 18$
1	ell ist ein Kreis.	☐	☐	☐	☐	☐
2	ell ist eine Ellipse in 1. HL.	☐	☐	☐	☐	☐
3	ell ist kein Kreis und keine Ellipse.	☐	☐	☐	☐	☐

445. Die Ellipse schönster Form
Gilt bei einer Ellipse in erster Hauptlage $b = e$, so heißt die Ellipse gleichseitige Ellipse, oder Ellipse schönster Form.

a) Bestimme den Zusammenhang, der zwischen a und b in einer gleichseitigen Ellipse gelten muss.
b) Zeige, dass $x^2 + 2y^2 = 2$ der Gleichung einer gleichseitigen Ellipse entspricht.

Lagebeziehung Punkt-Ellipse

MUSTER

446. Überprüfe, ob der Punkt $P = (-1|1)$ auf der Ellipse ell: $3x^2 + 5y^2 = 15$ liegt.

Wenn P auf ell liegt, dann müssen seine Koordinaten die Ellipsengleichung erfüllen:
$3 \cdot (-1)^2 + 5 \cdot (1)^2 = 8 \neq 15 \quad \Rightarrow \quad P \notin ell$

447. Überprüfe, ob die Punkte P und Q auf der Ellipse ell liegen.

a) $P = (2|-3)$; $Q = (2|-1)$; ell: $x^2 + 3y^2 = 7$
b) $P = (0|\sqrt{3})$; $Q = (3|0)$; ell: $x^2 + 3y^2 = 9$
c) $P = (1|1)$; $Q = (-\sqrt{2}|1)$; ell: $x^2 + 3y^2 = 5$
d) $P = (\sqrt{2}|\sqrt{5})$; $Q = (-2|-\sqrt{3})$; ell: $2x^2 + 3y^2 = 18$

448. A liegt auf der Ellipse ell: $2x^2 + 4y^2 = 27$. Bestimme die fehlende Koordinate des Punktes A.

a) $A = (0|y)$ **b)** $A = (x|0)$ **c)** $A = (1|y)$ **d)** $A = (x|-2)$ **e)** $A = (-2|y)$

449. Bestimme jeweils fünf Punkte, die auf der Ellipse ell liegen.

a) ell: $x^2 + 4y^2 = 20$ **b)** ell: $3x^2 + 5y^2 = 16$ **c)** ell: $2x^2 + 7y^2 = 17$

450. a) Zeige: Wenn der Punkt $P = (m|n)$ auf einer Ellipse liegt, dann liegen auch die Punkte mit den Koordinaten $(-m|n)$, $(-m|-n)$ und $(m|-n)$ auf dieser Ellipse.
b) Kann man um jedes Rechteck eine Ellipse so legen, dass die Ellipse das Rechteck in allen vier Eckpunkten berührt? Argumentiere deine Antwort.

Ellipsengleichung aus Punkten ermitteln

MUSTER

Technologie
Anleitung
Ellipsenparameter bestimmen 2
wg2ta5

451. Ermittle die Gleichung der Ellipse ell, die durch den Punkt $P = (4|6)$ verläuft und den Brennpunkt $F_1 = (-4|0)$ besitzt.

Da für jede Ellipse mit $P \in ell$ $\overline{F_1P} + \overline{F_2P} = 2a$ gilt, kann man aus F_1, F_2 und P den Parameter a ermitteln. Aus $F_2 = (4|0)$ folgt: $|\overrightarrow{F_1P}| + |\overrightarrow{F_2P}| = 2a \quad \Rightarrow \quad \left|\begin{pmatrix} 8 \\ 6 \end{pmatrix}\right| + \left|\begin{pmatrix} 0 \\ 6 \end{pmatrix}\right| = 10 + 6 = 16 = 2a$
$\Rightarrow \quad a = 8$
Aus $e = 4$ folgt: $b^2 = a^2 - e^2 = 64 - 16 = 48 \quad \Rightarrow \quad$ ell: $48x^2 + 64y^2 = 3072 \overset{:16}{\Rightarrow}$ ell: $3x^2 + 4y^2 = 192$

452. Ermittle die Gleichung der Ellipse ell, die durch P verläuft und den Brennpunkt F besitzt.

a) $F = (5|0)$; $P = (6|2)$
b) $F = (-3|0)$; $P = (4|1)$
c) $F = (-4|0)$; $P = (-4|-6)$
d) $F = (10|0)$; $P = (9|2)$
e) $F = (3|0)$; $P = (3|3)$
f) $F = (-8|0)$; $P = (6|5)$

453. Begründe deine Antwort: Gibt es zu jeder beliebigen Angabe zweier Brennpunkte und eines Punktes P eine passende Ellipse mit $a, b > 0$, sodass P auf der Ellipse liegt?

MUSTER

Technologie
Anleitung
Ellipsenparameter bestimmen 3
4b9xd7

454. Bestimme die Gleichung der Ellipse, die durch die Punkte $P = (2|\sqrt{3})$ und $Q = (\sqrt{2}|2)$ geht.

P und Q werden in die allgemeine Ellipsengleichung eingesetzt, um ein Gleichungssystem für a und b zu erhalten: I: $4b^2 + 3a^2 = a^2b^2$; II: $2b^2 + 4a^2 = a^2b^2$.

Man löst das erhaltene Gleichungssystem und erhält: $5 = b^2$ und $a^2 = 10$. Die gesuchte Ellipsengleichung lautet ell: $5x^2 + 10y^2 = 50$.

455. Bestimme die Gleichung der Ellipse, die durch die Punkte P und Q geht.

a) $P = (1|3)$; $Q = (2|\sqrt{7})$
b) $P = (2|\sqrt{2})$; $Q = (4|1)$
c) $P = (2|4)$; $Q = (\sqrt{19}|2)$
d) $P = (5|1)$; $Q = (4|\sqrt{6})$
d) $P = (2|3)$; $Q = (\sqrt{11}|2)$
f) $P = (\sqrt{5}|\sqrt{3})$; $Q = (\sqrt{3}|\sqrt{5})$

Anwendungsaufgaben

456. Ein Gärtner möchte mit Hilfe der Gärtnerkonstruktion (S. 119) in einem rechteckigen Rasenstück ($l = 10$ m und $b = 7$ m) ein möglichst großes elliptisches Beet anlegen. Berechne, wo er die beiden Pflöcke einschlagen und wie lange die Schnur sein soll.

457. Bestimme die Gleichung der größtmöglichen Ellipse, die man auf ein A4-Blatt zeichnen kann, wenn noch ein Rand von 2 cm auf jeder Seite bleiben soll.

Technologie
Anleitung Bild in GeoGerba einfügen
3h29gt

458. Beschreibe, wie man bei einer ellipsenähnlichen Figur überprüfen kann, ob es sich um eine Ellipse handelt. Beurteile, ob folgende Figur eine Ellipse ist.

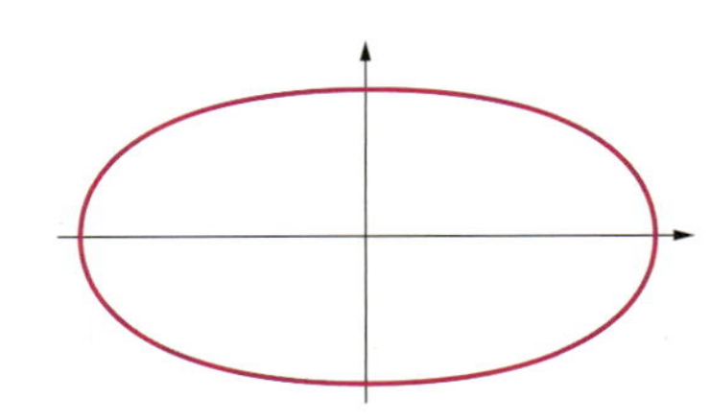

Arbeitsblatt
Abbildungen zu den Aufgaben 458 bis 461
6mr7zm

459. Viele Firmenlogos enthalten ellipsenähnliche Figuren. Überprüfe, ob es sich tatsächlich um Ellipsen handelt.

460. Du siehst hier ein Foto von einem perspektivisch verzerrtem Kreis. Handelt es sich bei dieser Form um eine Ellipse? Argumentiere deine Antwort.

461. Wenn man einen Zylinder (oder eine Wurst) schräg abschneidet, so erhält man eine ellipsenförmige Schnittfläche. Überprüfe anhand der Abbildung, ob es sich um einen ellipsenförmigen Querschnitt handelt

Vertiefung
Der Name der Ellipse
yt67rv

R **462.** Die Bezeichnung „Ellipse“ kommt auch als Stilmittel in der Literatur vor.

a) Erkundige dich, um welches Stilmittel es sich dabei handelt und führe ein Beispiel dafür an.

b) Finde einen Zusammenhang zwischen der literarischen und der mathematischen Bedeutung des Begriffes „Ellipse“. Der Name des Mathematikers „Apollonius von Perge“ wird dir bei der Suche behilflich sein.

5.2 Die Hyperbel

KOMPETENZEN

Lernziele:

- Die Eigenschaften der Hyperbel kennen
- Die Hyperbel durch eine Gleichung beschreiben können

Ändert man die Definition der Ellipse nur in einem Wort ab, so erhält man die Definition der Hyperbel.
Definition **Ellipse**: Die Menge aller Punkte, für die die **Summe** der Abstände zu zwei Brennpunkten konstant ist.
Definition **Hyperbel**: Die Menge aller Punkte, für die die **Längenunterschiede** der Abstände zu zwei Brennpunkten konstant sind.
Alle Punkte mit dieser Eigenschaft bilden die zwei **Äste einer Hyperbel**.

MERKE

Bezeichnungen in einer Hyperbel

- Die Punkte A und B der Hyperbel heißen **Hauptscheitel**. Ihr Abstand vom Mittelpunkt M beträgt a.
- a wird **große Halbachse** genannt.
- Die Punkte F_1 und F_2 werden **Brennpunkte** der Hyperbel genannt. Ihr Abstand zum Mittelpunkt beträgt e.
- e wird **lineare Exzentrizität (Brennweite)** genannt.

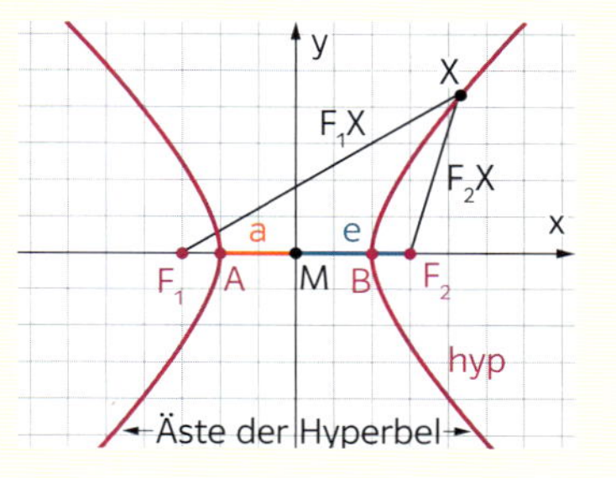

Da der Hauptscheitel A auf der Hyperbel liegt, muss auch für ihn gelten, dass die Differenz der Abstände zu den Brennpunkten konstant ist:

$\overline{F_2A} - \overline{F_1A} = \text{konstant}$

In der Abbildung kann man erkennen, dass für diese beiden Strecken Folgendes gilt:

$\overline{F_2A} = e + a$ und $\overline{F_1A} = e - a$

Daher ist die Differenz der Abstände $\overline{F_2A} - \overline{F_1A} = (e + a) - (e - a) = 2a$.
Für den zweiten Ast der Hyperbel gilt analog: $\overline{F_2B} - \overline{F_1B} = (e - a) - (e + a) = -2a$.

MERKE

Definition der Hyperbel

Die **Hyperbel** ist die Menge aller Punkte X in einer Ebene, für die der Betrag der Differenz der Abstände zu zwei festen Punkten F_1 und F_2 konstant ist:

$|\overline{F_2X} - \overline{F_1X}| = 2a$.

463. Lies aus der Abbildung die Koordinaten von drei Punkten der Hyperbel ab und überprüfe den Zusammenhang: $|\overline{F_2X} - \overline{F_1X}| = 2a$

a)

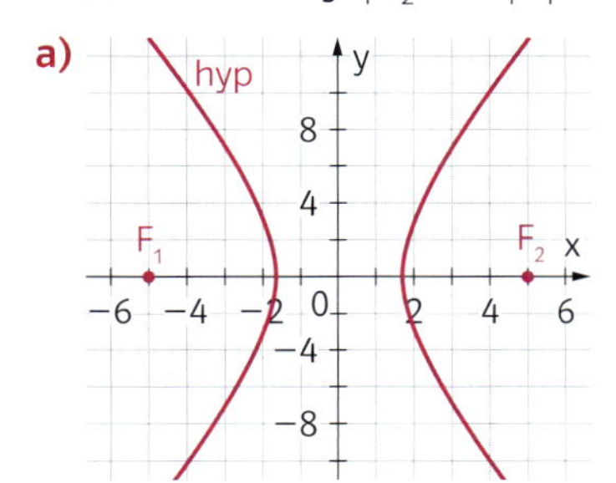

b)

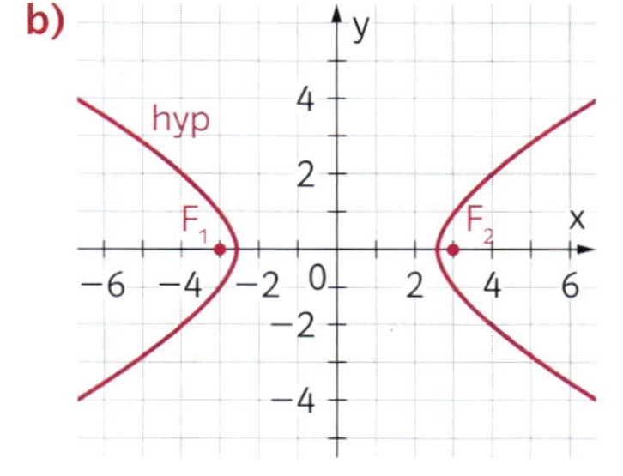

c)

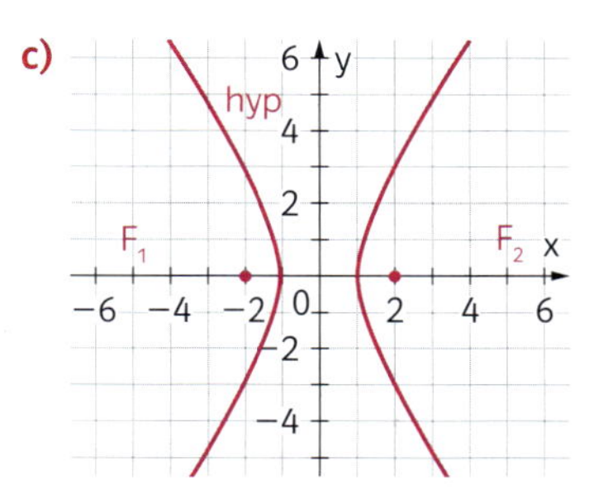

Die **Nebenscheitel** C und D liegen nicht auf der Hyperbel. Sie werden durch das rechtwinklige Dreieck mit den Seiten a, b und e festgelegt. Daraus lässt sich die folgende Beziehung zwischen den Größen a, b und e der Hyperbel aus nebenstehender Abbildung ableiten.

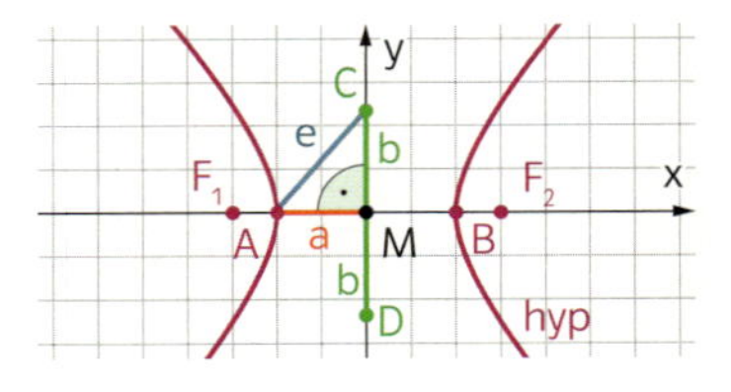

MERKE

Zusammenhang zwischen den Hyperbelparametern

Für die Hyperbel gilt: $e^2 = a^2 + b^2$.

Arbeitsblatt Parameter einer Hyperbel ermitteln j6p8p6

464. Berechne jeweils den fehlenden Hyperbelparameter a, b oder e.

a) $a = 5$; $b = 4$ **b)** $e = 10$; $a = 7$ **c)** $b = 2$; $e = 6$ **d)** $e = 17{,}3$; $b = 6{,}8$

Konstruktion einer Hyperbel

Gegeben sind die beiden Brennpunkte einer Hyperbel. Man trägt eine Strecke 2a auf. 2a muss kürzer sein als der Abstand zwischen F_1 und F_2. Die Strecke 2a verlängert man nun um eine beliebige Strecke d. Die Strecke 2a + d nimmt man als Radius für einen Kreis (k_1) mit Mittelpunkt in F_1. Die Strecke d nimmt man als Radius für einen Kreis (k_2) mit Mittelpunkt in F_2. Die Schnittpunkte dieser Kreise (X_1 und X_2) sind Punkte der Hyperbel hyp. Durch wiederholte Anwendung dieses Verfahrens, sowohl von F_1 als auch von F_2 aus, mit verändertem Streckenteil d, erhält man weitere Punkte der Hyperbel.

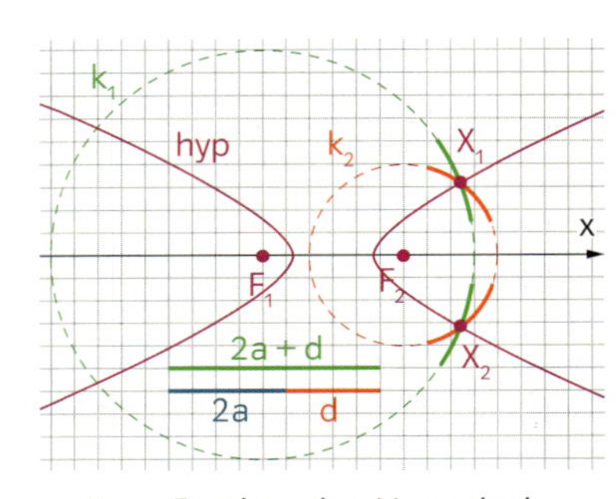

465. Konstruiere die Hyperbel hyp mit den Brennpunkten F_1 und F_2 und der Hilfsstrecke 2a (in cm).

a) $F_1 = (-3|0)$; $F_2 = (3|0)$; $a = 2$ **b)** $F_1 = (-5|0)$; $F_2 = (5|0)$; $a = 3$ **c)** $F_1 = (-4|0)$; $F_2 = (4|0)$; $a = 1$

Die Hyperbelgleichung

Im Folgenden werden ausschließlich Hyperbeln betrachtet, deren Mittelpunkt im Koordinatenursprung $M = (0|0)$ und deren große Halbachse a auf der x-Achse des Koordinatensystems liegt. Die Lage einer solchen Hyperbel nennt man **1. Hauptlage**. Aus der Definition der Hyperbel erhält man durch Berechnung die Hyperbelgleichung (siehe S. 269).

MERKE

Gleichung der Hyperbel

Ein Punkt $P = (x|y)$ liegt auf der Hyperbel hyp, wenn seine Koordinaten die folgende Gleichung erfüllen:

$$\text{hyp: } b^2x^2 - a^2y^2 = a^2b^2 \quad \text{oder} \quad \frac{x^2}{a^2} - \frac{y^2}{b^2} = 1.$$

a: Länge große Halbachse b: Länge kleine Halbachse

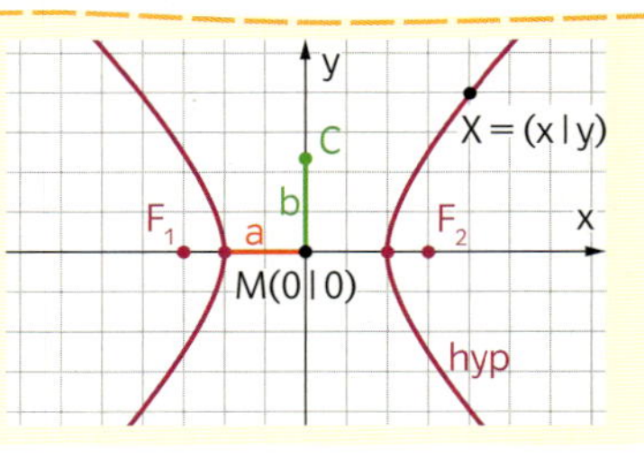

Arbeitsblatt Gleichung einer Hyperbel ermitteln w3wk5i

466. Bestimme die Gleichung der Hyperbel hyp aus den angegebenen Parametern.

a) $a = 7$; $b = 5$ **b)** $e = 9$; $b = 6$ **c)** $a = 5$; $e = 7$ **d)** $e = 12$; $b = 9$

467. Bestimme die Parameter a, b und e aus der Hyperbelgleichung.

a) $9x^2 - 16y^2 = 144$ **b)** $x^2 - 10y^2 = 10$ **c)** $49x^2 - 36y^2 = 1764$ **d)** $x^2 - y^2 = 1$

MUSTER

468. Von einer Hyperbel hyp sind der Hauptscheitel $A = (-4|0)$ und der Brennpunkt $F = (8|0)$ gegeben. Ermittle die Gleichung dieser Hyperbel.

Aus den x-Koordinaten von A und F kann man a und e ablesen und damit b berechnen:

$a = 4;\ e = 8 \quad \Rightarrow \quad b^2 = e^2 - a^2 = 64 - 16 = 48$

hyp: $48x^2 - 16y^2 = 768 \overset{:16}{\Rightarrow}$ hyp: $3x^2 - y^2 = 48$

469. A und B sind die Hauptscheitel, C und D die Nebenscheitel, F ist ein Brennpunkt und X ein Punkt auf der Hyperbel. Bestimme die Gleichung der Hyperbel hyp.

a) hyp: $A = (-10|0)$; $C = (0|5)$
b) hyp: $B = (6|0)$; $D = (0|-4)$
c) hyp: $F = (-5|0)$; $C = (0|3)$
d) hyp: $A = (5|0)$; $F = (4|0)$
e) hyp: $D = (0|-4)$; $A = (-12|0)$
f) hyp: $F = (10|0)$; $D = (0|-4)$

470. Ermittle die Brennweite und die Gleichung der Hyperbel hyp mit Hilfe der Maße aus der Abbildung.

a)
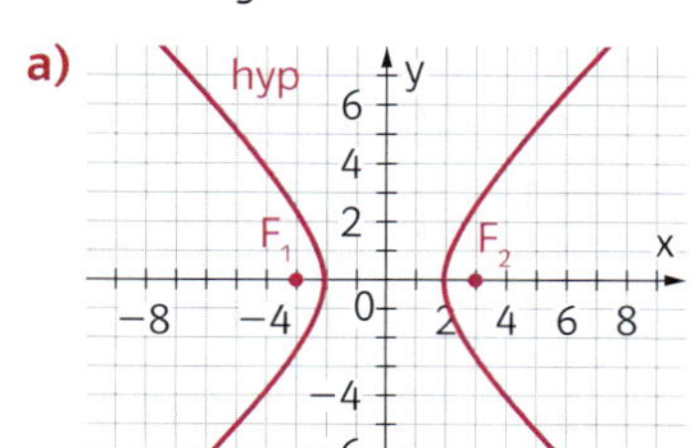

b)
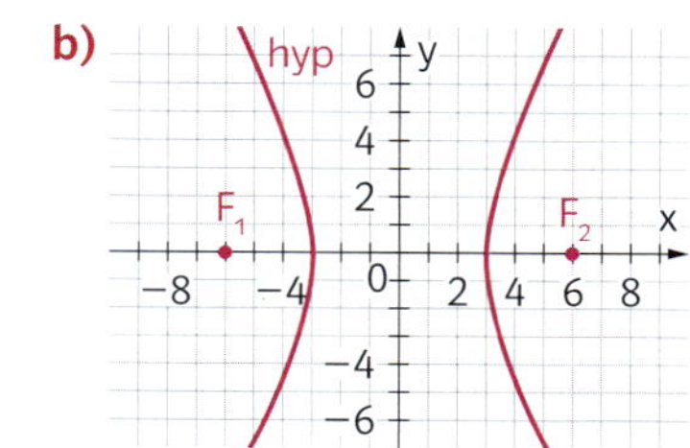

c)
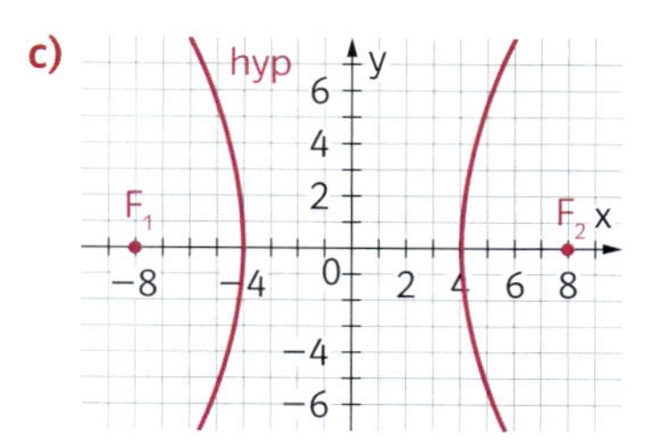

TECHNOLOGIE

Technologie Anleitung Hyperbelgleichung ermitteln fp4xx8

Gleichung der Hyperbel ermitteln

Geogebra:	Hyperbel[Brennpunkt, Brennpunkt, Punkt]	z. B. Hyperbel[(−3,0),(3,0),(2,1)] $89{,}69x^2 - 54{,}31y^2 = 304{,}44$

MUSTER

Technologie Anleitung Hyperbelparameter ermitteln 1 6kf7zi

471. Bestimme die Parameter a, b und e der Hyperbel hyp: $6x^2 - 4y^2 = 18$.

Um die Parameter a und b bestimmen zu können, bringt man die Hyperbelgleichung auf die Form $\frac{x^2}{a^2} - \frac{y^2}{b^2} = 1$: $\quad \frac{6x^2}{18} - \frac{4y^2}{18} = 1 \quad \Rightarrow \quad \frac{x^2}{3} - \frac{2y^2}{9} = 1 \quad \Rightarrow \quad \frac{x^2}{3} - \frac{y^2}{\frac{9}{2}} = 1 \quad \Rightarrow \quad a = \sqrt{3};\ b = \sqrt{\frac{9}{2}}$

Daraus kann man die Brennweite e berechnen: $e^2 = a^2 + b^2 = 3 + \frac{9}{2} = 7{,}5 \quad \Rightarrow \quad e = \sqrt{7{,}5}$

472. Bestimme die Parameter a, b und e der Hyperbel hyp.

a) hyp: $3x^2 - 5y^2 = 30$
b) hyp: $2x^2 - 7y^2 = 14$
c) hyp: $x^2 - 7y^2 = 21$
d) hyp: $4x^2 - 5y^2 = 40$
e) hyp: $x^2 - y^2 = 15$
f) hyp: $8x^2 - y^2 = 50$

473. Kreuze jeweils an, ob die angegebene Gleichung einem Kreis, einer Ellipse in 1. HL oder einer Hyperbel in 1. Hauptlage entspricht.

		Kreis	Ellipse	Hyperbel	keine der angegebenen Figuren
A	$x^2 + 3y^2 = 2$	☐	☐	☐	☐
B	$x^2 - y^2 = 5$	☐	☐	☐	☐
C	$x^2 + y^2 + 4 = 0$	☐	☐	☐	☐
D	$4x^2 - 5y^2 = 2$	☐	☐	☐	☐
E	$2x^2 = -3y^2 + 8$	☐	☐	☐	☐
F	$x^2 = y^2 + 14$	☐	☐	☐	☐

474. Die **numerische Exzentrizität** ε einer Hyperbel ist das Verhältnis aus linearer Exzentrizität und der Länge der großen Halbachse: $\varepsilon = \frac{e}{a}$.

a) Bestimme ein Intervall, das genau die möglichen Werte von ε umfasst.
b) Hyperbeln mit gleicher numerischer Exzentrizität heißen zueinander ähnlich. Bestimme die Gleichungen dreier verschiedener Hyperbeln, die zueinander ähnlich sind und zeichne deren Graphen in ein Koordinatensystem.

Lagebeziehung Punkt-Hyperbel

475. Überprüfe, ob die Punkte P und Q auf der Hyperbel hyp liegen.

a) hyp: $3x^2 - 5y^2 = 7$; $P = (2|2)$; $Q = (2|1)$
b) hyp: $4x^2 - 3y^2 = 1$; $P = (1|1)$; $Q = (-1|1)$
c) hyp: $2x^2 - 9y^2 = 4$; $P = (-3|1)$; $Q = (1|3)$
d) hyp: $7x^2 - 3y^2 = 60$; $P = (-3|-3)$; $Q = (-3|1)$

476. Argumentiere geometrisch, dass der Punkt P nicht auf der Hyperbel hyp liegen kann.

a) hyp: $4x^2 + 16y^2 = 64$; $P = (3|0)$
b) hyp: $4x^2 + 16y^2 = 64$; $P = (0|2)$

477. A liegt auf der Hyperbel hyp: $4x^2 - 3y^2 = 24$. Bestimme, wenn möglich, die Koordinate.

a) $A = (0|y)$ **b)** $A = (x|0)$ **c)** $A = (2|y)$ **d)** $A = (x|-3)$ **e)** $A = (-2|y)$

478. Zeige: Wenn der Punkt $P = (m|n)$ auf einer Hyperbel liegt, dann liegen auch die Punkte mit den Koordinaten $(-m|n)$, $(-m|-n)$ und $(m|-n)$ auf der gleichen Hyperbel.

Hyperbelparameter aus Punkten berechnen

MUSTER

Technologie
Anleitung
Hyperbel-parameter ermitteln 2
874pr7

479. Bestimme die Gleichung der Hyperbel, die durch die Punkte $P = (2|\sqrt{5})$ und $Q = (4|\sqrt{35})$ geht.

Man setzt P und Q in die allgemeine Hyperbelgleichung ein, um ein Gleichungssystem für a und b zu erhalten: I: $4b^2 - 5a^2 = a^2b^2$; II: $16b^2 - 35a^2 = a^2b^2$.

Lösen des LGS: $a^2 = 2$ und $b^2 = 5$. Die gesuchte Hyperbelgleichung lautet hyp: $5x^2 - 2y^2 = 10$.

480. Bestimme die Gleichung der Hyperbel, die durch die Punkte P und Q geht.

a) $P = (2|3)$; $Q = (1|0)$
b) $P = (\sqrt{2}|1)$; $Q = (2|\sqrt{3})$
c) $P = (5|0)$; $Q = (-8|9)$
d) $P = (3|\sqrt{2})$; $Q = (6|\sqrt{11})$
e) $P = (-2|3)$; $Q = (3|2)$
f) $P = (1|1)$; $Q = (3|5)$

MUSTER

Technologie
Anleitung
Hyperbel-parameter ermitteln 3
6gc5qf

481. Bestimme die Gleichung der Hyperbel hyp, die durch den Punkt $P = (4|6)$ geht und in $F_1 = (4|0)$ einen Brennpunkt hat.

Mit Hilfe der Definition der Hyperbel $|\overline{F_2P} - \overline{F_1P}| = 2a$, kann man den Parameter a bestimmen.
Die Koordinaten von F_2 lauten aus Symmetriegründen $F_2 = (-4|0)$.
Nun bestimmet man aus den Vektoren $\overrightarrow{F_1P}$ und $\overrightarrow{F_2P}$ die Längen $\overline{F_1P}$ und $\overline{F_2P}$.

$$\overrightarrow{F_2P} = \begin{pmatrix} 8 \\ 6 \end{pmatrix} \Rightarrow |\overrightarrow{F_2P}| = \overline{F_2P} = \sqrt{100} = 10;\ \overrightarrow{F_1P} = \begin{pmatrix} 0 \\ 6 \end{pmatrix} \Rightarrow |\overrightarrow{F_1P}| = \overline{F_1P} = 6$$

Eingesetzt in $|\overline{F_2P} - \overline{F_1P}| = 2a$ erhält man den Wert des Parameters a:

$$|10 - 6| = 4 = 2a \Rightarrow a = 2. \qquad \text{Aus } e = 4 \text{ folgt für b: } b = \sqrt{e^2 - a^2} = \sqrt{12}.$$

Die Hyperbelgleichung lautet daher: hyp: $12x^2 - 4y^2 = 48 \Rightarrow 3x^2 - y^2 = 12$.

482. F ist ein Brennpunkt und P ein Punkt der Hyperbel. Bestimme ihre Gleichung.

a) $F = (-4|0)$; $P = (3|0)$
b) $F = (-100|0)$; $P = (50|0)$
c) $F = (5|0)$; $P = (-4|3)$
d) $F = (23|0)$; $P = (45|50)$
e) $F = (7|0)$; $P = (5|6)$
f) $F = (-56|0)$; $P = (100|100)$

Vertiefung
Der Name der Hyperbel
67y6zb

R **483.** Die Bezeichnung „Hyperbel" kommt auch als Stilmittel in der Literatur vor.

a) Erkundige dich, um welches Stilmittel es sich dabei handelt und führe Beispiel an.
b) Finde einen Zusammenhang zwischen der literarischen und der mathematischen Bedeutung des Begriffes „Hyperbel". Der Name des Mathematikers „Apollonius von Perge" wird dir bei der Suche behilflich sein.

Asymptoten der Hyperbel

Wenn man aus der Hyperbelgleichung y ausdrückt erhält man:

$$b^2x^2 - a^2y^2 = a^2b^2 \quad \Rightarrow \quad y^2 = \frac{b^2x^2}{a^2} - \frac{a^2b^2}{a^2} \quad \Rightarrow \quad y^2 = \frac{b^2x^2}{a^2}\left(1 - \frac{a^2}{x^2}\right) \quad \Rightarrow \quad y = \pm\frac{b}{a}x \cdot \sqrt{1 - \frac{a^2}{x^2}}$$

Für $x \to \pm\infty$ geht der Term $\frac{a^2}{x^2}$ gegen 0 und der Wert der Wurzel gegen 1. Die y-Werte der Hyperbel nähern sich also zwei Geraden an. a_1: $y = \frac{b}{a}x$; a_2: $y = -\frac{b}{a}x$

MERKE

Technologie
Anleitung Asymptote ermitteln
q333x6

Die Asymptoten der Hyperbel

Die beiden Äste der Hyperbel nähern sich für $x \to \pm\infty$ zwei Asymptoten an.

a_1: $y = \frac{b}{a}x$ und a_2: $y = -\frac{b}{a}x$

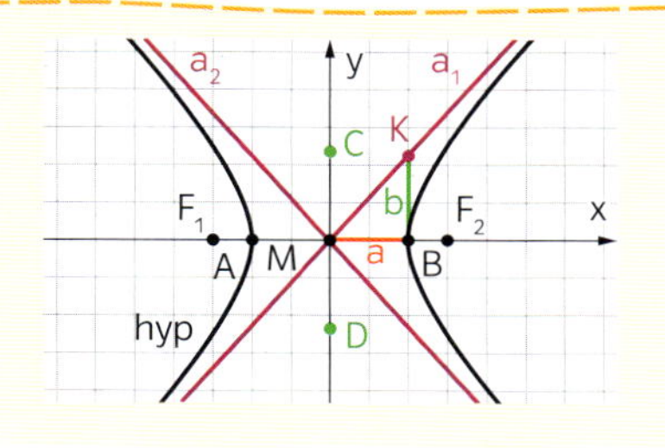

484. Bestimme die Gleichungen der beiden Asymptoten der Hyperbel hyp.

a) hyp: $4x^2 - 9y^2 = 36$
b) hyp: $x^2 - y^2 = 1$
c) hyp: $x^2 - 9y^2 = 9$
d) hyp: $25x^2 - 16y^2 = 400$
e) hyp: $9x^2 - 25y^2 = 225$
f) hyp: $100x^2 - 81y^2 = 8100$

485. Bestimme die Gleichungen der beiden Asymptoten der Hyperbel hyp.

a) hyp: $4x^2 - 9y^2 = 72$ **b)** hyp: $x^2 - 9y^2 = 36$ **c)** hyp: $x^2 - y^2 = 2$ **d)** hyp: $3x^2 - 12y^2 = 48$

486. Ein Schüler hat die Asymptote einer Hyperbel hyp: $4x^2 - 9y^2 = 12$ ermittelt. Hier siehst du seine Rechnung:

$b^2 = 4 \quad \Rightarrow \quad b = \pm 2$; $a^2 = 9 \quad \Rightarrow \quad a = \pm 3$ Daher ist die Gleichung einer Asymptote: $y = \frac{2}{3}x$.

Begründe, ob diese Rechnung korrekt ist.

487. Gib drei verschiedene Hyperbeln an, die die Gerade g als Asymptote haben und zeichne sie mit einer geeigneten Technologie.

a) g: $y = x$ **b)** g: $y = 3x$ **c)** g: $y = \frac{2}{3}x$ **d)** g: $y = \frac{3}{4}x$

488. Begründe, warum man aus der Gleichung einer Asymptote nicht eindeutig auf die Gleichung der passenden Hyperbel schließen kann.

489. Kreuze alle Aussagen an, die auf die Hyperbel mit der Gleichung hyp: $5x^2 - 6y^2 = 60$ zutreffen.

A	$(\sqrt{12} \mid 0)$ liegt auf der Hyperbel.	☐
B	Es gibt eine Punkt $(0 \mid a)$ mit $a \in \mathbb{R}$, der auf der Hyperbel liegt.	☐
C	Es gibt eine Punkt $(a \mid 0)$ mit $a < 0$, der auf der Hyperbel liegt.	☐
D	Die Länge der kleinen Halbachse b beträgt 5.	☐
E	g: $y = \frac{6}{5}x$ ist eine Asymptote von hyp.	☐

496. Bestimme aus den Koordinaten des Brennpunktes F die Art der Hauptlage, den Parameter p und die Gleichung der Parabel.

a) $F = (-3 \mid 0)$ **b)** $F = (0 \mid -6)$ **c)** $F = (0 \mid 8)$ **d)** $F = (5 \mid 0)$ **e)** $F = (-7 \mid 0)$

497. Ermittle aus den folgenden Angaben die Gleichung der Parabel par in allen möglichen Hauptlagen.

a) $p = 3$ **c)** $P = (3 \mid 2) \in par$ **e)** $P = (3 \mid -2) \in par$
b) $p = 8$ **d)** $P = (-3 \mid -2) \in par$ **f)** $P = (-3 \mid 2) \in par$

498. Ermittle aus der Gleichung der Parabel par die Koordinaten des Brennpunktes F.

a) par: $y^2 = -6x$ **b)** par: $x^2 = 5y$ **c)** par: $y^2 = -10x$ **d)** par: $x^2 = y$

499. Ermittle aus der Gleichung der Parabel par die Gleichung der Leitgeraden l.

a) par: $y^2 = 4x$ **b)** par: $x^2 = 9y$ **c)** par: $x^2 = -3y$ **d)** par: $y^2 = -5x$

500. Ermittle aus der Gleichung der Leitgeraden l die Gleichung der Parabel.

a) l: $x = -3$ **b)** l: $y = -4$ **c)** l: $x = 6$ **d)** l: $y = 8$

501. Max soll die Gleichung der abgebildeten Parabel bestimmen. Er wendet sich an ein Mathematik-Forum im Internet und erhält folgenden Tipp:

„Lieber Max, bestimme die x-Koordinate des Punktes mit dem y-Wert 1. Nimm den Kehrwert der x-Koordinate und schon kannst du die Parabelgleichung hinschreiben:
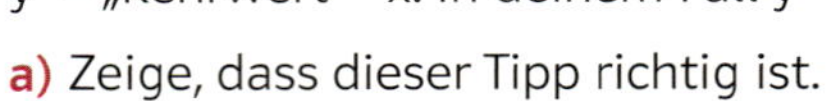
$y^2 =$ „Kehrwert" $\cdot x$. In deinem Fall $y^2 = \frac{1}{5} \cdot x$. Viel Erfolg!"

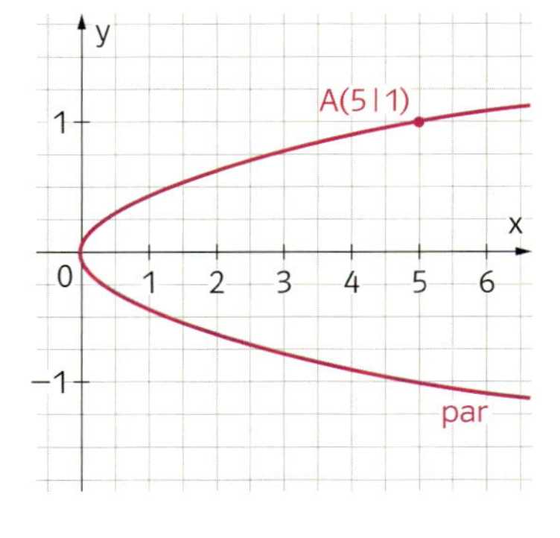

a) Zeige, dass dieser Tipp richtig ist.
b) Entwirf ähnliche „Rezepte" für Parabeln in 2. HL, 3. HL und 4. HL.

502. Die Bezeichnung „Parabel" kommt auch als Bezeichnung einer literarischen Form vor.

a) Erkundige dich, um welches Stilmittel es sich dabei handelt und führe Beispiele an.
b) Finde einen Zusammenhang zwischen der literarischen und der mathematischen Bedeutung des Begriffes „Parabel". Der Name des Mathematikers „Apollonius von Perge" wird dir bei der Suche behilflich sein.

Lagebeziehung Punkt-Parabel

503. P und Q liegen auf der Parabel par. Bestimme die fehlende Koordinaten der Punkte P und Q.

a) par: $y^2 = 3x$; $P = (3 \mid y)$; $Q = (x \mid 9)$ **c)** par: $y^2 = x$; $P = (7 \mid y)$; $Q = (x \mid 9)$
b) par: $y^2 = 9x$; $P = (0 \mid y)$; $Q = (x \mid -3)$ **d)** par: $y^2 = 100x$; $P = (1 \mid y)$; $Q = (x \mid 9)$

504. Bestimme die Koordinaten eines Punktes P, der auf der Parabel par liegt und überprüfe, dass für P gilt: $\overline{FP} = \overline{lP}$.

a) par: $y^2 = 5x$ **b)** par: $y^2 = x$ **c)** par: $y^2 = 200x$ **d)** par: $y^2 - 10x = 0$ **e)** par: $y^2 = 50x$

505. a) Welche Punkte auf der Parabel in 1. HL par: $y^2 = 2px$ haben die gleiche x- und y-Koordinate?
b) Überprüfe deine Erkenntnis an der Parabel par: $y^2 = 4x$.

KOMPETENZEN

5.4 Lagebeziehungen zwischen Kegelschnitten und Geraden

Lernziele:

- Die Lagebeziehung zwischen einer Geraden und einem Kegelschnitt bestimmen können
- Die Lagebeziehung und den Schnittwinkel zwischen zwei Kegelschnitten ermitteln können

In Kapitel 4 wurde schon gezeigt, wie man die Lagebeziehung zwischen Kreis und Gerade feststellt. Um die Lagebeziehung zwischen einem Kegelschnitt und einer Geraden zu bestimmen, geht man auf gleiche Weise vor: Man ermittelt die Schnittpunkte zwischen der Geraden und dem Kegelschnitt und schließt auf die Lagebeziehung.

Lagebeziehung Ellipse-Gerade

MERKE

Lagebeziehung Ellipse-Gerade

Es gibt drei mögliche Lagebeziehungen: Je nach Anzahl der Schnittpunkte ist die Gerade eine **Sekante**, eine **Tangente** oder eine **Passante**.

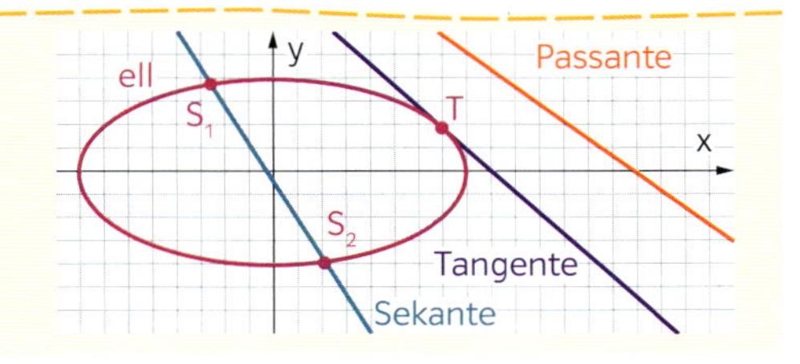

MUSTER

506. Bestimme die Lagebeziehung zwischen der Ellipse ell: $x^2 + 2y^2 = 18$ und der Geraden g: $x + 2y = 6$. Bestimme gegebenenfalls die Koordinaten der gemeinsamen Punkte.

1. Schritt: Zuerst drückt man eine Variable aus der Geradengleichung aus und setzt diese in die Ellipsengleichung ein: $x = 6 - 2y \quad \Rightarrow \quad (6 - 2y)^2 + 2y^2 = 18.$

2. Schritt: Die quadratische Gleichung liefert die y-Werte der Schnittpunkte:
$$6y^2 - 24y + 18 = 0 \quad \Rightarrow \quad y_1 = 1; \; y_2 = 3$$

3. Schritt: Durch Einsetzen in die Geradengleichung erhält man die x-Werte der beiden Schnittpunkte: $x_1 = 6 - 2 \cdot 1 = 4; \; x_2 = 0 \quad \Rightarrow \quad S_1 = (4 \mid 1); \; S_2 = (0 \mid 3)$

Da es zwei Schnittpunkte gibt, ist die Gerade eine Sekante.

507. Ermittle die Lagebeziehung zwischen der Ellipse ell und der Geraden g. Bestimme gegebenenfalls die Koordinaten der gemeinsamen Punkte.

a) ell: $x^2 + 5y^2 = 45$; g: $-x + 5y = 15$

b) ell: $9x^2 + 25y^2 = 900$; g: $y = -\frac{3}{5}x + 6$

c) ell: $x^2 + 2y^2 = 32$; g: $y = -x + 8$

d) ell: $2x^2 + 3y^2 = 5$; g: $y = 1$

e) ell: $x^2 + 5y^2 = 9$; g: $y = -x + 3$

f) ell: $2x^2 + 7y^2 = 9$; g: $2x + 7y = 9$

MUSTER

508. Bestimme die gemeinsamen Punkte der Ellipse ell: $x^2 + 5y^2 = 45$ und der Geraden
$$g\colon X = \begin{pmatrix} 5 \\ 2 \end{pmatrix} + t\begin{pmatrix} 2 \\ -1 \end{pmatrix}.$$

1. Schritt: Zuerst schreibt man die Gerade g koordinatenweise an: $x = 5 + 2t; \; y = 2 - t.$

2. Schritt: Dann setzt man x und y in die Ellipsengleichung ein und berechnet den Parameter t:
$$(5 + 2t)^2 + 5(2 - t)^2 = 45 \quad \Rightarrow \quad 9t^2 + 45 = 45 \quad \Rightarrow \quad t_{1,2} = 0$$

3. Schritt: Da die quadratische Gleichung nur eine Lösung t = 0 besitzt, gibt es nur einen gemeinsamen Punkt T. Diesen erhält man, indem man t in die Geradengleichung einsetzt:
$$T = \begin{pmatrix} 5 \\ 2 \end{pmatrix} + 0\begin{pmatrix} 2 \\ -1 \end{pmatrix} = (5 \mid 2)$$

Technologie Anleitung Schnittpunkte von Kegelschnitten 1 jb25sd

509. Ermittle die gemeinsamen Punkte der Ellipse ell und der Geraden g.

a) ell: $x^2 + 3y^2 = 40$; g: $X = \begin{pmatrix} -1 \\ 2 \end{pmatrix} + t\begin{pmatrix} 3 \\ -1 \end{pmatrix}$

b) ell: $x^2 + 4y^2 = 4$; g: $X = \begin{pmatrix} -2 \\ 0 \end{pmatrix} + t\begin{pmatrix} 2 \\ 1 \end{pmatrix}$

c) ell: $16x^2 + 25y^2 = 800$; g: $X = \begin{pmatrix} -5 \\ 4 \end{pmatrix} + t\begin{pmatrix} 5 \\ 4 \end{pmatrix}$

d) ell: $4x^2 + 9y^2 = 25$; g: $X = \begin{pmatrix} -3 \\ 3 \end{pmatrix} + t\begin{pmatrix} -9 \\ -8 \end{pmatrix}$

TECHNOLOGIE

Gemeinsame Punkte von Kegelschnitt und Gerade bestimmen

Geogebra: Schneide[<Objekt>, <Objekt>] Bsp.: Schneide[$x^2 + 5y^2 = 45$, $2x + y$]
Lösung: A(−0,98, 2,97); B(1,94, −2,87)

510. Bestimme die gemeinsamen Punkte der Ellipse ell und der Geraden g.

a) ell: $5x^2 + 3y^2 = 4$; g: $2x - y = 3$ b) ell: $x^2 + 3y^2 = 12$; g: $x = 1$ c) ell: $3x^2 + 4y^2 = 24$; g: $x + y = 3$

511. Bestimme die Schnittpunkte der Ellipse ell mit der ersten und der zweiten Mediane.

a) ell: $3x^2 + 5y^2 = 12$ b) ell: $x^2 + 4y^2 = 10$ c) ell: $2x^2 + 7y^2 = 14$

Lagebeziehung Hyperbel-Gerade

MERKE

Lagebeziehung Hyperbel Gerade

Hat die Gerade keinen Punkt mit der Hyperbel gemeinsam, so ist sie eine **Passante.**
Hat sie zwei Punkte gemeinsam, so ist sie eine **Sekante**.

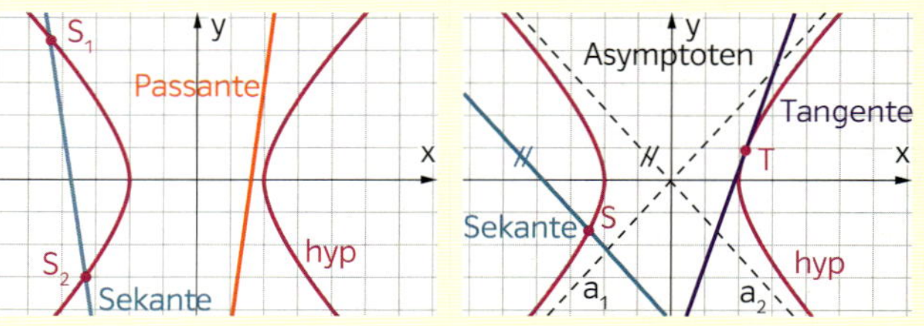

Haben Gerade und Hyperbel einen Punkt gemeinsam, so gibt es **zwei mögliche Lagebeziehungen**:

1. Die Gerade berührt die Hyperbel und ist eine Tangente.
2. Die Gerade ist parallel zu einer der Asymptoten, dann ist sie eine Sekante mit einem Schnittpunkt.

MUSTER

512. Bestimme die Lagebeziehung zwischen der Hyperbel hyp: $3x^2 - 4y^2 = 12$ und der Geraden g: $x - y = 1$. Bestimme gegebenenfalls die Koordinaten der gemeinsamen Punkte.

1. Schritt: Zuerst drückt man eine Variable aus g aus und setzt diese in hyp ein:
$x = 1 + y \Rightarrow 3(1 + y)^2 - 4y^2 = 12$

2. Schritt: Die so erhaltene quadratische Gleichung liefert den y-Wert des gemeinsamen Punktes: $-y^2 + 6y + 3 = 12 \Rightarrow y = 3$

3. Schritt: Durch Einsetzen in die Geradengleichung erhält man den x-Wert des Schnittpunktes: $x = 4 \Rightarrow S = (4 | 3)$

4. Schritt: Da die Hyperbel und die Gerade einen Punkt gemeinsam haben, kann die Gerade eine Tangente oder – falls sie die gleiche Steigung wie eine Asymptote hat – eine Sekante sein. Aus der Hyperbelgleichung erkennt man, dass $a^2 = 4$ und $b^2 = 3$ gilt, also beträgt die Asymptotensteigung $\pm\frac{b}{a} = \pm\frac{\sqrt{3}}{\sqrt{4}} = \pm 0{,}87$. Die Steigung von g beträgt 1. Die Gerade ist nicht parallel zu einer Asymptote. Die Gerade ist eine Tangente mit dem Schnittpunkt $S = (4 | 3)$.

Arbeitsblatt Lagebeziehung Hyperbel – Gerade t2p7zu

513. Bestimme die Lagebeziehung zwischen der Hyperbel hyp und der Geraden g. Bestimme gegebenenfalls die Koordinaten der gemeinsamen Punkte.

a) hyp: $4x^2 - 3y^2 = 1$; g: $4x + 3y = 1$

b) hyp: $2x^2 - 5y^2 = 10$; g: $y = 3$

c) hyp: $16x^2 - 25y^2 = 800$; g: $X = \begin{pmatrix} -5 \\ 4 \end{pmatrix} + t\begin{pmatrix} 5 \\ 4 \end{pmatrix}$

d) hyp: $4x^2 - 9y^2 = 25$; g: $X = \begin{pmatrix} -3 \\ 3 \end{pmatrix} + t\begin{pmatrix} -9 \\ -8 \end{pmatrix}$

Lagebeziehung Parabel-Gerade

MERKE

Lagebeziehung Parabel-Gerade

Eine Gerade kann **Passante**, **Tangente** oder **Sekante** bezüglich einer Parabel sein. Aber auch hier kann es sein, dass eine Gerade Sekante ist und nur einen gemeinsamen Punkt mit der Parabel besitzt. Dies ist der Fall, wenn die Gerade **normal zur Leitgeraden** steht.

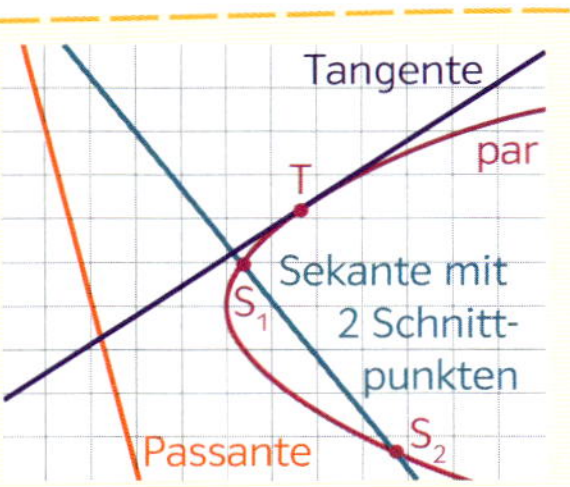

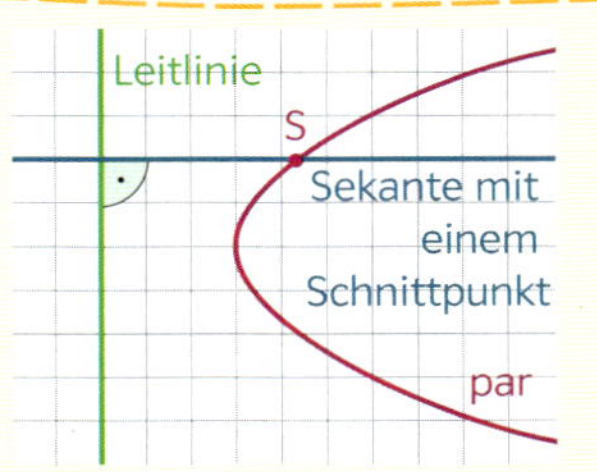

MUSTER

514. Bestimme die Lagebeziehung zwischen der Parabel par: $y^2 = 6x$ und der Geraden g: $y = 2x + 4$. Bestimme gegebenenfalls die Koordinaten der gemeinsamen Punkte.

1. Schritt: Eine Variable aus g ausdrücken und in h einsetzen: $y = 2x + 4 \Rightarrow (2x + 4)^2 = 6x$
2. Schritt: Die quadratische Gleichung liefert den x-Wert des gemeinsamen Punktes:
$4x^2 + 10x + 16 = 0 \Rightarrow$ keine Lösung $\Rightarrow$ kein Schnittpunkt $\Rightarrow$ g ist eine Passante.

515. Bestimme die Lagebeziehung zwischen der Parabel p und der Geraden g. Bestimme gegebenenfalls die Koordinaten der gemeinsamen Punkte.

a) par: $y^2 = 0{,}5x$; g: $y = x + 4$
b) par: $y^2 = x$; g: $y = 0{,}25x + 1$
c) par: $y^2 = 2x$; g: $y = 1$
d) par: $y^2 = 3x$; g: $x - 3y = -6$
e) par: $y^2 = 2{,}5x$; g: $4y - x = 10$
f) par: $y^2 = 8x$; g: $y = -x + 4$

516. Bestimme die Lagebeziehung zwischen der Parabel par und der Geraden g. Bestimme gegebenenfalls die Koordinaten der gemeinsamen Punkte.

a) par: $x^2 = 4y$; g: $X = \begin{pmatrix} -1 \\ 2 \end{pmatrix} + t\begin{pmatrix} 3 \\ -1 \end{pmatrix}$

b) par: $x^2 = -3y$; g: $X = \begin{pmatrix} -2 \\ 0 \end{pmatrix} + t\begin{pmatrix} 2 \\ 1 \end{pmatrix}$

c) par: $y^2 = -5x$; g: $X = \begin{pmatrix} -5 \\ 4 \end{pmatrix} + t\begin{pmatrix} 5 \\ 4 \end{pmatrix}$

Lagebeziehung zwischen Kegelschnitten

Um die Lagebeziehung von zwei Kegelschnitten zu bestimmen, bestimmt man die gemeinsamen Punkte. Dazu löst man immer das Gleichungssystem, das sich aus den Gleichungen der beiden Kegelschnitte ergibt. Hier ist es vorteilhaft, Technologie einzusetzen.

MUSTER

517. Bestimme die Schnittpunkte der Ellipse ell: $x^2 + 2y^2 = 18$ mit der Hyperbel hyp: $x^2 - 15y^2 = 1$.

Auf Grund geometrischer Überlegungen sind vier Schnittpunkte zu erwarten. Mit Hilfe von Technologieeinsatz löst man das Gleichungssystem I: $x^2 + 2y^2 = 18$; II: $x^2 - 15y^2 = 1$
$S_1 = (-4 \mid 1)$; $S_2 = (4 \mid 1)$; $S_3 = (-4 \mid -1)$; $S_4 = (4 \mid -1)$

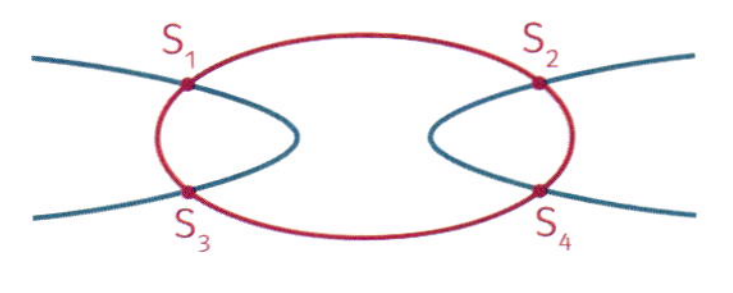

Arbeitsblatt Lagebeziehung von zwei Kegelschnitten s9s7u7

518. Bestimme die Lagebeziehung und gegebenenfalls die Schnittpunkte der Kegelschnitte.

a) ell: $3x^2 + 5y^2 = 120$; hyp: $x^2 - y^2 = 20$

b) ell: $3x^2 + 5y^2 = 120$; par: $y^2 = 4x$

5.5 Tangenten an Kegelschnitten

KOMPETENZEN

Lernziele:

- Die Tangenten an Kegelschnitte bestimmen können
- Den Schnittwinkel zwischen Kegelschnitten ermitteln können

Im Kapitel 4 wurde bereits gezeigt, wie man mit der Spaltform die Gleichung der Tangente an einen Kreis in einem Punkt bestimmen kann. Spaltformen gibt es auch für Ellipse, Hyperbel und Parabel.

Tangente an eine Ellipse

MERKE

Tangentengleichung im Punkt $T = (x_T \mid y_T)$ an eine Ellipse

Durch „Aufspalten" von x^2 und y^2 in der Ellipsengleichung ell: $b^2x^2 + a^2y^2 = a^2b^2$ ergibt sich die **Spaltform der Ellipsentangente**

$$t: b^2x_Tx + a^2y_Ty = a^2b^2$$ (Beweis auf S. 270)

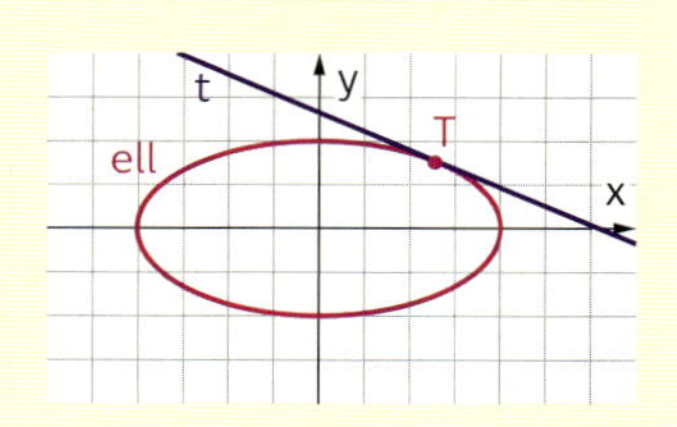

MUSTER

519. Bestimme die Gleichung der Tangente im Punkt $T = (-5 \mid y > 0)$ an die Ellipse ell: $x^2 + 5y^2 = 45$.

1. Schritt: Zuerst bestimmt man die y-Koordinate von T, indem man dessen x-Wert in ell einsetzt: $(-5)^2 + 5y^2 = 45 \quad \Rightarrow \quad y^2 = 4 \quad \Rightarrow \quad y = 2$ (da $y > 0$ sein soll) $\Rightarrow \quad T = (-5 \mid 2)$

2. Schritt: Die Tangentenleichung erhält man, indem man T in die Spaltform einsetzt:

$$t: (-5)x + 5 \cdot 2 \cdot y = 45 \quad \Rightarrow \quad t: -x + 2y = 9$$

TECHNOLOGIE

Tangente an einen Kegelschnitt bestimmen

Geogebra:	Tangente[<Punkt>, <Kegelschnitt>]	z. B. Tangente[(0,6),x² + 2y² = 72] t: y = 6

Technologie Anleitung Tangenten bestimmen 5t4b8f

520. Berechne die Gleichung der Tangente im Punkt T an die Ellipse ell.

a) ell: $3x^2 + 5y^2 = 17$; $T = (2 \mid 1)$ **b)** ell: $5x^2 + 9y^2 = 29$; $T = (-2 \mid 1)$ **c)** ell: $2x^2 + 7y^2 = 9$; $T = (-1 \mid 1)$

521. Bestimme die Gleichung der beiden senkrechten und waagrechten Tangenten an die Ellipse.

a) ell: $2x^2 + 5y^2 = 10$ **b)** ell: $x^2 + 2y^2 = 18$ **c)** ell: $4x^2 + 6y^2 = 24$ **d)** ell: $x^2 + 9y^2 = 9$

Schnittwinkel zwischen Ellipse und Gerade

Der Schnittwinkel, unter dem eine Gerade g im Punkt S auf die Ellipse ell trifft, ist der Winkel zwischen der Tangente t in S und der Geraden g. Er kann mit der Vektor-Winkel-Formel berechnet werden.

522. Hat die Gerade g zwei Schnittwinkel mit der Ellipse ell, so sind die beiden Schnittwinkel nicht immer gleich groß.

Erläutere unter welchen Bedingungen die beiden Schnittwinkel gleich groß sind.

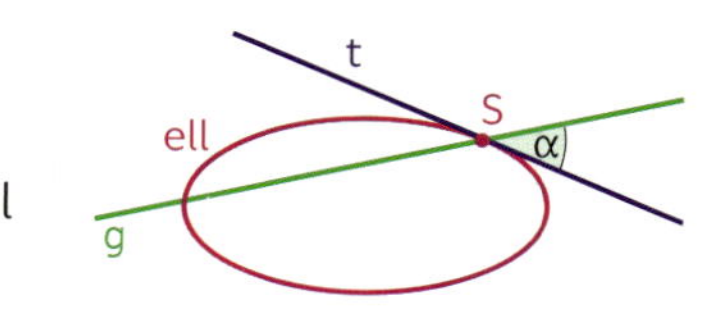

Anleitung Schnittwinkel bestimmen 1 535mq7

523. Bestimme die Winkel, unter denen die Geraden g, h und l auf die Ellipse ell treffen.

a) ell: $x^2 + 2y^2 = 18$; g: $x - 4y = 0$; h: $y = 1$; l: $x = 4$
b) ell: $5x^2 + 9y^2 = 405$; g: $2x + 3y = 27$; h: $y = 5$; l: $x = 6$

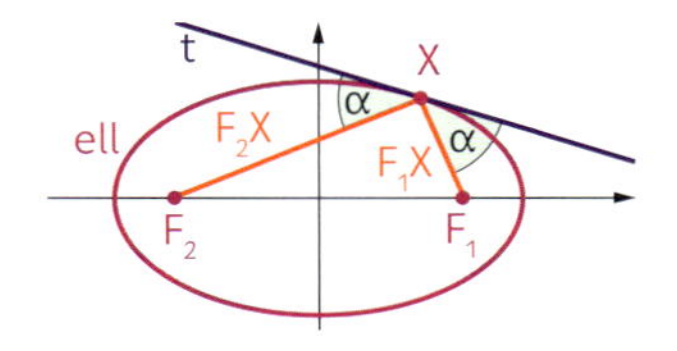

Die Ellipse hat eine ganz besondere Reflexionseigenschaft, welche auch in technischen Anwendungen ausgenützt wird. Der Strahl von einem Brennpunkt (F_1) zu einem Ellipsenpunkt X schließt mit der Ellipse genau den gleichen Winkel ein, wie der Strahl vom anderen Brennpunkt F_2 zum Punkt X.
Trifft also ein Lichtstrahl oder eine Schallwelle vom Brennpunkt kommend auf die Ellipse, so wird der Lichtstrahl oder die Schallwelle genau in den anderen Brennpunkt reflektiert.

Reflexionsgesetz
Trifft ein Lichtstrahl auf eine gekrümmte Fläche, so schließen einfallender Strahl und reflektierter Strahl mit der Tangentialebene den gleichen Winkel ein.

524. Überprüfe am Beispiel der Ellipse ell und am Ellipsenpunkt X die oben beschriebene Reflexionseigenschaft einer Ellipse.

a) ell: $3x^2 + 5y^2 = 120$; $X = (5 \mid 3)$
b) ell: $3x^2 + 4y^2 = 19$; $X = (1 \mid 2)$
c) ell: $x^2 + 2y^2 = 3$; $X = (1 \mid 1)$
d) ell: $x^2 + 2y^2 = 9$; $X = (1 \mid 2)$

525. Flüstergewölbe wird eine bauliche Konstruktion genannt, mit deren Hilfe man sich über ungewöhnlich große Distanzen in normaler Lautstärke unterhalten kann.
Betrachte die nebenstehende Skizze und beschreibe die Funktionsweise des abgebildeten Flüstergewölbes.

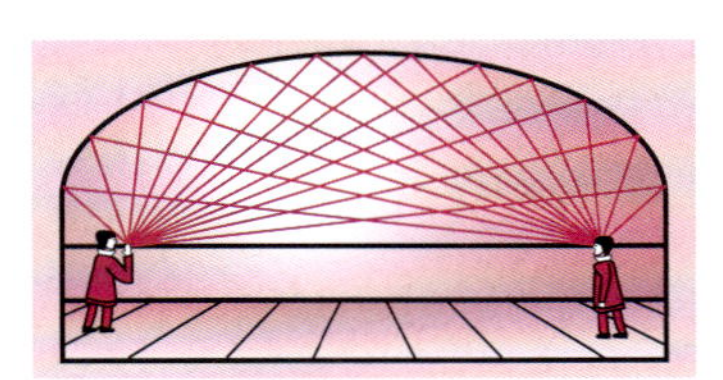

526. Ellipsenförmiger Spiegel

a) Betrachte die nebenstehende Skizze und beschreibe die Funktionsweise des abgebildeten ellipsenförmigen Spiegels.
b) Erkläre, wie man einen ellipsenförmigen Spiegel technisch einsetzen könnte.

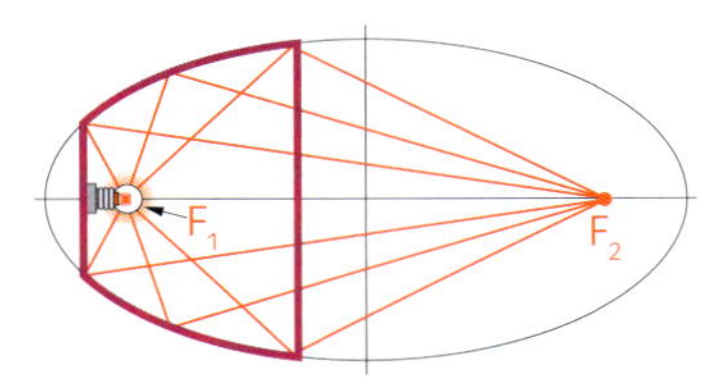

Tangente an eine Hyperbel

MERKE

Tangentengleichung im Punkt $T = (x_T \mid y_T)$ an eine Hyperbel

Durch „Aufspalten" von x^2 und y^2 in der Hyperbelgleichung hyp: $b^2x^2 - a^2y^2 = a^2b^2$ ergibt sich die **Spaltform der Hyperbeltangente** t:

t: $b^2 x_T x - a^2 y_T y = a^2 b^2$ (Beweis auf S. 271)

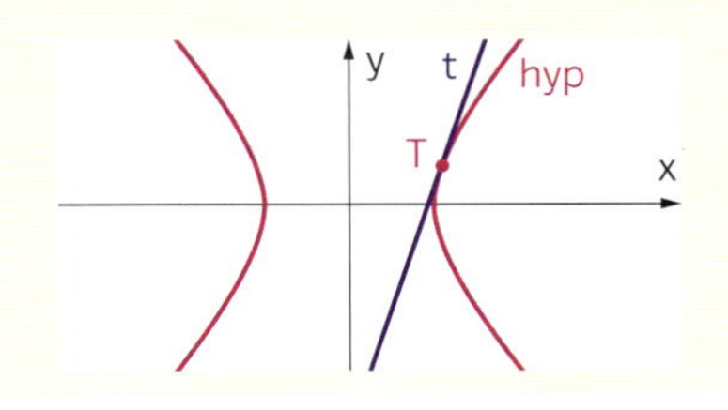

MUSTER

527. Bestimme die Gleichung der Tangente im Punkt $T = (15 \mid y < 0)$ an die Hyperbel hyp: $x^2 - 5y^2 = 45$.

1. Schritt: Zuerst bestimmt man die y-Koordinate von T, indem man dessen x-Wert in hyp einsetzt: $15^2 - 5y^2 = 45 \Rightarrow y^2 = 36 \Rightarrow y = -6$ (da $y < 0$ sein soll) $\Rightarrow T = (15 \mid -6)$
2. Schritt: Die Tangentengleichung erhält man, indem man T in die Spaltform einsetzt:
t: $15 \cdot x - 5 \cdot (-6) \cdot y = 45 \Rightarrow$ t: $x - 2y = 3$

528. Bestimme die Gleichung der Tangente im Punkt T an die Hyperbel hyp.

a) hyp: $3x^2 - y^2 = 12$; $T = (-4 \mid y > 0)$
b) hyp: $x^2 - 2y^2 = 14$; $T = (-8 \mid y > 0)$
c) hyp: $5x^2 - 9y^2 = 28$; $T = (x < 0 \mid 8)$
d) hyp: $2x^2 - 3y^2 = 29$; $T = (x > 0 \mid 11)$
e) hyp: $2x^2 - 7y^2 = 9$; $T = (-6 \mid y > 0)$
f) hyp: $x^2 - 2y^2 = 1$; $T = (-3 \mid y > 0)$

Tangente an eine Parabel

MERKE

Tangentengleichung im Punkt $T = (x_T \mid y_T)$ an eine Parabel in erster Hauptlage

Durch „Aufspalten" von $2x$ in $x + x$ und y^2 in $y \cdot y$ in der Parabelgleichung par: $y^2 = 2px$ ergibt sich die **Spaltform der Parabeltangente** t:

$$t: y_T y = p \cdot (x_T + x)$$

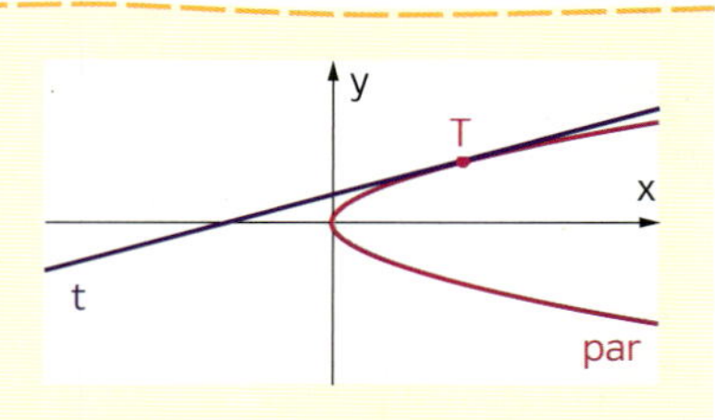

MUSTER

529. Bestimme die Gleichung der Tangente im Punkt $T = (2 \mid y > 0)$ an die Parabel par: $y^2 = 2x$.

1. Schritt: Zuerst bestimmt man die y-Koordinate von T, indem man dessen x-Wert in par einsetzt: $y^2 = 2 \cdot 2 \Rightarrow y^2 = 4 \Rightarrow y = 2$ (da $y > 0$ sein soll) $\Rightarrow T = (2 \mid 2)$

2. Schritt: Die Tangentengleichung erhält man, indem man T in die Spaltform einsetzt:
$t: 2 \cdot y = 1(2 + x) \Rightarrow t: 2y - x = 2$

530. Bestimme die Gleichung der Tangente im Punkt T an die Parabel par.

a) par: $y^2 = 0{,}5x$; $T = (x \mid 1)$
b) par: $y^2 = 3x$; $T = (x \mid 6)$
c) par: $y^2 = 4x$; $T = (9 \mid y > 0)$
d) par: $y^2 = 2{,}5x$; $T = (10 \mid y < 0)$

531. Bestimme die Gleichung der Tangente im Punkt T an die Parabel par.

a) par: $x^2 = y$; $T = (x > 0 \mid 1)$
b) par: $x^2 = -4y$; $T = (6 \mid y)$
c) par: $y^2 = -3x$; $T = (x \mid 6)$

Die Parabel hat ebenso wie die Ellipse eine ganz besondere Reflexionseigenschaft, welche auch in technischen Anwendungen ausgenützt wird.

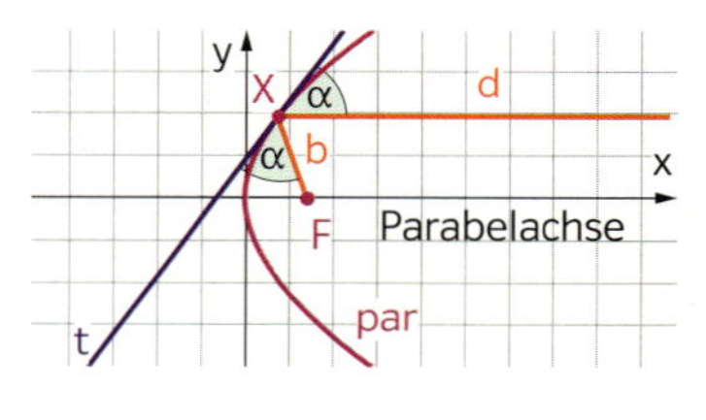

Der Strahl b vom Brennpunkt F zu einem Parabelpunkt X schließt mit der Parabel genau den gleichen Winkel ein, wie der Strahl d, der waagrecht auf den Parabelpunkt X trifft.
Trifft also ein Lichtstrahl vom Brennpunkt kommend auf die Parabel, so wird der Lichtstrahl genau parallel zur Parabelachse reflektiert.

532. Überprüfe am Beispiel der Parabel par und am Parabelpunkt X die oben beschrieben Reflexionseigenschaft einer Parabel.

a) par: $y^2 = 2x$; $X = (8 \mid 4)$
b) par: $y^2 = 5x$; $X = (5 \mid -5)$
c) par: $y^2 = 3x$; $X = (12 \mid 6)$

533. Eine **Parabolspiegel** dient dazu, eintreffende Strahlen aufzufangen.
Schau dir die Abbildungen an und beschreibe die Funktionsweise der Parabolspiegel.

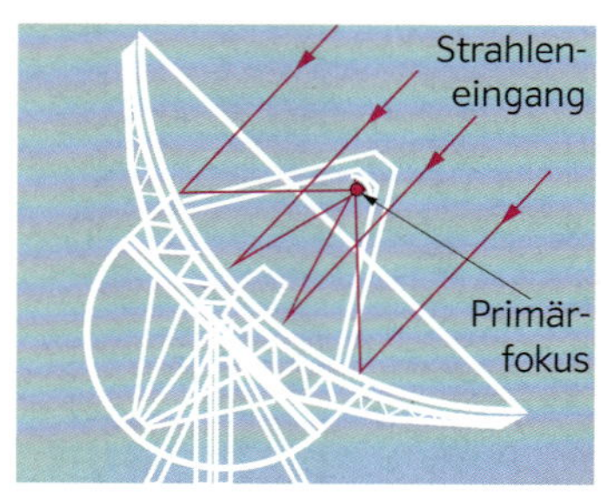

Parabolspiegel

Solarkocher

534. Erkläre die Funktionsweise des abgebildeten Fernlichts.

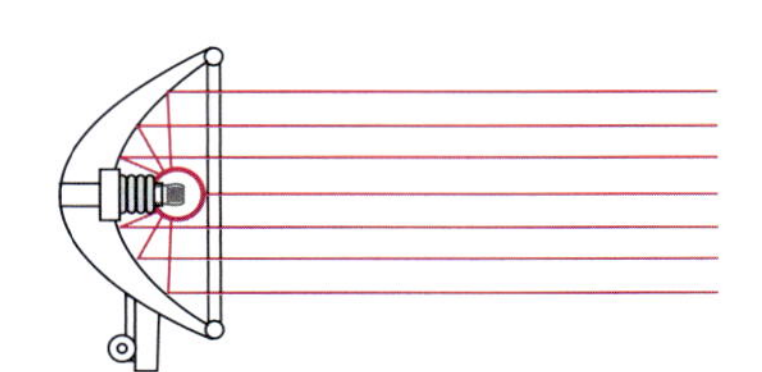

535. In Bibliotheken soll man möglichst leise sein. Damit sich in früheren Zeiten Bibliothekare über weite Strecke unterhalten konnten, ohne die Bibliotheksbesucher zu stören, gab es in manchen Bibliotheken so genannte Flüsterstrecken. Erkläre mit Hilfe der Abbildung, wie eine Flüsterstrecke funktioniert.

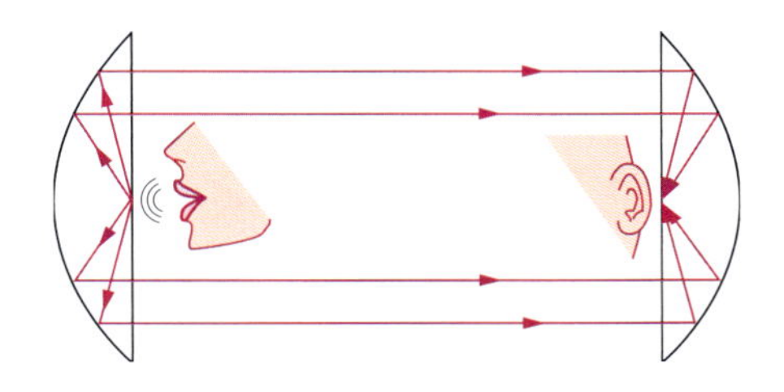

Schnittwinkel zwischen zwei Kegelschnitten

Der Schnittwinkel zwischen zwei Kurven ist definiert als der Winkel, den die beiden Tangenten im Schnittpunkt einschließen. Den Schnittwinkel zu bestimmen, bedeutet meistens einen sehr hohen Rechenaufwand. Am besten bestimmt man diesen mit Technologieeinsatz (siehe Onlineergänzung).

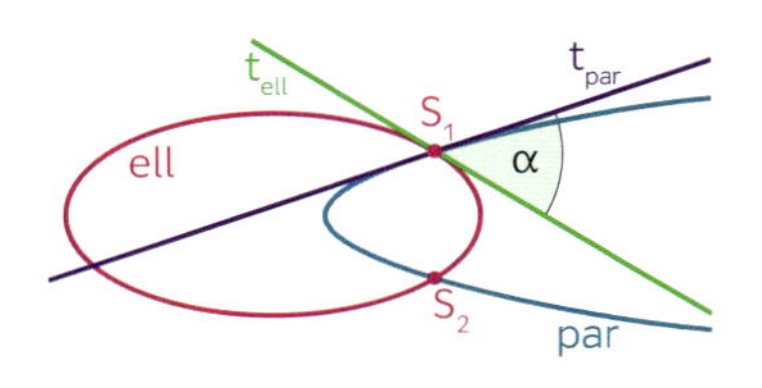

MUSTER

Technologie
Anleitung
Schnittwinkel
bestimmen 2
sq3xz4

536. Bestimme den Schnittwinkel den die Parabel par: $y^2 = 4{,}5\,x$ und die Ellipse ell: $2\,x^2 + 3\,y^2 = 35$ einschließen.

1\. Schritt: Zunächst bestimmt man die Schnittpunkte von par und ell. Auf Grund geometrischer Überlegungen sind zwei Schnittpunkte zu erwarten.
par in ell einsetzen: $2x^2 + 3(4{,}5\,x) = 35 \;\Rightarrow\; 2x^2 + 13{,}5\,x - 35 = 0 \;\Rightarrow\; x_1 = 2;\ x_2 = -\frac{35}{4}$
x_2 kommt als Lösung nicht in Frage, da der Schnittpunkt mit einer Parabel in 1. Hauptlage keinen negativen x-Wert haben kann.
x_1 in par eingesetzt liefert die y-Koordinaten der Schnittpunkte:

$$y^2 = 4{,}5 \cdot 2 = 9 \;\Rightarrow\; y_1 = 3;\ y_2 = -3 \;\Rightarrow\; S_1 = (2\,|\,3);\ S_2 = (2\,|\,-3)$$

2\. Schritt: Da die beiden Schnittwinkel in den Schnittpunkten aus Symmetriegründen gleich groß sind, genügt es, einen Schnittwinkel zu bestimmen.
Man bestimmt dafür mit Hilfe der Tangentensteigungen Richtungsvektoren der beiden Tangenten:

$$t_{ell}: 4x + 9y = 35 \;\Rightarrow\; k_{t_{ell}} = -\frac{4}{9} \;\Rightarrow\; \text{Richtungsvektor} = \begin{pmatrix} 9 \\ -4 \end{pmatrix}$$

$$t_{par}: 3y = (2 + x)\,2{,}25 \;\Rightarrow\; k_{t_{par}} = \frac{3}{4} \;\Rightarrow\; \text{Richtungsvektor} = \begin{pmatrix} 4 \\ 3 \end{pmatrix}$$

$$\cos(\alpha) = \frac{\begin{pmatrix} 9 \\ -4 \end{pmatrix} \cdot \begin{pmatrix} 4 \\ 3 \end{pmatrix}}{\left|\begin{pmatrix} 9 \\ -4 \end{pmatrix}\right| \cdot \left|\begin{pmatrix} 4 \\ 3 \end{pmatrix}\right|} = \frac{24}{\sqrt{97} \cdot \sqrt{25}} = 0{,}487 \;\Rightarrow\; \alpha = 60{,}83°$$

537. Bestimme den Schnittwinkel zwischen den Kegelschnitten.

a) ell: $x^2 + 3y^2 = 12$; hyp: $3x^2 - y^2 = 1$
b) par: $y^2 = 5x$; ell: $4x^2 + 9y^2 = 13$
c) par: $x^2 = -8y$; hyp: $5x^2 - 2y^2 = 10$
d) k: $x^2 + y^2 = 100$; par: $y^2 = -3x$
e) par: $y^2 = 2x$; $y^2 = -2x$
f) par: $x^2 = 3y$; $y^2 = x$

ZUSAMMENFASSUNG

Ellipse

Die Ellipse ist die Menge aller Punkte X in einer Ebene, für die die Summe der Abstände zu den zwei Brennpunkten F_1 und F_2 konstant ist.

$$\overline{F_1X} + \overline{F_2X} = 2a$$

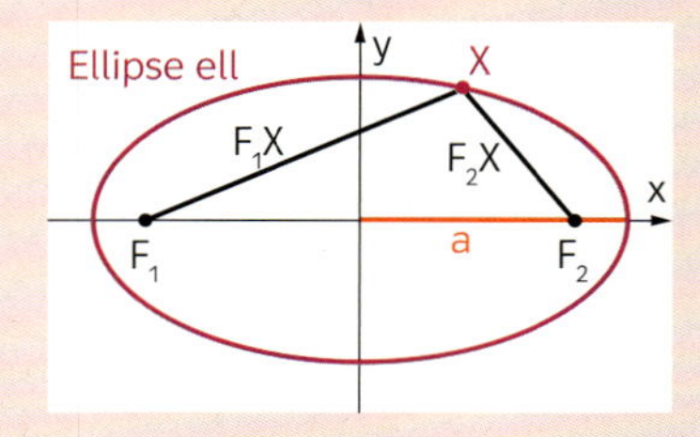

Gleichung der Ellipse in 1. Hauptlage

Ein Ellipsenpunkt X erfüllt die Ellipsengleichung:

$$\text{ell: } b^2x^2 + a^2y^2 = a^2b^2 \quad \text{oder} \quad \frac{x^2}{a^2} + \frac{y^2}{b^2} = 1$$

a: Länge der großen Halbachse
e: Brennweite (= lineare Exzentrizität)
b: Länge der kleinen Halbachse

$$e^2 = a^2 - b^2$$

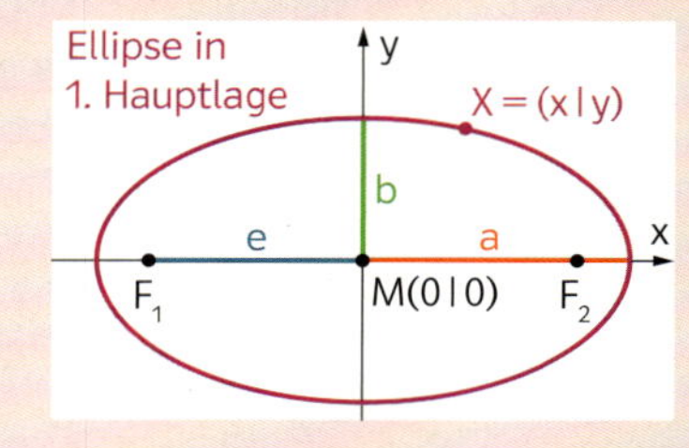

Hyperbel

Die Hyperbel ist die Menge aller Punkte X in einer Ebene, für die der Betrag der Differenz der Abstände zu zwei festen Punkten F_1 und F_2 konstant ist.

$$|\overline{F_2X} - \overline{F_1X}| = 2a$$

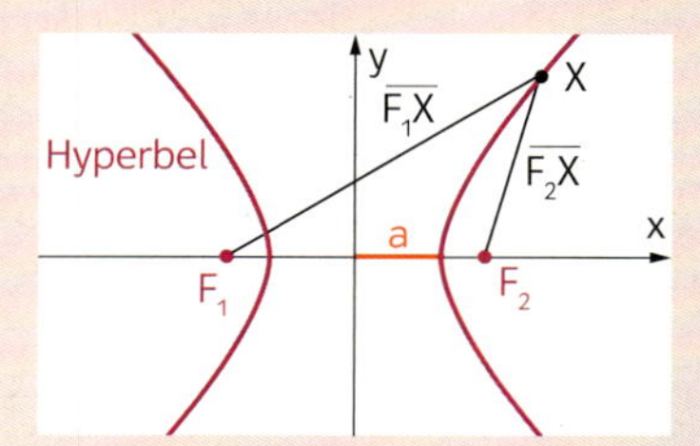

Gleichung der Hyperbel in 1. Hauptlage

Ein Hyperbelpunkt X erfüllt die Hyperbelgleichung

$$\text{hyp: } b^2x^2 - a^2y^2 = a^2b^2 \quad \text{oder} \quad \frac{x^2}{a^2} - \frac{y^2}{b^2} = 1$$

a: Länge der großen Halbachse
e: Brennweite
b: Länge der kleinen Halbachse

$$e^2 = a^2 + b^2$$

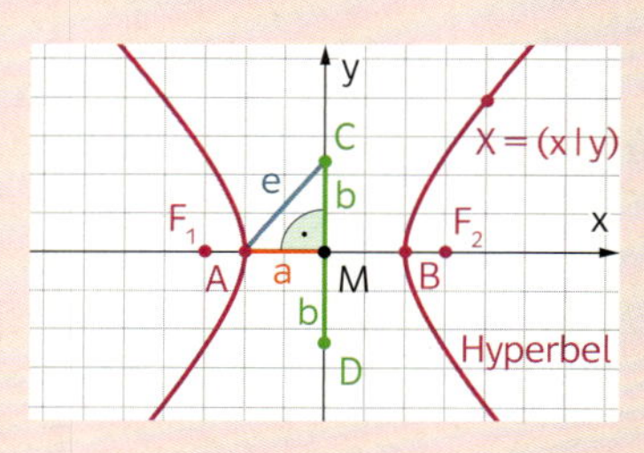

Parabel

Für jeden Punkt X der Parabel gilt:

$$\overline{FX} = \overline{lX}.$$

Die Parabel ist die Menge aller Punkte X, deren Abstand zu einer Geraden und zu einem Punkt gleich groß ist.

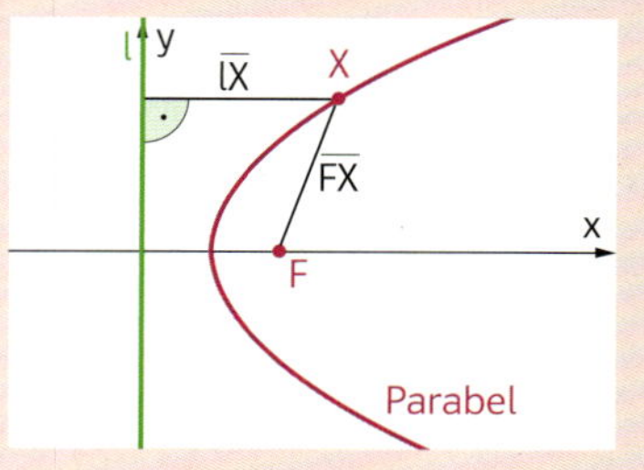

Gleichung der Parabel in 1. Hauptlage

Ein Parabelpunkt X erfüllt die Parabelgleichung:

$$\text{par: } y^2 = 2px$$

$S = (0 | 0)$ ist der Scheitel der Parabel.

$F = \left(\frac{p}{2} \middle| 0\right)$ ist der Brennpunkt der Parabel.

$l\colon x = -\frac{p}{2}$ ist die Leitgerade der Parabel.

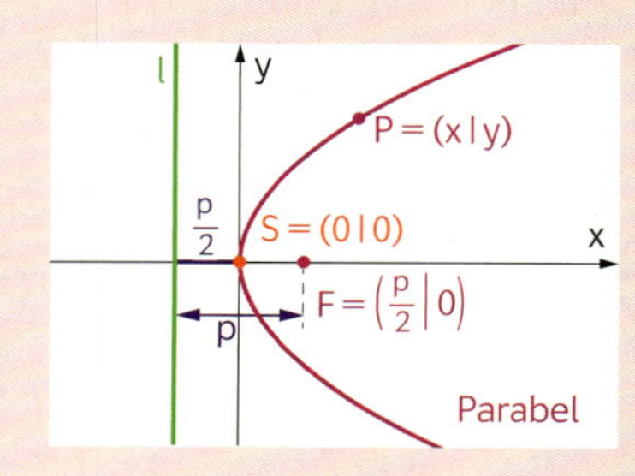

TRAINING

Vernetzung – Typ-2-Aufgaben

Typ 2 M **538.** Nach den Kepler'schen Gesetzen bewegen sich Planeten auf Ellipsenbahnen um die Sonne. In einem gemeinsamen Brennpunkt befindet sich die Sonne.

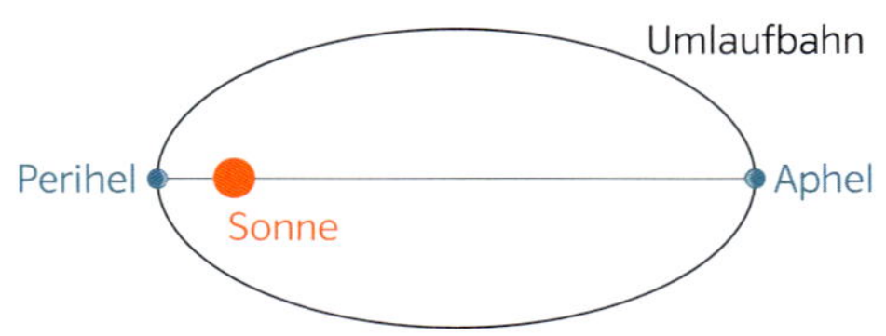

Ein Planet befindet sich im Aphel, wenn er die größtmögliche Entfernung zur Sonne einnimmt und im Perihel, wenn er der Sonne am nächsten ist.

Die numerische Exzentrizität ε ist definiert als der Quotient aus linearer Exzentrizität e und der Länge der großen Halbachse einer Ellipse.

a) Der Planet Merkur ist im Aphel $69{,}7 \cdot 10^6$ km und im Perihel $45{,}9 \cdot 10^6$ km von der Sonne entfernt. Bestimme die Länge der großen Halbachse a und die lineare Exzentrizität e der elliptischen Umlaufbahn des Planeten Merkur.

b) Oft wird die mittlere Entfernung m eines Planeten zur Sonne angegeben. m ist das arithmetische Mittel aus Perihel und Aphel.
Interpretiere, welchem Parameter der Ellipsenbahn der Wert m entspricht.

c) Bestimme die Werte, die die numerische Exzentrizität ε bei einer Ellipse annehmen kann und untersuche, wie der Wert von ε die Form der Ellipse beeinflusst.

d) Die Erdbahn hat eine numerische Exzentrizität von $\varepsilon = 0{,}0167$. Sie kann also näherungsweise als Kreisbahn angenommen werden. Berechne unter dieser Annahme die mittlere Geschwindigkeit der Erde in km/s auf ihrer jährlichen Bahn um die Sonne. Als Radius r der Erdbahn kann man dabei deren mittlere Entfernung zur Sonne nehmen: $r = 149{,}6$ Millionen km.

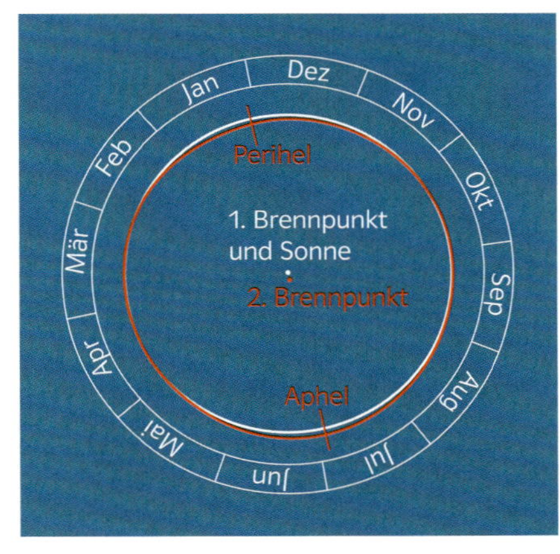

Maßstabsgetreue Darstellung der elliptischen Umlaufbahn der Erde (orange) im Vergleich mit einem Kreis (weiß).

e) Für die Fläche A einer Ellipse mit der großen Halbachsenlänge a und kleiner Halbachsenlänge b gilt:

$A = \pi \cdot a \cdot b$ und $A = \pi \cdot a^2 \cdot \sqrt{1 - \varepsilon^2}$.

Zeige, dass die beiden Formeln identisch sind.

ÜBERPRÜFUNG

Selbstkontrolle

☐ Ich kenne die Eigenschaften einer Ellipse.

539. Kreuze alle Eigenschaften an, die auf die Ellipse ell: $4x^2 + 16y^2 = 64$ zutreffen.

A	Die Länge der großen Halbachse ist $a = 4$.	☐
B	Der Wert der linearen Exzentrizität ist $\sqrt{12}$.	☐
C	$P = (0 \mid 2) \in$ ell	☐
D	$F = (\sqrt{12} \mid 0)$ ist ein Brennpunkt von ell.	☐
E	$B = (0 \mid 4)$ ist ein Nebenscheitel von ell.	☐

☐ Ich kann eine Ellipse durch eine Gleichung beschreiben.

540. Gib die Gleichungen der abgebildeten Ellipsen an.

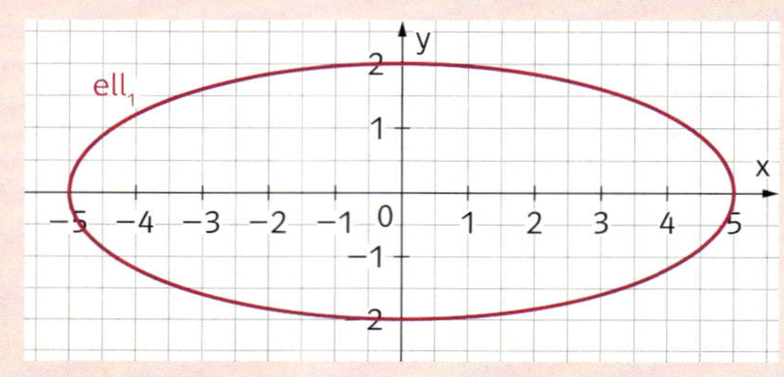

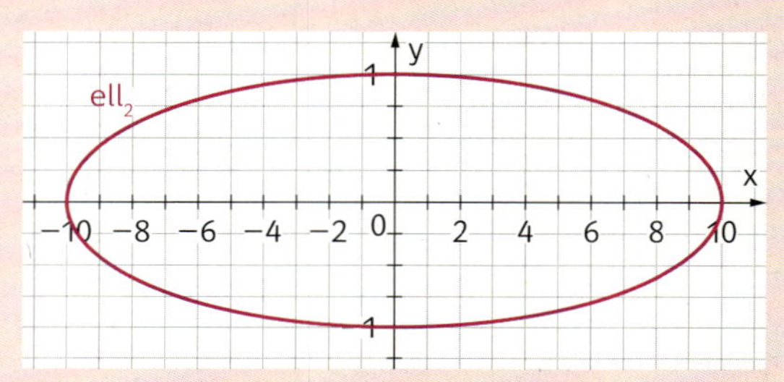

☐ Ich kenne die Eigenschaften einer Hyperbel.

541. Kreuze alle Eigenschaften an, die auf die Hyperbel hyp: $x^2 - 16y^2 = 16$ zutreffen.

A	g: $y = 0{,}25x$ ist eine Asymptote von hyp.	☐
B	Die lineare Exzentrizität ist $e = 4$.	☐
C	$P = (0 \mid 1) \in$ hyp	☐
D	$F = (\sqrt{17} \mid 0)$ ist ein Brennpunkt von hyp.	☐
E	$A = (-4 \mid 0)$ ist ein Hauptscheitel von hyp.	☐

☐ Ich kann eine Hyperbel durch eine Gleichung beschreiben.

542. Gib die Gleichung der abgebildeten Hyperbel an.

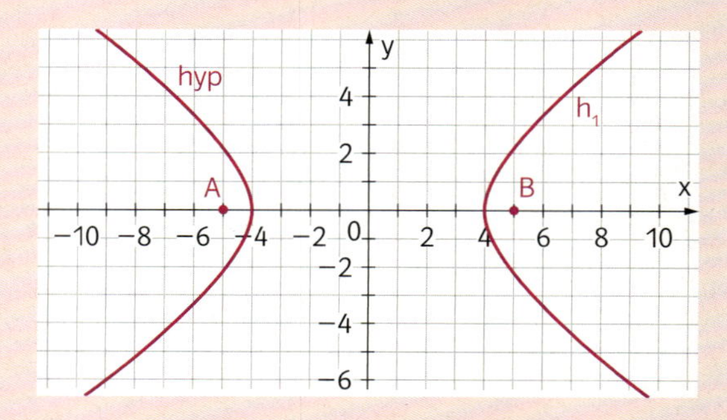

☐ Ich kann eine Parabel durch eine Gleichung beschreiben.

543. Bestimme die Gleichungen der abgebildeten Parabeln.

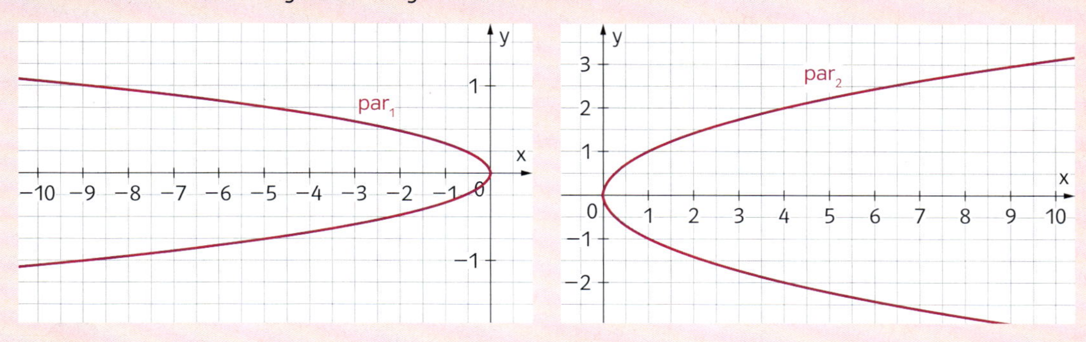

☐ Ich kann die Lagebeziehung zwischen einer Geraden und einem Kegelschnitt bestimmen.

544. Bestimme die Lagebeziehung und gegebenenfalls die Schnittpunkte zwischen der Geraden g und dem Kegelschnitt k.

a) k: $x^2 + 5y^2 = 45$; g: $-x + 3y = 11$ **b)** k: $2x^2 - 3y^2 = 10$; g: $X = \begin{pmatrix} -1 \\ 1 \end{pmatrix} + t\begin{pmatrix} 3 \\ 5 \end{pmatrix}$

☐ Ich kann Tangenten an Kegelschnitte bestimmen.

545. Bestimme die Gleichung der Tangente in P an den Kegelschnitt k.

a) k: $x^2 = 4y$; $T = (6 \mid y)$ **b)** k: $x^2 - 2y^2 = 14$; $T = (4 \mid y > 0)$

☐ Ich kann den Schnittwinkel zwischen Geraden und Kegelschnitten bestimmen.

546. Bestimme den Schnittwinkel zwischen der Geraden g und dem Kegelschnitt k.

k: $3x^2 + 5y^2 = 120$; g: $2x + 3y = 19$

547. Bestimme die Gerade g, die die Ellipse ell im Punkt P unter dem Winkel 0° schneidet.

ell: $4x^2 + 18y^2 = 22$ $P = (1 \mid 1)$

☐ Ich kann den Schnittwinkel zwischen zwei Kegelschnitten ermitteln.

548. Bestimme den Schnittwinkel zwischen der Parabel par und der Hyperbel hyp.

par: $y^2 = 6x$ hyp: $5x^2 - 9y^2 = 16$

549. Bestimme die Gleichung der Kreislinie k mit Mittelpunkt auf der x-Achse, der die Ellipse ell im Punkt P im rechten Winkel schneidet.

ell: $4x^2 + 5y^2 = 61$ $P = (-2 \mid -3)$

6 Parameterdarstellung von Kurven

Das Ziel dieses Kapitel ist es, Bewegungen zu beschreiben. Das wurde bisher an einigen Stellen auch schon gemacht, es hat sich allerdings immer um recht einfache Bewegungen gehandelt.

Wir haben zum Beispiel geradlinige Bewegungen von Körpern durch Geraden und die Bewegung geworfener Körper durch Flugparabeln beschrieben.

Viele alltäglichen Bewegungen sind allerdings um einiges komplizierter.

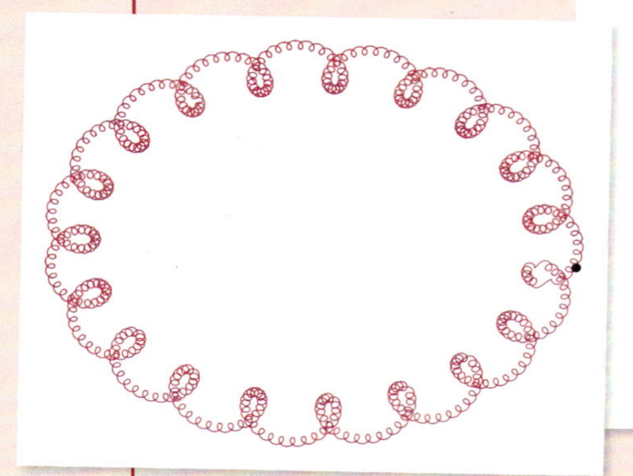

Stelle dir zum Beispiel einmal deine eigene Bewegung in diesem Moment vor. Du denkst vielleicht, du sitzt gerade in Ruhe an einem bestimmten Ort. Änderst du ein wenig deine Sichtweise, so stehst du auf einer Erde, die sich in 24 Stunden um sich selbst dreht, die sich dabei gleichzeitig um die Sonne dreht, die sich wiederum um den Mittelpunkt der Milchstraße dreht, die sich wiederum….

So betrachtet, verläuft deine Bewegung vereinfacht dargestellt auf einer Bahn, wie sie in nebenstehender Abbildung dargestellt ist.

Sieht schwindelerregend, interessant und kompliziert aus! Wir werden sehen, wie man sich diese komplizierte Bewegung aus einfachen Bewegungen mathematisch „zusammenbasteln“ kann.

Durch diese Methode der **Superposition** wird es auch gelingen, gekrümmte Flächen im Raum wie zum Beispiel Zylinderflächen und Wendelflächen zu beschreiben.

Am Ende des Kapitels wirst du es sogar schaffen, die abgebildete Formel mit einer gewissen Romantik zu betrachten.

KOMPE-TENZEN

6.1 Kurven in der Ebene

Lernziele:

- Die Grenzen verschiedener Darstellungsarten von Kurven kennen
- Die Parameterdarstellungen von Kreis und Ellipse kennen
- Kurven in Parameterdarstellung mit Technologieeinsatz zeichnen und untersuchen können
- Kurven in Parameterdarstellung als Bewegungskurven interpretieren können

Darstellungsarten von Kurven

Vereinfacht ausgedrückt, sind Kurven nichts anderes als Linien, und eine Kurve in der Ebene können wir uns als eine Linie auf einem Blatt Papier vorstellen. Im Mathematikunterricht wurden bisher schon viele Kurvenarten besprochen: z. B. Geraden, verschiedene Funktionsgraphen, Kreise, Ellipsen, Hyperbeln und Parabeln.

Die Kurven wurden dabei im Wesentlichen auf drei verschiedene Arten mathematisch beschrieben: als Graph einer Funktion, als Gleichung und in Parameterform.

Anhand dreier Geraden f, g und h wird nun ein zusammenfassender Überblick der verschiedenen Darstellungsformen gegeben, deren Vorteile besprochen, aber auch deren Grenzen aufgezeigt. Zum besseren Verständnis ist auch ein Exkurs in den $\mathbb{R}^3$ notwendig.

Darstellungsart / Gerade	als Graph einer Funktion **(explizite Darstellung)**	als Gleichung **(implizite Darstellung)**	in **Parameterdarstellung**
f(x), x, f; −4, −2, 0, 2, 4	Die Gerade f ist Graph einer Funktion, die jedem Argument $x \in \mathbb{R}$ genau einen Funktionswert f(x) zuordnet: $f(x) = -2x - 3$	Die Gerade f besteht aus allen Punkten $X = (x \mid y)$, deren Koordinaten die folgende Gleichung erfüllen: $f\colon 2x + y = -3$	Die Gerade f besteht aus allen Punkten X, die man durch Veränderung des Parameters $t \in \mathbb{R}$ erhält: $X = \begin{pmatrix} 0 \\ -3 \end{pmatrix} + t \begin{pmatrix} 1 \\ -2 \end{pmatrix}$
y, x, g; −4, −2, 0, 2, 4	Die Gerade g kann nicht als Graph einer Funktion dargestellt werden, da dem Argument 3 nicht genau ein Funktionswert zugeordnet wird, sondern unendlich viele.	Die Gerade g besteht aus allen Punkten $X = (x \mid y)$, deren Koordinaten die folgende Gleichung erfüllen: $g\colon x = 3$	Die Gerade g besteht aus allen Punkten X, die man durch Veränderung des Parameters $t \in \mathbb{R}$ erhält: $X = \begin{pmatrix} 3 \\ 0 \end{pmatrix} + t \begin{pmatrix} 0 \\ 1 \end{pmatrix}$
z, y, x, h; −4, −2, 0, 2, 4	Die Gerade h kann nicht als Graph einer Funktion f dargestellt werden, da es keine Zuordnung gibt, die jedem x-Wert einen Funktionswert zuordnet.	Es gibt keine Gleichung, die die Gerade h beschreibt.	Die Gerade h besteht aus allen Punkten X, die man durch Veränderung des Parameters $t \in \mathbb{R}$ erhält: $X = \begin{pmatrix} -2 \\ -2 \\ 0 \end{pmatrix} + t \begin{pmatrix} 2 \\ 2 \\ 1 \end{pmatrix}$

6 Parameterdarstellung von Kurven

557. Zum Kreis k sind zwei Definitionsmengen des Parameters t in Intervallschreibweise gegeben. Zeichne den Kreis k für beide Intervalle in ein Koordinatensystem und beschreibe, wie sich die veränderte Definitionsmenge des Parameters t auf die Kurve auswirkt.

a) k: $X = (2\cos(t) \mid 2\sin(t))$ **1)** $\left[0; \frac{\pi}{2}\right]$ **2)** $[\pi; 2\pi]$

b) k: $X = (3\cos(t) \mid 3\sin(t))$ **1)** $\left[\frac{\pi}{2}; \pi\right]$ **2)** $\left[\frac{3\pi}{2}; 2\pi\right]$

c) k: $X = (50\cos(t) \mid 50\sin(t))$ **1)** $[0; \pi]$ **2)** $[\pi; 2\pi]$

d) k: $X = (\cos(t) \mid \sin(t))$ **1)** $\left[0; \frac{\pi}{4}\right]$ **2)** $\left[\pi; \frac{5\pi}{4}\right]$

558. Folgende Kurve ist Teil eines Kreises. Gib dessen Parameterform an.

a)

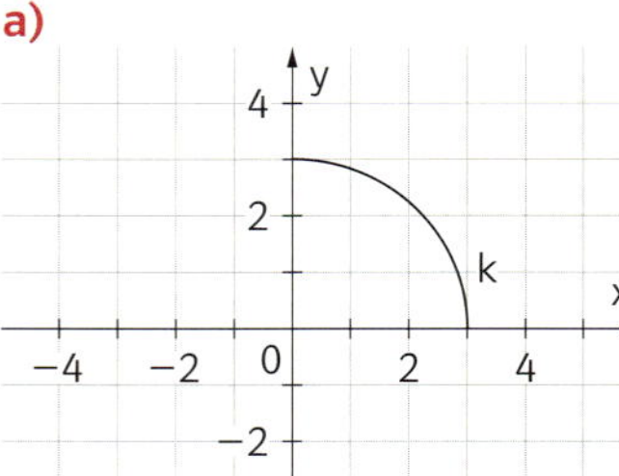

b)

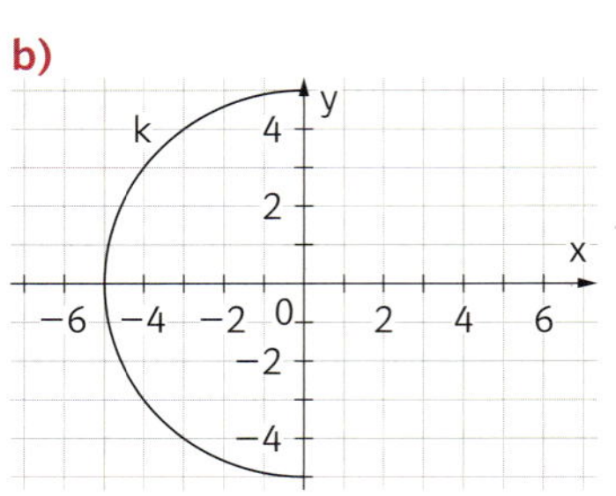

c)

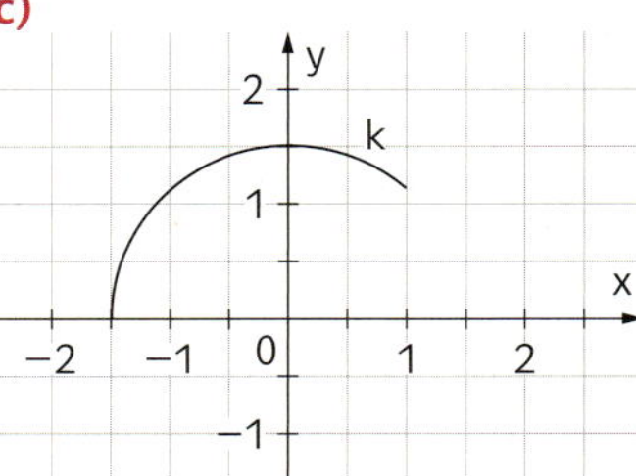

559. Zeige, dass die Parameterdarstellung k: $X = (r\cos(t) \mid r\sin(t))$ mit $t \in [0; 2\pi]$ einen Kreis beschreibt, indem du x- und y-Koordinate in die implizite Kreisgleichung einsetzt.

560. Ein Körper bewegt sich auf einer Kreisbahn k. Der Parameter t gibt die Flugzeit in Sekunden an, die Werte der Koordinaten sind in Meter angegeben.

a) k: $X = \left(8\cos\left(t \cdot \frac{2\pi}{5}\right) \middle| 8\sin\left(t \cdot \frac{2\pi}{5}\right)\right)$ mit $t \in [0; 15]$

b) k: $X = \left(\cos\left(t \cdot \frac{\pi}{5}\right) \middle| \sin\left(t \cdot \frac{\pi}{5}\right)\right)$ mit $t \in [0; 20]$

1) Bestimme den Radius der Kreisbahn.
2) Wie lange benötigt der Körper, um einen vollen Kreis zurückzulegen, und wie viele volle Kreise fliegt der Körper?
3) Bestimme die Geschwindigkeit des Körpers in m/s und in km/h.
4) Bestimme die Parameterdarstellung der Flugbahn eines Körpers, der in 10 m Entfernung um den Koordinatenursprung kreist und für einen vollen Kreis acht Sekunden benötigt.

MERKE

Parameterdarstellung eines Kreises k mit $M = (x_M \mid y_M)$

Für alle Punkte X eines Kreises k mit dem Radius r gilt:

$$k: X = (x_M + r\cos(t) \mid y_M + r\sin(t)) \quad \text{mit } t \in [0; 2\pi]$$

Eine weitere Darstellungsart ist:

$$k: X = \begin{pmatrix} x_M \\ y_M \end{pmatrix} + \begin{pmatrix} r\cos(t) \\ r\sin(t) \end{pmatrix} \quad \text{mit } t \in [0; 2\pi]$$

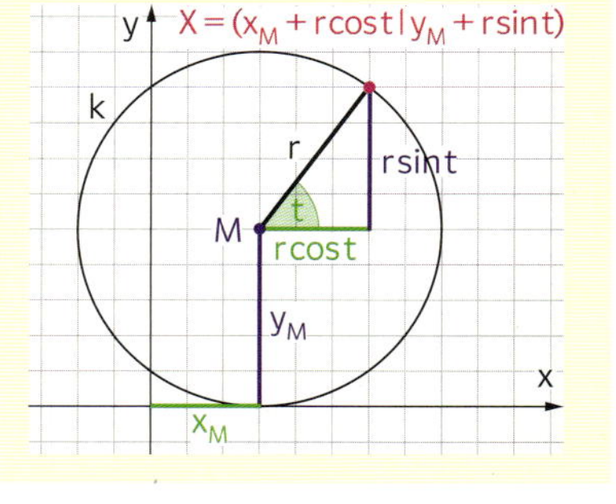

561. Gib die Parameterdarstellung des Kreises k mit dem Radius r und dem Mittelpunkt M an.

a) $r = 3$; $M = (2 \mid 5)$ **b)** $r = 1$; $M = (-3 \mid 2)$ **c)** $r = 50$; $M = (0 \mid 50)$ **d)** $r = 0{,}1$; $M = (1 \mid 1)$

562. Gib die Parameterdarstellung für den abgebildeten (nicht ganz sichtbaren) Kreis an.

a)

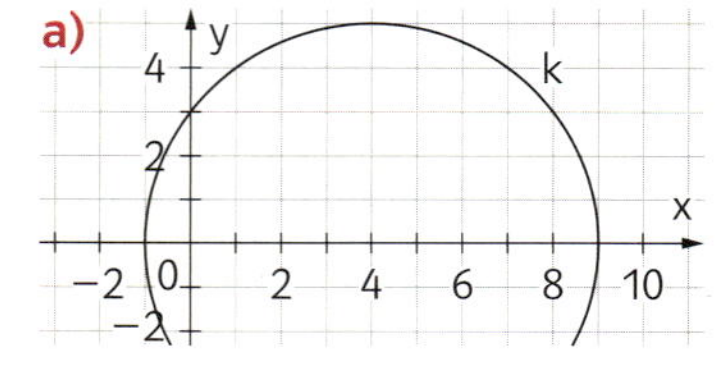

b)

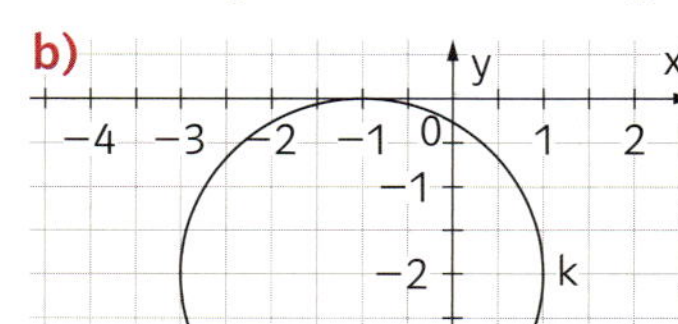

c)

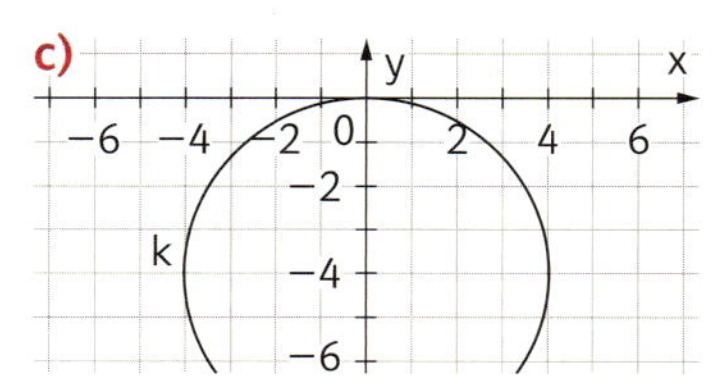

563. Zeige, dass die Parameterdarstellung k: $X = (x_M + r\cos(t) \mid y_M + r\sin(t))$ mit $t \in [0; 2\pi]$ einen Kreis mit dem Mittelpunkt $M = (x_M \mid y_M)$ beschreibt. Setze dafür die x- und die y-Koordinate in die implizite Kreisgleichung ein.

Parameterdarstellung einer Ellipse

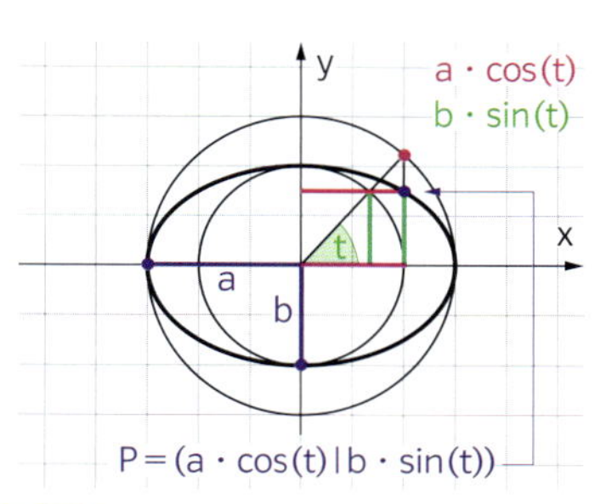

Um die Parameterdarstellung einer Ellipse zu erhalten, ersetzt man in der Parameterdarstellung eines Kreises (mit $M = (0 \mid 0)$) den Radius durch die beiden Parameter a und b der Ellipse. Bei der x-Koordinate ersetzt man den Radius durch die Länge der großen Halbachse a und bei der y-Koordinate durch die Länge der kleinen Halbachse b.

MERKE

Parameterdarstellung einer Ellipse

Für alle Punkte X einer Ellipse ell mit den Halbachsen a und b gilt:

$$\text{ell: } X = (a\cos(t) \mid b\sin(t)) \text{ mit } t \in [0; 2\pi]$$

564. Gib die Parameterdarstellung der Ellipse ell an.

a) ell: $4x^2 + 9y^2 = 36$
b) ell: $x^2 + 10y^2 = 10$
c) ell: $9x^2 + 25y^2 = 225$
d) ell: $x^2 + 3y^2 = 12$
e) ell: $4x^2 + 9y^2 = 144$
f) ell: $3x^2 + 5y^2 = 30$

Andere Kurven in Parameterdarstellung – Bewegungskurven

Für die Aufgaben dieses Abschnitts ist der Einsatz von Technologie vorgesehen.

Die Parameterdarstellung eignet sich sehr gut, um Kurven darzustellen, die sich aus den Bewegungen eines (punktförmigen) Körpers ergeben (**Bewegungskurven**). Der Parameter t kann dann als die Zeit betrachtet werden, die seit dem Anfang der Bewegung vergangen ist, und jeder Punkt der Kurve markiert die Stelle, an der der Körper zum Zeitpunkt t war.

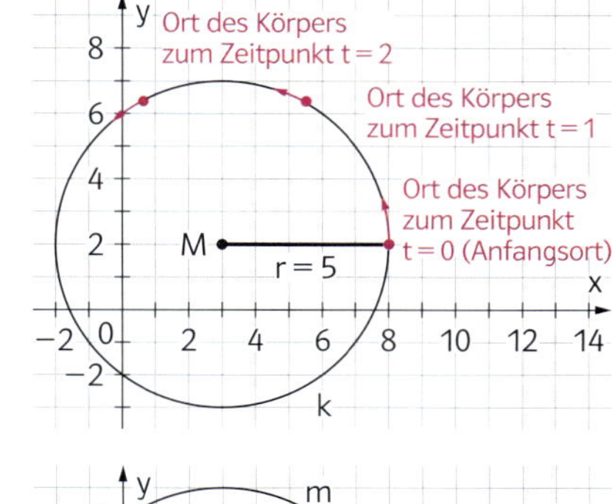

Die Kreiskurve k: $X = \begin{pmatrix} 3 \\ 2 \end{pmatrix} + \begin{pmatrix} 5\cos(t) \\ 5\sin(t) \end{pmatrix}$ beschreibt nach dieser „Bewegungsinterpretation" die kreisförmige Bewegung eines Körpers um den Mittelpunkt $M = (3 \mid 2)$. Für $t = 0$ ergibt sich die Anfangslage des Körpers, für $t = 1$ ergibt sich die Stelle, an der der Punkt nach einer Sekunde ist, usw. Die Kurve k wird als die **Bahn(-kurve)** eines Körpers interpretiert, der sich gegen den Uhrzeigersinn auf einer Kreisbahn um den Mittelpunkt M im Abstand 5 bewegt.

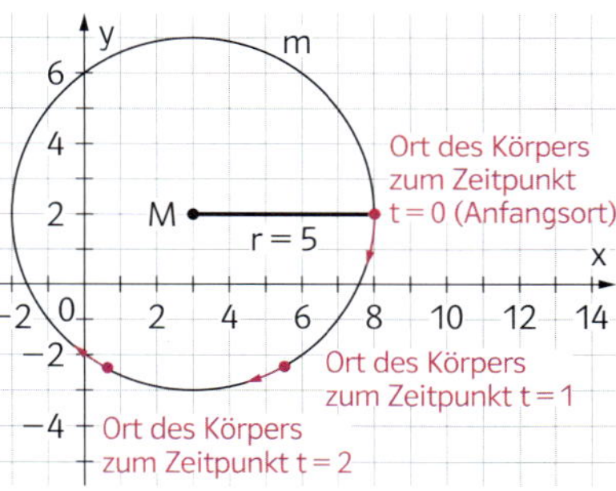

Verändert man das Vorzeichen des Winkels in der Parameterdarstellung von k, so erhält man die Kurve m: $X = \begin{pmatrix} 3 \\ 2 \end{pmatrix} + \begin{pmatrix} 5\cos(-t) \\ 5\sin(-t) \end{pmatrix}$. Diese beschreibt nach dieser Interpretation die gleiche kreisförmige Bewegung wie k, nur mit umgekehrtem Umlaufsinn. Der Körper bewegt sich nun im Uhrzeigersinn

In den folgenden Aufgaben werden ein paar ausgewählte Kurventypen ausführlicher behandelt, die sich aus Bewegungen von Körpern ergeben.

Arbeitsblatt Kurven Parameter i85ai6

565. Beurteile, welche der beiden Bahnkurven eine schnellere Bewegung beschreibt, und begründe deine Entscheidung.

a) k_1: $X = \begin{pmatrix}1\\2\end{pmatrix} + \begin{pmatrix}3\cos(t)\\3\sin(t)\end{pmatrix}$; k_2: $X = \begin{pmatrix}1\\2\end{pmatrix} + \begin{pmatrix}3\cos 2t\\3\sin 2t\end{pmatrix}$

b) k_1: $X = \begin{pmatrix}-3\\5\end{pmatrix} + \begin{pmatrix}3\cos(t)\\3\sin(t)\end{pmatrix}$; k_2: $X = \begin{pmatrix}1\\2\end{pmatrix} + \begin{pmatrix}3\cos(-2t)\\3\sin(-2t)\end{pmatrix}$

c) k_1: $X = \begin{pmatrix}3\cos 3t\\3\sin 3t\end{pmatrix}$; k_2: $X = \begin{pmatrix}3\cos 5t\\3\sin 5t\end{pmatrix}$

d) k_1: $X = \begin{pmatrix}3\cos(t)\\3\sin(t)\end{pmatrix}$; k_2: $X = \begin{pmatrix}3\cos(-t)\\3\sin(-t)\end{pmatrix}$

Technologie Darstellung Spirale 9r4mn9

566. Die Spirale

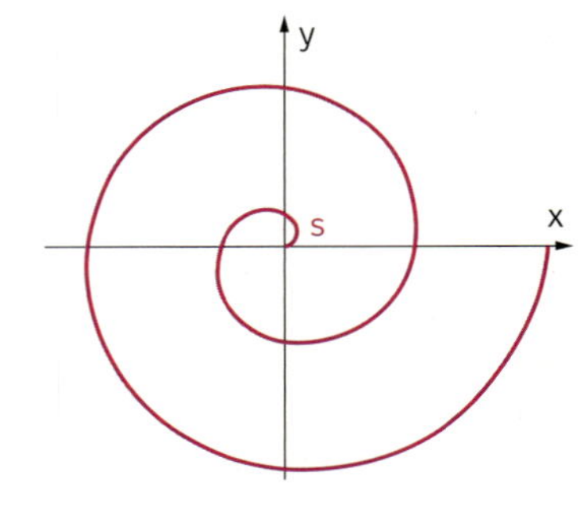

Die Spirale wird durch die Bewegung eines Körpers erzeugt, der sich kreisförmig um einen Punkt bewegt, dessen Bahnradius (Abstand zum Mittelpunkt) allerdings ständig größer wird.

Ersetzt man in der Parameterform der Kreisgleichung k: $X = \begin{pmatrix}r\cos(t)\\r\sin(t)\end{pmatrix}$ den konstanten Wert r des Radius durch den variablen Wert t, so erhält man folgende Parameterform:

s: $X = \begin{pmatrix}t\cos(t)\\t\sin(t)\end{pmatrix} = (t\cos(t) \mid t\sin(t))$ mit $t \in [0; 4\pi]$.

Die Entstehung der so beschriebenen Kurve kann man sich als „Kreis" vorstellen, dessen Radius mit zunehmendem Wert von t immer größer wird: **eine Spirale**.

1) Stelle folgende Spiralkurven s_1 und s_2 mit Technologieeinsatz dar.
2) Wodurch unterscheiden sich die durch s_1 und s_2 beschriebenen Bewegungen?
3) Wie kann man in der Angabe diese Bewegungsunterschiede erkennen?

a) s_1: $X = (t\cos(t) \mid t\sin(t))$; $t \in [0; 4\pi]$ s_2: $X = (2t\cos(t) \mid 2t\sin(t))$; $t \in [0; 4\pi]$
b) s_1: $X = (t\cos(t) \mid t\sin(t))$; $t \in [0; 6\pi]$ s_2: $X = (t\cos(-t) \mid t\sin(-t))$; $t \in [0; 6\pi]$
c) s_1: $X = (t\cos(t) \mid t\sin(t))$; $t \in [0; 8\pi]$ s_2: $X = ((t+2)\cos(t) \mid (t+2)\sin(t))$; $t \in [0; 8\pi]$
d) s_1: $X = (t\cos(t) \mid t\sin(t))$; $t \in [0; 8\pi]$ s_2: $X = (t\cos(2t) \mid 2t\sin(2t))$; $t \in [0; 4\pi]$

Arbeitsblatt Kurven Parameter Zuordnung 26h638

567. Die Zykloide (oder Radlinie)

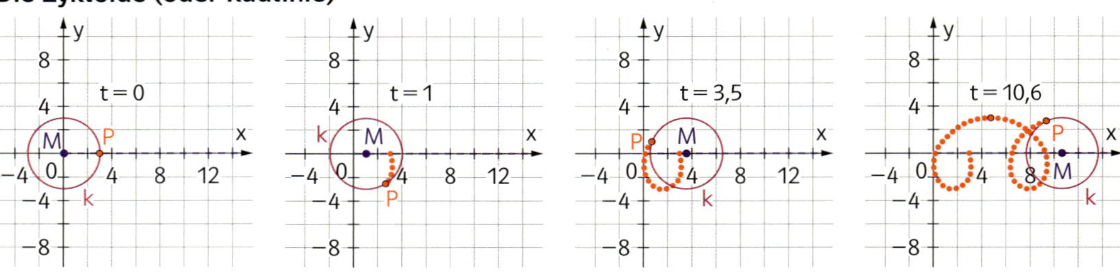

Technologie Darstellung Zykloide pv8jj8

Die Zykloide wird durch einen Punkt erzeugt, der sich entlang einer Kreislinie bewegt, deren Mittelpunkt sich entlang einer Geraden verschiebt.
Um die Kurve der Zykloide zu erhalten, bestimmt man zuerst die Bahnkurve k eines Punktes P, der sich im Uhrzeigersinn mit dem konstanten Bahnradius (z. B. $r = 3$) um den Ursprung bewegt: k: $X = \begin{pmatrix}0\\0\end{pmatrix} + \begin{pmatrix}3\cos(-t)\\3\sin(-t)\end{pmatrix}$.
Nun macht man den Kreismittelpunkt „beweglich", indem man seine x-Koordinate durch den Parameter t ersetzt. Der Mittelpunkt wandert also mit zunehmendem t nach rechts. Man erhält die Kurve der Zykloide z: $X = \begin{pmatrix}t\\0\end{pmatrix} + \begin{pmatrix}3\cos(-t)\\3\sin(-t)\end{pmatrix}$.

1) Stelle folgende Zykloiden z_1, z_2 und z_3 mit Technologieeinsatz im Intervall $[0; 6\pi]$ dar.
2) Wodurch unterscheiden sich die Zykloiden?
3) Wie kann man diese Unterschiede in der Angabe erkennen?

a) z_1: $X = \begin{pmatrix} t \\ 0 \end{pmatrix} + \begin{pmatrix} 3\cos(-t) \\ 3\sin(-t) \end{pmatrix}$; z_2: $X = \begin{pmatrix} 3t \\ 0 \end{pmatrix} + \begin{pmatrix} 3\cos(-t) \\ 3\sin(-t) \end{pmatrix}$; z_3: $X = \begin{pmatrix} 4t \\ 0 \end{pmatrix} + \begin{pmatrix} 3\cos(-t) \\ 3\sin(-t) \end{pmatrix}$

b) z_1: $X = \begin{pmatrix} t \\ 0 \end{pmatrix} + \begin{pmatrix} 3\cos(-t) \\ 3\sin(-t) \end{pmatrix}$; z_2: $X = \begin{pmatrix} t \\ 3 \end{pmatrix} + \begin{pmatrix} 3\cos(-t) \\ 3\sin(-t) \end{pmatrix}$; z_3: $X = \begin{pmatrix} t \\ -3 \end{pmatrix} + \begin{pmatrix} 3\cos(-t) \\ 3\sin(-t) \end{pmatrix}$

c) z_1: $X = \begin{pmatrix} 4t \\ 0 \end{pmatrix} + \begin{pmatrix} \cos(-t) \\ \sin(-t) \end{pmatrix}$; z_2: $X = \begin{pmatrix} 4t \\ 0 \end{pmatrix} + \begin{pmatrix} 3\cos(-t) \\ 3\sin(-t) \end{pmatrix}$; z_3: $X = \begin{pmatrix} 4t \\ 0 \end{pmatrix} + \begin{pmatrix} 5\cos(-t) \\ 5\sin(-t) \end{pmatrix}$

Technologie
Darstellung
Spurpunkte
der Epizykloide
7hn8bi

568. Die **Epizykloide** wird durch einen Punkt erzeugt, der sich entlang einer Kreislinie (grün: Epizykel) bewegt, deren Mittelpunkt sich entlang einer weiteren Kreislinie (blau: Deferent) verschiebt.

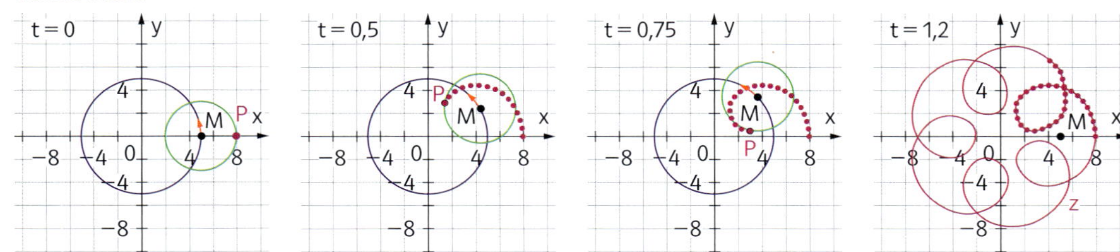

Um die Kurve der Epizykloide (rot) zu erhalten, bestimmt man zuerst die Bahnkurve eines Punktes P, der sich gegen den Uhrzeigersinn mit dem konstanten Bahnradius (z. B. r = 3) um den Ursprung bewegt:

$$X = \begin{pmatrix} 0 \\ 0 \end{pmatrix} + \begin{pmatrix} 3\cos(t) \\ 3\sin(t) \end{pmatrix};\ t \in [0;\ 2\pi]$$

Nun macht man den Kreismittelpunkt „beweglich", indem man ihn durch eine Kreislinie ersetzt. Der Mittelpunkt wandert also mit zunehmendem t auf einer Kreislinie mit konstantem Radius (z. B. r = 5) gegen den Uhrzeigersinn.

$$X = \begin{pmatrix} 5\cos(t) \\ 5\sin(t) \end{pmatrix} + \begin{pmatrix} 3\cos(t) \\ 3\sin(t) \end{pmatrix};\ t \in [0;\ 2\pi]$$

Um eine Epizykloide e zu erhalten, muss sich der kleine Kreis schneller drehen (siehe Aufgabe 565), als der große Kreis. Dies erreicht man durch eine Faktor (z. B. 6) vor dem Parameter t:

$$e\colon X = \begin{pmatrix} 5\cos(t) \\ 5\sin(t) \end{pmatrix} + \begin{pmatrix} 3\cos(6t) \\ 3\sin(6t) \end{pmatrix};\ t \in [0;\ 2\pi]$$

1) Stelle folgende Epizykloide e_1, e_2 und e_3 mit Technologieeinsatz dar ($t \in [0;\ 2\pi]$).
2) Wie wirken sich die veränderten Parameter auf die Form der Epizykloide aus?

a) e_1: $X = \begin{pmatrix} 5\cos(t) \\ 5\sin(t) \end{pmatrix} + \begin{pmatrix} 3\cos(3t) \\ 3\sin(3t) \end{pmatrix}$; e_2: $X = \begin{pmatrix} 5\cos(t) \\ 5\sin(t) \end{pmatrix} + \begin{pmatrix} 3\cos(6t) \\ 3\sin(6t) \end{pmatrix}$; e_3: $X = \begin{pmatrix} 5\cos(t) \\ 5\sin(t) \end{pmatrix} + \begin{pmatrix} 3\cos(9t) \\ 3\sin(9t) \end{pmatrix}$

b) e_1: $X = \begin{pmatrix} 5\cos(t) \\ 5\sin(t) \end{pmatrix} + \begin{pmatrix} 2\cos(6t) \\ 2\sin(6t) \end{pmatrix}$; e_2: $X = \begin{pmatrix} 5\cos(t) \\ 5\sin(t) \end{pmatrix} + \begin{pmatrix} 7\cos(6t) \\ 7\sin(6t) \end{pmatrix}$; e_3: $X = \begin{pmatrix} 5\cos(t) \\ 5\sin(t) \end{pmatrix} + \begin{pmatrix} 10\cos(6t) \\ 10\sin(6t) \end{pmatrix}$

c) e_1: $X = \begin{pmatrix} 4\cos(t) \\ 4\sin(t) \end{pmatrix} + \begin{pmatrix} 3\cos(6t) \\ 3\sin(6t) \end{pmatrix}$; e_2: $X = \begin{pmatrix} 2\cos(t) \\ 2\sin(t) \end{pmatrix} + \begin{pmatrix} 3\cos(6t) \\ 3\sin(6t) \end{pmatrix}$; e_3: $X = \begin{pmatrix} 3\cos(t) \\ 3\sin(t) \end{pmatrix} + \begin{pmatrix} 3\cos(6t) \\ 3\sin(6t) \end{pmatrix}$

Darstellung
Rosenkurven
r6w2bi

569. Rosenkurven (Rosettenkurve)

Sie werden durch folgende Parameterdarstellung beschrieben:

$$X = \begin{pmatrix} r \cdot \sin(at) \cdot \cos(t) \\ r \cdot \sin(at) \cdot \sin(t) \end{pmatrix} \text{ mit } t \in [0;\ 2\pi]$$

a) Überprüfe folgende Behauptung:
Für a gerade ergibt sich eine Rose mit 2a Blättern.
Für a ungerade ergibt sich eine Rose mit a Blättern.

b) Untersuche den Einfluss des Parameters r auf die Gestalt der Rose.

6.2 Kurven und Flächen im Raum

KOMPETENZEN

Lernziele:

- Parameterdarstellung von Schraub- und Spirallinie kennen
- Parameterdarstellung von Flächen im Raum kennen
- Kurven und Flächen in Parameterdarstellung mit Technologieeinsatz zeichnen und untersuchen können

Kurven im Raum

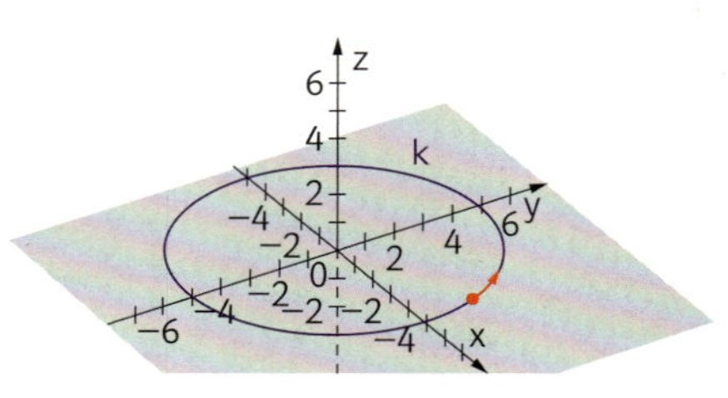

Fügt man der Parameterdarstellung einer Kurve im $\mathbb{R}^2$ noch eine dritte Koordinate hinzu, so erhält man die Parameterdarstellung einer Kurve im Raum.
Die Parameterdarstellung der Kurve

$$k: X = \begin{pmatrix} r\cos(t) \\ r\sin(t) \\ 0 \end{pmatrix} \text{ mit } t \in [0; 2\pi]$$

beschreibt zum Beispiel einen Kreis in der xy-Ebene mit Mittelpunkt im Ursprung und dem Radius r. Sie beschreibt die kreisförmige Bewegung eines Körpers gegen den Uhrzeigersinn.

570. Durch die Kurven k_1, k_2, k_3 werden Bewegungen von Punkten beschrieben. Die einzelnen Kurven unterscheiden sich jeweils in einem Merkmal. Zeichne die Kurven und stelle fest, wie diese Veränderung die beschriebene Bewegung beeinflusst.

a) $k_1: X = \begin{pmatrix} 2\cos(t) \\ 2\sin(t) \\ 0 \end{pmatrix}$ mit $t \in [0; 2\pi]$; $k_2: X = \begin{pmatrix} 3\cos(t) \\ 3\sin(t) \\ 0 \end{pmatrix}$ mit $t \in [0; 2\pi]$; $k_3: X = \begin{pmatrix} 5\cos(t) \\ 5\sin(t) \\ 0 \end{pmatrix}$ mit $t \in [0; 2\pi]$

b) $k_1: X = \begin{pmatrix} 2\cos(t) \\ 2\sin(t) \\ 0 \end{pmatrix}$ mit $t \in [0; 2\pi]$; $k_2: X = \begin{pmatrix} 2\cos(t) \\ 2\sin(t) \\ 3 \end{pmatrix}$ mit $t \in [0; 2\pi]$; $k_3: X = \begin{pmatrix} 2\cos(t) \\ 2\sin(t) \\ -2 \end{pmatrix}$ mit $t \in [0; 2\pi]$

Ändert sich die z-Koordinate des Kreises mit dem Parameter t, so ändert sich während der Kreisbewegung auch die z-Koordinate (Höhe) des Punktes. Man erhält im Intervall $[0; 2n\pi]$ n Umdrehungen einer **Schraubenlinie**:

$$s: X = \begin{pmatrix} r\cos(t) \\ r\sin(t) \\ t \end{pmatrix} \text{ mit } t \in [0; 2n\pi]$$

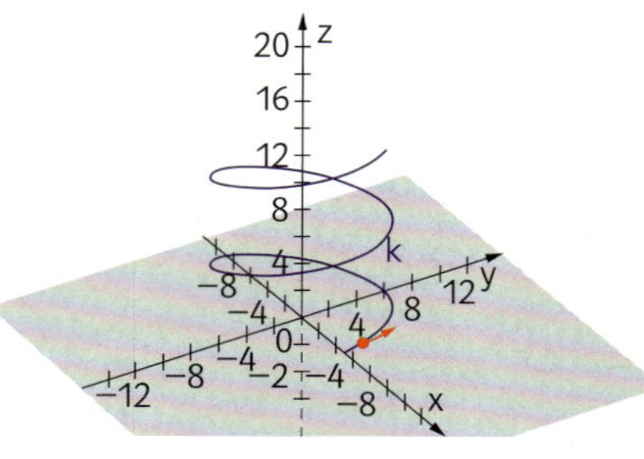

571. Bei den Parameterdarstellungen s_1, s_2, s_3 wird jeweils ein Merkmal verändert. Zeichne die Schraubenlinien und stelle fest, wie diese Veränderung die Form der Kurve beeinflusst.

a) $s_1: X = \begin{pmatrix} 2\cos(t) \\ 2\sin(t) \\ t \end{pmatrix}$ mit $t \in [0; 2\pi]$; $s_2: X = \begin{pmatrix} 2\cos(t) \\ 2\sin(t) \\ t \end{pmatrix}$ mit $t \in [0; 4\pi]$; $s_3: X = \begin{pmatrix} 2\cos(t) \\ 2\sin(t) \\ t \end{pmatrix}$ mit $t \in [0; 6\pi]$

b) $s_1: X = \begin{pmatrix} 4\cos(t) \\ 4\sin(t) \\ t \end{pmatrix}$ mit $t \in [0; 2\pi]$; $s_2: X = \begin{pmatrix} 4\cos(2t) \\ 4\sin(2t) \\ t \end{pmatrix}$ mit $t \in [0; 2\pi]$; $s_3: X = \begin{pmatrix} 4\cos(4t) \\ 4\sin(4t) \\ t \end{pmatrix}$ mit $t \in [0; 2\pi]$

572. Zeichne die Kurven s_1, s_2, s_3 und stelle fest, wie die Veränderung der Parameterdarstellung die Form der Kurve beeinflusst.

$s_1\colon X = \begin{pmatrix} 3t\cos(t) \\ 3t\sin(t) \\ t \end{pmatrix}$ mit $t \in [0; 2\pi]$; $s_2\colon X = \begin{pmatrix} 3t\cos(t) \\ 3t\sin(t) \\ t \end{pmatrix}$ mit $t \in [0; 8\pi]$; $s_3\colon X = \begin{pmatrix} 3t\cos(t) \\ 3t\sin(t) \\ 0{,}5t \end{pmatrix}$ mit $t \in [0; 8\pi]$

Flächen im Raum

Für die Beschreibung einer Ebene im Raum mit Hilfe der Parameterdarstellung waren zwei voneinander unabhängige Parameter notwendig. Ganz allgemein kann man Flächen im Raum mit zwei voneinander unabhängigen Parametern beschreiben.

Parameterdarstellung eines Zylindermantels:

zyl: $X = \begin{pmatrix} a\cos(t) \\ a\sin(t) \\ u \end{pmatrix}$ mit $t \in [0; 2\pi]$ und $u \in [0; b]$.

Diese Parameterdarstellung kann so interpretiert werden, dass ein Kreis in der xy-Ebene mit Radius a

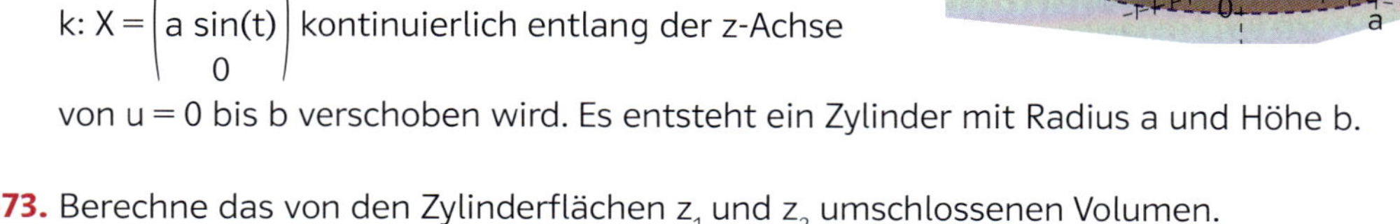

k: $X = \begin{pmatrix} a\cos(t) \\ a\sin(t) \\ 0 \end{pmatrix}$ kontinuierlich entlang der z-Achse

von $u = 0$ bis b verschoben wird. Es entsteht ein Zylinder mit Radius a und Höhe b.

573. Berechne das von den Zylinderflächen z_1 und z_2 umschlossenen Volumen.

$z_1\colon X = \begin{pmatrix} 3\cos(t) \\ 3\sin(t) \\ u \end{pmatrix}$ mit $t \in [0; 2\pi]$ und $u \in [0; 5]$; $z_2\colon X = \begin{pmatrix} 7\cos(t) \\ 7\sin(t) \\ u \end{pmatrix}$ mit $t \in [0; 2\pi]$ und $u \in [0; 10]$

Parameterdarstellung einer Wendelfläche

w: $X = \begin{pmatrix} u\cos(nt) \\ u\sin(nt) \\ t \end{pmatrix}$ mit $t \in \mathbb{R}$; $u \in [a; b]$; $n \in \mathbb{N}$

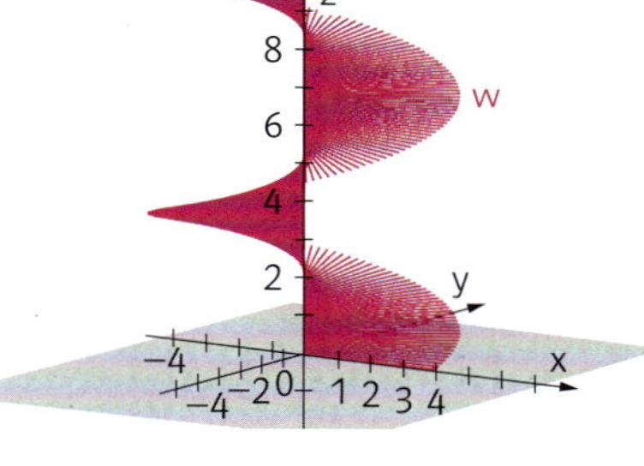

Technologie
Darstellung Wendelflächen
46z7vq

574. Zeichne mit Hilfe des dynamischen Arbeitsblattes in der Onlineergänzung die Wendelflächen w_1, w_2 und w_3 mit den angegebenen Parametern. Finde die Wirkung der Parameter a, b und n heraus.

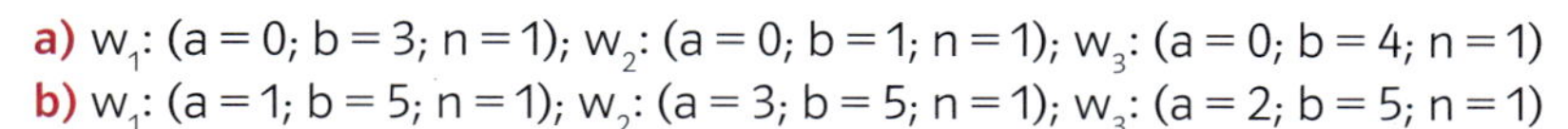

a) w_1: $(a = 0; b = 3; n = 1)$; w_2: $(a = 0; b = 1; n = 1)$; w_3: $(a = 0; b = 4; n = 1)$

b) w_1: $(a = 1; b = 5; n = 1)$; w_2: $(a = 3; b = 5; n = 1)$; w_3: $(a = 2; b = 5; n = 1)$

ZUSAMMENFASSUNG

Parameterdarstellung des Kreises k

$$k\colon X = (x_M + r\cos(t) \mid y_M + r\sin(t)) \text{ mit } t \in [0; 2\pi]$$

$$k\colon X = \begin{pmatrix} x_M \\ y_M \end{pmatrix} + \begin{pmatrix} r\cos(t) \\ r\sin(t) \end{pmatrix} \text{ mit } t \in [0; 2\pi]$$

r: Kreisradius; $M = (x_M \mid y_M)$: Mittelpunkt des Kreises

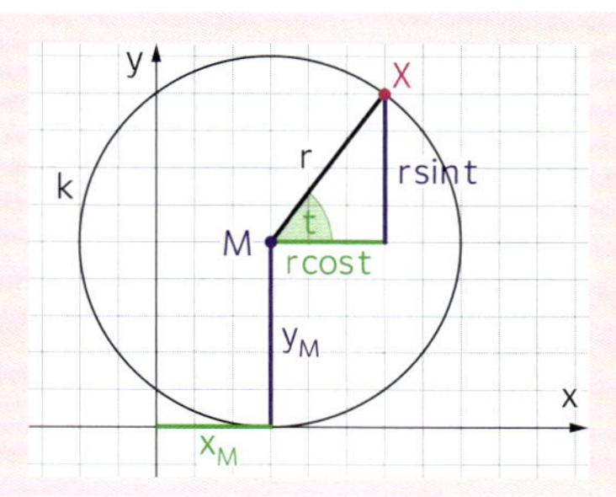

TRAINING

Vernetzung – Typ-2-Aufgaben

Typ 2 M **575.** Ein Körper m befindet sich auf einer Kreisbahn um den Ursprung des Koordinatensystems.

$\overrightarrow{r(t)} = \begin{pmatrix} r \cdot \sin\left(t + \frac{\pi}{2}\right) \\ r \cdot \cos\left(t + \frac{\pi}{2}\right) \end{pmatrix}$ ist der Vektor (Bahnvektor) vom Ursprung zum Ort des Körpers m zum Zeitpunkt $t \geq 0$.

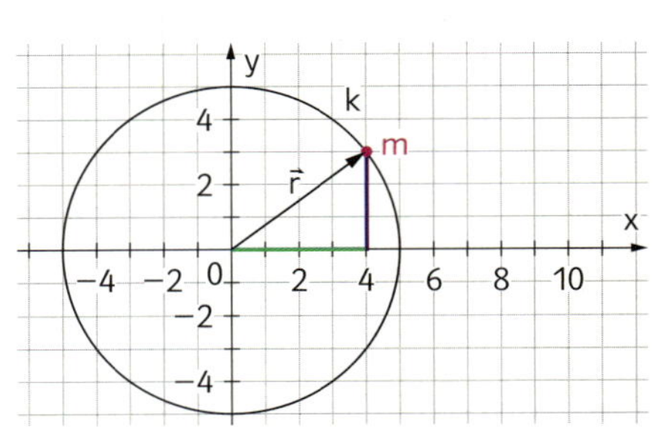

a) Kreuze die zutreffende(n) Aussage(n) an.

A	Der Durchmesser der Kreisbahn beträgt $2\vec{r}$.	☐
B	Zum Zeitpunkt $t = 0$ befindet sich der Körper m auf der x-Achse.	☐
C	Zum Zeitpunkt $t = \pi/2$ befindet sich der Körper auf der x-Achse.	☐
D	$\lvert\overrightarrow{r(t)}\rvert = r$	☐
E	Der Körper bewegt sich im Uhrzeigersinn.	☐

b) Die Ableitung eines Vektors wird koordinatenweise durchgeführt:
Für $\vec{a} = \begin{pmatrix} x(t) \\ y(t) \end{pmatrix}$ ist die erste Ableitung $\vec{a}' = \begin{pmatrix} x'(t) \\ y'(t) \end{pmatrix}$.
Die Momentangeschwindigkeit $\vec{v}$ des Körpers m entspricht der Ableitung des Vektors $\overrightarrow{r(t)}$.
Die Beschleunigung $\vec{a}$ des Körpers m entspricht der zweiten Ableitung des Vektors $\overrightarrow{r(t)}$.

1) Zeige, dass $\vec{v}$ normal auf $\overrightarrow{r(t)}$ steht.
2) Zeige, dass der Betrag der Momentangeschwindigkeit konstant ist.
3) Zeige, dass $\vec{a}$ in Richtung des Bahnmittelpunkts zeigt.

c) Ein anderer Körper k besitzt den Bahnvektor $\overrightarrow{r_2(t)} = \begin{pmatrix} 0 \\ r \cdot \cos(t) \end{pmatrix}$.
Beschreibe die Bewegung des Körpers k.

Typ 2 M **576.** Der Körper K besitzt die Bahnkurve k: $X = \begin{pmatrix} 5 \cdot \cos(t) \\ 0 \end{pmatrix}$.

Der Körper M besitzt die Bahnkurve m: $X = \begin{pmatrix} 0 \\ 5 \cdot \cos(2t) \end{pmatrix}$; $t \geq 0$.

a) Bestimme den Abstand der beiden Körper zum Zeitpunkt $t = 0$.

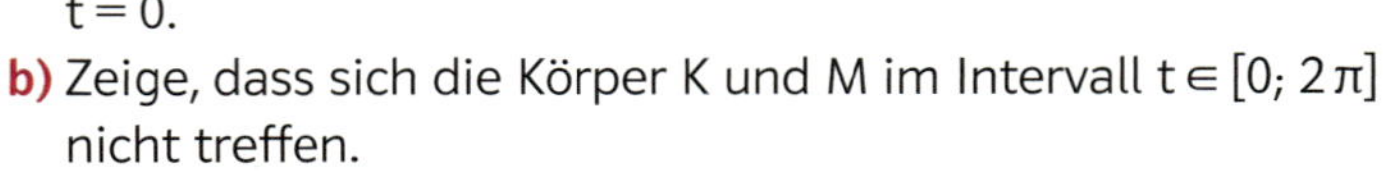

b) Zeige, dass sich die Körper K und M im Intervall $t \in [0; 2\pi]$ nicht treffen.

c) Bestimme die Durchschnittsgeschwindigkeit des Körpers K im Intervall $t \in [0; \pi]$.

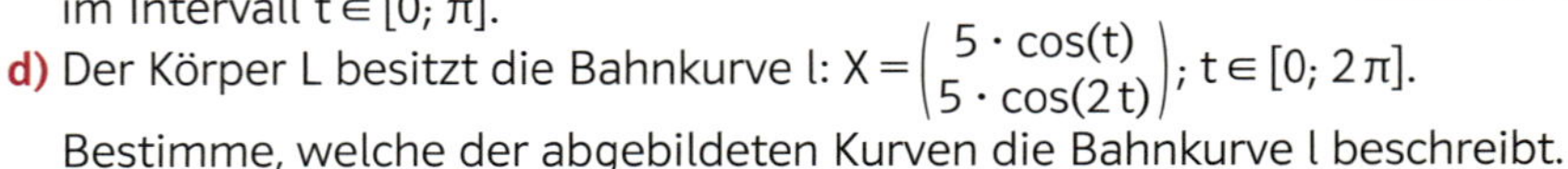

d) Der Körper L besitzt die Bahnkurve l: $X = \begin{pmatrix} 5 \cdot \cos(t) \\ 5 \cdot \cos(2t) \end{pmatrix}$; $t \in [0; 2\pi]$.
Bestimme, welche der abgebildeten Kurven die Bahnkurve l beschreibt.

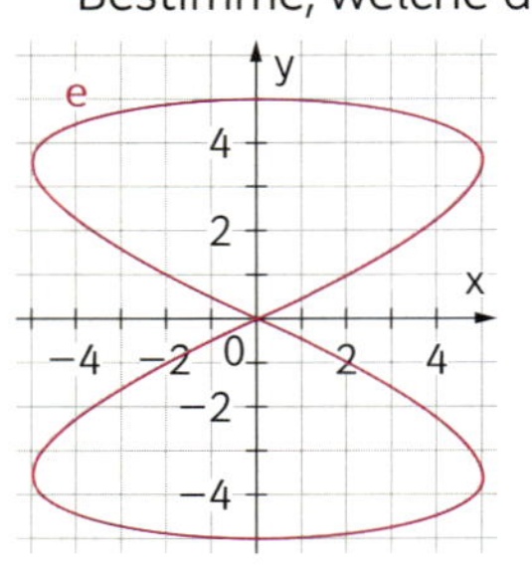

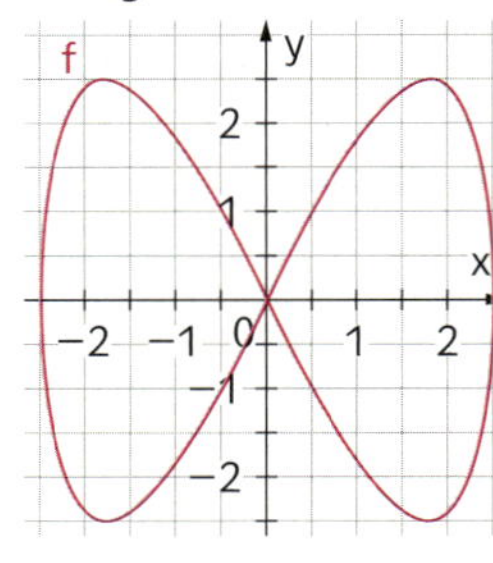

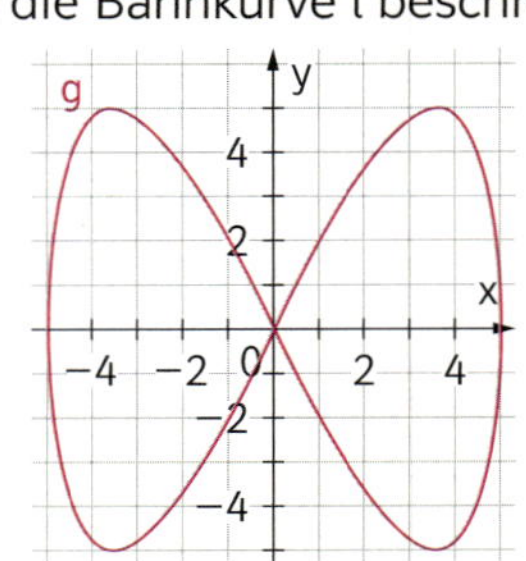

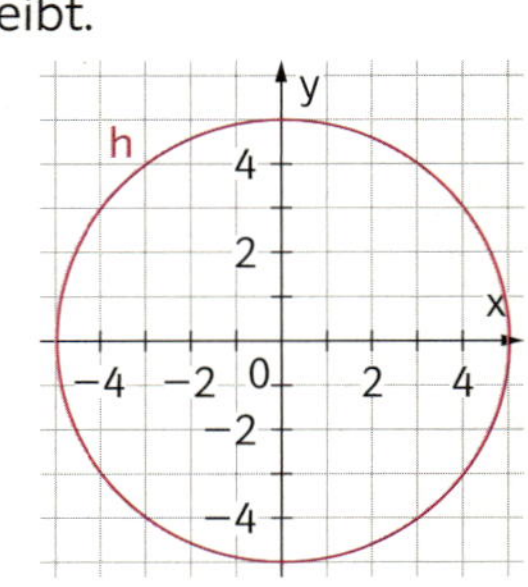

ÜBER-PRÜFUNG

Selbstkontrolle

☐ Ich kenne die Grenzen verschiedener Darstellungsarten von Kurven.

577. Trage in die Kästchen die Buchstaben aller Darstellungsarten ein, die für die beschriebenen Objekte möglich sind.

A	jede Gerade im Raum	
B	jede Ebene im Raum	
C	jede Gerade in der Ebene	
D	x-Achse in der Ebene	
E	y-Achse in der Ebene	

e: explizite Darstellung
i: implizite Darstellung
p: Parameterdarstellung

☐ Ich kenne die Parameterdarstellungen von Kreis und Ellipse.

578. Skizziere die angegebene Kurve.
k: $X = (2\cos(t) \mid 5\sin(t))$ mit $t \in \left[0; \frac{3}{2}\pi\right]$

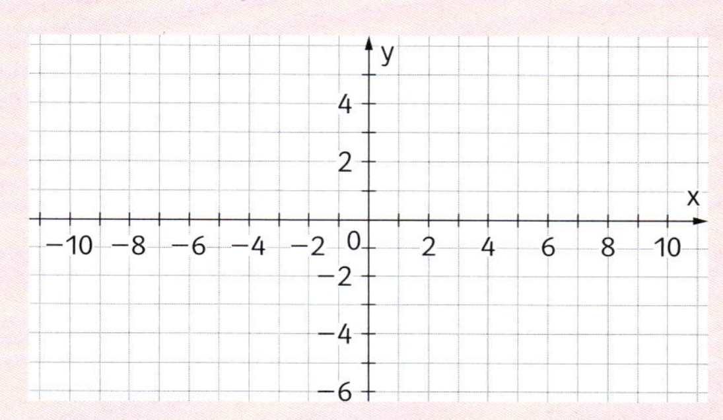

579. Gib jeweils eine passende Parameterdarstellung für die Ellipse und den Kreis an.

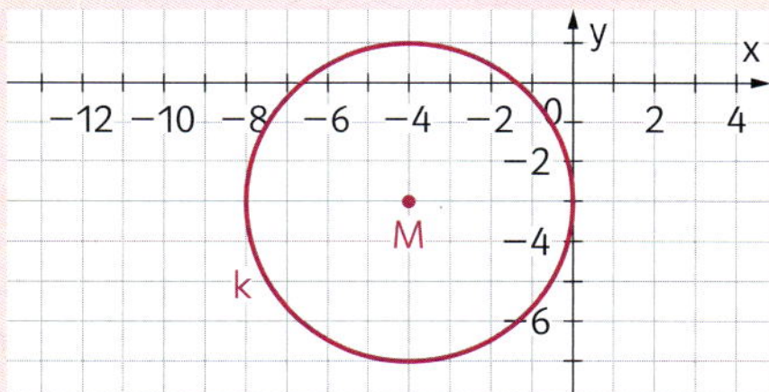

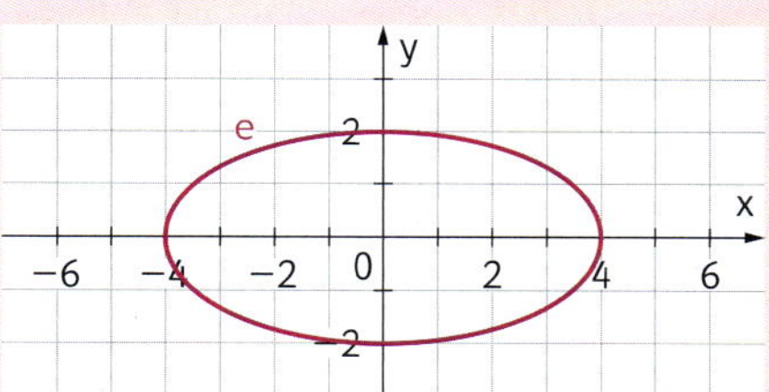

☐ Ich kann Kurven in Parameterdarstellung als Bewegungskurven interpretieren.

580. Ein Körper bewegt sich auf einer Bahn k mit k: $X = (4\cos(-t) \mid 4\sin(-t))$; $t \in [0; \pi]$.
Die Koordinaten von k werden in Meter (m) und t wird in Sekunden (s) angegeben.

a) Bestimme X für $t = 1$ und interpretiere den erhaltenen Wert.
b) Zeichne die Bahn in ein Koordinatensystem ein.
c) Bestimme den Umlaufsinn des Körpers.
d) Bestimme die mittlere Geschwindigkeit des Körpers im angegebenen Intervall.

☐ Ich kann Kurven und Flächen in Parameterdarstellung mit Technologieeinsatz zeichnen und untersuchen.

581. Zeichne den Graphen der angegebenen Herz-Kurve h mit Technologieeinsatz.
h: $X = (\sin(t)\cos(t)\ln|t| \mid \sqrt{|t|}\cos(t))$ mit $t \in [-1; 1]$

7 Erweiterung der Differentialrechnung

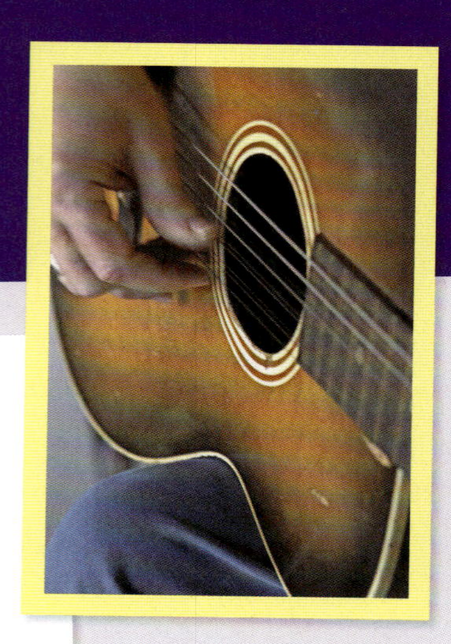

Zur Modellierung der meisten Anwendungssituationen reichen Polynomfunktionen nicht aus. Reale Zusammenhänge werden oft besser durch kompliziertere Funktionstypen beschrieben. In diesem Kapitel werden Techniken des Differenzierens vermittelt, die man für das Untersuchen solcher Funktionen benötigt.

Um einen Weg zu finden, benutzt du vielleicht manchmal das GPS auf deinem Smartphone. Diese einfach zu handhabende technische Anwendung baut auf außergewöhnlichen und komplizierten Erkenntnissen der Naturwissenschaften auf: Quantentheorie und Relativitätstheorie.

Die herausragenden Erkenntnisse der Differentialrechnung unterliegen auch einem ähnlichen Schicksal: Ein Jahrtausendproblem wird aufbauend auf den mathematischen Erkenntnissen von Jahrhunderten gelöst und schließlich soweit auf Rechenregeln vereinfacht, dass man dieses Problem auf sehr einfache Weise immer wieder „gedankenlos" lösen kann. Diese Arbeit kann man dann auch getrost Maschinen überlassen.

In diesem Kapitel wird auch gezeigt, dass es eine Funktion gibt, an der man die Technik des Differenzierens besonders einfach durchführen kann: die natürliche Exponentialfunktion (die e-Funktion). Aus diesem Grund wird diese Funktion in Naturwissenschaft und Technik häufig verwendet.

Am Ende des Kapitels gibt es noch einen Einblick in die mathematischen Grundlagen der Differentialrechnung, bei welchen wir nicht auf die Hilfe von Maschinen bauen können.

Es geht um Stetigkeit und Differenzierbarkeit von Funktionen.

Auch wenn wir diesen mathematischen Begriffen nicht vollständig auf den Grund gehen können, so wird doch ersichtlich, dass es schnell kompliziert werden kann, wenn man eine Erkenntnis auf mathematisch sichere Beine stellen will.

7.1 Weitere Ableitungsregeln

KOMPETENZEN

Lernziele:

- Die Konstantenregel kennen und anwenden können
- Die Produktregel kennen und anwenden können
- Die Quotientenregel kennen und anwenden können
- Die Kettenregel kennen und anwenden können

Grundkompetenz für die schriftliche Reifeprüfung:

AN 2.1 Einfache Regeln des Differenzierens kennen und anwenden können: Potenzregel, Summenregel, Regeln für $[k \cdot f(x)]'$ und $[f(kx)]'$

Anmerkung: Im Teil Vernetzung von Grundkompetenzen können mit Hilfe technologischer Werkzeuge auch komplexere Differentiationsmethoden angewandt und umgesetzt werden.

Die Produktregel

In den Kapiteln 2 und 3 wurden Polynomfunktionen differenziert. Dabei hat man z.B. die Summenregel und die Potenzregel verwendet. Um Produkte oder Quotienten von Funktionen zu differenzieren, sind neue Regeln notwendig, wie das folgende Beispiel zeigt:

Es wird die Funktion f mit $f(x) = (3x - 4) \cdot (2x^2 + 3x)$ betrachtet und die Ableitung von f gesucht. f kann durch Ausmultiplizieren auf Polynomform gebracht werden und anschließend mit den bekannten Methoden differenziert werden:

$$f(x) = 6x^3 + x^2 - 12x \quad \Rightarrow \quad f'(x) = 18x^2 + 2x - 12$$

Würde man versuchen, jeden Faktor einzeln zu differenzieren, würde man auf folgendes Ergebnis kommen: $f'(x) = 3 \cdot (4x + 3) = 12x + 9$

Die beiden Ergebnisse stimmen also nicht überein, d.h. die zweite Methode ist offensichtlich falsch.

In 7.2 werden Funktionen der Form $f(x) = g(x) \cdot h(x)$ behandelt, die man nicht auf Polynomform bringen kann. Aus diesem Grund wird die Produktregel benötigt.

MERKE

Die Produktregel

$f(x) = g(x) \cdot h(x)$

$f'(x) = g'(x) \cdot h(x) + g(x) \cdot h'(x)$ kurz: $f' = g' \cdot h + g \cdot h'$

Beweis der Produktregel

Um die Produktregel zu beweisen, wird der Differentialquotient verwendet:

$$f'(x) = \lim_{z \to x} \frac{f(z) - f(x)}{z - x} = \lim_{z \to x} \frac{g(z) \cdot h(z) - g(x) \cdot h(x)}{z - x}$$

Nun wird ein Trick angewendet. Man fügt im Zähler den Ausdruck $-g(x) \cdot h(z) + g(x) \cdot h(z)$ (also 0) ein und erhält durch Umformen die Produktregel:

$$f'(x) = \lim_{z \to x} \frac{g(z) \cdot h(z) - g(x) \cdot h(z) + g(x) \cdot h(z) - g(x) \cdot h(x)}{z - x} =$$

$$= \lim_{z \to x} \frac{h(z) \cdot (g(z) - g(x))}{z - x} + \lim_{z \to x} \frac{g(x) \cdot (h(z) - h(x))}{z - x} = g'(x) \cdot h(x) + g(x) \cdot h'(x)$$

MUSTER

594. Bestimme die erste Ableitung von f mit $f(x) = (-2x)^3$ **a)** indem zuerst umgeformt und dann differenziert wird **b)** durch Verwendung der Konstantenregel.

a) $f(x) = -8x^3 \quad \Rightarrow \quad f'(x) = -24x^2$

b) $f(x) = (-2x)^3 \quad \Rightarrow \quad f'(x) = -2 \cdot 3 \cdot (-2x)^2 = -6 \cdot 4x^4 = -24x^2$

konstanter Faktor $k = -2$

595. Bestimme die erste Ableitung von f **1)** indem zuerst umgeformt und dann differenziert wird **2)** durch Verwendung der Konstantenregel.

a) $f(x) = (-2x)^4$ **c)** $f(x) = (\sqrt{3}x)^6$ **e)** $f(x) = \left(\frac{2}{3}x\right)^5$ **g)** $f(x) = (\pi \cdot x)^5$

b) $f(x) = (3x)^2$ **d)** $f(x) = (\sqrt{2}x)^8$ **f)** $f(x) = \left(-\frac{3}{4}x\right)^3$ **h)** $f(x) = (2x)^8$

596. Bestimme die erste Ableitung von f und gib an, welche Regeln verwendet wurden.

a) $f(x) = (2x^3) \cdot (3x)^2$ **b)** $f(x) = (-4x)^2 \cdot (2x)^3$ **c)** $f(x) = \frac{(3x)^3}{2x-4}$ **d)** $f(x) = \frac{(-5x)^2}{2x^2-3}$

AN 2.1 M **597.** Vervollständige den folgenden Satz, sodass er mathematisch korrekt ist.

Ist ____(1)____, dann ist ____(2)____.

(1)	
$f(t) = r \cdot h(t),\ r \in \mathbb{R}$	☐
$f(t) = h(r \cdot t),\ r \in \mathbb{R}$	☐
$f(t) = \frac{h(t)}{r},\ r \in \mathbb{R}\setminus\{0\}$	☐

(2)	
$f'(t) = r \cdot h'(r \cdot t),\ r \in \mathbb{R}$	☐
$f'(t) = r' \cdot h'(t),\ r \in \mathbb{R}$	☐
$f'(t) = h'(t),\ r \in \mathbb{R}$	☐

Die Kettenregel

Eine Verallgemeinerung der Konstantenregel ist die Kettenregel. Ist f die Verkettung (vergleiche Lösungswege 6, Seite 56) zweier beliebiger Funktionen g und h ($f(x) = g(h(x))$), dann kann die Kettenregel verwendet werden (ohne Beweis).

MERKE

Die Kettenregel

$f(x) = g(h(x))$

$f'(x) = g'(h(x)) \cdot h'(x)$ (kurz: „äußere Ableitung mal innere Ableitung")

(Dabei wird $g'(h(x))$ als äußere Ableitung und $h'(x)$ als innere Ableitung bezeichnet.)

MUSTER

598. Bilde die erste Ableitung von $f(x) = (3x^2 - 5x)^2$ **a)** ohne **b)** mit Verwendung der Kettenregel.

a) $f(x) = 9x^4 - 30x^3 + 25x^2 \quad \Rightarrow \quad f'(x) = 36x^3 - 90x^2 + 50x$

b) Die Funktion f ist eine Verkettung zweier Funktionen. Bei der Kettenregel muss die äußere Ableitung mit der inneren Ableitung multipliziert werden:

$f'(x) = \underbrace{2 \cdot (3x^2 - 5x)}_{\text{„äußere Ableitung"}} \cdot \underbrace{(6x - 5)}_{\text{„innere Ableitung"}} = 2 \cdot (18x^3 - 45x^2 + 25x) = 36x^3 - 90x^2 + 50x$

599. Bilde die erste Ableitung von f **1)** ohne **2)** mit Verwendung der Kettenregel.

a) $f(x) = (-3x^2 + 1)^2$ **c)** $f(x) = (-3x^3 + 2x)^2$ **e)** $f(x) = (-2x + x^2)^3$

b) $f(x) = (2x^3 + 1)^2$ **d)** $f(x) = (-x^2 + 3x)^2$ **f)** $f(x) = (-3x^3 + 2x)^3$

600. Bilde die erste Ableitung von f mit Hilfe der Kettenregel.

a) $f(x) = (3x^2 - 4)^7$
b) $f(x) = (3x^6 - 2x^2)^3$
c) $f(x) = (-2x^3 + 12x)^{11}$
d) $f(x) = (-2x + 3x^2)^9$
e) $f(x) = (2x^4 + 3x^5)^5$
f) $f(x) = (-x^6 + 2x^3)^{13}$

601. Berechne die erste Ableitung und gib an, welche Regeln verwendet wurden.

a) $f(x) = (2x - 3)^2 \cdot (2 + x)$
b) $f(x) = (2x^2 + 1)^2 \cdot (2x^2 + 1)^2$
c) $f(x) = (3x^2 - 1)^3 \cdot (3 - 4x)$
d) $f(x) = (-x^3 - 1)^3 \cdot (x^2 + 1)$

602. Berechne die erste Ableitung von f.

a) $f(x) = \frac{x \cdot (2x - 3)^2}{(3x - 7)^2}$
b) $f(x) = \frac{(2x - 1) \cdot (6x^2 - 2x)^2}{(2x - 3)^2}$
c) $f(x) = \frac{(2x + 3)^3}{x^3}$

603. Das Gesetz von Boyle und Mariotte besagt, dass der Druck p (in bar) abgeschlossener Gase bei gleichbleibender Temperatur indirekt proportional zum Volumen V (in dm^3) ist.

Es gilt: $p(V) = \frac{k}{V}$, k konstant

a) Berechne die Differenzenquotienten von p in den Intervallen [1; 3] und [3; 5] und interpretiere die Ergebnisse im gegebenen Kontext.
b) Berechne die momentane Änderung von p für $V = 10\,dm^3$ und interpretiere das Ergebnis.

604. Die durchschnittliche Geschwindigkeit v eines Fahrzeugs auf einer r Meter langen Strecke in Abhängigkeit von der Zeit t (in Sekunden) kann mittels $v(t) = \frac{r}{t}$ berechnet werden. Berechne die momentane Änderungsrate von v zum Zeitpunkt $t = 12\,s$ und interpretiere das Ergebnis.

Implizites Differenzieren

Oft sind Funktionsgleichungen nicht in der expliziten Form (z.B. $y = -2x + 2$), sondern in impliziter Form (z.B. $2x + y = 2$) gegeben. Um auch implizite Darstellungen differenzieren zu können, muss die Kettenregel verwendet werden, da y von x abhängig ist.

Möchte man z.B. die Ableitung des Kreises $x^2 + y^2 = 9$ bestimmen, wird jeder Teil für sich differenziert (sowohl die linke Seite als auch die rechte Seite). Es ist zu beachten, dass y für $y > 0$ eine Funktion von x ist und daher die Kettenregel angewendet werden muss.

$$2x + 2y \cdot y' = 0 \quad \Rightarrow \quad y' = -\frac{x}{y}$$

605. Ermittle die Ableitung durch implizites Differenzieren.

a) $x^2 + y^2 = 16$
b) $3x^2 - 2y^2 = 12$
c) $-x^2 - 3y^3 = 16$
d) $-x^2 + 3x - 4y^4 = 3$
e) $x - 3y^2 = 16x^2$
f) $y^2 - 23x^2 = 2x$

606. Ermittle die Ableitung durch implizites Differenzieren.

a) $2xy = 5$
b) $-3x^2y = 5$
c) $5x^3y + 2y^3 = 4$
d) $2x^2y - 3y^3 = x$
e) $2y + 3x^2y = 5$
f) $-3x^3y^2 + 2y = 2$

TECHNO-LOGIE

Technologie Anleitung implizites Differenzieren 244cz8

Implizites Differenzieren

Geogebra	ImpliziteAbleitung(Funktionsterm, y, x)	ImpliziteAbleitung($x^2 + y^2 - 9$, y, x)
TI-NSpire	impDif(Gleichung, x, y)	impDif($x^2 + y^2 = 9$, x, y) $\frac{-x}{y}$

7.2 Ableitung weiterer Funktionen

KOMPETENZEN

Lernziele:

- $\sin(x)$, $\cos(x)$, a^x, $\log(x)$ und e^x differenzieren können
- Potenzfunktionen mit reellen Exponenten differenzieren können

Grundkompetenzen für die schriftliche Reifeprüfung:

AN 2.1 Einfache Regeln des Differenzierens kennen und anwenden können: Potenzregel, Summenregel, Regeln für $[k \cdot f(x)]'$ und $[f(kx)]'$

FA 5.4 Charakteristische Eigenschaften [...] $[e^x]' = e^x$ kennen und im Kontext deuten können

FA 6.6 Wissen, dass gilt: $[\sin(x)]' = \cos(x)$, $[\cos(x)]' = -\sin(x)$

Anmerkung 1: [...] Die Ermittlung des Differentialquotienten aus Funktionsgleichungen beschränkt sich auf Polynomfunktionen, Potenzfunktionen sowie auf die Fälle $[\sin(k \cdot x)]' = k \cdot \cos(k \cdot x)$, $[\cos(k \cdot x)]' = -k \cdot \sin(k \cdot x)$ und $[e^{kx}]' = k \cdot e^{kx}$.

Anmerkung 2: Im Teil Vernetzung von Grundkompetenzen können mit Hilfe technologischer Werkzeuge auch komplexere Differentiationsmethoden angewandt und umgesetzt werden.

Ableitungsregeln für sin(x), cos(x)

VORWISSEN

607. a) Skizziere den Graphen der Funktion f mit $f(x) = \sin(x)$ und gib die Nullstellen, die Extremstellen sowie die kleinste Periode der Funktion an.

b) Skizziere den Graphen der Funktion f mit $f(x) = \cos(x)$ und gib die Nullstellen, die Extremstellen sowie die kleinste Periode der Funktion an.

In den Kapiteln 2 und 3 wurden Regeln aufgestellt, um Polyomfunktionen zu differenzieren. In 7.1 wurden die Produktregel, die Quotientenregel und die Kettenregel erarbeitet. Um auch andere Funktionen differenzieren und untersuchen zu können, werden weitere Ableitungsregeln benötigt.

Technologie
Darstellung
Ableitung
Winkelfunktionen
mz68pi

608. 1) Gib die Funktionsgleichung des abgebildeten Graphen an.

2) Ermittle die Ableitungsfunktion von f graphisch. Gib eine Vermutung für die Funktionsgleichung der Ableitungsfunktion an.

a)

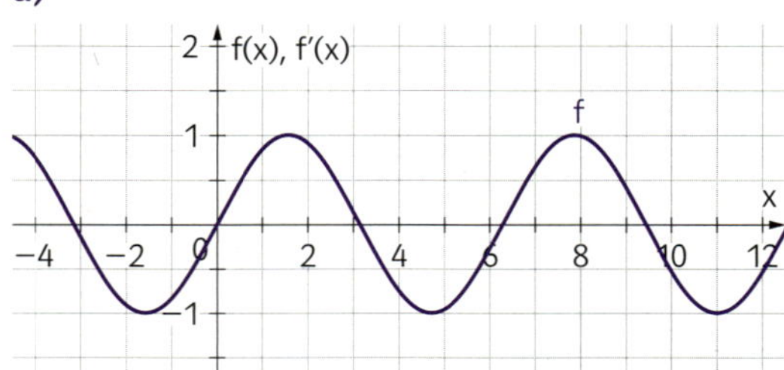

b)

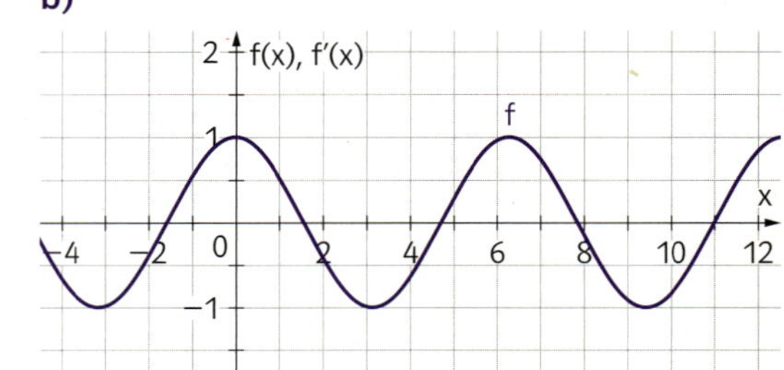

Berechnet man den Differentialquotienten für die Funktionen f bzw. g mit $f(x) = \sin(x)$ bzw. $g(x) = \cos(x)$, so kann man weitere Ableitungsregeln herleiten. (Beweis auf Seite 272)

MERKE

Ableitungsregeln für Winkelfunktionen

$f(x) = \sin(x)$ $\quad g(x) = \cos(x)$

$f'(x) = \cos(x)$ $\quad g'(x) = -\sin(x)$

MUSTER

609. Berechne die Ableitungsfunktion von f.

a) $f(x) = -\sin(x) + 3 \cdot \cos(x)$ **b)** $f(x) = \cos(3x^2)$

a) $f'(x) = -\cos(x) - 3 \cdot \sin(x)$

b) Die Funktion f ist eine Verkettung von zwei Funktionen. Daher muss die Kettenregel verwendet werden:

$$f'(x) = -\sin(3x^2) \cdot 6x = -6x \cdot \sin(3x^2)$$

„äußere Ableitung" „innere Ableitung"

FA 6.6 M **610.** Berechne die Ableitungsfunktion von f.

a) $f(x) = -3\sin(x)$
b) $f(x) = 3\cos(x)$
c) $f(x) = 2\sin(x) - 3\cos(x)$
d) $f(x) = -2\sin(x) + 4\cos(x)$
e) $f(x) = 12\sin(x) - 5\cos(x)$
f) $f(x) = -4\sin(x) - \cos(x)$

AN 2.1 M **611.** Ordne den Funktionen die entsprechende Ableitung zu.

1	$f(x) = -3 \cdot \sin(4x)$	
2	$f(x) = -3 \cdot \cos(4x)$	
3	$f(x) = 3 \cdot \cos(4x)$	
4	$f(x) = 3 \cdot \sin(4x)$	

A	$f'(x) = 12 \cdot \cos(4x)$
B	$f'(x) = -12 \cdot \sin(4x)$
C	$f'(x) = 12 \cdot \sin(4x)$

D	$f'(x) = 3 \cdot \cos(4)$
E	$f'(x) = -\sin(4x)$
F	$f'(x) = -12 \cdot \cos(4x)$

612. Stelle die Gleichung der Tangente von f an der Stelle π auf.

a) $f(x) = 2\sin(x)$
b) $f(x) = 3\sin(3x)$
c) $f(x) = 5\sin(5x)$
d) $f(x) = 3\cos(2x)$
e) $f(x) = -\sin(4x)$
f) $f(x) = -\cos(5x)$

613. Berechne die Ableitungsfunktion von f.

a) $f(x) = \sin(3x^2)$
b) $f(x) = \cos(-2x^2 + 4)$
c) $f(x) = \sin(5x)$
d) $f(x) = 3\cos(2x^3 - 3x) + \sin(3x)$
e) $f(x) = 2\sin(12x^3) + \cos(7x)$
f) $f(x) = 3\cos(4x - 2) + 2\sin(2x^2 - 1)$

614. Berechne die Ableitungsfunktion von f.

a) $f(x) = \frac{\sin(x)}{x}$ **b)** $f(x) = \frac{\cos(x^2)}{x + 3}$ **c)** $f(x) = \frac{x \cdot \sin(x)}{x + 1}$

615. Bestimme die Ableitungsfunktion von $f(x) = \tan(x)$.

TIPP → Verwende den Zusammenhang zwischen den Winkelfunktionen: $\tan(x) = \frac{\sin(x)}{\cos(x)}$

616. Das Wiener Riesenrad benötigt für eine Gesamtumdrehung ohne Zwischenstopps ca. 255 Sekunden. Die Höhe einer Gondel (in m, von der Drehachse aus gemessen) kann durch die Funktion h mit $h(t) = 30{,}48 \cdot \sin\left(\frac{2\pi}{255} \cdot t\right)$ (t in Sekunden) beschrieben werden.

a) Berechne h(150) und interpretiere das Ergebnis im Kontext.

b) Berechne den Differenzenquotienten von h in den Intervallen [0; 40], [40; 80] und [80; 120] und interpretiere das Ergebnis im gegebenen Kontext.

c) Berechne die momentane Höhenzunahme für t = 0, 20, 50, 110, 200.

Ableitungsregeln für Exponential- und Logarithmusfunktionen

VORWISSEN

617. Erkläre, was man unter einer Exponentialfunktion versteht und zeichne den Graphen der Funktionen f bzw. g mit $f(x) = 2^x$ bzw. $g(x) = \left(\frac{1}{2}\right)^x$.

618. Was versteht man unter der natürlichen Exponentialfunktion und der Euler'schen Zahl? Zeichne weiters den Graphen der natürlichen Exponentialfunktion.

Wie auf S. 156 bereits erwähnt, wird die natürliche Exponentialfunktion ($f(x) = e^x$) in den Naturwissenschaften oft verwendet. Eine große Besonderheit dieser Funktion ist, dass die Funktion und ihre Ableitung gleich sind. Die Steigung der Tangente an jeder Stelle der Funktion ist daher gleich dem Funktionswert an dieser Stelle. (Beweise der folgenden Sätze siehe Seite 273)

MERKE

Technologie Darstellung Ableitung Exponential- und Logarithmusfunktionen mv2mh5

Ableitungsregeln für Exponential- und Logarithmusfunktionen

$f(x) = e^x$	$g(x) = a^x$	$h(x) = \ln(x)$	$s(x) = \log_a x$
$f'(x) = e^x$	$g'(x) = a^x \cdot \ln(a)$	$h'(x) = \frac{1}{x}$	$s'(x) = \frac{1}{x \cdot \ln(a)}$

MUSTER

619. Bestimme die Ableitungsfunktion von f.

a) $f(x) = e^{-4x}$ **b)** $f(x) = 2^{3x^2}$ **c)** $f(x) = \ln(3x^2 - 2)$

Da f die Verkettung mehrerer Funktionen ist, muss jeweils die Kettenregel verwendet werden.

a) $f'(x) = e^{-4x} \cdot (-4)$ b) $f'(x) = 2^{3x^2} \cdot \ln(2) \cdot 6x = 6x \cdot 2^{3x^2} \cdot \ln(2)$ c) $f'(x) = \frac{1}{3x^2 - 2} \cdot 6x = \frac{6x}{3x^2 - 2}$

Arbeitsblatt Exponential- und Logarithmusfunktionen 2hf7e2

620. Bestimme die Ableitungsfunktion von f.

a) $f(x) = e^{3x}$ **f)** $f(x) = 3^{5x}$ **k)** $f(x) = \ln(8x)$ **p)** $f(x) = \log_2(5x)$

b) $f(x) = e^{-5x} - 2$ **g)** $f(x) = 5^{-8x}$ **l)** $f(x) = \ln(5x)$ **q)** $f(x) = \log_3(8x)$

c) $f(x) = e^{7x} + 4x$ **h)** $f(x) = 10^{-4x}$ **m)** $f(x) = \ln(2x^2)$ **r)** $f(x) = \log_2(2x^2)$

d) $f(x) = e^{-5x} + 3x^3$ **i)** $f(x) = 2^{-4x}$ **n)** $f(x) = -5 \cdot \ln(4x)$ **s)** $f(x) = 5 \cdot \log_2(10x)$

e) $f(x) = -2e^{-5x} - x^2$ **j)** $f(x) = 3 \cdot 5^{-8x}$ **o)** $f(x) = 5 \cdot \ln(3x^3)$ **t)** $f(x) = -3 \cdot \log_3(3x^3)$

621. Bestimme die Ableitungsfunktion von f.

a) $f(x) = x^2 \cdot e^{-3x}$ **c)** $f(x) = 3^{-4x} \cdot \ln(x^2)$ **e)** $f(x) = \log_3(5x) \cdot \ln(2x)$

b) $f(x) = \ln(3x) \cdot e^{-3x}$ **d)** $f(x) = 2^{5x} \cdot \ln(3x)$ **f)** $f(x) = \log_2(2x) \cdot e^{4x}$

622. Die Anfangstemperatur eines Körpers T_0 kühlt im Laufe der Zeit bis auf seine Umgebungstemperatur T_U ab. Dieser Zusammenhang kann durch folgenden Abnahmeprozess modelliert werden:
$T(t) = T_U + (T_0 - T_U) \cdot e^{\lambda \cdot t}$ (t in Minuten, T in °C)
Die Abkühlungskonstante λ ist abhängig vom Material.
Die Anfangstemperatur einer Tasse Kakao ist 80°.
Die Raumtemperatur ist 21°, die Abkühlungskonstante −0,13.

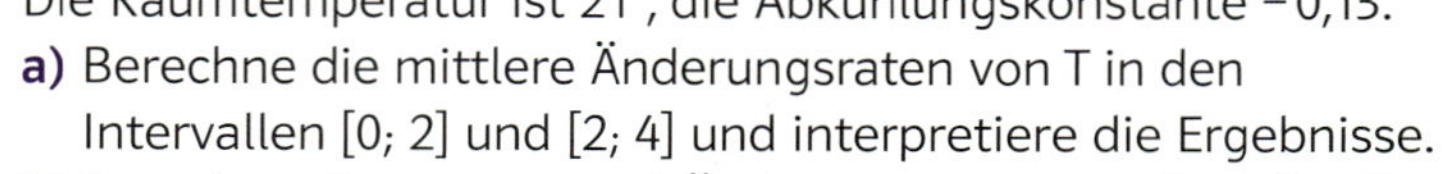

a) Berechne die mittlere Änderungsraten von T in den Intervallen [0; 2] und [2; 4] und interpretiere die Ergebnisse.

b) Berechne die momentane Änderungsraten von T zu den Zeitpunkten t = 2, t = 4 und t = 20 Minuten. Interpretiere die Ergebnisse.

Ableitungsregeln für Potenzfunktionen mit reellen Exponenten

VORWISSEN

623. Schreibe den Term als Potenz mit einer rationalen Hochzahl an.

a) $\frac{1}{x^3}$ **b)** $\frac{2}{x^7}$ **c)** $\frac{5}{x^6}$ **d)** $\sqrt{x}$ **e)** $\sqrt[4]{x^7}$ **f)** $\sqrt[2]{x^9}$ **g)** $\frac{3}{\sqrt{x}}$ **h)** $\frac{-2}{\sqrt[4]{x^7}}$ **i)** $\frac{1}{\sqrt[9]{x^3}}$

In Kapitel 2 wurde die Ableitungsregel für Potenzfunktionen mit natürlichen Exponenten bewiesen. Dies war für Polynomfunktionen ausreichend. Mit den neuen Erkenntnissen kann diese Regel auch auf Potenzfunktionen mit beliebigen reellen Exponenten erweitert werden.

MERKE

Ableitungsregel für Potenzfunktionen mit reellen Exponenten

$$f(x) = x^r \quad (r \in \mathbb{R}) \quad \Rightarrow \quad f'(x) = r \cdot x^{r-1}$$

Beweis der Ableitungsregel für Potenzfunktionen

Um die Ableitungsregel zu beweisen, muss folgender Zusammenhang verwendet werden: $e^{\ln(x)} = x$. Verwendet man diesen Zusammenhang, dann kann die bereits bekannte Ableitungsregel für die natürliche Exponentialfunktion sowie die Kettenregel angewandt werden:

$$f(x) = x^r = (e^{\ln(x)})^r = e^{r \cdot \ln(x)} \quad \Rightarrow \quad f'(x) = e^{r \cdot \ln(x)} \cdot \frac{1}{x} \cdot r = (e^{\ln(x)})^r \cdot \frac{1}{x} \cdot r$$

Ersetzt man nun wieder $e^{\ln(x)}$ durch x, erhält man die obige Behauptung:

$$f'(x) = x^r \cdot \frac{1}{x} \cdot r = r \cdot x^{r-1}$$

MUSTER

624. Bestimme die Ableitungsfunktion von f.

a) $f(x) = \frac{5}{x^3}$ **b)** $f(x) = \sqrt{x^9}$ **c)** $f(x) = \frac{1}{\sqrt{3x^2 - 5x}}$

a) Diese Aufgabe könnte mit der Quotientenregel gelöst werden. Durch Anwendung der obigen Regel, kann man die Ableitung auch auf folgende Art berechnen:

$f(x) = 5 \cdot x^{-3} \quad \Rightarrow \quad f'(x) = -15 \cdot x^{-4} = -\frac{15}{x^4}$

b) $f(x) = x^{\frac{9}{2}} \quad \Rightarrow \quad f'(x) = \frac{9}{2} \cdot x^{\frac{7}{2}} = \frac{9}{2} \cdot \sqrt{x^7}$

c) $f(x) = (3x^2 - 5x)^{-\frac{1}{2}} \quad \Rightarrow \quad f'(x) = -\frac{1}{2} \cdot (3x^2 - 5x)^{-\frac{3}{2}} \cdot (6x - 5) = -\frac{6x - 5}{2\sqrt{(3x^2 - 5x)^3}}$

625. Bestimme die Ableitungsfunktion von f.

a) $f(x) = \frac{-2}{x^3} - x^{-3}$ **c)** $f(x) = \frac{-12}{x} - \frac{2}{x^4}$ **e)** $f(x) = x^2 - 5x^3 - \frac{3}{x^{14}}$

b) $f(x) = \frac{3}{x^8} + \frac{2}{x^{12}}$ **d)** $f(x) = \frac{4}{x^3} + \frac{12}{x^{12}}$ **f)** $f(x) = 3x^{-4} - \frac{x^3}{x^{12}} + 12$

626. Bestimme die Ableitungsfunktion von f.

a) $f(x) = \sqrt[3]{x^4}$ **b)** $f(x) = \sqrt[7]{x^6}$ **c)** $f(x) = \sqrt[4]{x^{11}}$ **d)** $f(x) = \frac{1}{\sqrt{x^3}}$ **e)** $f(x) = \frac{-5}{\sqrt{x^7}}$

627. Bestimme die Ableitungsfunktion von f.

a) $f(x) = \frac{1}{\sqrt{2x^3 - x^2}}$ **b)** $f(x) = \frac{-3}{\sqrt{2x^2 + 3x}}$ **c)** $f(x) = \frac{25}{\sqrt{6x + 2x^8}}$ **d)** $f(x) = \frac{-12}{\sqrt{7x^3 + x^2}}$

628. Beweise die Gültigkeit der gegebenen Regel.

a) $f(x) = \sqrt{g(x)} \quad \Rightarrow \quad f'(x) = \frac{g'(x)}{2\sqrt{g(x)}}$ **b)** $f(x) = \sqrt[3]{g(x)} \quad \Rightarrow \quad f'(x) = \frac{g'(x)}{3 \cdot \sqrt[3]{g(x)^2}}$

7.3 Weitere Kurvendiskussionen

KOMPETENZEN

Lernziele:

- Kurvendiskussionen bei rationalen Funktionen durchführen können
- Kurvendiskussionen bei Winkelfunktionen durchführen können
- Kurvendiskussionen bei Exponentialfunktionen durchführen können

Grundkompetenz für die schriftliche Reifeprüfung:

AN 3.3 Eigenschaften von Funktionen mit Hilfe der Ableitung(sfunktion) beschreiben können: Monotonie, lokale Extrema, Links- und Rechtskrümmung, Wendestellen

In 3.3 wurden bereits Polynomfunktionen untersucht. Dabei wurde zuerst die Definitionsmenge aufgestellt. Anschließend wurden Nullstellen, Extremstellen, Wendestellen ermittelt und die Wendetangenten aufgestellt. In diesem Abschnitt wird dieses Wissen auf weitere Funktionstypen angewendet.

Kurvendiskussion – rationale Funktionen

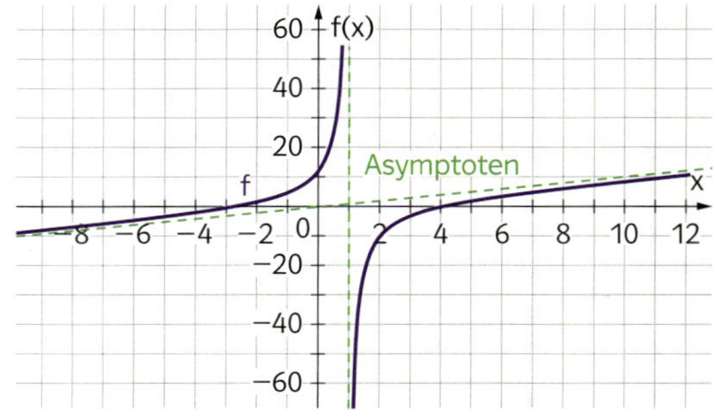

In diesem Abschnitt werden **gebrochen rationale Funktionen** untersucht. Eine gebrochen rationale Funktion ist eine Funktion der Form $f(x) = \frac{g(x)}{h(x)}$, wobei g und h zwei Polynomfunktionen sind.
Betrachtet man den Graphen der Funktion f mit $f(x) = \frac{x^2 - x - 12}{x - 1}$, dann erkennt man, dass sich der Graph der Funktion an zwei Geraden annähert, die **Asymptoten** genannt werden. Die Definitionslücke dieser Funktion wird auch **Polstelle** genannt.

Eine Asymptote befindet sich bei der Definitionslücke. Es gilt daher a_1: $x = 1$.
Eine schräge Asymptote existiert, wenn der Grad des Zählers größer als der Grad des Nenners ist. Führt man nun eine Polynomdivision durch $((x^2 - x - 12) : (x - 1))$, so erhält man als Ergebnis x mit Rest −12.

$$f(x) = \frac{x^2 - x - 12}{x - 1} = x + \frac{-12}{x - 1}$$

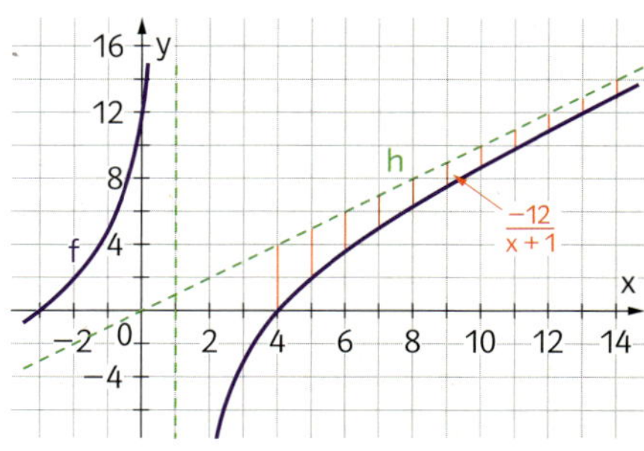

Der Ausdruck $\frac{-12}{x-1}$ beschreibt nun den Abstand der Geraden h ($h(x) = x$) zur Funktion f an jeder Stelle x (vgl. nebenstehende Abbildung). Für sehr große oder sehr kleine x-Werte geht der Bruch $\frac{-12}{x-1}$ gegen null und die Funktion verhält sich wie die Funktion h.
Die zweite Asymptote lautet daher: a_2: $y = x$.

Technologie
Darstellung Asymptoten
j7r7a4

MERKE

Asymptote einer Funktion

Nähert sich der Graph einer Funktion f einer Geraden beliebig nahe an, ohne diese jedoch zu berühren, dann nennt man diese Gerade eine **Asymptote** von f.

629. Zeichne den Graphen der Funktion f mit Hilfe eines elektronischen Hilfsmittels sowie die Asymptoten von f und bestimme die Gleichungen der Asymptoten.

a) $f(x) = \frac{3}{x-5}$ **c)** $f(x) = \frac{3x}{x+3}$ **e)** $f(x) = \frac{3x^2 - 6x + 1}{2x - 4}$

b) $f(x) = \frac{-5}{2x+1}$ **d)** $f(x) = \frac{12x - 5}{4x - 5}$ **f)** $f(x) = \frac{3x^2}{x-5}$

TECHNO-LOGIE

Aufstellen der Asymptoten einer Funktion f

Geogebra	Asymptote(f)	Beispiel: Asymptote$\left(\frac{1}{x-1}\right)$	$x = 1,\ y = 0$

630. Es sei $f(x) = \frac{g(x)}{h(x)}$ eine gebrochen rationale Funktion, n der Grad von g(x) und r der Grad von h(x).

a) Welche Bedingung muss erfüllt sein, damit f eine senkrechte Asymptote besitzt?
b) Welche Bedingung muss erfüllt sein, damit f eine waagrechte Asymptote besitzt?
c) Welche Bedingung muss erfüllt sein, damit die x-Achse Asymptote ist?
d) Welche Bedingung muss erfüllt sein, damit f eine schräge Asymptote besitzt?

MUSTER

631. Gegeben ist die Funktion f mit $f(x) = \frac{x^2 - 4}{4x + 12}$. Führe eine Kurvendiskussion durch.

Zuerst werden die ersten drei Ableitungen berechnet. Dabei muss die Quotientenregel oder Technologie verwendet werden.

$f'(x) = \frac{x^2 + 6x + 4}{4x^2 + 24x + 36}$ $f''(x) = \frac{5}{2x^3 + 18x^2 + 54x + 54}$ $f'''(x) = \frac{-15}{2x^4 + 23x^3 + 108x^2 + 216x + 162}$

1) Definitionsmenge: Da man durch null nicht dividieren darf, gilt: $D = \mathbb{R}\setminus\{-3\}$.

2) Nullstellen: $0 = \frac{x^2 - 4}{4x + 12} \Rightarrow x_1 = 2,\ x_2 = -2$

Schnittpunkte mit der x-Achse: $N_1 = (-2 \mid 0),\ N_2 = (2 \mid 0)$

3) Extremstellen: $0 = \frac{x^2 + 6x + 4}{4x^2 + 24x + 36} \Rightarrow x_1 = -5{,}24,\ x_2 = -0{,}76$

Art der Extremstellen: $f''(-5{,}24) = -0{,}22 < 0 \Rightarrow$ lokales Maximum
$f''(-0{,}76) = 0{,}22 > 0 \Rightarrow$ lokales Minimum

Berechnen der Funktionswerte: $f(-5{,}24) = -2{,}62,\ f(-0{,}76) = -0{,}38$

Die Extrempunkte sind: $H = (-5{,}24 \mid -2{,}62),\ T = (-0{,}76 \mid -0{,}38)$

4) Monotonieintervalle: Da die Funktion an der Stelle −3 keinen Funktionswert annehmen kann, muss diese Stelle bei der Angabe der Monotonieintervalle berücksichtigt werden. Es ergeben sich daher folgende Monotonieintervalle (vgl. mit dem Graphen von f):
$(-\infty; -5{,}24]$ und $[-0{,}76; \infty)$ streng monoton steigend
$[-5{,}24; -3)$ und $(-3; -0{,}76)$ streng monoton fallend

5) Wendestellen: $0 = \frac{5}{2x^2 + 18x + 54x + 54} \Rightarrow$ es gibt keine Wendestellen

6) Krümmungsintervalle:
$(-\infty; -3)$ rechts gekrümmt
$(-3; \infty)$ links gekrümmt

7) es gibt keine Wendetangenten

8) Asymptoten:
Eine Asymptote befindet sich bei der Polstelle. Die schräge Asymptote kann z. B. durch Polynomdivision bestimmt werden.
a_1: $x = -3$ a_2: $y = \frac{1}{4}x - \frac{3}{4}$

9) Skizze

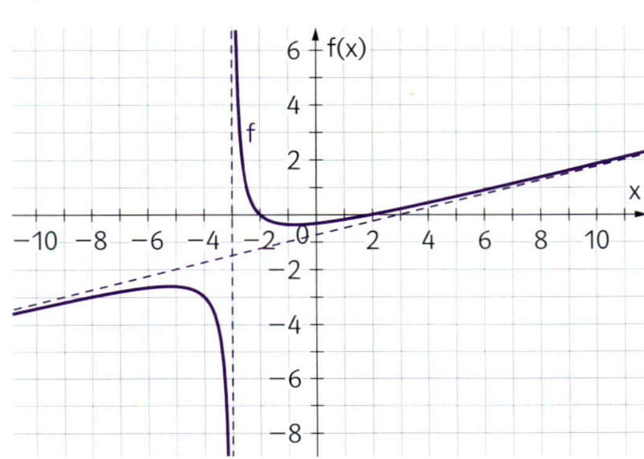

TECHNO-LOGIE

Technologie
Anleitung
rationale
Funktionen
96dx5r

Durchführen einer Kurvendiskussion einer Funktion f (nicht Polynomfunktion)

Die genaue Anleitung für Kurvendiskussionen bei Funktionen, die keine Polynomfunktionen sind, befindet sich im Lehrwerk online.

632. Führe eine Kurvendiskussion durch.

a) $f(x) = \frac{x}{x-3}$ **b)** $f(x) = \frac{2x}{x-1}$ **c)** $f(x) = \frac{2x+4}{3x-6}$

d) $f(x) = \frac{-2x}{3x^2-27}$ **e)** $f(x) = \frac{-4x}{2x^2-8}$ **f)** $f(x) = \frac{5x}{x^2-1}$

g) $f(x) = \frac{2x^2-8}{4x+12}$ **h)** $f(x) = \frac{x^2-1}{4x+8}$ **i)** $f(x) = \frac{x^2-16}{2x+4}$

Kurvendiskussion – Winkelfunktionen

Mit Hilfe der bekannten Methoden können auch Funktionen, die Winkelfunktionen beinhalten, untersucht werden. Hierbei ist die Anwendung der Technologie sehr hilfreich. Beachte, dass Winkelfunktionen periodisch sind.

MUSTER

Technologie
Anleitung
Winkelfunktionen
q3iv6d

633. Ein Körper hängt an einer Spiralfeder. Sein Abstand von der Ruhelage s in Abhängigkeit von der Zeit wird durch $s(t) = 4 \cdot \sin(2t)$ beschrieben.
Bestimme **a)** die Nullstellen **b)** die Extremstellen **c)** die Wendestellen **d)** das Monotonieverhalten **e)** die kleinste Periode von s und interpretiere die Ergebnisse im vorliegenden Kontext.

Zuerst werden die ersten drei Ableitungen berechnet:

$s'(t) = 8 \cdot \cos(2t)$ $s''(t) = -16 \cdot \sin(2t)$ $s'''(t) = -32 \cdot \cos(2t)$

a) $0 = 4 \cdot \sin(2t)$ $\sin(2t) = 0 \Rightarrow t = 0, \frac{\pi}{2}, \frac{3\pi}{2} \ldots$

Nullstellen bei $t = k \cdot \frac{\pi}{2},\ k \in \mathbb{Z}$

Zu diesen Zeitpunkten erreicht das Pendel die Position der Ruhelage.

b) $0 = 8 \cdot \cos(2t)$ $\cos(2t) = 0 \Rightarrow t = \frac{\pi}{4}, \frac{3\pi}{4}, \frac{5\pi}{4} \ldots$

allgemein: Extremstellen bei $t = \frac{\pi}{4} + k \cdot \frac{\pi}{2},\ k \in \mathbb{Z}$

An diesen Zeitpunkten ist der Abstand zur Ruhelage maximal, dabei ist die momentane Geschwindigkeit 0.

Funktionswerte: $s\left(\frac{\pi}{4}\right) = 4,\ s\left(\frac{3\pi}{4}\right) = -4, \ldots$

Art des Extremums: $s''\left(\frac{\pi}{4}\right) = -16 < 0,\ s\left(\frac{3\pi}{4}\right) = 16 > 0,$

Hochpunkte: $\left(\frac{\pi}{4} + k \cdot \pi \,\middle|\, 4\right)$ Tiefpunkte bei $\left(\frac{3\pi}{4} + k \cdot \pi \,\middle|\, -4\right)$

c) $0 = -16 \cdot \sin(2t)$ $\sin(2t) = 0 \Rightarrow t = 0, \frac{\pi}{2}, \frac{3\pi}{2} \ldots$

Wendestellen bei $t = k \cdot \frac{\pi}{2},\ k \in \mathbb{Z}$

An diesen Stellen hat der Körper seine höchste Geschwindigkeit erreicht.

Wendepunkte: $W = \left(k \cdot \frac{\pi}{2} \,\middle|\, 0\right)$

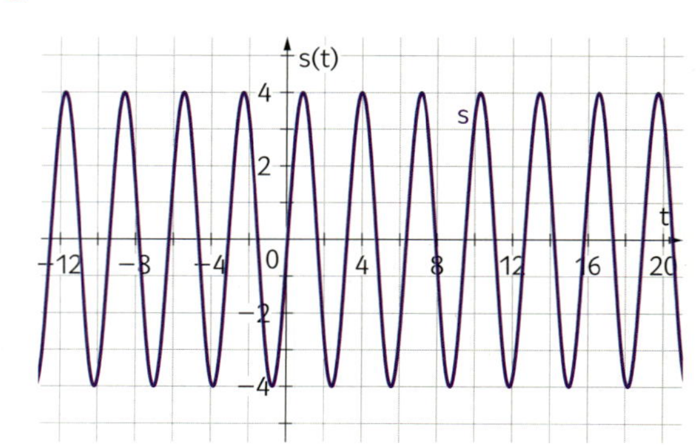

d) streng monoton steigend in

$\left[\frac{\pi}{4} + k \cdot \pi; \frac{3\pi}{4} + k \cdot \pi\right]$

streng monoton fallend in

$\left[\frac{3\pi}{4} + k \cdot \pi; \frac{5\pi}{4} + k \cdot \pi\right],\ k \in \mathbb{Z}$

e) kleinste Periode: π

634. Ein Körper ist an einer Spiralfeder befestigt. Sein Abstand von der Ruhelage in Abhängigkeit von der Zeit t wird durch s(t) beschrieben.

Bestimme **1)** die Nullstellen **2)** die Extrempunkte **3)** die Wendestellen **4)** das Monotonieverhalten **5)** die kleinste Periode von s und interpretiere die Ergebnisse im vorliegenden Kontext.

a) $s(t) = 3 \cdot \sin(3t)$ **c)** $s(t) = 2 \cdot \sin(\pi t)$ **e)** $s(t) = 5 \cdot \cos(0{,}5t)$
b) $s(t) = 2 \cdot \sin(0{,}5t)$ **d)** $s(t) = 3 \cdot \cos(2t)$ **f)** $s(t) = 3 \cdot \cos(0{,}5\pi t)$

635. Bestimme mit Hilfe eines elektronischen Hilfsmittels **1)** die Nullstellen **2)** die Extrempunkte **3)** die Wendestellen **4)** die kleinste Periode von f.

a) $f(x) = \sin^2(x)$ **b)** $f(x) = \cos^2(x)$ **c)** $f(x) = \sin(x) \cdot \cos(x)$

Kurvendiskussion – Exponentialfunktionen

In diesem Teil werden die bisherigen Methoden zur Untersuchung von Exponentialfunktionen verwendet.

MUSTER

636. Gegeben ist die Funktion f mit $f(x) = (x+1) \cdot e^{-\frac{1}{2}x}$. Bestimme **a)** die Nullstellen **b)** die Extremstellen **c)** die Wendestellen **d)** das Monotonieverhalten **e)** das Krümmungsverhalten von f. **f)** Skizziere den Graphen von f.

Zuerst werden die ersten drei Ableitungen von f mit Hilfe der Produktregel gebildet:

$f'(x) = -\frac{1}{2} \cdot e^{-\frac{1}{2}x} \cdot (x-1)$ $f''(x) = \frac{1}{4} \cdot e^{-\frac{1}{2}x} \cdot (x-3)$ $f'''(x) = -\frac{1}{8} \cdot e^{-\frac{1}{2}x} \cdot (x-5)$

a) $f(x) = 0$ $0 = (x+1) \cdot e^{-\frac{1}{2}x}$

Da $e^{-\frac{1}{2}x}$ nie 0 sein kann, muss nur der Term $x+1$ betrachtet werden:

$x + 1 = 0$ $x = -1$ $N = (-1 \mid 0)$

b) $f'(x) = 0$ $0 = -\frac{1}{2} \cdot e^{-\frac{1}{2}x} \cdot (x-1)$ $x = 1$

Bestimmen des Funktionswerts: $f(1) = 2 \cdot e^{-\frac{1}{2}} \approx 1{,}21$ $E = (1 \mid 1{,}21)$

Art des Extremums: $f''(1) = -\frac{1}{2} \cdot e^{-\frac{1}{2}} < 0$ E ist ein Hochpunkt.

c) $f''(x) = 0$ $0 = \frac{1}{4} \cdot e^{-\frac{1}{2}x} \cdot (x-3)$ $x = 3$

Bestimmen des Funktionswerts: $f(3) = 4 \cdot e^{-\frac{3}{2}} \approx 0{,}89$ $W = (3 \mid 0{,}89)$

Überprüfen, ob ein Wendepunkt vorliegt: $f'''(3) \neq 0$ W ist ein Wendepunkt

d) streng monoton steigend in $(-\infty; 1]$
streng monoton fallend in $[1; \infty)$

e) rechts gekrümmt in $(-\infty; 3]$
links gekrümmt in $[3; \infty)$

f) Skizze

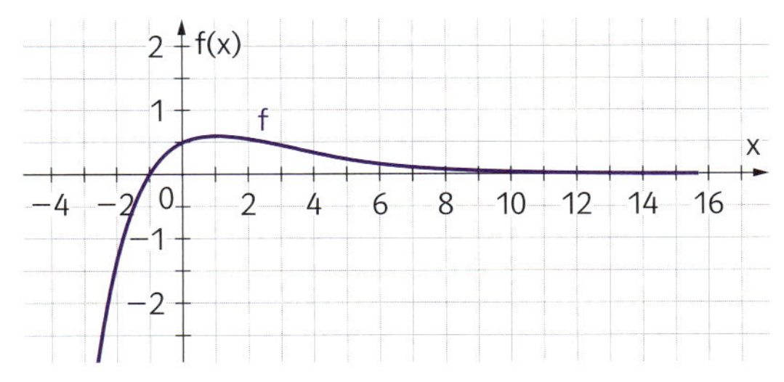

637. Bestimme **1)** die Nullstellen **2)** die Extrempunkte **3)** die Wendepunkte **4)** das Monotonieverhalten **5)** das Krümmungsverhalten von f.

a) $f(x) = (x+3) \cdot e^{-\frac{1}{2}x}$ **c)** $f(x) = (3x-6) \cdot e^{\frac{1}{5}x}$ **e)** $f(x) = (x^2-16) \cdot e^{-\frac{1}{4}x}$
b) $f(x) = (2x-3) \cdot e^{\frac{2}{3}x}$ **d)** $f(x) = (x^2-9) \cdot e^{\frac{1}{3}x}$ **f)** $f(x) = (x^2+1) \cdot e^{\frac{1}{2}x}$

Differenzierbare Funktionen

MERKE

Differenzierbarkeit einer Funktion

Eine Funktion $f: D \to \mathbb{R}$ heißt an einer Stelle p ($p \in D$) **differenzierbar**, wenn $f'(p) = \lim\limits_{x \to p} \frac{f(x) - f(p)}{x - p}$ existiert.

Ist eine Funktion an jeder Stelle ihres Definitionsbereichs differenzierbar, dann nennt man f eine **differenzierbare Funktion**.

MUSTER

643. Gib an, ob die Funktion f mit $f(x) = |x|$ an der Stelle 0 differenzierbar ist.

Betrachtet man die Abbildung erkennt man, dass an der Stelle 0 keine eindeutige Tangente möglich ist. f ist an der Stelle 0 daher nicht differenzierbar.

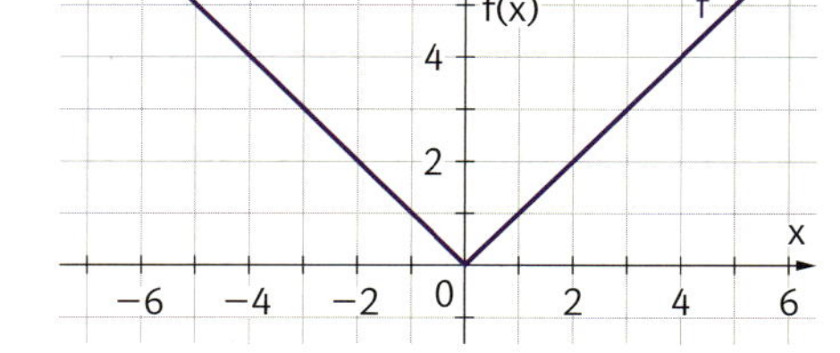

Betrachtet man den links- und rechtsseitigen Grenzwert erhält man:

$\lim\limits_{x \to 0-} \frac{|x| - 0}{x} = -1$ (da $x < 0$) $\quad \lim\limits_{x \to 0+} \frac{|x| - 0}{x} = 1$ (da $x > 0$)

Der Grenzwert existiert nicht, da der links- und rechtsseitige Grenzwert nicht übereinstimmen. Daher ist f an der Stelle 0 nicht differenzierbar.

TIPP → Alle differenzierbaren Funktionen sind auch stetig. Der Graph einer differenzierbaren Funktion darf keinen „Knick" besitzen.

644. Gib an, an welcher Stelle f nicht differenzierbar ist und begründe deine Entscheidung.

a) $f(x) = |x - 3|$ **b)** $f(x) = 2 \cdot |x + 1|$ **c)** $f(x) = |2x - 1|$ **d)** $f(x) = |x + 3| + 2$

ZUSAMMENFASSUNG

Ableitungsregeln

Produktregel	$f(x) = g(x) \cdot h(x)$	$\Rightarrow$	$f'(x) = g'(x) \cdot h(x) + g(x) \cdot h'(x)$
Quotientenregel	$f(x) = \frac{g(x)}{h(x)}$	$\Rightarrow$	$f'(x) = \frac{g'(x) \cdot h(x) - g(x) \cdot h'(x)}{(h(x))^2}$
Konstantenregel	$f(x) = g(k \cdot x), k \in R$	$\Rightarrow$	$f'(x) = k \cdot g'(k \cdot x)$
Kettenregel	$f(x) = g(h(x))$	$\Rightarrow$	$f'(x) = g'(h(x)) \cdot h'(x)$

Weitere Ableitungsregeln

$f(x) = \sin(x)$	$\Rightarrow$	$f'(x) = \cos(x)$	$f(x) = \cos(x)$	$\Rightarrow$	$f'(x) = -\sin(x)$
$f(x) = e^x$	$\Rightarrow$	$f'(x) = e^x$	$f(x) = \ln(x)$	$\Rightarrow$	$f'(x) = \frac{1}{x}$
$f(x) = a^x$	$\Rightarrow$	$f'(x) = a^x \cdot \ln(a)$	$f(x) = \log_a x$	$\Rightarrow$	$f'(x) = \frac{1}{x \cdot \ln(a)}$
$f(x) = x^r$ ($r \in \mathbb{R}$)	$\Rightarrow$	$f'(x) = r \cdot x^{r-1}$			

Stetigkeit und Differenzierbarkeit

Eine Funktion f heißt stetig an der Stelle p, wenn der Grenzwert $\lim\limits_{x \to p} f(x)$ existiert und mit dem Funktionswert f(p) übereinstimmt ($\lim\limits_{x \to p} f(x) = f(p)$). Eine Funktion $f: D \to \mathbb{R}$ heißt an einer Stelle p ($p \in D$) differenzierbar, wenn $f'(p) = \lim\limits_{x \to p} \frac{f(x) - f(p)}{x - p}$ existiert.

TRAINING

Vernetzung – Typ-2-Aufgaben

Typ 2 **M** **645.** Die Euler'sche Zahl e ist benannt nach dem Schweizer Mathematiker Leonhard Euler. Sie ist eine irrationale Zahl. Es gilt:

$$e = \lim_{n \to \infty}\left(1 + \frac{1}{n}\right)^n = 2{,}718281828459045\ldots$$

Unter anderem wird sie bei Wachstums- und Abnahmeprozessen oder zur Definition der sogenannten Hyperbelfunktionen Sinus Hyperbolicus (Abkürzung sinh) und Cosinus Hyperbolicus (cosh) verwendet:

$\sinh(x) = \frac{e^x - e^{-x}}{2}$ $\qquad$ $\cosh(x) = \frac{e^x + e^{-x}}{2}$

Die Graphen der beiden Funktionen sind in nebenstehender Abbildung dargestellt.

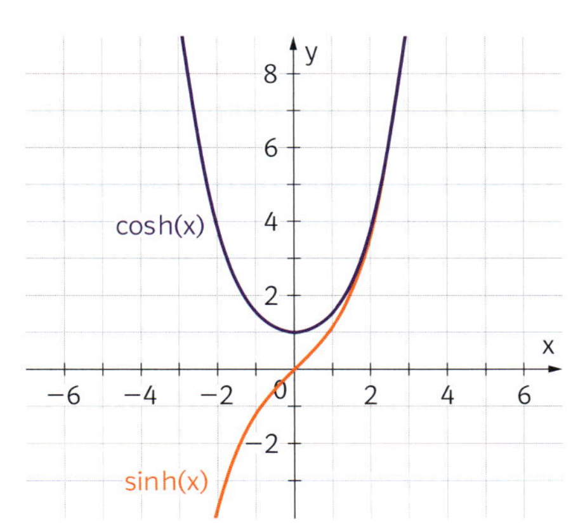

a) Beweise rechnerisch folgenden Zusammenhang.
$f(x) = \sinh(x) \quad \Rightarrow \quad f'(x) = \cosh(x)$

b) Gegeben sind Aussagen über die hyperbolischen Funktionen $f(x) = \cosh(x)$ und $h(x) = \sinh(x)$. Kreuze die zutreffende(n) Aussage(n) an.

A	f ist in [−2; 2] streng monoton steigend.	☐
B	f′ ist in [−2; 2] streng monoton steigend.	☐
C	Die mittlere Änderungsrate von h in [−2; 2] ist negativ.	☐
D	Die Tangentensteigungen von h im Intervall [−2; 2] nehmen für größer werdendes x zu.	☐
E	f′ besitzt an der Stelle 0 eine Nullstelle.	☐

c) Die Anzahl A der Atome eines radioaktiven Stoffs in Abhängigkeit von der Zeit t (in Stunden) ist ungefähr gegeben durch $A(t) = 250\,000 \cdot e^{-0{,}116534 \cdot t}$.

1) Berechne den Differenzenquotienten von A in [1; 4] und in [15; 18] und interpretiere die Ergebnisse im gegebenen Kontext.

2) Ermittle die momentane Änderungsrate von A zu den Zeitpunkten t = 3 und t = 4. Erkläre mit Hilfe einer Skizze, warum folgender Zusammenhang richtig sein muss:
$A'(a) < A'(b)$ für alle $a < b$.

d) Gegeben ist die Exponentialfunktion $r(x) = e^x$ und $k \in \mathbb{R}^+$. Kreuze die beiden zutreffenden Aussagen an.

A	$(r(k \cdot x))' = r(x)$	☐
B	$(r(k \cdot x))' = k \cdot r'(x)$	☐
C	$(r(k \cdot x))' = k \cdot r'(k \cdot x)$	☐
D	$(k \cdot r(x))' = r'(x)$	☐
E	$(k \cdot r(x))' = k \cdot r(x)$	☐

ÜBERPRÜFUNG

Selbstkontrolle

☐ Ich kann die Konstantenregel anwenden.

AN 2.1 M **646.** Berechne die erste Ableitung der Funktion f mit $f(x) = (3x)^4$.

☐ Ich kann die Produktregel anwenden.
☐ Ich kann e^x differenzieren.

647. Berechne die erste Ableitung der Funktion f mit $f(x) = (x - 3) \cdot (x + 4)$.

648. Berechne die erste Ableitung der Funktion f mit $f(x) = e^x \cdot (x + 4)$.

☐ Ich kann die Quotientenregel anwenden.

649. Berechne die erste Ableitung der Funktion f mit $f(x) = \frac{x+3}{x^2-5}$.

☐ Ich kann die Kettenregel anwenden.
☐ Ich kann e^x differenzieren.

650. Ordne den Funktionen die passende Ableitungsfunktion zu.

1	$f(x) = e^{3x^2}$	
2	$f(x) = 3e^{3x^2}$	
3	$f(x) = (x^2 - 3)^5$	
4	$f(x) = (2x^2 - 3)^5$	

A	$f'(x) = 20x(2x^2 - 3)^4$
B	$f'(x) = 18x\,e^{3x^2}$
C	$f'(x) = 5(x^2 - 3)^4$
D	$f'(x) = 10x(x^2 - 3)^4$
E	$f'(x) = 6x\,e^{3x^2}$
F	$f'(x) = e^{3x^2}$

☐ Ich kann sin(x), cos(x), a^x, log(x) und e^x differenzieren.

AN 2.1 M **651.** Bei einer Funktion f gilt $f'(x) = -2 \cdot f(x)$. Kreuze jene Funktion an, auf die diese Eigenschaft zutrifft.

A	B	C	D	E	F
$f(x) = -2x$	$f(x) = 2\cos(x)$	$f(x) = e^{-2x}$	$f(x) = \sin(2x)$	$f(x) = \cos(2x)$	$f(x) = -2$
☐	☐	☐	☐	☐	☐

652. Bilde die erste Ableitung der Funktion f.

a) $f(x) = \cos(3x)$ **b)** $f(x) = \cos(2x) - \sin(5x)$ **c)** $f(x) = -\cos(2x) + \sin(6x)$

AN 2.1 **M** **653.** Kreuze die zutreffende(n) Aussage(n) für $a \neq 0$ an.

A	$f(x) = \cos(ax) \Rightarrow f'(x) = -\sin(ax)$	☐
B	$f(x) = \sin(ax) \Rightarrow f'(x) = -a\cos(ax)$	☐
C	$f(x) = e^{ax} \Rightarrow f'(x) = a \cdot e^{ax}$	☐
D	$f(x) = a \cdot e^{ax} \Rightarrow f'(x) = a^2 \cdot e^{(a-1)x}$	☐
E	$f(x) = e^a \Rightarrow f'(x) = 0$	☐

☐ Ich kann Potenzfunktionen mit reellen Exponenten differenzieren.

654. Bilde die erste Ableitung der Funktion f.

a) $f(x) = \frac{3}{x^4} - \sqrt{x} + 3$

b) $f(x) = -3x^{-5} + \frac{3}{\sqrt[3]{x^7}} - 12x^2$

655. Bestimme die Ableitungsfunktion von f.

$f(x) = \frac{1}{\sqrt{x^3 + 2x^2}}$

☐ Ich kann eine Kurvendiskussion durchführen.

656. Führe eine Kurvendiskussion von f durch.

$f(x) = \frac{x-9}{x+1}$

☐ Ich kann stetige Funktionen erkennen und definieren.

657. Gib an, ob die Funktion f mit $D = \mathbb{R}$ stetig ist.

a) $f(x) = \begin{cases} x^3 \text{ für } x \neq 1 \\ 0 \text{ für } x = 1 \end{cases}$

b) $f(x) = |2x - 3|$

658. Gib mit Hilfe von geometrischen Überlegungen an, ob die Funktion f an den Stellen x_1, x_2, x_3, x_4, x_5, stetig ist.

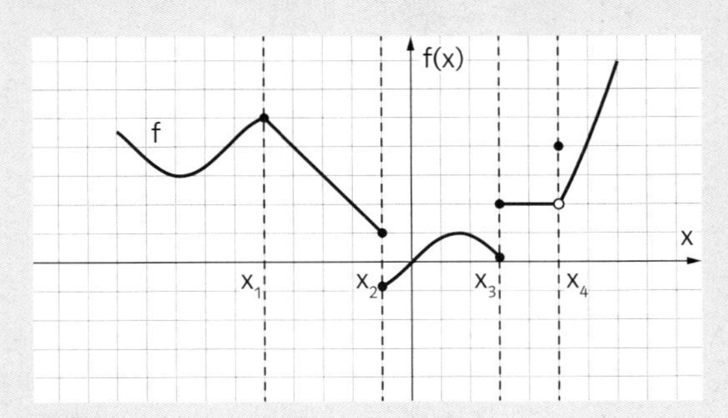

☐ Ich kann den Begriff Differenzierbarkeit erklären.

659. Was versteht man unter einer differenzierbaren Funktion?

660. Gib an, an welcher Stelle f nicht differenzierbar ist und begründe deine Entscheidung.

$f(x) = |2x + 8|$

8 Anwendungen der Differentialrechnung

Eine der wichtigsten Aufgaben der Naturwissenschaften ist es, Veränderungen zu beschreiben. Mit Messgeräten sind derartige Veränderungen allerdings nicht exakt messbar. Denn jede Messung einer Veränderung liefert stets nur eine durchschnittliche Messgröße.

Der Mathematik ist es erst durch die Entwicklung der Differentialrechnung gelungen, veränderliche Größen exakt berechenbar und Veränderungen somit mathematisch exakt beschreibbar zu machen.

Die Differentialrechnung hat damit den Naturwissenschaften und der technischen Entwicklung unserer Zivilisation einen ungeheuren Auftrieb beschert.

In diesem Kapitel bekommst du einen Einblick in die Bedeutung und in die vielfältigen Anwendungsmöglichkeiten der Differentialrechnung.

Wirtschaftliche Zusammenhänge spielen in unserer Gesellschaft eine wichtige Rolle. Wie viel Stück eines Produktes muss eine Firma produzieren und um welchen Preis muss das Produkt angeboten werden, sodass man möglichst großen Gewinn erzielt? Auch bei dieser Frage kann die Differentialrechnung unterstützen, um Zusammenhänge zu erkennen und Entscheidungen zu treffen.

Es wird auch um Anwendungen der Differentialrechnung innerhalb der Mathematik gehen. Dabei werden Erkenntnisse vorgestellt, die es erst ermöglichen, dass ein Taschenrechner oder ein Computerprogramm bestimmte Berechnungen ausführen kann und uns damit von „lästiger" Rechenarbeit entlastet.

Man kann wahrscheinlich ohne Übertreibung sagen, ohne Differentialrechnung wäre unsere heutige technisch entwickelte Zivilisation nicht möglich gewesen.

Na wenn das keine Motivation ist…

8.1 Anwendungen aus der Wirtschaft

KOMPETENZEN

Lernziele:

- Die Definitionen wichtiger Funktionen der Kosten- und Preistheorie kennen
- Spezielle Stellen wirtschaftlicher Funktionen durch Anwenden der Differentialrechnung bestimmen können

Grundkompetenz für die schriftliche Reifeprüfung:

AN 1.3 Den Differenzen und Differentialquotienten in verschiedenen Kontexten deuten und entsprechende Sachverhalte durch Differenzen- und Differentialquotienten beschreiben können

Mathematische Verfahren haben auf dem Gebiet der Wirtschaftswissenschaft eine große Bedeutung. Dazu sollen die wichtigsten Begriffe vorgestellt werden.

Kostenfunktion

Bei der Produktion von Waren entstehen dem Betrieb Kosten. Kosten, deren Höhe von der Anzahl der produzierten Stücke unabhängig sind, werden als **Fixkosten** bezeichnet. Der Teil der Gesamtkosten, der von der produzierten Menge x abhängt, beschreibt die **variablen Kosten**. Beispiele für Fixkosten sind die Miete oder die Gehälter der Angestellten. Beispiele für variable Kosten sind die Energiekosten oder die Kosten für Rohstoffe.

MERKE

Kostenfunktion

Der funktionale Zusammenhang zwischen der produzierten Menge und den dafür anfallenden Kosten (fix und variabel) wird als **Kostenfunktion K** bezeichnet.

Dabei werden die Kosten allgemein in **Geldeinheiten** (GE) und die produzierte Menge in **Mengeneinheiten** (ME) angegeben.

661. Gegeben ist die Kostenfunktion K. Gib die Fixkosten sowie die variablen Kosten für x ME an.

a) $K(x) = 3x + 5$
b) $K(x) = 4000 + 200x$
c) $K(x) = 0{,}1x^2 + 30x + 8000$
d) $K(x) = 50 + 10x - 3x^2 + 0{,}05x^3$

662. Gegeben ist die Kostenfunktion K. Bestimme die variablen Kosten für die Mengeneinheiten.

a) $K(x) = 510 + 0{,}4x + 0{,}005x^2$ $x = 150$ ME
b) $K(x) = 0{,}007x^2 + 2{,}7x + 1400$ $x = 400$ ME
c) $K(x) = 500 + 0{,}5x + 0{,}02x^2$ $x = 250$ ME
d) $K(x) = 0{,}5x^3 - 3{,}8x^2 + 12x + 20$ $x = 5$ ME

MUSTER

663. Die Leasinggebühr für eine Maschine beträgt pro Monat 4000 GE. Die zusätzlichen Kosten pro weiterer erzeugter ME betragen 120 GE (darin sind alle Kosten für Material und Energie enthalten), d.h. die Kosten entwickeln sich linear. Pro Monat können maximal 1000 Stück hergestellt werden.
Stelle die Kostenfunktion K auf und gib für x einen passenden Definitionsbereich D an.

Die Fixkosten betragen 4000 GE, die variablen Kosten (in Abhängigkeit von der hergestellten Stückzahl x) betragen 120 x GE. Die Gesamtkosten setzen sich aus den variablen und den fixen Kosten zusammen. Es gilt: $K(x) = 120x + 4000$
Da es keine negativen Produktionsmengen gibt und maximal 1000 Stück monatlich erzeugt werden können, ergibt sich der Definitionsbereich $D = [0; 1000]$.

664. Gegeben sind die Fixkosten F und die zusätzlichen Kosten k pro erzeugter ME. Gib die lineare Kostenfunktion an.

a) F = 3 000 GE; k = 90 GE **b)** F = 1200 GE; k = 50 GE **c)** F = 4 500 GE; k = 100 GE

665. Ein Betrieb gibt für die Abschätzung der Gesamtkosten K(x) für x produzierte Mengeneinheiten einer Ware folgenden Zusammenhang an: $K(x) = kx + d$. Interpretiere die beiden Werte k und d in diesem Kontext.

a) k = 35; d = 20 000 **b)** k = 20; d = 15 000 **c)** k = 40; d = 35 000

666. Gegeben sind die Graphen der Kostenfunktionen K_1 und K_2. Lies die Koordinaten des Schnittpunkts ab und interpretiere ihn im gegebenen Zusammenhang.

a)

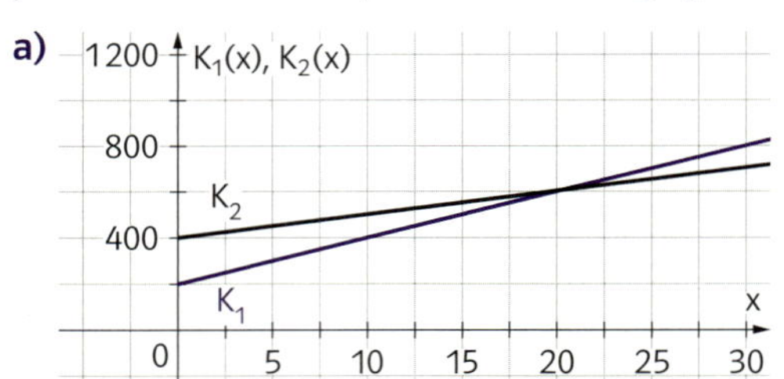

b)

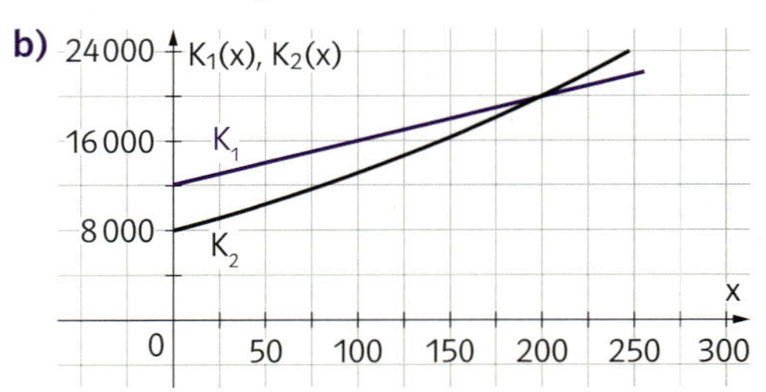

667. Berechne die Schnittpunkte der Kostenfunktionen K_1 und K_2 und interpretiere sie im Kontext.

a) $K_1(x) = 12\,000 + 40x$; $K_2(x) = 0{,}1x^2 + 50x + 10\,000$
b) $K_1(x) = 72x + 14\,000$; $K_2(x) = 0{,}2x^2 + 50x + 7000$

Grenzkostenfunktion

Die erste Ableitung beschreibt die momentane Änderungsrate einer Funktion f an einer bestimmten Stelle. Dementsprechend beschreibt die erste Ableitung einer Kostenfunktion K die momentane Änderungsrate der Gesamtkosten bei einer bestimmten Anzahl produzierter Mengeneinheiten einer Ware. In der Wirtschaft wird dies gleichgesetzt mit dem dabei entstehenden (näherungsweisen) Kostenzuwachs für eine zusätzlich produzierte Mengeneinheit. Man spricht dann von den sogenannten **Grenzkosten** und bezeichnet K′(x) als **Grenzkostenfunktion**.

MERKE

Grenzkostenfunktion

Die erste Ableitung K′(x) der Kostenfunktion K(x) wird als **Grenzkostenfunktion** bezeichnet. Sie gibt (näherungsweise) den Kostenzuwachs für eine zusätzlich produzierte Mengeneinheit an.

668. Gib die Grenzkostenfunktion an und interpretiere ihre Bedeutung.

a) $K(x) = 15x + 300$
b) $K(x) = 0{,}2x^2 + 40x + 6000$
c) $K(x) = 0{,}7x^2 + 50x + 1000$
d) $K(x) = 0{,}07x^3 + 100x + 20\,000$

669. Gegeben ist die Kostenfunktion K. Bestimme die Grenzkosten für a ME sowie den tatsächlichen Kostenzuwachs $K(a + 1) - K(a)$. Um wieviel Prozent unterscheiden sich die Grenzkosten vom tatsächlichen Kostenzuwachs?

a) $K(x) = 2x^3 - 14x^2 + 33x + 24$; a = 3
b) $K(x) = x^3 - 5x^2 + 12x + 100$; a = 2
c) $K(x) = 0{,}01x^3 - 9x^2 + 3000x + 10\,000$; a = 800
d) $K(x) = x^3 - 30x^2 + 400x + 512$; a = 8

670. Gegeben ist die lineare Kostenfunktion K. Bestimme die Grenzkosten für a ME sowie den tatsächlichen Kostenzuwachs K(a + 1) – K(a). Vergleiche die Ergebnisse.

a) $K(x) = 2000 + 90x$; $a = 320$ **b)** $K(x) = 100x + 2300$; $a = 100$ **c)** $K(x) = 800 + 90x$; $a = 210$

671. Gegeben ist der Graph einer linearen Kostenfunktion K. Gib die Funktionsgleichung sowie die Grenzkosten an.

a)

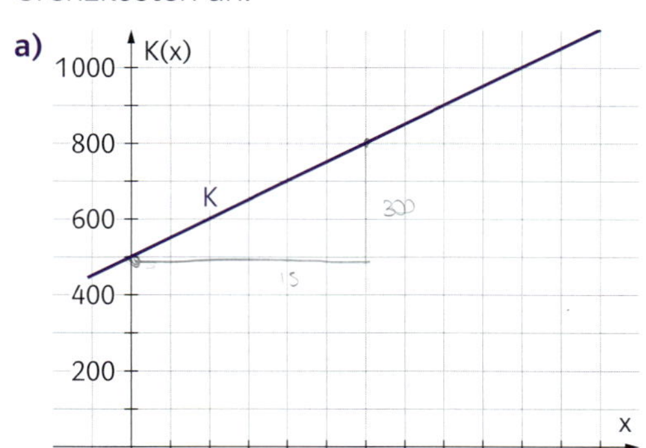

b)

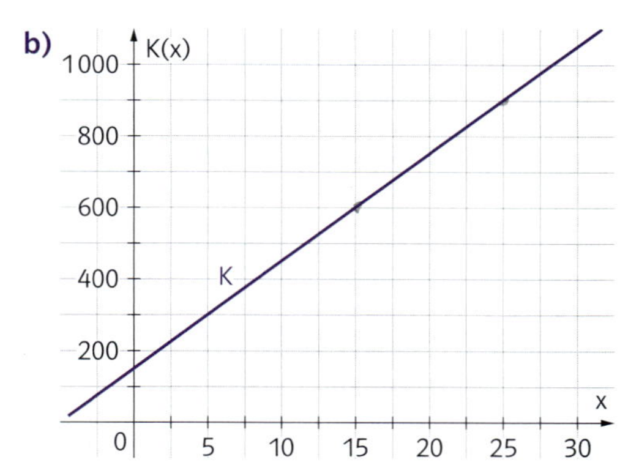

672. Kreuze die beiden Kostenfunktionen an, bei denen die Grenzkosten bei 5 ME gleich groß sind.

A	B	C	D	E
☐	☐	☒	☐	☐
$K(x) = 2x^2 + 10x + 90$	$K(x) = x^2 + 5x + 100$	$K(x) = x^2 + 20x + 100$	$K(x) = 25x + 300$	$K(x) = 20x + 400$

Stückkostenfunktion und Betriebsoptimum

Oft stellt man sich in einem Betrieb die Frage nach den durchschnittlichen Kosten $\overline{K}$ pro produzierter Mengeneinheit. Dazu dividiert man die Gesamtkosten K durch die erzeugten Stück x. Die Funktion $\overline{K}$ wird als Stückkostenfunktion bezeichnet.

MERKE

Stückkostenfunktion

Die **Stückkostenfunktion** erhält man, indem man K(x) durch x dividiert: $\overline{K}(x) = \frac{K(x)}{x}$

MUSTER

673. Die Gesamtkosten für die Herstellung von x Stücken eines Produkts lassen sich mit $K(x) = 30x + 5000$ modellieren. Es können nicht mehr als 800 Stück in einer bestimmten Zeit erzeugt werden. Gib die Stückkostenfunktion an und stelle sie graphisch dar. Interpretiere den Verlauf des Graphen.

$$\overline{K}(x) = \frac{K(x)}{x} = \frac{30x + 5000}{x} = 30 + \frac{5000}{x}$$

Die Durchschnittskosten sind umso kleiner, je größer die Produktionsmenge ist.

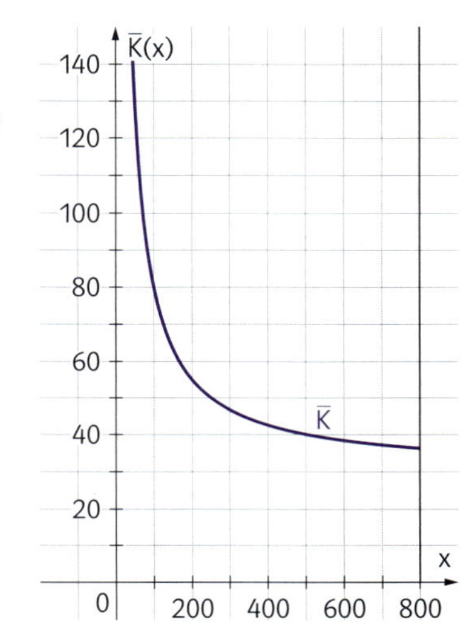

674. Gib zur linearen Kostenfunktion K die Stückkostenfunktion $\overline{K}$ an.

a) $K(x) = 4000 + 70x$
b) $K(x) = 80x + 5000$
c) $K(x) = 3000 + 45x$

Bei nichtlinearen Kostenfunktionen gilt im Allgemeinen nicht, dass die Stückkosten (Durchschnittskosten) bei wachsender Produktionsmenge immer kleiner werden. Vielmehr können sie bis zu einer bestimmten Produktionsmenge sinken, danach jedoch wieder steigen. Die Produktionsmenge x, bei der die Stückkosten am kleinsten sind, wird als **Betriebsoptimum** bezeichnet.

MERKE

Betriebsoptimum

Die Produktionsmenge x, bei der die Stückkosten $\overline{K}$ am kleinsten sind, wird als **Betriebsoptimum** bezeichnet.

MUSTER

675. Bestimme das Betriebsoptimum, wenn die Gesamtkosten durch $K(x) = 0{,}05x^2 + 20x + 312\,500$ modelliert werden. Gib auch die minimalen Stückkosten an.

Für die Stückkostenfunktion gilt: $\overline{K}(x) = \frac{0{,}05x^2 + 20x + 312\,500}{x} = 0{,}05x + 20 + \frac{312\,500}{x}$

Berechnung der Extremstellen $\overline{K}'(x) = 0{,}05 - \frac{312\,500}{x^2} = 0 \Rightarrow x = 2\,500$

Da $\overline{K}''(2\,500) > 0$ ist, hat $\overline{K}$ bei 2 500 ein lokales Minimum.

Bei einer Produktionsmenge von 2 500 ME sind die Stückkosten minimal, d.h. 2 500 ME ist das Betriebsoptimum.

Für die minimalen Stückkosten gilt: $\overline{K}(2\,500) = 270$ GE.

676. Gegeben ist die Kostenfunktion K. Berechne das Betriebsoptimum sowie die minimalen Stückkosten.

a) $K(x) = 0{,}1x^2 + 10x + 1000$
b) $K(x) = 0{,}2x^2 + 60x + 8\,000$
c) $K(x) = 0{,}5x^2 + 300x + 80\,000$
d) $K(x) = 0{,}8x^2 + 700x + 50\,000$

Kostenkehre

Kostenentwicklungen können linear, degressiv bzw. progressiv sein. Kostenfunktionen haben im Allgemeinen für kleinere Produktionsmengen einen degressiven und für größere einen progressiven Verlauf.
Erhöht man bei geringer Auslastung die Produktion, werden die Maschinen besser ausgelastet und von Zulieferern bekommt man unter Umständen bessere Konditionen bei der Beschaffung der Rohstoffe. Erhöht man jedoch die Produktion weiter, können beispielsweise höher bezahlte Überstunden die Kostenentwicklung überproportional in die Höhe treiben.
Die Produktionsmenge, bei der eine degressive Kostenentwicklung in eine progressive übergeht, wird als **Kostenkehre** bezeichnet.

Lineare Kosten	Degressive Kosten	Progressive Kosten
K(x) in GE, K, x in ME	K(x) in GE, K, x in ME	K(x) in GE, K, x in ME

MERKE

Kostenkehre

Der Übergang von einer degressiven Kostenentwicklung zu einem progressiven Kostenverlauf wird als **Kostenkehre** bezeichnet.
Die Kostenkehre ist die Wendestelle der Kostenfunktion K.

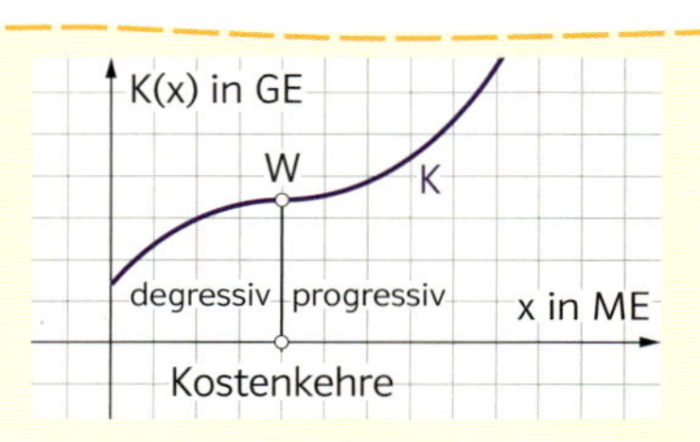

677. Bestimme die Kostenkehre für die Kostenfunktion K.

a) $K(x) = \frac{1}{1200}x^3 - \frac{1}{4}x^2 + 40x + 7000$ **c)** $K(x) = 0{,}02x^3 - 3x^2 + 180x + 1500$

b) $K(x) = 0{,}0002x^3 - 0{,}12x^2 + 35x + 5000$ **d)** $K(x) = 0{,}05x^3 - 0{,}3x^2 + 5x + 30$

MUSTER

678. Für die Produktion von x Stück gilt für die Kosten der Zusammenhang $K(x) = 0{,}2x^2 + 50x + 8000$. Es können höchstens 300 ME in einer bestimmten Zeit erzeugt werden. Begründe graphisch und mit Hilfe der Differentialrechnung, dass sich die Kosten progressiv entwickeln.

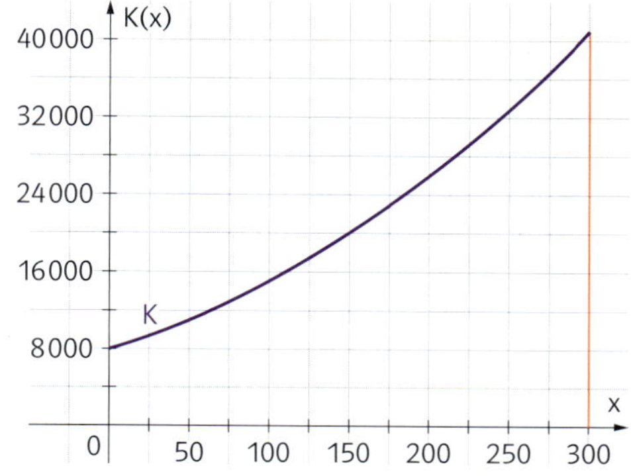

Die graphische Darstellung lässt erkennen, dass sich bei größer werdender Produktionsmenge die Kosten progressiv entwickeln.
Es gilt außerdem:
$K'(x) = 0{,}4x + 50$ bzw. $K''(x) = 0{,}4 > 0$.
Da $K''(x)$ für alle Produktionsmengen des Definitionsbereichs positiv ist, nehmen die Kosten K(x) mit größer werdendem x überproportional zu, d.h. die Kosten entwickeln sich progressiv.

679. Für die Produktion von x ME gilt für die Kosten der Zusammenhang K(x). Es können höchstens 300 ME in einer bestimmten Zeit erzeugt werden. Begründe graphisch und mit Hilfe der Differentialrechnung, dass die Kostenentwicklung progressiv ist.

a) $K(x) = 0{,}1x^2 + 30x + 5000$ **b)** $K(x) = 0{,}05x^2 + 80x + 10000$

680. Gegeben ist die Kostenfunktion K. Bestimme die Kostenkehre und zeige, dass für Produktionsmengen unterhalb der Kostenkehre sich die Kosten degressiv und darüber progressiv entwickeln.

a) $K(x) = 0{,}02x^3 - 1{,}2x^2 + 20x + 100$ **b)** $K(x) = 0{,}05x^3 - 1{,}2x^2 + 15x + 120$

Erlösfunktion und Gewinnfunktion

Werden x produzierte Mengeneinheiten einer Ware um p Geldeinheiten pro Stück verkauft, kann der dadurch erzielbare Erlös durch die **Erlösfunktion** E mit $E(x) = p \cdot x$ beschrieben werden. Ein **Gewinn** wird erzielt, wenn der Erlös größer als die Gesamtkosten ist, d.h. $E(x) - K(x) > 0$, ansonsten entsteht ein Verlust. Die Menge, bei der der Erlös gerade so groß ist, dass kein Verlust entsteht (d.h. für die gilt $E(x) = K(x)$), heißt **Gewinnschwelle** oder **Break-even-point**. Die Differenz von Erlös- und Kostenfunktion stellt die **Gewinnfunktion** G mit $G(x) = E(x) - K(x)$ dar.

MERKE

Erlösfunktion E / Gewinnfunktion G / Break-even-point

Ist p der Verkaufspreis pro Mengeneinheit und K die Kostenfunktion, gilt:

$E(x) = p \cdot x$ $G(x) = K(x) - E(x)$

Der **Break-even point (Gewinnschwelle)** gibt die Produktionsmenge an, ab der das Unternehmen einen Gewinn macht.

MUSTER

681. Die Kostenfunktion eines Betriebs wird durch $K(x) = 20x + 3000$ modelliert. Pro Stück wird ein Verkaufspreis von 50 GE erzielt. Bestimme die Erlösfunktion und die Gewinnschwelle.

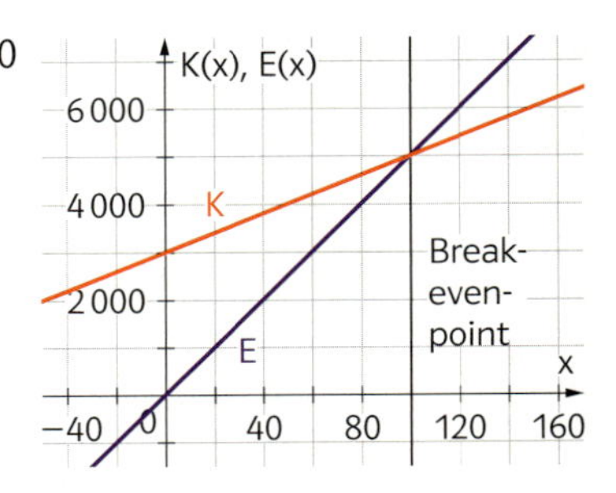

Für die Erlösfunktion gilt: $E(x) = 50x$. Die Berechnung der Gewinnschelle erfolgt durch Gleichsetzen der Kosten- und der Erlösfunktion: $50x = 20x + 3000 \quad \Rightarrow \quad x = 100$.
Bei einem Absatz von über 100 Stück macht man Gewinn.
Der Graph von E verläuft dann oberhalb des Graphen von K.

682. Bestimme den Break-even-point und stelle die Funktionen K und E graphisch dar.

a) $K(x) = 30x + 1000$; $E(x) = 40x$
b) $K(x) = 35x + 2000$; $E(x) = 55x$
c) $K(x) = 1{,}5x + 100$; $E(x) = 2{,}5x$
d) $K(x) = 0{,}5x + 150$; $E(x) = 2x$

683. mp3-Player werden für einen Preis von 80 € pro Stück verkauft. Pro Player fallen Kosten in Höhe von 30 € an, die Verwaltungskosten und sonstige Fixkosten betrugen in der vergangenen Produktionsperiode 3 000 €. Ab welcher Produktions- und Absatzmenge macht der Betrieb einen Gewinn?

684. Die Fixkosten bei der Produktion von Müsliriegeln betragen 850 000 € pro Jahr. Pro Riegel kalkuliert man Kosten in der Höhe von 0,25 €. Im Handel wird ein Riegel für 0,45 € angeboten. Berechne die Gewinnschwelle und den dabei erzielten Erlös.

Eine Kostenfunktion K vom Grad > 1 wird in der Regel von der Erlösfunktion E zweimal geschnitten. Die erste Schnittstelle gibt die Gewinnschwelle an, die zweite Stelle die Produktionsmenge, bei der das Unternehmen wieder in den Verlustbereich rutscht. Diese Stelle wird als **Gewinngrenze** bezeichnet. Die Stellen der linearen Kostenfunktion K, die dieselbe Steigung wie die Erlösfunktion E haben, d.h. an denen $E'(x) = p = K'(x)$ gilt, geben die Produktionsmengen an, bei denen der größte Verlust bzw. der größte Gewinn erzielt wird.

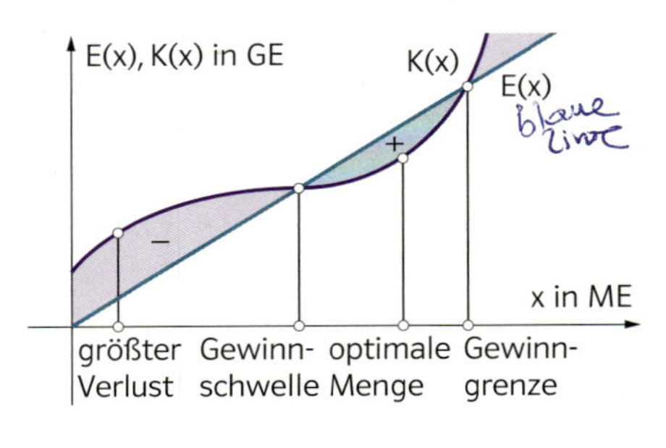

MERKE

Gewinngrenze

Die **Gewinngrenze** gibt die Produktionsmenge an, ab der wieder ein Verlust gemacht wird.

685. Berechne für die gegebene Kostenfunktion K und die Erlösfunktion E **1)** die Gewinnschwelle und die Gewinngrenze **2)** die Mengen, bei denen der maximale Gewinn erzielt wird.

a) $K(x) = 3x^2 + 100x + 7500$; $E(x) = 475x$
b) $K(x) = 0{,}1x^2 + 50x + 490$; $E(x) = 100x$
c) $K(x) = 0{,}1x^2 + 5x + 40$; $E(x) = 10x$
d) $K(x) = 0{,}04x^2 + 4x + 250$; $E(x) = 15x$

Arbeitsblatt Funktionen aus der Wirtschaft pd6j7k

686. Berechne für die gegebene Kostenfunktion K und die Erlösfunktion E **1)** die Gewinnschwelle und die Gewinngrenze sowie **2)** die Menge, bei denen der maximale Gewinn erzielt wird.

a) $K(x) = x^3 - 6{,}2x^2 + 17x + 27$; $E(x) = 38{,}8x$
b) $K(x) = 0{,}1x^3 - x^2 + 4x + 5$; $E(x) = 4x$

TIPP → Die Gewinnschwelle wird bei nicht ganzzahligen Ergebnissen immer aufgerundet, die Gewinngrenze immer abgerundet.

KOMPE-
TENZEN

8.2 Anwendungen aus Naturwissenschaft und Medizin

Lernziele:

- Die erste und zweite Ableitung im Kontext interpretieren können
- Naturwissenschaftliche Zusammenhänge mit Hilfe der Differentialrechnung untersuchen können

Grundkompetenz für die schriftliche Reifeprüfung:

AN 1.3 Den Differenzen und Differentialquotienten in verschiedenen Kontexten deuten und entsprechende Sachverhalte durch Differenzen- und Differentialquotienten beschreiben können

Zusammenhänge zwischen naturwissenschaftlichen Größen werden oft mit Funktionen beschrieben. Daher wird die Differentialrechnung in den Naturwissenschaften auch zur Untersuchung solcher Zusammenhänge eingesetzt. Besondere Bedeutung hat dabei die Berechnung momentaner Änderungsraten, da diese durch Messung nicht bestimmt werden können.

Interpretation der ersten Ableitung

Bei der **Interpretation der ersten Ableitung** einer Funktion in einem bestimmten Kontext hilft es, wenn man sich zunächst die Einheit der Änderungsrate mit Hilfe der Leibniz'schen Schreibweise überlegt und diese dann mit dem Wort „pro" ausdrückt.

p(h) beschreibt den Druck p in der Einheit Pascal (Pa) in der Höhe h in Meter (m).

$p'(h) = \frac{dp}{dh}$ besitzt daher die Einheit $\frac{Pa}{m}$ = „Pascal pro Meter".

p'(h) kann auf zwei Arten interpretiert werden:
- p'(h) gibt die momentane Änderung des Druckes pro Meter in der Einheit Pa/m an.
- p'(h) gibt die momentane Änderungsgeschwindigkeit des Druckes in Pa/m an.

Beispiel: $p'(500) = -3$ Pa/m

Interpretation:
In 500 m Höhe beträgt die (momentane) Druckänderung −3 Pa/m.
In 500 m Höhe nimmt der Druck (momentan) um 3 Pa pro m ab.
In 500 m Höhe beträgt die (momentane) Änderungsgeschwindigkeit des Druckes −3 Pa/m.
Würde p'(h) konstant −3 Pa/m sein, so würde für p(500) = 1 000 Pa Folgendes gelten:
p(500) = 1 000 Pa, p(501) = 997 Pa; p(502) = 994 Pa; p(504) = 988 Pa u.s.w.

Interpretation der zweiten Ableitung

Die Interpretation der zweiten Ableitung einer Funktion ist meist etwas komplizierter, weil durch sie immer die Änderung einer Änderung beschrieben wird. Da es sich bei der zweiten Ableitung um die momentane Änderung der „Änderungsgeschwindigkeit" mit der Höhe handelt, besitzt sie die Einheit $\frac{\frac{Pa}{m}}{m} = \frac{Pa}{m^2} = Pa \cdot m^{-2}$ („Pascal pro Meter Quadrat").

p''(h) gibt die momentane Veränderung der Änderungsgeschwindigkeit in Pa/m^2 an.

Beispiel: $p''(500) = 0{,}5\,\text{Pa/m}^2$
Interpretation:
In 500 m Höhe ändert sich die Änderungsgeschwindigkeit des Druckes um 0,5 Pa/m pro Meter.
In 500 m Höhe nimmt die Änderungsgeschwindigkeit des Druckes pro Meter um 0,5 Pa/m zu.
Würde $p''(h)$ konstant $0{,}5\,\text{Pa/m}^2$ sein, so würde für $p'(500) = -3\,\text{Pa/m}$ Folgendes gelten:
$p'(500) = -3\,\text{Pa/m}$, $p'(501) = -2{,}5\,\text{Pa/m}$; $p'(502) = -2\,\text{Pa/m}$; $p'(504) = -1\,\text{Pa/m}$ u.s.w.

687. 1) Interpretiere die Bedeutung der ersten und zweiten Ableitung der angegebenen Funktion.
2) Bestimme, wenn möglich, die Werte und passenden Einheiten von a, b, c, d und e.
a) n(t) beschreibt die Virenanzahl nach t Stunden.
$n'(t) = 4$; $n(4) = 500$; $n(5) = a$; $n(6) = b$; $n(10) = c$; $n'(7) = d$; $n''(4) = e$
b) n(t) beschreibt die Virenanzahl nach t Sekunden.
$n''(t) = -300$; $n'(4) = 5000$; $n'(5) = a$; $n'(3) = b$; $n''(4) = c$; $n(4) = e$
c) T(h) beschreibt die Temperatur (in °C) in der Höhe h (in m).
$T'(h) = -0{,}1$; $T(300) = 15$; $T'(400) = a$; $T(310) = b$; $T''(300) = c$; $T(299) = d$
d) p(h) beschreibt den Druck p in der Einheit Pascal (Pa) in der Höhe h in Meter (m).
$p(h) = 1000$; $p'(2000) = a$; $p''(1000) = b$; $p(200) = c$

688. 1) Interpretiere die Bedeutung der ersten und zweiten Ableitung der angegebenen Funktion.
2) Bestimme, wenn möglich, die Werte a, b, c und d und gib sie in den passenden Einheiten an.
a) v(t) beschreibt die Geschwindigkeit eines Körpers in km/h nach t Sekunden.
$v(5) = 50$; $v'(t) = 2$; $v(6) = a$; $v''(t) = b$; $v'(6) = c$; $v'''(t) = d$
b) B(r) gibt die Beleuchtungsstärke in Lux (lx) im Abstand r Meter von einer Lichtquelle an.
$B''(r) = -10$; $B'(2) = 20$; $B(10) = a$; $B'(1) = b$; $B''(3) = c$; $B'''(4) = d$

Anwendungsaufgaben

689. Die Anzahl N der Bakterien in einer Bakterienkultur nach t Minuten kann durch
$N(t) = 80 \cdot e^{0{,}029 \cdot t}$, $t \in [0; 24]$, modelliert werden.
a) Beschreibe den Zustand der Bakterienkultur nach 20 Minuten. Verwende dabei die entsprechenden Werte von $N(t)$, $N'(t)$ und $N''(t)$.
b) Bestimme das Monotonieverhalten von N und interpretiere es.
c) Bestimme das Monotonieverhalten von N′ und interpretiere es.
d) Interpretiere das Monotonieverhalten von N″.

690. Das Robert-Kellner-Institut in Wien hat den Verlauf einer ansteckenden Krankheit untersucht. Die Anzahl der Erkrankten N nach t Tagen kann näherungsweise durch folgenden Zusammenhang dargestellt werden:
$N(t) = -\frac{1}{25}t^3 + t^2$.

a) Die Modellierung liefert für alle Tage, an denen es mehr als 30 Erkrankte gibt, gute Resultate. Bestimme die Definitionsmenge von N(t).
b) Bestimme, an welchem Tag die meisten Personen erkrankt sind, und gib die Höchstzahl der Erkrankten an.
c) Bestimme das Krümmungsverhalten von N(t) an der Stelle $t = 10$ und interpretiere es.
d) Wann ist die Zunahme der Erkrankungen am stärksten?
e) Bestimme, in welchem Intervall die Erkrankungsrate (Erkrankungsgeschwindigkeit) negativ ist, und interpretiere das Ergebnis.

691. $K(t) = \frac{3}{40}t^3 - \frac{9}{10}t^2 + \frac{5}{3}t + 6$ modelliert die Konzentration eines Medikaments (in ml/l) im Blut eines Patienten nach t Stunden. Das Medikament wurde zum Zeitpunkt $t = 0$ verabreicht.

a) Bestimme eine geeignete Definitionsmenge für K.
b) Bestimme, nach wieviel Stunden die Abbaugeschwindigkeit am größten ist.
c) Beschreibe den Zustand der Medikamentenkonzentration nach einer halben Stunde mit Hilfe der Differentialrechnung. Verwende dabei die Werte von $K(t)$, $K'(t)$ und $K''(t)$.

692. Wenn Wasser in einem geschlossenen System verdampft, stellt sich nach einiger Zeit ein Gleichgewicht zwischen Wasserdampf und flüssigem Wasser ein. Der Dampfdruck p in Bar (bar) gibt den Druck des Wasserdampfs in diesem Zustand an. Er hängt von der Temperatur T in Kelvin (K) ab und kann durch folgende Funktion näherungsweise beschrieben werden: $p(T) = 2{,}52 \cdot 10^6 \cdot e^{-\frac{5418}{T}}$.

a) Zeichne den Graphen von $p(T)$ im Intervall $[0; 300]$.
b) Bestimme $p'(290)$ und interpretiere den erhaltenen Wert.
c) Interpretiere den Wert von $p''(290)$.
d) Bestimme die Vorzeichen von $p'(T)$ und $p''(T)$. Was sagen die Vorzeichen über $p(T)$ aus?

Arbeitsblatt Naturwissenschaftliche Anwendungen 3n7324

693. Mit Hilfe eines Kondensators kann man in einem Gleichstromkreis elektrische Ladungen speichern. Während des Aufladevorganges gilt für die elektrische Ladung Q in Coulomb (C) zum Zeitpunkt $t \geq 0$ in Sekunden (s): $Q(t) = 1{,}2 \cdot 10^{-3} \cdot (1 - e^{-\frac{t}{5}})$. Die Stromstärke I(t) wird in Ampere (A) gemessen und gibt die Änderungsgeschwindigkeit der elektrischen Ladung an.

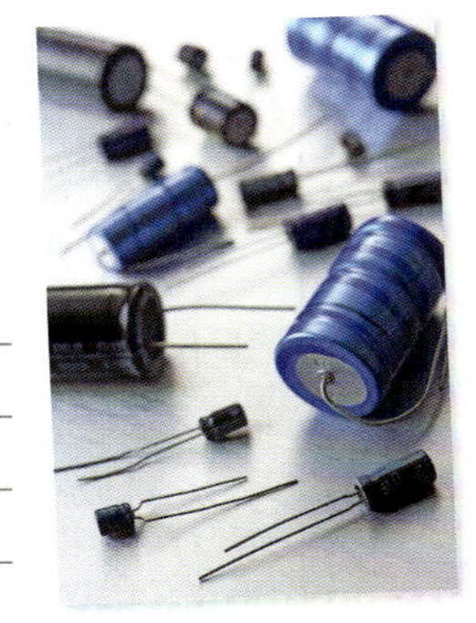

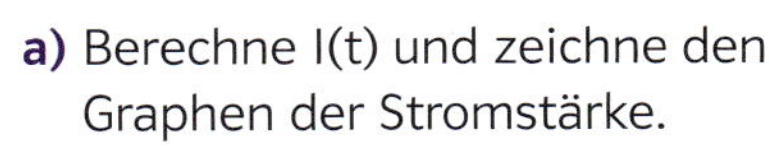

a) Berechne I(t) und zeichne den Graphen der Stromstärke.
b) Interpretiere die Bedeutung von $Q''(t)$ im Kontext.
c) Interpretiere die Vorzeichen von $Q(t)$, $Q'(t)$ und $Q''(t)$.
d) Kreuze die für den Kontext zutreffende(n) Aussage(n) an.

A	$Q'(t) = I(t)$	☒
B	$I'(t) = Q''(t)$	☒
C	$Q(t) > 0$	☒
D	$Q(0) = 0$	☒
E	$Q(-1)$ ist nicht definiert.	☒

694. Hängt eine Masse an einer Spiralfeder, so spricht man von einem Federpendel. Stößt man dieses an, so schwingt es im Idealfall harmonisch senkrecht auf und ab.
Die Auslenkung s eines Federpendels von der Ruhelage in Meter kann mit folgendem Zusammenhang beschrieben werden: $s(t) = 0{,}2 \cdot \sin(\omega \cdot t)$ mit $\omega = 2\pi f$.
t ist die Zeit in Sekunden (s) und f die Anzahl der Schwingungen pro Sekunde (Frequenz).

1) Bestimme die Funktionsgleichung eines Pendels, das 3-mal pro Sekunde schwingt.
2) Berechne die maximale Auslenkung des Pendels von der Ruhelage.
3) Zeichne den Graphen von $s(t)$ und $s'(t)$ für die ersten zwei Sekunden in ein Koordinatensystem und interpretiere den Verlauf der beiden Graphen im Kontext.
4) Bestimme $s''(1)$ und interpretiere den erhaltenen Wert.

695. Beschleunigt ein Körper mit der Masse m (in kg) aus der Ruhelage mit der Beschleunigung a (in m/s^2) so besitzt er nach t Sekunden die Energie $E(t) = \frac{m a^2}{2} t^2$ in Joule (J). Die momentane Veränderung der Energie mit der Zeit nennt man Leistung P. Sie wird in Watt (W) angegeben.

a) Bestimme eine Formel für P und beschreibe die Abhängigkeit der Leistung von m, a und t.
b) Ein Körper mit 5 kg Masse beschleunigt mit einer konstanten Beschleunigung von $10\,m/s^2$. Bestimme $E'(3)$ und $E''(3)$ und interpretiere die erhaltenen Werte.
c) Ein Körper beschleunigt konstant im Zeitintervall $t \in [0; 4]$. Berechne die durchschnittliche Leistung und vergleiche sie mit der momentanen Leistung in der Mitte des Intervalls.

MERKE

Das Näherungsverfahren von Newton

Ist x_0 ein Näherungswert für die Lösung der Gleichung $f(x) = 0$, so erhält man (unter bestimmten Voraussetzungen) durch folgende Iterationsformel immer bessere Näherungswerte für die Lösung:

$$x_{n+1} = x_n - \frac{f(x_n)}{f'(x_n)} \text{ für } n \in \mathbb{N}.$$

Bemerkung: $f(x)$ muss für alle Stellen x_n differenzierbar sein und es muss gelten: $f'(x_n) \neq 0$.

MUSTER

701. Bestimme die reelle Lösung der Gleichung $x^3 - 7 = 0$ auf fünf Dezimalstellen genau.

Als erster Näherungswert für die Lösung der Gleichung wird $x_0 = 2$ gewählt. Aus obiger Formel ergibt sich mit $f(x) = x^3 - 7$ und $f'(x) = 3x^2$ für den nächsten Näherungswert x_1:

$$x_1 = x_0 - \frac{f(x_0)}{f'(x_0)} = 2 - \frac{1}{12} = 1{,}916666\ldots$$

Ebenso ergibt sich aus x_1 der nächste Näherungswert:

$$x_2 = x_1 - \frac{f(x_1)}{f'(x_1)} = 1{,}9129384\ldots \quad \Rightarrow \quad x_3 = x_2 - \frac{f(x_2)}{f'(x_2)} = 1{,}9129311$$

Da sich die fünfte Kommastelle nicht mehr verändert hat, erhält man bereits nach drei Schritten als Näherungslösung der Gleichung $x \approx 1{,}91293$.

702. Bestimme mit Hilfe des Newton-Verfahrens die einzige relle Lösung der Gleichung auf drei Dezimalstellen genau.

a) $x^3 - 2x^2 + 2x - 3 = 0$
b) $-2x^3 + 2x - 3 = 0$
c) $x^3 + 3x^2 + 5 = 0$
d) $x^3 + 2x^2 - 3 = 0$
e) $x^3 - 3 = 0$
f) $x^3 + 2 = 0$

703. Bestimme eine Lösung der Gleichung auf drei Dezimalstellen genau.

a) $\cos(x) = x^3$ **b)** $e^x = 3$ **c)** $\sin(x) = x^2$ **d)** $\ln(x) = 3$

704. Versuche die Gleichung $x^3 + 2x^2 - 2 = 0$ mit Hilfe des Newton-Verfahrens zu lösen.

a) Beginne mit dem Startwert $x_0 = 1$.
b) Begründe, warum das Verfahren mit dem Startwert $x_0 = 0$ nicht funktioniert.

705. Bestimme mit Hilfe des Newton-Verfahrens die Nullstelle der Funktion f mit $f(x) = x^5 + x^4 - 2x^3 + x^2 + x + 10$ auf vier Dezimalstellen genau.

a) Beginne mit dem Startwert $x_0 = -2$.
b) Begründe graphisch und rechnerisch, warum der Startwert $x_0 = 1$ ungeeignet ist.

706. Jemand möchte die Gleichung $x^2 - 5 = 0$ mit Hilfe des Newton-Verfahrens lösen. Bei welchem Startwert würde das Newton-Verfahren nicht funktionieren? Begründe deine Antwort.

707. **a)** Zeige, dass man sich mit Hilfe der Rekursionsformel $x_{n+1} = \frac{1}{2}\left(x_n + \frac{2}{x_n}\right)$ dem Wert für $\sqrt{2}$ auf vier Stellen genau annähern kann. Wähle als Startwert $x_0 = 1$.
b) Zeige mit Hilfe des Newton-Verfahrens, dass man sich dem Wert von $\sqrt{a}$ für $a > 0$ mit Hilfe folgender Rekursionsformel annähern kann: $x_{n+1} = \frac{1}{2}\left(x_n + \frac{a}{x_n}\right)$.
c) Ermittle eine Rekursionsformel, mit der man sich dem Wert von $\sqrt[3]{a}$ annähern kann.

TIPP → Die Funktion $f(x) = x^2 - a$ besitzt als einzige positive Nullstelle den Wert $x = \sqrt{a}$.

R **708.** Christoph soll eine Gleichung mit Hilfe des Newton-Verfahrens lösen. Er verrechnet sich zweimal bei der Berechnung eines Näherungswertes und erhält trotzdem die richtige Lösung. Ist das Zufall?

Taylor-Polynome

Brook Taylor
1685–1731

Will man den Wert von $\sin\left(\frac{\pi}{4}\right)$ berechnen, so nimmt man üblicherweise einen Taschenrechner zur Hand, tippt „ $\sin\left(\frac{\pi}{4}\right)$" ein und erhält umgehend das Ergebnis. Die Sinusfunktion gibt im Intervall $\left[0; \frac{\pi}{2}\right]$ ein Seitenverhältnis in einem rechtwinkeligen Dreieck an. Es ist aber kaum vorstellbar, dass der TR intern ein Dreieck zeichnet, die entsprechenden Seitenlängen abmisst und daraus den Wert von $\sin\left(\frac{\pi}{4}\right)$ berechnet. Es ist auch nicht vorstellbar, dass ein TR alle Sinuswerte abgespeichert hat und intern aus einer langen Liste den entsprechenden Wert auswählt. Ein Taschenrechner würde dazu nämlich unendlich viel Speicherplatz benötigen. Die Lösung liegt in geeigneten Approximationen.
Viele mathematische Programme benutzen eine Polynomfunktion, die eine so genaue Annäherung (Näherungswert) für den entsprechenden Sinuswert liefert, dass er im Rahmen der Taschenrechnergenauigkeit mit dem echten Sinuswert übereinstimmt.
Da man mit Polynomfunktionen zahlreiche mathematische Operationen einfach durchführen kann, ist es in vielen Teilen der Mathematik und der Technik wichtig, komplizierte Funktionen durch Polynomfunktionen zu approximieren. Die Grundidee liefert das folgende Beispiel.

MUSTER

709. a) Gesucht ist eine lineare Funktion p_1, die an der Stelle $x_0 = 2$ mit $f(x) = 0{,}5x^3 - 4x + 2$ im Funktionswert und in der Steigung übereinstimmt.

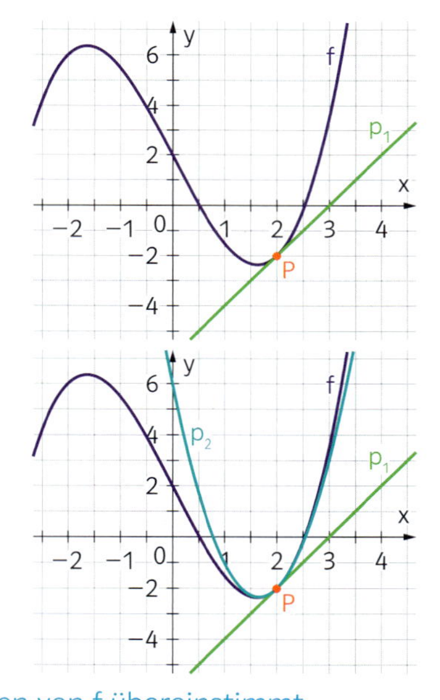

Für die gesuchte lineare Funktion p_1 muss gelten:
$p_1(2) = f(2)$ und $p_1'(2) = f'(2)$.
Sie entspricht der Tangente von f im Punkt $P = (2 \mid -2)$:
$p_1(x) = 2x - 6$.

b) Gesucht ist eine Funktion 2. Grades p_2, die an der Stelle $x_0 = 2$ mit $f(x) = 0{,}5x^3 - 4x + 2$ im Funktionswert, in der Steigung und in der Krümmung übereinstimmt.

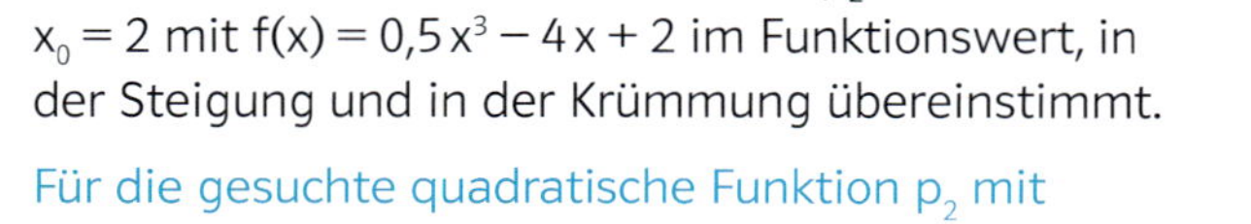

Für die gesuchte quadratische Funktion p_2 mit $p_2(x) = ax^2 + bx + c$ muss gelten: $p_2(2) = f(2)$, $p_2'(2) = f'(2)$ und $p_2''(2) = f''(2)$. Das führt zum Gleichungssystem:
I: $4a + 2b + c = -2$; II: $4a + b = 2$;

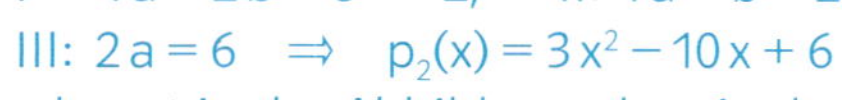

III: $2a = 6 \Rightarrow p_2(x) = 3x^2 - 10x + 6$
Man erkennt in der Abbildung, dass in der Nähe des Punktes P der Graph von p_2 schon sehr gut mit dem Graphen von f übereinstimmt.

Eine Polynomfunktion p(x) approximiert eine Funktion f(x) an einer Stelle x_0 umso besser, je mehr Ableitungen von p(x) und f(x) an der Stelle x_0 übereinstimmen.

710. Bestimme eine quadratische Polynomfunktion p_2, die mit f an der Stelle x_0 einen Punkt gemeinsam hat und an dieser Stelle mit f in erster und zweiter Ableitung übereinstimmt. Zeichne die Graphen von p_2 und f in ein gemeinsames Koordinatensystem.

a) $f(x) = 0{,}125x^3 - 2x + 3$; $x_0 = 2$ **b)** $f(x) = -x^3 - x^2 + 5x + 3$; $x_0 = 0$

711. Bestimme eine Polynomfunktion dritten Grades p_3, die mit f an der Stelle x_0 einen Punkt gemeinsam hat und an dieser Stelle mit f in erster, zweiter und dritter Ableitung übereinstimmt. Zeichne die Graphen von p_3 und f in ein gemeinsames Koordinatensystem.

a) $f(x) = -0{,}5x^4 - x^3 + x^2 + 2x + 3$; $x_0 = -2$ **b)** $f(x) = -1{,}5x^3 + x^2 + 2x + 3$; $x_0 = 3$

Mit Hilfe dieser Erkenntnis wird nun eine Polynomfunktion p fünften Grades mit $p(x) = a_0 + a_1x + a_2x^2 + a_3x^3 + a_4x^4 + a_5x^5$ gesucht, die sich der Funktion f mit $f(x) = \sin(x)$ an der Stelle $x_0 = 0$ möglichst gut annähert.

Approximation von $f(x) = \sin(x)$ an der Stelle $x_0 = 0$ durch eine Polynomfunktion $p(x) = a_0 + a_1x + a_2x^2 + a_3x^3 + a_4x^4 + a_5x^5$	**Darstellung der Approximation**	**Approximation von f(x) an der Stelle $x_0 = 0$ durch eine Polynomfunktion $p(x) = a_0 + a_1x + a_2x^2 + a_3x^3 + a_4x^4 + a_5x^5$**
p(x) muss an der Stelle 0 mit sin(x) übereinstimmen: $p(0) = \sin(0)$ $a_0 + a_1 0 + a_2 0^2 + a_3 0^3 + a_4 0^4 + a_5 0^5 = \sin(0)$ $a_0 = 0$	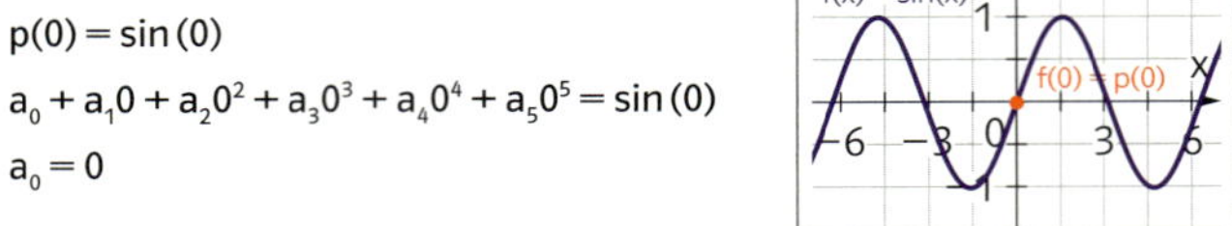	p(x) muss an der Stelle 0 mit f(x) übereinstimmen: 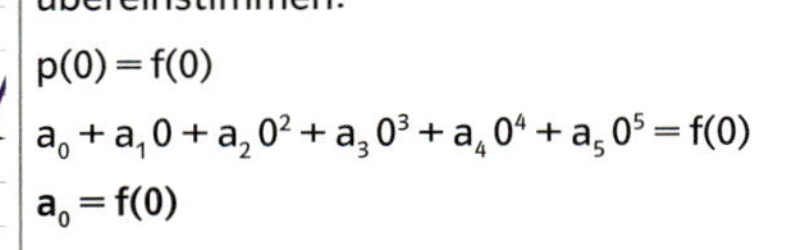 $p(0) = f(0)$ $a_0 + a_1 0 + a_2 0^2 + a_3 0^3 + a_4 0^4 + a_5 0^5 = f(0)$ $\mathbf{a_0 = f(0)}$
Lineare Approximation p′(x) muss an der Stelle 0 mit sin′(x) übereinstimmen. $p'(0) = \sin'(0) = \cos(0)$ $a_1 + 2a_2 \cdot 0 + 3a_3 \cdot 0^2 + 4a_4 \cdot 0^3 + 5a_5 \cdot 0^4 = 1$ $\mathbf{a_1 = 1} \Rightarrow p_1(x) = a_0 + a_1x = 0 + 1 \cdot x = x$	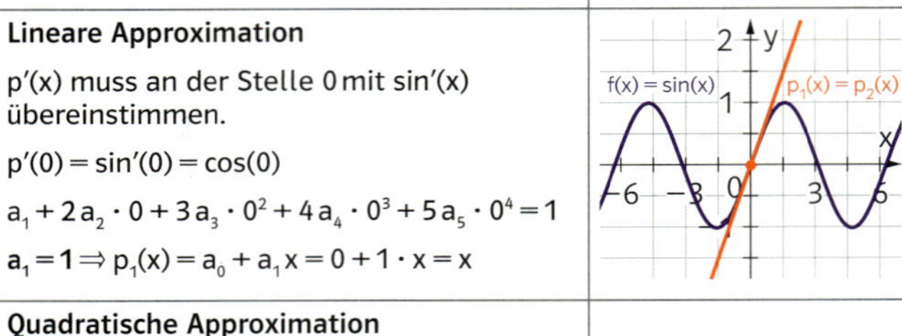	**Lineare Approximation** p′(x) muss an der Stelle 0 mit f′(x) übereinstimmen. $p'(0) = f'(0)$ 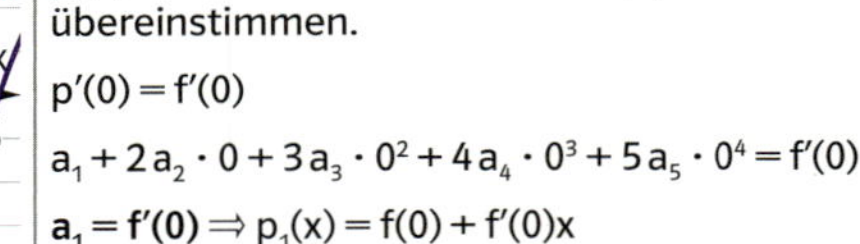 $a_1 + 2a_2 \cdot 0 + 3a_3 \cdot 0^2 + 4a_4 \cdot 0^3 + 5a_5 \cdot 0^4 = f'(0)$ $\mathbf{a_1 = f'(0)} \Rightarrow p_1(x) = f(0) + f'(0)x$
Quadratische Approximation p″(x) muss an der Stelle 0 mit sin″(x) übereinstimmen. $p''(0) = \sin''(0) = -\sin(0)$ $2 \cdot a_2 + 3 \cdot 2a_3 \cdot 0 + 4 \cdot 3a_4 \cdot 0^2 + 5 \cdot 4a_5 \cdot 0^3 = 0$ $\mathbf{a_2 = \frac{0}{2} = 0}$ $\Rightarrow p_2(x) = a_0 + a_1x + a_2x^2 = 0 + 1x + 0x^2 = x$ Die quadratische Approximation stimmt in diesem Fall mit der linearen überein.		**Quadratische Approximation** p″(x) muss an der Stelle 0 mit f″(x) übereinstimmen. $p''(0) = f''(0)$ 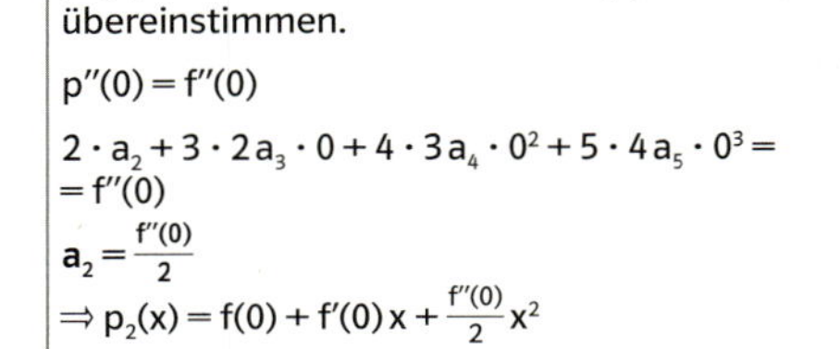 $2 \cdot a_2 + 3 \cdot 2a_3 \cdot 0 + 4 \cdot 3a_4 \cdot 0^2 + 5 \cdot 4a_5 \cdot 0^3 = f''(0)$ $\mathbf{a_2 = \frac{f''(0)}{2}}$ $\Rightarrow p_2(x) = f(0) + f'(0)x + \frac{f''(0)}{2}x^2$
Approximation 3. Grades p‴(x) muss an der Stelle 0 mit sin‴(x) übereinstimmen. $p'''(0) = \sin'''(0) = -\cos(0)$ $3 \cdot 2 \cdot a_3 + 4 \cdot 3 \cdot 2a_4 \cdot 0 + 5 \cdot 4 \cdot 3a_5 \cdot 0^2 = -1$ $\mathbf{a_3 = \frac{-1}{3 \cdot 2} = -\frac{1}{6}}$ $\Rightarrow p_2(x) = a_0 + a_1x + a_2x^2 + a_3x^3 = x - \frac{1}{6}x^3$	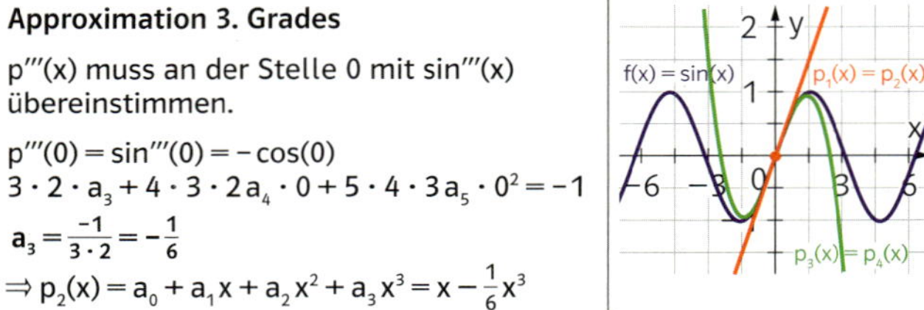 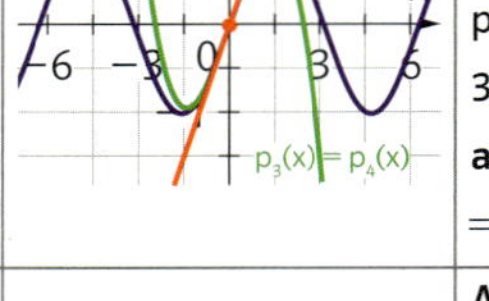	**Approximation 3. Grades** p‴(x) muss an der Stelle 0 mit f‴(x) übereinstimmen. $p'''(0) = f'''0$ 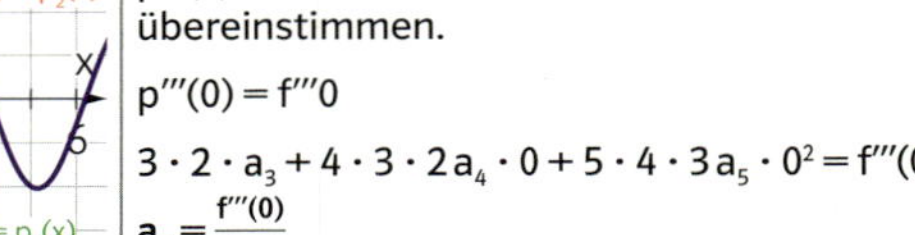 $3 \cdot 2 \cdot a_3 + 4 \cdot 3 \cdot 2a_4 \cdot 0 + 5 \cdot 4 \cdot 3a_5 \cdot 0^2 = f'''(0)$ 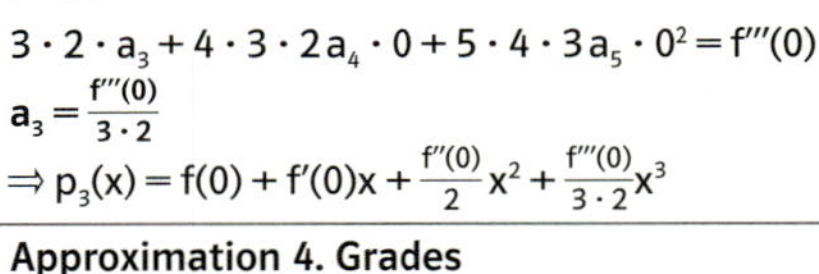 $\mathbf{a_3 = \frac{f'''(0)}{3 \cdot 2}}$ $\Rightarrow p_3(x) = f(0) + f'(0)x + \frac{f''(0)}{2}x^2 + \frac{f'''(0)}{3 \cdot 2}x^3$
Approximation 4. Grades Statt f⁗(x) wird $f^{(4)}(x)$ geschrieben. Da $\sin^{(4)}(0) = \sin(0) = 0$ gilt: $\mathbf{a_4 = 0}$ … (analog zur quadratischen Approximation) 		**Approximation 4. Grades** $p^{(4)}(x)$ muss an der Stelle 0 mit $f^{(4)}(x)$ übereinstimmen. $p^{(4)}(0) = f^{(4)}(0)$ $4 \cdot 3 \cdot 2a_4 + 5 \cdot 4 \cdot 3 \cdot 2 \cdot a_5 \cdot 0 = f^{(4)}(0)$ 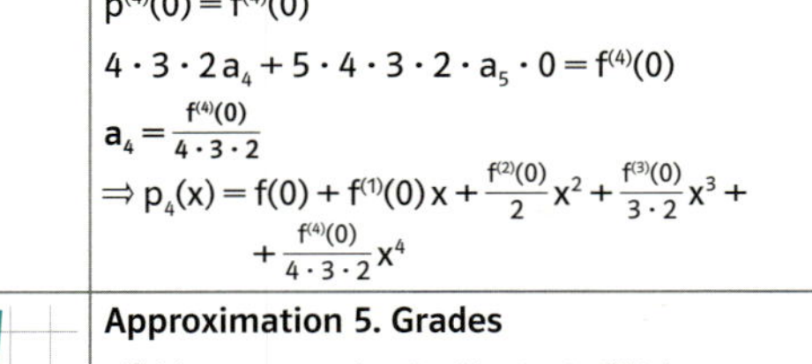 $\mathbf{a_4 = \frac{f^{(4)}(0)}{4 \cdot 3 \cdot 2}}$ $\Rightarrow p_4(x) = f(0) + f^{(1)}(0)x + \frac{f^{(2)}(0)}{2}x^2 + \frac{f^{(3)}(0)}{3 \cdot 2}x^3 + \frac{f^{(4)}(0)}{4 \cdot 3 \cdot 2}x^4$
Approximation 5. Grades 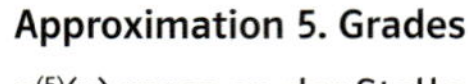 $p^{(5)}(x)$ muss an der Stelle 0 mit $\sin^{(5)}(x)$ übereinstimmen. $p^{(5)}(0) = \sin^{(5)}(0) = \cos(0)$ $5 \cdot 4 \cdot 3 \cdot 2a_5 = 1$ 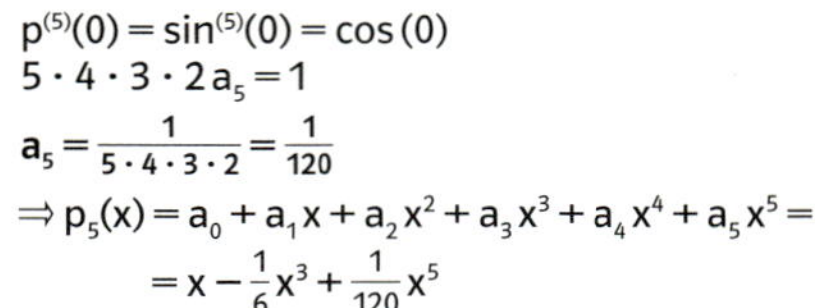 $\mathbf{a_5 = \frac{1}{5 \cdot 4 \cdot 3 \cdot 2} = \frac{1}{120}}$ $\Rightarrow p_5(x) = a_0 + a_1x + a_2x^2 + a_3x^3 + a_4x^4 + a_5x^5 = x - \frac{1}{6}x^3 + \frac{1}{120}x^5$	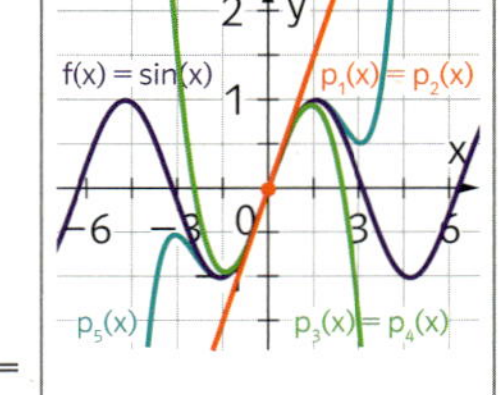	**Approximation 5. Grades** $p^{(5)}(x)$ muss an der Stelle 0 mit $f^{(5)}(x)$ übereinstimmen. $p^{(5)}(0) = f^{(5)}(0)$ $5 \cdot 4 \cdot 3 \cdot 2a_5 = f^{(5)}(0)$ 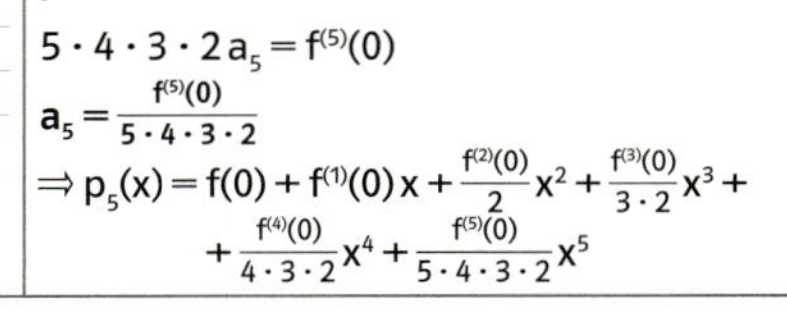 $\mathbf{a_5 = \frac{f^{(5)}(0)}{5 \cdot 4 \cdot 3 \cdot 2}}$ $\Rightarrow p_5(x) = f(0) + f^{(1)}(0)x + \frac{f^{(2)}(0)}{2}x^2 + \frac{f^{(3)}(0)}{3 \cdot 2}x^3 + \frac{f^{(4)}(0)}{4 \cdot 3 \cdot 2}x^4 + \frac{f^{(5)}(0)}{5 \cdot 4 \cdot 3 \cdot 2}x^5$

In der rechten Spalte wurde allgemein hergeleitet, wie man eine Funktion f schrittweise durch eine Polynomfunktion an der Stelle $x_0 = 0$ approximieren kann. Man nennt das Polynom der approximierenden Polynomfunktion auch **Taylor-Polynom**.

712. Approximiere die Funktion f durch ein Taylorpolynom 5. Grades an der Stelle $x_0 = 0$.

a) $f(x) = \cos(x)$ **b)** $f(x) = e^x$ **c)** $f(x) = \ln(x + 0{,}5)$ **d)** $f(x) = \sqrt{1 + x}$

MERKE

Technologie Anleitung Taylor-Polynom sj24q3

Taylorentwicklung von f an der Stelle x = 0

Eine Funktion f kann unter bestimmten Bedingungen ausgehend von der Stelle x = 0 durch ein **Taylor-Polynom n-ten Grades** in ihrem gesamten Definitionsbereich approximiert werden. f muss an der Stelle x = 0 n-mal differenzierbar sein.

$\Rightarrow f(x) \approx f(0) + f'(0)x + \frac{f^{(2)}(0)}{2!}x^2 + \frac{f^{(3)}(0)}{3!}x^3 + \ldots + \frac{f^{(n)}(0)}{n!}x^n$ mit $n \in \mathbb{N}$; f n-mal differenzierbar

Taylorreihe

Hat man eine Taylorentwicklung für eine Funktion gefunden, so benötigt man auch für komplizierte Funktionen nur mehr die Grundrechenarten um Funktionswerte zu ermitteln.

Z. B.: $\sin(x) \approx x - \frac{1}{3!}x^3 + \frac{1}{5!}x^5 - \frac{1}{7!}x^7 + \frac{1}{9!}x^9 \ldots$

TECHNOLOGIE

Taylor-Polynom n-ten Grades

Geogebra: TaylorReihe[<Funktion>, <x-Wert>, <Grad>] Beispiel: TaylorReihe[sin(x), 0, 5]

713. Approximiere f an der Stelle x = 0 durch ein Taylorpolynom 3. Grades und 5. Grades und zeichne den Graphen von f gemeinsam mit den Graphen der zwei Taylorpolynome in ein Koordinatensystem.

a) $f(x) = 2\sin(0{,}5x)$ **b)** $f(x) = \frac{1}{1-x}$ **c)** $f(x) = \frac{1}{e^x}$ **d)** $f(x) = \frac{1}{1-x^2}$

714. Zeige, dass das Taylorpolynom 1. Grades an der Stelle x = 0 der Tangentengleichung an der Stelle 0 entspricht.

MUSTER

715. Berechne den Wert von $\sin\left(\frac{\pi}{4}\right)$ mit Hilfe einer Taylorreihe auf drei Kommastellen genau.

Die Taylorreihenentwicklung von sin(x) lautet $\sin(x) \approx x - \frac{1}{6}x^3 + \frac{1}{120}x^5 - \frac{1}{5040}x^7 \ldots$

daher gilt: $\sin\left(\frac{\pi}{4}\right) \approx \frac{\pi}{4} - \frac{1}{6}\left(\frac{\pi}{4}\right)^3 + \frac{1}{120}\left(\frac{\pi}{4}\right)^5 - \frac{1}{5040}\left(\frac{\pi}{4}\right)^7 + \ldots$

1. Näherung: $\sin\left(\frac{\pi}{4}\right) \approx \frac{\pi}{4} = 0{,}785$

2. Näherung: $\sin\left(\frac{\pi}{4}\right) \approx \frac{\pi}{4} - \frac{1}{6}\left(\frac{\pi}{4}\right)^3 = 0{,}70714\ldots$

3. Näherung: $\sin\left(\frac{\pi}{4}\right) \approx \frac{\pi}{4} - \frac{1}{6}\left(\frac{\pi}{4}\right)^3 + \frac{1}{120}\left(\frac{\pi}{4}\right)^5 = 0{,}70710\ldots$

Da sich die vierte Kommastelle nicht mehr verändert hat, lautet die Approximation:

$\sin\left(\frac{\pi}{4}\right) \approx 0{,}707$.

716. Berechne den angegebenen Wert mit Hilfe einer Taylorreihe auf drei Kommastellen genau.

a) $\sin\left(\frac{\pi}{6}\right)$ **b)** $e^{0,5}$ **c)** e^{-3} **d)** $\cos\left(\frac{\pi}{4}\right)$

717. **a)** Entwickle das Taylorpolynom 5. Grades von f mit $f(x) = \ln(x + 1)$ an der Stelle $x = 0$.
b) Bestimme den Wert von f(0,1) mit Hilfe der Taylorreihe auf drei Kommastellen genau.
c) Zeige, dass man sich dem Wert von f(2) mit Hilfe der ersten fünf Glieder der Taylorreihe nicht annähert.
d) Begründe graphisch, warum die Annäherung an f(2) mit der Taylorreihenentwicklung nicht möglich ist.

ZUSAMMENFASSUNG

Kostenfunktion

Der funktionale Zusammenhang zwischen der produzierten Menge und den dafür anfallenden Kosten (fix und variabel) wird als **Kostenfunktion K** bezeichnet.

Stückkostenfunktion

Die Stückkostenfunktion erhält man, indem man K(x) durch x dividiert: $\overline{K}(x) = \frac{K(x)}{x}$.

Betriebsoptimum

Die Produktionsmenge x, bei der die Stückkosten $\overline{K}$ am kleinsten werden, wird als **Betriebsoptimum** bezeichnet.

Kostenkehre

Der Übergang von einer degressiven Kostenentwicklung zu einem progressiven Kostenverlauf wird als **Kostenkehre** bezeichnet. Die Kostenkehre ist der Wendepunkt der Kostenfunktion K.

Erlösfunktion E und Gewinnfunktion G

$E(x) = p \cdot x$ p … Verkaufspreis pro Mengeneinheit $G(x) = K(x) - E(x)$

Das Näherungsverfahren von Newton

Ist x_0 ein Näherungswert für die Lösung der Gleichung $f(x) = 0$, so erhält man unter bestimmten Voraussetzungen durch folgende Iterationsformel immer bessere Näherungswerte für die Lösung:

$$x_{n+1} = x_n - \frac{f(x_n)}{f'(x_n)} \quad \text{für } n \in \mathbb{N}$$

Taylorentwicklung von f(x) an der Stelle x = 0

Eine Funktion f kann an der Stelle $x = 0$ durch ein Taylor-Polynom n-ten Grades approximiert werden. f muss an der Stelle $x = 0$ n-mal differenzierbar sein.

$$\Rightarrow \quad f(x) \approx f(0) + f^{(1)}(0)\,x + \frac{f^{(2)}(0)}{2!}x^2 + \frac{f^{(3)}(0)}{3!}x^3 + \ldots + \frac{f^{(n)}(0)}{n!}x^n$$

Break-even-point und Gewinngrenze

Der Break-even-point gibt die Produktionsmenge an, ab der das Unternehmen einen Gewinn macht.

Die Gewinngrenze gibt die Produktionsmenge an, ab der wieder ein Verlust gemacht wird.

TRAINING

Vernetzung – Typ-2-Aufgaben

Typ 2 **M** **718.** Die Gesamtkosten für die Herstellung eines Produkts lassen sich mittels $K(x) = \frac{1}{80}x^3 + 30x + 2000$ modellieren. Es können nicht mehr als 60 Stück in einer bestimmten Zeit erzeugt werden.

a) Bestimme das Betriebsoptimum und deute den Wert im Kontext.
Für das Betriebsoptimum gilt, dass die minimalen Stückkosten gleich den Grenzkosten sind. Weise diesen Zusammenhang mit der gegebenen Kostenfunktion K nach.

b) Für die Ermittlung des Umsatzes einer Warenmenge x gibt der Betrieb die Funktion $E(x) = 80x$ an.
- Deute den im Funktionsterm vorkommenden Wert 80 im Sachzusammenhang und geometrisch.
- Kreuze die zutreffende(n) Aussage(n) an.

A	Der Erlös E(x) und die verkaufte Menge x sind zueinander direkt proportional.	☐
B	Verdoppelt sich die Anzahl der verkauften Mengeneinheiten, wird der Umsatz 80-mal so groß.	☐
C	Eine Steigerung der verkauften Menge um 10% erhöht den Umsatz um 110%.	☐
D	Die Funktion E ist linear.	☐
E	Wird um eine Mengeneinheit mehr verkauft, steigt der Erlös um 80 GE.	☐

Typ 2 **M** **719.** In einem Rohr mit kreisförmigem Querschnitt fließt eine Flüssigkeit. Die Fließgeschwindigkeit v ändert sich mit dem Abstand zum Querschnittsmittelpunkt des Rohres. v(x) in Meter pro Sekunde (m/s) kann durch folgende Funktion modelliert werden:

$$v(x) = 5\left(1 - \frac{x^2}{R^2}\right)$$

x ist der Radialabstand vom Querschnittsmittelpunkt (in m).
R ist der Radius des Rohres (in m).

a) Wähle eine für den Kontext geeignete Definitionsmenge für x und begründe deine Auswahl.

b) Bestimme, in welchem Abstand vom Querschnittsmittelpunkt die größte Fließgeschwindigkeit herrscht und berechne den maximalen Wert.

c) Ein Rohr hat den Durchmesser 30 cm. Berechne den Differenzenquotient von v im Intervall [0; 15] und interpretiere den erhaltenen Wert.

d) Zeichen den Graphen von v′ für ein Rohr mit 30 cm Durchmesser in einem geeigneten Intervall und interpretiere den Verlauf des Graphen.

e) Es gilt die Annahme $v'(x) = c$ mit $c \in \mathbb{R}$, $c < 0$ und konstant. Kreuze die zutreffende(n) Aussage(n) an.

A	Die Fließgeschwindigkeit v ändert sich nicht mit dem Abstand x.	☐
B	Die Fließgeschwindigkeit v nimmt mit zunehmendem Abstand x ab.	☐
C	Die Änderung der Fließgeschwindigkeit ist konstant.	☐
D	Der Differenzenquotient von v ist in jedem Intervall gleich.	☐
E	v ist eine lineare Funktion.	☐

Selbstkontrolle

☐ Ich kenne Funktionen aus der Kosten- und Preistheorie und kann sie interpretieren.

720. Bestimme die Grenzkostenfunktion für $K(x) = 0{,}02\,x^3 + 25\,x + 1000$ und interpretiere sie.

721. Bestimme und interpretiere das Betriebsoptimum, wenn die Gesamtkosten durch die Funktion K mit $K(x) = x^3 - 3\,x^2 + 10\,x + 20$ modelliert werden.

722. Erkläre, wie die Gewinnfunktion G mit Hilfe der Kostenfunktion K und der Erlösfunktion E modelliert wird. Was versteht man unter Break-even-point und unter Gewinngrenze?

☐ Ich kann Extremwertaufgaben lösen.

723. Ein zylinderförmiger Blechbehälter mit Deckel soll den Oberflächeninhalt $O = 100\,\pi\,\text{cm}^2$ haben. Der Radius darf aus produktionstechnischen Gründen höchstens 3,5 cm betragen. Bestimme die Maße des Behälters, wenn der Rauminhalt maximal werden soll.

h
r

☐ Ich kann die erste und zweite Ableitung im Kontext interpretieren.

724. I(x) bestimmt die Lichtintensität (in Lux: lx) in x Zentimeter Wassertiefe.
Welche Bedeutung haben folgende Zusammenhänge im Kontext? **a)** $I'(50) < 0$ **b)** $I''(x) = 2$

☐ Ich kann naturwissenschaftliche Zusammenhänge untersuchen.

725. Der Wasserstand W (in cm) eines Flusses verändert sich mit der Zeit t (in Stunden). Es gilt:
$$W(t) = 2\,t^3 - 22\,t^2 - 6\,t + 394 \qquad 0 \leq t \leq 4$$

a) Erläutere die Bedeutung des Vorzeichens von W′(t) im Kontext.
b) Bestimme den Zeitpunkt t, zu dem die momentane Änderung des Wasserstandes 85 cm/h beträgt.
c) Bestimme den Zeitpunkt t, an dem sich der Wasserstand am schnellsten ändert.

☐ Ich kann das Newton'sche Näherungsverfahren anwenden.

726. Bestimme mit Hilfe des Newton-Verfahrens die einzige Nullstelle der Funktion f auf drei Dezimalstellen genau. $f(x) = 2\,x^3 - 3\,x + 6$

☐ Ich kann die Taylor-Entwicklung einer Funktion an einer Stelle $x = 0$ berechnen.

727. Berechne den Wert von $3\,e^3$ mit Hilfe einer Taylorreihe auf 3 Kommastellen genau.

Kompetenzcheck Differentialrechnung 3

☐ AN 1.3 Den Differenzen und Differentialquotienten in verschiedenen Kontexten deuten und entsprechende Sachverhalte durch Differenzen- und Differentialquotienten beschreiben können

☐ AN 2.1 Einfache Regeln des Differenzierens anwenden können: Potenzregel, Summenregel, Regeln für $[k \cdot f(x)]'$ und $[f(k \cdot x)]'$

AN 1.3 **M** **728.** T(t) beschreibt die Temperatur T in Abhängigkeit von der Zeit t. Kreuze den/die zutreffende(n) Sachverhalt(e) an, den/die der Ausdruck $\lim\limits_{x \to 2} \frac{f(2) - f(x)}{2 - x}$ beschreibt.

A	die Temperaturänderung im Intervall [2; x]	☐
B	die durchschnittliche Temperaturänderung im Intervall [2; x]	☐
C	die momentane Temperaturänderung im Intervall [2; x]	☐
D	T′(x)	☐
E	T′(2)	☐

AN 1.3 **M** **729.** Beim freien Fall nimmt die Geschwindigkeit v (in m/s) gemäß $v(t) = 9{,}81 \cdot t$ in Abhängigkeit von der Zeit t (in Sekunden s) zu. Interpretiere folgenden Ausdruck im Kontext: $\frac{v(10) - v(0)}{10}$.

____

AN 2.1 **M** **730.** Gegeben ist die Funktion f mit $f(x) = 2\sin(2x) + \pi$. Gib f′(x) und f″(x) an.

$f'(x) =$ ______________ $f''(x) =$ ______________

AN 2.1 **M** **731.** Ergänze den folgenden Satz, sodass er mathematisch korrekt ist.

Die Ableitung ______(1)______ zweier Funktionen ist gleich ______(2)______ ihrer beiden Ableitungen.

(1)	
der Differenz	☐
der Verkettung	☐
des Quotienten	☐

(2)	
der Differenz	☐
dem Produkt	☐
dem Quotienten	☐

AN 1.3 **M** **732.** In einem Betrieb werden die Entwicklung der Kosten K und des Erlöses E in Geldeinheiten (GE) in Abhängigkeit der Menge x in Mengeneinheiten (ME) durch $K(x) = 0{,}5x + 6$ und $E(x) = -0{,}08x^2 + 2x$ modelliert. Es werden alle produzierten Mengeneinheiten verkauft. Bestimme die Stückzahl, bei der der maximale Gewinn erzielt wird.

Mathematik und Naturwissenschaften

Immer wieder tauchen in diesem Buch – oder auch bei Prüfungsaufgaben – naturwissenschaftliche Kontexte auf. Es gibt eine Verbindung zwischen Mathematik und Naturwissenschaften. Schon seit Jahrhunderten zerbrechen sich viele Naturwissenschaftler, Mathematiker und Philosophen den Kopf über die Verbindungen und Unterschiede zwischen diesen beiden Wissenschaftsbereichen. Anhand von fünf Fragen werden auf diesen beiden Reflexionsseiten zentrale Punkte thematisiert.

Womit beschäftigt sich das Wissensgebiet?	
Mathematik	Naturwissenschaften
Die Mathematik beschäftigt sich mit **abstrakten Strukturen** – zum Beispiel Zahlen, Geraden, Flächen. Die Mathematik untersucht diese abstrakten Strukturen auf ihre **Eigenschaften und Muster**. *Beispiel:* *Schnittpunkte von Geraden bestimmen.* *Sowohl Punkte als auch Geraden sind in dem Sinn abstrakt, dass sie nicht sinnlich wahrgenommen werden können.*	Naturwissenschaften beschäftigen sich mit den **messbaren Eigenschaften der Natur**. Es werden Zusammenhänge zwischen diesen Eigenschaften gesucht und **Naturgesetze** formuliert. *Beispiel:* *Die Länge (s) und die Zeit (t) sind messbare Eigenschaften in der Natur. Die Geschwindigkeit (v) drückt einen Zusammenhang zwischen diesen beiden Größen aus:* $v = \frac{s}{t}$. *Schönheit ist eine Eigenschaft in der Natur. Da sie nicht messbar ist, ist sie auch nicht Gegenstand der Naturwissenschaften.*

Wie gelangt man zu Erkenntnissen?	
Mathematik	Naturwissenschaften
Man gelangt zu Erkenntnissen durch logisches Schließen (herleiten) von einer richtigen Aussage zur nächsten (**deduktive Methode**). Die Regeln dafür werden durch die **Logik** festgelegt. Ausgangspunkt sind bestimmte grundlegende Sätze (**Axiome**), die selbst nicht hergeleitet werden können. *Beispiel:* *Aus dem Satz „Eine Gerade schneidet zwei Parallelen in der Ebene unter demselben Winkel." folgt der Satz „Die Winkelsumme in jedem Dreieck ist 180°."*	Man erkennt durch **Beobachtungen** Gesetzmäßigkeiten in der Natur. Man formuliert dann auf Grund dieser Beobachtungen Naturgesetze (**empirische Methode**) und überprüft diese anhand von **Experimenten**. *Beispiel:* *Man beobachtet viele Uhren an verschiedenen Orten und formuliert das Naturgesetz: Die Zeit vergeht an allen Orten gleich schnell. (Gesetz von der absoluten Zeit)*

Wie sicher sind diese Erkenntnisse?	
Mathematik	Naturwissenschaften
Wenn die grundlegenden Sätze (Axiome) **keine Widersprüche** aufweisen, sind die daraus mit Hilfe der Logik hergeleiteten mathematischen Aussagen **mit absoluter Sicherheit** richtig. Diese Aussagen gelten als **bewiesen** und werden (für immer) als **wahr** bezeichnet. *Beispiel:* *Die Winkelsumme eines Dreiecks in der Ebene wird immer 180° sein.*	Naturgesetze werden **durch Experimente bestätigt** und gelten solange, bis neue Experimente zeigen, dass sie nicht gültig sind. Naturgesetze können also jederzeit **widerlegt werden (Falsifikation)**. *Beispiel:* *Verwendet man ganz genaue Uhren, so misst man zeitliche Abweichungen zwischen Uhren an verschiedenen Orten. Es gibt also keine absolute Zeit. Die Relativität der Zeit wird in der Relativitätstheorie beschrieben. Diese Theorie ist derzeit gültig.*

Wie hängen Mathematik und Naturwissenschaften zusammen?
Wir stellen uns Axiome wie kleine, einzelne Legobausteine vor. **Die Mathematiker** setzen nach Regeln diese Legobausteine zu kleinen Objekten, diese wiederum zu größeren Objekten und diese Objekte zu größeren Strukturen und die Strukturen zu noch größeren Gebäuden zusammen. **Die Naturwissenschaftler** stehen auf einem Berg und blicken auf eine Stadt hinunter. Sie versuchen diese Stadt aus der Entfernung nachzubauen. Dafür eignen sich die Strukturen der Mathematik erstaunlich gut! Mit ihnen kann man die Stadt, oder zumindest das, was man aus der Entfernung sieht, sehr gut nachbauen. Die Naturwissenschaftler entwickeln laufend Geräte, mit denen sie genauer auf die Stadt schauen können (z.B. Fernrohre). Manchmal erkennen sie, dass ihre Modellstadt nicht ganz genau der beobachteten Stadt entspricht. Erstaunlicherweise finden sie aber bei den Mathematikern immer wieder die passenden Teile. Manchmal passiert sogar noch etwas Erstaunlicheres: Die Naturwissenschaftler verändern ihr Modell nach den Regeln der Mathematiker, erschaffen so ein neues unbekanntes Gebäude und wenn sie dann auf die Stadt blicken und mehr oder weniger lang suchen, finden sie dieses Gebäude! Zum Beispiel wurden manche Elementarteilchen zuerst mathematisch und dann erst naturwissenschaftlich im Experiment gefunden.

Warum eignet sich die Mathematik so gut zur Beschreibung der Natur?
Von den fünf Fragen ist sicherlich diese am schwierigsten zu beantworten. Und ehrlich gesagt: **Man weiß es nicht!** Es gibt allerdings ein paar Lösungsansätze – im Folgenden wird ein (anthropozentrischer) Lösungsansatz vorgestellt. Unser menschliches Gehirn hat sich in dieser Natur entwickelt. Die Entwicklung eines so komplexen Systems ist nur denkbar, wenn es eine **gewisse Regelhaftigkeit der Natur** gibt. Wenn die „Gesetze der Natur" sich jeden Tag ändern würden, wäre die Entwicklung eines Gehirns unmöglich. Dass dieses Gehirn im Rahmen der Mathematik also Regeln aus der Natur ersinnt und damit Strukturen erschafft, die dann die Natur beschreiben können, ist damit nachvollziehbar. Bei dieser Antwort verlagert sich das Problem auf die Frage: **Wieso ist die Natur überhaupt regelhaft?**

733. Die folgenden Zitate beschäftigen sich inhaltlich mit den fünf zuvor in den Kästen angesprochenen Fragen. Ordne die Zitate den passenden Kästchen zu und begründe deine Zuordnung.

1) (Das Buch der Natur) ist in der Sprache der Mathematik geschrieben, und deren Buchstaben sind Kreise, Dreiecke und andere geometrische Figuren, ohne die es dem Menschen unmöglich ist, ein einziges Bild davon zu verstehen, ohne diese irrt man in einem dunklen Labyrinth herum. (Galilei)

2) Über jeder naturwissenschaftlichen Theorie hängt das Damoklesschwert der Falsifikation. (Popper)

3) Gott würfelt nicht. (Einstein)

4) Die Mathematik handelt ausschließlich von den Beziehungen der Begriffe zueinander ohne Rücksicht auf deren Bezug zur Erfahrung. (Einstein)

5) Alles muss bewiesen werden, und beim Beweisen darf man nichts außer Axiomen und früher bewiesenen Sätzen benutzen. (Pascal)

6) Unwiderlegbarkeit – dein Name ist Mathematik. Sollen sich die Vertreter der Naturwissenschaften mit Offensichtlichkeiten zufriedengeben, der Mathematiker braucht den Beweis. (Quine)

7) Die Mathematik ist das Instrument, welches die Vermittlung bewirkt zwischen Theorie und Praxis, zwischen Denken und Beobachten: Sie baut die verbindende Brücke und gestaltet sie immer tragfähiger. Daher kommt es, dass unsere ganze gegenwärtige Kultur, soweit sie auf der geistigen Durchdringung und Dienstbarmachung der Natur beruht, ihre Grundlage in der Mathematik findet. (Hilbert)

8) Ich behaupte aber, daß in jeder besonderen Naturlehre nur so viel eigentliche Wissenschaft angetroffen werden könne, als darin Mathematik anzutreffen ist. (Kant)

Mündliche Matura

Hast du schon einmal überlegt, die mündliche Reifeprüfung in Mathematik zu absolvieren? Auf dieser Doppelseite erhältst du wichtige Informationen dazu.

Der Ablauf

Wenn du im Rahmen der mündlichen Reifeprüfung antrittst, bekommst du spätestens im November von der Lehrperson, die Mathematik unterrichtet, eine Liste mit den 24 Themenbereichen, welche von dieser für die Prüfung ausgesucht worden sind. Die Themenbereiche sind aus dem Lehrplan für Mathematik gewählt und können auch Themen wie „Folgen und Reihen" oder „Kegelschnitte" – also Themen, die du eigentlich nicht für die schriftliche Reifeprüfung benötigst – beinhalten.

Am Prüfungstag ziehst du im Beisein der Prüfungskommission (Vorsitzende/r, Direktor/in, Klassenvorstand/Klassenvorständin, Mathematiklehrer/in, Beisitz) zwei Themenbereiche aus einem Themenpool. Einen dieser Bereiche wählst du aus.

Deine Mathematiklehrerin bzw. dein Mathematiklehrer hat für jeden Bereich mindestens zwei Fragen vorbereitet. (Im Laufe einer Reifeprüfung ist es also möglich, dass verschiedene Prüflinge dieselbe Frage bekommen.) Eine dieser Fragen bekommst du. Anschließend hast du mindestens 25 Minuten Vorbereitungszeit. Das Prüfungsgespräch selbst dauert zehn bis 15 Minuten.

Die Prüfungsfrage

Jede Aufgabenstellung ist kompetenzorientiert und enthält folgende Anforderungsbereiche.

- **Eine Reproduktionsleistung**
  Dabei wird von dir erwartet, dass du mathematische Inhalte wiedergibst, mathematische Fachausdrücke verwendest, vorgegebene Arbeitstechniken verwendest oder einem vorgegebenen Material (z.B. einem Diagramm) Informationen entnimmst.
- **Eine Transferleistung**
  Hier solltest du Zusammenhänge erläutern, vorgegebene Sachverhalte verknüpfen und einordnen, ein bereitgestelltes Material analysieren (z.B. eine Tabelle) oder Fakten von Interpretationen trennen.
- **Eine Leistung im Bereich von Reflexion und Problemlösung**
  In diesem Teil geht es darum, deine eigene Urteilsbildung zu reflektieren, Hypothesen zu entwickeln oder Probleme zu erörtern.

Wie du siehst, gehen mündliche Maturafragen in einigen Bereichen über die Grundkompetenzen hinaus, die du benötigst, um die schriftliche Reifeprüfung in Mathematik positiv zu absolvieren. Zur besseren Veranschaulichung folgen nun drei Maturafragen.

M **734. Themenbereich: Lineare und quadratische Gleichungen**

Aus einem rechteckigen Holzbrett ($l = 1{,}2\,m$; $b = 1\,m$) wird durch Ausschneiden eines Rechtecks ein Bilderrahmen mit der Breite x erzeugt. Der Flächeninhalt des Rahmens soll ein Drittel der ursprünglichen Fläche betragen.

a) Stelle den Sachverhalt anhand einer Skizze dar und zeige, dass das Problem auf die Gleichung $x^2 - 100x + 1000 = 0$ führt **(Transfer)**.

b) Löse die Gleichung und interpretiere das Ergebnis **(Reproduktion und Reflexion)**.

c) Leite die kleine Lösungsformel für quadratische Gleichungen mittels quadratischen Ergänzens her **(Transfer)**.

d) Zeige den Zusammenhang zwischen der Anzahl der Lösungen einer quadratischen Gleichung und den Graphen entsprechender quadratischer Funktionen anhand geeigneter Skizzen **(Reflexion)**.

M **735. Themenbereich: Statistik**

Das Säulendiagramm und die Daten in der Tabelle zeigen die Anzahl der Kfz-Diebstähle in Österreich von 2003 bis 2012.

Jahr	Kfz-Diebstähle	Jahr	Kfz-Diebstähle
2003	7720	2008	9049
2004	8156	2009	9289
2005	11089	2010	5150
2006	8959	2011	5158
2007	7802	2012	4446

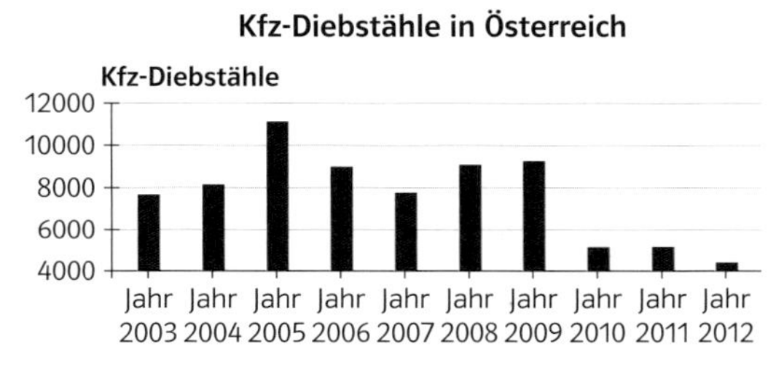

a) Vergleiche die in der Tabelle angegebenen Daten mit dem Säulendiagramm und beschreibe die Vor- und Nachteile der jeweiligen Darstellungsform **(Transfer, Reflexion)**.

b) Beschrifte das Boxplot-Diagramm und erläutere die Bedeutung des 2. Quartils im Kontext **(Reproduktion)**.

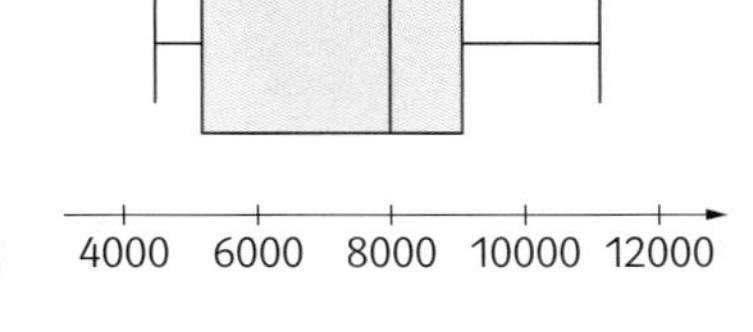

c) Gib an, welche statistische Kennzahl am geeignetsten ist, um die Kfz-Diebstelle im Zeitraum 2003 bis 2012 zu beschreiben und begründe deine Meinung **(Reflexion)**.

d) Ermittle das Ergebnis von $\frac{7802 - 11089}{11089}$ und interpretiere den Wert im Kontext **(Reproduktion, Transfer)**.

M **736. Themenbereich: Algebraische Gleichungen und komplexe Zahlen**

Gegeben ist die Gleichung $x^3 - x^2 - x - 15 = 0$ ($G = \mathbb{C}$), welche mindestens eine Lösung besitzt, die in der Menge der ganzen Zahlen liegt.

a) Ermittle alle Lösungen der Gleichung und erläutere deine Vorgangsweise **(Reproduktion)**.

b) Zeichne alle Lösungen von **a)** in die Gauß'sche Zahlenebene ein. Erkläre anhand dieser Aufgabe die Fachbegriffe „komplexe Zahl", „imaginäre Einheit", „konjugiert-komplexe Zahl", „Gaußsche Zahlenebene" und „Polardarstellung" **(Reproduktion)**.

c) Erläutere die Bedeutung des Fundamentalsatzes der Algebra in Bezug auf Gleichungen höheren Grades mit reellen Koeffizienten in $\mathbb{C}$ **(Transfer)**.

d) Gegeben ist der Graph der Polynomfunktion f mit $f(x) = x^3 - x^2 - x - 15$. Stelle einen Zusammenhang zwischen den Lösungen der Gleichung aus **a)** und der graphischen Darstellung der Funktion dar **(Transfer)**.

e) Der Graph einer Gleichung dritten Grades besitzt nur zwei Nullstellen. Dabei wird die x-Achse einmal geschnitten und einmal berührt. Erläutere den Zusammenhang zwischen diesem Sachverhalt und den Lösungen der Gleichung **(Reflexion)**.

9 Diskrete Zufallsvariablen

In diesem Kapitel werden zwei schon bekannte mathematische Begriffe miteinander verbunden: der bereits bekannte Funktionsbegriff und der etwas neuere Wahrscheinlichkeitsbegriff.

Das Ergebnis ist die Wahrscheinlichkeitsfunktion und ihr Graph.

Diese Verbindung wird später für das Verständnis der Normalverteilung – eine der wichtigsten Anwendungen der Wahrscheinlichkeitsrechnung – wesentlich sein. Aber dazu erst im nächsten Schuljahr …

GLÜCKSRAD 1: 1€, 0€, 2€

GLÜCKSRAD 2: −1€, 0€, 3€, 1€

Auf den nebenstehenden Glücksrädern ist in jedes Feld der Gewinn geschrieben, den du erhältst, wenn das Glücksrad auf dem entsprechenden Feld zu stehen kommt.

Allerdings musst du für jedes Mal drehen 1€ Einsatz zahlen.

Bei welchem Rad glaubst du, größere Chancen auf einen Gewinn zu haben?

Im Prinzip hast du zwei Möglichkeiten deine Gewinnerwartung zu ermitteln:

1) Du probierst beide Glücksräder ganz oft aus und ermittelst, wie viel du im Durchschnitt gewonnen oder verloren hast.

2) Du arbeitest dieses Kapitel durch und kannst schon im Voraus deine Gewinnerwartung berechnen.

Stell dir vor, jemand bietet dir folgende zwei Gewinnmöglichkeiten beim Werfen einer Münze an:

1) Bei Kopf bekommst du 1€ und bei Zahl verlierst du 1€.

2) Bei Kopf erhältst du 10 000€ und bei Zahl verlierst du 10 000€.

Intuitiv erkennt man: Bei oftmaligem Spielen wird man bei beiden Spielen im Mittel genau so viel verlieren wie gewinnen. Allerdings ist beim zweiten Spiel die Chance wesentlich größer, dass der Verlust während des Spiels Ausmaße annimmt, die man vielleicht bald nicht mehr bezahlen kann. Um diesen Unterschied mathematisch zu erfassen, wirst du in diesem Kapitel den Begriff der „Streuung" kennen lernen.

Und außerdem wirst du erfahren, wieso die kleine unscheinbare Zahl „0" nicht nur in der Mathematik eine ganz besondere Rolle spielt, sondern auch für einen Spielcasinobetreiber zwischen fair und unfair und zwischen Gewinn und Verlust entscheidet.

KOMPETENZEN

9.1 Zufallsvariable und Wahrscheinlichkeitsverteilung

Lernziele:

- Zufallsvariablen definieren können
- Wahrscheinlichkeitsverteilungen aufstellen können
- Wahrscheinlichkeitsverteilungen graphisch darstellen können

Grundkompetenz für die schriftliche Reifeprüfung:

WS 3.1 Die Begriffe Zufallsvariable, (Wahrscheinlichkeits-)Verteilung [...] verständig deuten und einsetzen können

VORWISSEN

In Lösungswege 6 wurden bereits wichtige Begriffe aus dem Bereich der Wahrscheinlichkeitsrechnung besprochen.

Ein **Zufallsversuch (Zufallsexperiment)** wird unter bestimmten Bedingungen durchgeführt, ist beliebig oft wiederholbar und hat einen zufälligen (unvorhersehbaren) Ausgang.

Jeder Zufallsversuch besitzt eine bestimmte Anzahl von möglichen **Versuchsausgängen (Elementarereignisse)**, die im **Grundraum Ω** zusammengefasst werden.

Jede **Teilmenge des Grundraums Ω** bezeichnet man als **Ereignis.**

Tritt jedes Elementarereignis im Grundraum Ω mit der gleichen Wahrscheinlichkeit auf, spricht man von einem **Laplace-Versuch.** Die Berechnung der Wahrscheinlichkeit für Ereignisse E derartiger Versuche erfolgt mit der Formel $P(E) = \frac{\text{Anzahl der für E günstigen Versuchsausgänge}}{\text{Anzahl aller möglichen Versuchsausgänge}}$.

Grundbegriffe der Wahrscheinlichkeitsrechnung cg5xn4

737. In einer Urne befinden sich fünf Kugeln, die mit den Zahlen 1, 2, 3, 4, 5 beschriftet sind. Es werden zwei Kugeln ohne Zurücklegen gezogen.

a) Gib den Grundraum Ω für dieses Zufallsexperiment an. Wie viele Elemente enthält Ω?

b) Gib das Ereignis E_1: „Auf der ersten gezogenen Kugel steht die Zahl 3." als Teilmenge von Ω sowie die Anzahl der Elemente, die diese Teilmenge enthält, an.

c) Gib das Ereignis E_2: „Die Summe der Zahlen auf den gezogenen Kugeln ist 7." an. Wie viele Elemente enthält E_2?

d) Berechne die Wahrscheinlichkeiten $P(E_1)$ und $P(E_2)$.

Diskrete Zufallsvariable

Zwei sechsseitige Würfel werden gleichzeitig geworfen. Für dieses Zufallsexperiment kann der Grundraum Ω explizit angegeben werden:

$$\begin{aligned}\Omega = \{&(1, 1), (1, 2), (1, 3), (1, 4), (1, 5), (1, 6),\\ &(2, 1), (2, 2), (2, 3), (2, 4), (2, 5), (2, 6),\\ &(3, 1), (3, 2), (3, 3), (3, 4), (3, 5), (3, 6),\\ &(4, 1), (4, 2), (4, 3), (4, 4), (4, 5), (4, 6),\\ &(5, 1), (5, 2), (5, 3), (5, 4), (5, 5), (5, 6),\\ &(6, 1), (6, 2), (6, 3), (6, 4), (6, 5), (6, 6)\}\end{aligned}$$

Der Grundraum besteht aus insgesamt 36 Elementarereignissen. Nun interessiert man sich für die Augensummen, die bei diesem Zufallsexperiment auftreten können.

Elementarereignisse	Augensumme
(1, 1)	2
(1, 2), (2, 1)	3
(1, 3), (2, 2), (3, 1)	4
(1, 4), (2, 3), (3, 2), (4, 1)	5
(1, 5), (2, 4), (3, 3), (4, 2), (5, 1)	6
(1, 6), (2, 5), (3, 4), (4, 3), (5, 2), (6, 1)	7
(2, 6), (3, 5), (4, 4), (5, 3), (6, 2)	8
(3, 6), (4, 5), (5, 4), (6, 3)	9
(4, 6), (5, 5), (6, 4)	10
(5, 6), (6, 5)	11
(6, 6)	12

Man kann nun eine Funktion definieren, deren Definitionsmenge der Grundraum Ω ist und deren Wertemenge die ganzen Zahlen $\mathbb{Z}$ sind. Diese Funktion wird **diskrete Zufallsvariable** (auch **Zufallsgröße**) genannt. Zum Beispiel wird dem Elementarereignis (1, 1) durch die diskrete Zufallsvariable „Augensumme" der Wert 2 zugeordnet, den Elementarereignissen (1, 2) und (2, 1) der Wert 3 usw. Die Bezeichnung einer Zufallsvariablen erfolgt durch Großbuchstaben X, Y, Z, … Nimmt eine Zufallsvariable X bei einem Zufallsexperiment einen bestimmten Wert a an, so schreibt man $X = a$. In diesem Beispiel nimmt die Zufallsvariable X = „Augensumme" die Werte $X = 2$, $X = 3$, $X = 4$, …, $X = 11$ und $X = 12$ an.

MERKE

Zufallsvariable

Eine Funktion X vom Grundraum Ω eines Zufallsexperiments in die Menge der ganzen Zahlen wird als **diskrete Zufallsvariable** (oder Zufallsgröße) bezeichnet.

$$X: \Omega \to \mathbb{Z}$$

Die Bezeichnung „diskret" leitet sich vom lateinischen *discernere* (trennen, unterscheiden) ab und soll darauf verweisen, dass als Werte für X nur die ganzen Zahlen und keine „Zwischenwerte" (Kommazahlen) vorkommen sollen. Die Werte sind sozusagen „voneinander getrennt".
Beachte auch, dass es sich bei einer Zufallsvariablen um keine Variable im eigentlichen Sinn handelt, sondern um eine Funktion. So wäre die vom russischen Mathematiker und Wahrscheinlichkeitstheoretiker Andrei Nikolajewitsch Kolmogorow (1903–1987) verwendete Bezeichnung „Zufallsgröße" weniger irreführend.

MUSTER

738. Eine Münze (Kopf K, Zahl Z) wird dreimal geworfen. Die Zufallsvariable X gibt die Anzahl der dabei auftretenden „Kopf"-Würfe an. Welche Werte kann X annehmen? Gib alle passenden Elementarereignisse an.

Für den Grundraum gilt: Ω = {(ZZK), (ZKZ), (KZZ), (ZKK), (KZK), (KKZ), (KKK), (ZZZ)}
Dem Elementarereignis (ZZZ) wird der Wert 0 zugeordnet, den Elementarereignissen (ZZK), (ZKZ), (KZZ) wird der Wert 1 zugeordnet, den Elementarereignissen (ZKK), (KZK), (KKZ) der Wert 2 sowie dem Elementarereignis (KKK) der Wert 3. Die Zufallsvariable X kann die Werte $X = 0$, $X = 1$, $X = 2$ bzw. $X = 3$ annehmen.

739. **a)** Ein sechsseitiger Würfel wird einmal geworfen (Zufallsvariable X = „Augenzahl"). Gib die Elementarereignisse für $X = 5$ an.

b) Ein Würfel wird zweimal geworfen (Zufallsvariable X = „Der Betrag der Differenz der Augenzahlen"). Gib die Elementarereignisse für $X = 3$ an.

c) Eine Münze wird zweimal geworfen (Zufallsvariable X = „Anzahl der 'Kopf'-Würfe"). Gib die Elementarereignisse für $X = 1$ an.

d) Ein Schütze schießt viermal auf ein Ziel (Zufallsvariable X = „Anzahl der Treffer"). Gib die Elementarereignisse für $X = 2$ an.

740. Welche Werte kann die diskrete Zufallsvariable annehmen? Gib die passenden Elementarereignisse bzw. Interpretationen an.

a) Aus einer Urne mit drei weißen und zwei schwarzen Kugeln wird dreimal mit Zurücklegen gezogen. Zufallsvariable X = „Anzahl der schwarzen Kugeln".

1) Gib die Elementarereignisse für $X = 2$ an.

2) Interpretiere den Ausdruck $X < 2$.

b) Fünf Autofahrer werden von der Polizei zufällig herausgewunken und kontrolliert. Zufallsvariable X = „Anzahl der nicht angeschnallten Fahrzeuglenker".

1) Gib die Elementarereignisse für $X = 3$ an.

2) Interpretiere den Ausdruck $X \geq 4$.

c) Ein Multiple-Choice-Test besteht aus zehn Fragen. Von den Antwortmöglichkeiten ist nur jeweils eine richtig. Ein Kandidat / eine Kandidatin kreuzt jeweils eine Antwort zufällig an. Zufallsvariable X = „Anzahl der richtigen Antworten".

1) Gib die Elementarereignisse für $X = 9$ an.

2) Interpretiere den Ausdruck $4 < X \leq 7$.

Wahrscheinlichkeitsverteilung

Man kann den Werten, die eine Zufallsvariable annehmen kann, die entsprechenden Wahrscheinlichkeiten zuordnen. Betrachtet man das Werfen von zwei sechsseitigen Würfeln, erkennt man, dass die Wahrscheinlichkeit des Eintretens jedes einzelnen Elementarereignisses $\frac{1}{36}$ ist. (Es handelt sich laut Definition um ein Laplace-Experiment.) Für die Wahrscheinlichkeiten, mit denen die Zufallsvariable X = „Augensumme" die jeweiligen Werte annimmt, gilt: (siehe Tabelle Seite 202)

Augensumme X	2	3	4	5	6	7	8	9	10	11	12
Wahrscheinlichkeit für X	$\frac{1}{36}$	$\frac{2}{36}$	$\frac{3}{36}$	$\frac{4}{36}$	$\frac{5}{36}$	$\frac{6}{36}$	$\frac{5}{36}$	$\frac{4}{36}$	$\frac{3}{36}$	$\frac{2}{36}$	$\frac{1}{36}$

Es entsteht eine Wahrscheinlichkeitsverteilung f, die jedem Wert der Zufallsvariable X eine Wahrscheinlichkeit (einen Wert des Intervalls [0; 1]) zuordnet.

MERKE

Wahrscheinlichkeitsverteilung

Die Funktion f, die jedem Wert $x \in \mathbb{Z}$ einer diskreten Zufallsvariablen X die Wahrscheinlichkeit P, mit der x eintritt, zuordnet, heißt **Wahrscheinlichkeitsverteilung**.

$$f: \mathbb{Z} \rightarrow [0; 1] \text{ mit } f(x) = P(X = x)$$

Man kann nun schreiben: $f(2) = P(X = 2) = \frac{1}{36}$, $f(3) = P(X = 3) = \frac{2}{36} = \frac{1}{18}$, usw.

Es ist zu beachten, dass für die Werte x, die **nicht** in der Wertemenge {2, 3, 4, 5, 6, 7, 8, 9, 10, 11, 12} von X liegen, gilt: $f(x) = P(X = x) = 0$.

Die Wahrscheinlichkeitsverteilung lässt sich durch ein Punktediagramm (oder durch ein Streckendiagramm) graphisch veranschaulichen:

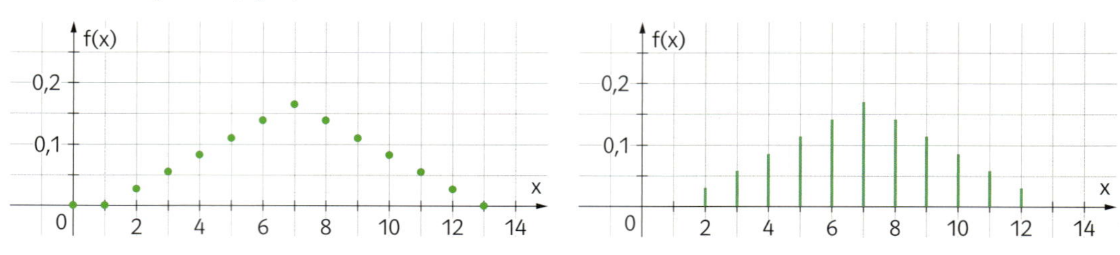

741. Ein sechsseitiger Würfel wird dreimal geworfen. Die Zufallsvariable X gibt die Anzahl der geworfenen Sechser an.

1) Welche Werte kann die Zufallsvariable X annehmen?
2) Erstelle mit Hilfe eines Baumdiagramms die Tabelle für die Wahrscheinlichkeitsverteilung f und zeichne ein Punktediagramm.

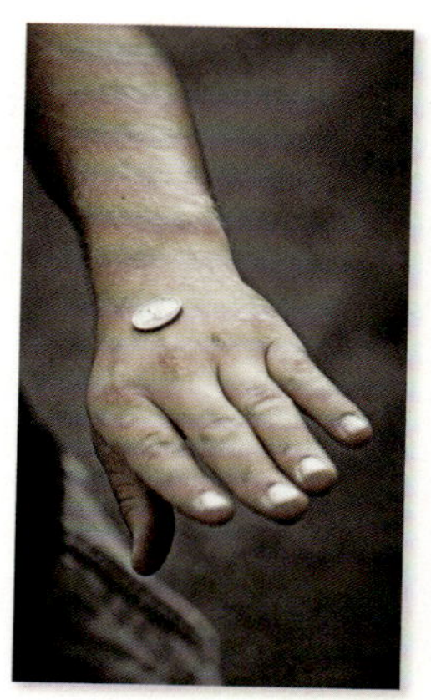

742. Eine Münze wird dreimal geworfen. Die Zufallsvariable X gibt die Anzahl der dabei auftretenden „Zahl"-Würfe an.

1) Welche Werte kann die Zufallsvariable X annehmen?
2) Erstelle mit Hilfe eines Baumdiagramms die Tabelle für die Wahrscheinlichkeitsverteilung f und zeichne ein Streckendiagramm.

WS 3.1 **M** **743.** Tom kommt in der Nacht nach Hause und bemerkt, dass das Licht im Gang ausgefallen ist. So muss er im Dunkeln die Wohnungstür aufsperren. Es gibt auf dem Schlüsselbund vier Schlüssel, von denen genau einer sperrt. Er probiert zufällig und nacheinander die Schlüssel aus. Die Zufallsvariable X gibt die Anzahl x der Schlüssel an, die er probieren muss, bis die Türe geöffnet ist.

Ergänze die Tabelle für die Wahrscheinlichkeitsverteilung und stelle sie durch ein Streckendiagramm graphisch dar.

x	1	2	3	4
P(X = x)				

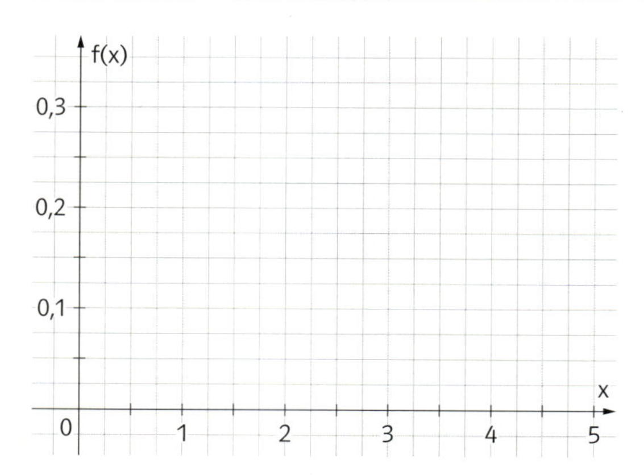

744. In einer Urne befinden sich vier Kugeln, die mit 1, 2, 3, 4 beschriftet sind. Die Kugeln sind bis auf die Nummerierung vollkommen gleich. Es werden ohne Zurücklegen hintereinander zwei Kugeln gezogen. Die Zufallsvariable X gibt **1)** die Summe **2)** den Betrag der Differenz der Zahlen der gezogenen Kugeln an.

a) Welche Werte kann die Zufallsvariable X annehmen?
b) Erstelle eine Tabelle der Wahrscheinlichkeitsfunktion f(x). Zeichne ein Streckendiagramm.

745. Ein Glücksrad wird einmal gedreht. Die Zufallsvariable X gibt die am Rand stehende Zahl an. Im Feld steht die Wahrscheinlichkeit.

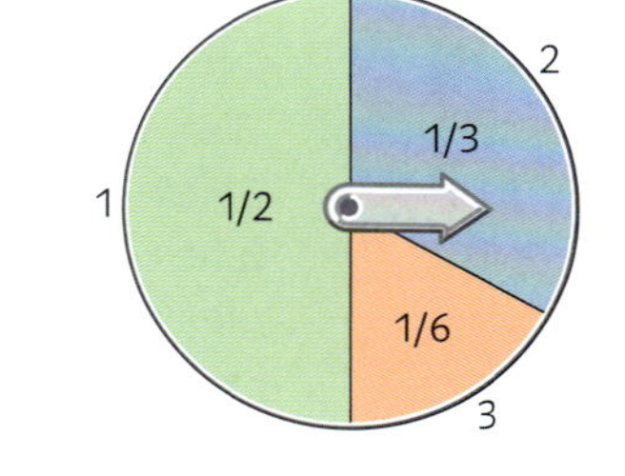

a) Welche Werte kann die Zufallsvariable X annehmen?
b) Stelle die Wahrscheinlichkeitsverteilung von X durch eine Tabelle dar und zeichne ein Punktediagramm.

746. Das Glücksrad aus Aufgabe 745 wird zweimal gedreht. Die Zufallsvariable Y gibt **1)** die Summe **2)** das Produkt der am Rand stehenden Zahlen an.

a) Welche Werte kann die Zufallsvariable Y annehmen?
b) Stelle die Wahrscheinlichkeitsverteilung von Y durch eine Tabelle dar und zeichne ein Streckendiagramm.

747. Ein sechsseitiger Würfel ist mit den Augenzahlen 1, 2, 2, 2, 3, 3 beschriftet. Es wird zweimal gewürfelt. Die Zufallsvariable S ist **1)** die Summe **2)** der Betrag der Differenz der Augenzahlen.

a) Welche Werte kann die Zufallsvariable S annehmen?
b) Stelle die Wahrscheinlichkeitsverteilung von S durch eine Tabelle dar und zeichne ein Streckendiagramm.

748. Ein Test besteht aus vier Fragen. Pro Frage gibt es drei Antwortmöglichkeiten zum Ankreuzen. Genau eine Antwort ist richtig. Ein(e) Kandidat(in), der/die nichts gelernt hat, kreuzt jeweils eine Antwort zufällig an. Die Zufallsvariable A gibt die Anzahl der richtig angekreuzten Antworten an.

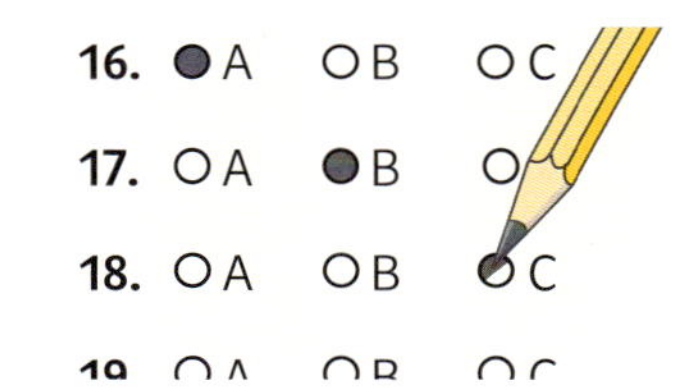

a) Welche Werte kann die Zufallsvariable A annehmen?
b) Berechne die Werte der Wahrscheinlichkeitsverteilung f und stelle sie durch ein Punktediagramm graphisch dar.

Vertiefung
Gesetze der großen Zahlen
s8j46g

749. In einer siebenten Klasse gibt es 20 Schülerinnen und Schüler, von denen vier die Mathematik-Hausübung nicht gemacht haben. Es werden drei Hefte zufällig ausgewählt und kontrolliert. Die Zufallsvariable X gibt die Anzahl der kontrollierten Hefte an, in denen keine Hausübung zu finden ist.

Berechne die Werte der Wahrscheinlichkeitsverteilung f und stelle sie durch ein Streckendiagramm graphisch dar.

750. Die Wahrscheinlichkeit für die Geburt eines Burschen beträgt ungefähr 52 %. Es wird zufällig eine Familie mit drei Kindern ausgesucht. Die Zufallsvariable B beschreibt die Anzahl der männlichen Kinder in dieser Familie.

Bestimme die Wahrscheinlichkeiten, mit denen die die Werte B = 0, B = 1, B = 2 bzw. B = 3 angenommen werden.

9.2 Verteilungsfunktion

KOMPETENZEN

Lernziele:

- Die Verteilungsfunktion einer Zufallsvariablen angeben können
- Die Verteilungsfunktion graphisch darstellen können

Oft interessiert man sich für die Wahrscheinlichkeit, dass der Wert einer diskreten Zufallsvariablen X eine bestimmte Zahl a nicht überschreitet, d.h. höchstens den Wert a annimmt. Eine Spielerin einer Handballmannschaft wird verletzt. Bei dieser Verletzung weiß der Trainer aus Erfahrung, dass die Zeit, bis die Spielerin wieder eingesetzt werden kann, mindestens fünf und höchstens neun Tage beträgt. Die Zufallsvariable X gibt die Anzahl der Tage a bis zur Genesung an. Die Wahrscheinlichkeitsverteilung für X ist in der folgenden Tabelle dargestellt.

a	< 5	5	6	7	8	9	> 9
$P(X = a)$	0	0,15	0,28	0,48	0,06	0,03	0

Der Trainer möchte nun wissen, ob die Spielerin für ein wichtiges Spiel in 7 Tagen wieder auf dem Spielfeld stehen kann, d.h. er interessiert sich für die Wahrscheinlichkeit $P(X \leq 7)$.
Nach der Additionsregel für Wahrscheinlichkeiten unabhängiger Ereignisse gilt:

$$P(X \leq 7) = P(X < 5) + P(X = 5) + P(X = 6) + P(X = 7) = 0 + 0{,}15 + 0{,}28 + 0{,}48 = 0{,}91 = 91\,\%$$

In sieben Tagen ist die Spielerin mit 91%-iger Wahrscheinlichkeit wieder fit.

Auf die gleiche Weise kann man die Wahrscheinlichkeiten für $X \leq 5$, $X \leq 6$, $X \leq 8$ bzw. $X \leq 9$ berechnen. Dadurch wird eine Funktion festgelegt, die die Wahrscheinlichkeit angibt, dass die Zufallsvariable höchstens eine bestimmte natürliche Zahl erreicht. Diese Funktion wird als **(kumulative) Verteilungsfunktion** bezeichnet.

$P(X \leq 5) = P(X < 5) + P(X = 5) = 0 + 0{,}15 = 0{,}15 = 15\,\%$
$P(X \leq 6) = P(X < 5) + P(X = 5) + P(X = 6) = 0{,}15 + 0{,}28 = 0{,}43 = 43\,\%$
$P(X \leq 7) = P(X < 5) + P(X = 5) + P(X = 6) + P(X = 7) = 0{,}43 + 0{,}48 = 0{,}91 = 91\,\%$
$P(X \leq 8) = P(X < 5) + P(X = 5) + P(X = 6) + P(X = 7) + P(X = 8) = 0{,}91 + 0{,}06 = 0{,}97 = 97\,\%$
$P(X \leq 9) = P(X < 5) + P(X = 5) + P(X = 6) + P(X = 7) + P(X = 8) + P(X = 9) = 0{,}97 + 0{,}03 = 1 = 100\,\%$

MERKE

Verteilungsfunktion

Die **Verteilungsfunktion** F einer diskreten Zufallsvariablen X ordnet jedem $x \in \mathbb{Z}$ die Wahrscheinlichkeit zu, mit der X höchstens den Wert x annimmt.

$$F: \mathbb{Z} \to [0; 1] \text{ mit } F(x) = P(X \leq x)$$

751. In der Tabelle ist die Wahrscheinlichkeitsverteilung einer Zufallsvariablen X gegeben.

x	0	1	2	3	4	5	6	> 6
$P(X = x)$	0,02	0,20	0,36	0,21	0,11	0,08	0,02	0

a) Mit welcher Wahrscheinlichkeit nimmt die Zufallsvariable einen Wert unter 3 an?
b) Mit welcher Wahrscheinlichkeit nimmt die Zufallsvariable mindestens den Wert 4 an?
c) Mit welcher Wahrscheinlichkeit nimmt X mindestens den Wert 1 und höchstens den Wert 4 an?

MUSTER

752. Eine Münze wird dreimal geworfen. Die Zufallsvariable X gibt die Anzahl der dabei auftretenden „Zahl"-Würfe an. Gib die Verteilungsfunktion F von X an und zeichne ihren Graphen.

Mit K für „Kopf" und Z für „Zahl" stellt man zuerst den Grundraum Ω auf:
$\Omega = \{KKK, ZKK, KZK, KKZ, ZZK, ZKZ, KZZ, ZZZ\}$. Die Zufallsvariable X kann die Werte 0, 1, 2 und 3 annehmen. Da „Kopf" bzw. „Zahl" jeweils mit der Wahrscheinlichkeit 0,5 auftreten, gilt für die Wahrscheinlichkeitsverteilung für X:

$P(X = 0) = 0{,}5 \cdot 0{,}5 \cdot 0{,}5 = 0{,}5^3 = 0{,}125$ $\quad P(X = 2) = 3 \cdot 0{,}5^3 = 0{,}375$

$P(X = 1) = 3 \cdot 0{,}5^3 = 0{,}375$ $\quad P(X = 3) = 0{,}5^3 = 0{,}125$

Für die Verteilungsfunktion F können dann die entsprechenden Teilsummen berechnet werden:

$F(0) = P(X \leq 0) = P(X = 0) = 0{,}125$ $\quad F(2) = P(X \leq 2) = 0{,}125 + 0{,}375 + 0{,}375 = 0{,}875$

$F(1) = P(X \leq 1) = 0{,}125 + 0{,}375 = 0{,}5$ $\quad F(3) = P(X \leq 3) = 0{,}125 + 0{,}375 + 0{,}375 + 0{,}125 = 1$

Der Graph von F ist eine **Treppenfunktion**. Der größte Funktionswert der Verteilungsfunktion F entspricht der Summe der Werte der Wahrscheinlichkeitsfunktion f und ist daher 1. Die Sprunghöhen von F sind genau die Funktionswerte von f an den Sprungstellen, weil F durch Summieren der Funktionswerte von f entsteht. Die waagrechten Verbindungslinien von einem Punkt zur Sprungstelle gehören nicht zum Graphen und dienen nur dazu, den Verlauf des Graphen besser erkennen zu können.

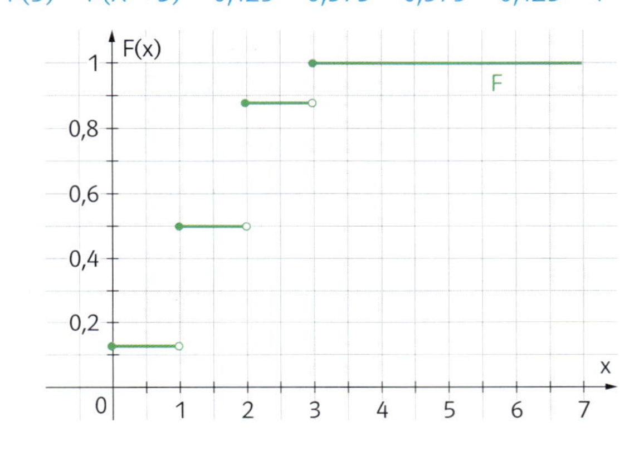

753. Eine Münze wird zweimal geworfen. Die Zufallsvariable X gibt die Anzahl der dabei auftretenden „Kopf"-Würfe an. Gib die Verteilungsfunktion F der Zufallsvariablen X an und zeichne ihren Graphen.

754. Vier Teile eines Geräts sollen hintereinander auf ihre Funktionstüchtigkeit überprüft werden, wobei jedes Teil unabhängig von den drei anderen mit einer Wahrscheinlichkeit von 8 % ausfallen kann. Die Zufallsvariable X gibt die Anzahl der Teile an, die überprüft werden, bis das erste defekte Teil auftritt.

a) Gib die Werte an, die die Zufallsvariable X annehmen kann.
b) Bestimme die Wahrscheinlichkeitsverteilung f und zeichne ihren Graphen als Streckendiagramm.
c) Gib die Verteilungsfunktion F an und zeichne ihren Graphen.

755. Bei einem Spiel kommt man erst ins Spiel, wenn man einen Sechser würfelt. Es darf sechsmal gewürfelt werden. Die Zufallsvariable X gibt dabei die Nummer des Wurfes an, bei dem das erste Mal ein Sechser gewürfelt wird.

a) Welche Werte kann die Zufallsvariable annehmen?
b) Bestimme die Wahrscheinlichkeitsverteilung von X.
c) Bestimme die Verteilungsfunktion von X und stelle sie graphisch dar.
d) Berechne die Wahrscheinlichkeit $P(2 \leq X \leq 4)$ und interpretiere das Ergebnis im Kontext.
e) Berechne die Wahrscheinlichkeit $P(X > 4)$ und interpretiere das Ergebnis im Kontext.

756. Die Samen einer bestimmten Bohnenart keimen mit einer Wahrscheinlichkeit von 85 % aus. Es werden drei Bohnen angesetzt. Die Zufallsvariable K gibt die Anzahl der Bohnen an, die auskeimen.

a) Welche Werte kann die Zufallsvariable annehmen?
b) Bestimme die Wahrscheinlichkeitsverteilung von K.
c) Bestimme die Verteilungsfunktion von K und stelle sie graphisch dar.

757. Für ein Spiel gelten die folgenden Regeln: Man setzt 2 € und wirft eine Münze zweimal. Kommt keinmal „Kopf", verliert man die 2 €. Kommt einmal „Kopf", erhält man den Einsatz zurück und gewinnt 1 €, kommt zweimal „Kopf", erhält man den Einsatz zurück und gewinnt 2 €. Die Zufallsvariable G gibt die Höhe des Gewinns an.

a) Welche Werte kann die Zufallsvariable annehmen?
b) Bestimme die Wahrscheinlichkeitsverteilung von G.
c) Bestimme die Verteilungsfunktion von G und stelle sie graphisch dar.
d) Berechne die Wahrscheinlichkeit $P(G \geq 1)$ und drücke das zugehörige Ereignis in Worten aus.
e) Berechne die Wahrscheinlichkeit $P(G < 2)$ und drücke das zugehörige Ereignis in Worten aus.

WS 3.1 **M** **758.** Gegeben ist der Graph einer Verteilungsfunktion F einer diskreten Zufallsvariablen X_z. f bezeichnet die zugehörige Wahrscheinlichkeitsfunktion. Kreuze die beiden zutreffenden Aussagen an.

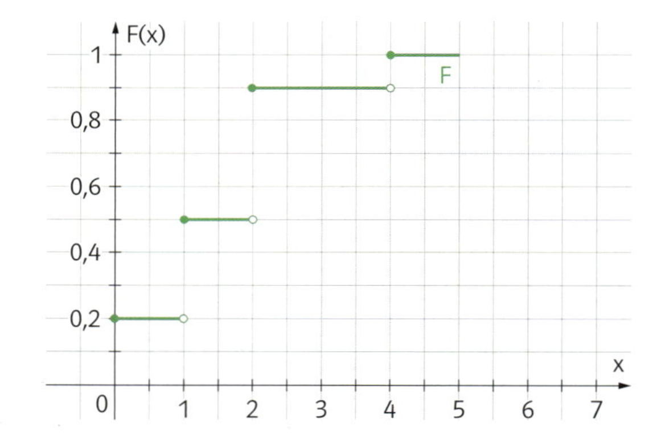

A	$P(X = 1) = f(1) = 0{,}5$	☐
B	$F(1) = 0{,}5$	☐
C	$f(4) = 1$	☐
D	$P(X = 2) = f(2) = 0{,}4$	☐
E	$P(X \leq 2) = 0{,}5$	☐

WS 3.1 **M** **759.** Gegeben ist der Graph einer Verteilungsfunktion F einer diskreten Zufallsvariablen X. f bezeichnet die zugehörige Wahrscheinlichkeitsfunktion. Kreuze die zutreffende(n) Aussage(n) an.

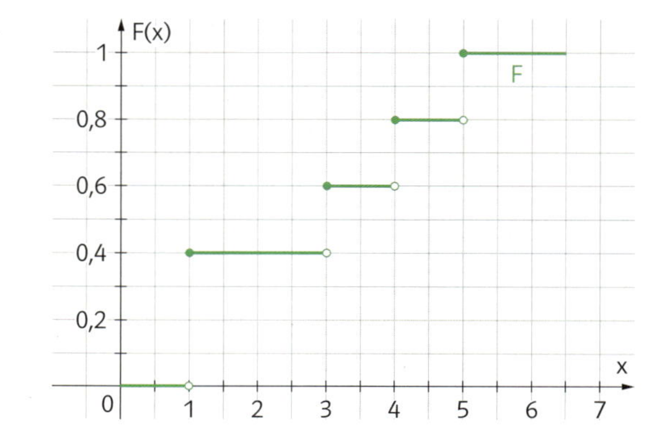

A	$f(5) = P(X = 5) = 20\,\%$	☐
B	$F(3) = P(X = 3)$	☐
C	$F(4) = P(X \leq 4) = 0{,}8$	☐
D	$f(1) = P(X = 1) = 0$	☐
E	Die Zufallsvariable nimmt den Wert 2 nicht an.	☐

9.3 Erwartungswert und Standardabweichung

KOMPETENZEN

Lernziele:

- Den Erwartungswert einer Zufallsvariablen berechnen und deuten können
- Die Varianz und die Standardabweichung einer Zufallsvariablen berechnen und deuten können

Grundkompetenz für die schriftliche Reifeprüfung:

WS 3.1 Die Begriffe Zufallsvariable, (Wahrscheinlichkeits-)Verteilung, Erwartungswert und Standardabweichung verständig deuten und einsetzen können.

VORWISSEN

Aus dem Bereich der Statistik ist der Begriff des Mittelwerts (z. B. des arithmetischen Mittels) schon bekannt. Dabei werden die Werte $x_1, x_2, \ldots, x_n$ einer Liste addiert und durch die Gesamtzahl n dividiert. Für den Mittelwert gilt: $\bar{x} = \frac{x_1 + x_2 + \ldots + x_n}{n}$. Treten die Werte $x_1, x_2, \ldots, x_n$ mit k verschiedenen Werten und den absoluten Häufigkeiten $H_1, H_2, \ldots, H_k$ auf, gilt:

$\bar{x} = \frac{H_1 \cdot x_1 + H_2 \cdot x_2 + \ldots + H_k \cdot x_k}{n} = h_1 x_1 + h_2 x_2 + \ldots + h_k x_k$ mit $h_1 = \frac{H_1}{n}, h_2 = \frac{H_2}{n}, \ldots, h_k = \frac{H_k}{n}$ (relative Häufigkeiten für das Auftreten der unterschiedlichen Werte der Liste)

MERKE

Arithmetisches Mittel

– einer n-elementigen Liste von Daten: $\bar{x} = \frac{x_1 + x_2 + \ldots + x_n}{n}$

– einer n-elementigen Liste von Daten mit k verschiedenen Werten und den absoluten Häufigkeiten $H_1, H_2, \ldots, H_k$:

$$\bar{x} = \frac{H_1 \cdot x_1 + H_2 \cdot x_2 + \ldots + H_k \cdot x_k}{n} = h_1 x_1 + h_2 x_2 + \ldots + h_k x_k \text{ mit } h_1 = \frac{H_1}{n}, h_2 = \frac{H_2}{n}, \ldots, h_k = \frac{H_k}{n}$$

Arbeitsblatt Arithmetisches Mittel nj34sa

760. Berechne das arithmetische Mittel.

a) Bei einer Sportveranstaltung werden von einem Sportler die Sprungweiten 3,40 m; 4,10 m; 3,80 m; 4,10 m erreicht. Wie groß ist die durchschnittliche Weite der Sprünge?

b) 8 % der Jugendlichen einer 7. Klasse haben bei einem Test die Note „Sehr gut" erreicht, 20 % die Note „Gut", 45 % die Note „Befriedigend", 12 % die Note „Genügend" und 15 % die Note „Nicht genügend". Bestimme den Notendurchschnitt für diesen Test.

Erwartungswert

Bei einem Spielautomaten beträgt der Einsatz pro Spiel 0,50 €. Bei 100 Spielen wurden die in der Tabelle angegebenen Beträge ausbezahlt:

Auszahlung in Euro	Anzahl der Spiele, bei denen der angegebene Betrag ausbezahlt wurde
0	35
0,20	45
0,50	15
1	3
2	2

Welcher mittlere Auszahlungsbetrag ergab sich bei diesem Automaten bei den beobachteten 100 Spielen?

Aus der Tabelle kann abgelesen werden, dass 35-mal 0 €, 45-mal 0,20 €, 15-mal 0,50 €, 3-mal 1 € und 2-mal 2 € ausbezahlt werden. Bei 100 Spielen ergeben sich für die Auszahlungsbeträge die relativen Häufigkeiten

$$h_{100}(0) = 35\,\%,\ h_{100}(0{,}20) = 45\,\%,\ h_{100}(0{,}50) = 15\,\%,\ h_{100}(1) = 3\,\% \text{ und } h_{100}(2) = 2\,\%.$$

Der mittlere Auszahlungsbetrag aller Spiele ist dann:

$$\bar{x} = 0 \cdot h_{100}(0) + 0{,}20 \cdot h_{100}(0{,}20) + 0{,}50 \cdot h_{100}(0{,}50) + 1 \cdot h_{100}(1) + 2 \cdot h_{100}(2)$$
$$= 0 \cdot 0{,}35 + 0{,}20 \cdot 0{,}45 + 0{,}50 \cdot 0{,}15 + 1 \cdot 0{,}03 + 2 \cdot 0{,}02 = 0{,}235\,€$$

Pro Spiel werden im Durchschnitt also 0,235 € ausbezahlt. Rechnet man davon noch 0,50 € Einsatz pro Spiel ab, ergibt sich aus der Sicht des Spielers ein mittlerer Verlust von 0,265 € (0,235 € – 0,50 € = –0,265 €). Wird die Anzahl n der Versuche immer größer, **nähern** sich die **relativen Häufigkeiten** h_n für die Auszahlung eines bestimmten Betrags $a_1, a_2, \ldots, a_k$ den **Wahrscheinlichkeiten** an, mit denen die Beträge auftreten (vgl. Lösungswege 6).

D.h. $h_n(a_1) \approx P(X = a_1),\ h_n(a_2) \approx P(X = a_2),\ \ldots,\ h_n(a_k) \approx P(X = a_k)$.

Statt $\bar{x}$ schreibt man dann μ oder E(X).

Man bezeichnet diesen Wert als **Erwartungswert** der Zufallsvariablen X.

MERKE

Erwartungswert

Ist X eine diskrete Zufallsvariable, die die Werte x_i (i = 1, 2, 3, 4, …, n) annimmt, und $f(x_i) = P(X = x_i)$ die zugehörige Wahrscheinlichkeitsverteilung, dann bezeichnet man den zu erwartenden langfristigen Mittelwert E(X) der Verteilung als **Erwartungswert der Zufallsvariable X**. Es gilt:

$$E(X) = \mu = x_1 \cdot f(x_1) + x_2 \cdot f(x_2) + x_3 \cdot f(x_3) + \ldots + x_n \cdot f(x_n)$$
$$= x_1 \cdot P(X = x_1) + x_2 \cdot P(X = x_2) + x_3 \cdot P(X = x_3) + \ldots + x_n \cdot P(X = x_n) \quad (\mu \ldots \text{sprich: mü})$$

MUSTER

761. Ein sechsseitiger Würfel wird einmal geworfen.
Mit 0,50 € Einsatz erhält man den Betrag als Gewinn ausbezahlt, der der gewürfelten Augenzahl entspricht (X = Gewinn des Spielers in Euro). Bestimme den Erwartungswert von X, d.h. die Gewinnerwartung für den Spieler, wenn dieser sehr oft spielt.

Jede Augenzahl tritt mit der Wahrscheinlichkeit $\frac{1}{6}$ auf. X nimmt (unter Berücksichtigung des Einsatzes) die Werte 0,5 €; 1,5 €; 2,5 €; 3,5 €; 4,5 € bzw. 5,5 € an. Es gilt:

$$E(X) = \mu = 0{,}5 \cdot P(X = 0{,}5) + 1{,}5 \cdot P(X = 1{,}5) + 2{,}5 \cdot P(X = 2{,}5) + 3{,}5 \cdot P(X = 3{,}5) +$$
$$+ 4{,}5 \cdot P(X = 4{,}5) + 5{,}5 \cdot P(X = 5{,}5) = \frac{1}{6} \cdot (0{,}5 + 1{,}5 + \ldots + 5{,}5) = 3\,€$$

762. Ein Spielautomat, bei dem pro Spiel 1 € eingesetzt werden muss, zahlt die in der Tabelle angegebenen Gelbeträge mit den entsprechenden Wahrscheinlichkeiten aus.

Auszahlung in Euro	Wahrscheinlichkeit, mit der die Auszahlung erfolgt
0	0,40
0,40	0,30
0,80	0,20
2	0,06
4	0,04

a) Berechne den Erwartungswert für die Zufallsvariable X = „Auszahlung in Euro“.

b) Berechne den Erwartungswert für die Zufallsvariable Y = „Gewinn (= Differenz zwischen Auszahlungsbetrag und Einsatz) in Euro“.

763. Ein sechsseitiger Würfel wird einmal geworfen. Die Zufallsvariable X gibt die gewürfelte Augenzahl an. Berechne den Erwartungswert für die Zufallsvariable X und interpretiere das Ergebnis.

764. Beim Roulette kann man auf die Zahl 0 (grünes Feld) oder auf die Zahlen von 1 bis 36 (18 rote und 18 schwarze Felder) setzen. Es gibt aber auch die Möglichkeit nur auf die Farbe Rot bzw. die Farbe Schwarz zu setzen. In diesem Fall wird das Doppelte des Einsatzes zurückgezahlt. Es werden 10 € gesetzt. Die Zufallsvariable X gibt den Gewinn für den Spieler beim Setzen auf die Farbe Schwarz an.

a) Gib die Wahrscheinlichkeitsverteilung für X an.
b) Berechne den Erwartungswert für die Zufallsvariable X.

765. Setzt man beim Roulette auf eine bestimmte Zahl (z. B. 25) und kommt diese tatsächlich, erhält man 35 Jetons des gesetzten Werts und den gesetzten Jeton zurück. D. h. man gewinnt 35 Jetons. Kommt die Zahl nicht, verliert man den gesetzten Jeton. Die Zufallsvariable X gibt den Gewinn beim Setzen auf eine bestimmte Zahl an.

Berechne den Erwartungswert der Zufallsvariable X.

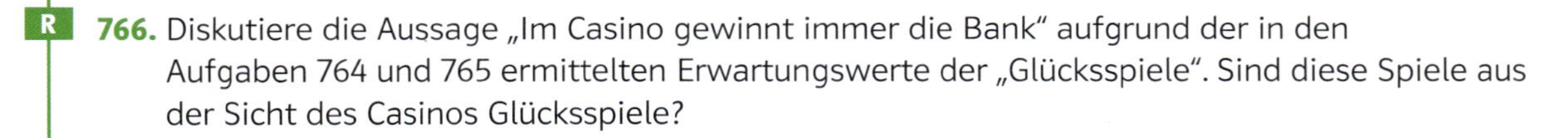

R **766.** Diskutiere die Aussage „Im Casino gewinnt immer die Bank" aufgrund der in den Aufgaben 764 und 765 ermittelten Erwartungswerte der „Glücksspiele". Sind diese Spiele aus der Sicht des Casinos Glücksspiele?

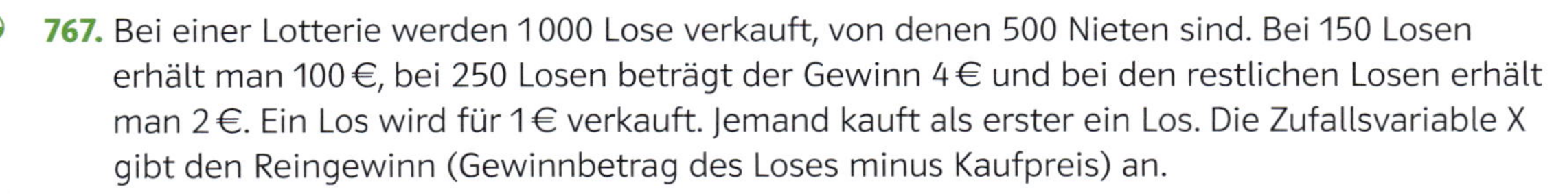

767. Bei einer Lotterie werden 1000 Lose verkauft, von denen 500 Nieten sind. Bei 150 Losen erhält man 100 €, bei 250 Losen beträgt der Gewinn 4 € und bei den restlichen Losen erhält man 2 €. Ein Los wird für 1 € verkauft. Jemand kauft als erster ein Los. Die Zufallsvariable X gibt den Reingewinn (Gewinnbetrag des Loses minus Kaufpreis) an.

Berechne den Erwartungswert für die Zufallsvariable X.

768. Das Glücksrad wird zweimal gedreht und man erhält so viel als Gewinn bezahlt, wie die Zahlen außen angeben. 1/2, 1/3 und 1/6 geben die Wahrscheinlichkeit an, mit denen der Zeiger auf dem jeweiligen Feld stehen bleibt. Berechne den Erwartungswert der Zufallsvariablen.

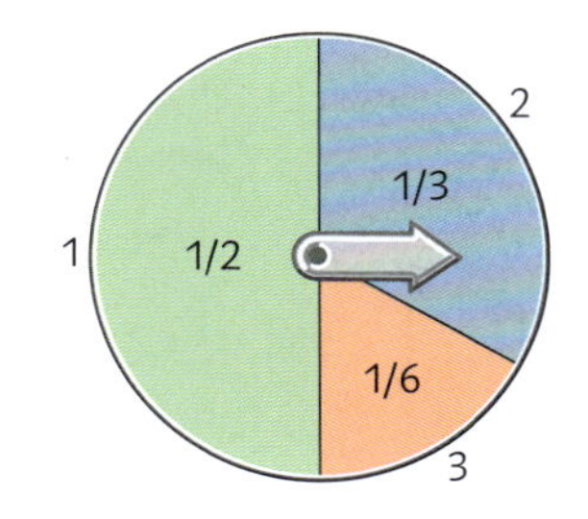

a) Die Zufallsvariable X gibt als Gewinn die Summe der Zahlen an.
b) Die Zufallsvariable Y gibt als Gewinn das Produkt der Zahlen an.

769. In einer Urne befinden sich drei rote und zwei schwarze Kugeln. Es wird dreimal mit Zurücklegen eine Kugel gezogen. Die Zufallsvariable X gibt die Anzahl der gezogenen schwarzen Kugeln an.

a) Bestimme die Werte der Wahrscheinlichkeitsfunktion f und stelle sie in einem Streckendiagramm graphisch dar.
b) Wie groß ist die Wahrscheinlichkeit, dass mindestens eine schwarze Kugel gezogen wird?
c) Berechne den Erwartungswert für die Zufallsvariable X und interpretiere das Ergebnis.

WS 3.1 M **770.** Gegeben ist die graphische Darstellung der Wahrscheinlichkeitsverteilung der Zufallsvariable Y. Bestimme den Erwartungswert der Zufallsvariablen.

a)

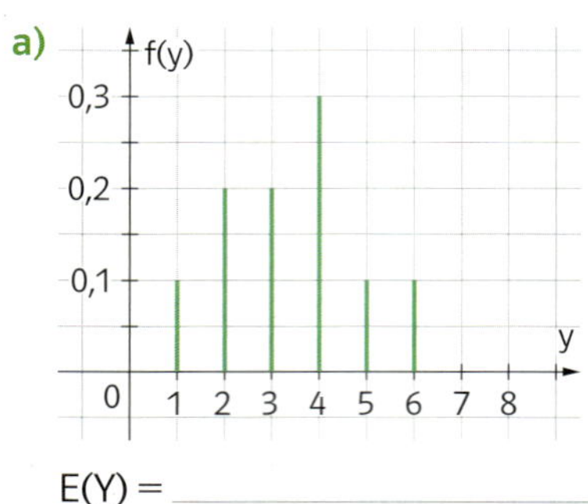

E(Y) = ______

b)

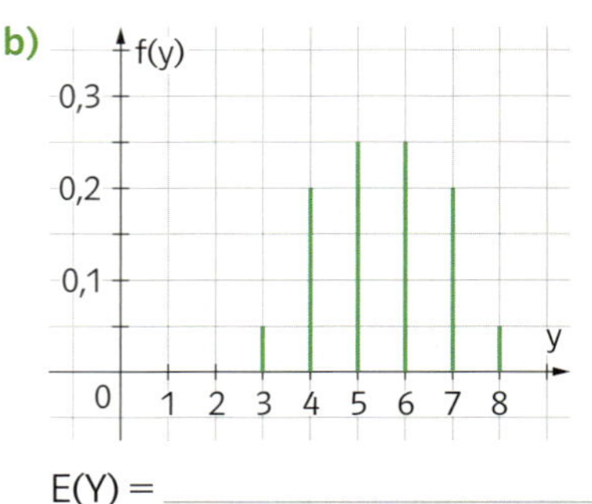

E(Y) = ______

Varianz und Standardabweichung

Unter der Varianz V(X) versteht man eine Zahl, mit der beschrieben werden kann, wie stark die einzelnen Werte der Zufallsvariable X von ihrem Erwartungswert E(X) abweichen, d.h. wie weit die Werte von X streuen. Es handelt sich dabei um die zu erwartende mittlere quadratische Abweichung von E(X).

MERKE

Technologie Anleitung Varianz und Standardabweichung berechnen 4s64ru

Varianz und Standardabweichung

Ist X eine diskrete Zufallsvariable, die die Werte x_i (i = 1, 2, 3, 4, …, n) annimmt, und $f(x_i) = P(X = x_i)$ die zugehörige Wahrscheinlichkeitsfunktion, dann bezeichnet man die zu erwartende mittlere quadratische Abweichung vom Erwartungswert $E(X) = \mu$ der Verteilung als **Varianz** der Zufallsvariable X. Es gilt:

$V(X) = \sigma^2 = (x_1 - \mu)^2 \cdot P(X = x_1) + (x_2 - \mu)^2 \cdot P(X = x_2) + (x_3 - \mu)^2 \cdot P(X = x_3) + \ldots + (x_n - \mu)^2 \cdot P(X = x_n)$
(σ … sprich: sigma)

Die Zahl $\sigma = \sqrt{V(X)}$ heißt **Standardabweichung** der Zufallsvariable X.

Die Formel zur Berechnung von V(X) lässt sich durch Anwendung des sogenannten **Verschiebungssatzes** vereinfachen (Beweis S. 274).

$$V(X) = \sigma^2 = x_1^2 \cdot P(X = x_1) + x_2^2 \cdot P(X = x_2) + x_3^2 \cdot P(X = x_3) + \ldots + x_n^2 \cdot P(X = x_n) - \mu^2$$

MUSTER

771. Auf einem Jahrmarkt gibt es zwei Stände mit Glücksrädern. Nach einem Einsatz von 1 € darf man den Zeiger einmal drehen und erhält den Betrag als Gewinn ausgezahlt, auf dem der Zeiger stehenbleibt. Die Zufallsvariable X gibt den Gewinn bei Glücksrad 1 an, die Zufallsvariable Y den bei Glücksrad 2.

Glücksrad 1

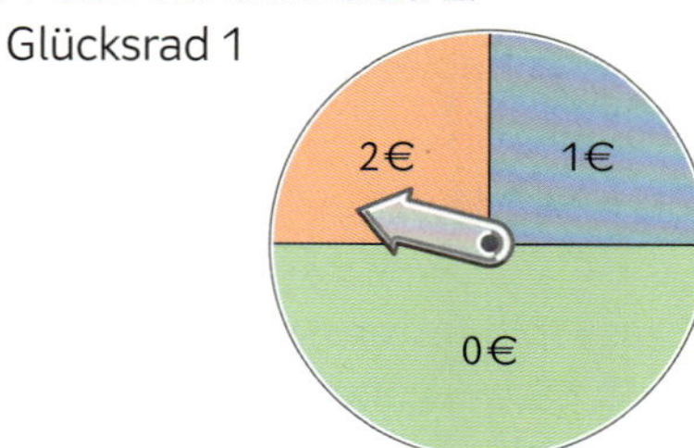

Glücksrad 2

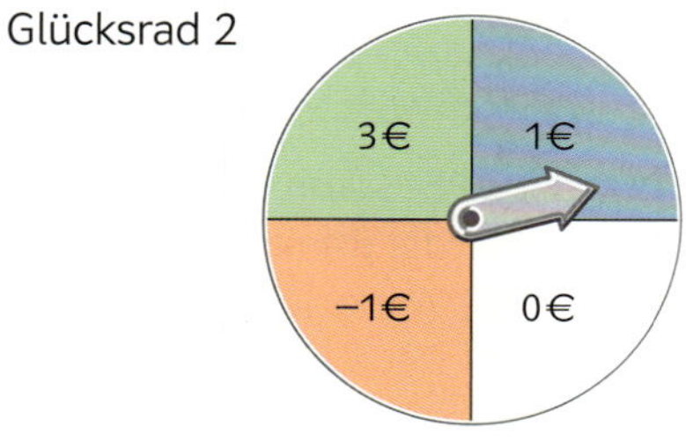

Bestimme für X und Y jeweils die Wahrscheinlichkeitsverteilung und stelle sie graphisch dar. Ermittle den Erwartungswert sowie die Standardabweichung und interpretiere die Ergebnisse im Kontext.

Glücksrad 1

Da 1 € Einsatz gezahlt wird, kann die Zufallsvariable X die Werte –1, 0 und 1 annehmen. Für die Wahrscheinlichkeitsverteilung gilt:

x	−1	0	1
P(X = x)	0,5	0,25	0,25

Glücksrad 2

Da 1 € Einsatz gezahlt wird, kann die Zufallsvariable Y die Werte –2, –1, 0 und 2 annehmen. Für die Wahrscheinlichkeitsverteilung gilt:

y	−2	−1	0	2
P(Y = y)	0,25	0,25	0,25	0,25

Für den Erwartungswert E(X) gilt:
$E(X) = -1 \cdot 0{,}5 + 0 \cdot 0{,}25 + 1 \cdot 0{,}25 = -0{,}25$ €

Für den Erwartungswert E(Y) gilt:
$E(Y) = -2 \cdot 0{,}25 + (-1) \cdot 0{,}25 + 0 \cdot 0{,}25 + {}$
$+ 2 \cdot 0{,}25 = -0{,}25$ €

Interpretation: Bei beiden Glücksrädern muss der Spieler im langfristigen Mittel mit einem Verlust von durchschnittlich 0,25 € pro Spiel rechnen.

Berechnung der Varianz V(X) bzw. der Standardabweichung $\sigma = \sqrt{V(X)}$:
$V(X) = (-1-(-0{,}25))^2 \cdot 0{,}5 + (0-(-0{,}25))^2 \cdot$
$\cdot\, 0{,}25 + + (1-(-0{,}25))^2 \cdot 0{,}25 = 0{,}6875$
$\rightarrow\ \sigma \approx 0{,}8292$

Berechnung der Varianz V(Y) bzw. der Standardabweichung $\sigma = \sqrt{V(Y)}$
$V(Y) = (-2-(-0{,}25))^2 \cdot 0{,}25 + (-1-(-0{,}25))^2 \cdot$
$\cdot\, 0{,}25 + (0-(-0{,}25))^2 \cdot 0{,}25 +$
$+ (2-(-0{,}25))^2 \cdot 0{,}25 = 2{,}1875\ \rightarrow\ \sigma \approx 1{,}4790$

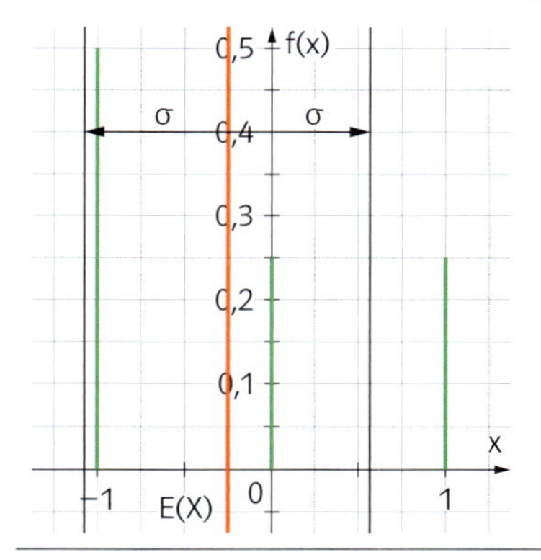

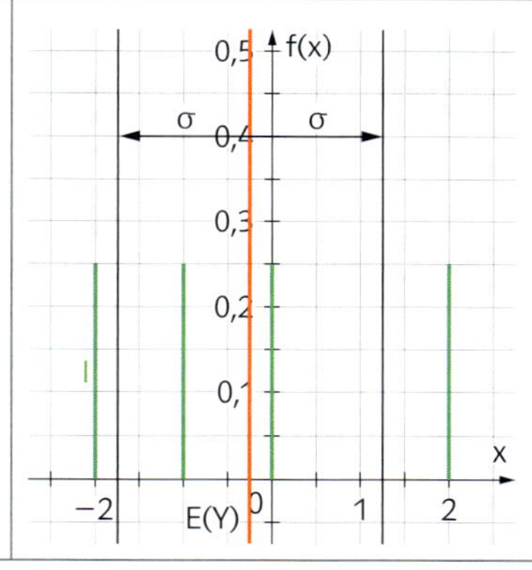

Interpretation: Es sind zwar die Erwartungswerte für beide Zufallsvariablen gleich, die Werte, die die Zufallsvariable annehmen kann, liegen aber bei Y weiter auseinander als bei X. Die Standardabweichung ist ein Maß dafür, wie weit die Werte um den Erwartungswert streuen. Beim zweiten Rad kann man wegen der größeren Streuung beim oftmaligen Spielen daher ab und zu mehr verlieren, andererseits jedoch auch einen höheren Gewinn erzielen.

772. Ein Spieler kann an den Glücksrädern 1 und 2 sein Glück versuchen. Es wird einmal gedreht. Bei Glücksrad 1 ist pro Spiel ein Einsatz von 2,25 € zu bezahlen, bei Glücksrad 2 ein Einsatz von 2 €. Die Zahlen auf den Feldern geben die Auszahlungsbeträge an. X gibt den Gewinn aus der Sicht des Spielers bei Glücksrad 1 an, Y den Gewinn aus der Sicht des Spielers bei Glücksrad 2. Bestimme den Erwartungswert und die Standardabweichung für X und Y und interpretiere die Ergebnisse im Kontext.

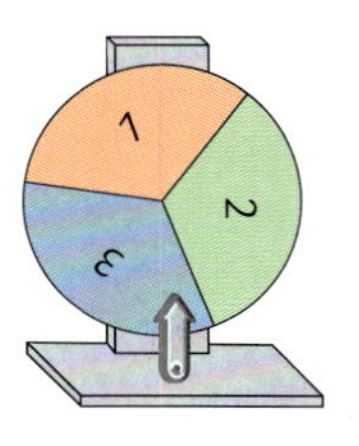

Glücksrad 1

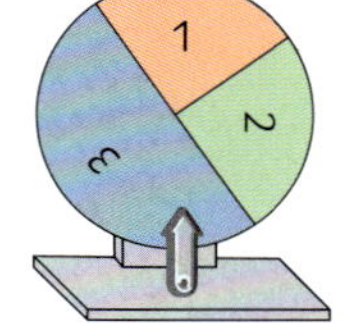

Glücksrad 2

773. Beim nebenstehenden Glücksrad kommt der am Rand stehende Eurobetrag zur Auszahlung, wenn der Zeiger im entsprechenden Sektor stehenbleibt. Die Werte in den Feldern geben die Wahrscheinlichkeiten an, mit denen der Zeiger im jeweiligen Feld stehen bleibt. X gibt den Gewinn aus der Sicht des Spielers an.

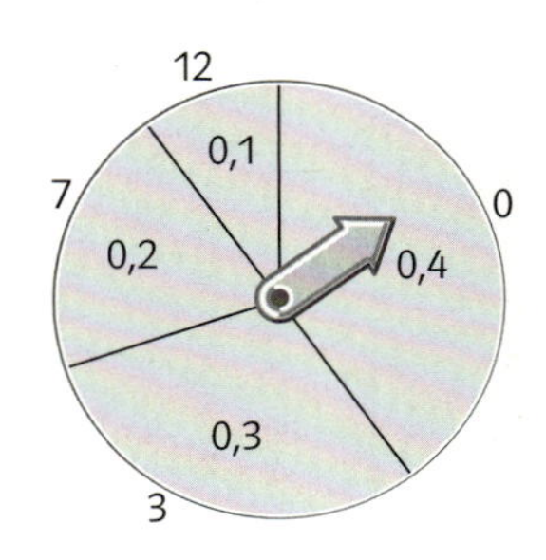

Welcher durchschnittliche Gewinn ist beim oftmaligen Drehen pro Spiel zu erwarten, wenn **a)** kein Einsatz **b)** 4 € Einsatz pro Spiel verlangt wird? Wie groß sind die Varianz und die Standardabweichung?

Welchen Einsatz dürfte der Spielanbieter verlangen, damit das Spiel als fair bezeichnet werden kann?

TIPP → Ein **Spiel** wird als **fair** bezeichnet, wenn der Erwartungswert für den Gewinn null ist.

774. In einer Lade befinden sich sechs miteinander verbundene Sockenpaare, vier davon sind weiß. Es werden drei Paare hintereinander ohne Zurücklegen gezogen. Die Zufallsvariable X gibt die Anzahl der gezogenen weißen Sockenpaare an.

Berechne den Erwartungswert, die Varianz und die Standardabweichung für X.

775. Bei einer Lotterie werden 400 Lose zum Kaufpreis von jeweils 5 € angeboten. Es können folgende Preise gewonnen werden: 1. Preis: 100 €, 2. Preis: 80 €, 3. Preis: 40 €. Die restlichen Lose sind Nieten. Jemand kauft als Erster ein Los.

a) Die Zufallsvariable X gibt den Auszahlungsbetrag an. Berechne den Erwartungswert, die Varianz und die Standardabweichung für X.

b) Die Zufallsvariable Y gibt den Gewinn aus der Sicht des Loskäufers (Differenz von Auszahlungsbetrag und Kaufpreis) an. Berechne den Erwartungswert, die Varianz und die Standardabweichung für Y.

776. Eine Firma produziert Maschinenteile. Aus Erfahrung weiß man, dass 3 % der produzierten Teile fehlerhaft sind und daher nicht weiterverwendet werden können. Der Schaden für die Firma beläuft sich in diesem Fall auf 80 € pro Teil. Bei einer Qualitätskontrolle werden drei Maschinenteile zufällig ausgewählt.

a) Die Zufallsvariable X beschreibt die Anzahl der fehlerhaften Teile. Bestimme den Erwartungswert μ und die Standardabweichung σ für X und interpretiere die Ergebnisse im Kontext.

b) Die Zufallsvariable Y beschreibt den Schaden, der der Firma durch die fehlerhaften Teile entsteht. Bestimme den Erwartungswert μ und die Standardabweichung σ für Y und interpretiere die Ergebnisse im Kontext.

777. In einem Ferienhaus gibt es einen Elektroherd, einen Kühlschrank und eine Waschmaschine, die in einem bestimmten Zeitraum mit den angegebenen Wahrscheinlichkeiten unabhängig voneinander ausfallen.

Gerät	Elektroherd	Kühlschrank	Waschmaschine
Ausfallswahrscheinlichkeit	$\frac{1}{100}$	$\frac{1}{90}$	$\frac{1}{80}$

Die Zufallsvariable X gibt die Anzahl der ausgefallenen Geräte an.
Mit welcher Anzahl von ausgefallenen Geräten muss man in diesem Zeitraum rechnen? Wie groß ist die Standardabweichung?

778. In einem U-Bahn-Wagon werden die Fahrscheine kontrolliert. Die Verkehrsbetriebe wissen aus Erfahrung, dass 10 % aller Personen, die die U-Bahn benutzen, keinen gültigen Fahrschein besitzen. Ein Kontrolleur wählt zufällig vier Personen aus. Die Zufallsvariable X gibt die Anzahl der Personen ohne gültigen Fahrschein an.

a) Bestimme die Wahrscheinlichkeitsverteilung von X und zeichne ihren Graphen als Streckendiagramm.
b) Bestimme die Verteilungsfunktion F der Zufallsvariable X und stelle sie graphisch dar.
c) Bestimme den Erwartungswert E(X) und die Standardabweichung σ. Interpretiere die Werte im Kontext.

779. Bei einem Spiel werden zwei sechsseitige Würfel einmal geworfen. Der Spieler setzt 1 € auf eine der Zahlen 1, 2, 3, 4, 5, 6. Zeigt keiner der Würfel die gesetzte Zahl, ist der Einsatz verloren. Andernfalls bekommt der Spieler (zusätzlich zu seinem Einsatz) für jeden Würfel, der die gesetzte Augenzahl zeigt, einen Betrag in der Höhe des Einsatzes. X beschreibt den Gewinn aus der Sicht des Spielers. Bestimme den Erwartungswert μ und die Standardabweichung σ für X und interpretiere die Ergebnisse im Kontext.

ZUSAMMENFASSUNG

Zufallsvariable

Eine Funktion X, die jedem Elementarereignis des Grundraums Ω eines Zufallsexperiments eine ganze Zahl zuordnet, wird als **diskrete Zufallsvariable (oder Zufallsgröße)** bezeichnet.

Wahrscheinlichkeitsfunktion

Die Funktion f, die jedem Wert $x \in \mathbb{Z}$ einer diskreten Zufallsvariablen X die Wahrscheinlichkeit P, mit der x eintritt, zuordnet, heißt **Wahrscheinlichkeitsfunktion**.

$$f: \mathbb{Z} \to [0; 1] \text{ mit } f(x) = P(X = x)$$

Verteilungsfunktion

Die **Verteilungsfunktion** F einer diskreten Zufallsvariablen X ordnet jedem $x \in \mathbb{Z}$ die Wahrscheinlichkeit zu, mit der X höchstens den Wert x annimmt.

$$F: \mathbb{Z} \to [0; 1] \text{ mit } F(x) = P(X \leq x)$$

Der Graph von F ist eine **Treppenfunktion**.

Erwartungswert, Varianz und Standardabweichung

Ist X eine diskrete Zufallsvariable, die die Werte x_i ($i = 1, 2, 3, 4, \ldots, n$) annimmt, und $f(x_i) = P(X = x_i)$ die zugehörige Wahrscheinlichkeitsverteilung, dann bezeichnet man den zu erwartenden langfristigen Mittelwert E(X) der Verteilung als **Erwartungswert der Zufallsvariable X**. Es gilt:

$$E(X) = \mu = x_1 \cdot f(x_1) + x_2 \cdot f(x_2) + x_3 \cdot f(x_3) + \ldots + x_n \cdot f(x_n)$$

Die zu erwartende mittlere quadratische Abweichung vom Erwartungswert μ heißt **Varianz der Zufallsvariable X**. Es gilt:

$$V(X) = \sigma^2 = (x_1 - \mu)^2 \cdot f(x_1) + (x_2 - \mu)^2 \cdot f(x_2) + (x_3 - \mu)^2 \cdot f(x_3) + \ldots + (x_n - \mu)^2 \cdot f(x_n)$$

$$V(X) = \sigma^2 = x_1^2 \cdot f(x_1) + x_2^2 \cdot f(x_2) + x_3^2 \cdot f(x_3) + \ldots + x_n^2 \cdot f(x_n) - \mu^2 \quad \text{(Verschiebungssatz)}$$

Die Zahl $\sigma = \sqrt{V(X)}$ heißt **Standardabweichung** der Zufallsvariable X.

TRAINING

Vernetzung – Typ-2-Aufgaben

Typ 2 **M** **780.** Gegeben ist das Netz eines fairen Würfels, dessen Seitenflächen mit verschiedenen Zahlen beschriftet sind. Ein Würfel wird als fair bezeichnet, wenn die Wahrscheinlichkeit, auf einer Seitenfläche zum Liegen zu kommen, für alle Seitenflächen gleich groß ist.

		3	
1	2	1	2
		3	

a) Der Würfel wird zweimal geworfen. Die Zufallsvariable X gibt die Summe der beiden geworfenen Zahlen an.
- Bestimme die Wahrscheinlichkeitsverteilung der Zufallsvariablen X.
- Berechne die im langfristigen Mittel auftretende Summe der geworfenen Zahlen.

b) Jemand bietet mit dem obigen Würfel ein Spiel an: Mit einem Einsatz von e € darf einmal gewürfelt werden. Zeigt der Würfel die Zahl 3, erhält man den Einsatz zurück und gewinnt 3 €. Andernfalls verliert man den Einsatz. Die Zufallsvariable X gibt den Gewinn nach dem Spiel an.
- Ermittle den Einsatz e, den der Spieleanbieter verlangen darf, damit das Spiel als fair bezeichnet werden kann. Ein Spiel ist fair, wenn der Erwartungswert für den Gewinn null ist.
- Erläutere, warum ein Spiel, bei dem die langfristige Gewinnerwartung null ist, als fair bezeichnet wird.

c) Ein Glücksrad ist in fünf Sektoren unterteilt. Nach dem Drehen des Glücksrades werden entsprechend dem Sektor, bei dem das Rad stehenbleibt, die Beträge 0 €, 2 €, 3 €, 4 € und 5 € ausbezahlt. Die Zufallsvariable X gibt die Höhe des auszuzahlenden Betrags an. Im Folgenden ist die (kumulative) Verteilungsfunktion F mit $F(x) = P(X \leq x)$ dargestellt.

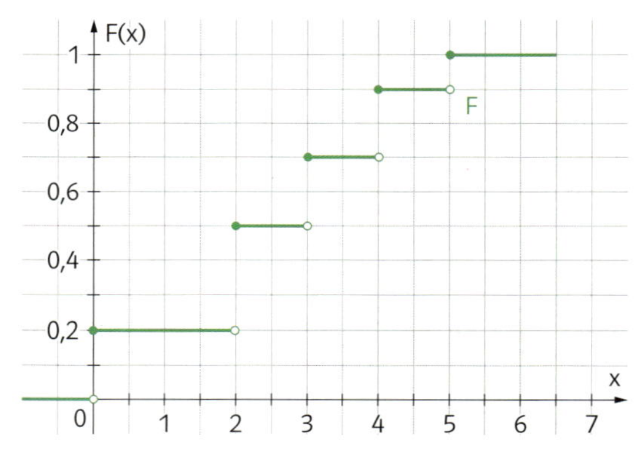

- Gib anhand der Graphik die Wahrscheinlichkeitsverteilung der Zufallsvariablen X an und ergänze die Tabelle.

Auszahlungsbetrag x in €	0	2	3	4	5
P(X = x)					

- Ermittle die Standardabweichung von X.

ÜBERPRÜFUNG

Selbstkontrolle

☐ Ich kann Zufallsvariablen definieren und angeben.

781. Ein Schütze schießt fünfmal auf ein Ziel. Die Zufallsvariable X beschreibt die Anzahl der Treffer.

a) Welche Werte kann die Zufallsvariable annehmen?
b) Gib die Elementarereignisse für $X = 3$ an.

☐ Ich kann die Wahrscheinlichkeitsverteilung einer Zufallsvariablen angeben.

782. Ein Glücksrad mit acht gleich großen Sektoren wird einmal gedreht. Die Zufallsvariable X gibt die in einem Feld stehende Zahl an.

a) Welche Werte kann die Zufallsvariable X annehmen?
b) Stelle die Wahrscheinlichkeitsverteilung von X durch eine Tabelle dar und zeichne ein Streckendiagramm.

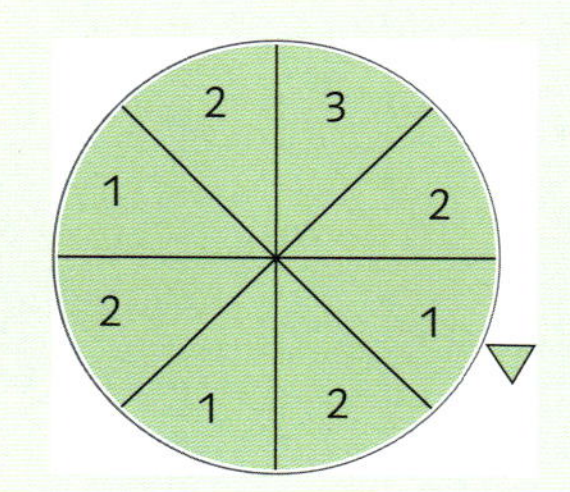

☐ Ich kann die Verteilungsfunktion einer Zufallsvariablen angeben und sie graphisch darstellen.

783. Beim „Mensch ärgere Dich nicht" kommt man erst ins Spiel, wenn man eine „Sechs" würfelt. Es darf sechsmal gewürfelt werden. Die Zufallsvariable X gibt die Nummer des Wurfes an, bei dem zum ersten Mal eine „Sechs" gewürfelt wird.

1) Gib die Werte an, die die Zufallsvariable X annehmen kann.
2) Bestimme die Wahrscheinlichkeitsverteilung und zeichne ihren Graphen als Streckendiagramm.
3) Gib die Verteilungsfunktion für die ersten sechs Würfe an und zeichne ihren Graphen.

☐ Ich kann aus der Verteilungsfunktion die Wahrscheinlichkeitsfunktion einer Zufallsvariablen ablesen.

WS 3.1 **M** **784.** Die Verteilungsfunktion einer Zufallsvariablen X ist gegeben. Ermittle aus der Graphik die Wahrscheinlichkeitsverteilung der Zufallsvariablen X. Ergänze die Tabelle.

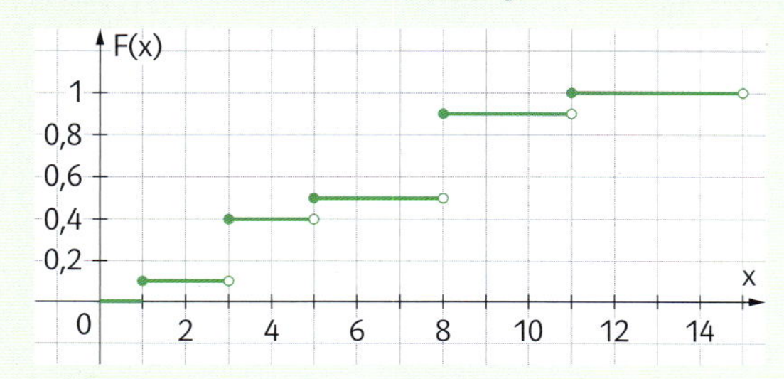

x	1	3	5	8	11
P(X = x)					

☐ Ich kann den Erwartungswert einer Zufallsvariablen bestimmen.

WS 3.1 M **785.** Gegeben ist die graphische Darstellung der Wahrscheinlichkeitsverteilung der Zufallsvariablen X. Bestimme den Erwartungswert der Zufallsvariablen.

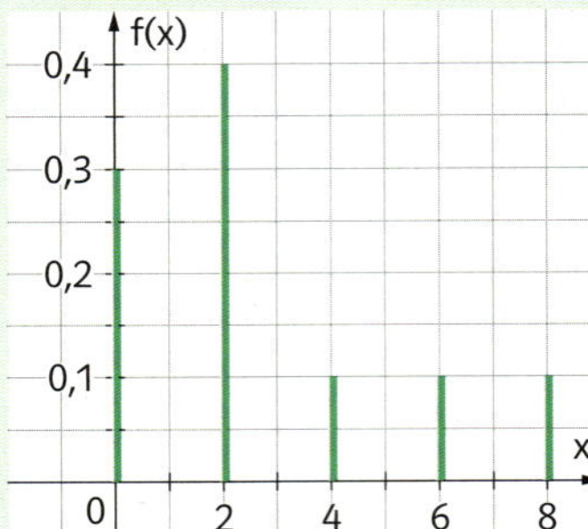

E(X) = ____________________

786. In einer Urne befinden sich zwei rote und zwei schwarze Kugeln. Es wird zweimal ohne Zurücklegen eine Kugel gezogen. Die Zufallsvariable X gibt die Anzahl der gezogenen roten Kugeln an.

1) Bestimme die Werte der Wahrscheinlichkeitsfunktion f.
2) Berechne den Erwartungswert für die Zufallsvariable X und interpretiere das Ergebnis.

☐ Ich kann die Varianz und die Standardabweichung einer Zufallsvariablen bestimmen.

787. a) Gegeben ist der Graph der Verteilungsfunkton F mit $F(x) = P(X \leq x)$ einer Zufallsvariablen X. Ermittle aus der Graphik die Wahrscheinlichkeitsverteilung von X und bestimme den Erwartungswert E(X).

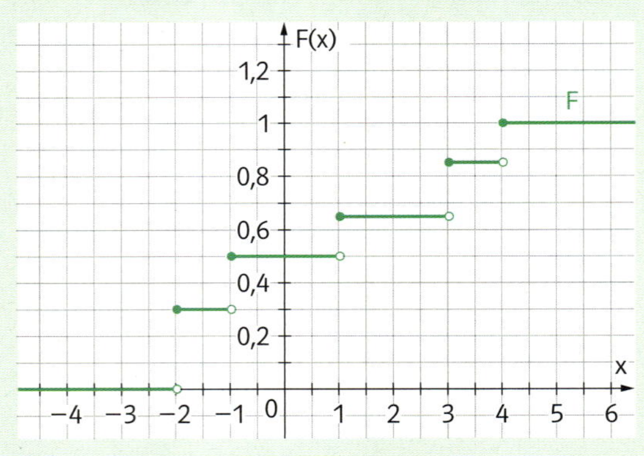

x	−2	−1	1	3	4
P(X = x)					

E(X) = ____________________

b) Bestimme für die Zufallsvariable X aus Aufgabe a) die Varianz V(X) und die Standardabweichung σ.

V(X) = ____________________ σ = ____________________

REFLEXION

Das Simpson Paradoxon

... oder wie man mit ein und derselben Statistik etwas und gleichzeitig dessen Gegenteil beweisen kann.

Nimm einmal an, du sitzt in der Kommission einer Universität, die zu untersuchen hat, ob es eine Geschlechterdiskriminierung bei der Studienzulassung gibt. Es ist naheliegend, die Prüfungsdaten der einzelnen Aufnahmeprüfungen zunächst einmal zu sammeln und danach auszuwerten.

Das Ergebnis der Auswertung siehst du in nebenstehender Tabelle.
Man erkennt deutlich, dass die Zulassungsquote der Frauen wesentlich geringer ist als die der Männer.
Was meinst du: Ein deutlicher Hinweis auf eine Diskriminierung?

	Frauen	Männer
angetretene Kandidaten/innen	1000	1000
aufgenommen	410	605
Zulassungsquote	41%	60,5%

Nun siehst du dir eine detailliertere Auswertung der Befragung an. Der Einfachheit halber wurde angenommen, dass die Universität nur zwei Studiengänge anbietet.

Die Auswertung zeigt nun, dass in beiden Studiengängen der Anteil der zugelassenen Frauen größer ist als der der Männer. Könnte man nun eher auf die Diskriminierung von Männern im Rahmen der Auswahlverfahren schließen?

Studiengang 1	Frauen	Männer
angetretene Kandidaten/innen	300	700
aufgenommen	270	560
Zulassungsquote	90%	80%

Die Ergebnisse der Befragung sind kurios.
Insgesamt gibt es eine höhere Zulassungsquote bei den männlichen Bewerbern. Bei jeder einzelnen Studienrichtung ist jedoch die Zulassungsquote der Frauen höher.

Studiengang 2	Frauen	Männer
angetretene Kandidaten/innen	700	300
aufgenommen	140	45
Zulassungsquote	20%	15%

Bei der Auswertung von Daten kann es dazu kommen, dass das Ergebnis bei Teilgruppen gegenteilig ausfällt als bei der Betrachtung der Gesamtheit der Daten. Ein derartiger, scheinbarer Widerspruch wird **Simpson Paradoxon** (nach dem britischen Statistiker Edward Simpson) genannt.
Dabei sind beide Auswertungen der Daten richtig! Man muss sich bei der Auswertung von Daten immer bewusst sein, dass ein solches Paradoxon auftreten kann.

Die Erklärung für das Paradoxon liegt bei diesem Beispiel darin, dass sich Frauen eher für den Studiengang beworben haben, wo es weniger Studienplätze gibt und somit für Frauen die Wahrscheinlichkeit aufgenommen zu werden geringer ist. Im Rahmen der Kommission könnte man also darüber beraten, warum Frauen insgesamt eher zugelassen werden als Männer und man könnte auch beraten, wieso gibt es für einen Studiengang, der eher Frauen anspricht, weniger Studienplätze.

788. Konstruiere anhand der folgenden Tabelle ein Simpson Paradoxon.

jährliche Kriminalitätsstatistik der Stadt Xenophilphobia					
in den Innenstadtbezirken	Einwohner	davon Täter	**in den Außenbezirken**	Einwohner	davon Täter
Mit höherem Bildungsabschluss	6000	20	Mit höherem Bildungsabschluss	3000	60
Ohne höheren Bildungsabschluss	1000	2	Ohne höheren Bildungsabschluss	3000	60

10 Binomialverteilung und weitere Verteilungen

Wer geglaubt hat, dass Zählenlernen etwas für kleine Kinder ist, wird in diesem Kapitel eines Besseren belehrt werden.

Und auch der, der glaubt, zählen ist nur beim Einschlafen nützlich, wird weitere Anwendungen kennen lernen.

Effektiv zu zählen ist eine eigene mathematische Kunst – die Kombinatorik.

Für die Wahrscheinlichkeitsrechnung ist dieses Teilgebiet der Mathematik von besonderer Bedeutung, da für die Bestimmung von Wahrscheinlichkeiten günstige und mögliche Ergebnisse eines Zufallsexperimentes abgezählt werden müssen.

Mit Hilfe der Kombinatorik wirst du berechnen können, dass das Alter des Universums nicht ausreicht, um alle möglichen Schüler-Anordnungen auf einem Klassenfoto in einer Klasse mit 20 Schülerinnen und Schüler auszuprobieren.

Du wirst in diesem Kapitel Zählmethoden kennen lernen, mit denen du zeigen kannst, warum nur vier Nukleobasen (Adenin, Cytosin, Guanin und Thymin) in der DNA ausreichen, um die Vielfalt des Lebens zu ermöglichen.

Was ist wahrscheinlicher: Beim Lotto 6 aus 45 einen Sechser zu tippen oder bei einer Autofahrt von Bregenz nach Wien an irgendeiner zufälligen Stelle einen Tennisball aus dem Fenster zu werfen und damit einen bestimmten, 10 cm breiten Holzpfosten zu treffen, der irgendwo neben der Fahrbahn aufgestellt wurde?

Auch diese Frage kannst du mit den Erkenntnissen aus diesem Kapitel beantworten.

10.1 Binomialkoeffizient – Kombinatorik

KOMPETENZEN

Lernziele:

- Das Zählprinzip der Kombinatorik kennen
- Permutationen berechnen können
- Die Anzahl geordneter Stichproben mit und ohne Wiederholung berechnen können
- Die Anzahl ungeordneter Stichproben ohne Wiederholung berechnen können
- Wissen, was Binomialkoeffizienten sind, und diese berechnen können

Grundkompetenz für die schriftliche Reifeprüfung:

WS 2.4 Binomialkoeffizient berechnen und interpretieren können

Kombinatorik

Die Kombinatorik als Teilgebiet der Mathematik beschäftigt sich mit der Frage, wie viele Möglichkeiten es gibt, Objekte anzuordnen oder auszuwählen. Dabei kann man unterscheiden, ob die Reihenfolge der Objekte eine Rolle spielt oder nicht.

Zählprinzip (Produktregel der Kombinatorik)

Ein Koch möchte Menüs aus Vorspeise, Hauptspeise und Nachspeise zusammenstellen. Dazu schreibt er sich drei verschiedene Vorspeisen, fünf Hauptspeisen und zwei Nachspeisen auf Zettel und gibt die Zettel in drei Töpfe. Jetzt zieht er aus jedem Topf je einen Zettel und bekommt so einen Menüvorschlag. Wie viele verschiedene Menüvorschläge erhält er auf diese Art? Kombiniert man die drei Vorspeisen mit den fünf Hauptspeisen, gibt es insgesamt $3 \cdot 5 = 15$ unterschiedliche Kombinationsmöglichkeiten. Kombiniert man diese 15 Vorspeisen-Hauptspeisen-Kombinationen noch mit den zwei Nachspeisen, ergeben sich $15 \cdot 2 = 3 \cdot 5 \cdot 2 = 30$ verschiedene Möglichkeiten.

MERKE

Produktregel der Kombinatorik (Zählprinzip)

Für die Anzahl A aller möglichen Anordnungen von $n_1, n_2, n_3, \ldots, n_k$ Elementen aus k unterschiedlichen Mengen gilt: $A = n_1 \cdot n_2 \cdot n_3 \cdot \ldots \cdot n_k$

789. Wie viele unterschiedliche Menüs lassen sich aus vier Vorspeisen, sechs Hauptspeisen und drei Nachspeisen zusammenstellen?

790. Ein Autokonzern bietet seinen Kunden folgende Modellpalette an: drei Motorvarianten (Diesel, Normalbenziner, Einspritzer), fünf Farben (rot, blau, grün, weiß, schwarz) und zwei Polsterungen (Leder oder Stoff). Wie viele verschiedene Kombinationen sind möglich?

791. Wie viele unterschiedliche Kombinationsmöglichkeiten ergeben sich?

a) 3 Paar Schuhe, 2 Hosen, 5 T-Shirts **b)** 5 Paar Schuhe, 3 Röcke, 4 Blusen

792. In einer Urne befinden sich fünf Kugeln, die mit den Zahlen 1 bis 5 beschriftet sind. In einer zweiten Urne sind drei Kugeln, die mit a, b und c beschriftet sind. Es wird aus beiden Urnen je eine Kugel gezogen. Wie viele unterschiedliche Kombinationen sind möglich?

800. Eine Firma beschäftigt zwölf Mitarbeiter, der Firmenparkplatz hat aber nur acht Plätze. Wie viele Belegungen des Parkplatzes sind möglich, wenn immer alle Mitarbeiter mit dem Auto zur Arbeit kommen und immer alle Plätze besetzt werden?

801. Jemand möchte drei Wochen Urlaub machen und zwar jede Woche in einem anderen Land. Laut Reisebüro kann man jederzeit in 18 Ländern Urlaub machen. Wie viele Möglichkeiten gibt es, den Urlaub in drei Ländern zu buchen? (z.B. fährt man zuerst nach Spanien, dann nach Frankreich und zuletzt nach Italien.)

802. Sechs Benutzer eines Computernetzwerks sollen Kennnummern mit vier verschiedenen Stellen erhalten. Die Kennnummern werden aus den Ziffern 1, 2, 3, 4, 5, 6, 7 und 8 gebildet. Jede Ziffer darf in einer Kennnummer nur einmal vorkommen.

a) Wie viele Kennnummern sind möglich?
b) Auf wie viele Arten können diese Kennnummern auf die Benutzer verteilt werden?

Geordnete Auswahl mit Wiederholung

In einer Urne befinden sich sechs Kugeln, die mit 1 bis 6 nummeriert sind. Es werden nacheinander vier Kugeln gezogen und die Ziffern notiert. Die gezogenen Kugeln werden aber wieder in die Urne zurückgelegt. Auf diese Art können vierstellige Zahlen wie z.B. 5363 entstehen. In einer Zahl können also gleiche Ziffern auftreten. Wie viele unterschiedliche Zahlen können gebildet werden?
Für die erste Stelle der Zahl gibt es sechs Möglichkeiten. Da die Kugel aber immer wieder in die Urne zurückgelegt wird, gibt es für die zweite, dritte und vierte Stelle ebenfalls immer sechs Möglichkeiten. Nach dem Zählprinzip können $6 \cdot 6 \cdot 6 \cdot 6 = 6^4 = 1296$ verschiedene Zahlen gebildet werden. Man spricht von einer **geordneten Auswahl (Stichprobe) mit Wiederholung**.

MERKE

Geordnete Auswahl mit Wiederholung

Aus n verschiedenen Elementen einer Menge erhält man durch k-faches Ziehen mit Wiederholung n^k unterschiedliche Auswahlen.

803. Bei einem Kombinationsschloss muss eine 4-stellige Zahl (gebildet aus den Ziffern 0, 1, 2, 3, …, 9) eingegeben werden, um das Schloss zu öffnen. Wie viele verschiedene Einstellungsmöglichkeiten müsste man maximal durchprobieren, falls man die richtige Kombination einmal vergessen sollte.

804. Wie viele unterschiedliche Einstellungsmöglichkeiten gibt es für ein Zahlenschloss bei dem jede Stelle eines fünfstelligen Codes die Ziffern 1, 2, 3, …, 9 enthalten kann?

805. Jede Stelle eines fünfstelligen Codes kann eine der Ziffern 0, 1, …, 9 bzw. einen der Buchstaben a, b, c, …, z, A, B, C, …, Z enthalten. Wie viele unterschiedliche Codes gibt es?

806. Ein Tipp beim Fußballtoto besteht aus zwölf Spielen, deren möglicher Ausgang vorhergesagt werden soll. Dabei verwendet man 1 für „die erste Mannschaft gewinnt“, 2 für „die zweite Mannschaft gewinnt“ und X für „das Spiel geht unentschieden aus“.
Wie viele unterschiedliche Möglichkeiten gibt es für das Ausfüllen eines Tipps?

807. Ein Bit kann zwei Zustände (0 oder 1) annehmen. Ein Byte besteht aus acht Bits (z.B. 01101011). Wie viele verschiedene a) Bytes b) Megabytes c) Gigabytes d) Terabytes gibt es?

Auswahlen ohne Berücksichtigung der Reihenfolge

Bei der Auswahl aus einer Menge von (nicht unbedingt verschiedenen) Elementen muss es nicht immer auf die Reihenfolge der ausgewählten Objekte ankommen.

Ungeordnete Auswahlen ohne Wiederholung

Beim Lotto „6 aus 45" sind von den 45 Kugeln, die mit den Zahlen 1 bis 45 beschriftet sind, sechs durch Ankreuzen auszuwählen. Es geht darum, die Teilmenge mit den sechs richtigen Kugeln aus der Menge der 45 Kugeln auszuwählen. Dabei kann eine bereits gezogene Kugel kein zweites Mal gezogen werden. Jeweils $6! = 720$ der Permutationen der sechs gezogenen Kugeln führen zu der gleichen 6-elementigen Teilmenge. Man erhält also die Anzahl der unterschiedlichen Tippmöglichkeiten, wenn $45 \cdot 44 \cdot 43 \cdot 42 \cdot 41 \cdot 40$ durch 6! dividiert wird:

$$\frac{45 \cdot 44 \cdot 43 \cdot 42 \cdot 41 \cdot 40}{6!} = 8\,145\,060$$

Die Anzahl der k-elementigen Teilmengen mit unterschiedlichen Elementen erhält man, indem man die Anzahl der geordneten Stichproben ohne Wiederholung durch die Anzahl der Permutationen der k Elemente dividiert:

$$\frac{n \cdot (n-1) \cdot (n-2) \cdot \ldots \cdot (n-k+1)}{k!} = \frac{n!}{(n-k)! \cdot k!}$$

Für diesen Term ist eine abkürzende Schreibweise üblich: $\binom{n}{k} = \frac{n!}{(n-k)! \cdot k!}$ (lies: „n über k")

MERKE

Ungeordnete Auswahl ohne Wiederholung

Man betrachtet eine Menge mit n Elementen, aus denen k-elementige Teilmengen ausgewählt werden. Sind dabei alle k Elemente verschieden, ergibt sich für deren Anzahl:

$$\binom{n}{k} = \frac{n!}{(n-k)! \cdot k!}$$

808. In einer Klasse sind **a)** 20 **b)** 25 Schülerinnen und Schüler. Es wird ein Tischtennisturnier veranstaltet, bei dem jedes der Kinder einmal gegen jedes spielen soll. Wie viele Spiele werden ausgetragen?

809. Aus einer Gruppe von **a)** 10 **b)** 18 Personen soll ein fünfköpfiges Komitee gewählt werden. Alle Personen können gewählt werden. Auf wie viele unterschiedliche Arten kann das Komitee gebildet werden?

810. Für das Elfmeterschießen muss der Trainer fünf von den elf Platzspielern benennen. Wie viele unterschiedliche Möglichkeiten hat er bei der Bestimmung der Schützen?

811. An einem Judo-Turnier nehmen in der Gewichtsklasse von 70 bis 77 Kilogramm acht Kämpfer teil. Wie viele verschiedene Einzelpaarungen sind möglich?

812. Ein Schütze schießt 8-mal auf ein Ziel und erzielt dabei fünf Treffer. Auf wie viele unterschiedliche Arten kann dies der Fall sein?

WS 2.4 M **813.** Eine Fußballmannschaft hat elf Spieler, die als Elfmeterschützen in Frage kommen. Deute den Ausdruck $\binom{11}{4}$ in diesem Kontext.

WS 2.4 M **814.** Das Ensemble eines kleinen Theaters besteht aus zwölf Personen. Für ein Stück sind aber nur acht Rollen zu besetzen. Deute den Ausdruck $\binom{12}{8}$ in diesem Kontext.

815. Berechne **a)** die Werte $\binom{5}{x}$ für $x = 0; 1; 2; 3; 4; 5$ **b)** die Werte für $\binom{6}{x}$ für $x = 0; 1; 2; 3; 4; 5; 6$. Was fällt dir auf?

816. Auf wie viele verschiedene Arten kann aus sieben Personen eine Abordnung von zwei, drei, vier bzw. fünf Personen gebildet werden? Was fällt dir auf?

WS 2.4 M **817.** Für welche $x \in \mathbb{N}$ nimmt $\binom{10}{x}$ den Wert 1 an?

Arbeitsblatt Pascalsches Dreieck, binomische Formeln n37i3j

Da die Zahlen $\binom{n}{k}$ bei der Berechnung des binomischen Ausdrucks $(a + b)^n$ als Koeffizienten auftreten, werden sie auch **Binomialkoeffizienten** genannt.

TECHNOLOGIE

Berechnung des Binomialkoeffizienten (n über k)

Geogebra:	BinomialKoeffizient[n, k]	Beispiel: BinomialKoeffizient[3, 2] = 3
TI-Nspire:	nCr(n, k)	Beispiel: nCr(3,2) = 3

818. Wähle die passende Formel aus und berechne die Anzahl aller unterschiedlichen Anordnungen bzw. Auswahlen.

a) Auf wie viele unterschiedliche Arten kann man 15 Hotelgäste in acht freien Einzelzimmern unterbringen?
b) Bei einer internationalen Großveranstaltung nehmen 32 Nationen teil. Wie viele unterschiedlichen Möglichkeiten für die Teilnahme am Halbfinale (Runde der letzten 4) gibt es?
c) Acht Freunde verabschieden sich nach einem gemeinsam verbrachten Abend. Wie oft findet ein Händedruck statt, wenn sich jeder Freund von jedem anderen mit Händedruck verabschiedet?
d) Auf wie viele unterschiedliche Arten können neun Personen an einem Tisch mit neun Stühlen Platz nehmen?
e) An einem Langstreckenlauf nehmen sieben Läuferinnen und Läufer teil. Man nimmt an, dass alle das Ziel erreichen. Wie viele unterschiedliche Möglichkeiten des Zieleinlaufs gibt es?
f) Wie viele unterschiedliche vierstellige Zahlen lassen sich aus den Ziffern 0, 1, 2, 3 bilden?
g) Auf wie viele unterschiedliche Arten können sich 18 Schülerinnen und Schüler in einer Klasse mit 22 Sitzplätzen verteilen?
h) Eine Prüfung besteht aus 15 Multiple-Choice-Aufgaben mit jeweils vier Anwortmöglichkeiten. Wie viele unterschiedliche Arten gibt es, den Test auszufüllen, wenn zufällig angekreuzt wird.
i) Aus vier Nukleobasen (siehe S. 220) können Proteinbestandteile (Aminosäuren) codiert werden. Wie viele dreiteilige Sequenzen (Tripletts) lassen sich mit den vier Nukleobasen codieren, wenn die Nukleobasen auch mehrfach auftreten können?

10.2 Binomialverteilung

KOMPETENZEN

Lernziele:

- Die Binomialverteilung einer Zufallsvariable erkennen und berechnen können
- Die Eigenschaften der Binomialverteilung benennen können
- Bernoulli-Versuche erkennen können

Grundkompetenz für die schriftliche Reifeprüfung:

WS 3.2 Binomialverteilung als Modell einer diskreten Verteilung kennen [...] Wahrscheinlichkeitsverteilung binomialverteilter Zufallsgrößen angeben können, Arbeiten mit der Binomialverteilung in anwendungsorientierten Bereichen

WS 3.3 Situationen erkennen und beschreiben können, in denen mit Binomialverteilung modelliert werden kann

Die Binomialverteilung stellt eine wichtige Wahrscheinlichkeitsverteilung einer Zufallsvariablen X dar.
Linda und ihre Freundin Kathi spielen Tennis. Aus Erfahrung weiß man, dass Linda als bessere Spielerin gegen Kathi jedes Spiel mit einer Wahrscheinlichkeit von $60\,\% = 0{,}6$ gewinnt. Sie spielen sechs Spiele. Linda interessiert sich für die Wahrscheinlichkeit, vier von den sechs Spielen zu gewinnen. Die Wahrscheinlichkeit, dass Linda gleich die ersten vier Spiele gewinnt, lässt sich nach dem Multiplikationssatz sofort berechnen:

P(die ersten vier von sechs Spielen gewinnen, die restlichen verlieren) $= 0{,}6^4 \cdot 0{,}4^2 \approx 0{,}021$

Wie bestimmt man aber die Wahrscheinlichkeit, mit der sie von den sechs Spielen beliebige vier Spiele gewinnt? Die Zufallsvariable X gibt die Anzahl der von Linda gewonnen Spiele an. Gesucht ist nun die Wahrscheinlichkeit $P(X = 4)$. Der Binomialkoeffizient $\binom{6}{4}$ beschreibt, auf wie viele unterschiedliche Arten von sechs Spielen vier gewonnen werden können. Da sich die Wahrscheinlichkeit, dass Linda ein Spiel gegen Kathi gewinnt, von Spiel zu Spiel nicht verändert, braucht man nur den zuerst berechneten Wert $0{,}6^4 \cdot 0{,}4^2$ mit $\binom{6}{4}$ multiplizieren und erhält so die gesuchte Wahrscheinlichkeit. Es gilt: $P(X = 4) = \binom{6}{4} \cdot 0{,}6^4 \cdot 0{,}4^2 \approx 0{,}311$.

Die Wahrscheinlichkeit 0,6, mit der Linda ein Spiel gewinnt, wird als **Erfolgswahrscheinlichkeit** bezeichnet. Die Erfolgswahrscheinlichkeit bleibt für jedes Spiel gegen Kathi unverändert. Bei jedem Spiel gibt es nur **zwei mögliche Versuchsausgänge**: Linda kann gewinnen oder verlieren. Man spricht von einem **Bernoulli-Experiment**. Die Anzahl der von Linda gewonnen Spiele ist eine **natürliche Zahl**, die mindestens 0 und höchstens 6 ist, da sie sechs Spiele gegeneinander spielen.

MERKE

Binomialverteilung

Tritt bei einem Zufallsversuch das Ereignis E („Erfolg") immer mit der Wahrscheinlichkeit p ein, wird der Versuch n-mal unter den gleichen Bedingungen durchgeführt und gibt die Zufallsvariable X die Anzahl der Versuche an, bei denen das Ereignis E eintritt, gilt für die Wahrscheinlichkeit $P(X = k)$:

$$f(k) = P(X = k) = \binom{n}{k} \cdot p^k \cdot (1 - p)^{n-k} \quad \text{mit } 0 \leq p \leq 1 \text{ und } k = 0, 1, 2, 3, \ldots, n$$

Die diskrete Zufallsvariable X heißt dann **binomialverteilt**. Die Wahrscheinlichkeitsverteilung f wird als **Binomialverteilung mit den Parameters n und p** bezeichnet.
p wird **Erfolgswahrscheinlichkeit** genannt und bleibt bei jedem Versuch gleich.
Es gibt nur **zwei** mögliche Versuchsausgänge („Erfolg" – „Misserfolg").

MUSTER

819. Eine Eisenwarenhandlung verkauft Schrauben in Packungen zu je 200 Stück. Der Ausschussanteil pro Packung wurde über einen längeren Zeitraum beobachtet und mit 4 % festgestellt. Erkläre, warum die Zufallsvariable X = „Anzahl der defekten Schrauben" binomialverteilt ist. Wie groß ist die Wahrscheinlichkeit, dass in einer Packung **a)** genau sieben **b)** höchstens sieben **c)** mehr als sieben aber höchstens elf Schrauben **d)** mindestens zwei Schrauben einen Defekt aufweisen?

Die Zufallsvariable X gibt die Anzahl der defekten Schrauben an. Es liegt eine Binomialverteilung vor, weil X eine diskrete Zufallsvariable ist, es nur zwei mögliche Ausgänge, „Schraube defekt" oder „Schraube nicht defekt" gibt und die Erfolgswahrscheinlichkeit für X immer 4 % = 0,04 ist.

a) $P(X=7)=\binom{200}{7}\cdot 0{,}04^{7}\cdot 0{,}96^{193}\approx 0{,}1417$

b) Es können 0, 1, 2, …, 7 Schrauben defekt sein. Die Summe der Einzelwahrscheinlichkeiten ergibt die gesuchte Wahrscheinlichkeit.
$P(X\leq 7)=P(X=0)+P(X=1)+P(X=2)+\ldots+P(X=7)\approx 0{,}4501$

c) Es können 8, 9, 10 oder 11 Schrauben defekt sein.
$P(7<X\leq 11)=P(X=8)+P(X=9)+P(X=10)+P(X=11)\approx 0{,}4424$

d) Da $P(X\geq 2)$ aufwendig zu berechnen ist, kommt man mit der Gegenwahrscheinlichkeit schneller ans Ziel: $P(X\geq 2)=1-P(x<2)=1-[P(X=0)+P(X=1)]\approx 0{,}9973$

TECHNOLOGIE

Technologie Anleitung Binomialverteilung v2nf54

Binomialverteilung

Geogebra:	im Wahrscheinlichkeitsrechner unter „binomial" die Werte für n und p eintragen
TI-Nspire:	Im Menü Wahrscheinlichkeit ⇒ Verteilungen Binomial Pdf (Einzelwerte) bzw. Binomial Cdf (Bereiche) die Werte für p, n bzw. die Schranken eintragen.

820. Ein Schütze trifft mit 70 %-iger Wahrscheinlichkeit das Ziel. Es werden acht Schüsse abgegeben. Die Zufallsvariable X gibt die Anzahl der Treffer an.

a) Erkläre, warum X eine binomialverteilte Zufallsvariable ist.
b) Wie groß ist die Wahrscheinlichkeit, dass der Schütze das Ziel bei den ersten fünf Schüssen trifft und dann nicht mehr?
c) Wie groß ist die Wahrscheinlichkeit, dass der Schütze das Ziel genau fünfmal trifft?
d) Wie groß ist die Wahrscheinlichkeit, dass der Schütze das Ziel höchstens einmal trifft?
e) Wie groß ist die Wahrscheinlichkeit, dass der Schütze das Ziel mindestens zweimal trifft?

821. Erhebungen der Exekutive haben ergeben, dass in einer Großstadt jede achte Person, die ein Auto lenkt, bei einer Kontrolle den Sicherheitsgurt nicht angelegt hat. Es werden vier Personen kontrolliert. Die Zufallsvariable X gibt die Anzahl der Personen an, die ohne angelegten Sicherheitsgurt erwischt werden.

a) Erkläre, warum X eine binomialverteilte Zufallsvariable ist.
b) Wie groß ist die Wahrscheinlichkeit, dass nur die ersten beiden kontrollierten Autofahrerinnen und Autofahrer den Gurt nicht angelegt haben?
c) Wie groß ist die Wahrscheinlichkeit, dass höchstens eine Autofahrerin bzw. ein Autofahrer den Gurt nicht angelegt hat?
d) Wie groß ist die Wahrscheinlichkeit, dass mindestens zwei Autofahrerinnen bzw. Autofahrer den Gurt nicht angelegt haben?
e) Wie groß ist die Wahrscheinlichkeit, dass mindestens zwei und weniger als vier Autofahrerinnen bzw. Autofahrer ohne Gurt erwischt werden?

822. Eine Münze wird 30-mal geworfen. Die Zufallsvariable X gibt die Anzahl der dabei auftretenden „Zahl"-Würfe an.

a) Erkläre, warum X eine binomialverteilte Zufallsvariable ist.
b) Gib die Wahrscheinlichkeit an, mit der die Münze genau 15-mal auf „Zahl" fällt.
c) Gib die Wahrscheinlichkeit an, mit der die Münze höchstens 7-mal auf „Zahl" fällt.
d) Gib die Wahrscheinlichkeit an, mit der die Münze 20- bis 25-mal auf „Zahl" fällt.
e) Gib die Wahrscheinlichkeit an, mit der die Münze mindestens einmal auf „Zahl" fällt.

823. Die Wahrscheinlichkeit, dass ein Mensch die Blutgruppe 0 hat, ist 40 %.

a) Mit welcher Wahrscheinlichkeit haben von zehn zufällig ausgewählten Personen weniger als vier die Blutgruppe 0?
b) Angenommen die Wahrscheinlichkeit dafür, Träger eines positiven Rhesusfaktor zu sein, ist 90 % und ist unabhängig von der Blutgruppe. Mit welcher Wahrscheinlichkeit haben dann von den zehn zufällig auswählten Personen weniger als drei die Blutgruppe 0+?

TIPP → Beachte bei **b)**, dass sich die Erfolgswahrscheinlichkeit aus den Wahrscheinlichkeiten für die Blutgruppe 0 **und** dem positiven Rhesusfaktor zusammensetzt.

824. Die Wahrscheinlichkeit, dass ein Mensch die Blutgruppe A+ hat ist 37 %, bei 0+ ist sie 35 %, bei B+ ist sie 9 % und bei AB+ beträgt sie 4 %. Wie groß ist die Wahrscheinlichkeit, dass von zehn zufällig ausgewählten Personen **a)** genau einer Rhesus negativ hat **b)** weniger als zwei Rhesus negativ haben?

WS 3.2 M **825.** Tamara und Tim spielen vier Sätze Tennis. Tamara hat eine konstante Gewinnwahrscheinlichkeit von 70 % pro gespielten Satz. Es wird folgender Wert berechnet:

a) $\binom{4}{1} \cdot 0{,}3^1 \cdot 0{,}7^3 = 0{,}4116$ **b)** $\binom{4}{3} \cdot 0{,}7^3 \cdot 0{,}3^1 = 0{,}4116$

Gib an, was dieser Wert im Zusammenhang mit der Angabe aussagt.

WS 3.2 M **826.** Die Zufallsvariable X ist binomialverteilt mit $n = 15$ und $p = 0{,}3$. Es soll die Wahrscheinlichkeit bestimmt werden, dass die Zufallsvariable X höchstens den Wert 5 annimmt. Kreuze den zutreffenden Term an.

A	$\binom{15}{1} \cdot 0{,}3^1 \cdot 0{,}7^{14} + \binom{15}{2} \cdot 0{,}3^2 \cdot 0{,}7^{13} + \ldots + \binom{15}{5} \cdot 0{,}3^5 \cdot 0{,}7^{10}$	☐
B	$\binom{15}{5} \cdot 0{,}3^5 \cdot 0{,}7^{10}$	☐
C	$0{,}7^{15} + \binom{15}{1} \cdot 0{,}3^1 \cdot 0{,}7^{14} + \binom{15}{2} \cdot 0{,}3^2 \cdot 0{,}7^{13} + \ldots + \binom{15}{4} \cdot 0{,}3^4 \cdot 0{,}7^{11}$	☐
D	$1 - \left[\binom{15}{6} \cdot 0{,}3^6 \cdot 0{,}7^9 + \binom{15}{7} \cdot 0{,}3^7 \cdot 0{,}7^8 + \ldots + 0{,}3^{15}\right]$	☒
E	$\binom{15}{1} \cdot 0{,}7^1 \cdot 0{,}3^{14} + \binom{15}{2} \cdot 0{,}7^2 \cdot 0{,}3^{13} + \ldots + \binom{15}{5} \cdot 0{,}7^5 \cdot 0{,}3^{10}$	☐
F	$0{,}3^{15} + \binom{15}{1} \cdot 0{,}7 \cdot 0{,}3^{14} + \ldots + \binom{15}{5} \cdot 0{,}7^5 \cdot 0{,}3^{10}$	☐

827. Aus einem Pokerspiel mit insgesamt 52 Karten werden hintereinander zehn Karten gezogen. Die gezogene Karte wird wieder in den Kartenstapel zurückgesteckt. Wie groß ist die Wahrscheinlichkeit, dabei **a)** drei der vier Asse **b)** zwei der vier Könige **c)** alle vier Damen zu ziehen?

828. In einem Multiple-Choice-Test gibt es 15 Aufgaben, bei denen man aus fünf möglichen Lösungen die richtige ankreuzen muss. Felix hat sich nicht auf den Test vorbereitet und kreuzt zufällig an.

a) Mit welcher Wahrscheinlichkeit hat Felix die ersten sechs Fragen richtig beantwortet, die anderen jedoch falsch?
b) Mit welcher Wahrscheinlichkeit wird er trotzdem mehr als die Hälfte der Fragen richtig beantworten?
c) Mit welcher Wahrscheinlichkeit hat Felix mindestens eine Frage richtig beantwortet?
d) Mit welcher Wahrscheinlichkeit hat Felix höchstens fünf Fragen richtig beantwortet?

829. Eine Firma stellt Bohrmaschinen her, von denen jede sechste einen Defekt aufweist. Wie hoch ist die Wahrscheinlichkeit, dass unter 80 zufällig gewählten Bohrmaschinen **a)** kein Ausschussstück zu finden ist **b)** genau 20 Bohrmaschinen Ausschuss sind **c)** mindestens 10 und höchstens 15 Maschinen zum Ausschuss zählen?

MERKE

Binomialverteilung bei einer Stichprobe ohne Zurücklegen

Ist die Grundmenge sehr groß und die Anzahl der aus der Grundmenge **ohne** Zurücklegen ausgewählten Objekte relativ klein, kann die Binomialverteilung verwendet werden.

Als Faustregel gilt: $\frac{\text{Anzahl der ausgewählten Objekte}}{\text{Anzahl aller in der Grundmenge enthaltene Objekte}} \leq 0{,}05$

Arbeitsblatt Anwendung der Faustregel n585gu

830. In einer Urne befinden sich 1000 Kugeln, von denen 50 rot und die anderen schwarz sind.

a) Gib die Wahrscheinlichkeit p an, mit der beim einmaligen Ziehen aus der Urne eine rote Kugel gezogen wird.
b) Es werden zehn Kugeln ohne Zurücklegen aus der Urne gezogen. Die Zufallsvariable X gibt die Anzahl der roten Kugeln an. Bestimme mit der Binomialverteilung die Wahrscheinlichkeit, dass sich **1)** mindestens eine **2)** genau vier **3)** höchstens drei rote Kugeln unter den zehn gezogenen Kugeln befinden. Überprüfe mit der Faustregel, dass die Binomialverteilung verwendet werden kann.
c) Begründe, warum die Zufallsvariable X eigentlich nicht binomialverteilt ist.

831. In einem Zug der ÖBB befinden sich 750 Fahrgäste, von denen 30 keinen gültigen Fahrausweis besitzen.

a) Gib die Wahrscheinlichkeit p an, mit der aus den 750 Fahrgästen einer ohne gültigen Fahrschein zufällig ausgewählt wird.
b) Es werden 20 Fahrgäste zufällig kontrolliert. Die Zufallsvariable X gibt die Anzahl der Fahrgäste ohne gültigen Fahrschein an. Bestimme mit der Binomialverteilung die Wahrscheinlichkeit, dass sich unter den kontrollierten Personen **1)** höchstens eine **2)** genau fünf **3)** mindestens vier ohne gültigen Fahrschein befinden. Überprüfe mit der Faustregel, dass die Binomialverteilung verwendet werden kann.
c) Begründe, warum die Zufallsvariable X eigentlich nicht binomialverteilt ist.

WS 3.3 M
Arbeitsblatt
Kontexte mit
nomialverteilung
q7ht8z

832. Kreuze diejenige(n) Situation(en) an, die mit der Binomialverteilung modelliert werden kann/können.

A	In einer Urne befinden sich elf weiße und neun schwarze Kugeln. Es werden acht Kugeln ohne zurücklegen gezogen. Wie groß ist die Wahrscheinlichkeit, dass mindestens drei schwarze Kugeln gezogen werden?	☐
B	In einem Zug befinden sich 800 Fahrgäste. Aus Erfahrung weiß man, dass 10 % der Fahrgäste keinen gültigen Fahrschein besitzen. Mit welcher Wahrscheinlichkeit haben mindestens zehn und höchstens 20 der Fahrgäste keinen gültigen Fahrschein?	☐
C	Ein Multiple-Choice-Test besteht aus 25 Fragen mit jeweils vier Antwortmöglichkeiten, von denen genau eine richtig ist. Ein Prüfungskandidat, der sich nicht auf die Prüfung vorbereitet hat, kreuzt jeweils eine Antwort zufällig an. Mit welcher Wahrscheinlichkeit hat er mehr als die Hälfte der Fragen auf diese Art richtig beantwortet?	☐
D	In der Oberstufe eines Gymnasiums sind 60 Burschen und 40 Mädchen. Für ein Sportereignis stellt der Veranstalter den Schülerinnen und Schülern der Oberstufe zehn Freikarten zu Verfügung. Aus der Schülerdatenbank werden zufällig zehn Namen ausgewählt. Mit welcher Wahrscheinlichkeit erhalten genau fünf Mädchen eine Freikarte?	☐
E	Ein Würfel wird 30-mal geworfen. Mit welcher Wahrscheinlichkeit treten dabei mindestens zehn Würfe mit der Augenzahl 6 auf?	☐

MUSTER

833. Ein Schütze trifft sein Ziel erfahrungsgemäß mit einer Wahrscheinlichkeit von 60 %. Wie oft müsste er schießen, damit er mit einer Wahrscheinlichkeit von mindestens 95 % mindestens einmal trifft?

Für die Wahrscheinlichkeit, dass der Schütze bei n Schüssen niemals trifft, gilt:

$\underbrace{0{,}4 \cdot 0{,}4 \cdot \ldots \cdot 0{,}4}_{\text{n Schüsse}} = 0{,}4^n$. Die Wahrscheinlichkeit, dass der Schütze bei n Schüssen mindestens einmal trifft, wird durch die Gegenwahrscheinlichkeit $1 - 0{,}4^n$ ausgedrückt. Diese Wahrscheinlichkeit soll laut Angabe mindestens 95 % = 0,95 sein.

D.h. $1 - 0{,}4^n \geq 0{,}95 \quad \Rightarrow \quad 0{,}4^n \leq 0{,}05 \quad \Rightarrow \quad n \cdot \ln(0{,}4) \leq \ln(0{,}05) \quad \Rightarrow \quad n \geq \frac{\ln(0{,}05)}{\ln(0{,}4)} = 3{,}269\ldots$

Das Relationszeichen ändert sich, da $\ln(0{,}4) < 0$ ist.

Der Schütze muss vier Schüsse oder mehr abgeben, damit die Wahrscheinlichkeit dabei mindestens einmal zu treffen, 95 % übersteigt.

834. Der Hersteller von Überraschungseiern für Kinder wirbt damit, dass in jedem siebenten Ei eine Figur enthalten ist. Eine Mutter kauft für ihre Kinder zehn Überraschungseier. Mit welcher Wahrscheinlichkeit ist in **a)** 2 Eiern **b)** mindestens einem Ei **c)** in höchstens einem Ei eine Figur enthalten?
Wie viele Eier müsste die Mutter kaufen, damit mit einer Wahrscheinlichkeit von mindestens 90 % in mindestens einem Ei eine Figur enthalten ist?

835. Wie oft müsste man einen sechsseitigen Würfel werfen, damit mit einer Wahrscheinlichkeit von mindestens 95 % mindestens einmal die Augenzahl 6 auftritt?

836. Eine Firma stellt Artikel für Haushaltselektronik her. Die Wahrscheinlichkeit, dass ein Artikel defekt ist, ist 4 %. Ein Versandhaus erhält eine Lieferung von 300 Artikeln. Die Zufallsvariable X gibt die Anzahl der defekten Artikel in dieser Lieferung an.

a) Begründe, warum die Zufallsvariable X binomialverteilt ist.
b) Berechne die Wahrscheinlichkeit, dass sich in der Lieferung kein defekter Artikel befindet.
c) Berechne die Wahrscheinlichkeit, dass sich in der Lieferung höchstens fünf defekte Artikel befinden.

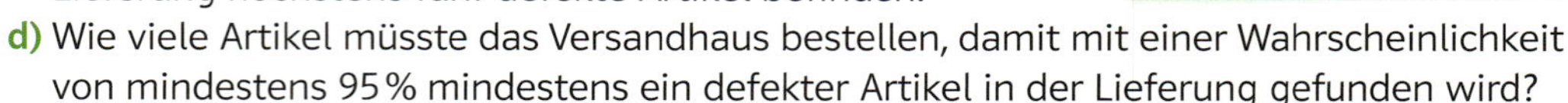

d) Wie viele Artikel müsste das Versandhaus bestellen, damit mit einer Wahrscheinlichkeit von mindestens 95 % mindestens ein defekter Artikel in der Lieferung gefunden wird?

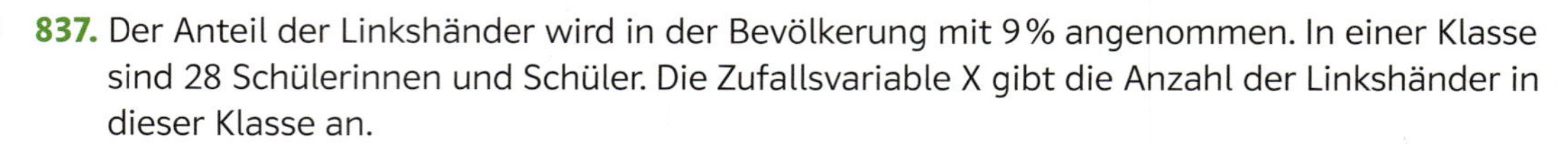

837. Der Anteil der Linkshänder wird in der Bevölkerung mit 9 % angenommen. In einer Klasse sind 28 Schülerinnen und Schüler. Die Zufallsvariable X gibt die Anzahl der Linkshänder in dieser Klasse an.

a) Berechne die Wahrscheinlichkeit, dass sich in der Klasse genau ein Linkshänder befindet.
b) Berechne die Wahrscheinlichkeit, dass sich in der Klasse höchstens ein Linkshänder befindet.
c) Interpretiere den Ausdruck $\binom{28}{3} \cdot 0{,}09^3 \cdot 0{,}91^{25}$ in diesem Kontext.
d) Wie viele Personen müsste man in der Bevölkerung testen, damit sich mit einer Wahrscheinlichkeit von mindestens 90 % mindestens ein Linkshänder unter ihnen befindet?

838. Die Polizei führt in einem bestimmten Zeitraum verschärft Alkoholkontrollen im Straßenverkehr durch. Bei durchschnittlich zwölf von 100 kontrollierten Lenkerinnen und Lenkern wird dabei der Grenzwert von 0,5 Promille überschritten. Es werden 20 Personen kontrolliert. Die Zufallsvariable X gibt die Anzahl der Personen an, die die 0,5-Promille-Grenze überschreiten.

a) Begründe, warum X eine binomialverteilte Zufallsvariable ist.
b) Berechne die Wahrscheinlichkeit, dass weniger als vier Personen den Grenzwert überschreiten.
c) Berechne die Wahrscheinlichkeit, dass mindestens fünf und höchstens sieben Personen den Grenzwert überschreiten.
d) Berechne die Wahrscheinlichkeit, dass mindestens eine Person den Grenzwert überschreitet.
e) Wie viele Lenkerinnen und Lenker müsste die Exekutive kontrollieren, damit mit einer Wahrscheinlichkeit von mindestens 99 % mindestens eine alkoholisierte Person ertappt wird?

839. 20 % der Wahlberechtigten eines Landes sind jünger als 30 Jahre. Die Zufallsvariable X gibt die Anzahl der Wahlberechtigten an, die jünger als 30 Jahre sind. Es werden 15 Wahlberechtigte zufällig ausgewählt.

a) Wie groß ist die Wahrscheinlichkeit, dass genau fünf Personen jünger als 30 Jahre sind?
b) Wie groß ist die Wahrscheinlichkeit, dass höchstens fünf Personen jünger als 30 Jahre sind?
c) Wie groß ist die Wahrscheinlichkeit, dass mindestens eine Person jünger als 30 Jahre ist?
d) Wie viele Personen müsste man auswählen, damit mit einer Wahrscheinlichkeit von mindestens 90 % mindestens eine Person darunter ist, die jünger als 30 Jahre alt ist?

10.3 Erwartungswert und Varianz einer binomialverteilten Zufallsvariablen

KOMPETENZEN

Lernziele:

- Den Erwartungswert einer binomialverteilten Zufallsvariable bestimmen können
- Den Erwartungswert interpretieren können
- Die Varianz und die Standardabweichung einer binomialverteilten Zufallsvariable bestimmen können
- Die Varianz bzw. die Standardabweichung interpretieren können

Grundkompetenz für die schriftliche Reifeprüfung:

WS 3.2 [...] Erwartungswert sowie Varianz/Standardabweichung binomialverteilter Zufallsgrößen ermitteln können [...]

Der Erwartungswert $E(X) = \mu$, die Varianz $V(X) = \sigma^2$ und die Standardabweichung $\sigma = \sqrt{V(X)}$ für diskrete Zufallsvariablen wurden bereits im Kapitel 9 besprochen. Auch für eine binomialverteilte Zufallsvariable X können nun diese Maßzahlen ermittelt werden.

Man betrachtet zunächst die Parameter p (Erfolgswahrscheinlichkeit) und $n = 2$.
Für die Wahrscheinlichkeitsverteilung f gilt dann:

$$f(0) = P(X = 0) = \binom{2}{0} \cdot p^0 \cdot (1-p)^2 = 1 \cdot 1 \cdot (1-p)^2 = (1-p)^2$$

$$f(1) = P(X = 1) = \binom{2}{1} \cdot p^1 \cdot (1-p)^1 = 2 \cdot p \cdot (1-p)$$

$$f(2) = P(X = 2) = \binom{2}{2} \cdot p^2 \cdot (1-p)^0 = 1 \cdot p^2 \cdot 1 = p^2$$

Für den Erwartungswert und die Varianz ergeben sich laut Definition:

$$E(X) = 0 \cdot f(0) + 1 \cdot f(1) + 2 \cdot f(2) = 0 \cdot (1-p)^2 + 1 \cdot 2p(1-p) + 2p^2 = 2p - 2p^2 + 2p^2 = 2p$$

$$V(X) = \sigma^2 = [0^2 \cdot f(0) + 1^2 \cdot f(1) + 2^2 \cdot f(2)] - \mu^2 = [2p(1-p) + 4p^2] - 4p^2 = 2p(1-p)$$

840. Gegeben ist die binomialverteilte Zufallsvariable X. Bestimme mit der Erfolgswahrscheinlichkeit p und $n = 3$ für X den Erwartungswert μ und die Varianz σ^2.

Für die Parameter p und $n = 2$ ergeben sich $E(X) = 2p$ und $V(X) = 2p(1-p)$ und für die Parameter p und $n = 3$ die Ausdrücke $E(X) = 3p$ und $V(X) = 3p(1-p)$.

Es kann für eine binomialverteilte Zufallsvariable X mit den Parametern p und einem beliebigen natürlichen n gezeigt werden:

MERKE

Erwartungswert und Varianz

Ist X eine **binomialverteilte Zufallsvariable** mit den Parametern p und n, so gilt für den Erwartungswert und die Varianz von X: $\mu = E(X) = n \cdot p$ $\quad \sigma^2 = V(X) = n \cdot p \cdot (1-p)$

Die Formel zur Berechnung des Erwartungswerts wird auf Seite 274 allgemein bewiesen. Auf den Beweis für V(X) wird wegen seiner Schwierigkeit und Komplexität nicht eingegangen.

WS 3.2 M **841.** Bei einem Bernoulli-Experiment ist die Erfolgswahrscheinlichkeit mit p $(0 < p < 1)$ gegeben. Die Werte der binomialverteilten Zufallsvariablen X geben die Anzahl der Erfolge beim n-maligen unabhängigen Wiederholen des Versuchs an. E ist der Erwartungswert, V die Varianz und σ die Standardabweichung.
Kreuze für $n > 1$ die zutreffende(n) Aussage(n) an.

A ☐	B ☒	C ☒	D ☐	E ☒
$\sigma^2 = \sqrt{n \cdot p \cdot (1-p)}$	$\sigma = \sqrt{V(X)}$	$V(X) = n \cdot p \cdot (1-p)$	$E(X) = n \cdot (1-p)$	$E(X) = n \cdot p$

MUSTER **842.** Ein sechsseitiger Würfel wird 18-mal geworfen. Die Zufallsvariable X gibt die Anzahl der dabei auftretenden Sechser an. Bestimme und interpretiere den Erwartungswert E(X) und die Standardabweichung σ.

Die Zufallsvariable ist binomialverteilt, da jeder einzelne Wurf ein Bernoulli-Versuch mit der Erfolgswahrscheinlichkeit p ist. Für die Parameter gilt: $n = 18$ und $p = \frac{1}{6}$.
$E(X) = \mu = 18 \cdot \frac{1}{6} = 3$ und $V(X) = 18 \cdot \frac{1}{6} \cdot \frac{5}{6} = \frac{5}{2} = 2{,}5$. Daher ist $\sigma = \sqrt{2{,}5} \approx 1{,}58$
Das bedeutet: Wird der beschriebene Zufallsversuch sehr oft wiederholt, nähern sich auf lange Sicht gesehen die Werte für den Mittelwert und der empirischen Varianz der Datenreihen den Werten $\mu = 3$ und $V(X) = 2{,}5$ an. Da $\sigma \approx 1{,}58$ ist, werden es oft $3 \pm 1{,}58$, d.h. zwei bis vier Sechser, sein. Aus $3 + 2\sigma \approx 6{,}16$ folgt, dass sieben Sechser oder mehr selten sein werden. $3 - 2\sigma < 0$ bleibt unberücksichtigt.

Der Erwartungswert einer binomialverteilten Zufallsvariablen entspricht dem langfristigen Durchschnittswert (Mittelwert) der Erfolge eines Experiments. Ist die Varianz sehr klein, kann man erwarten, dass ein Großteil der Zufallsergebnisse nahe am Erwartungswert liegen. Ist die Varianz sehr groß, ist zu erwarten, dass sich die Zufallsergebnisse eher stark verteilen. Die Standardabweichung bei einer binomialverteilten Zufallsvariablen kann als Maßzahl verwendet werden, wo ungefähr die Grenze zwischen „tritt häufig ein" oder „tritt eher selten ein" liegt. Man kann sagen, dass die Erfolge „häufig" im Bereich $\mu \pm \sigma$ und „eher selten" außerhalb von $\mu \pm 2\sigma$ liegen.

WS 3.2 M **843.** Eine Münze wird 30-mal geworfen. Die Zufallsvariable X gibt die Zahl der dabei auftretenden „Kopf"-Würfe an. Berechne für X den Erwartungswert μ und die Standardabweichung σ. Interpretiere die erhaltenen Werte.

WS 3.2 M **844.** Es wird 36-mal mit einem sechsseitigen Würfel gewürfelt. Die Zufallsvariable X gibt die Anzahl der dabei auftretenden Einser an. Berechne für X den Erwartungswert μ und die Standardabweichung σ. Interpretiere die erhaltenen Werte.

WS 3.2 M **845.** Eine Maschine produziert 10 % Ausschuss. Es werden aus der Produktion 30 Artikel entnommen und untersucht. Die Zufallsvariable X gibt die Anzahl der dabei gefundenen Ausschussstücke an. Berechne für X den Erwartungswert μ und die Standardabweichung σ. Interpretiere die erhaltenen Werte.

WS 3.2 M **846.** In einer Firma werden täglich über 30 000 Schrauben produziert. Die Wahrscheinlichkeit, dass eine Schraube fehlerhaft ist, ist 5 %. Die Zufallsvariable X gibt die Anzahl der fehlerhaften Schrauben an. Wie viel Ausschuss an Schrauben kann man durchschnittlich erwarten? Wie stark streut dieser Wert?

847. Ein sechsseitiger Würfel wird 24-mal geworfen. Die Zufallsvariable X gibt die Anzahl der dabei auftretenden Fünfer an.

a) Berechne für X den Erwartungswert μ, die Varianz σ^2 und die Standardabweichung σ.
b) Bestimme die Wahrscheinlichkeit, dass X Werte annimmt, die größer als $\mu - \sigma$ und kleiner als $\mu + \sigma$ sind.
c) Bestimme die Wahrscheinlichkeit, dass X Werte annimmt, die kleiner als $\mu - \sigma$ sind.

848. Eine Münze wird 20-mal geworfen. Die Zufallsvariable X gibt die Anzahl der dabei auftretenden „Kopf"-Würfe an.

a) Berechne für X den Erwartungswert μ, die Varianz σ^2 und die Standardabweichung σ. Interpretiere die erhaltenen Werte.
b) Mit welcher Wahrscheinlichkeit kommt mindestens 10-mal „Kopf"?
c) Mit welcher Wahrscheinlichkeit nimmt die Zufallsvariable X Werte zwischen $\mu - \sigma$ und $\mu + \sigma$ an?
d) Mit welcher Wahrscheinlichkeit nimmt die Zufallsvariable X Werte an, die unter $\mu - 2\sigma$ oder über $\mu + 2\sigma$ liegen?

849. Eine Maschine produziert erfahrungsgemäß 8 % Ausschuss. Es werden aus der Produktion 125 Artikel entnommen und untersucht. Die Zufallsvariable X gibt die Anzahl der dabei gefundenen Ausschussstücke an.

a) Berechne für X den Erwartungswert μ, die Varianz σ^2 und die Standardabweichung σ. Interpretiere die erhaltenen Werte.
b) Wie groß ist die Wahrscheinlichkeit, dass die Werte für X innerhalb des Intervalls $[\mu - \sigma; \mu + \sigma]$ liegen?
c) Wie groß ist die Wahrscheinlichkeit, dass die Werte für X unterhalb von $\mu - 2\sigma$ liegen?

850. Erfahrungsgemäß weiß man, dass auf einer Fahrradtour zu 15 % eine Panne wegen eines geplatzten Reifens vorkommt. Auf einer großen Fahrradtour durch die Alpen nehmen 100 Radsportler teil. Die Zufallsvariable X gibt die Anzahl der geplatzten Reifen an.

a) Bestimme den Erwartungswert μ und die Standardabweichung σ der Zufallsvariablen.
b) Wie groß ist die Wahrscheinlichkeit, dass die Werte für X innerhalb des Intervalls $[\mu - \sigma; \mu + \sigma]$ liegen?

851. An einem Flughafen beträgt die Wahrscheinlichkeit für die Verspätung eines Fluges aufgrund des Wetters erfahrungsgemäß 3 %. In einem bestimmten Zeitraum werden 200 Flüge durchgeführt. Berechne die Wahrscheinlichkeit dafür, dass sich die Anzahl der Flüge mit wetterbedingter Verspätung um weniger als die Standardabweichung vom Erwartungswert unterscheidet.

WS 3.2 **M** **852.** Langfristige Beobachtungen haben gezeigt, dass ein Neugeborenes mit einer Wahrscheinlichkeit von $p = 51\,\%$ ein Knabe ist. Die binomialverteilte Zufallsvariable X beschreibt die Anzahl der Knaben. Es werden $n = 3\,000$ Geburten untersucht.
Berechne den Erwartungswert und die Standardabweichung der Zufallsvariablen X.

WS 3.2 **M** **853.** Die Zufallsvariable X ist binomialverteilt mit $n = 6$ und $p = \frac{1}{3}$.

X	0	1	2	3	4	5	6
P(X)	0,0878	0,2634	0,3292	0,2194	0,0823	0,0165	0,0014

μ ist der Erwartungswert und σ die Standardabweichung der Verteilung.
Berechne die Wahrscheinlichkeit $P(\mu - \sigma < X < \mu + \sigma)$.

854. Micha und Tim spielen gegeneinander Basketball. Man weiß, dass Micha aus sieben Meter Entfernung zum Korb mit einer Wahrscheinlichkeit von 0,7 den Ball versenkt, bei Tim beträgt die Wahrscheinlichkeit 0,8. Es wird 20-mal geworfen.
Die Zufallsvariable X gibt die Anzahl der versenkten Bälle von Tim und die Zufallsvariable Y die versenkten Bälle von Micha an.

a) Berechne die Anzahl der versenkten Bälle von Micha und Tim, die im langfristigen Mittel zu erwarten sind.
b) Mit welcher Wahrscheinlichkeit erzielt Micha mehr Körbe, als auf Dauer zu erwarten wäre?
c) Wie stark streuen die Werte von Micha und Tim um den Erwartungswert?
d) Mit welcher Wahrscheinlichkeit weicht für Tim die Anzahl der versenkten Bälle um weniger als σ vom Erwartungswert ab?
e) Wie oft müssten Micha bzw. Tim werfen, damit die Wahrscheinlichkeit mindestens einen Ball zu versenken 95 % übersteigt?

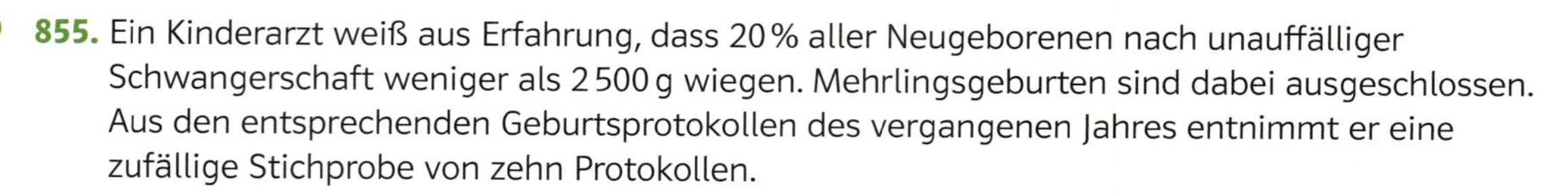

855. Ein Kinderarzt weiß aus Erfahrung, dass 20 % aller Neugeborenen nach unauffälliger Schwangerschaft weniger als 2 500 g wiegen. Mehrlingsgeburten sind dabei ausgeschlossen. Aus den entsprechenden Geburtsprotokollen des vergangenen Jahres entnimmt er eine zufällige Stichprobe von zehn Protokollen.

a) Mit wie vielen Geburtsgewichten unter 2 500 g muss der Arzt im Mittel rechnen?
b) Wie stark streuen die Geburtsgewichte unter 2 500 g um den Erwartungswert?
c) Wie groß ist die Wahrscheinlichkeit, dass mindestens ein Neugeborenes ein Geburtsgewicht unter 2 500 g hatte?
d) Wie groß ist die Wahrscheinlichkeit, dass höchstens drei Neugeborene ein Geburtsgewicht unter 2 500 g hatten?
e) Wie groß ist die Wahrscheinlichkeit, dass mindestens vier und höchstens sechs Neugeborene ein Geburtsgewicht unter 2 500 g hatten?
f) Wie viele Geburtsprotokolle müsste der Arzt kontrollieren, damit die Wahrscheinlichkeit mindestens 95 % beträgt, mindestens ein Neugeborenes mit einem Gewicht unter 2 500 g dabei zu haben?

KOMPETENZEN

10.4 Hypergeometrische Verteilung

Lernziele:

- Die Definition der hypergeometrischen Verteilung kennen
- Den Erwartungswert und die Varianz einer hypergeometrisch verteilten Zufallsvariablen bestimmen können

Wenn sich bei der wiederholten Durchführung eines Zufallsversuchs die Wahrscheinlichkeit für einen Erfolg nicht ändert und die Zufallsvariable diskret ist, liegt eine **Binomialverteilung** vor. Dies ist offensichtlich bei **Ziehvorgängen mit Zurücklegen** der Fall, nicht aber beim **Ziehen ohne Zurücklegen**. Welche Wahrscheinlichkeitsverteilung sich in einem solchen Fall ergibt, soll anhand eines Beispiels erläutert werden.

In einem Kühlschrank lagern fünf Eier, von denen drei jedoch nicht mehr in Ordnung sind. Jemand entnimmt zwei Eier. Die Zufallsvariable X gibt die Anzahl der Eier an, die nicht in Ordnung sind. X kann die Werte 0, 1 oder 2 annehmen. Man interessiert sich für die Wahrscheinlichkeit $P(X = 1)$.

Nach der Kombinatorik existieren $\binom{5}{2}$ unterschiedliche Möglichkeiten aus fünf Eiern zwei (ohne Zurücklegen) auszuwählen.

Für $X = 1$ gilt: Es werden ein schlechtes Ei und ein gutes Ei entnommen. Für das eine schlechte Ei gibt es $\binom{3}{1}$ und für das eine gute Ei $\binom{2}{1}$ unterschiedliche Möglichkeiten der Entnahme. Nach dem Zählprinzip also $\binom{3}{1} \cdot \binom{2}{1}$ günstige Fälle. Daher gilt:

$$f(1) = P(X = 1) = \frac{\binom{3}{1}\binom{2}{1}}{\binom{5}{2}} = \frac{3 \cdot 2}{10} = \frac{3}{5} = 0{,}6$$

Die Wahrscheinlichkeit, dass sich unter den zwei entnommenen Eiern ein schlechtes befindet, ist daher 0,6.

Allgemein gilt für $X = k$: Es werden k schlechte Eier und $2 - k$ gute Eier entnommen. Für die k schlechten Eier gibt es $\binom{3}{k}$ und für die $2 - k$ guten Eier $\binom{2}{2-k}$ unterschiedliche Möglichkeiten der Entnahme. Nach dem Zählprinzip also $\binom{3}{k} \cdot \binom{2}{2-k}$ günstige Fälle. Daher gilt:

$$f(k) = P(X = k) = \frac{\binom{3}{k}\binom{2}{2-k}}{\binom{5}{2}} \text{ für } 0 \leq k \leq 2 \quad \text{und} \quad f(k) = 0, \text{ wenn } k > 2$$

Weitere Verallgemeinerung des Beispiels: N ist die Anzahl der Elemente einer Grundgesamtheit, aus der n Elemente ohne Zurücklegen entnommen werden. Dafür gibt es $\binom{N}{n}$ unterschiedliche Möglichkeiten. M ist die Anzahl der Elemente mit einer bestimmten Eigenschaft. Dann haben $N - M$ Elemente diese Eigenschaft nicht. Die Zufallsvariable X gibt die Anzahl der Elemente mit der bestimmten Eigenschaft an. Interessiert man sich für die Wahrscheinlichkeit, dass die Zufallsvariable X den natürlichen Wert k annimmt, gilt:

$$P(X = k) = \frac{\binom{M}{k} \cdot \binom{N-M}{n-k}}{\binom{N}{n}}$$

Man spricht dann von einer **hypergeometrischen Wahrscheinlichkeitsverteilung** von X.

MERKE

Hypergeometrische Verteilung

Eine diskrete Zufallsvariable X mit der Wahrscheinlichkeitsverteilung

$$f(k) = P(X = k) = \frac{\binom{M}{k} \cdot \binom{N-M}{n-k}}{\binom{N}{n}} \quad (0 \leq k \leq n)$$

heißt hypergeometrisch verteilt mit den Parametern N, M und n.
N ... Anzahl der Elemente der Grundgesamtheit
n ... Anzahl der Elemente, die ohne Zurücklegen gezogen werden
M ... Anzahl der Elemente mit einer bestimmten Eigenschaft
k ... Anzahl der Elemente von n mit der bestimmten Eigenschaft

Für den Erwartungswert E(X) und die Varianz V(X) gilt (ohne Beweis):

$$E(X) = \mu = n \cdot \frac{M}{N} \qquad V(x) = \sigma^2 = n \cdot \frac{M}{N} \cdot \left(1 - \frac{M}{N}\right) \cdot \frac{N-n}{N-1}$$

Beachte: Ist die Stichprobe n im Vergleich zur Grundgesamtheit N klein (Faustregel: $\frac{n}{N} \leq 0{,}05$), kann die hypergeometrische Verteilung mit der Binomialverteilung angenähert werden.

856. Eine Firma produziert 350 elektronische Bauteile des gleichen Typs, von denen fünf defekt sind. Um die Qualität zu prüfen, untersucht der Käufer der Bauteile eine Stichprobe. Dazu werden zufällig 20 Bauteile der Produktion genommen und untersucht. Wenn mehr als ein defektes Bauteil gefunden wird, wird die Sendung zurückgeschickt. Wie viele defekte Bauteile kann man erwarten? Berechne die Wahrscheinlichkeit, dass die Warensendung wieder zurückgeschickt wird.

857. Eine Firma produziert insgesamt 200 elektronische Bauteile des gleichen Typs von denen zwei defekt sind. Um die Qualität zu prüfen, untersucht der Käufer der Bauteile eine Stichprobe. Dazu werden zufällig 20 Bauteile herausgenommen und untersucht. Wenn mehr als ein defektes Bauteil gefunden wird, wird die Sendung zurückgeschickt. Wie viele defekte Bauteile kann man erwarten?
Bestimme die Wahrscheinlichkeit, dass die Warensendung wieder zurückgeschickt wird.

858. Zur Qualitätssicherung wird aus einer Produktion eine Stichprobe von 60 Stück entnommen, von denen acht fehlerhaft sind. Der Prüfer entnimmt der Stichprobe zufällig zehn Artikel und überprüft sie.

a) Wie viele fehlerhafte Artikel kann er erwarten?
b) Ermittle die Wahrscheinlichkeit, dass genau drei der zehn Artikel fehlerhaft sind.
c) Ermittle die Wahrscheinlichkeit, dass höchstens drei der zehn Artikel fehlerhaft sind.

859. In einer Urne befinden sich 16 weiße und acht rote Kugeln. Es werden fünf Kugeln ohne Zurücklegen gezogen.

a) Berechne die Wahrscheinlichkeit, dass keine rote Kugel dabei ist.
b) Berechne die Wahrscheinlichkeit, dass genau vier weiße Kugeln gezogen werden.

Arbeitsblatt Hypergeometrische Verteilung pv49d6

860. In einer Urne befinden sich vier grüne, acht rote, sieben gelbe und fünf weiße Kugeln. Es werden fünf Kugeln ohne Zurücklegen gezogen.

a) Bestimme die Wahrscheinlichkeit, dass keine rote Kugel dabei ist.
b) Bestimme die Wahrscheinlichkeit, dass genau vier weiße Kugeln gezogen werden.

10.5 Geometrische Verteilung

KOMPETENZEN

Lernziele:

- Die Definition der geometrischen Verteilung kennen
- Den Erwartungswert und die Varianz einer geometrisch verteilten Zufallsvariablen bestimmen können

Die geometrische Verteilung ist eine diskrete Verteilung mit dem Parameter p. Man betrachtet auch hier Bernoulliversuche, also eine Folge von unabhängigen Zufallsexperimenten, die jeweils nur die Ergebnisse „Erfolg" oder „Misserfolg" haben. Bei gegebener Erfolgswahrscheinlichkeit p interessiert man sich für die Wahrscheinlichkeit, dass man genau k Versuche bis zum ersten Erfolg braucht.

Man wirft zum Beispiel einen sechsseitigen Würfel und möchte die Wahrscheinlichkeit bestimmen, dass beim sechsten Wurf die Augenzahl 1 erscheint. „Augenzahl 1" ist der gewünschte Erfolg, $k = 6$ die Anzahl der Versuche bis zum Erfolg und $p = \frac{1}{6}$ die Erfolgswahrscheinlichkeit. $1 - p = \frac{5}{6}$ ist die Wahrscheinlichkeit, dass die Augenzahl 1 nicht auftritt. Die Zufallsvariable X gibt die Anzahl der Versuche bis zum Erfolg an. Da genau 5-mal hintereinander die Augenzahl 1 nicht auftritt, gilt für die gesuchte Wahrscheinlichkeit:
$P(X = 6) = \frac{1}{6} \cdot \left(\frac{5}{6}\right)^5 \approx 0{,}067$.

MERKE

Geometrische Verteilung

Gegeben ist ein Bernoulliversuch mit der Erfolgswahrscheinlichkeit p. Die Zufallsvariable X gibt die Anzahl der Versuche bis zum ersten Erfolg an.

Die Wahrscheinlichkeitsverteilung $P(X = k) = p \cdot (1 - p)^{k-1}$ (Erfolg beim k-ten Versuch) heißt **geometrische Verteilung** mit dem Parameter p

Für den Erwartungswert E(x) und die Varianz V(X) gilt (ohne Beweis):

$$E(x) = \mu = \frac{1}{p} \qquad V(X) = \sigma^2 = \frac{1-p}{p^2}$$

861. In einer Werkstatt ist bekannt, dass 15% der Autos, die zur Reparatur kommen, einen Motorschaden haben. Die Zufallsvariable X gibt die Zahl der ankommenden Autos bis zum ersten Fahrzeug mit einem Motorschaden an.

a) Wie groß ist die Wahrscheinlichkeit, dass das 10. angekommene Auto das erste mit einem Motorschaden ist?

b) Bestimme den Erwartungswert E(X), die Varianz V(X) sowie die Standardabweichung σ.

862. Um beim „Mensch ärgere dich nicht" ansetzen zu dürfen, muss eine 6 gewürfelt werden. Die Zufallsvariable X gibt die Anzahl der Würfe an, bis das erste Mal die 6 auftritt.

a) Wie groß ist die Wahrscheinlichkeit, dass man erst beim dritten Versuch eine 6 wirft?

b) Bestimme den Erwartungswert E(X), die Varianz V(X) sowie die Standardabweichung σ.

863. Jemand hat zehn Schlüssel auf seinem Schlüsselbund, von denen einer sperrt. Er probiert einen Schlüssel. Passt dieser nicht ins Schloss, schüttelt er den Schlüsselbund und probiert erneut einen Schlüssel. Wie groß ist die Wahrscheinlicht, dass er auf diese Weise mit dem vierten ausprobierten Schlüssel die Türe öffnen kann? Die Zufallsvariable X gibt die Anzahl der Versuche an, bis der passende Schlüssel gefunden wird. Wie groß sind E(X), V(X) und σ?

ZUSAMMENFASSUNG

Anordnung und Auswahl von Elementen

Überblick über die Formeln der Kombinatorik:

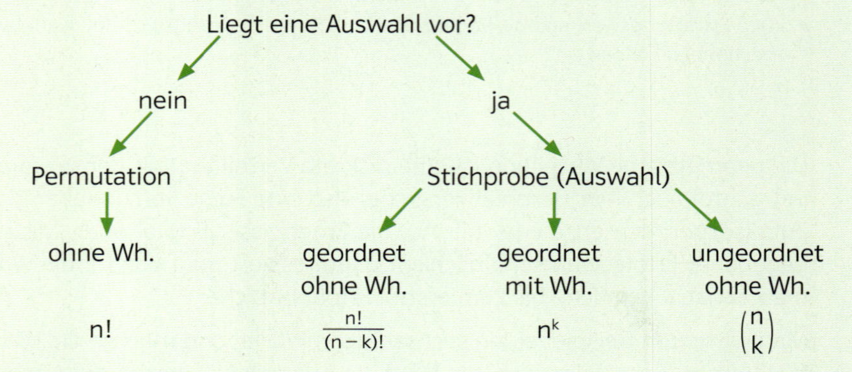

Binomialkoeffizient

$$\binom{n}{k} = \frac{n!}{(n-k)! \cdot k}$$

Binomialverteilung

Die diskrete Wahrscheinlichkeitsverteilung $P(X = k) = \binom{n}{k} \cdot p^k \cdot (1-p)^{n-k}$ heißt Binomialverteilung mit den Parameters n (Anzahl der Versuche) und p (Erfolgswahrscheinlichkeit) mit $0 \leq p \leq 1$ und $k = 0, 1, 2, 3, \ldots n$.

Erwartungswert und Varianz einer binomialverteilten Zufallsvariable X

$$\mu = E(X) = n \cdot p \qquad \sigma^2 = V(X) = n \cdot p \cdot (1-p)$$

Hypergeometrische Verteilung

Eine diskrete Zufallsvariable X mit der Wahrscheinlichkeitsverteilung

$$P(X = k) = \frac{\binom{M}{k} \cdot \binom{N-M}{n-k}}{\binom{N}{n}} \quad (0 \leq k \leq n)$$

heißt hypergeometrisch verteilt mit den Parametern N, M und n.

Erwartungswert und Varianz einer hypergeometrischverteilten Zufallsvariable X

$$E(X) = \mu = n \cdot \frac{M}{N} \qquad V(x) = \sigma^2 = n \cdot \frac{M}{N} \cdot \left(1 - \frac{M}{N}\right) \cdot \frac{N-n}{N-1}$$

Geometrische Verteilung

Die Wahrscheinlichkeitsverteilung $P(X = k) = p \cdot (1-p)^{k-1}$ (Erfolg beim k-ten Versuch) heißt geometrische Verteilung mit dem Parameter p.

Erwartungswert und Varianz einer geometrischverteilten Zufallsvariable X

$$E(x) = \mu = \frac{1}{p} \qquad V(X) = \sigma^2 = \frac{1-p}{p^2}$$

TRAINING

Vernetzung – Typ-2-Aufgaben

Typ 2 M **864.** Auf einer Autobahn muss über einen längeren Zeitraum eine Baustelle eingerichtet werden. Der Polizei ist aus einer langjährigen Statistik bekannt, dass der Anteil p der in einem Baustellenbereich kontrollierten Autofahrer mit weit überhöhter Geschwindigkeit durch die Baustelle fährt.

a) Die Zufallsvariable X beschreibt die Anzahl der Verkehrsteilnehmer, die in einem Baustellenbereich zu schnell fahren. Begründe, warum X als binomialverteilt angenommen werden kann.

b) Es wird die Geschwindigkeit von 40 Autos kontrolliert. Erkläre eine mögliche Bedeutung des Terms $(1-p)^{20} \cdot \binom{20}{10} \cdot p^{10} \cdot (1-p)^{10}$ in diesem Kontext und berechne den Wert für $p = 9\,\%$.

c) Ergänze den Satz so, dass er mathematisch korrekt ist.

Der Anteil p muss mindestens ______(1)______ betragen, damit bei der Kontrolle von ______(2)______ Autos mit einer Wahrscheinlichkeit von mindestens 95 % eines zu finden ist, das zu schnell fährt.

(1)	
9,6 %	☐
8,6 %	☐
7,6 %	☐

(2)	
10	☐
20	☐
30	☐

d) Die Zufallsvariable X gibt die Anzahl der Autofahrer an, die in einem Baustellenbereich zu schnell fahren. Gegeben ist die graphische Darstellung der Verteilungsfunktion von X, wenn die Geschwindigkeit von 20 Autos kontrolliert wird.

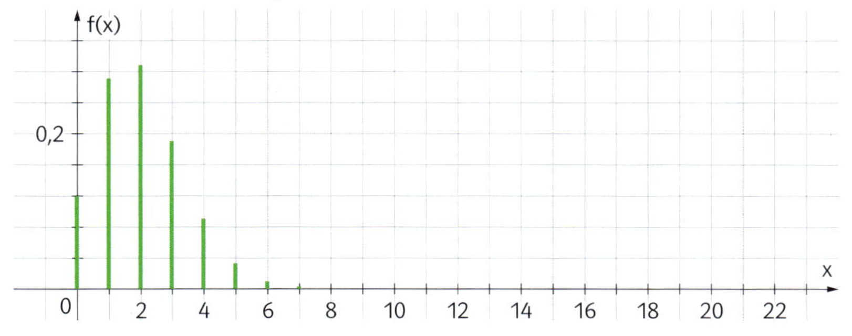

Bestimme den Anteil p der Temposünder, der der Graphik zugrunde liegt.
Berechne die Wahrscheinlichkeit, dass die Geschwindigkeit von höchstens drei kontrollierten Kraftfahrzeugen über dem erlaubten Limit liegt.

ÜBERPRÜFUNG

Selbstkontrolle

☐ Ich kann das Zählprinzip und die Formeln der Kombinatorik in Sachsituationen einsetzen.

865. Wie viele unterschiedliche Menüs lassen sich aus fünf Vorspeisen, sieben Hauptspeisen und vier Nachspeisen zusammenstellen?

866. In einem Regal stehen 15 verschiedene CDs. Wie viele unterschiedliche Anordnungen dieser CDs sind möglich?

867. Aus einer Urne mit acht Kugeln, die mit 1 bis 8 beschriftet sind, werden nacheinander vier Kugeln gezogen und die Ziffern notiert. Die gezogenen Kugeln werden nicht in die Urne zurückgelegt. So entstehen vierstellige Zahlen, z. B. 3148. Wie viele unterschiedliche Zahlen lassen sich bilden?

868. Wie viele unterschiedliche Einstellungsmöglichkeiten gibt es für ein Zahlenschloss, bei dem jede Stelle eines sechsstelligen Codes die Ziffern 0, 1, 2, 3, …, 9 enthalten kann?

869. Aus acht Bewerbern werden drei Personen für ein Projekt ausgewählt. Wie viele unterschiedliche Auswahlmöglichkeiten gibt es?

☐ Ich kann die Wahrscheinlichkeiten für eine binomialverteilte Zufallsvariable berechnen.

870. Welche Bedingungen muss eine binomialverteilte Zufallsvariable erfüllen?

WS 3.2 M **871.** Die Zufallsvariable X ist binomialverteilt mit $n = 10$ und $p = 0{,}21$. Es soll die Wahrscheinlichkeit bestimmt werden, dass die Zufallsvariable mindestens den Wert 6 annimmt. Kreuze den zutreffenden Term an.

A	$\binom{10}{0} \cdot 0{,}21^0 \cdot 0{,}79^{10} + \ldots + \binom{10}{5} \cdot 0{,}21^5 \cdot 0{,}79^5$	☐
B	$\binom{10}{6} \cdot 0{,}21^6 \cdot 0{,}79^4$	☐
C	$1 - \left[\binom{10}{6} \cdot 0{,}21^6 \cdot 0{,}79^4 + \ldots + \binom{10}{10} \cdot 0{,}21^{10} \cdot 0{,}79^0\right]$	☐
D	$1 - \left[0{,}79^{10} + \binom{10}{1} \cdot 0{,}21^1 \cdot 0{,}79^9 + \ldots + \binom{10}{5} \cdot 0{,}21^5 \cdot 0{,}79^5\right]$	☒
E	$\binom{10}{1} \cdot 0{,}21^1 \cdot 0{,}79^9 + \ldots + \binom{10}{6} \cdot 0{,}21^6 \cdot 0{,}79^4$	☐
F	$1 - \binom{10}{5} \cdot 0{,}21^5 \cdot 0{,}79^5$	☐

WS 3.2 **M** **872.** Die Zufallsvariable X ist binomialverteilt mit $n = 6$ und $p = 0{,}35$.

X	0	1	2	3	4	5	6
P(X)	0,0754	0,2437	0,328	0,2355	0,0951	0,0205	0,0018

μ ist der Erwartungswert und σ die Standardabweichung von X.
Berechne $P(\mu - \sigma < X < \mu + \sigma)$.

873. Laut Experten ist jeder zehnte Mensch von einer Lese- und Schreibschwäche betroffen. Von den Schülerinnen und Schülern einer höheren Schule werden 30 zufällig ausgewählt.

a) Mit welcher Wahrscheinlichkeit hat mindestens einer dieser Jugendlichen eine Lese- und Schreibschwäche?

b) Wie viele Schülerinnen und Schüler müssten ausgewählt werden, damit mit einer Wahrscheinlichkeit von mindestens 99 % unter diesen mindestens ein Jugendlicher mit einer Lese- und Schreibschwäche ist?

☐ Ich kann den Erwartungswert und die Standardabweichung einer binomialverteilten Zufallsvariablen berechnen.

WS 3.2 **M** **874.** Gegeben ist eine binomialverteilte Zufallsvariable X mit den Parametern $n = 50$ und $p = 40\,\%$. Bestimme den Erwartungswert μ und die Standardabweichung σ von X.

WS 3.2 **M** **875.** In einer Firma werden täglich über 10 000 Schrauben produziert. Die Wahrscheinlichkeit, dass eine Schraube defekt ist, ist 8 %. Die Zufallsvariable X gibt die Anzahl der fehlerhaften Schrauben an. Wie viel Ausschuss an Schrauben kann man durchschnittlich erwarten? Wie stark streut dieser Wert?

☐ Ich kann die Wahrscheinlichkeiten für eine hypergeometrisch verteilte Zufallsvariable berechnen.

876. Eine Firma, die Energiesparlampen erzeugt, beliefert einen Elektrogroßmarkt. Eine Lieferung von 100 Lampen enthält vier fehlerhafte. Der Lieferung werden zufällig fünf Lampen (ohne Zurücklegen) entnommen und auf ihre Funktionstüchtigkeit überprüft.
Mit welcher Wahrscheinlichkeit befindet sich unter den fünf überprüften Lampen
a) mindestens eine **b)** genau eine defekte Lampe?

☐ Ich kann die Wahrscheinlichkeiten für eine geometrisch verteilte Zufallsvariable berechnen.

877. Ein Spieler setzt beim Roulette auf seine Lieblingszahl 5.

a) Wie groß ist die Wahrscheinlichkeit, dass die Kugel erst in der 10. Spielrunde auf der 5 liegen bleibt?

b) Wie groß ist die Wahrscheinlichkeit, dass die Kugel in zehn Spielrunden nicht auf der 5 liegen bleibt?

Kompetenzcheck Stochastik

☐ WS 3.1 Die Begriffe Zufallsvariable, (Wahrscheinlichkeits-)Verteilung, Erwartungswert und Standardabweichung verständig deuten und einsetzen können

☐ WS 3.2 Binomialverteilung als Modell einer diskreten Verteilung kennen – Erwartungswert sowie Varianz/Standardabweichung binomialverteilter Zufallsgrößen ermitteln können, Wahrscheinlichkeitsverteilung binomialverteilter Zufallsgrößen angeben können, Arbeiten mit der Binomialverteilung in anwendungsorientierten Bereichen

WS 3.1 **M** **878.** In einer Urne befinden sich vier weiße und eine rote Kugel. Es wird zufällig nacheinander je eine Kugel ohne Zurücklegen aus der Urne gezogen. Die Zufallsvariable X gibt die Anzahl x der Ziehungen an, bis die rote Kugel gezogen wird.

Ergänze die Tabelle für die Wahrscheinlichkeitsverteilung und stelle sie durch ein Streckendiagramm graphisch dar.

x	1	2	3	4	5
P(X = x)	$\frac{1}{5}$	$\frac{1}{5}$	$\frac{1}{5}$	$\frac{1}{5}$	$\frac{1}{5}$

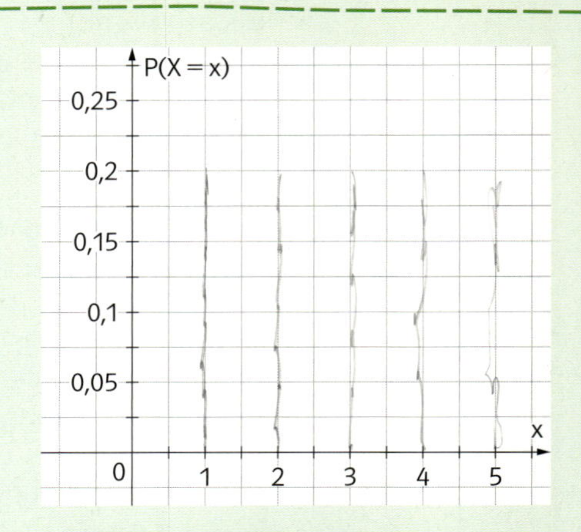

WS 3.1 **M** **879.** Gegeben ist die graphische Darstellung der Wahrscheinlichkeitsverteilung der Zufallsvariablen X. Bestimme den Erwartungswert der Zufallsvariablen.

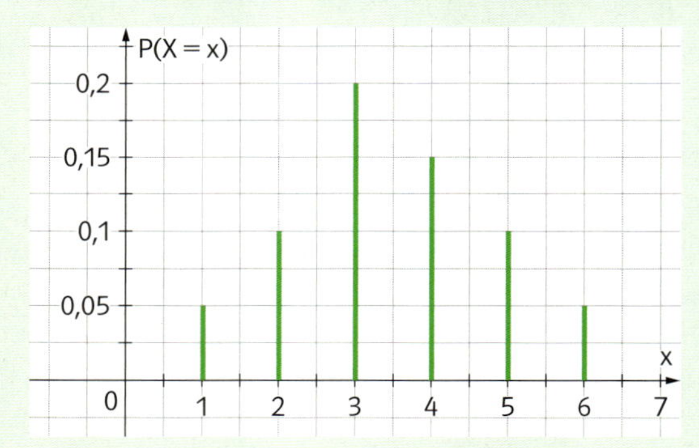

E(X) = 2,25

WS 3.2 **M** **880.** Ein Schütze hat eine Trefferwahrscheinlichkeit von 65 %. Es schießt insgesamt fünfmal auf ein Ziel.

Gib an, was der Wert $\binom{5}{3} \cdot 0{,}35^3 \cdot 0{,}65^2$ im Zusammenhang mit der Angabe aussagen könnte.

WS 3.2 **M** **881.** In einem Behälter befinden sich s schwarze und w weiße Kugeln. Insgesamt sind es zwölf Kugeln. Es werden acht Kugeln mit Zurücklegen entnommen. Die binomialverteilte Zufallsvariable X mit den Parametern $n = 8$ und p gibt an, wie viele schwarze Kugeln sich unter den acht gezogenen Kugeln befinden. Für X gilt die Wahrscheinlichkeitsverteilung:

X	0	1	2	3	4	5	6	7	8
P(X)	0,039	0,156	0,2732	0,2731	0,1707	0,0683	0,0171	0,0024	0,0002

Bestimme p und die Anzahl s der schwarzen Kugeln sowie die Anzahl w der weißen Kugeln.

WS 3.2 **M** **882.** Kreuze diejenige Graphik an, die einer Binomialverteilung mit $n = 30$ und $p = 0{,}8$ zuzuordnen ist.

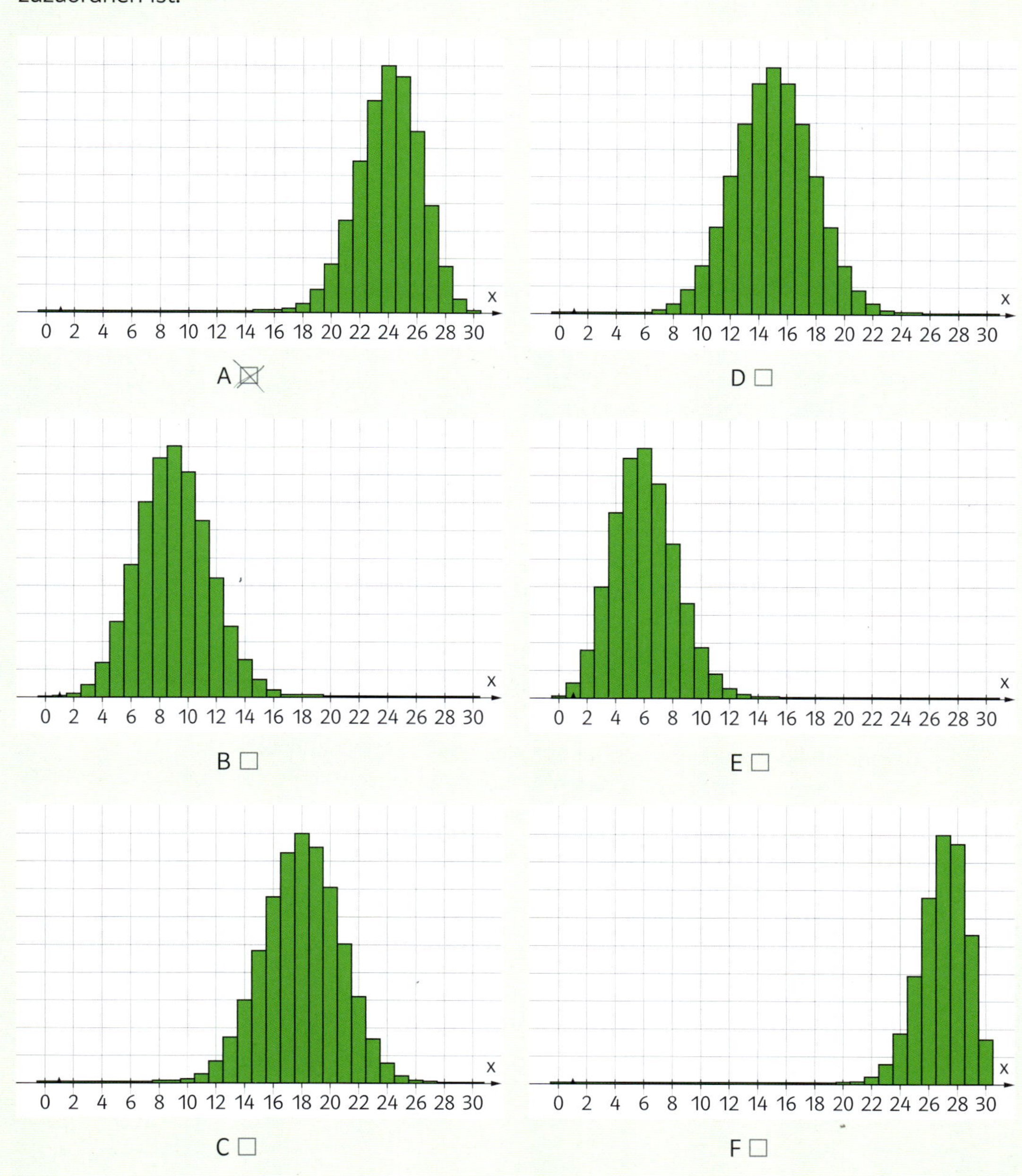

11 Komplexe Zahlen

Die menschliche Erfindung der natürlichen Zahlen war sehr nützlich, um den Mitmenschen mitzuteilen, wie viele Beutetiere man gesehen hat oder wie viele Feinde sich der eigenen Behausung gerade nähern.

Traten neue Probleme auf – zum Beispiel „Wieviel Geld hat man, wenn man mehr ausgegeben hat, als man hat?" oder „Wie kann man drei Schokoladen auf vier Leute aufteilen?" oder „Wie lang ist die Diagonale eines Quadrates?" – wurden neue Zahlen erfunden:

die negativen Zahlen, die Bruchzahlen, die irrationalen Zahlen.

DAS WORT „ZAHL" STAMMT VOM ALTDEUTSCHEN WORT „ZALA" AB UND BEDEUTET „EINKERBUNG".

Die größte Zahlenmenge, die wir bis jetzt benutzt haben, war $\mathbb{R}$, die reellen Zahlen. Mit dieser Menge können wir jedem Punkt auf der Zahlengeraden eine Zahl zuordnen. Bilden wir alle Zahlenkombinationen aus zwei oder drei reellen Zahlen, so erhalten wir den $\mathbb{R}^2$ und den $\mathbb{R}^3$ und können damit Ebenen und Räume durch Zahlen beschreiben. Aber trotz aller Erfolge mit den reellen Zahlen blieb ein Problem ungelöst.

$\sqrt{-1} = x$

Keine der unendlich vielen reellen Zahlen passt für x!

An der Lösung dieses Problems waren – wie so oft bei großen Erkenntnissen – viele Mathematiker beteiligt: Gerolamo Cardano, Leonhard Euler, Friedrich Gauß. Sie haben „einfach" neue Zahlen erfunden: die **komplexen Zahlen**.

Und wie so oft in der Mathematik hat die Lösung dieses rein innermathematischen Problems viele Anwendungen in den Naturwissenschaften und in der Technik gefunden. So werden Berechnungen der Quantenmechanik oder der Wechselstromtechnik durch deren Anwendung wesentlich vereinfacht und dadurch neue Erkenntnisse und damit unser technischer Fortschritt leichter ermöglicht.

Man kann also sagen, dass die komplexen Zahlen unser Leben ganz real beeinflussen.

Und nach diesem Kapitel wirst du nebenstehenden Cartoon vielleicht sogar lustig finden…

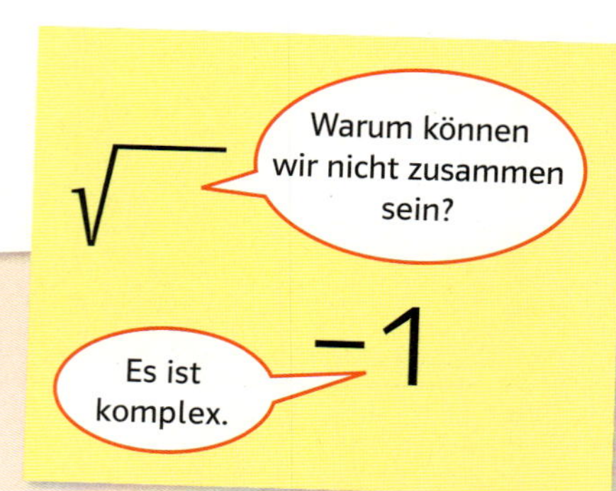

11.1 Die imaginäre Einheit

KOMPETENZEN

Lernziele:

- Die Definition der imaginären Einheit kennen
- Imaginäre und komplexe Zahlen definieren können
- Den Betrag einer komplexen Zahl bestimmen können
- Konjugiert komplexe Zahlen definieren können
- Komplexe Zahlen graphisch darstellen können

Grundkompetenz für die schriftliche Reifeprüfung:

AG 1.1 Wissen über die Zahlenmengen $\mathbb{N}$, $\mathbb{Z}$, $\mathbb{Q}$, $\mathbb{R}$, $\mathbb{C}$ verständig einsetzen können

VORWISSEN

Alle bis jetzt bekannten Zahlen lassen sich mindestens einer der Zahlmengen $\mathbb{N}$, $\mathbb{Z}$, $\mathbb{Q}$ oder $\mathbb{R}$ zuordnen.

883. Kreuze die Zahlenmenge(n) an, in der / in denen die angegebene Zahl liegt.

	$\mathbb{N}$	$\mathbb{Z}$	$\mathbb{Q}$	$\mathbb{R}$
a) $-3{,}01$	A ☐	B ☐	C ☐	D ☐
b) $-\frac{3}{12}$	A ☐	B ☐	C ☐	D ☐
c) $\sqrt{1{,}44}$	A ☐	B ☐	C ☐	D ☐
d) $-\sqrt{11}$	A ☐	B ☐	C ☐	D ☐

Betrachtet man den Ausdruck $\sqrt{-4}$ muss man feststellen, dass diese „Zahl" in keine der bereits bekannten Zahlenmengen passt. Alle Zahlenmengen haben sich durch Erweiterungen so ergeben, dass alle Rechenoperationen problemlos darin durchgeführt werden können. Warum sollte dies beim Wurzelziehen von negativen Zahlen nicht funktionieren?

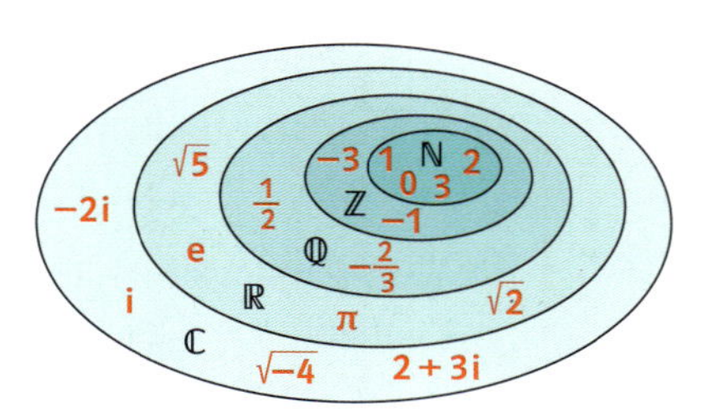

Wendet man die üblichen Rechenregeln an, lässt sich die Wurzel aus jeder negativen Zahl auf die Wurzel aus -1 zurückführen: $\sqrt{-4} = \sqrt{4 \cdot (-1)} = \sqrt{4} \cdot \sqrt{-1} = 2 \cdot \sqrt{-1}$.

Es stellt sich also die Frage, ob es eine Zahl gibt, deren Quadrat -1 ist. Deshalb definiert man:

MERKE

Imaginäre Einheit

Die imaginäre Einheit i ist jene Zahl, für die gilt: $i^2 = -1$

Für eine positive reelle Zahl a ist laut Definition die Quadratwurzel jene eindeutig bestimmte positive Zahl $\sqrt{a}$, deren Quadrat wieder a ist. Um die Eindeutigkeit des Wurzelzeichens weiter zu gewährleisten, wird definiert:

MERKE

Quadratwurzel einer negativen reellen Zahl

$\sqrt{-a} = \sqrt{a} \cdot i$ mit $a \in \mathbb{R}^+$

Im Besonderen gilt dann: $\sqrt{-1} = i$

Für $\sqrt{-4}$ ergibt sich damit die folgende neue Schreibweise: $\sqrt{-4} = 2 \cdot \sqrt{-1} = 2i$.

884. Schreibe mithilfe der imaginären Einheit an.

a) $\sqrt{-3}$ b) $\sqrt{-36}$ c) $7 + \sqrt{-2}$ d) $-5 - \sqrt{-9}$ e) $1 + \sqrt{-1}$

Es wurde mit der Einführung der imaginären Einheit ein neuer Zahlenbereich „erfunden“, in dem man auch die Quadratwurzeln aus negativen Zahlen zulässt.

MERKE

Imaginäre und komplexe Zahlen

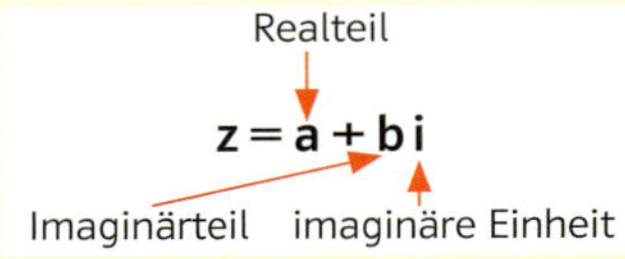

- Alle Vielfachen der imaginären Einheit $b \cdot i$ mit $b \in \mathbb{R} \setminus \{0\}$ heißen **imaginäre Zahlen**.
- Mathematische Ausdrücke der Form $a + b \cdot i$ mit $a, b \in \mathbb{R}$ heißen **komplexe Zahlen**. Diese Darstellung wird auch kartesische Darstellung genannt.
- a wird als **Realteil** und b als **Imaginärteil** der komplexen Zahl bezeichnet.
- Die Menge der komplexen Zahlen wird mit $\mathbb{C}$ bezeichnet.

885. Gib den Realteil und den Imaginärteil der komplexen Zahl an.

a) $2 + 3 \cdot i$ b) $-1{,}2 + 4 \cdot i$ c) $0 - i$ d) $7 - 8{,}2 \cdot i$ e) $-\frac{2}{3} + 0 \cdot i$

Die Existenz der komplexen Zahlen vorausgesetzt kann man feststellen, dass die reellen Zahlen $\mathbb{R}$ eine Teilmenge der Menge $\mathbb{C}$ sein müssen, da sich jede reelle Zahl a auch als komplexe Zahl schreiben lässt: $a = a + 0 \cdot i$

Beim Umgang mit Quadratwurzeln aus negativen Zahlen ist allerdings auch Vorsicht geboten:

$$-1 = i^2 = i \cdot i = \sqrt{-1} \cdot \sqrt{-1} = \sqrt{(-1) \cdot (-1)} = \sqrt{1} = 1 \quad \Rightarrow \quad \text{ein Widerspruch}$$

Wie man sieht, gilt die Rechenregel $\sqrt{a \cdot b} = \sqrt{a} \cdot \sqrt{b}$ für negative reelle Zahlen a und b nicht mehr. Aus diesem Grund sollte man die Schreibweise $\sqrt{-a}$ vermeiden und stattdessen gleich $\sqrt{a} \cdot i$ verwenden.

AG 1.1 M

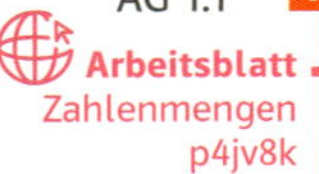

Arbeitsblatt Zahlenmengen p4jv8k

886. Kreuze die Zahlenmenge(n) an, in der/in denen die angegebene Zahl liegt.

	$\mathbb{N}$	$\mathbb{Z}$	$\mathbb{Q}$	$\mathbb{R}$	$\mathbb{C}$
a) -31	A ☐	B ☐	C ☐	D ☐	E ☐
b) $2{,}3i$	A ☐	B ☐	C ☐	D ☐	E ☐
c) $\sqrt{169}$	A ☐	B ☐	C ☐	D ☐	E ☐
d) $-7 + i$	A ☐	B ☐	C ☐	D ☐	E ☐
e) $\sqrt{-0{,}0196}$	A ☐	B ☐	C ☐	D ☐	E ☐
f) 13	A ☐	B ☐	C ☐	D ☐	E ☐

Potenzen von i

Die Potenzen der imaginären Einheit ergeben immer die reellen Zahlen 1 bzw. −1 oder die imaginären Zahlen i bzw. −i.

$i^0 = 1$ $\quad i^2 = i \cdot i = -1$ $\quad i^4 = i^2 \cdot i^2 = (-1) \cdot (-1) = 1$ $\quad i^6 = i^5 \cdot i = i \cdot i = i^2 = -1$

$i^1 = i$ $\quad i^3 = i^2 \cdot i = -1 \cdot i = -i$ $\quad i^5 = i^4 \cdot i = 1 \cdot i = i$ $\quad$ usw.

MUSTER

887. Berechne den Wert der Potenz. **a)** i^{45} **b)** $(-i)^{30}$

Es gilt $i^0 = i^4 = i^8 = i^{12} = i^{4 \cdot k} = 1$ ($k \in \mathbb{N}$). Man zerlegt daher den Exponenten in die Summe des größtmöglichen Vielfachen von 4 und dem entsprechenden Rest 0, 1, 2 oder 3.

a) $i^{45} = i^{4 \cdot 11 + 1} = i^{44} \cdot i^1 = 1 \cdot i = i$ b) $(-i)^{30} = (-1)^{30} \cdot i^{30} = i^{4 \cdot 7 + 2} = i^{28} \cdot i^2 = 1 \cdot (-1) = -1$

888. Berechne den Wert der Potenz.

a) i^{17} **b)** i^{42} **c)** $-i^{175}$ **d)** $(-i)^{8109}$ **e)** $-(-i)^{99991}$

889. Ordne den Rechnungen die passenden Ergebnisse zu.

$i^{124} + i^{12}$	$2i^{45} + 3i^{85} - i^{41}$	$i^{50} - 2i^{86} - 10i^{122}$	$i^{211} - (-i^{171})$

A	B	C	D	E	F
$4i$	2	-2	$-2i$	$-4i$	11

890. Formuliere allgemeine Regeln für die Vereinfachung der Potenzen von i.

TIPP → Betrachte die Potenzen von i mit den Exponenten $4k$, $4k+1$, $4k+2$ und $4k+3$ ($k \in \mathbb{Z}_0^+$).

AG 1.1 M **891.** Kreuze die beiden zutreffenden Aussagen an.

A	Jede rationale Zahl ist auch eine komplexe Zahl.	☒
B	Jede komplexe Zahl ist auch eine reelle Zahl.	☐
C	Die Potenzen der imaginären Einheit sind immer reelle Zahlen.	☐
D	Der Wert von i^{40} ist eine natürliche Zahl.	☒
E	Wird i mit einer ungeraden Hochzahl potenziert, ist das Ergebnis immer $-i$.	☐

TECHNOLOGIE

Imaginäre Einheit

Geogebra:	í im Menü [α] auswählen	Beispiel: $-4 + 5í$
TI-Nspire:	*i* im Menü [π >] auswählen	Beispiel: $3i$

Gaußsche Zahlenebene

Jede komplexe Zahl $a + b \cdot i$ mit dem Realteil $a \in \mathbb{R}$ und dem Imaginärteil $b \in \mathbb{R}$ ist durch das geordnete Zahlenpaar (a, b) eindeutig festgelegt. Dieses Zahlenpaar kann als Vektor (Punkt oder Pfeil) in einer Ebene interpretiert werden. Diese Ebene bezeichnet man als komplexe Zahlenebene oder Gaußsche Zahlenebene. Alle Punkte der Art (a, 0) liegen auf der waagrechten reellen (Zahlen-)Achse, die Punkte der Art (0 | b) liegen auf der senkrechten imaginären (Zahlen-)Achse. Der Koordinatenursprung (Nullpunkt) entspricht der komplexen Zahl $0 + 0 \cdot i$.

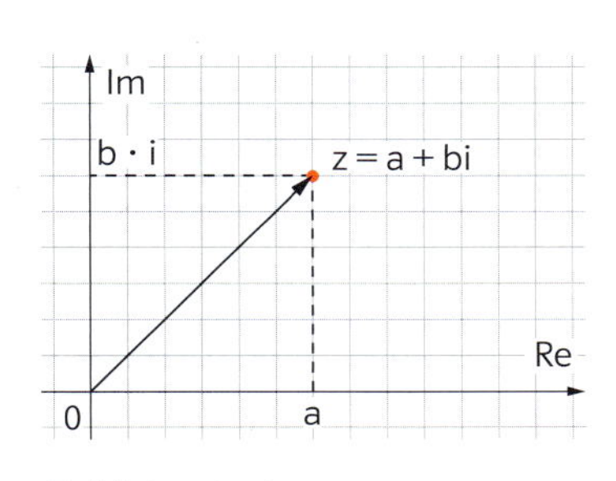

892. Stelle die komplexe Zahl als Punkt und Pfeil in der Gaußschen Zahlenebene dar.

a) $z = 3 + 4i$ **b)** $z = -1{,}5 + 6i$ **c)** $z = -9 - 10i$ **d)** $z = 24 - 32i$ **e)** $z = -4{,}8 - 5{,}5i$ **f)** $z = 33 + 44i$ **g)** $z = -5i$ **h)** $z = -6$

893. Gib die in der Gaußschen Zahlenebene als Punkte dargestellten komplexen Zahlen an.

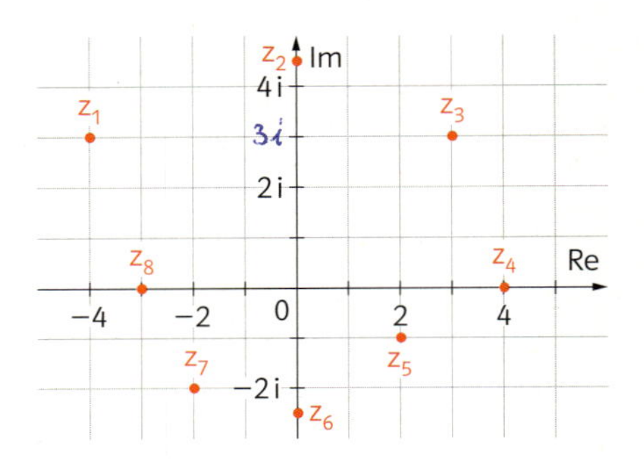

Konjugiert komplexe Zahlen

Ändert man bei einer komplexen Zahl nur das Vorzeichen des Imaginärteils, erhält man die zur komplexen Zahl konjugiert komplexe Zahl.

MERKE

Konjugiert komplexe Zahl

Ist $z = a + b \cdot i$ eine komplexe Zahl, ist $\overline{z} = a - b \cdot i$ die zu z konjugiert komplexe Zahl. (Sprich: „z quer")

MUSTER

894. Bestimme zu **a)** $z = -12 + 17i$ **b)** $z = 25$ **c)** $z = -5{,}8i$ die konjugiert komplexe Zahl.

a) $z = -12 + 17i \Rightarrow \overline{z} = -12 - 17i$

b) $z = 25 = 25 + 0 \cdot i \Rightarrow \overline{z} = 25 - 0 \cdot i = 25$

c) $z = -5{,}8i \Rightarrow \overline{z} = 5{,}8i$

895. Bestimme die konjugiert komplexe Zahl $\overline{z}$.

a) $z = 3 + 2i$ **b)** $z = -3 - 4i$ **c)** $z = -5{,}5$ **d)** $z = -5{,}5 + i$ **e)** $z = 1{,}2 + 3{,}4i$ **f)** $z = 0{,}25 - 1{,}2i$

896. Gib zur komplexen Zahl z die konjugiert komplexe Zahl $\overline{z}$ an und stelle beide Zahlen in der Gaußschen Zahlenebene dar. Wie liegen die Zahlen zueinander?

a) $z = -3 + 4i$ **b)** $z = 2 + 5i$ **c)** $z = 4 - 2i$ **d)** $z = -5 - i$

MERKE

Der **Betrag einer komplexen Zahl** $z = a + bi$ ist der Abstand von z zum Ursprung. Mit dem Satz des Pythagoras gilt: $|z| = \sqrt{a^2 + b^2}$.

MUSTER

897. Markiere alle Punkte der Gaußschen Zahlenebene, für die gilt: $|z| \leq 2$.

Es werden die komplexen Zahlen beschrieben, die auf einer Kreisscheibe (inklusive Rand) mit dem Radius 2 liegen. Für einen Kreis mit dem Mittelpunkt im Ursprung gilt: $x^2 + y^2 = r^2$. Daher muss für alle $z = a + bi$, die $|z| \leq 2$ erfüllen sollen, $a^2 + b^2 \leq 4$ gelten.

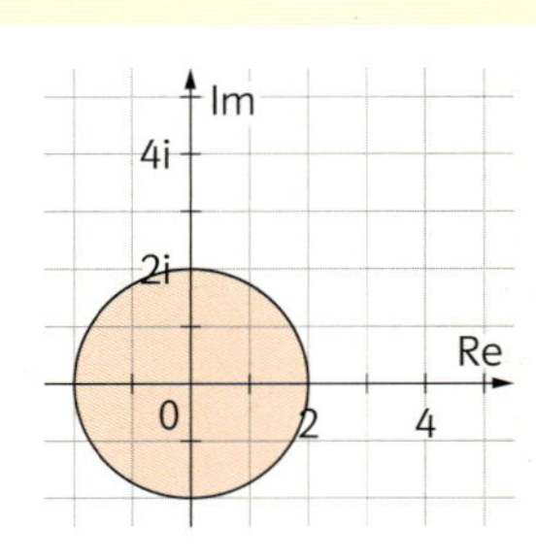

Arbeitsblatt Ordnung komplexer Zahlen b7m9sp

898. Markiere alle Punkte der komplexen Zahlenebene, für die die folgende Bedingung gilt.

a) $|z| \leq 3$ **b)** $|z| < 4$ **c)** $|z| > 2$ **d)** $|z| \geq 1$ **e)** $|z| \leq 0{,}5$ **f)** $|z| > 4{,}5$

KOMPETENZEN

11.2 Rechnen mit komplexen Zahlen in kartesischer Darstellung

Lernziele:

- Mit komplexen Zahlen die Grundrechnungsarten durchführen können

Addition und Subtraktion

Bei der Addition und Subtraktion von imaginären bzw. komplexen Zahlen in kartesischer Darstellung werden die bekannten Rechenregeln aus $\mathbb{R}$ angewendet.

MERKE

Addition/Subtraktion komplexer Zahlen

Sind $a + b \cdot i$ und $c + d \cdot i$ zwei komplexe Zahlen mit $a, b, c, d \in \mathbb{R}$, dann gilt:

$$(a + b \cdot i) + (c + d \cdot i) = (a + c) + (b + d) \cdot i$$

$$(a + b \cdot i) - (c + d \cdot i) = (a - c) + (b - d) \cdot i$$

MUSTER

899. Berechne **a)** $-4i + 11i$ **b)** $(-2 + 4i) + (1 - 10i)$ **c)** $(2 + 3i) - (-5 + i)$

a) $-4i + 11i = 7i$
b) $(-2 + 4i) + (1 - 10i) = -2 + 4i + 1 - 10i = -1 - 6i$
d) $(2 + 3i) - (-5 + i) = 2 + 3i + 5 - i = 7 + 2i$

Vorzeichenänderungen beachten!

900. Berechne die Summe bzw. die Differenz.

a) $7i + 17i$ **b)** $-8i + 10i$ **c)** $-i - 21i$ **d)** $-5i - 9i$ **e)** $(1 + 2i) + (3 - 3i)$ **f)** $(9 - 5i) - (8 + 2i)$ **g)** $(-1{,}5 + i) - (-0{,}5 + i)$ **h)** $(2 - 2{,}3i) + (-1 + 0{,}3i)$

901. Vereinfache soweit wie möglich.

a) $-12i + 7i - 8i$ **b)** $i + 2i - 3i + 4i - 5i$ **c)** $-4i + (-3 + 2i) - (6 + i)$ **d)** $(-1 + 2i) - 3i + (4 - 5i)$ **e)** $(-3 + i) - (8 + 5i) - (-1 + 2i)$ **f)** $-12 + (-7 + 13i) - (-12 + 14i)$

902. Stelle mit der imaginären Einheit dar und berechne das Ergebnis.

a) $7 \cdot \sqrt{-16} + 11 \cdot \sqrt{-9} - 9 \cdot \sqrt{-25} - \sqrt{-4}$ **b)** $-3 \cdot \sqrt{-36} - 5 \cdot \sqrt{-1} + \sqrt{-49} - 8 \cdot \sqrt{-100}$

903. Kreuze die beiden Rechnungen an, deren Ergebnisse reelle Zahlen sind.

A	$5i + 10i - (6 + 2i) + (8 - 3i)$	☐
B	$i + 2i - 3i + (11 - 5i) + 5i$	☒
C	$(4 + 6i) - (-3 + 2i) + (-7 + 10i) - 5i$	☐
D	$6i + (3 - 2i) - (-7 + i) - (6 + 2i) + (-4 - i)$	☒
E	$(1 + 3i) + (5 + 7i) + (9 + 11i) - 20$	☐

Multiplikation und Division komlexer Zahlen

Bei der Multiplikation von komplexen Zahlen werden die bekannten Rechenregeln aus $\mathbb{R}$ angewendet.

$$(a + b \cdot i) \cdot (c + d \cdot i) = a \cdot c + b \cdot c \cdot i + a \cdot d \cdot i + b \cdot d \cdot i^2 =$$
$$= a \cdot c + b \cdot c \cdot i + a \cdot d \cdot i - b \cdot d = (a \cdot c - b \cdot d) + (a \cdot d + b \cdot c) \cdot i$$

MERKE

Multiplikation komplexer Zahlen

Für zwei komplexe Zahlen $a + b \cdot i$ und $c + d \cdot i$ mit $a, b, c, d \in \mathbb{R}$ gilt:

$$(a + b \cdot i) \cdot (c + d \cdot i) = (a \cdot c - b \cdot d) + (a \cdot d + b \cdot c) \cdot i$$

MUSTER

904. Berechne das Produkt.

a) $(11 \cdot i) \cdot 5$ b) $(-9i) \cdot (-8i)$ c) $(-4 + 2i) \cdot 5$ d) $(2 - i) \cdot (-3 + 4i)$

a) $(11 \cdot i) \cdot 5 = (11 \cdot 5) \cdot i = 55i$

b) $(-9i) \cdot (-8i) = (-9) \cdot (-8) \cdot i \cdot i = 72 \cdot i^2 = 72 \cdot (-1) = -72$

c) $(-4 + 2i) \cdot 5 = -4 \cdot 5 + (2i) \cdot 5 = -20 + 10i$

d) $(2 - i) \cdot (-3 + 4i) = 2 \cdot (-3) - i \cdot (-3) + 2 \cdot 4i - i \cdot 4i = -6 + 3i + 8i - 4i^2 = -6 + 11i + 4 = -2 + 11i$

905. Berechne das Produkt.

a) $7 \cdot (8 \cdot i)$ b) $(12 \cdot i) \cdot 6$ c) $(15i) \cdot (6i)$ d) $(-10i) \cdot (21i)$ e) $6 \cdot (-2 + 11i)$ f) $-2i \cdot (3 - 10i)$ g) $(2 + 9i) \cdot (-1 + 8i)$ h) $(-1 + 2i) \cdot (-3 - 4i)$

906. Kreuze die beiden zutreffenden Aussagen an.

A	B	C	D	E
$(-3i) \cdot (-2i) = 6i$	$(2 + i) \cdot i = 1 + 2i$	$(-6i) \cdot i = 6$	$-i \cdot (1 - i) = 1 - i$	$-i \cdot (1 + i) = 1 - i$
☐	☐	☐	☐	☐

907. Gegeben sind die komplexen Zahlen $z_1 = -2 + 5i$, $z_2 = 6 + i$ und $z_3 = -3i$. Ermittle das Ergebnis.

a) $z_1 \cdot z_2$ b) $z_1 \cdot z_2 \cdot z_3$ c) $3z_1 - 2z_3$ d) $-4z_2 + 3z_3$ e) $2z_1 - 3z_2 + 5z_3$ f) $-5z_1 + 6z_2 - 4z_3$

MUSTER

908. Berechne die Potenz.

a) $(-2 + 9i)^2$ b) $(1 - 2i)^3$

Verwende die binomischen Formeln und die Potenzen von i, um die Werte der Potenzen zu berechnen.

a) $(-2 + 9i)^2 = (-2)^2 + 2 \cdot (-2) \cdot 9i + (9i)^2 = 4 - 36i + 81i^2 = 4 - 36i - 81 = -77 - 36i$

b) $(1 - 2i)^3 = 1^3 - 3 \cdot 1^2 \cdot 2i + 3 \cdot 1 \cdot (2i)^2 - (2i)^3 = 1 - 6i + 3 \cdot 4i^2 - 8i^3 = 1 - 6i - 12 + 8i = -11 + 2i$

909. Berechne die Potenz.

a) $(4 + 5i)^2$ b) $(-2 + 8i)^2$ c) $(-1 - 7i)^2$ d) $(2 + 3i)^3$ e) $(4 - i)^3$

910. Multipliziere die komplexe Zahl z mit der konjugiert komplexen Zahl $\overline{z}$. Was fällt dir auf?

a) $z = -7 + 2i$ b) $z = 3 - i$ c) $z = -6i$ d) $z = -0,5 - 0,25i$

MERKE

Multiplikation einer komplexen Zahl mit der zugehörigen konjugiert komplexen Zahl

Wird eine komplexe Zahl $z = a + b \cdot i$ ($a, b \in \mathbb{R}$) mit der konjugiert komplexen Zahl $\bar{z} = a - b \cdot i$ multipliziert, ist das Ergebnis immer eine reelle Zahl:

$$z \cdot \bar{z} = (a + b \cdot i) \cdot (a - b \cdot i) = a^2 - (b \cdot i)^2 = a^2 - b^2 \cdot i^2 = a^2 - b^2 \cdot (-1) = a^2 + b^2$$

Das Produkt ist die Summe der Quadrate von Real- und Imaginärteil.

Damit gilt für den **Betrag einer komplexen Zahl** $|z| = \sqrt{z \cdot \bar{z}}$.

Betrachtet man die Erkenntnis aus dem Merkkasten sieht man, dass es in der Menge der komplexen Zahlen auch eine Formel für die Zerlegung des Terms $a^2 + b^2 = (a + b \cdot i) \cdot (a - b \cdot i)$ gibt. In $\mathbb{R}$ konnte man nur Terme der Art $a^2 - b^2 = (a + b) \cdot (a - b)$ in Faktoren zerlegen.

911. Zerlege in ein Produkt zweier zueinander konjugiert komplexer Zahlen.

a) $9x^2 + y^2$ b) $u^2 + 1$ c) $9y^2 + 4$ d) $16v^2 + 36w^2$ e) $1 + 100x^2$

Bei der Division von zwei komplexen Zahlen greift man auf die Erkenntnisse mit konjugiert komplexen Zahlen zurück. Es wird mit der konjugiert komplexen Zahl des Nenners erweitert.

$$\frac{a+bi}{c+di} = \frac{(a+bi)(c-di)}{(c+di)(c-di)} = \frac{(ac+bd)+(bc-ad)i}{c^2+d^2} = \frac{ac+bd}{c^2+d^2} + \frac{bc-ad}{c^2+d^2}i$$

MERKE

Division komplexer Zahlen

Zwei komplexe Zahlen werden dividiert, indem man die Division als Bruch anschreibt und mit der konjugiert komplexen Zahl des Nenners erweitert.

MUSTER

912. Berechne den Quotienten a) $(2 - 4i) : (-1 + 3i)$ b) $(-5 + 2i) : (-i)$

Man schreibt einen Bruch und erweitert mit der konjugiert komplexen Zahl des Nenners.

a) $(2 - 4i) : (-1 + 3i) = \frac{2-4i}{-1+3i} = \frac{(2-4i)(-1-3i)}{(-1+3i)(-1-3i)} = \frac{-2+4i-6i+12i^2}{(-1)^2+3^2} = \frac{-2+4i-6i-12}{10} = \frac{-14-2i}{10} = -\frac{7}{5} - \frac{1}{5}i$

b) $(-5 + 2i) : (-i) = \frac{-5+2i}{-i} = \frac{(-5+2i) \cdot i}{-i \cdot i} = \frac{-5i+2i^2}{-i^2} = \frac{-5i-2}{-(-1)} = -2 - 5i$

913. Berechne den Quotienten.

a) $(-2 + 3i) : (1 - 2i)$ c) $1 : (3 + i)$ e) $(7 - 12i) : (-i)$ g) $-i : (4 + 5i)$
b) $(3 - 7i) : (-3 + 2i)$ d) $-5 : (-3 + 4i)$ f) $(-1 - 9i) : i$ h) $i : (-2 + i)$

914. Berechne die Quotienten $\frac{z_1}{z_2}$ und $\frac{z_2}{z_1}$.

a) $z_1 = -1 + i$; $z_2 = 1 + 4i$ c) $z_1 = -5 + 2i$; $z_2 = 2 - 5i$ e) $z_1 = 10$; $z_2 = 4 + 3i$
b) $z_1 = i$; $z_2 = -1 - i$ d) $z_1 = -4$; $z_2 = -10 + 5i$ f) $z_1 = -5 + i$; $z_2 = -2 - i$

915. Vervollständige den folgenden Satz, sodass er mathematisch korrekt ist.

Bestimmt man den Quotienten $(2 + 3i) : (2 - 4i)$, so hat der ____(1)____ den Wert ____(2)____.

(1)	
Realteil	☐
Imaginärteil	☐
Nenner	☐

(2)	
0,4	☐
2	☐
0,7	☐

11.3 Lösen von Gleichungen

KOMPETENZEN

Lernziele:

- Quadratische Gleichungen in $\mathbb{C}$ lösen können
- Die Anzahl und die Art der Lösungen einer quadratischen Gleichung interpretieren können
- Den Satz von Vieta in $\mathbb{C}$ anwenden können

Grundkompetenz für die schriftliche Reifeprüfung:

AG 2.3 Quadratische Gleichungen in einer Variablen umformen/lösen, über Lösungsfälle Bescheid wissen, Lösungen und Lösungsfälle [...] deuten können

VORWISSEN

In Lösungswege 5 wurden bereits verschiedene Fälle, die beim Lösen einer quadratischen Gleichung auftreten können, besprochen.

916. Wie viele Lösungen hat die quadratische Gleichung in der Menge $\mathbb{R}$?

a) $x^2 - 6x - 16 = 0$
b) $2x^2 = x + 1$
c) $9x^2 - 24x + 16 = 0$
d) $4x^2 + 1 = 0$
e) $x^2 + 2x + 4 = 0$
f) $16x^2 - 8x = -1$

AG 2.3 M **917.** Vervollständige den Satz so, dass er mathematisch korrekt ist.

Eine normierte quadratische Gleichung der Form $x^2 + px + q = 0$ hat ___(1)___, wenn für die Parameter p und q ___(2)___ gilt.

(1)	
eine reelle Lösung	☐
zwei reelle Lösungen	☐
keine reelle Lösung	☒

(2)	
$\frac{p^2}{2} - q < 0$	☐
$p^2 < 4q$	☒
$p^2 < 2q$	☐

Quadratische Gleichungen

Quadratische Gleichungen, bei denen beim Lösen negative Diskriminanten aufgetreten sind, waren bis zur Einführung der komplexen Zahlen unlösbar. In der Menge $\mathbb{C}$ haben jedoch alle quadratischen Gleichungen Lösungen.

MUSTER

918. Löse die Gleichung $x^2 + 8x + 41 = 0$.

$$x_{1,2} = -\frac{8}{2} \pm \sqrt{\left(\frac{8}{2}\right)^2 - 41} = -4 \pm \sqrt{16 - 41} = -4 \pm \sqrt{-25}$$

Die Gleichung hat die beiden (zueinander konjugiert) komplexen Lösungen

$z_1 = -4 - 5i$ und $z_2 = -4 + 5i$.

Die Anzahl und die Art der Lösungen hängen von der Zahl unterhalb der Wurzel, der Diskriminante D, ab.

MERKE

Lösungen einer quadratischen Gleichung

Eine allgemeine quadratische Gleichung $a x^2 + b x + c = 0$ mit $a, b, c \in \mathbb{R}$ besitzt in der Menge $\mathbb{C}$ mindestens eine Lösung.

- Die Gleichung hat eine reelle Lösung, wenn $D = b^2 - 4ac = 0$.
- Die Gleichung hat zwei reelle Lösungen, wenn $D = b^2 - 4ac > 0$.
- Die Gleichung hat zwei zueinander konjugiert komplexe Lösungen, wenn $D = b^2 - 4ac < 0$.

919. Löse die Gleichung in der Menge $\mathbb{C}$ und mache die Probe.

a) $x^2 + 17x + 72 = 0$ b) $2x^2 = 3x + 5$ c) $x^2 + 8x + 25 = 0$ d) $16x^2 = -8x - 5$ e) $25x^2 - 10x + 1 = 0$ f) $4x^2 - 28x + 49 = 0$

920. Löse die Gleichung in der Menge $\mathbb{C}$ und mache die Probe.

a) $x^2 - 10x + 34 = 0$ b) $x^2 - 4x + 53 = 0$ c) $9x^2 = 6x - 26$ d) $4x^2 - 12x = -25$ e) $x(10 - x) = 40$ f) $4x \cdot (4x - 12) = -37$

AG 2.3 M **921.** Gegeben ist die Gleichung $(x - 5)^2 = a$. Bestimme alle Werte $a \in \mathbb{R}$, für die die Gleichung keine reelle Lösung besitzt.

AG 2.3 M **922.** Ordne jeder Lösungsmenge die passende quadratische Gleichung zu.

$L = \{5\}$	$L = \{\}$	$L = \{0; 5\}$	$L = \{-5; 5\}$
D	C	B	F

A	B	C	D	E	F
$(x + 5)^2 = 0$	$x \cdot (x - 5) = 0$	$-x^2 = 25$	$(x - 5)^2 = 0$	$x \cdot (x + 5) = 0$	$(x - 5)(x + 5) = 0$

923. Gib eine Gleichung an, die die gegebene Bedingung erfüllt.

a) Die Gleichung ist in der Menge $\mathbb{R}$, aber nicht in der Menge $\mathbb{Q}$ lösbar.
b) Die Gleichung ist in der Menge $\mathbb{C}$, aber nicht in der Menge $\mathbb{R}$ lösbar.

MUSTER

924. Die quadratische Gleichung $x^2 - 6x + 10 = 0$ hat die Lösungen $z_1 = 3 + i$ und $z_2 = 3 - i$.
Zeige: **1)** $x^2 + 6x + 10 = (x - z_1) \cdot (x - z_2)$ **2)** $6 = -(z_1 + z_2)$ **3)** $10 = z_1 \cdot z_2$.

1) $(x - z_1) \cdot (x - z_2) = (x - (3 + i)) \cdot (x - (3 - i)) = x^2 - (3 + i)x - (3 - i)x + (3 - i) \cdot (3 + i) =$
$= x^2 - 3x + ix - 3x - ix + 9 + 1 = x^2 - 6x + 10$

2) $-(z_1 + z_2) = -(3 + i + 3 - i) = -6$

3) $z_1 \cdot z_2 = (3 + i) \cdot (3 - i) = 3^2 + 1^2 = 10$

Man erkennt, dass auch im komplexen Fall der quadratische Term in ein Produkt linearer Faktoren zerlegt werden kann und der Satz von Vieta seine Gültigkeit behält.

925. Zerlege den Term in ein Produkt von Linearfaktoren.

a) $x^2 + 14x + 53$ b) $x^2 - x - 132$ c) $4x^2 + 4x + 82$ d) $x^2 + 10x + 41$ e) $2x^2 + x - 45$

926. Bestimme die Gleichung $x^2 + px + q = 0$ ($p, q \in \mathbb{R}$), die die Lösungen z_1 und z_2 besitzt.

a) $z_1 = 1 + 6i$, $z_2 = 1 - 6i$ b) $z_1 = -6 + 4i$, $z_2 = -6 - 4i$ c) $z_1 = 6i$, $z_2 = -6i$

11.4 Fundamentalsatz der Algebra

KOMPETENZEN

Lernziele:

- Den Fundamentalsatz der Algebra kennen

Grundkompetenz für die schriftliche Reifeprüfung:

FA 4.4 Den Zusammenhang zwischen dem Grad der Polynomfunktion und der Anzahl der Nullstellen [...] wissen [Erkennen des Fundamentalsatzes der Algebra]

Nach dem Satz von Vieta kann man den quadratischen Term der Gleichung $x^2 + px + q = 0$ $(p, q \in \mathbb{R})$ mit den Lösungen x_1 und x_2 in ein Produkt von Linearfaktoren zerlegen.
Es gilt: $x^2 + px + q = (x - x_1)(x - x_2)$. Für die Lösungen können drei Fälle unterschieden werden:
1) $x_1 \neq x_2 \in \mathbb{R}$, d.h. es gibt zwei verschiedene reelle Lösungen.
2) $x_1 = x_2 \in \mathbb{R}$, d.h. es gibt eine reelle Doppellösung.
3) x_1 und x_2 sind zwei konjugiert komplexe Zahlen.

MUSTER

927. Zerlege den quadratischen Term der Gleichung in ein Produkt von Linearfaktoren.

a) $3x^2 + 17x - 28 = 0$ **b)** $x^2 - 22x + 121 = 0$ **c)** $x^2 - 2x + 10 = 0$

Man hebt gegebenenfalls den Koeffizienten des quadratischen Gliedes heraus und setzt für p bzw. q die entsprechenden Werte in die „kleine Lösungsformel" für quadratische Gleichungen der Art $x^2 + px + q = 0$ ein: $x_1 = -\frac{p}{2} - \sqrt{\left(-\frac{p}{2}\right)^2 - q}$ bzw. $x_2 = -\frac{p}{2} + \sqrt{\left(-\frac{p}{2}\right)^2 - q}$

a) Es ist $3x^2 + 17x - 28 = 3\left(x^2 + \frac{17}{3}x - \frac{28}{3}\right)$. Für $p = \frac{17}{3}$ und $q = -\frac{28}{3}$ erhält man

$$x_1 = -\frac{17}{6} - \sqrt{\left(-\frac{17}{6}\right)^2 + \frac{28}{3}} = -7 \quad \text{bzw.} \quad x_2 = -\frac{17}{6} - \sqrt{\left(-\frac{17}{6}\right)^2 + \frac{28}{3}} = \frac{4}{3}.$$

Damit ergibt sich die Zerlegung $3x^2 + 17x - 28 = 3(x + 7)\left(x - \frac{4}{3}\right)$.

b) Für $p = -22$ und $q = 121$ erhält man: $x_1 = 11 - \sqrt{11^2 - 121} = 11$ bzw. $x_2 = 11 + \sqrt{11^2 - 121} = 11$.
Es gilt dann: $x^2 - 22x + 121 = (x - 11)(x - 11) = (x - 11)^2$

c) Für $p = -2$ und $q = 10$ erhält man $x_1 = 1 - \sqrt{1^2 - 10} = 1 - \sqrt{-9} = 1 - 3i$ bzw.
$x_2 = 1 + \sqrt{1^2 - 10} = 1 + \sqrt{-9} = 1 + 3i$. Es gilt dann: $x^2 - 2x + 10 = (x - 1 + 3i)(x - 1 - 3i)$

928. Zerlege den quadratischen Term der Gleichung in ein Produkt von Linearfaktoren.

a) $4x^2 + 12x + 9 = 0$ **b)** $x^2 - 4x + 5 = 0$ **c)** $5x^2 - 53x - 84 = 0$ **d)** $x^2 - 10x + 29 = 0$

Betrachtet man die allgemeine quadratische Funktion $f(x) = ax^2 + bx + c$ (mit $a, b, c \in \mathbb{R}$, $a \neq 0$) gibt es nach den obigen Überlegungen entweder zwei verschiedene reelle Nullstellen, eine reelle Doppelnullstelle bzw. keine Schnittstellen mit der waagrechten Koordinatenachse.

Eine algebraische Gleichung $ax^3 + bx^2 + cx + d = 0$ bzw. eine Polynomfunktion $f(x) = ax^3 + bx^2 + cx + d$ dritten Grades mit den reellen Koeffizienten a $(\neq 0)$, b, c und d kann nun drei Lösungen bzw. Nullstellen x_1, x_2 und x_3 haben, und es kann nach dem Satz von Vieta gefolgert werden: $ax^3 + bx^2 + cx + d = a(x - x_1)(x - x_2)(x - x_3)$
Für die Lösungen können von dieser Zerlegung ausgehend folgende Fälle unterschieden werden:
1) $x_1 \neq x_2 \neq x_3 \in \mathbb{R}$, d.h. es gibt drei verschiedene reelle Lösungen.
2) $x_1 = x_2 = x_3 \in \mathbb{R}$, d.h. es gibt eine dreifache reelle Lösung.
3) $x_1 = x_2 \in \mathbb{R}$, $x_3 \in \mathbb{R}$ und $x_3 \neq x_{1,2}$, d.h. es gibt zwei reelle Lösungen mit einer Doppellösung.
4) $x_1 \in \mathbb{R}$, x_2 und x_3 sind zwei konjugiert komplexe Lösungen.

Drei komplexe Lösungen sind nicht möglich, da dann die Koeffizienten des Terms dritten Grades nicht mehr reell sind! Man erkennt, dass eine algebraische Gleichung dritten Grades immer mindestens eines reelle Lösung besitzt. Die entsprechende Polynomfunktion dritten Grades hat daher immer mindestens eine reelle Nullstelle.

FA 4.4 M **929.** Gegeben sind Aussagen über die Lösungen bzw. die Nullstellen algebraischer Gleichungen bzw. Polynomfunktionen zweiten und dritten Grades. Kreuze die zutreffende(n) Aussage(n) an.

A	Eine algebraische Gleichung zweiten Grades mit reellen Koeffizienten kann eine reelle und eine komplexe Lösung besitzen.	☐
B	Eine Polynomfunktion dritten Grades mit reellen Koeffizienten kann eine reelle und zwei komplexe Nullstellen besitzen.	☒
C	Eine algebraische Gleichung dritten Grades mit reellen Koeffizienten kann drei komplexe Lösungen besitzen.	☐
D	Eine Polynomfunktion dritten Grades mit reellen Koeffizienten hat mindestens eine reelle Nullstelle.	☒
E	Die Lösungen einer algebraischen Gleichung zweiten Grades mit reellen Koeffizienten können konjugiert komplex sein.	☒

930. Gegeben sind Aussagen über die Lösungen x_1, x_2, x_3 und x_4 einer algebraischen Gleichung vierten Grades $ax^4 + bx^3 + cx^2 + dx + e = a(x - x_1)(x - x_2)(x - x_3)(x - x_4) = 0$ ($a \neq 0$, $b, c, d, e \in \mathbb{R}$). Entscheide, ob die Aussagen richtig oder falsch sind.

	richtig	falsch
1) $x_1, x_2, x_3, x_4 \in \mathbb{R}$ alle verschieden	☐	☐
2) x_1 und x_2 sind konjugiert komplex, $x_3 \neq x_4 \in \mathbb{R}$	☐	☐
3) $x_1, x_2, x_3 \in \mathbb{C}$ alle verschieden, $x_4 \in \mathbb{R}$	☐	☐
4) $x_1 = x_2 \in \mathbb{R}$; $x_3 \neq x_4 \in \mathbb{R}$	☐	☐
5) $x_1 \in \mathbb{C}$; $x_2, x_3, x_4 \in \mathbb{R}$	☐	☐
6) $x_1 = x_2 \in \mathbb{R}$; x_3 und x_4 sind konjugiert komplex	☐	☐
7) x_1 und x_2 sowie x_3 und x_4 sind jeweils konjugiert komplex	☐	☐
8) $x_1, x_2, x_3, x_4 \in \mathbb{C}$ alle verschieden	☐	☐
9) $x_1 = x_2 \in \mathbb{R}$ und $x_3 = x_4 \in \mathbb{R}$	☐	☐

Die Anzahl und die Art der Lösungen (reell oder komplex) einer algebraischen Gleichung hängen vom Grad der Gleichung ab. Der berühmte deutsche Mathematiker Carl Friedlich Gauss (1777–1855) verallgemeinerte in seiner Dissertation 1799 die Tatsache über die Existenz von Lösungen für algebraische Gleichungen in einem mathematischen Satz.

Carl Friedrich Gauß

MERKE

Fundamentalsatz der Algebra

Jede algebraische Gleichung vom Grad n ($n \geq 1$) hat in der Menge $\mathbb{C}$ der komplexen Zahlen mindestens eine Lösung.
Werden die Lösungen in ihrer Vielfachheit gezählt, kann man sogar sagen, dass jede algebraische Gleichung vom Grad n in der Menge $\mathbb{C}$ genau n Lösungen besitzt, d.h. in der Menge $\mathbb{C}$ immer lösbar ist.

Der Fundamentalsatz der Algebra ist eine reine Existenzaussage. Es wird nur gesagt, dass es zumindest eine Lösung geben muss, und nichts darüber, wie man diese Lösung finden kann.

11.5 Polardarstellung von komplexen Zahlen

KOMPETENZEN

Lernziele:

- Die Polardarstellung komplexer Zahlen angeben können
- Das Argument einer komplexen Zahl bestimmen können
- Die Polarkoordinaten in die kartesische Darstellung umrechnen können

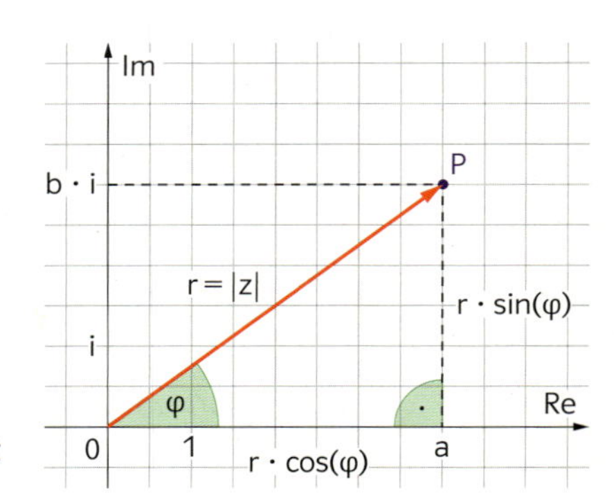

Jeder komplexen Zahl $z = a + b \cdot i$ entspricht in der Gaußschen Zahlenebene ein eindeutig festgelegter Punkt $P = (a \mid b)$. Wie schon bekannt, kann dieser durch seine Polarkoordinaten $P = (r; \varphi)$ dargestellt werden.

Dabei ist $r = |z|$ der Abstand von P vom Nullpunkt und wird als **Betrag** der komplexen Zahl bezeichnet. Nach dem Satz von Pythagoras gilt: $r = |z| = \sqrt{a^2 + b^2}$

Der Winkel $\varphi \in [0\,\text{rad}; 2\pi\,\text{rad})$ bzw. $[0°; 360°)$, den r mit der positiven reellen Achse einschließt, heißt **Argument** der komplexen Zahl.

Zur Berechnung von φ verwendet man $\tan(\varphi) = \frac{b}{a}$.

Aufgrund der Definition von Sinus und Cosinus im rechtwinkligen Dreieck gelten auch die Zusammenhänge: $\cos(\varphi) = \frac{a}{r} \Rightarrow a = r \cdot \cos(\varphi)$ $\quad \sin(\varphi) = \frac{b}{r} \Rightarrow b = r \cdot \sin(\varphi)$

MERKE

Polardarstellung/Polarkoordinaten einer komplexen Zahl

Ist $z = a + b \cdot i$ $(z \neq 0)$ eine komplexe Zahl, gilt:

$r = |z| = \sqrt{a^2 + b^2}$ $\quad \tan(\varphi) = \frac{b}{a}$ $\quad (a \neq 0)$

$a = r \cdot \cos(\varphi)$ $\quad b = r \cdot \sin(\varphi)$

$z = a + b \cdot i = r \cdot \cos(\varphi) + r \cdot \sin(\varphi) \cdot i = r \cdot (\cos(\varphi) + i \cdot \sin(\varphi)) = (r; \varphi)$

kartesische Darstellung (für $a + b \cdot i$) — Polardarstellung (für $r \cdot (\cos(\varphi) + i \cdot \sin(\varphi))$) — Polarkoordinaten (für $(r; \varphi)$)

MUSTER

931. Stelle die komplexe Zahl $z = 12 - 35i$ in Polardarstellung bzw. in Polarkoordinaten dar.

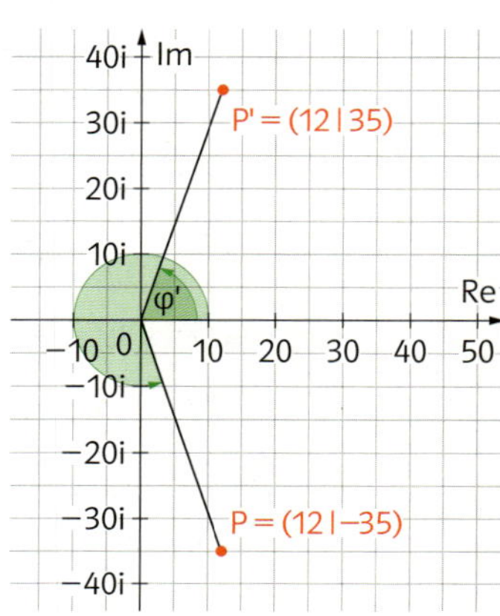

$r = |z| = \sqrt{a^2 + b^2} = \sqrt{12^2 + (-35)^2} = \sqrt{1369} = 37$

$\tan(\varphi) = \frac{b}{a} = \frac{-35}{12}$

Berechne zuerst das Maß des spitzen Winkel

$\varphi' = \tan^{-1}\left(\frac{35}{12}\right) \approx 71{,}08°$.

Das gesuchte Argument φ ist zwischen 270° und 360°, da der Punkt $P = (12 \mid -35)$ im vierten Quadranten liegt. Aufgrund der Symmetrieeigenschaften ergibt sich für $\varphi = 360° - \varphi' \approx 288{,}92°$.

$z = 12 - 35i \approx 37 \cdot (\cos(288{,}92°) + i \cdot \sin(288{,}92°)) =$

$= (37; 288{,}92°)$

Allgemein bestimmt man das zur komplexen Zahl $z = a + bi$ gehörigen Argument wie folgt: Man ermittelt $\varphi' = \tan^{-1}\left(\left|\frac{b}{a}\right|\right)$, das für $a > 0$ und $b > 0$ dem gesuchten Argument φ entspricht. In den anderen Quadranten ermittelt man das Argument gemäß der folgenden Skizzen.

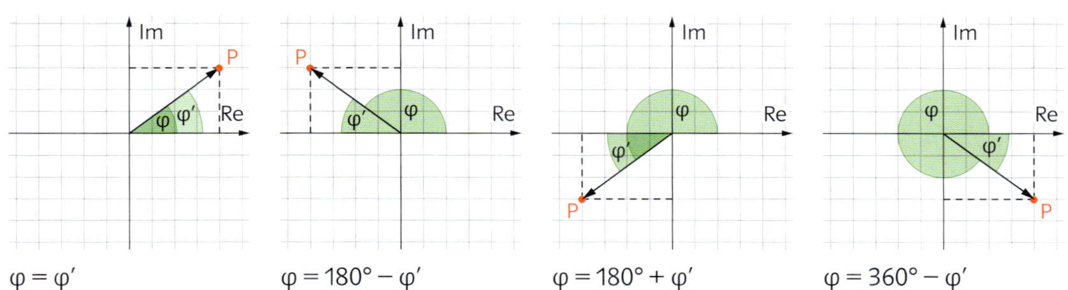

$\varphi = \varphi'$ $\varphi = 180° - \varphi'$ $\varphi = 180° + \varphi'$ $\varphi = 360° - \varphi'$

TECHNOLOGIE

Polardarkoordinaten

Geogebra:	InPolar[komplexe Zahl]	Beispiel: InPolar[3 + 4 i] = (5; 53.13°)
TI-Nspire:	(komplexe Zahl) ► Polar	Beispiel: (−3 + 4 i) ► Polar = (5 ∡ 126.87)

932. Stelle die komplexe Zahl in Polardarstellung und in Polarkoordinaten dar.

a) $z = 21 + 28i$
b) $z = -28 + 45i$
c) $z = -39 - 52i$
d) $z = 9 - 40i$
e) $z = -20 - 48i$
f) $z = 8 - 15i$

933. Vervollständige den Satz, sodass er mathematisch korrekt ist.

Die komplexe Zahl $z = -28 - 96i$ hat den Betrag ____(1)____ und das Argument ____(2)____.

(1)	
150	☐
50	☐
100	☐

(2)	
73,7°	☐
253,7°	☐
106,3°	☐

934. Gegeben ist die komplexe Zahl $z = a + b \cdot i$ mit $a < 0$ und $b > 0$. Kreuze die beiden zutreffenden Aussagen an.

A	Für den Betrag gilt $r = \lvert z \rvert = \sqrt{a^2 - b^2}$.	☐
B	Das Maß des Polarwinkels ist zwischen 180° und 270°.	☐
C	Der Punkt $P = (a \mid b)$ liegt im zweiten Quadranten.	☐
D	Der Punkt $P = (a \mid b)$ liegt im vierten Quadranten.	☐
E	Das Argument der komplexen Zahl ist zwischen $\frac{\pi}{2}$ und π.	☐

935. Gib in kartesischer Darstellung an.

a) $z = (5; 45°)$
b) $z = \left(3; \frac{\pi}{2}\,\text{rad}\right)$
c) $z = (6; 135°)$
d) $z = (1; \pi\,\text{rad})$
e) $z = (10; 220°)$
f) $z = (9; 1{,}5\pi\,\text{rad})$
g) $z = (12; 330°)$
h) $z = (20; 0\,\text{rad})$

11.6 Rechnen mit komplexen Zahlen in Polardarstellung

KOMPETENZEN

Lernziele:

- Komplexe Zahlen in Polardarstellung multiplizieren und dividieren können
- Komplexe Zahlen in Polardarstellung potenzieren können
- Die Formel von de Moivre kennen
- Aus komplexen Zahlen in Polardarstellung Wurzeln ziehen können

Das Rechnen mit komplexen Zahlen in Polardarstellung bietet beim Multiplizieren und Dividieren jedoch vor allem beim Potenzieren sowie beim Wurzelziehen einen großen Vorteil. Der Rechenaufwand verringert sich nämlich im Vergleich zur kartesischen Darstellung erheblich.

Multiplikation und Division

Vertiefung Herleitung der Formeln für die Multiplikation und Division in Polardarstellung 2yt47e

Die Multiplikation und die Division komplexer Zahlen lässt sich mit Polarkoordinaten oft einfacher durchführen. Sind $z_1 = r_1 \cdot (\cos(\varphi_1) + i \cdot \sin(\varphi_1))$ und $z_2 = = r_2 \cdot (\cos(\varphi_2) + i \cdot \sin(\varphi_2))$ zwei komplexe Zahlen in Polardarstellung, so gilt für die Multiplikation:

$$z_1 \cdot z_2 = r_1 \cdot r_2 \cdot (\cos(\varphi_1 + \varphi_2) + i \cdot \sin(\varphi_1 + \varphi_2)).$$

MERKE

Multiplikation komplexer Zahlen in Polardarstellung

Bei der Multiplikation werden die Beträge multipliziert und die Argumente addiert.

MUSTER

936. Multipliziere $z_1 = (4; 220°)$ und $z_2 = (8; 270°)$ und gib das Produkt in kartesischer Darstellung an.

$$z_1 \cdot z_2 = (4; 220°) \cdot (8; 270°) = (4 \cdot 8; 220° + 270°) = (32; 490°) = (32; 490° - 360°) =$$
$$= (32; 130°), \text{ da } \cos(490°) = \cos(130°) \text{ bzw } \sin(490°) = \sin(130°)$$

Nach der Berechnung des Produkt in Polarkoordinaten kann die Polardarstellung bzw. kartesische Darstellung angegeben werden:

$$z_1 \cdot z_2 = 32 \cdot \cos(130°) + i \cdot 32 \cdot \sin(130°)$$

937. Multipliziere z_1 und z_2 und gib das Produkt in kartesischer Darstellung an.

a) $z_1 = (3; 30°)$; $z_2 = (5; 20°)$

b) $z_1 = (2; \pi\,\text{rad})$; $z_2 = \left(8; \frac{\pi}{2}\,\text{rad}\right)$

c) $z_1 = 8 \cdot (\cos(45°) + i \cdot \sin(45°))$; $z_2 = 7 \cdot (\cos(80°) + i \cdot \sin(80°))$

d) $z_1 = 10 \cdot \left(\cos\left(\frac{2\pi}{3}\right) + i \cdot \sin\left(\frac{2\pi}{3}\right)\right)$; $z_2 = 4 \cdot (\cos(\pi) + i \cdot \sin(\pi))$

938. Multipliziere z_1 und z_2 in Polardarstellung und gib das Produkt in kartesischer Darstellung an.

a) $z_1 = 2 + 2i$; $z_2 = -1 + i$

b) $z_1 = 3i$; $z_2 = -2i$

c) $z_1 = 3 - 3i$; $z_2 = -1 - i$

d) $z_1 = 1 - i$; $z_2 = 5 - 5i$

e) $z_1 = -2i$; $z_2 = -1 + 2i$

f) $z_1 = -1 - 2i$; $z_2 = -2$

Sind $z_1 = r_1 \cdot (\cos(\varphi_1) + i \cdot \sin(\varphi_1))$ und $z_2 = r_2 \cdot (\cos(\varphi_2) + i \cdot \sin(\varphi_2))$ zwei komplexe Zahlen in Polardarstellung, gilt für die Division:

$$\frac{z_1}{z_2} = \frac{r_1}{r_2} \cdot (\cos(\varphi_1 - \varphi_2) + i \cdot \sin(\varphi_1 - \varphi_2)).$$

MERKE

Division komplexer Zahlen in Polardarstellung

Bei der Division werden die Beträge dividiert und die Argumente subtrahiert.

939. Dividiere z_1 durch z_2 und gib den Quotienten in kartesischer Darstellung an.

a) $z_1 = (4;\ 120°);\ z_2 = (5;\ 50°)$
b) $z_1 = (3;\ \pi\,\text{rad});\ z_2 = \left(4;\ \frac{\pi}{2}\text{rad}\right)$
c) $z_1 = 8 \cdot (\cos(80°) + i \cdot \sin(80°));\ z_2 = 16 \cdot (\cos(20°) + i \cdot \sin(20°))$
d) $z_1 = 10 \cdot \left(\cos\left(\frac{2\pi}{3}\right) + i \cdot \sin\left(\frac{2\pi}{3}\right)\right);\ z_2 = 8 \cdot \left(\cos\left(\frac{\pi}{2}\right) + i \cdot \sin\left(\frac{\pi}{2}\right)\right)$

940. Dividiere z_1 und z_2 in Polardarstellung und gib den Quotienten wieder in kartesischer Darstellung an.

a) $z_1 = -2 + 2i;\ z_2 = 1 + i$
b) $z_1 = -i;\ z_2 = 5i$
c) $z_1 = -3 - 3i;\ z_2 = -1 + i$
d) $z_1 = 1 - i;\ z_2 = 2 - 2i$
e) $z_1 = 1 + 2i;\ z_2 = 4 + 3i$
f) $z_1 = -4 - i;\ z_2 = -2 - i$

Potenzieren

Da das Potenzieren eine wiederholte Multiplikation gleicher Faktoren ist, kann auf die entsprechende Rechenregel für das Multiplizieren zurückgegriffen werden:

$$z^2 = z \cdot z = (r;\ \varphi) \cdot (r;\ \varphi) = (r^2;\ \varphi + \varphi) = (r^2;\ 2 \cdot \varphi)$$

$$z^3 = z \cdot z \cdot z = z^2 \cdot z = (r^2;\ 2 \cdot \varphi) \cdot (r;\ \varphi) = (r^3;\ 2 \cdot \varphi + \varphi) = (r^3;\ 3 \cdot \varphi)$$

usw.

Man erkennt, dass beim Potenzieren einer komplexen Zahl in Polardarstellung der Betrag potenziert wird, während das Argument mit dem Exponenten multipliziert wird. Diese Tatsache wurde vom Mathematiker Abraham de Moivre in einem mathematischen Satz formuliert.

Abraham de Moivre (1667 – 1756) Französischer Mathematiker

MERKE

Formel von de Moivre (Potenzieren einer komplexen Zahl in Polardarstellung)

Für eine komplexe Zahl $z = (r;\ \varphi)$ und $n \in \mathbb{N}\setminus\{0\}$ gilt:

$$z^n = (r^n;\ n \cdot \varphi) = r^n \cdot (\cos(n \cdot \varphi) + i \cdot \sin(n \cdot \varphi))$$

Der Betrag wird potenziert und das Argument mit dem Exponenten multipliziert.

941. Berechne die Potenz der komplexen Zahl mit der Formel von de Moivre und vereinfache das Argument soweit wie möglich.

a) $z = (3;\ 13°);\ z^3$
b) $z = (2;\ 45°);\ ^4$
c) $z = (5;\ 60°);\ z^5$
d) $z = (4;\ 85°);\ z^6$
e) $z = (2;\ 90°);\ z^7$
f) $z = (1;\ 110°);\ z^8$
g) $z = (7;\ 180°);\ z^2$
h) $z = (10;\ 0°);\ z^3$

MUSTER

942. Gegeben ist die komplexe Zahl $z = -\frac{\sqrt{2}}{2} + \frac{\sqrt{2}}{2}i$. Stelle die Potenz z^5 in kartesischer Form dar.

Man berechnet den Betrag r und das Argument φ:

$$r = |z| = \sqrt{\left(-\frac{\sqrt{2}}{2}\right)^2 + \left(\frac{\sqrt{2}}{2}\right)^2} = \sqrt{\frac{2}{4} + \frac{2}{4}} = \sqrt{1} = 1;\ \varphi' = \tan^{-1}\left(\left|\frac{\frac{\sqrt{2}}{2}}{-\frac{\sqrt{2}}{2}}\right|\right) = \tan^{-1}(1) = 45°$$

Da $P = \left(-\frac{\sqrt{2}}{2}\middle|\frac{\sqrt{2}}{2}\right)$ im zweiten Quadranten liegt, gilt wegen der Symmetrie für $\varphi = 180° - \varphi' = 135°$

$$z = -\frac{\sqrt{2}}{2} + \frac{\sqrt{2}}{2}i = (1;\ 135°)$$

$$z^5 = (1^5;\ 5 \cdot 135°) = (1;\ 675°) = (1;\ 315°) = 1 \cdot (\cos(315°) + i \cdot \sin(315°)) = \frac{\sqrt{2}}{2} - \frac{\sqrt{2}}{2}i$$

943. Gib die Potenz der komplexen Zahl in kartesischer Darstellung an.

a) $(1 + 2i)^4$
b) $(-3 + 4i)^5$
c) $(-6 - 8i)^3$
d) $(0{,}7 - 2{,}4i)^6$
e) $(1 + i)^7$
f) $(-1 + i)^{10}$
g) $(-1 - i)^3$
h) $(2 + 2i)^2$
i) $(-3 + i)^4$
j) $(1 - 4i)^5$

944. Gib die Potenz der komplexen Zahl in kartesischer Darstellung an.

a) $(3;\,12°)^5$ **b)** $(2;\,100°)^4$ **c)** $(1;\,\frac{2\pi}{3}\text{ rad})^9$ **d)** $(1;\,\frac{\pi}{2}\text{ rad})^{12}$ **e)** $(4;\,\frac{\pi}{2}\text{ rad})^2$

MUSTER

945. Gegeben ist die komplexe Zahl $z = (1;\,72°)$.
Berechne z^1, z^2, z^3, z^4 und z^5 und stelle die Potenzen in der Gaußschen Zahleneben dar. Was fällt dir auf?

$z^1 = z = (1;\,72°)$

$z^2 = (1;\,72°)^2 = (1;\,144°)$

$z^3 = (1;\,72°)^3 = (1;\,216°)$

$z^4 = (1;\,72°)^4 = (1;\,288°)$

$z^5 = (1;\,72°)^5 = (1;\,360°)$

Die Potenzen liegen für die komplexen Zahlen mit $r = |z| = 1$ auf einem Kreis mit dem Radius 1 und teilen ihn in ein regelmäßiges Fünfeck.

946. Berechne die ersten vier Potenzen der komplexen Zahl z und stelle sie in der Gaußschen Zahlenebene dar.

a) $(1;\,90°)$ **b)** $(1;\,45°)$ **c)** $(1;\,20°)$ **d)** $(1;\,30°)$

947. Berechne die ersten sechs Potenzen der komplexen Zahl z und stelle sie in der Gaußschen Zahlenebene dar.

a) $\left(1;\,\frac{\pi}{3}\text{rad}\right)$ **b)** $\left(1;\,\frac{\pi}{2}\text{rad}\right)$ **c)** $\left(1;\,\frac{\pi}{4}\text{rad}\right)$ **d)** $\left(1;\,\frac{\pi}{6}\text{rad}\right)$

TECHNOLOGIE

Potenzieren einer komplexen Zahl der Form a + b i

Geogebra:	Beispiel: (−4 + 5 ί)^4 = −1519 + 720 ί
TI-nspire:	Beispiel: $(2 + 3i)^4 = -119 - 120i$

Wurzelziehen

Zuerst wird der Begriff einer komplexen Wurzel definiert.

MERKE

Wurzel aus einer komplexen Zahl

Eine komplexe Zahl x wird als n-te Wurzel ($n \in \mathbb{N}\setminus\{0\}$) der komplexen Zahl z bezeichnet, wenn $x^n = z$ gilt. Man schreibt: $x = \sqrt[n]{z}$

Gegeben ist die komplexe Zahl $z = 27 \cdot (\cos(135°) + i \cdot \sin(135°))$ und man möchte den Wert $\sqrt[3]{z}$ bestimmen. Dabei muss man berücksichtigen, dass das Argument $\varphi = 135°$ von z in der Polardarstellung nicht eindeutig ist. Es legt nämlich jeder Winkel $\varphi + 360° \cdot k$ mit $k \in \mathbb{Z}_0^+$ dieselbe komplexe Zahl z fest.
$z = 27 \cdot (\cos(135°) + i \cdot \sin(135°))$ ist nur die einfachste der komplexen Zahlen
$z = 27 \cdot (\cos(135° + 360° \cdot k) + i \cdot \sin(135° + 360° \cdot k))$.
Demnach gibt es auch für die dritte Wurzel mehrere Möglichkeiten.
Man schreibt nun die dritte Wurzel von z in Potenzschreibweise und wendet die Rechenregel für das Potenzieren an:

$z_1 = \sqrt[3]{z} = z^{\frac{1}{3}} = 27^{\frac{1}{3}} \cdot \left(\cos\left(\frac{1}{3} \cdot 135°\right) + i \cdot \sin\left(\frac{1}{3} \cdot 135°\right)\right) = 3 \cdot (\cos(45°) + i \cdot \sin(45°))$

$z_2 = \sqrt[3]{z} = z^{\frac{1}{3}} = [27 \cdot (\cos(135° + 360° \cdot 1) + i \cdot \sin(135° + 360° \cdot 1))]^{\frac{1}{3}} = 3 \cdot (\cos(165°) + i \cdot \sin(165°)$

$z_3 = \sqrt[3]{z} = z^{\frac{1}{3}} = [27 \cdot (\cos(135° + 360° \cdot 2) + i \cdot \sin(135° + 360° \cdot 2))]^{\frac{1}{3}} = 3 \cdot (\cos(285°) + i \cdot \sin(285°)$

Setzt man dieses Verfahren noch einmal fort, erhält man als Argument 405°.
Da $\sin(405°) = \sin(45°)$ bzw. $\cos(405°) = \cos(45°)$ ist, gibt es keine weiteren dritten Wurzeln.

MERKE

n-te Wurzel aus einer komplexen Zahl

Man erhält alle n-ten Wurzeln ($n \in \mathbb{N}\setminus\{0\}$) aus der komplexen Zahl $z = (r; \varphi)$ durch:

$$z_{k+1} = \left(\sqrt[n]{r}; \frac{\varphi}{n} + \frac{k \cdot 360°}{n}\right) = \sqrt[n]{r} \cdot \left(\cos\left(\frac{\varphi}{n} + \frac{k \cdot 360°}{n}\right) + i \cdot \sin\left(\frac{\varphi}{n} + \frac{k \cdot 360°}{n}\right)\right) \quad 0 \leq k \leq (n-1)$$

948. Berechne in der Menge $\mathbb{C}$ alle Wurzeln von z und gib das Ergebnis in Polarkoordinaten und kartesischer Darstellung an

a) $\sqrt[4]{16}$ b) $\sqrt[3]{81}$ c) $\sqrt[3]{-1-i}$ d) $\sqrt[5]{i}$ e) $\sqrt{21-28i}$ f) $\sqrt[5]{(1; 150°)}$ g) $\sqrt{1}$

949. Löse die Gleichung. Gib die Lösungen in kartesischer Darstellung an.

a) $z^3 = 64i$ b) $z^4 = -16$ c) $z^5 = 243$ d) $z^3 = 3 + 5i$ e) $z^4 = -1 - i$ f) $z^5 = -1$

ZUSAMMENFASSUNG

Imaginäre Einheit

Die **imaginäre Einheit** i ist jene Zahl, für die gilt: $i^2 = -1$

Komplexe Zahlen

Mathematische Ausdrücke der Form $a + b \cdot i$ mit $a, b \in \mathbb{R}$ heißen komplexe Zahlen.
a … **Realteil** b …**Imaginärteil** $\mathbb{C}$ … **Menge der komplexen Zahlen**

Konjugiert komplexe Zahl

Ist $z = a + b \cdot i$ eine komplexe Zahl, ist $\bar{z} = a - b \cdot i$ die zu z **konjugiert komplexe Zahl**.
(Sprich: „z quer")

Polardarstellung/Polarkoordinaten

Für $z = a + b \cdot i$ ($z \neq 0$) gilt: $r = |z| = \sqrt{a^2 + b^2}$ $\tan(\varphi) = \frac{b}{a}$ ($a \neq 0$) $z = r \cdot (\cos(\varphi) + i \cdot \sin(\varphi)) = (r; \varphi)$

Rechnen in Polardarstellung

Sind $z_1 = r_1 \cdot (\cos(\varphi_1) + i \cdot \sin(\varphi_1))$ und $z_2 == r_2 \cdot (\cos(\varphi_2) + i \cdot \sin(\varphi_2))$ zwei komplexe Zahlen, gilt:

$z_1 \cdot z_2 = r_1 \cdot r_2 \cdot (\cos(\varphi_1 + \varphi_2) + i \cdot \sin(\varphi_1 + \varphi_2))$ $\frac{z_1}{z_2} = \frac{r_1}{r_2} \cdot (\cos(\varphi_1 - \varphi_2) + i \cdot \sin(\varphi_1 - \varphi_2))$

$z^n = (r; \varphi)^n = (r^n; n \cdot \varphi) = r^n \cdot (\cos(n \cdot \varphi) + i \cdot \sin(n \cdot \varphi))$, $n \in \mathbb{N}\setminus[0]$ (Formel von Moivre)

n-te Wurzel aus einer komplexen Zahl

Man erhält alle n-ten Wurzeln ($n \in \mathbb{N}\setminus\{0\}$) aus der komplexen Zahl $z = (r; \varphi)$ durch:

$$z_{k+1} = \left(\sqrt[n]{r}; \frac{\varphi}{n} + \frac{k \cdot 360°}{n}\right) = \sqrt[n]{r} \cdot \left(\cos\left(\frac{\varphi}{n} + \frac{k \cdot 360°}{n}\right) + i \cdot \sin\left(\frac{\varphi}{n} + \frac{k \cdot 360°}{n}\right)\right) \quad 0 \leq k \leq (n-1)$$

Fundamentalsatz der Algebra

Jede algebraische Gleichung vom Grad n ($n \geq 1$) hat in der Menge $\mathbb{C}$ der komplexen Zahlen mindestens eine Lösung, d.h. ist in der Menge $\mathbb{C}$ immer lösbar.

TRAINING

Vernetzung – Typ-2-Aufgaben

Typ 2 M **950. a)** Die Koeffizienten p und q der normierten quadratischen Gleichung $x^2 + px + q = 0$ können auch imaginäre bzw. komplexe Zahlen sein.

Gegeben ist die quadratische Gleichung $x^2 + i \cdot x - 2{,}5 = 0$.

- Bestimme unter Verwendung einer Lösungsformel für quadratische Gleichungen die Lösungen der Gleichung und stelle sie in der Form $a + bi$ dar.
- Bestimme die quadratische Gleichung $x^2 + px + q = 0$, die die Lösungen $2 - 5i$ und $2 + 5i$ besitzt.

b) Gegeben ist die komplexe Zahl $z = a + b \cdot i$ mit $a > 0$ und $b < 0$. Kreuze die beiden zutreffenden Aussagen an.

A	Für den Betrag von z gilt $r = \|z\| = \sqrt{a^2 + b^2}$.	☐
B	Das Maß des Arguments ist zwischen 90° und 180°.	☐
C	Der Punkt $P = (a \mid b)$ liegt im ersten Quadranten.	☐
D	Der Punkt $P = (a \mid b)$ liegt im zweiten Quadranten.	☐
E	Das Argument der komplexen Zahl ist zwischen $\frac{3\pi}{2}$ rad und 2π rad.	☐

c) Im 16. Jahrhundert fand der venezianische Mathematiker Niccolo Tartaglia eine Lösungsformel für Gleichungen dritten Grades. Die Gleichung $x^3 + r \cdot x^2 + s \cdot x + t = 0$ mit $r, s, t \in \mathbb{R}$ kann durch Einsetzen von $x = y - \frac{r}{3}$ auf die reduzierte Form $y^3 - 3p \cdot y - 2q = 0$ mit $p, q \in \mathbb{R}$ gebracht werden.

Eine Lösung der reduzierten Form lautet: $y_1 = \sqrt[3]{q + \sqrt{q^2 - p^3}} + \sqrt[3]{q - \sqrt{q^2 - p^3}}$.

- Gegeben ist die algebraische Gleichung dritten Grades $x^3 - 3x^2 - 10x + 24 = 0$. Bestimme unter Verwendung obiger Informationen die reduzierte Form der Gleichung, eine Lösung y_1 und damit eine Lösung x_1 der Ausgangsgleichung.
- Erläutere die Vorgangsweise zur Bestimmung der weiteren Lösungen der Ausgangsgleichung.

ÜBERPRÜFUNG

Selbstkontrolle

☐ Ich kann Zahlen bestimmten Zahlenmengen zuordnen.

951. Kreuze die Zahlenmenge(n) an, in denen die angegebene Zahl liegt.

	$\mathbb{N}$	$\mathbb{Z}$	$\mathbb{Q}$	$\mathbb{R}$	$\mathbb{C}$
a) 4,5	A ☐	B ☐	C ☐	D ☐	E ☐
b) -2	A ☐	B ☐	C ☐	D ☐	E ☐
c) $\sqrt{-169}$	A ☐	B ☐	C ☐	D ☐	E ☐
d) $-1-i$	A ☐	B ☐	C ☐	D ☐	E ☐
e) $\sqrt{0{,}0144}$	A ☐	B ☐	C ☐	D ☐	E ☐
f) 30	A ☐	B ☐	C ☐	D ☐	E ☐

☐ Ich kann die Potenzen von i vereinfachen.

952. Vereinfache. **a)** i^{60} **b)** i^{101} **c)** i^{46} **d)** i^{83}

☐ Ich kann mit komplexen Zahlen Rechenoperationen durchführen.

953. Führe die Rechnungen aus.

a) $(-2+7i)+(-1-3i)-10i=$ **b)** $(-3+2i)^2=$ **c)** $(4-2i)\cdot(-4-8i)=$ **d)** $\frac{7-2i}{1+i}=$

☐ Ich kann komplexe Zahlen in Polarkoordinaten darstellen.

954. Stelle die komplexe Zahl $z=3-7{,}2i$ in der Form $r\cdot(\cos(\varphi)+i\cdot\sin(\varphi))$ dar.

955. Die komplexe Zahl $z=(8;\,60°)$ ist in der Form $a+bi$ darzustellen. Kreuze die passende komplexe Zahl an.

A	B	C	D	E	F
$4\sqrt{3}+4i$	$4+4i$	$4-4\sqrt{3}i$	$-4+4\sqrt{3}i$	$4+4\sqrt{3}i$	$4+i$
☐	☐	☐	☐	☐	☐

☐ Ich kann in Polardarstellung Berechnungen durchführen.

956. Gegeben sind die komplexen Zahlen $z_1=(9;\,120°)$ und $z_2=(4;\,30°)$ Berechne

a) das Produkt $z_1\cdot z_2$ **b)** den Quotienten $\frac{z_1}{z_2}$ der komplexen Zahlen

und stelle das Ergebnis in der Form $a+bi$ dar.

957. Berechne in der Menge $\mathbb{C}$ alle dritten Wurzeln in Polarkoordinaten und kartesischer Darstellungen der komplexen Zahl $z=-14+48i$.

Kompetenzcheck Komplexe Zahlen

☐ AG 2.3 Quadratische Gleichungen in einer Variablen umformen/lösen, über Lösungsfälle Bescheid wissen, Lösungen und Lösungsfälle [...] deuten können

☐ FA 4.4 Den Zusammenhang zwischen dem Grad der Polynomfunktion und der Anzahl der Nullstellen [...] wissen

---

AG 2.3 **M** **958.** Gegeben ist die Gleichung $6x(x^2 + 4x - 45) = 0$.
Gib die Lösungen dieser Gleichung an.

AG 2.3 **M** **959.** Gegeben ist eine quadratische Gleichung der Form $ax^2 + bx + c = 0$ mit $a, b, c \in \mathbb{R}$, $a \neq 0$. Ergänze die Textlücken durch Ankreuzen der jeweils richtigen Satzteile so, dass eine mathematisch korrekte Aussage entsteht.

Die quadratische Gleichung hat jedenfalls in der Menge der reellen Zahlen $\mathbb{R}$ für

x ____(1)____, wenn ____(2)____ gilt.

(1)	
keine Lösung	☐
genau eine Lösung	☐
zwei Lösungen	☐

(2)	
$a > 0, b > 0, c > 0$	☐
$\frac{b^2}{4} < ac$	☐
$a < 0, b < 0, c < 0$	☐

AG 2.3 **M** **960.** Gegeben ist die Gleichung $(x + 1)^2 = c$. Bestimme jene Werte $c \in \mathbb{R}$, für die die Gleichung nur reelle Lösungen besitzt.

AG 2.3 **M** **961.** Vervollständige den Satz so, dass er mathematisch korrekt ist.

Die Gleichung ____(1)____ hat in der Menge der komplexen Zahlen $\mathbb{C}$ die

Lösungen ____(2)____.

(1)	
$x^2 + 6x + 25 = 0$	☐
$x^2 + 24x - 25 = 0$	☐
$x^2 - 6x + 25 = 0$	☐

(2)	
$3 + 4i$ und $3 - 4i$	☐
$4 + 3i$ und $4 - 3i$	☐
$-3 + 4i$ und $-3 - 4i$	☐

FA 4.4 **M** **962.** Gegeben ist die algebraische Gleichung dritten Grades $ax^3 + bx^2 + cx + d = 0$ ($a, b, c, d \in \mathbb{R}$, $a \neq 0$). Wie viele reelle Lösungen kann diese Gleichung besitzen? Kreuze die beiden zutreffenden Aussagen an.

A	B	C	D	E
keine	mindestens eine	höchstens drei	genau vier	unendlich viele
☐	☐	☐	☐	☐

REFLEXION

Dunkel war's, der Mond schien helle...

Vertiefung
Paradoxa
3tt5ta

Paradox ist etwas, das zumindest dem ersten Anschein nach unserer allgemeinen Erwartung widerspricht. **Paradoxa** haben Menschen schon immer fasziniert. Sie treten in der Philosophie, in der Literatur oder in der bildenden Kunst auf.
In den Lösungswegen bist du schon ein paar Mal Paradoxa begegnet.
Manchmal sind sie mit ein wenig mathematischem Wissen schnell aufzulösen wie z. B. das Simpson Paradoxon, manchmal dauert die Beschäftigung damit schon Jahrtausende und sie führen zu tiefgründigen Betrachtungen (Zenon Paradoxon S. 24) und manchmal sind sie einfach nur scherzhaft wie nebenstehendes Paradoxon.

Eine Katze hat neun Schwänze
Beweis
Keine Katze hat acht Schwänze. Eine Katze hat einen Schwanz mehr als keine Katze.
Daraus folgt sofort:
Eine Katze hat $8 + 1 = 9$ Schwänze.

Auf jeden Fall sind Paradoxa für viele Leute irgendwie anregend und unterhaltsam.
Die hier vorgestellten Paradoxa haben beide mit der Unendlichkeit zu tun und sollen zum Nachdenken, Schmunzeln, Diskutieren und Weiterforschen anregen. Näheres dazu in der Onlineergänzung.

Hilberts Hotel

David ist Nachtportier in Hilberts Hotel. Ein ganz besonderes Hotel! Es hat nämlich unendlich viele Zimmer, die fortlaufend nummeriert sind und auch alle belegt sind. Ein weiterer Gast kommt ins Hotel und fragt nach einem Zimmer. David findet eine Lösung für den Gast. Er bittet jeden Gast in das Zimmer mit der nachfolgenden Zimmernummer zu ziehen. Der Gast in Zimmernummer 1 wechselt also in das Zimmer mit der Nummer 2, der Gast mit der Zimmernummer 2 auf Zimmernummer 3 u.s.w. Dadurch wird das erste Zimmer für den Neuankömmling frei!

963. Du bist Nachtportier in Hilberts Hotel und musst 10 neue Gäste unterbringen. Wie gehst du vor?

Kurz nach Mitternacht erreicht ein ganzer Bus mit unendlich vielen Gästen Hilbert´s Hotel. Aber auch diesmal findet David eine Lösung. Er bittet alle Gäste in das Zimmer mit der doppelt so großen Zimmernummer zu wechseln. Dadurch werden alle Zimmer mit ungerader Zimmernummer frei und alle Neuankömmlinge bekommen ein Zimmer!

964. Du bist Nachtportier in Hilberts Hotel und musst nacheinander zwei Busse mit unendlich vielen neuen Gäste unterbringen. Du willst jeden Gast allerdings nur einmal in der Nacht stören. Wie gehst du vor?

965. Du bist Nachtportier in Hilberts Hotel und musst nacheinander unendlich viele Busse mit unendlich vielen neuen Gäste unterbringen. Du willst jeden Gast allerdings nur einmal in der Nacht stören. Wie gehst du vor?

Die Grandi Reihe

$S = 1 - 1 + 1 - 1 + 1 - 1 + 1\ldots$ und immer so weiter, diese unendliche Summe ist die Grandi Reihe.
Der Mönch Guido Grandi fand im Jahre 1703 drei Ergebnisse für diese unendliche Summe.

Ergebnis 1: $S = 0$
Beweis:
$S = (1 - 1) + (1 - 1) + (1 - 1)\ldots$
$= 0 + 0 + 0\ldots = 0$

Ergebnis 2: $S = 1$
Beweis:
$S = 1 + (-1 + 1) + (-1 + 1) + \ldots$
$= 1 + 0 + 0 + \ldots = 1$

Ergebnis 3: $S = \frac{1}{2}$
Beweis:
$S = 1 - (1 - 1 + 1 - 1 + 1\ldots)$
$S = 1 - S \Rightarrow 2S = 1 \Rightarrow S = \frac{1}{2}$

966. Finde nach der Art Grandis verschiedene Summen für folgende Reihe.

a) $S = 1 - 2 + 4 - 8 + 16 - \ldots$

b) $S = 1 - 2 + 3 - 4 + 5 - \ldots$

Beweise

2 Grundlagen der Differentialrechnung

SATZ S.40

Regel der multiplikativen Konstanten

$$(k \cdot f(x))' = k \cdot f'(x)$$

BEWEIS

Durch Anwendung des Differentialquotienten und anschießendem Umformen erhält man die Behauptung:

$$(k \cdot f(x))' = \lim_{z \to x} \frac{k \cdot f(z) - k \cdot f(x)}{z - x} = \lim_{z \to x} \frac{k \cdot (f(z) - f(x))}{z - x} = k \cdot \lim_{z \to x} \frac{f(z) - f(x)}{z - x} = k \cdot f'(x)$$

SATZ S.40

Summen- bzw. Differenzenregel

$$(h(x) + g(x))' = h'(x) + g'(x)$$

BEWEIS

Durch Anwendung des Differentialquotienten und anschießendem Umformen erhält man die Behauptung:

$$(h(x) + g(x))' = \lim_{z \to x} \frac{(h(z) + g(z)) - (h(x) + g(x))}{z - x} = \lim_{z \to x} \frac{(h(z) - h(x)) + (g(z) - g(x))}{z - x} =$$

$$= \lim_{z \to x} \frac{h(z) - h(x)}{z - x} + \lim_{z \to x} \frac{g(z) - g(x)}{z - x} = h'(x) + g'(x)$$

4 Kreis und Kugel

SATZ S.106

Spaltform der Tangentengleichung

Ein Kreis mit dem Mittelpunkt $M = (x_M \mid y_M)$ und Radius r besitzt im Punkt $T = (x_T \mid y_T)$ die Tangente t mit der Gleichung:

$$t: (x_T - x_M) \cdot (x - x_M) + (y_T - y_M) \cdot (y - y_M) = r^2$$

BEWEIS

Für alle Punkte $X = (x \mid y)$ auf der Tangente t gilt:

$$\overrightarrow{MT} \cdot \overrightarrow{TX} = 0$$

Durch Umformung dieser Gleichung erhält man:

$$(T - M) \cdot (X - T) = 0 \qquad | + r^2$$

$$(T - M) \cdot (X - T) + r^2 = 0 + r^2$$

Für r^2 gilt:

$$r^2 = |\overrightarrow{MT}|^2 = (T - M) \cdot (T - M)$$

Daraus folgt:

$$(T - M) \cdot (X - T) + (T - M) \cdot (T - M) = r^2$$

$$(T - M) \cdot (X - T + T - M) = r^2$$

$$(T - M) \cdot (X - M) = r^2$$

$$(x_T - x_M) \cdot (x - x_M) + (y_T - y_M) \cdot (y - y_M) = r^2$$ Die Spaltform der Tangentengleichung an einen Kreis

5

Kegelschnitte

SATZ
S. 121

Gleichung der Ellipse in 1. Hauptlage

Ein Punkt $P = (x \mid y)$ liegt auf der Ellipse ell, wenn seine Koordinaten die folgende Gleichung erfüllen:

$$\text{ell: } b^2x^2 + a^2y^2 = a^2b^2 \quad \text{oder} \quad \frac{x^2}{a^2} + \frac{y^2}{b^2} = 1$$

a: Länge der großen Halbachse   b: Länge der kleinen Halbachse

BEWEIS

$\overline{F_1P} + \overline{F_2P} = 2a$ (Brennpunkte $F_1 = (e \mid 0)$ und $F_2 = (-e \mid 0)$)

$\sqrt{(x-e)^2 + (y-0)^2} + \sqrt{(x+e)^2 + (y-0)^2} = 2a$

$\sqrt{(x-e)^2 + y^2} = 2a - \sqrt{(x+e)^2 + y^2}$

$x^2 - 2xe + e^2 + y^2 = 4a^2 - 2 \cdot 2a \cdot \sqrt{x^2 + 2xe + e^2 + y^2} + x^2 + 2xe + e^2 + y^2$

$4a\sqrt{x^2 + 2xe + e^2 + y^2} = 4a^2 + 4xe$

$a\sqrt{x^2 + 2xe + e^2 + y^2} = a^2 + xe$

$a^2 \cdot (x^2 + 2xe + e^2 + y^2) = a^4 + 2a^2xe + x^2e^2$

$a^2x^2 + 2a^2xe + a^2e^2 + a^2y^2 = a^4 + 2a^2xe + x^2e^2$

$a^2x^2 - x^2e^2 + a^2y^2 = a^4 - a^2e^2$

$x^2(a^2 - e^2) + a^2y^2 = a^2(a^2 - e^2)$ (es gilt: $b^2 = a^2 - e^2$)

$\mathbf{b^2x^2 + a^2y^2 = a^2b^2}$

Da Quadrieren keine Äquivalenzumformung ist, müsste auch gezeigt werden, dass umgekehrt aus der Ellipsengleichung die Brennpunktsdefinition folgt. Auf diesen Teil des Beweises wird hier verzichtet.

SATZ
S. 126

Gleichung der Hyperbel

Ein Punkt $P = (x \mid y)$ liegt auf der Hyperbel hyp mit den Brennpunkten $F_1 = (e \mid 0)$ und $F_2 = (-e \mid 0)$, wenn seine Koordinaten die folgende Gleichung erfüllen:

$$\text{hyp: } b^2x^2 - a^2y^2 = a^2b^2 \quad \text{oder} \quad \frac{x^2}{a^2} - \frac{y^2}{b^2} = 1.$$

a: Länge der großen Halbachse   b: Länge der kleinen Halbachse

BEWEIS

Der Beweis wird für den rechten Hyperbelast gezeigt. Also gilt $\overline{F_1P} > \overline{F_2P}$

$\overline{F_1P} - \overline{F_2P} = 2a$

$\sqrt{(x+e)^2 + (y-0)^2} - \sqrt{(x-e)^2 + (y-0)^2} = 2a$

$\sqrt{(x+e)^2 + y^2} = 2a + \sqrt{(x-e)^2 + y^2}$

$x^2 + 2xe + e^2 + y^2 = 4a^2 + 2 \cdot 2a \cdot \sqrt{x^2 - 2xe + e^2 + y^2} + x^2 - 2xe + e^2 + y^2$

$-4a\sqrt{x^2 - 2xe + e^2 + y^2} = 4a^2 - 4xe$

$-a\sqrt{x^2 - 2xe + e^2 + y^2} = a^2 - xe$

$a^2 \cdot (x^2 - 2xe + e^2 + y^2) = a^4 - 2a^2xe + x^2e^2$

$a^2x^2 - 2a^2xe + a^2e^2 + a^2y^2 = a^4 - 2a^2xe + x^2e^2$

$$a^2e^2 - a^4 = -a^2x^2 + x^2e^2 - a^2y^2$$

$$a^2(e^2 - a^2) = x^2(e^2 - a^2) - a^2y^2$$

$$a^2b^2 = x^2b^2 - a^2y^2$$

$$\mathbf{b^2x^2 - a^2y^2 = a^2b^2}$$

Da Quadrieren keine Äquivalenzumformung ist, müsste auch gezeigt werden, dass umgekehrt aus der Hyperbelgleichung die Brennpunktsdefinition folgt. Auf diesen Teil des Beweises wird hier verzichtet.

SATZ S.130

Gleichung der Parabel par in 1. Hauptlage

Ein Punkt $P = (x \mid y)$ liegt auf der Parabel par, wenn seine Koordinaten die folgende Gleichung erfüllen:

par: $y^2 = 2px$ mit $p > 0$.

$S = (0 \mid 0)$: Scheitel der Parabel $F = \left(\frac{p}{2} \middle| 0\right)$: Brennpunkt der Parabel

BEWEIS

Für jeden Punkt auf einer Parabel in 1. HL gilt: $\overline{FX} = \overline{Xl}$, wobei l die Leitgerade mit l: $x = -\frac{p}{2}$ ist.

$$\overrightarrow{FX} = \begin{pmatrix} x - \frac{p}{2} \\ y \end{pmatrix} \text{ und } \overline{Xl} = \frac{p}{2} + x$$

daraus folgt:

$$\sqrt{\left(x - \frac{p}{2}\right)^2 + y^2} = x + \frac{p}{2}$$

Da der Wert unter der Wurzel positiv ist, kann man die Gleichung quadrieren.

$$\left(x - \frac{p}{2}\right)^2 + y^2 = \left(x + \frac{p}{2}\right)^2$$

$$x^2 - px + \frac{p^2}{4} + y^2 = x^2 + px + \frac{p^2}{4}$$

$$y^2 = 2px$$

SATZ S.136

Tangentengleichung im Punkt $T = (x_T \mid y_T)$ an eine Ellipse

Durch „Aufspalten" von x^2 und y^2 in der Ellipsengleichung e: $b^2x^2 + a^2y^2 = a^2b^2$ ergibt sich die Spaltform der Ellipsentangente:

t: $b^2x_Tx + a^2y_Ty = a^2b^2$

BEWEIS

Die Ellipsengleichung lautet: ell: $b^2x^2 + a^2y^2 = a^2b^2$.

Impliziertes Differenzieren (Kap 7.1) liefert:

$$2b^2x + 2a^2yy' = 0 \quad \Rightarrow \quad y' = -\frac{b^2x}{a^2y}$$

Für die Steigung k der Tangente an die Ellipse ell im Punkt $T = (x_T \mid y_T)$ gilt daher:

$$k = y' \quad \Rightarrow \quad \frac{y - y_T}{x - x_T} = -\frac{b^2x}{a^2y} \quad \Rightarrow \quad (y - y_T)(a^2y) = -b^2x(x - x_T)$$

$$a^2y^2 - a^2yy_T = -b^2x^2 + b^2xx_T \quad \Rightarrow \quad b^2xx_T + a^2yy_T = a^2y^2 + b^2x^2 = a^2b^2$$

$b^2xx_T + a^2yy_T = a^2b^2$ …die Spaltform der Tangentengleichung

SATZ
S.137

Tangentengleichung im Punkt $T = (x_T \mid y_T)$ an eine Hyperbel

Durch „Aufspalten“ von x^2 und y^2 in der Hyperbelgleichung h: $b^2x^2 - a^2y^2 = a^2b^2$ ergibt sich die **Spaltform der Hyperbeltangente** t:

$$t\colon b^2x_Tx - a^2y_Ty = a^2b^2.$$

BEWEIS

Die Hyperbelgleichung lautet: hyp: $b^2x^2 - a^2y^2 = a^2b^2$.

Impliziertes Differenzieren (Kap 7.1) liefert:

$$2b^2x - 2a^2yy' = 0 \quad \Rightarrow \quad y' = \frac{b^2x}{a^2y}$$

Für die Steigung k der Tangente an die Hyperbel hyp im Punkt $T = (x_T \mid y_T)$ gilt daher:

$$k = y' \quad \Rightarrow \quad \frac{y - y_T}{x - x_T} = \frac{b^2x}{a^2y} \quad \Rightarrow \quad (y - y_T)(a^2y) = b^2x(x - x_T)$$

$$a^2y^2 - a^2yy_T = b^2x^2 - b^2xx_T \quad \Rightarrow \quad b^2xx_T - a^2yy_T = b^2x^2 - a^2y^2 = a^2b^2$$

$$b^2xx_T - a^2yy_T = a^2b^2 \text{ (Spaltform der Tangentengleichung)}$$

SATZ
S.138

Tangentengleichung im Punkt $T = (x_T \mid y_T)$ an eine Parabel

Durch „Aufspalten“ von $2x$ in $x + x$ und y^2 in $y \cdot y$ in der Parabelgleichung p: $y^2 = 2px$ ergibt sich die **Spaltform der Parabeltangente** t:

$$t\colon y_Ty = p \cdot (x_T + x).$$

BEWEIS

Die Parabelgleichung lautet: par: $y^2 = 2px$.

Impliziertes Differenzieren (Kap 7.1) liefert:

$$2yy' = 2p \quad \Rightarrow \quad y' = \frac{2p}{2y}$$

Für die Steigung k der Tangente an die Parabel par im Punkt $T = (x_T \mid y_T)$ gilt daher:

$$k = y' \quad \Rightarrow \quad \frac{y - y_T}{x - x_T} = \frac{2p}{2y} \quad \Rightarrow \quad (y - y_T)2y = 2p(x - x_T)$$

$$2y^2 - 2yy_T = 2px - 2px_T \quad \Rightarrow \quad 2 \cdot 2px - 2yy_T = 2px - 2px_T$$

$$\Rightarrow \quad -2yy_T = -2px - 2px_T \quad \Rightarrow \quad y_Ty = (x_T + x)p$$

7 Erweiterung der Differentialrechnung

SATZ
S.159

Die Konstantenregel

$$f(x) = g(k \cdot x),\ k \in \mathbb{R} \quad \Rightarrow \quad f'(x) = k \cdot g'(k \cdot x)$$

BEWEIS

Durch Anwendung des Differentialquotienten und anschießendem Umformen erhält man die Behauptung:

$$f'(x) = \lim_{z \to x} \frac{g(k \cdot z) - g(k \cdot x)}{z - x} = \lim_{z \to x} \frac{g(k \cdot z) - g(k \cdot x)}{z - x} \cdot \frac{k}{k} = k \cdot \lim_{z \to x} \frac{g(k \cdot z) - g(k \cdot x)}{k \cdot z - k \cdot x} = k \cdot g'(k \cdot x)$$

SATZ
S.162

Ableitungsregel für die Sinusfunktion

$$f(x) = \sin(x) \quad \Rightarrow \quad f'(x) = \cos(x)$$

BEWEIS

$$f'(x) = \lim_{z \to x} \frac{\sin(z) - \sin(x)}{z - x}$$

setzt man $h = z - x$ erhält man:

$$f'(x) = \lim_{h \to 0} \frac{\sin(x + h) - \sin(x)}{h}$$

Nun wird das Additionstheorem angewendet: $\sin(a + b) = \sin(a) \cdot \cos(b) + \cos(a) \cdot \sin(b)$

$$f'(x) = \lim_{h \to 0} \frac{\sin(x) \cdot \cos(h) + \cos(x) \cdot \sin(h) - \sin(x)}{h}$$

Durch Herausheben und Aufteilung auf zwei Brüche erhält man:

$$f'(x) = \sin(x) \cdot \lim_{h \to 0} \frac{\cos(h) - 1}{h} + \cos(x) \cdot \lim_{h \to 0} \frac{\sin(h)}{h}$$

Es gilt (ohne Beweis): $\lim\limits_{h \to 0} \frac{\cos(h) - 1}{h} = 0$ bzw. $\lim\limits_{h \to 0} \frac{\sin(h)}{h} = 1$

(Mit Hilfe einer Wertetabelle und Technologieeinsatz kann man vermuten, dass diese Behauptung stimmt.)

Verwendet man nun diese beiden Erkenntnisse, so erhält man die Behauptung:

$$f'(x) = \sin(x) \cdot 0 + \cos(x) \cdot 1 = \cos(x)$$

SATZ
S.162

Ableitungsregel für die Kosinusfunktion

$$f(x) = \cos(x) \quad \Rightarrow \quad f'(x) = -\sin(x)$$

BEWEIS

Für diesen Beweis kann man den aus Lösungswege 6 bereits bekannten Zusammenhang verwenden:

$$\cos(x) = \sin\left(x + \tfrac{\pi}{2}\right) \quad \Rightarrow \quad f(x) = \cos(x) = \sin\left(x + \tfrac{\pi}{2}\right)$$

Durch Anwendung der Kettenregel und der Ableitungsregel für die Sinusfunktion erhält man:

$$f'(x) = \cos\left(x + \tfrac{\pi}{2}\right)$$

Verwendet man nun die Beziehung $\cos\left(x + \frac{\pi}{2}\right) = -\sin(x)$ (diese Überlegung ist anhand des Einheitskreises ersichtlich oder mit Hilfe der Additionsregel nachrechenbar) erhält man die Behauptung:

$$f'(x) = -\sin(x)$$

SATZ
S.164

Ableitungsregel für die natürliche Exponentialfunktion

$$f(x) = e^x \Rightarrow f'(x) = e^x$$

BEWEIS

$$f'(x) = \lim_{z \to x} \frac{e^z - e^x}{z - x}$$

setzt man $h = z - x$ erhält man:

$$f'(x) = \lim_{h \to 0} \frac{e^{x+h} - e^x}{h} = \lim_{h \to 0} \frac{e^x \cdot (e^h - 1)}{h} = e^x \cdot \lim_{h \to 0} \frac{e^h - 1}{h}$$

Ersetzt man nun h durch $\frac{1}{n}$ und lässt n gegen unendlich gehen, so erhält man folgenden Ausdruck:

$$f'(x) = e^x \cdot \lim_{n \to \infty} \frac{e^{\frac{1}{n}} - 1}{\frac{1}{n}}$$

Nun kann man für die Zahl e ihre Definition einsetzen: $e = \lim_{n \to \infty} \left(1 + \frac{1}{n}\right)^n$

$$f'(x) = e^x \cdot \lim_{n \to \infty} \frac{\left(\left(1 + \frac{1}{n}\right)^n\right)^{\frac{1}{n}} - 1}{\frac{1}{n}} = e^x \cdot \lim_{n \to \infty} \frac{1 + \frac{1}{n} - 1}{\frac{1}{n}} = e^x$$

SATZ
S.164

Ableitungsregeln für Exponentialfunktionen

$$f(x) = a^x \Rightarrow f'(x) = a^x \cdot \ln(a)$$

BEWEIS

Für den Beweis dieser Regel kann folgender Zusammenhang verwendet werden: $a^x = (e^{\ln(a)})^x$

Durch Anwendung der Kettenregel erhält man die Behauptung:

$$f(x) = a^x = (e^{\ln(a)})^x = e^{x \cdot \ln(a)}$$

$$f(x)' = e^{x \cdot \ln(a)} \cdot \ln(a) = a^x \cdot \ln(a)$$

SATZ
S.164

Ableitungsregeln für natürliche Logarithmusfunktionen

$$f(x) = \ln(x) \Rightarrow f'(x) = \frac{1}{x}$$

BEWEIS

$y = \ln(x)$ kann umgeschrieben werden zu $e^y = x$

Mit Hilfe des impliziten Differenzierens und der Ableitungsregel für die natürliche Exponentialfunktion erhält man die Behauptung.

$$(e^y)' = (x)'$$

$$y' \cdot e^y = 1 \quad | : e^y$$

$$y' = \frac{1}{e^y} \Rightarrow y' = f'(x) = \frac{1}{x}$$

SATZ
S.164

Ableitungsregeln für Logarithmusfunktionen

$$f(x) = \log_a x \Rightarrow f'(x) = \frac{1}{x \cdot \ln(a)}$$

BEWEIS

Aus Lösungswege 6 ist bereits bekannt: $\log_a x = \frac{\ln(x)}{\ln(a)} \Rightarrow f(x) = \frac{\ln(x)}{\ln(a)}$

Verwendet man nun die Ableitungsregel für den natürlichen Logarithmus erhält man die Behauptung:

$$f'(x) = \frac{1}{\ln(a)} \cdot \frac{1}{x} = \frac{1}{x \cdot \ln(a)}$$

9 Diskrete Zufallsvariablen

SATZ
S. 212

Verschiebungssatz

Ist X eine diskrete Zufallsvariable, $f(x_i) = P(X = x_i)$ mit $i = 1, 2, 3, 4, \ldots, n$ die zugehörige Wahrscheinlichkeitsfunktion sowie μ der Erwartungswert von X, gilt für die Varianz $V(X) = \sigma^2$:

$$V(x) = (x_1 - \mu)^2 \cdot f(x_1) + (x_2 - \mu)^2 \cdot f(x_2) + (x_3 - \mu)^2 \cdot f(x_3) + \ldots + (x_n - \mu)^2 \cdot f(x_n) =$$
$$= x_1^2 \cdot f(x_1) + x_2^2 \cdot f(x_2) + x_3^2 \cdot f(x_3) + \ldots + x_n^2 \cdot f(x_n) - \mu^2$$

BEWEIS

Zur Vereinfachung der Schreibweise verwendet man das Summenzeichen $\sum$:

$$V(x) = (x_1 - \mu)^2 \cdot f(x_1) + (x_2 - \mu)^2 \cdot f(x_2) + (x_3 - \mu)^2 \cdot f(x_3) + \ldots + (x_n - \mu)^2 \cdot f(x_n) =$$

$$= \sum_{i=1}^{n} (x_i - \mu)^2 \cdot f(x_i) =$$

$$= \sum_{i=1}^{n} (x_i^2 - 2x_i\mu + \mu^2) \cdot f(x_i) =$$ binomische Formel

$$= \sum_{i=1}^{n} x_i^2 \cdot f(x_i) - \sum_{i=1}^{n} 2x_i\mu \cdot f(x_i) + \sum_{i=1}^{n} \mu^2 \cdot f(x_i) =$$ Verteilungsgesetz der Multiplikation

$$= \sum_{i=1}^{n} x_i^2 \cdot f(x_i) - 2\mu \sum_{i=1}^{n} x_i \cdot f(x_i) + \mu^2 \sum_{i=1}^{n} f(x_i) =$$ konstante Faktoren herausheben

$$= \sum_{i=1}^{n} x_i^2 \cdot f(x_i) - 2\mu \cdot \mu + \mu^2 =$$ $\sum_{i=1}^{n} x_i \cdot f(x_i) = \mu$ $\quad \sum_{i=1}^{n} f(x_i) = 1$

$$= \sum_{i=1}^{n} x_i^2 \cdot f(x_i) - \mu^2 =$$

$$= x_1^2 \cdot f(x_1) + x_2^2 \cdot f(x_2) + x_3^2 \cdot f(x_3) + \ldots + x_n^2 \cdot f(x_n) - \mu^2$$

10 Binomialverteilung und weitere Verteilungen

SATZ
S. 233

Erwartungswert

Ist X eine binomialverteilte Zufallsvariable mit den Parametern n und p, so gilt für den Erwartungswert:

$$E(X) = \mu = n \cdot p$$

BEWEIS

Allgemein gilt für den Erwartungswert: $\mu = E(X) = \sum_{i=0}^{n} x_i \cdot P(X = x_i)$

Bei der Binomialverteilung gilt:

$$\mu = E(X) = \sum_{k=0}^{n} k \cdot \binom{n}{k} \cdot p^k \cdot (1-p)^{n-k} =$$

$$= \sum_{k=0}^{n} k \cdot \frac{n!}{(n-k)! \cdot k!} \cdot p^k \cdot (1-p)^{n-k} =$$

Binomialkoeffizient wird ausführlich aufgeschrieben

$$= \sum_{k=1}^{n} k \cdot \frac{n!}{(n-k)! \cdot k!} \cdot p^k \cdot (1-p)^{n-k} =$$

Der erste Summand ist null und kann weggelassen werden.

$$= \sum_{k=1}^{n} \frac{n!}{(n-k)! \cdot (k-1)!} \cdot p^k \cdot (1-p)^{n-k} =$$

Der Faktor k und das k in k! werden gekürzt,
da $k! = 1 \cdot 2 \cdot 3 \cdot \ldots \cdot (k-1) \cdot k$ gilt.

$$= \sum_{k=1}^{n} \frac{n!}{(n-k)! \cdot (k-1)!} \cdot p \cdot p^{k-1} \cdot (1-p)^{n-k} =$$

Nach der Rechenregel für Potenzen gilt $p^k = p \cdot p^{k-1}$.

$$= \sum_{k=1}^{n} \frac{(n-1)! \cdot n}{(n-k)! \cdot (k-1)!} \cdot p \cdot p^{k-1} \cdot (1-p)^{n-k} =$$

Es gilt $n! = 1 \cdot 2 \cdot 3 \cdot \ \ldots \cdot (n-1) \cdot n = (n-1)! \cdot n$

$$= n \cdot p \cdot \sum_{k=1}^{n} \frac{(n-1)!}{(n-k)! \cdot (k-1)!} \cdot p^{k-1} \cdot (1-p)^{n-k} =$$

Das Produkt $n \cdot p$ kann aus der Summe herausgehoben werden.

$$= n \cdot p \cdot \sum_{k=1}^{n} \binom{n-1}{k-1} \cdot p^{k-1} \cdot (1-p)^{n-k} =$$

Es gilt $\frac{(n-1)!}{(n-k)! \cdot (k-1)!} = \binom{n-1}{k-1}$

$$= n \cdot p \cdot ((1-p) + p)^{n-1} =$$

Es gilt: $(a+b)^n = \sum_{k=0}^{n} \binom{n}{k} a^{n-k} b^k = \binom{n}{0} a^n b^0 + \binom{n}{1} a^{n-1} b + \ldots + \binom{n}{n} a^0 b^n$

(binomischer Lehrsatz)

Damit lässt sich die obige Summe als Potenz eines Binoms darstellen und vereinfachen:

$$\sum_{k=1}^{n} \binom{n-1}{k-1} \cdot p^{k-1} \cdot (1-p)^{n-k} =$$

$$= \binom{n-1}{0} p^0 (1-p)^{n-1} + \binom{n-1}{1} p^1 (1-p)^{n-2} + \ldots + \binom{n-1}{n-1} p^{n-1} (1-p)^0 =$$

$$= ((1-p) + p)^{n-1}$$

$$= n \cdot p \ \cdot 1^{n-1} = n \cdot p$$

Technologie-Hinweise

Lösen von Gleichungen

Geogebra:	Löse[Gleichung, Variable]	Beispiel: Löse[x^3 + 3x^2 − 4x = 0, x]
	Klöse[Gleichung, Variable]	Beispiel: Klöse[x^3 − x^2 + 1 = 0, x]
	(mit Klöse werden auch die komplexen Lösungen angezeigt)	
TI-Nspire:	solve(Gleichung, Variable)	Beispiel: solve($4x^2 + x - 5 = 0$, x)
	csolve(Gleichung, Variable)	Beispiel: csolve(x^3 + 8 = 0, x)
	(mit csolve werden auch die komplexen Lösungen angezeigt)	

Faktorisieren in der Menge ℂ

Geogebra:	KFaktorisiere[Term]	Beispiel: KFaktorisiere[x^2 + 9] = $(x + 3i)(x - 3i)$
TI-nspire:	cfactor(Term)	Beispiel: cfactor(x^4 − 16) = $(x + 2)(x - 2)(x + 2i)(x - 2i)$

Berechnen eines Differentialquotienten einer Funktion f an der Stelle u

Geogebra	f′(u)	Beispiel: $f(x) = 3x^2 + 3$ $f'(2) = 12$
TI-Nspire	$\frac{d}{dx}(f(x))\vert x = u$	Beispiel: $f(x) := 3x^2 + 3$ $\frac{d}{dx}(f(x))\vert x = 2$ → 12

Berechnen der Ableitungsfunktion einer Funktion f

Geogebra	f′(x)	Beispiel: $f(x) = 3x^2 + 3$ $f'(x) = 6x$
TI-Nspire	$\frac{d}{dx}(f(x))$	Beispiel: $f(x) := 3x^2 + 3$ $\frac{d}{dx}(f(x))$ → $6x$

Gleichung der Tangente einer Funktion f an einer Stelle p

Geogebra	Tangente(p, Funktion)	Beispiel: $f(x) = 3x^2$ Tangente(2, f) → $y = 12x - 12$

Berechnen aller Extrempunkte des Graphen einer Polynomfunktion f

Geogebra	Extremum(f)	Beispiel: $f(x) = x^2 + 3$ Extremum(f) → A = (0, 3)
TI-Nspire	kann im Graphs Modus berechnet werden	

Bestimmen der Wendepunkte einer Polynomfunktion f

Geogebra	Wendepunkt(f)	Beispiel: $f(x) = x^3 - 3x^2$ Wendepunkt (f) → A(1 | −2)

Implizites Differenzieren

TI-NSpire	impDif(Gleichung, x, y)	impDif($x^2 + y^2 = 9$) → $\frac{-x}{y}$

Aufstellen der Asymptoten einer Funktion f

Geogebra	Asymptote(f)	Beispiel: Asymptote$\left(\frac{1}{x-1}\right)$ → $x = 1, y = 0$

Taylorpolynom n-ten Grades

Geogebra:	TaylorReihe[<Funktion>, <x-Wert>, <Grad>]	Beispiel: TaylorReihe[sin(x), 0, 5]
TI-Nspire:	taylor(<Funktion>, <x-Wert>, <Grad>)	Beispiel: taylor(sin(x), 0, 5)

Kreisgleichung aufstellen

Geogebra:	Kreis[(Mittelpunkt), (Radius)]	Beispiel: Kreis[(−3, 3), 5] → k: $(x + 2)^2 + (y - 3)^2 = 25$

Gleichung der Tangente

Geogebra:	Tangente[< Punkt>, <Kegelschnitt>]	Beispiel: Tangente [(−3, 0), $x^2 + y^2 = 9$] → $x = -3$

Gleichung einer Kugelfläche

Geogebra:	Kugel[<Mittelpunkt>, <Radius>]	Beispiel: Kugel[M = (2, 3, 0), 4] → $(x - 2)^2 + (y - 3)^2 + z^2 = 16$

Gleichung der Ellipse

Geogebra: Ellipse[Brennpunkt, Brennpunkt, Punkt] — Beispiel: Ellipse[(−3, 0), (3, 0), (2, 1)] → $25.69x^2 + 169.69y^2 = 272.44$

Gleichung der Hyperbel

Geogebra: Hyperbel[Brennpunkt, Brennpunkt, Punkt] — Beispiel: Hyperbel[(−4, 0), (4, 0), (5, 3)] → $-32x^2 + 53.33y^2 = -320$

Brennpunkt und Leitlinie einer Parabel

Geogebra: Brennpunkt[Kegelschnitt] — Beispiel: Brennpunkt[$y^2 = 14x$] → $B = (3{,}5 \mid 0)$

Leitlinie[Kegelschnitt] — Beispiel: Leitlinie[$y^2 = 14x$] → $x = -3{,}5$

Gemeinsame Punkte von Kegelschnitt und Gerade

Geogebra: Schneide[<Objekt>, <Objekt>] — Beispiel: Schneide[$x^2 + 5y^2 = 45$, $2x + y$] → A(−0.98, 2.97); B(1.94, −2.87)

Parameterdarstellung einer Kurve

Geogebra: Kurve[<Ausdruck>, <Ausdruck>, <Parameter>, <Startwert>, <Endwert>]

Beispiel: Kurve[2 cos(t), 2 sin(t), t, 0, 2π] →

Fakultät einer natürlichen Zahl n

Geogebra: Zahl! — Beispiel: 4! = 24

TI-nspire: Zahl! — Beispiel: 7! = 5 040

Berechnung des Binomialkoeffizienten

Geogebra: BinomialKoeffizient[n, k] — Beispiel: BinomialKoeffizient[3, 2] = 3

TI-Nspire: nCr(n, k) — Beispiel: nCr(3, 2) = 3

Binomialverteilung

Geogebra: im Wahrscheinlichkeitsrechner die Werte für n und p eintragen

TI-Nspire: Im Menü Wahrscheinlichkeit → Verteilungen Binomial Pdf (Einzelwerte) bzw. Binomial Cdf (Bereiche) die Werte für p, n bzw. die Schranken eintragen.

Imaginäre Einheit

Geogebra: ί im Menü [α] auswählen — Beispiel: −4 + 5ί

TI-nspire: *i* im Menü [π>] auswählen — Beispiel: 3*i*

Polardarkoordinaten

Geogebra: InPolar[komplexe Zahl] — Beispiel: InPolar[3 + 4ί] = (5; 53.13°)

TInspire: (komplexe Zahl) ► Polar — Beispiel: (−3 + 4*i*)) ► Polar = (5 ∡ 126.87)

Potenzieren

Geogebra: Beispiel: (−4 + 5ί)^4 = −1519 + 720ί

TI-nspire: Beispiel: $(2 + 3i)^4 = -119 - 120i$

Lösungen Selbstkontrolle

1 Gleichungen höheren Grades

44. a) $L = \{-1; 2; 0; \frac{4}{3}\}$ b) $L = \{-\frac{1}{7}\}$ c) $L = \{-9; 9\}$

45. A, E

46. $L = \{-2; 2\}$

47. $8(-2)^3 - 6(-2)^2 - 39(-2) + 10 = 0$
$8x^3 - 6x^2 - 39x + 10 = (x+2) \cdot (x-0{,}25) \cdot (x-2{,}5)$
$L = \{-2; \frac{1}{4}; \frac{5}{2}\}$

48. $x \cdot (x+2) \cdot (x-1) \cdot (x-4)$

49. $x_1 = -3$ (einfache Lösung),
$x_2 = 1{,}5$ (Doppellösung)

50. a) x_1: einfach, da die x-Achse geschnitten wird.
x_2: mehrfach, da die Funktion sich an die x-Asche anschmiegt.
b) x_1 und x_2: mehrfach, da sich an dieser Stelle die Funktion an die x-Achse anschmiegt.

2 Grundlagen der Differentialrechnung

162. (i) absolute Änderung: −53 Euro
Nach vier Monaten ist der Fernseher um 53 Euro billiger.
relative Änderung: −0,1506
Der Fernseher ist nach vier Monaten um 15,06 % billiger als zu Beginn.
(ii) mittlere Änderungsrate: −13,25
Der Fernseher wurde pro Monat im Mittel um 13,25 Euro billiger.

163. Differenzenquotient: 3,5 m/s
Der Wert entspricht der mittleren Geschwindigkeit im Intervall [1; 4].
Differentialquotient: 7 m/s
Der Wert entspricht der momentanen Geschwindigkeit zum Zeitpunkt t = 5 s.

164. Differenzenquotient: 18,5 m/s²
Der Wert entspricht der mittleren Beschleunigung im Intervall [2; 4].
momentane Änderungsrate: 24 m/s²
Der Wert entspricht der momentanen Beschleunigung zum Zeitpunkt t = 4 s.

165. A, B, D, E

166. E

167. a) −12 b) −12

168. Unter der Ableitungsfunktion von f versteht man eine Funktion f′, deren Funktionswert an jeder Stelle x gleich der Steigung der Tangente von f an der Stelle x ist.

169. $f'(x) = -\frac{12}{5}x^3 - 21x^2 + \frac{4}{5}x - 1$
$f''(x) = -\frac{36}{5}x^2 - 42x + \frac{4}{5}$ $f'''(x) = -\frac{72}{5}x - 42$

170. $g(x) = 9x + 8$

171. $g(x) = -10x - \frac{4}{3}$

172. $\frac{dL}{dr}$

173. $\frac{dC}{du} = 2uh^3 + 2u + h^2$ $\frac{dC}{dh} = 3u^2h^2 + 3h^2 + 2hu$

3 Untersuchung von Polynomfunktionen

303. streng monoton fallend in [−∞; 4]
lokale Extremstelle bei 4, Sattelstelle bei 1,
globale Minimumstelle bei 4
Wendestellen bei 1; 3

304. Nullstelle, positiv, negativ

305. i) ist der richtige Graph.
mögliche Begründungen: f besitzt an der Stelle 4 eine Extremstelle, daher muss f′ an dieser Stelle eine Nullstelle besitzen. f besitzt an der Stelle 1 eine Sattelstelle, daher muss f′ an dieser Stelle eine Null- und Extremstelle besitzen. f ist in (−∞; 4] streng monoton fallend, daher muss f′ in (−∞; 4) negative Funktionswerte besitzen.

306. a) lokaler Extrempunkt: (1 | −6,75)
Sattelpunkt: (4 | 0)
b) streng monoton fallend in (−∞; 1]
streng monoton steigend in [1; ∞)
c) Wendepunkte: (2 | −4), (4 | 0)
links gekrümmt in (−∞; 2], [4; ∞)
rechts gekrümmt in [2; 4]

307. A, E

308.

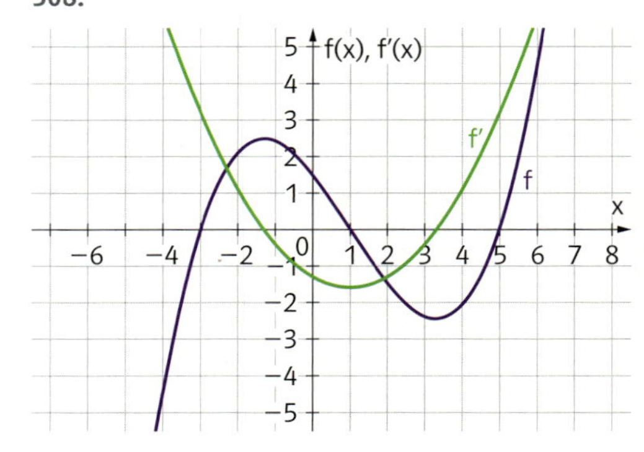

309. $f(x) = \frac{1}{3}x^3 + 4x^2 + 12x$

310. $r = h = \sqrt[3]{\frac{V}{\pi}}$

4 Kreis und Kugel

416. A-2; B-3; C-1; D-6

417. k: gegeben in Koordinatenform;
k: $x^2 + y^2 + 6x - 2y = 2$
m: gegeben in allgemeiner Form;
m: $(x + 3)^2 + (y - 1)^2 = 12$

418. $P \in k$; $Q \notin k$ (innerhalb); $R \notin k$ (außerhalb)

419. $(x + 3)^2 + (y - 1)^2 = 8$

420. g_1: Tangente; g_2: Sekante

421. $-x + 2y = 18$

422. 90°

423. a)

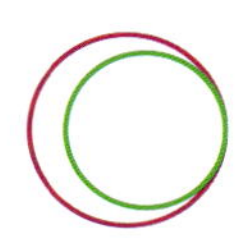

b) k_1: $(x + 5)^2 + (y - 7)^2 = 2$; k_2: $(x + 3)^2 + (y - 5)^2 = 2$

424. $S_1 = (5{,}32 \mid -4{,}68)$; $S_2 = (0{,}95 \mid -6{,}14)$; $\alpha = 40{,}2°$

425. Zum Beispiel:

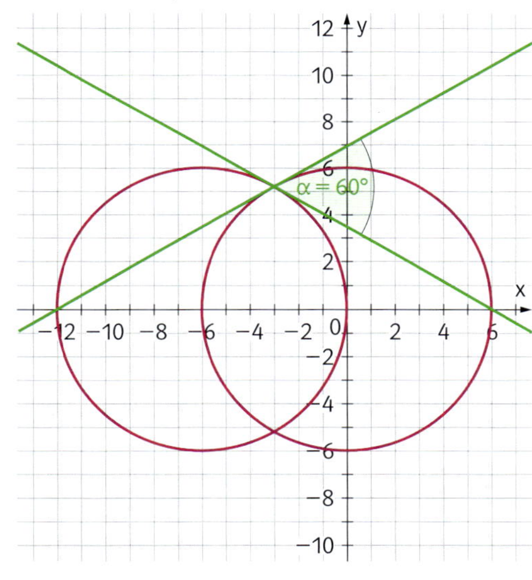

426. $(x - 2)^2 + (y + 4)^2 + z^2 = 64$

427. A-2; B-3; C-1

428. P liegt innerhalb

429. $X_1 = (-6{,}10 \mid 0 \mid 0)$; $X_2 = (4{,}10 \mid 0 \mid 0)$;
$Y_1 = (0 \mid -3{,}72 \mid 0)$; $Y_2 = (0 \mid 6{,}72 \mid 0)$;
$Z_1 = (0 \mid 0 \mid -5)$; $Z_2 = (0 \mid 0 \mid 5)$

430. $z = -7$ und $z = 7$

5 Kegelschnitte

539. A, B; C; D;

540. ell_1: $4x^2 + 25y^2 = 100$; ell_2: $x^2 + 100y^2 = 100$

541. A; D; E

542. hyp: $9x^2 - 16y^2 = 144$

543. par_1: $y^2 = -\frac{1}{9}x$ par_2: $y^2 = x$

544. a) $S_1 = (-5 \mid 2)$ $S_2 \approx (-2{,}86 \mid 2{,}71)$
b) $S_1 \approx (-2{,}26 \mid -0{,}26)$ $S_2 \approx (-9{,}74 \mid -7{,}74)$

545. a) t: $3x - y = 9$ b) t: $2x - y = 7$

546. $\alpha = 36{,}06°$ $\beta = 49{,}22°$

547. g: $2x + 9y = 11$ (Tangente)

548. 16,87°

549. $(x + 7{,}625)^2 + y^2 = 40{,}64$

6 Parameterdarstellungen von Kurven

577. A: p; B: i, p; C: i, p; D: e, i, p E: i, p

578.

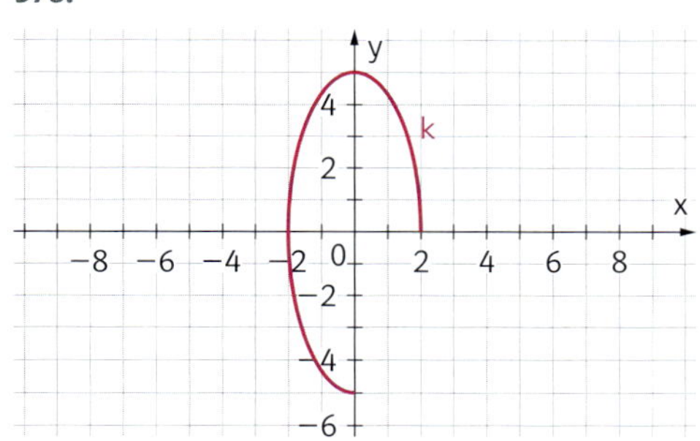

579. k: $X = (4\cos(t) - 4 \mid 4\sin(t) - 3)$ $t \in [0; 2\pi]$
e: $X = (4\cos(t) \mid 2\sin(t))$ $t \in [0; 2\pi]$

580. (1) $X(1) = (2{,}16 \mid -3{,}37)$: nach einer Sekunde befindet sich der Körper am Punkt X(1)

(2)

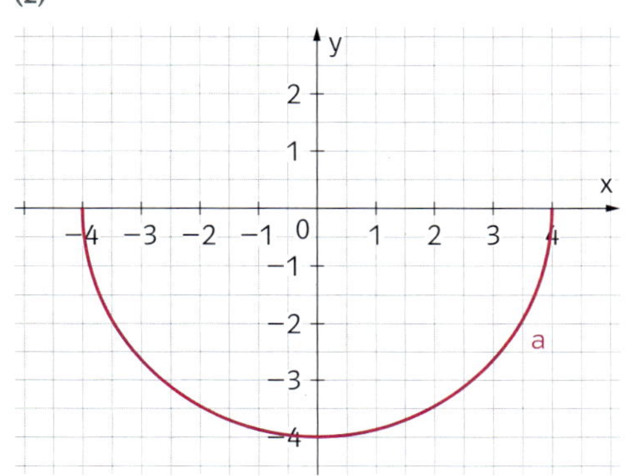

(3) im Uhrzeigersinn

(4) 4 m/s

581.

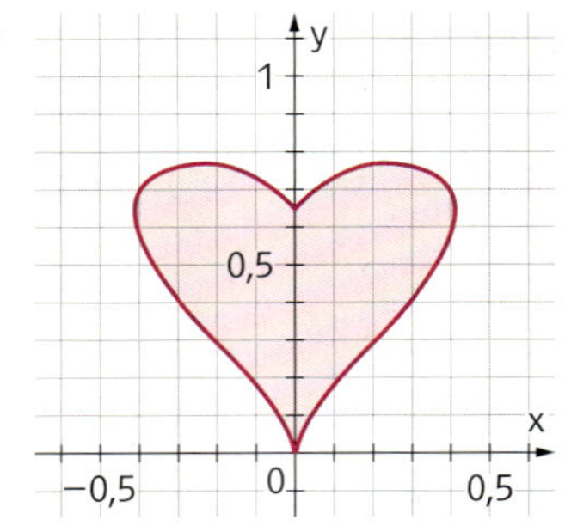

7 Erweiterung der Differentialrechnung

646. $f'(x) = 324x^3$

647. $f'(x) = 2x + 1$

648. $f'(x) = e^x \cdot (x + 5)$

649. $f'(x) = \frac{-x^2 - 6x - 5}{(x^2 - 5)^2}$

650. 1-E, 2-B, 3-D, 4-A

651. C

652. a) $f'(x) = -3\sin(3x)$
b) $f'(x) = -2\sin(2x) - 5\cos(5x)$
c) $f'(x) = 2\sin(2x) + 6\cos(6x)$

653. C, E

654. a) $f'(x) = \frac{-12}{x^5} - \frac{1}{2\sqrt{x}}$ b) $f'(x) = 15x^{-6} - \frac{7}{\sqrt[3]{x^{10}}} - 24x$

655. $f'(x) = \frac{-3x^2 - 4x}{2 \cdot \sqrt{(x^3 + 2x^2)^3}}$

656. 1) $D = \mathbb{R}\setminus\{-1\}$
2) Schnittpunkte mit der x-Achse: $N = (9|0)$
3) keine Extremstellen
4) $(-\infty; -1)$ und $(-1; \infty)$ streng monoton steigend
5) keine Wendestellen
6) Angabe der Krümmungsintervalle:
$(-\infty; -1)$ links gekrümmt
$(-1; \infty)$ rechts gekrümmt
7) es gibt keine Wendetangenten
8) Asymptoten: a_1: $x = -1$ a_2: $y = 1$

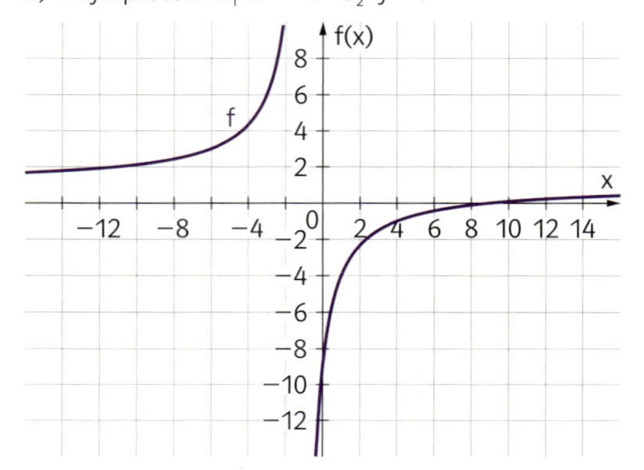

657. a) nicht stetig an der Stelle 1
b) stetig auf ganz $\mathbb{R}$

658. stetig an der Stelle x_1, an den Stellen x_2, x_3, x_4 unstetig

659. Eine Funktion $f{:}D \to \mathbb{R}$ heißt an einer Stelle p ($p \in D$) differenzierbar, wenn $f'(p) = \lim\limits_{x \to p} \frac{f(x) - f(p)}{x - p}$ existiert. Eine Funktion heißt differenzierbare Funktion, wenn sie an jeder Stelle ihres Definitionsbereichs differenzierbar ist.

660. f ist an der Stelle −4 nicht differenzierbar, da der Graph von f an dieser Stelle einen Knick besitzt und der Differentialquotient an dieser Stelle nicht existiert.

8 Anwendungen der Differentialrechnung

720. $K'(x) = 0{,}06x^2 + 25x$
Die Grenzkostenfunktion gibt näherungsweise den Kostenzuwachs für eine zusätzlich produzierte Mengeneinheit an.

721. Betriebsoptimum: 2,79 ME
Das Betriebsoptimum gibt die Produktionsmenge an, bei der die Stückkosten minimal sind.

722. Die Gewinnfunktion ist die Differenz zwischen der Erlös- und den Kostenfunktion: $G(x) = E(x) - K(x)$
Der Break-even-point gibt die Produktionsmenge an, ab der der Betrieb einen Gewinn macht. Die Gewinngrenze ist die Produktionsmenge, ab der der Betrieb wieder Verluste macht.

723. $r = \frac{5\sqrt{6}}{3} \approx 4{,}08\,\text{cm}$; $h = \frac{10\sqrt{6}}{3} \approx 8{,}16\,\text{cm}$
Da r aber maximal 3,5 cm sein darf, gilt für die Maße: $r = 3{,}5\,\text{cm}$; $h = 10{,}79\,\text{cm}$ (Randextremum)

724. **(1)** Die momentane Änderung der Lichtintensität in 50 cm Wassertiefe ist negativ.
Die Lichtintensität nimmt in 50 cm Wassertiefe ab.
Die momentane Änderungsgeschwindigkeit der Lichtintensität ist negativ.
(2) Die Änderungsgeschwindigkeit der Lichtintensität nimmt in 50 cm Tiefe um 2 lx/cm pro cm zu.

725. **(1)** $W'(t) < 0$: Wasserstand ist zum Zeitpunkt t fallend
$W'(t) > 0$: Wasserstand ist zum Zeitpunkt t steigend
(2) $t \approx 9\,\text{h}$
(3) $t \approx 3{,}67\,\text{h} = 3\,\text{h}\ 40\,\text{min}$

726. $x = -4{,}634$

727. $3e^3 \approx 60{,}257$

9 Diskrete Zufallsvariablen

781. a) $X = 0, 1, 2, 3, 4, 5$

b) 1 … Treffer 0 … kein Treffer
(11100), (11001), (11010), (10101), (10011), (10110), (00111), (01011), (01101), (01110)

782. a) $X = 1, 2, 3$

b) $P(X=1) = \frac{3}{8}$ $P(X=2) = \frac{4}{8} = \frac{1}{2}$ $P(X=3) = \frac{1}{8}$

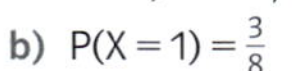

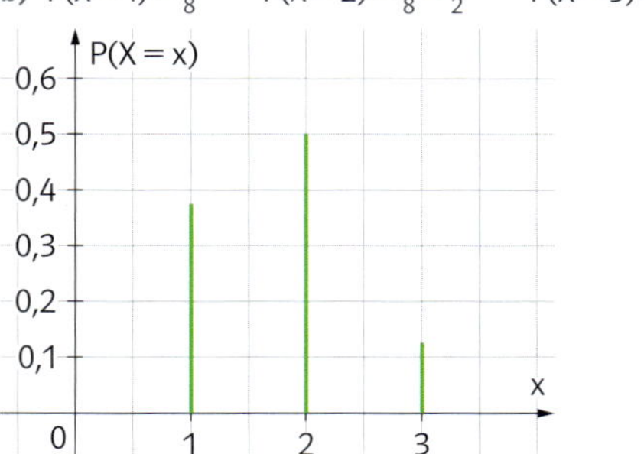

783. 1) $X = 1, 2, 3, 4, 5, 6$

2) $f(1) = 0{,}17$ $f(2) = 0{,}14$ $f(3) = 0{,}12$ $f(4) \approx 0{,}096$
$f(5) \approx 0{,}08$ $f(6) \approx 0{,}07$

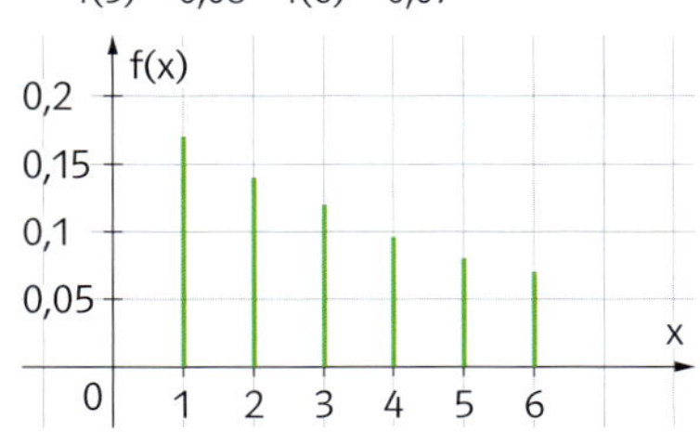

3) $F(1) = 0{,}17$ $F(2) = 0{,}31$ $F(3) = 0{,}43$
$F(4) = 0{,}526$ $F(5) = 0{,}606$ $F(6) = 0{,}676$

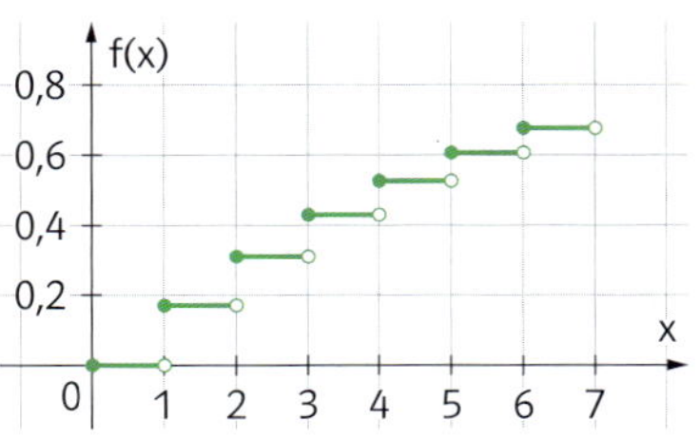

784.

x	1	3	5	8	11
P(X = x)	0,1	0,3	0,1	0,4	0,1

785. $E(X) = 2{,}6$

786. 1) $f(0) = \frac{1}{6}$ $f(1) = \frac{2}{3}$ $f(2) = \frac{1}{6}$

2) $E(X) = 1$ Im langfristigen Mittel wird man bei diesem Zufallsversuch eine rote Kugel ziehen.

787. a)

X	−2	−1	1	3	4
P(X = x)	0,30	0,20	0,15	0,20	0,15

$E(X) = 0{,}55$

b) $V(X) \approx 5{,}45$ $\sigma \approx 2{,}33$

10 Binomialverteilung und weitere Verteilungen

865. 140 Menüs

866. 1 307 674 368 000 Möglichkeiten

867. 1 680 verschiedenen Zahlen

868. $10^6 = 1\,000\,000$ verschiedene Codes

869. 56 Möglichkeiten

870. 1) Die Erfolgswahrscheinlichkeit bleibt bei jedem Versuch gleich.

2) Es gibt nur zwei Ausgänge; Erfolg – kein Erfolg (Bernoulli-Versuch).

3) Die Zufallsvariable nimmt nur natürliche Werte an.

871. D

872. $\approx 81\,\%$

873. a) $\approx 95{,}8\,\%$ b) 44 Jugendliche

874. $\mu = 20$ $\sigma = 3{,}46$

875. $\mu = 800$ $\sigma \approx 27{,}13$

876. a) 0,188 b) 0,1765

877. a) $\approx 2{,}1\,\%$

b) mindestens 85 Spielrunden

11 Komplexe Zahlen

951.

	$\mathbb{N}$	$\mathbb{Z}$	$\mathbb{Q}$	$\mathbb{R}$	$\mathbb{C}$
a) 4,5	A ☐	B ☐	C ☒	D ☒	E ☒
b) −2	A ☐	B ☒	C ☒	D ☒	E ☒
c) $\sqrt{-169}$	A ☐	B ☐	C ☐	D ☐	E ☒
d) $-1-i$	A ☐	B ☐	C ☐	D ☐	E ☒
e) $\sqrt{0{,}0144}$	A ☐	B ☐	C ☒	D ☒	E ☒
f) 30	A ☒	B ☒	C ☒	D ☒	E ☒

952. a) 1 b) i c) −1 d) −i

953. a) $-3-6i$ b) $5-12i$ c) $-32-24i$
d) $2{,}5-4{,}5i$

954. $7{,}8(\cos(292{,}62°) + i \cdot \sin(292{,}62°))$

955. $4 + 4\sqrt{3}i$

956. a) $-18\sqrt{3} + 18i$ b) $2{,}25i$

957. $z_1 \approx 3{,}00 + 2{,}14i$ $z_2 \approx -3{,}35 + 1{,}53i$
$z_3 \approx 0{,}35 - 3{,}67i$

Lösungen Kompetenzcheck

Kompetenzcheck Gleichungen

51. eine Nullstelle

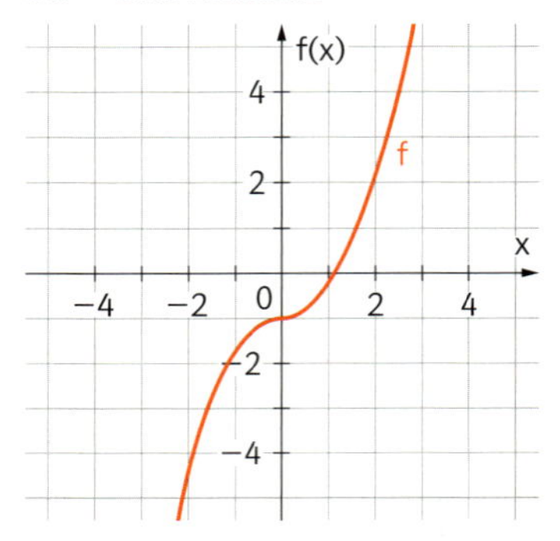

zwei Nullstellen

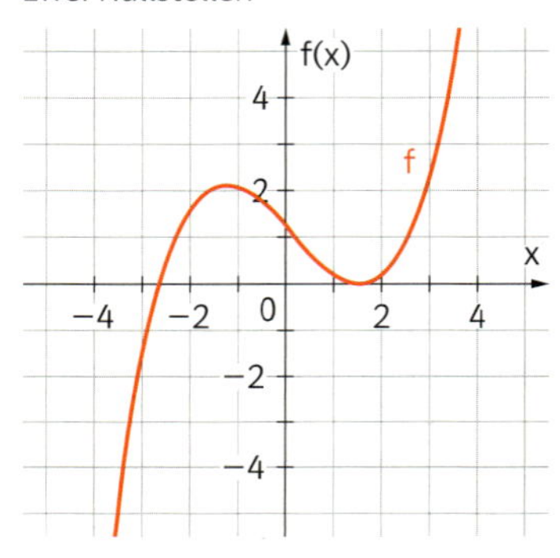

drei Nullstellen

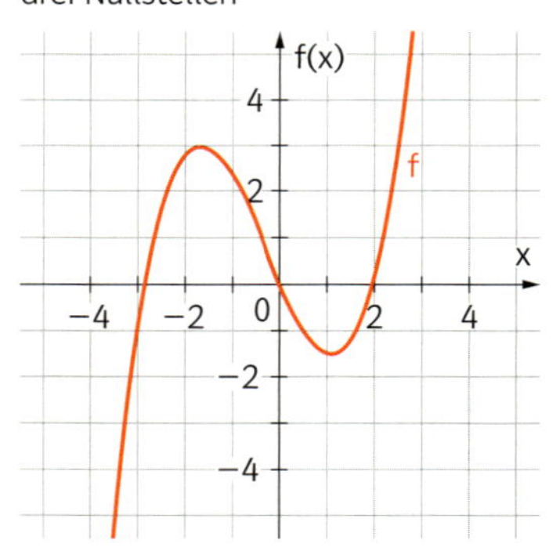

52. A, C, D

53. A, B

54. Normierte Gleichung: $(x-a)(x-b)(x-c)^2$
Grad: 4

55.

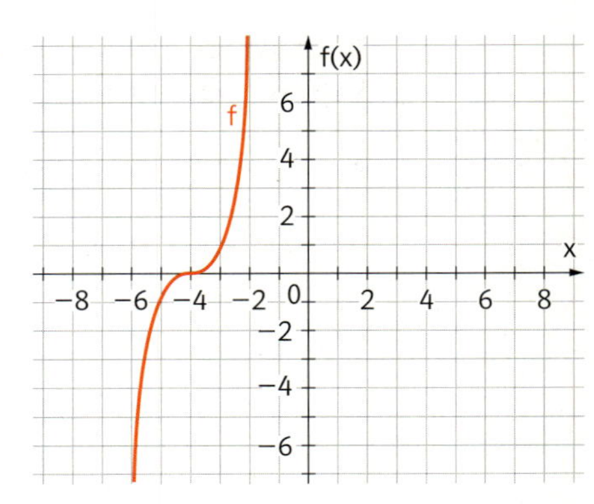

56. A, B

57. C, E

58. B, D

Kompetenzcheck Differentialrechnung 1

174. $\frac{H-G}{G}$ Schreibt man das Ergebnis in Prozentschreibweise an, dann gibt dieser Wert an, um wieviel % im Jahr 2014 mehr oder weniger Gewinn als im Jahr 2013 gemacht wurde.

175. -4000 Das Auto hat im Mittel 4 000 Euro pro Jahr an Wert verloren.

176. C,D

177. $15{,}05\,\frac{N}{m/s}$

178. B, D, E

179. B

180. 1-F, 2-B, 3-D, 4-C

181. $k=-2$

Kompetenzcheck Differentialrechnung 2

311.

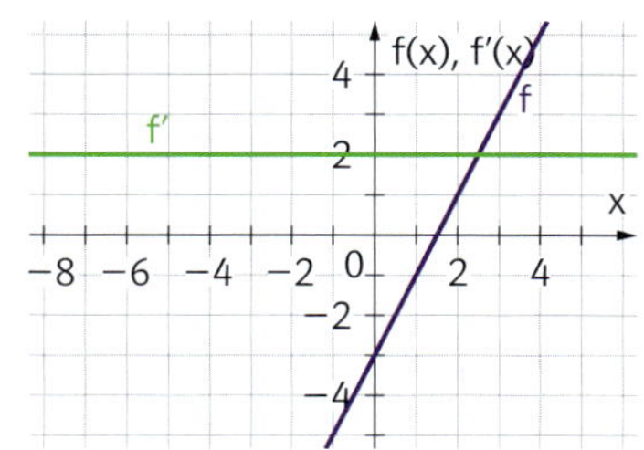

312. $k = 5$

313. A, C, E

314. C, D

315. B

316. $W = \left(-4 \middle| \frac{79}{3}\right)$

317. A, B, C

318. A, C

Kompetenzcheck Differentialrechnung 3

728. C, E

729. durchschnittliche Änderung der Geschwindigkeit im Intervall $t = [0; 10]$

730. $f'(x) = 4\cos(2x)$ $f''(x) = -8\sin(2x)$

731. (1) A (2) A

732. Der maximale Gewinn wird bei 9,38 ME erzielt.

Kompetenzcheck Stochastik

878.

a	1	2	3	4	5
$P(X = a)$	$\frac{1}{5}$	$\frac{1}{5}$	$\frac{1}{5}$	$\frac{1}{5}$	$\frac{1}{5}$

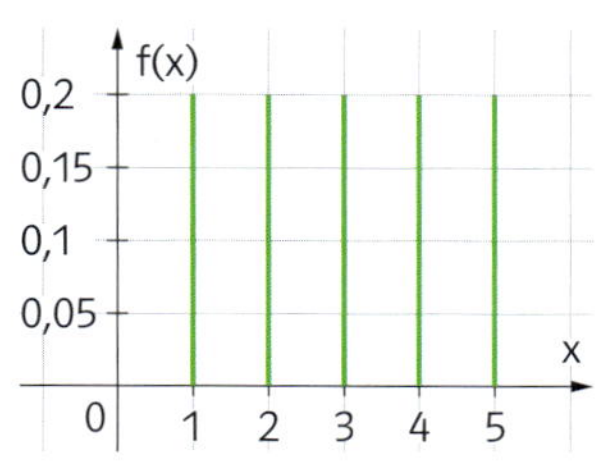

879. $E(X) = 2{,}25$

880. Die Wahrscheinlichkeit, dass der Schütze bei 5 Schüssen 3-mal nicht trifft.

881. $p \approx \frac{1}{3}$ $s = 4$ $w = 8$

882. A

Kompetenzcheck Komplexe Zahlen

958. $-9; 0; 5$

959. keine Lösung $\frac{b^2}{4} < ac$

960. $c \in \mathbb{R}_0^+$

961. $x^2 - 6x + 25 = 0$ $3 + 4i$ und $3 - 4i$

962. mindestens eine höchstens drei

Mathematische Zeichen

(Unter Berücksichtigung der ÖNORM A 6406 und A 6411)

Beachte: Das Durchstreichen eines Zeichens mittels „/" bedeutet dessen Negation

Symbole aus der Logik

:	gilt	∨	oder	∀	für alle	⇒	wenn …, dann …
∧	und	,	wobei	∃	Für mindestens ein …	⇔	genau dann, wenn

Symbole aus der Mengenlehre

∈	ist Element von	⊇	ist Obermenge der Menge	∪	vereinigt mit
⊂	ist echte Teilmenge von	=	hat die gleichen Elemente wie	∩	geschnitten mit
⊆	Ist Teilmenge von	\	Differenzmenge von … und …		

Wichtige Zahlenmengen

{ }	leere Menge	ℝ	Menge der reellen Zahlen
ℕ	Menge der natürlichen Zahlen mit 0	𝕀	Menge der irrationalen Zahlen
$\mathbb{N}^+$	Menge der positiven natürlichen Zahlen	(a; b)	offenes Intervall
ℙ	Menge der Primzahlen	[a; b]	abgeschlossenes Intervall
ℤ	Menge der ganzen Zahlen	$\mathbb{R}^n$	Menge der n-Tupel reeller Zahlen
ℚ	Menge der rationalen Zahlen		

Symbole aus der Arithmetik und Algebra

=	ist (dem Wert nach) gleich	>	ist größer als	kgV	kleinstes gemeinsames Vielfaches
≙	entspricht	⩾	ist größer oder gleich	ggT	größter gemeinsamer Teiler
≈	ist ungefähr gleich	≠	ist ungleich	%	Prozent
<	ist kleiner als	|	teilt	‰	Promille
⩽	ist kleiner oder gleich	|a|	Betrag von a		

Funktionen

$f: A \to B \mid x \to f(x)$	Funktion von A nach B, die jedem $x \in A$ den Funktionswert $f(x) \in B$ zuordnet
$g \circ f$	Verkettung von f und g
f'	erste Ableitung von f
f''	zweite Ableitung von f

Symbole aus der Geometrie

$\overline{AB}$	Strecke AB	$\vec{a}_0$	Einheitsvektor
$\overrightarrow{AB}$	Vektor von A nach B	$\sphericalangle(BAC)$	Maß des Winkels mit den Schenkeln BA und AC
$\vec{a}$	Vektor	$\perp$	senkrecht
$\vec{0}$	Nullvektor	$\parallel$	parallel
$\lvert\vec{a}\rvert$	Betrag eines Vektors		

Symbole aus der beschreibenden Statistik

$\bar{x}$	Mittelwert einer Liste	σ	Standardabweichung
μ	Erwartungswert	σ^2	Varianz

Symbole aus der Kombinatorik

$n!$	Fakultät	$\binom{n}{k}$	Binomialkoeffizient

Griechisches Alphabet

Α	α	alpha	Ι	ι	iota	Ρ	ρ	rho
Β	β	beta	Κ	κ	kappa	Σ	σ	sigma
Γ	γ	gamma	Λ	λ	lambda	Τ	τ	tau
Δ	δ	delta	Μ	μ	m	Υ	υ	psilon
Ε	ε	epsilon	Ν	ν	n	Φ	φ	phi
Ζ	ζ	zeta	Ξ	ξ	xi	Χ	χ	chi
Η	η	eta	Ο	ο	omicron	Ψ	ψ	psi
Θ	ϑ	theta	Π	π	pi	Ω	ω	omega

Bildnachweis

U1: Westend61 / Corbis; S. 6.1: Vasyl Yakobchuk / Thinkstock; S. 6.2: pattonmania / Thinkstock; S. 6.3: Zoonar RF / Thinkstock; S. 10: Platinus / iStockphoto.com; S. 23.1: Scott Camazine / PhotoResearchers / picturedesk.com; S. 23.2: A. Koch / Interfoto / picturedesk.com; S. 24.1: Purestock / Thinkstock; S. 24.2: Kagenmi / Thinkstock; S. 24.3: OPEN / Science Photo Library / picturedesk.com; S. 24.4: GeorgiosArt / iStockphoto.com; S. 25: Jeffrey Hamilton / Thinkstock; S. 26: Isaac74 / Thinkstock; S. 28: dima_sidelnikov / Thinkstock; S. 29: bristenaaa / Thinkstock; S. 33: ollo / Thinkstock; S. 43: ziche77 / Thinkstock; S. 45: Collection Abecasis / Science Photo Library / picturedesk.com; S. 48: Ryan McVay / Thinkstock; S. 50: Wavebreakmedia Ltd / Thinkstock; S. 52: NicoElNino / Thinkstock; S. 58.1: Mr_Twister / Thinkstock; S. 58.2: altrendo images / Thinkstock; S. 69: Karl Weatherly / Thinkstock; S. 73: DAJ / Thinkstock; S. 77: Phil Ashley / Thinkstock; S. 83: Piksel / Thinkstock; S. 87: Stockbyte / Thinkstock; S. 88: Dmytro_ Skorobogatov / Thinkstock; S. 91: Huntstock / Thinkstock; S. 96: Stockbyte / Thinkstock; S. 99: Vrabelpeter1 / Thinkstock; S. 104: Oleksandr Buzko / Thinkstock; S. 105: Zoonar RF / Thinkstock; S. 109: ClaraNila / Thinkstock; S. 110: Larisa Vorkova / Thinkstock; S. 111: dvoriankin / Thinkstock; S. 112: sidmay / Thinkstock; S. 124.1: PhotoObjects.net / Thinkstock; S. 124.2: fotoskat / Thinkstock; S. 129: Belyaevskiy / Thinkstock; S. 138: boangel / Fotolia; S. 144.1: Ryan McVay / Thinkstock; S. 144.2: arhendrix / Thinkstock; S. 146: nyvltart / Thinkstock; S. 154: espion / Thinkstock; S. 156.1: Purestock / Thinkstock; S. 156.2: Eureka_89 / Thinkstock; S. 156.3: roberthyrons / Thinkstock; S. 158: m-imagephotography / Thinkstock; S. 161: ChiccoDodiFC / Thinkstock; S. 163: Martinns / Thinkstock; S. 164: partha1983 / Thinkstock; S. 171: Christophe Testi / Thinkstock; S. 173: wissanu99 / Thinkstock; S. 176.1: Marchcattle / Thinkstock; S. 176.2: Creatas RF / Thinkstock; S. 176.3: Paul Sutherland/Digital Vision / Thinkstock; S. 182: m-gucci / Thinkstock; S. 183: Cobalt88 / Thinkstock; S. 184: Creatas RF / Thinkstock; S. 185: Monkey Business Images / Thinkstock; S. 189: Science Photo Library / picturedesk.com; S. 198.1: macniak / Thinkstock; S. 198.2: moodboard RF / Thinkstock; S. 200: Photodisc / Thinkstock; S. 202: RIA Novosti / Science Photo Library / picturedesk.com; S. 203: Angelika Wwarmuth / APA / picturedesk.com; S. 204: vg_portfolio / Thinkstock; S. 205: Creatas RF / Thinkstock; S. 206: mauritius images / Jose Luis Mendez Fernandez / Alamy; S. 207: scanrail / Thinkstock; S. 208: Monkey Business Images / Thinkstock; S. 211: Michael Blann/Digital Vision / Thinkstock; S. 215: Willfried Gredler-Oxenbauer / picturedesk.com; S. 220.1: Svisio / Thinkstock; S. 220.2: Jupiterimages / Thinkstock; S. 220.3: Monkey Business Images / Thinkstock; S. 221: Wavebreak Media / Thinkstock; S. 222: efks / Thinkstock; S. 224: BrianAJackson / Thinkstock; S. 230: MariuszSzczygiel / Thinkstock; S. 232: igorrita / Thinkstock; S. 235: weerapatkiatdum-rong / Thinkstock; S. 236: amana images RF / Thinkstock; S. 237: CobraCZ / Thinkstock; S. 241: Monkey Business Images / Thinkstock; S. 250: Sigrid61 / Thinkstock; S. 257: Georgios Kollidas / Fotolia; S. 261: ÖNB-Bildarchiv / picturedesk.com